住房和城乡建设领域专业人员岗位培训考核系列用书

标准员专业基础知识

江苏省建设教育协会　组织编写

中国建筑工业出版社

图书在版编目（CIP）数据

标准员专业基础知识/江苏省建设教育协会组织编写. —北京：中国建筑工业出版社，2016.10

住房和城乡建设领域专业人员岗位培训考核系列用书

ISBN 978-7-112-19932-7

Ⅰ.①标… Ⅱ.①江… Ⅲ.①建筑工程-标准-岗位培训-自学参考资料 Ⅳ.①TU-65

中国版本图书馆CIP数据核字（2016）第234743号

本书作为《住房和城乡建设领域专业人员岗位培训考核系列用书》中的一本，依据《建筑与市政工程施工现场专业人员职业标准》JGJ/T 250—2011、《建筑与市政工程施工现场专业人员考核评价大纲》及全国住房和城乡建设领域专业人员岗位统一考核评价题库编写。全书共7章，内容包括：建筑材料、建筑工程识图、建筑基本知识、建筑施工技术、施工项目管理、工程质量控制与工程检测、工程建设相关法律法规。本书既可作为标准员岗位培训考核的指导用书，又可作为施工现场相关专业人员的实用工具书，也可供职业院校师生和相关专业人员参考使用。

责任编辑：王华月 刘 江 岳建光 范业庶
责任校对：陈晶晶 张 颖

住房和城乡建设领域专业人员岗位培训考核系列用书
标准员专业基础知识
江苏省建设教育协会 组织编写
*
中国建筑工业出版社出版、发行（北京海淀三里河路9号）
各地新华书店、建筑书店经销
霸州市顺浩图文科技发展有限公司制版
北京建筑工业印刷厂印刷
*
开本：787×1092毫米 1/16 印张：26¾ 字数：646千字
2017年4月第一版 2017年4月第一次印刷
定价：**69.00**元
ISBN 978-7-112-19932-7
（28792）

住房和城乡建设领域专业人员岗位培训考核系列用书

编审委员会

出版说明

为加强住房和城乡建设领域人才队伍建设，住房和城乡建设部组织编制并颁布实施了《建筑与市政工程施工现场专业人员职业标准》JGJ/T 250—2011（以下简称《职业标准》)，随后组织编写了《建筑与市政工程施工现场专业人员考核评价大纲》（以下简称《考核评价大纲》)，要求各地参照执行。为贯彻落实《职业标准》和《考核评价大纲》，受江苏省住房和城乡建设厅委托，江苏省建设教育协会组织了具有较高理论水平和丰富实践经验的专家和学者，编写了《住房和城乡建设领域专业人员岗位培训考核系列用书》（以下简称《考核系列用书》)，并于2014年9月出版。《考核系列用书》以《职业标准》为指导，紧密结合一线专业人员岗位工作实际，出版后多次重印，受到业内专家和广大工程管理人员的好评，同时也收到了广大读者反馈的意见和建议。

根据住房和城乡建设部要求，2016年起将逐步启用全国住房和城乡建设领域专业人员岗位统一考核评价题库，为保证《考核系列用书》更加贴近部颁《职业标准》和《考核评价大纲》的要求，受江苏省住房和城乡建设厅委托，江苏省建设教育协会组织业内专家和培训老师，在第一版的基础上对《考核系列用书》进行了全面修订，编写了这套《住房和城乡建设领域专业人员岗位培训考核系列用书（第二版）》（以下简称《考核系列用书（第二版）》)。

《考核系列用书（第二版）》全面覆盖了施工员、质量员、资料员、机械员、材料员、劳务员、安全员、标准员等《职业标准》和《考核评价大纲》涉及的岗位（其中，施工员、质量员分为土建施工、装饰装修、设备安装和市政工程四个子专业)。每个岗位结合其职业特点以及培训考核的要求，包括《专业基础知识》、《专业管理实务》和《考试大纲·习题集》三个分册。

《考核系列用书（第二版）》汲取了第一版的优点，并综合考虑第一版使用中发现的问题及反馈的意见、建议，使其更适合培训教学和考生备考的需要。《考核系列用书（第二版）》系统性、针对性较强，通俗易懂，图文并茂，深入浅出，配以考试大纲和习题集，力求做到易学、易懂、易记、易操作。既是相关岗位培训考核的指导用书，又是一线专业岗位人员的实用工具书；既可供建设单位、施工单位及相关高职高专、中职中专学校教学培训使用，又可供相关专业人员自学参考使用。

《考核系列用书（第二版）》在编写过程中，虽然经多次推敲修改，但由于时间仓促，加之编著水平有限，如有疏漏之处，恳请广大读者批评指正（相关意见和建议请发送至JYXH05@163.com)，以便我们认真加以修改，不断完善。

本书编写委员会

主　　编：陈年和

副 主 编：曹洪吉　张贵良　张悠荣　郭　扬

前　言

根据住房和城乡建设部的要求，2016 年起将逐步启用全国住房和城乡建设领域专业人员岗位统一考核评价题库，为更好贯彻落实《建筑与市政工程施工现场专业人员职业标准》JGJ/T 250—2011，保证培训教材更加贴近部颁《建筑与市政工程施工现场专业人员考核评价大纲》的要求，受江苏省住房和城乡建设厅委托，江苏省建设教育协会组织业内专家和培训老师，在《住房和城乡建设领域专业人员岗位培训考核系列用书》第一版的基础上进行了全面修订，编写了这套《住房和城乡建设领域专业人员岗位培训考核系列用书（第二版）》（以下简称《考核系列用书（第二版）》），本书为其中的一本。

标准员培训考核用书包括《标准员专业基础知识》、《标准员专业管理实务》、《标准员考试大纲·习题集》三本，反映了国家现行规范、规程、标准，并以国家标准为主线，不仅涵盖了标准员应掌握的通用知识、基础知识、岗位知识和专业技能，还涉及新技术、新设备、新工艺、新材料等方面的知识。

本书为《标准员专业基础知识》分册，全书共 7 章，内容包括：建筑材料、建筑工程识图、建筑基本知识、建筑施工技术、施工项目管理、工程质量控制与工程检测、工程建设相关法律法规。

本书既可作为标准员岗位培训考核的指导用书，又可作为施工现场相关专业人员的实用工具书，也可供职业院校师生和相关专业人员参考使用。

目　录

第 1 章　建 筑 材 料

建筑材料是指构成建筑物或构筑物各部分实体的材料。建筑材料有多种分类方法。按化学成分的分类见表 1-1。

建筑材料按化学成分分类　　表 1-1

<table>
<tr><th colspan="3">分类</th><th>举例</th></tr>
<tr><td rowspan="7">无机材料</td><td rowspan="5">非金属材料</td><td>天然石材</td><td>砂子、石子、各种岩石加工的石材等</td></tr>
<tr><td>烧土制品</td><td>黏土砖、瓦、空心砖、锦砖、瓷器等</td></tr>
<tr><td>胶凝材料</td><td>石灰、石膏、水玻璃、水泥等</td></tr>
<tr><td>玻璃及熔融制品</td><td>玻璃、玻璃棉、岩棉、铸石等</td></tr>
<tr><td>混凝土及硅酸盐制品</td><td>普通混凝土、砂浆及硅酸盐制品等</td></tr>
<tr><td rowspan="2">金属材料</td><td>黑色金属</td><td>钢、铁、不锈钢等</td></tr>
<tr><td>有色金属</td><td>铝、铜等及其合金</td></tr>
<tr><td rowspan="3">有机材料</td><td colspan="2">植物材料</td><td>木材、竹材、植物纤维及其制品</td></tr>
<tr><td colspan="2">沥青材料</td><td>石油沥青、煤沥青、沥青制品</td></tr>
<tr><td colspan="2">合成高分子材料</td><td>塑料、涂料、胶粘剂、合成橡胶等</td></tr>
<tr><td rowspan="3">复合材料</td><td colspan="2">金属材料与非金属材料复合</td><td>钢筋混凝土、预应力混凝土、钢纤维混凝土等</td></tr>
<tr><td colspan="2">非金属材料与有机材料复合</td><td>玻璃纤维增强塑料、聚合物混凝土、沥青混合料、水泥刨花板等</td></tr>
<tr><td colspan="2">金属材料与有机材料复合</td><td>轻质金属夹心板</td></tr>
</table>

1.1　无机胶凝材料

1.1.1　无机胶凝材料的分类及特性

胶凝材料也称为胶结材料，是用来把块状、颗粒状或纤维状材料粘结为整体的材料。无机胶凝材料也称矿物胶凝材料，是胶凝材料的一大类别，其主要成分是无机化合物，如水泥、石膏、石灰等均属无机胶凝材料。

按照硬化条件的不同，无机胶凝材料分为气硬性胶凝材料和水硬性胶凝材料两类。分类如图 1-1 所示。

气硬性胶凝材料只能在空气中凝结、硬化、保持和发展强度，只适用于干燥环境；水硬性胶凝材料既能在空气中硬化，也能在水中凝结、硬化、保持和发展强度，既适用于干燥环境，又适用于水中环境。

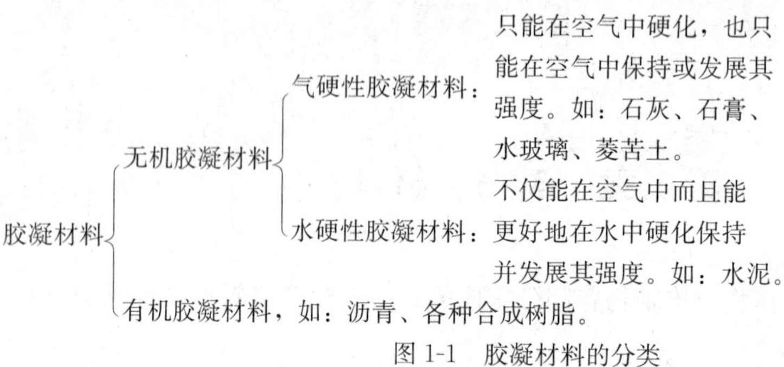

图 1-1　胶凝材料的分类

1.1.2　通用水泥的特性、主要技术性质及应用

水泥是最主要的建筑材料之一，作为水硬性胶凝材料，与骨料及增强材料制成混凝土、钢筋混凝土、各种砂浆等复合材料，广泛应用于工业与民用建筑工程，道路桥梁工程、水利工程等领域。

水泥的品种很多。按其水硬性物质的不同可分为硅酸盐水泥、铝酸盐水泥、硫铝酸盐水泥、铁铝酸盐水泥等。按其用途和性能可分为通用水泥、专用水泥以及特性水泥三大类。用于一般土木建筑工程的水泥为通用水泥；适应专门用途的水泥称为专用水泥；某种性能比较突出的水泥称为特性水泥，如白色硅酸盐水泥、快硬硅酸盐水泥、抗硫酸盐硅酸盐水泥、膨胀水泥等。

（1）通用水泥的特性及应用

通用水泥即通用硅酸盐水泥的简称，是以硅酸盐水泥熟料和适量的石膏，以及规定的混合材料制成的水硬性胶凝材料。现行的国家标准《通用硅酸盐水泥》GB 175—2007 规定了通用硅酸盐水泥的定义与分类、组分与材料，强度等级、技术要求、试验方法、检验规则和包装、标志、运输与贮存等。通用水泥的品种、特性及应用范围见表 1-2。

通用水泥的品种、特性及适用范围　　　表 1-2

名称	硅酸盐水泥	普通硅酸盐水泥	矿渣硅酸盐水泥	火山灰质硅酸盐水泥	粉煤灰硅酸盐水泥	复合硅酸盐水泥
主要特性	1. 早期强度高； 2. 水化热高； 3. 抗冻性好； 4. 耐热性差； 5. 耐腐蚀性差； 6. 干缩小； 7. 抗碳化性好	1. 早期强度较高； 2. 水化热较高； 3. 抗冻性较好； 4. 耐热性较差； 5. 耐腐蚀性较差； 6. 干缩性较小； 7. 抗碳化性较好	1. 早期强度低，后期强度高； 2. 水化热较低； 3. 抗冻性较差； 4. 耐热性较好； 5. 耐腐蚀性好； 6. 于缩性较火； 7. 抗碳化性较差； 8. 抗渗性差	1. 早期强度低，后期强度高； 2. 水化热较低； 3. 抗冻性较差； 4. 耐热性较差； 5. 耐腐蚀性好； 6. 干缩性大； 7. 抗碳化性较差； 8. 抗渗性好	1. 早期强度低，后期强度高； 2. 水化热较低； 3. 抗冻性较差； 4. 耐热性较差； 5. 耐腐蚀性好； 6. 干缩性小； 7. 抗碳化性较差； 8. 抗裂性好	1. 早期强度稍低； 2. 其他性能同矿渣水泥

续表

名称	硅酸盐水泥	普通硅酸盐水泥	矿渣硅酸盐水泥	火山灰质硅酸盐水泥	粉煤灰硅酸盐水泥	复合硅酸盐水泥
适用范围	1. 高强混凝土及预应力混凝土工程； 2. 早期强度要求高的工程及冬期施工的工程； 3. 严寒地区遭受反复冻融作用的混凝土工程	与硅酸盐水泥基本相同	1. 大体积混凝土工程； 2. 高温车间和有耐热要求的混凝土结构； 3. 蒸汽养护的构件； 4. 耐腐蚀要求高的混凝土工程	1. 地下、水中大体积混凝土结构； 2. 有抗渗要求的工程； 3. 蒸汽养护的构件； 4. 耐腐蚀要求高的混凝土工程	1. 地上、地下及水中大体积混凝土结构； 2. 蒸汽养护的构件； 3. 抗裂性要求较高的构件； 4. 耐腐蚀要求高的混凝土工程	可参照矿渣硅酸盐水泥、火山灰质硅酸盐水泥、粉煤灰硅酸盐水泥，但其性能受所用混合材料性能的影响，所以使用时应针对工程的性质加以选用

(2) 通用水泥的主要技术性质

1) 细度

细度是指水泥颗粒粗细的程度，它是影响水泥需水量、凝结时间、强度的重要指标。颗粒越细，水泥石的早期强度越高，水化热越多，收缩也越大，但在储运过程中易结块受潮。因此，水泥细度应适当。国家标准《通用硅酸盐水泥》GB 175—2007 规定：硅酸盐水泥与普通硅酸盐水泥比表面积应不小于 $300m^2/kg$；其他四种水泥的细度用筛余量表示，$80\mu m$ 方孔筛筛余不大于 10%或 $45\mu m$ 方孔筛筛余不大于 30%。

2) 标准稠度及其用水量

在测定水泥凝结时间、体积安定性等性能时，为使所测结果有准确的可比性，规定在试验时所使用的水泥净浆必须以国家标准规定的稠度进行，按现行国家标准《水泥标准稠度用水量、凝结时间、安定性检验方法》GB/T 1346—2011 规定测试，标准稠度用水量，是指拌制水泥净浆时达到标准稠度所需的加水量，它以水与水泥质量之比的百分数表示。

3) 凝结时间

水泥从加水开始到失去塑性所需的时间称为凝结时间，分为初凝时间和终凝时间。初凝时间为水泥从开始加水拌合起至水泥浆开始失去可塑性所需的时间；终凝时间是从水泥开始加水拌合起至水泥浆完全失去可塑性，并开始产生强度所需的时间。水泥的凝结时间对施工有重大意义。国家标准规定：通用硅酸盐水泥初凝时间不得早于 45min，硅酸盐水泥终凝时间不得迟于 390min。其他五种通用硅酸盐水泥的终凝时间不得迟于 600min。

4) 体积安定性

水泥体积安定性是指水泥浆体硬化后体积变化的稳定性。安定性不良的水泥，在浆体硬化过程中或硬化后产生不均匀的体积膨胀，并引起开裂。水泥安定性不良的主要原因是熟料中含有过量的游离氧化钙、游离氧化镁或掺入的石膏过多。国家标准规定，硅酸盐水泥与普通硅酸盐水泥熟料中游离氧化镁含量不得超过 5.0%，其他通用水泥不得超过 6.0%，三氧化硫含量不得超过 3.5%（矿渣水泥不得超过 4.0%）。

5) 水泥的强度

水泥强度是表征水泥力学性能的最重要指标。水泥强度按现行国家标准《水泥胶砂强度检验方法（ISO 法）》GB/T 17671—1999 的规定制作试块，养护并测定其抗折和抗压强度值，并据此评定水泥强度等级。

根据3d和28d龄期的抗折强度和抗压强度，通用硅酸盐水泥的强度等级划分见表1-3。

6）水化热

水化热是指水泥和水之间发生化学反应放出的热量，以焦耳/千克（J/kg）表示。

水泥水化放出的热量以及放热速度，主要决定于水泥的矿物组成和细度。熟料矿物中铝酸三钙和硅酸三钙的含量越高，颗粒越细，则水化热越大。通用水泥的主要技术性能见表1-3。

通用水泥的主要技术性能 **表1-3**

<table>
<tr><th colspan="2">项目</th><th>硅酸盐水泥</th><th>普通水泥</th><th>矿渣水泥</th><th>火山灰水泥</th><th>粉煤灰水泥</th><th>复合水泥</th></tr>
<tr><td colspan="2">水泥中混合材料掺量</td><td>0～5%</td><td>活性混合材料6%～15%，或非活性混合材料10%以下</td><td>粒化高炉矿渣20%/50%～70%</td><td>火山灰质混合材料20%～50%</td><td>粉煤灰20%～40%</td><td>两种或两种以上混合材，其总掺量为15%～50%</td></tr>
<tr><td colspan="2">密度（g/cm^3）</td><td colspan="2">3.0～3.15</td><td colspan="4">2.8～3.1</td></tr>
<tr><td colspan="2">堆积密度（kg/m^3）</td><td colspan="2">1000～1600</td><td>1000～1200</td><td colspan="2">900～1000</td><td>1000～1200</td></tr>
<tr><td colspan="2">细度</td><td colspan="2">比表面积>300m^2/kg</td><td colspan="4">80μm方孔筛筛余不大于10%
或45μm方孔筛筛余不大于30%</td></tr>
<tr><td rowspan="2">凝结时间</td><td>初凝</td><td colspan="6">>45 min</td></tr>
<tr><td>终凝</td><td><6.5 h</td><td colspan="5"><10h</td></tr>
<tr><td rowspan="3">体积安定性</td><td>安定性</td><td colspan="6">沸煮法必须合格（若试饼法和雷氏法两者有争议，以雷氏法为准）</td></tr>
<tr><td>MgO</td><td colspan="2">≤5.0%</td><td colspan="4">≤6.0%</td></tr>
<tr><td>SO_3</td><td colspan="2">≤3.5%</td><td>≤4.0%</td><td colspan="3">≤3.5%</td></tr>
<tr><td colspan="2">碱含量</td><td colspan="6">用户要求低碱水泥时，按$Na_2O+0.685K_2O$计算的碱含量，
不得大于0.6%，或由供需双方商定</td></tr>
<tr><td colspan="2">氯离子含量</td><td colspan="6">≤0.06%</td></tr>
<tr><td colspan="2">强度等级</td><td>42.5
42.5R
52.5
52.5R
62.5
62.5R</td><td>42.5
42.5R
52.5
52.5R</td><td colspan="4">32.5　32.5R
42.5　42.5R
52.5　52.5R</td></tr>
</table>

1.1.3 特性水泥的特性及应用

特性水泥的品种很多，以下仅介绍建筑与市政工程中常用的几种。

（1）白色酸盐硅酸盐水泥和彩色硅酸盐水泥

白色酸盐硅酸盐水泥简称白水泥，是以由氧化铁含量少的硅酸盐水泥熟料，加人适量石膏，以及0～10%的石灰石和窑灰经磨细制成的水硬性胶凝材料。白度值应不低于87。

按照现行的标准《白色硅酸盐水泥》GB/T 2015—2005规定了白色硅酸盐水泥的术语与定义、材料要求、技术要求、试验方法、检验规则、包装标识、贮存与运输规定。白水泥基本技术要求与普通水泥相似，水泥中的三氧化硫的含量应不超过3.5%，细度8 0mm方孔筛筛余应不超过10%，以3d、28d抗压强度表示，分为32.5、42.5和52.5三个强度等级。

白水泥和彩色水泥主要用于建筑物内外的装饰，也可以拌制成彩色砂浆和混凝土，做成彩色水磨石、水刷石等。

（2）膨胀水泥

膨胀水泥是指以适当比例的硅酸盐水泥或普通硅酸盐水泥，铝酸盐水泥等和天然二水石膏磨制而成的膨胀性的水硬性胶凝材料。

按基本组成我国常用的膨胀水泥品种有：硅酸盐膨胀水泥、铝酸盐膨胀水泥、硫铝酸盐水泥、铁铝酸盐膨胀水泥等。

膨胀水泥主要用于收缩补偿混凝土工程，防渗混凝土（屋顶防渗、水池等），防渗砂浆，结构的加固，构件接缝、接头的灌浆，固定设备的机座及地脚螺栓等。

（3）中热硅酸盐水泥、低热硅酸盐水泥和低热矿渣硅酸盐水泥（GB 200—2003）

以适当成分的硅酸盐水泥熟料，加入适量石膏，磨细制成的具有中等水化热的水硬性胶凝材料，称为中热硅酸盐水泥（简称中热水泥），代号P·MH。在中热水泥熟料中，C_3S的含量应不超过55%，C_3A的含量应不超过6%，游离氧化钙的含量不超过1.0%。

以适当成分的硅酸盐水泥熟料，加入适量石膏，磨细制成的具有低水化热的水硬性胶凝材料，称为低热硅酸盐水泥（简称低热水泥），代号P·LH。在低热水泥熟料中，C_2S的含量应不小于40%，C_3A的含量不得超过6%，游离氧化钙的含量应不超过1.0%。

以适当成分的硅酸盐水泥熟料，加入粒化高炉矿渣、适量石膏，磨细制成的具有低水化热的水硬性胶凝材料，称为低热矿渣硅酸盐水泥（简称低热矿渣水泥），代号P·SLH。水泥中粒化高炉矿渣掺加量按质量百分比计为20%～60%，允许用不超过混合材料总量50%的粒化电炉磷渣或粉煤灰代替部分粒化高炉矿渣。在低热矿渣水泥熟料中，C_3A的含量应不超过8%，游离氧化钙的含量应不超过1.2%，氧化镁的含量不应超过5.0%；如果水泥经压蒸安定性试验合格，则熟料中氧化镁的含量允许放宽到6.0%。

以上三种水泥性质应符合国家标准《中热硅酸盐水泥　低热硅酸盐水泥　低热矿渣硅酸盐水泥》GB 200—2003的规定：即细度为比表面积大于250m2/kg：三氧化硫含量不得超过3.5%；安定性检验合格；初凝不得早于60min，终凝不得迟于12h。

中热水泥强度等级为42.5，低热水泥强度等级为42.5，低热矿渣水泥强度等级为32.5。三种水泥的强度等级按规定龄期的抗压强度和抗折强度划分，各龄期的抗压强度和抗折强度见表1-4。

中、低热水泥各龄期强度等级　　表1-4

品种	强度等级	抗压强度(MPa)			抗折强度(MPa)		
		3d	7d	28d	3d	7d	28d
中热水泥	42.5	12.0	22.0	42.5	3.0	4.5	6.5
低热水泥	42.5	—	13.0	42.5	—	3.5	6.5
低热矿渣水泥	32.5	—	12.0	32.5	—	3.0	5.5

水泥的水化热允许采用直接法或溶解热法进行检验，各龄期的水化热应大于表1-5中数值。

中、低热水泥水化热要求　　表 1-5

品种	强度等级	水化热(kJ/kg)	
		3d	7d
中热水泥	42.5	251	293
低热水泥	42.5	230	260
低热矿渣水泥	32.5	197	230

中热水泥水化热较低，抗冻性与耐磨性较高，适用于大体积水工建筑物水位变动区的覆面层及大坝溢流面，以及其他要求低水化热、高抗冻性和耐磨性的工程。低热矿渣水泥水化热更低，适用于大体积建筑物或大坝内部要求更低水化热的部位，此外，这几种水泥有一定的抗硫酸盐侵蚀能力，可用于低硫酸盐侵蚀的工程。

1.2 混凝土

1.2.1 普通混凝土的分类

混凝土是以胶凝材料、粗细骨料及其他外掺材料按适当比例拌制、成型、养护、硬化而成的人工石材。

通常将水泥、矿物掺合材料、粗细骨料、水和外加剂按一定的比例配制而成的、干表观密度为 2000～2800kg/m^3 的混凝土称为普通混凝土。

普通混凝土可以从不同角度进行分类。

(1) 按用途分：结构混凝土、抗渗混凝土、抗冻混凝土、大体积混凝土、水工混凝土、耐热混凝土、耐酸混凝土、装饰混凝土等。

(2) 按强度等级分：普通强度混凝土（＜C60）、高强混凝土（≥C60）、超高强混凝土（≥C100）。

(3) 按施工工艺分：喷射混凝土、泵送混凝土、碾压混凝土、压力灌浆混凝土、离心混凝土、真空脱水混凝土。

1.2.2 普通混凝土的组成材料及其主要技术要求

普通混凝土的组成材料有水泥、砂子、石子、水、外加剂和掺合料。前五种材料是组成混凝土所必需的材料，后一种材料可根据混凝土性能的需要有选择性地添加。

(1) 水泥

水泥是混凝土组成材料中最重要的材料，也是决定混凝土成本的材料，更是影响混凝土强度、耐久性最重要的因素。水泥的选用主要考虑水泥的品种和强度等级。

水泥品种应根据工程性质与特点、所处的环境条件及施工所处条件及水泥特性合理选择。配制一般的混凝土可以通用硅酸盐水泥。

水泥强度等级的选择应根据混凝土强度的要求来确定，低强度混凝土应选择低强度等级的水泥，高强度混凝土应选择高强度等级的水泥。一般情况下，中、低强度的混凝土（≤C30），水泥强度等级为混凝土强度等级的 1.5～2.0 倍；高强度混凝土，水泥强度等级与混凝土强度等级之比可小于1.5，但不能低于0.8。

（2）细骨料

《普通混凝土用砂、石质量及检验方法标准》JGJ 52—2006规定普通混凝土用砂（又称细骨料）是指公称直径小于5.0mm的岩石颗粒（《建设用砂》GB/T 14684—2011规定普通混凝土用砂是指公称直径小于4.75mm的岩石颗粒，但不包括软质和风化的岩石颗粒）。根据生产过程特点不同，砂可分为天然砂、人工砂和混合砂。天然砂包括河砂、湖砂、山砂和海砂。混合砂是天然砂与人工砂按一定比例组合而成。

1）有害杂质含量

砂中害杂质包括云母、轻物质、硫化物及硫酸盐、有机物、氯化物等，JGJ52—2006规定，云母含量（按质量计）不大于2%，轻物质含量（按质量计）不大于1%，硫化物及硫酸盐（按质量计）不大于1%。

2）含泥量、石粉含量和泥块含量

含泥量是指天然砂中公称粒径小于80μm的颗粒含量。泥块含量是指砂中公称粒径大于1.25mm，经水浸洗、手捏后变成小于630μm的颗粒含量。石粉含量是指人工砂中公称粒径小于80um的颗粒含量。含泥量、石粉含量和泥块含量见表1-6。

砂中含泥量、石粉含量和泥块含量（JGJ 52—2006） **表1-6**

混凝土强度等级		≥C60	C55～C30	≤C25
含泥量(按质量计%)		≤2.0	≤3.0	≤5.0
泥块含量(按质量计%)		≤0.5	≤1.0	≤2.0
石粉含量	MB<1.4(合格)	≤5.0	≤7.0	≤10.0
	MB≥1.4(不合格)	≤2.0	≤3.0	≤5.0

注：MB为亚甲蓝值，表示每千克0～2.36mm粒级试样消耗的亚甲蓝克数。

3）坚固性

砂的坚固性是指砂在自然风化和其他外界物理、化学因素作用下，抵抗破坏的能力。天然砂的坚固性用硫酸钠溶液法检验，砂样经5次循环后其质量损失应符合国家标准的规定。

4）砂的表观密度、堆积密度、空隙率

砂的表观密度大于2500kg/m^3，松散堆积密度大于1400kg/m^3，空隙率小于44%。

5）粗细程度及颗粒级配

粗细程度是指不同粒径的砂混合后，总体的粗细程度。质量相同时，粗砂所需的水泥浆少。因此，和易性一定时，采用粗砂配制混凝土，可节约水泥用量。但砂过粗易使混凝土拌合物产生分层、离析和泌水等现象。《普通混凝土用砂、石质量及检验方法标准》JGJ 52—2006中通过筛分析，计算砂的细度模数（μ），根据细度模数将砂分为粗砂（μ=3.7～3.1）、中砂（μ=3.0～2.3）细砂（μ=2.2～1.6）和特细砂（μ=1.5～0.7）。

颗粒级配是指粒径大小不同的砂粒互相搭配的情况。级配良好的砂，不同粒径的砂相互搭配，逐级填充使砂更密实，空隙率更小，强度、耐久性得以加强，还可减少混凝土的干缩及徐变。

（3）粗骨料

粗骨料是指公称直径大于 5.0mm 的岩石颗粒（《建设用卵石、碎石》GB/T 14685—2011 规定普通混凝土用砂是指公称直径大于 4.75mm 的岩石颗粒），通常称为石子。其中天然形成的石子称为卵石，人工破碎而成为碎石。

1）泥、泥块及有害物质含量

粗骨料中泥、泥块含量以及硫化物、硫酸盐含量、有机物等有害物质含量应符合国家标准的规定。

2）颗粒形状

卵石及碎石的形状以接近卵形或立方体为较好。针状颗粒和片状颗粒不仅本身容易折断，而且使空隙率增大，影响混凝土的质量，因此，国家标准对粗骨料中针、片状颗粒的含量做了规定。

3）强度

为保证混凝土的强度，粗骨料必须具有足够的强度。粗骨料的强度指标有两个，一是采用立方体抗压强度测试，二是通过压碎指标值评定。

4）坚固性

坚固性是指卵石、碎石在自然风化和其他外界物理化学作用下抵抗破裂的能力。有抗冻性要求的混凝土所用粗骨料，要求测定其坚固性。

（4）水

混凝土用水包括混凝土拌制用水和养护用水。按水源不同分为饮用水、地表水、地下水、海水及经处理过的工业废水。地表水和地下水常溶有较多的有机质和矿物盐类；海水中含有较多硫酸盐，会降低混凝土后期强度，且影响抗冻性，同时，海水中含有大量氯盐，对混凝土中钢筋锈蚀有加速作用。

《混凝土用水标准》JGJ 63—2006 应不影响水泥的凝结和硬化，优先采用符合国家标准的饮用水。在节约用水，保护环境的原则下，鼓励采用检验合格的中水（净化水）拌制混凝土。混凝土用水中各杂质的含量应符合国家标准的规定。

（5）外加剂

1）混凝土外加剂的分类

《混凝土外加剂应用技术规范》GB 50119—2013 外加剂按照其主要功能分为：高性能减水剂、高效减水剂、聚羧酸高性能减水剂、普通减水剂、引气减水剂、泵送剂、早强剂、缓凝剂、引气剂、防冻剂、膨胀剂、阻锈剂、防水剂等。

外加剂按主要使用功能分为四类：①改善混凝土拌合物流变性的外加剂，包括减水剂、泵送剂等；②调节混凝土凝结时间、硬化性能的外加剂，包括缓凝剂、速凝剂、早强剂等；③改善混凝土耐久性的外加剂，包括引气剂、防水剂、阻锈剂和矿物外加剂等；④改善混凝土其他性能的外加剂，包括加气剂、膨胀剂、防冻剂和着色剂等。

2）混凝土外加剂的常用品种及应用

① 减水剂

减水剂是使用最广泛、品种最多的一种外加剂。按其用途不同，又可分为普通减水剂、高效减水剂、早强减水剂、缓凝减水剂、缓凝高效减水剂、引气减水剂等。

常用减水剂的应用见表1-7。

常用减水剂的应用 **表1-7**

种类	木质素系	萘系	树脂系	糖蜜系
类别	普通减水剂	高效减水剂	早强减水剂	缓凝减水剂
主要品种	木质素磺酸钙(木钙粉、M减水剂)、木钠、木镁等	NNO、NF、FDN、UNF、JN、HN等	SM	长城牌、天山牌
适宜掺量(占水泥重%)	0.2～0.3	0.2～1.2	0.5～2.0	0.1～3.0
减水量	10%～11%	12%～25%	20%～30%	6%～10%
早强效果	—	显著	显著(7d可达28d强度)	
缓凝效果	1～3h			3h以上
引气效果	1%～2%	部分品种<2%		
适用范围	一般混凝土工程及大模板、滑模、泵送、大体积及雨期施工的混凝土工程	适用于所有混凝土工程,更适于配制高强混凝土及流态混凝土、泵送混凝土、冬期施工混凝土	因价格昂贵,宜用于特殊要求的混凝土工程,如高强混凝土、早强混凝土、流态混凝土等	一般混凝土工程

② 早强剂

早强剂是能加速水泥水化和硬化，促进混凝土早期强度增长的外加剂。可缩短混凝土养护龄期，加快施工进度，提高模板和场地周转率。

目前，常用的早强剂有氯盐类、硫酸盐类和有机胺类。

a. 氯盐类早强剂

氯盐类早强剂主要有氯化钙（$CaCl_2$）和氯化钠（NaCl）

b. 硫酸盐类早强剂

硫酸盐类早强剂包括硫酸钠（Na_2SO_4）、硫代硫酸钠（$Na_2S_2O_3$）、硫酸钙（$CaSO_4$）、硫酸钾（K_2SO_4）、硫酸铝［$Al_2(SO_4)_3$］等，其中Na_2SO_4应用最广。

c. 有机胺类早强剂

有机胺类早强剂有三乙醇胺、三异丙醇胺等，最常用的是三乙醇胺。

d. 复合早强剂

以上三类早强剂在使用时，通常复合使用。

③ 缓凝剂

缓凝剂是可在较长时间内保持混凝土工作性，延缓混凝土凝结和硬化时间的外加剂。

缓凝剂可分为无机和有机两大类。缓凝剂的品种有糖类（如糖钙）、木质素磺酸盐类（如木质素磺酸盐钙）、羟基羧酸及其盐类（如柠檬酸、酒石酸钾钠等），无机盐类（如锌盐、硼酸盐）等。

④ 引气剂

引气剂是一种在搅拌过程中具有在砂浆或混凝土中引入大量、均匀分布的微气泡，而且在硬化后能保留在其中的一种外加剂。加入引气剂，可以改善混凝土拌合物的和易性，显著提高混凝土的抗冻性和抗渗性，但会降低弹性模量及强度。

引气剂主要有松香树脂类、烷基苯磺酸盐类和脂醇磺酸盐类，其中松香树脂类中的松香热聚物和松香皂应用最多。

⑤ 膨胀剂

膨胀剂是能使混凝土产生一定体积膨胀的外加剂。常用的膨胀剂种类有硫铝酸钙类、氧化钙类、硫铝酸一氧化钙类等。

⑥ 防冻剂

防冻剂是能使混凝土在负温下硬化并能在规定条件下达到预期性能的外加剂。常用防冻剂有氯盐类（氯化钙、氯化钠、氯化氮等）；氯盐阻锈类；氯盐与阻锈剂（亚硝酸钠）为主复合的外加剂；无氯盐类（硝酸盐、亚硝酸盐、乙酸钠、尿素等）。

⑦ 泵送剂

泵送剂是改善混凝土泵送性能的外加剂。它由减水剂、调凝剂、引气剂、润滑剂等多种组分复合而成。

⑧ 速凝剂

速凝剂是使混凝土迅速凝结和硬化的外加剂，能使混凝土在 5min 内初凝，10min 内终凝，1h 产生强度。速凝剂主要用于喷射混凝土、堵漏等。

1.2.3 普通混凝土的主要技术性质

混凝土的技术性质包括混凝土拌合物的技术性质和硬化混凝土的技术性质。混凝土拌合物的主要技术性质为和易性，硬化混凝土的主要技术性质包括强度、变形和耐久性等。

1.2.3.1 混凝土拌合物的和易性

混凝土中的各种组成材料按比例配合经搅拌形成的混合物称为混凝土拌合物，又称新拌混凝土。

混凝土和易性（《普通混凝土拌合物性能试验方法标准》GB/T 50080—2002）是指易于各工序施工操作（搅拌、运输、浇筑、振捣、成型等），并能获得质量稳定、整体均匀、成型密实的混凝土性能。和易性是满足施工工艺要求的综合性质，包括流动性、粘聚性和保水性。

流动性是指混凝土拌合物在自重或机械振动时能够产生流动的性质。流动性的大小反映了混凝土拌合物的稀稠程度，流动性良好的拌合物，易于浇筑、振捣和成型。

粘聚性是指混凝土组成材料间具有一定的黏聚力，在施工过程中混凝土能保持整体均匀的性能。粘聚性反映了混凝土拌合物的均匀性，粘聚性良好的拌合物易于施工操作，不会产生分层和离析的现象；粘聚性差时，会造成混凝土质地不均，振捣后易出现蜂窝、空洞等现象，影响混凝土的强度及耐久性。

保水性是指混凝土拌合物在施工过程中具有一定的保持内部水分而抵抗泌水的能力。保水性反映了混凝土拌合物的稳定性。保水性差的混凝土拌合物会在混凝土内部形成透水通道，影响混凝土的密实性，并降低混凝土的强度及耐久性。

混凝土拌合物的和易性目前还很难用单一的指标来评定，通常是以测定流动性为主，兼顾粘聚性和保水性。流动性常用坍落度法（适用于坍落度≥10mm）和维勃稠度法（适用于坍落度＜10mm）进行测定。

坍落度数值越大，表明混凝土拌合物流动性越大，根据坍落度值的大小，可将混凝土分为四级：大流动性混凝土（坍落度大于 160mm）、流动性混凝土（坍落度 100～

150mm）、塑性混凝土（坍落度 10～90mm）和干硬性混凝土（坍落度小于 10mm）。

1.2.3.2 混凝土的强度

（1）混凝土立方体抗压强度和强度等级

混凝土的抗压强度是混凝土结构设计的主要技术参数，也是混凝土质量评定的重要技术指标。

按照《普通混凝土力学性能试验方法标准》GB/T 50081—2002 规定，制作方法制成边长为 150mm 的标准立方体试件，在标准条件（温度 20℃±2℃，相对湿度为 95%以上）下养护 28d，然后采用标准试验方法测得的极限抗压强度值，称为混凝土的立方体抗压强度，用 f_{cu} 表示。

为了便于设计和施工选用混凝土，将混凝土的强度按照混凝土立方体抗压强度标准值分为若干等级，即强度等级。《混凝土结构设计规范》GB 50010—2010 将普通混凝土共划分为 C15、C20、C25、C30、C35、C40、C45、C50、C55、C60、C65、C70、C75、C80 十四个强度等级。其中“C”表示混凝土，C 后面的数字表示混凝土立方体抗压强度标准值。如 C30 表示混凝土立方体抗压强度标准值 $30MPa \leqslant f_{cu} < 35MPa$。

（2）混凝土轴心抗压强度

在实际工程中，混凝土结构构件大部分是棱柱体或圆柱体。为了能更好地反映混凝土的实际抗压性能，在计算钢筋混凝土构件承载力时，常采用混凝土的轴心抗压强度作为设计依据。

混凝土的轴心抗压强度是采用 150mm×150mm×300mm 的棱柱体作为标准试件，在标准条件（温度为 20℃±2℃，相对湿度为 95%以上）下养护 28d，采用标准试验方法测得的抗压强度值。

（3）混凝土的抗拉强度

我国目前常采用劈裂试验方法测定混凝土的抗拉强度。劈裂试验方法是采用边长为 150mm 的立方体标准试件，按规定的劈裂拉伸试验方法测定混凝土的劈裂抗拉强度。

1.2.3.3 混凝土的耐久性

混凝土抵抗其自身因素和环境因素的长期破坏，保持其原有性能的能力，称为耐久性。混凝土的耐久性是一个综合的指标，可以从抗渗性、抗冻性、抗碳化、抗碱骨料反应等方面进行评定。《混凝土耐久性检验评定标准》JGJ/T 193—2009 规定了上述指标的试验方法。

（1）抗渗性

混凝土抵抗压力液体（水或油）等渗透本体的能力称为抗渗性。

混凝土的抗渗性用抗渗等级表示。抗渗等级是以 28d 龄期的标准试件，用标准试验方法进行试验，以每组六个试件，四个试件未出现渗水时，所能承受的最大静水压（单位：MPa）来确定。混凝土的抗渗等级用代号 P 表示，分为 P4、P6、P8、P10、P12 和>P12 六个等级。P4 表示混凝土抵抗 0.4MPa 的液体压力而不渗水。

（2）抗冻性

混凝土在吸水饱和状态下，抵抗多次反复冻融循环而不破坏，同时也不严重降低其各种性能的能力，称为抗冻性。

混凝土的抗冻性用抗冻等级表示。抗冻等级是以 28d 龄期的混凝土标准试件，在浸水饱和状态下，进行冻融循环试验，以抗压强度损失不超过25%，同时质量损失不超过5%时，所能承受的最大的冻融循环次数来确定。混凝土抗冻等级用F表示，分为F50、F100、F150、F200、F250、F300、F350、F400和>F400等九个等级。F150表示混凝土在强度损失不超过25%，质量损失不超过5%时，所能承受的最大冻融循环次数为150次。

（3）抗腐蚀性

混凝土在外界各种侵蚀介质作用下，抵抗破坏的能力，称为混凝土的抗腐蚀性。当工程所处环境存在侵蚀介质时，对混凝土必须提出耐蚀性要求。

1.2.4 混凝土的配合比

混凝土配合比是指混凝土中各组成材料数量之间的比例关系。可采用质量比或体积比，我国目前采用质量比。常用的表示方法有两种：一种是以1m^{3}混凝土中各种材料的质量表示，如水泥300kg、石子1200kg、砂720kg、水180kg；另一种则是以水泥、砂、石子的相对质量比（以水泥质量为1）和水灰比表示，如前例可表示为水泥∶砂∶石=1∶2.4∶4，水灰比=0.6。

上述配合比是以干燥材料为基准的，通常称为实验室配合比。而施工现场的砂、石材料都含有一定水分，因此现场材料的实际称量应按工地的这情况进行修正，修正后的配合比称为施工配合比。假设砂的含水量为ω_s，石子的含水量为ω_g，则施工配合比为：

$$m'_c=m_c \tag{1-1}$$

$$m'_s=m_s(1+\omega_s) \tag{1-2}$$

$$m'_g=m_g(1+\omega_g) \tag{1-3}$$

$$m'_w=m_w-m_s\omega_s-m_g\omega_s \tag{1-4}$$

式中　m'_c、m_c——修正后、前每立方米混凝土中水泥的用量（kg）；

m'_s、m_s——修正后、前每立方米混凝土中砂的用量（kg）；

m'_g、m_g——修正后、前每立方米混凝土中石子的用量（kg）；

m'_w、m_w——修正后、前每立方米混凝土中水的用量（kg）。

需要说明的是，随着混凝土技术的发展，外加剂与掺和料的应用日益普遍，它们的掺量也是混凝土配合比设计时需要选定的。但是，因为外加剂、掺和料的品种繁多，性能差异较大，因此对它们的掺量，目前国家标准只作原则规定。现行国家标准《普通混凝土配合比设计规程》JGJ 55—2011对普通混凝土配合比设计做出了相应的规定。

1.2.5 轻混凝土、高性能混凝土、预拌混凝土的特性及应用

（1）轻混凝土

轻混凝土是指干表观密度小于2000kg/m^{3}的混凝土，包括轻骨料混凝土、多孔混凝土和大孔混凝土。

骨料粒径为5mm以上，堆积密度小于1000kg/m^{3}的轻质骨料，称为轻粗骨料。粒径小于5mm，堆积密度小于1200kg/m^{3}的轻质骨料，称为轻细骨料。用轻粗骨料、轻细骨料（或普通砂）和水泥配制而成的混凝土，其干表观密度不大于1950kg/m^3，称为轻骨料混凝土。当粗细骨料均为轻骨料时，称为全轻混凝土；当细骨料为普通砂时，称砂轻混凝

土。轻骨料混凝土采用浮石、陶粒、煤渣、膨胀珍珠岩等轻骨料制成。

多孔混凝土以水泥、混合材料、水及适量的发泡剂（铝粉等）或泡沫剂为原料配制而成，是一种内部均匀分布细小气孔而无骨料的混凝土。

大孔混凝土以粒径相近的粗骨料、水泥、水配制而成，有时加入外加剂。

轻混凝土的主要特性为：

1）表观密度小。轻混凝土与普通混凝土相比，其表观密度一般可减小 1/4～3/4。

2）保温性能良好。轻混凝土通常具有良好的保温性能，降低建筑物使用能耗。

3）耐火性能良好。轻混凝土的热膨胀系数小，遇火强度损失小，故特别适用于耐火等级要求高的高层建筑和工业建筑。

4）力学性能良好。轻混凝土的弹性模量较小、受力变形较大，抗裂性较好，能有效吸收地震能，提高建筑物的抗震能力，故适用于有抗震要求的建筑。

5）易于加工。轻混凝土尤其是多孔混凝土，易于打入钉子和进行锯切加工。这对于施工中同定门窗框、安装管道和电线等带来很大方便。

轻混凝土主要用于非承重的墙体及保温、隔声材料。轻骨料混凝土还可用于承重结构，以达到减轻自重的目的。

（2）高性能混凝土（《高性能混凝土评价标准》JGJ/T 385—2015）

高性能混凝土是指具有高耐久性和良好的工作性，早期强度高而后期强度不倒缩，体积稳定性好的混凝土。

高性能混凝土的主要特性为：

1）具有一定的强度和高抗渗能力。

2）具有良好的工作性。混凝土拌合物流动性好，在成型过程中不分层、不离析，从而具有很好的填充性和自密实性能。

3）耐久性好。高性能混凝土的耐久性明显优于普通混凝土，能够使混凝土结构安全可靠地工作 50～100 年以上。

4）具有较高的体积稳定性，即混凝土在硬化早期应具有较低的水化热，硬化后期具有较小的收缩变形。

高性能混凝土是水泥混凝土的发展方向之一，它被广泛地用于桥梁工程、高层建筑、工业厂房结构、港口及海洋工程、水工结构等工程中。

（3）预拌混凝土（《预拌混凝土》GB/T 14902—2012）

预拌混凝土也称商品混凝土，是指在搅拌站生产的，通过运输设备送至使用地点的、交货时为拌合物的混凝土。

预拌混凝土设备利用率高，计量准确，产品质量好、材料消耗少、工效高、成本较低，又能改善劳动条件，减少环境污染。

1.3 砂　　浆

1.3.1 砂浆的分类、特性及应用

建筑砂浆是由胶凝材料、细骨料、掺加料和水配制而成的建筑工程材料。

根据所用胶凝材料的不同，建筑砂浆可分为水泥砂浆、石灰砂浆和混合砂浆（包括水泥石灰砂浆、石灰粉煤灰砂浆等）等。根据用途又分为砌筑砂浆和抹灰砂浆。抹灰砂浆包括普通抹灰砂浆、装饰抹灰砂浆、特种砂浆（如防水砂浆、耐酸砂浆、绝热砂浆、吸声砂浆等）。

水泥砂浆强度高、耐久性和耐火性好，但其流动性和保水性差，施工相对较困难，常用于地下结构或经常受水侵蚀的砌体部位。

混合砂浆中，水泥石灰砂浆强度较高，且耐久性、流动性和保水性均较好，便于施工，容易保证施工质量，是砌体结构房屋中常用的砂浆。其他混合砂浆应用较少。

石灰砂浆强度较低，耐久性差，但流动性和保水性较好，可用于砌筑较干燥环境下的砌体。

1.3.2 砌筑砂浆的主要技术性质

砌筑砂浆（《砌筑砂浆配合比设计规程》JGJ/T 98—2010）是指将砖、石、砌块等块材经砌筑成为砌体，起粘结、衬垫和传力作用的砂浆。

砌筑砂浆的技术性质主要包括新拌砂浆的密度、和易性、硬化砂浆强度和对基面的粘结力、抗冻性、收缩值等指标。下面只介绍新拌砂浆的和易性和硬化砂浆的强度。现行标准《建筑砂浆基本性能试验方法标准》JGJ/T 70—2009 包括了砂浆稠度、保水性、凝结时间、强度等技术指标。

1.3.2.1 新拌砂浆的和易性

新拌砂浆的和易性是指砂浆易于施工并能保证质量的综合性质。和易性好的砂浆不仅在运输和施工过程中不易产生分层、离析、泌水，而且能在粗糙的砖、石基面上铺成均匀的薄层，与基层保持良好的粘结，便于施工操作。和易性包括流动性和保水性两个方面。

砂浆的流动性（又称稠度），是指砂浆在自重或外力作用下产生流动的性能。流动性的大小用“沉入度”表示，通常用砂浆稠度测定仪测定。

砂浆流动性的选择与砌体种类、施工方法及天气情况有关。流动性过大，砂浆太稀，过稀的砂浆不仅铺砌困难，而且硬化后强度降低；流动性过小，砂浆太稠，难于铺平。

新拌砂浆能够保持内部水分不泌出流失的能力，称为砂浆保水性。保水性良好的砂浆水分不易流失，易于摊铺成均匀密实的砂浆层；反之，保水性差的砂浆，在施工过程中容易泌水、分层离析，使流动性变差；同时由于水分易被砌体吸收，影响胶凝材料的正常硬化，从而降低砂浆的粘结强度。砂浆的保水性用保水率（%）表示。

1.3.2.2 砂浆的强度

砂浆的强度是以 3 个 70.7mm×70.7mm×70.7mm 的立方体试块，在标准条件下养护 28d 后，用标准方法测得的抗压强度（MPa）算术平均值来评定的。

水泥混合砌筑砂浆的强度等级分为 M5、M7.5、M10、M15 四个强度等级。水泥砌筑砂浆的强度等级分为 M5、M7.5、M10、M15、M20、M25、M30 七个强度等级。

1.3.2.3 砌筑砂浆的组成材料及其技术要求

（1）胶凝材料

砌筑砂浆主要的胶凝材料是水泥，常用的水泥种类有通用硅酸盐水泥和砌筑水泥等。砌筑砂浆用水泥的强度等级应根据砂浆品种及强度等级的要求进行选择。M15 及以下强度等级的砌筑砂浆宜选用 32.5 级通用硅酸盐水泥或砌筑水泥；M15 以上强度等级的砌筑砂浆宜选用 42.5 级通用硅酸盐水泥。

（2）细骨料

砌筑砂浆常用的细骨料为普通砂。除毛石砌体宜选用粗砂外，其他一般宜选用中砂。砂的含泥量不应超过 5%。

（3）水

拌合砂浆用水应符合现行行业标准《混凝土用水标准》JGJ 63—2006 的规定。应选用不含有害杂质的洁净水来拌制砂浆。

（4）掺加料

为了改善砂浆的和易性和节约水泥，可在砂浆中加入一些无机掺加料，如石灰膏、电石膏、粉煤灰等。

生石灰熟化成石灰膏时，应用孔径不大于 3mm×3mm 的网过滤，熟化时间不得少于 7d；磨细生石灰粉的熟化时间不得少于 2d。沉淀池中储存的石灰膏，应采取防止干燥、冻结和污染的措施。

制作电石膏的电石渣应用孔径不大于 3mm×3mm 的网过滤，检验时应加热至 70℃并保持 20min，没有乙炔气味后，方可使用。

消石灰粉不得直接用于砌筑砂浆中。

石灰膏和电石膏试配时的稠度，应为 120±5mm。

粉煤灰的品质指标应符合《用于水泥和混凝土中的粉煤灰》GB/T 1596—2005 的规定。

（5）外加剂

为了使砂浆具有良好的和易性及其他施工性能，可在砂浆中掺入某些外加剂，如有机塑化剂、引气剂、早强剂、缓凝剂、防冻剂等。

1.3.2.4 抹灰砂浆（《抹灰砂浆技术规程》JGJ/T 220—2010）

抹灰砂浆也称抹面砂浆，是指涂抹在建筑物或建筑构件表面的砂浆。它既可以保护墙体不受风雨、潮气等侵蚀，提高墙体的耐久性；同时也使建筑表面平整、光滑、清洁美观。

按使用要求不同，抹灰砂浆可以分为普通抹灰砂浆、装饰砂浆和具有特殊功能的抹灰砂浆（如防水砂浆、耐酸砂浆、绝热砂浆、吸声砂浆等）。下面只介绍普通抹灰砂浆和装饰砂浆。

（1）普通抹灰砂浆

常用的普通抹灰砂浆有水泥砂浆、水泥石灰砂浆、水泥粉煤灰砂浆、掺塑化剂水泥砂浆、聚合物水泥砂浆、石膏砂浆。

为了保证抹灰表面的平整，避免开裂和脱落，通常抹灰砂浆分为底层、中层和面层。各层抹灰的作用和要求不同，每层所用的砂浆性质也应各不相同。各层所使用的材料和配合比及施工做法应视基层材料品种、部位及气候环境而定。

为了便于涂抹，普通抹灰砂浆要求比砌筑砂浆具有更好的和易性，因此胶凝材料（包括掺和料）的用量比砌筑砂浆的多一些。普通抹灰砂浆的流动性和砂子的最大粒径可参考表 1-8，配合比可参考表 1-9。

普通抹灰砂浆的流动性和砂子的最大粒径 **表 1-8**

抹灰层	稠度(mm)	砂的最大粒径(mm)
底层	90～110	2.5
中层	70-90	2.5
面层	70～80	1.2

普通抹灰砂浆配合比参考表 **表 1-9**

砂浆种类	强度等级	水泥(kg/m³)	掺合料(kg/m³)	砂(kg/m³)	水(kg/m³)
水泥砂浆	M15	330～380	—	1m³ 砂的堆积密度	250～300
	M20	380～450			
	M25	400～450			
	M30	460～530			
水泥粉煤灰砂浆	M5	250～290	内掺，等量取代水泥量的10%～30%		270～320
	M10	320～350			
	M15	350～400			
水泥石灰砂浆	M2.5	200～230	350～400 减去水泥的质量		180～280
	M5	230～280			
	M7.5	280～330			
	M10	330～380			
掺塑化剂的水泥砂浆	M5	260～300	—		250～280
	M10	330～360			
	M15	360～410			
石膏抹灰砂浆	M4	—	450～650		260～400

(2) 装饰砂浆

涂抹在建筑物内外墙表面，以增加建筑物美观效果的砂浆称为装饰砂浆。装饰砂浆与普通抹灰砂浆的主要区别在面层。装饰砂浆的面层应选用具有一定颜色的胶凝材料和骨料并采用特殊的施工操作方法，以使表面呈现出各种不同的色彩线条和花纹等装饰效果。

装饰砂浆常用的胶凝材料有白水泥和彩色水泥，以及石灰、石膏等。骨料常用大理石、花岗岩等带颜色的细石渣或玻璃、陶瓷碎粒等。

装饰砂浆常用的工艺做法包括水刷石、水磨石、斩假石、拉毛等。

1.4 石材、砖和砌块

1.4.1 砌筑用石材的分类及应用

天然石材是由采自地壳的岩石经加工或不加工而制成的材料。按岩石形状，石材可分为砌筑用石材和装饰用石材。装饰用石材主要为板材。砌筑用石材按加工后的外形规则程度分为料石和毛石两类。而料石又可分为细料石、粗料石和毛料石。

细料石通过细加工、外形规则，叠砌面凹人深度不应大于 10mm，截面的宽度、高度不应小于 200mm，且不应小于长度的 1/4。

粗料石规格尺寸同细料石，但叠砌面凹人深度不应大于 20mm。

毛料石外形大致方正，一般不加工或稍加修整，高度不应小于 200mm，叠砌面凹入深度不应大于 25mm。

毛石指形状不规则，中部厚度不小于 200mm 的石材。

砌筑用石材主要用于建筑物基础、挡土墙等，也可用于建筑物墙体。

装饰用石材主要用于公共建筑或装饰等级要求较高的室内外装饰工程。

1.4.2 砖的分类、主要技术要求及应用

砌墙砖按规格、孔洞率及孔的大小，分为普通砖、多孔砖和空心砖；按工艺不同义分为烧结砖和非烧结砖。

1.4.2.1 烧结砖

(1) 烧结普通砖

现行规范《烧结普通砖》GB 5101—2003 规定以由煤矸石、页岩、粉煤灰或黏土为主要原料，经成型、焙烧而成的实心砖，称为烧结普通砖。

1) 主要技术要求

① 尺寸规格。烧结普通砖的标准尺寸是 240mm×115mm×53mm。

② 强度等级。烧结普通砖按抗压强度分为 MU30、MU25、MU20、MU15、MU10 五个强度等级。

③ 质量等级。强度、抗风化性能和放射性物质合格的砖，根据尺寸偏差、外观质量、泛霜和石灰爆裂等指标，分为优等品 (A)、一等品 (B)、合格品 (C) 三个等级。烧结普通砖的质量等级见表 1-10。

烧结普通砖的质量等级　　表 1-10

项目	优等品		一等品		合格品	
	样本平均偏差	样本极差(≤)	样本平均偏差	样本极差(≤)	样本平均偏差	样本极差(≤)
(1)尺寸偏差(mm)						
公称尺寸 240	±2.0	6	±2.5	7	±3.0	8
115	±1.5	5	±2.0	6	±2.5	7
53	±1.5	4	±1.6	5	±2.5	6
(2)外观质量						
两条面高度差(≤)	2		3		4	
弯曲(≤)	2		3		4	
杂质凸出高度(≤)	2		3		4	
缺棱掉角的 3 个破坏尺寸,不得同时大于裂纹长度(≤)	5		20		30	
①大面上宽度方向及其延伸至条面的长度;	30		60		80	
②大面上宽度方向及其延伸至顶面的长度或条顶面上水平裂纹的长度	50		80		100	
完整面不得少于	两条面和两顶面		一条面和一顶面			
颜色	基本一致					

续表

项目	优等品		一等品		合格品	
	样本平均偏差	样本极差（≤）	样本平均偏差	样本极差（≤）	样本平均偏差	样本极差（≤）
(3)泛霜	无泛霜		不允许出现中等泛霜		不允许出现严重泛霜	
(4)石灰爆裂	不允许出现最大破坏尺寸大于2mm的爆裂区域		①最大破坏尺寸大于2mm且小于等于10mm的爆裂区域，每组砖样不得多于15处；②不允许出现最大破坏尺寸大于10mm的爆裂区域		①最大破坏尺寸大于2mm且小于等于15mm的爆裂区域，每组砖样不得多于15处，其中大于10mm的不得多于7处；②不允许出现最大破坏尺寸大于15mm的爆裂区域	

注：1. 为装饰而施加的色差、凹凸纹、拉毛、压花等不算缺陷。
2. 凡有下列缺陷之一者，不得称为完整面：
（1）缺损在条面或顶面上造成的破坏面尺寸同时大于10mm×10mm；
（2）条面或顶面上裂纹宽度大于1mm，其长度超过30mm；
（3）压陷、粘底、焦花在条面或顶面上的凹陷或凸出超过2mm，区域尺寸同时大于10mm×10mm。
3. 泛霜是指可溶性盐类（如硫酸盐等）在砖或砌块表面的析出现象，一般呈白色粉末、絮团或絮片状。
4. 石灰爆裂是指烧结砖的砂质黏土原料中夹杂着石灰石，焙烧时被烧成生石灰块，在使用过程中吸水消化成熟石灰，体积膨胀，导致砖块裂缝，严重时甚至使砖砌体强度降低，直至破坏。

2）烧结普通砖的应用

烧结普通砖是传统墙体材料，主要用于砌筑建筑物的内墙、外墙、柱、烟囱和窑炉。目前，我国正大力推广墙体材料改革，禁止使用黏土实心砖。

（2）烧结多孔砖和多孔砌块

《烧结多孔砖和多孔砌块》GB 13544—2011 烧结多孔砖或砌块是以煤矸石、页岩、粉煤灰或黏土、页岩、淤泥及其他固体废弃物为主要原料，经成型、焙烧而成的，空洞率不小于28%（砌块空洞率不小于33%）。

1）主要技术要求

① 规格。砖的外形为直角六面体，其长度、宽度、高度尺寸应符合下列要求：290mm、240mm、190mm、180mm、140mm、115mm、90mm。砌块规格尺寸490mm、440mm、390mm、340mm、290mm、240mm、190mm、180mm、140mm、115mm、90mm。其他规格尺寸由供需双方协定确定。

② 强度等级。烧结多孔砖和砌块根据抗压强度分为MU30、MU25、MU20、MU15、MU10五个强度等级。

③ 密度等级。砖的密度等级分为1000、1100、1200、1300四个等级；砌块的密度等级分为900、1000、1100、1200四个等级。

烧结多孔砖和砌块的外观质量和尺寸偏差分别见表1-11、表1-12。

2）烧结多孔砖和砌块的应用

烧结多孔砖可以用于承重墙体，也可用于墙体装饰和清水墙砌筑，产品中不得出现欠火砖和酥砖。

（3）烧结空心砖和空心砌块

现行规范《烧结空心砖和空心砌块》GB 13545—2014 规定烧结空心砖是以黏土、煤矸石、页岩、粉煤灰、淤泥、建筑渣土及其他固体废弃物为主要原料，经焙烧制成的空洞率大于40%的砖和砌块。

烧结多孔砖和砌块的外观质量（mm） 表 1-11

项目		指标
完整面(不得少于)		一条面和一顶面
缺棱掉角的 3 个最大尺寸(不得同时大于)		30
裂纹长度	大面上(有孔面)深入孔壁 15mm 以上,宽度方向及其延伸到条面的长度(≤)	80
	大面上(有孔面)深入孔壁 15mm 以上,宽度方向及其延伸到顶面的长度(≤)	100
	条顶面上的水平裂纹(≤)	100
杂质在砖面上造成的突出高度(≤)		5

注：凡有下列缺陷之一者，不能称为完整面：
1. 缺损在条面或顶面上造成的破坏面尺寸同时大于 20mm×30mm；
2. 条面或顶面上裂缝宽度大于 1mm，其长度超过 70mm；
3. 压陷、焦花、粘底在条面或顶面上到凹陷或凸出超过 2mm，区域最大投影尺寸同时大于 20mm×30mm。

多孔砖和砌块的尺寸偏差（mm） 表 1-12

尺寸	样本平均偏差	样本平均极差(≤)
>400	±3.0	10
300～400	±2.5	9
200～300	±2.5	8
100～200	±2.0	7
<100	±1.5	6

1）主要技术要求

烧结空心砖和砌块的长、宽、高应符合以下系列：

长度规格尺寸：390mm、290mm、240mm、190mm、180（175）mm、140mm；

宽度规格尺寸 190mm、180（175）mm、140mm、115mm；

高度规格尺寸 180（175）mm、140mm、115mm；90mm。

烧结空心砖和砌块按抗压强度分为 MU10、MU7.5、MU5.0、MU3.5 五个强度等级。按体积密度分为 800、900、1000、1100 四个等级。

2）烧结空心砖的应用

烧结空心砖主要用作非承重墙，如多层建筑内隔墙或框架结构的填充墙等。使用空心砖强度等级不低于 MU3.5，最好在 MU5 以上，孔洞率应大于 45%，以横孔方向砌筑。

1.4.2.2 非烧结砖

不经焙烧而制成的砖均为非烧结砖。目前非烧结砖主要有蒸养砖、蒸压砖、碳化砖等，根据生产原材料区分主要有灰砂砖、粉煤灰砖、炉渣砖、混凝土砖等。

（1）蒸压灰砂砖（《蒸压灰砂砖》GB 11945—1999）

蒸压灰砂砖是以石灰等钙质材料和砂等硅质材料为主要原料，经坯料制备、压制排气或型、高压蒸汽养护而成的实心砖。

蒸压灰砂砖的尺寸规格为 240mm×115 mm×53mm，其表观密度为 1800～1900kg/m^3，根据产品的尺寸偏差和外观、强度等级、抗冻性分为优等品（A）、一等品（B）、合格品（C）三个等级。根据浸水 24h 后的抗压和抗折强度，蒸压灰砂砖的强度等级分为

MU25、MU20、MU15、MU10。蒸压灰砂砖主要用于工业与民用建筑的墙体和基础。蒸压灰砂砖不得用于长期受热200℃以上、受急冷、受急热或有酸性介质侵蚀的环境，也不宜用于受流水冲刷的部位。

（2）蒸压粉煤灰砖《蒸压粉碟灰砖》

粉煤灰砖是以石灰、消石灰（如电石渣）或水泥等钙质材料及骨料（砂等）为主要原料，掺加适量石膏，经坯料制备、压制排气成型、高压蒸汽养护而成的实心砖。

粉煤灰砖的尺寸规格为240mm×115mm×53mm，表观密度为1500kg/m³。按抗压强度和抗折强度，粉煤灰砖的强度等级分为MU20、MU15、MU10、MU7.5。按外观质量、强度、抗冻性和干燥收缩分为优等品（A）、一等品（B）、合格品（C）三个产品等级。

蒸压粉煤灰砖可用于工业与民用建筑的基础和墙体，但在易受冻融和干湿交替的部位必须使用优等品或一等品砖。用于易受冻融作用的部位时要进行抗冻性检验，并采取适当措施以提高其耐久性。长期受高于200℃作用，或受冷热交替作用，或有酸性侵蚀的建筑部位不得使用粉煤灰砖。

（3）蒸压炉渣砖（《炉渣砖》JC/T 525—2007）

蒸压炉渣砖是以煤燃烧后的残渣为主要原料，配以一定数量的石灰和少量石膏，经加水搅拌混合、压制成型、蒸养或蒸压养护而制成的实心砖。

炉渣砖的外形尺寸同普通黏土砖240mm×115mm×53mm。根据抗压强度和抗折强度，蒸压炉渣砖的强度等级分为MU25、MU20、MU15。

炉渣砖可用于一般工业与民用建筑的墙体和基础。

（4）混凝土实心砖（《混凝土实心砖》GB/T 21144—2007）

混凝土实心砖是以水泥、骨料以及根据需要加入的掺合料、外加剂经加水搅拌成型、养护而制成。其规格与黏土实心砖相同，用于工业与民用建筑基础和承重墙体，分为MU40、MU35、MU30、MU25、MU20、和MU15六个强度等级。

（5）承重混凝土多孔砖（《承重混凝土多孔砖》GB 2577—2010）

《承重混凝土多孔砖》GB 25779—2010是以水泥为胶结材料，与砂、石（轻骨料）等经加水搅拌、成型和养护而制成的一种具有多排小孔的混凝土制品，如图1-2所示。

产品主规格尺寸为长度：360mm、290mm、240mm、190mm、140mm，宽度：240mm、190mm、115mm、90mm，高度115mm、90mm，强度等级分为MU25、MU20、MU15。

1.4.2.3 砌块的分类、主要技术要求及应用

砌块按产品主规格的尺寸，可分为大型砌块（高度大于980mm）、中型砌块（高度为380～980mm）和小型砌块（高度大于115mm、小于380mm）。按有无孔洞可分为实心砌块和空心砌块。空心砌块的空心率≥25%。

目前在国内推广应用较为普遍的砌块有蒸压加气混凝土砌块、混凝土小型空心砌块、石膏砌块等。

图1-2 混凝土多孔砖

（1）蒸压加气混凝土砌块（《蒸压加气混凝土砌块》GB 11968—2006）

蒸压加气混凝土砌块是钙质材料（水泥、石灰等）和硅质材料（矿渣和粉煤灰）加入铝粉（作加气剂），经蒸压养护而成的多孔轻质块体材料，简称加气混凝土砌块。

1）技术要求

蒸压加气混凝土砌块的尺寸规格为：长度 600mm，高度 200mm、240mm、250mm、300mm，宽度 100mm、120mm、125mm、150mm、180mm、200mm、240mm、250mm、300mm。

蒸压加气混凝土砌块的强度等级分为 A1.0、A2.0、A2.5、A3.5、A5.0、A7.5、A10.0 七级。

按尺寸偏差与外观质量、干密度、抗压强度和抗冻性，蒸压加气混凝土砌块的质量等级分为优等品、合格品。

2）应用

蒸压加气混凝土砌块适用于低层建筑的承重墙，多层建筑和高层建筑的隔离墙、填充墙及工业建筑物的同护墙体和绝热墙体。

（2）普通混凝土小型空心砌块（《普通混凝土小型砌块》GB/T 8239—2014）

混凝土小型空心砌块是以水泥为胶凝材料，砂、碎石或卵石、煤矸石、炉渣为骨料，经加水搅拌、振动加压或冲压成型、养护而成的小型砌块，包括空心砌块和实心砌块。砌块示意图如图 1-3 所示。

混凝土小型空心砌块主规格尺寸为：长度 390mm，宽度 290mm、240mm、190mm、140mm、120mm、90mm；高度：90mm、140mm、190mm。

混凝土小型空心承重砌块的强度等级分为 MU7.5、MU10.0、MU15.0、MU20.0、MU25.0 五级，非承重空心砌块强度等级分为：MU5、MU7.5、MU10.0 三个等级，实心承重砌块强度等级分为：MU15.0、MU20.0、MU25.0MU30.0、MU35.0、MU40.0 六个强度等级，实心非承重砌块强度等级分为：MU10、MU15、MU20.0 三个等级。

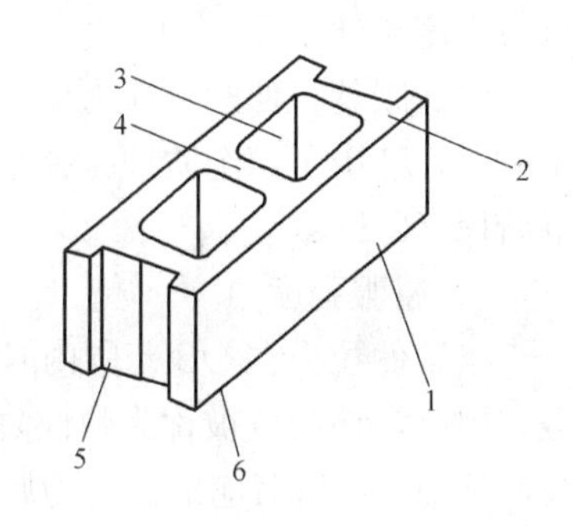

图 1-3 混凝土小型空心砌块示意图
1—条面；2—坐浆面；3—壁；
4—肋；5—高度；6—顶面

混凝土小型空心砌块建筑体系比较灵活，砌筑方便，主要用于建筑的内外墙体。

1.5 金属材料

1.5.1 钢材的分类及主要技术性能

钢材的品种繁多，分类方法也很多。主要的分类方法见表 1-13。

建筑工程中目前常用的钢种是普通碳素结构钢和普通低合金结构钢。

钢材的技术性能主要包括力学性能和工艺性能。

1.5.1.1 力学性能

力学性能又称机械性能，是钢材最重要的使用性能。

钢材的分类　　　　表 1-13

分类方法	类别		特性
按化学成分分类	碳素钢	低碳钢	含碳量<0.25%
		中碳钢	含碳量 0.25%~0.60%
		高碳钢	含碳量>0.60%
	合金钢	低合金钢	合金元素总含量<5%
		中合金钢	合金元素总含量 5%~10%
		高合金钢	合金元素总含量>10%
按脱氧程度分类	沸腾钢		脱氧不完全,硫、磷等杂质偏析较严重,代号为“F”
	镇静钢		脱氧完全,同时去硫,代号为“Z”
	特殊镇静钢		比镇静钢脱氧程度还要充分彻底,代号为“TZ”
按质量分类	普通钢		含硫量≤0.0550/~0.065%,含磷量≤0.045%~0.085%
	优质钢		含硫量≤0.030/~0.045%,含磷量≤0.035%~0.045%
	高级优质钢		含硫量≤0.02%~0.03%,含磷量≤0.027%~0.035%

(1) 抗拉性能

抗拉性能是建筑钢材最重要的技术性质。其技术指标为由拉力试验测定的屈服强度、抗拉强度和伸长率。

将低碳钢拉伸时的应力应变关系曲线如图 1-4 所示。从图中可以看出，低碳钢从受拉至拉断，经历了四个阶段：弹性阶段（*O-A*）、屈服阶段（*A-B*）、强化阶段（*B-C*）和颈缩阶段（*C-D*）。

1) 屈服强度

当试件拉力在 *OB* 范围内时，如卸去拉力，试件能恢复原状，应力与应变的比值为常数，因此，该阶段被称为弹性阶段。当对试件的拉伸进入塑性变形的屈服阶段 *AB* 时，称屈服下限 $B_{下}$ 所对应的应力为屈服强度或屈服点，记做 σ_s。

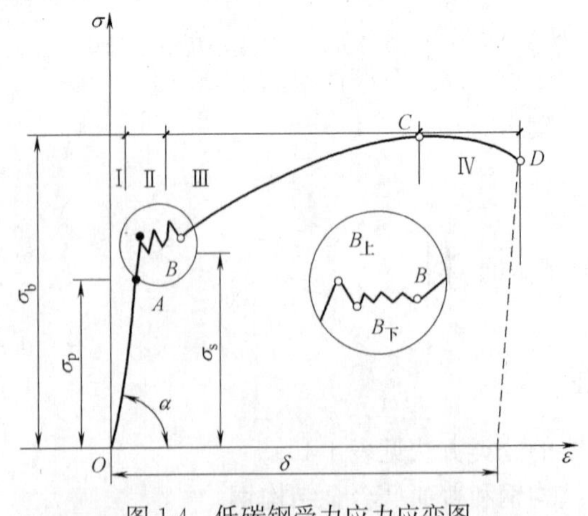

图 1-4　低碳钢受力应力应变图

σ_b—低碳钢的抗拉强度；σ_s—屈服强度；σ_p—弹性极限应力；ε—应变；δ—钢筋伸长率；$B_{上}$—上屈服强度；$B_{下}$—下屈服强度

中碳钢与高碳钢（硬钢）的拉伸曲线与低碳钢不同，屈服现象不明显，难以测定屈服点，则规定产生残余变形为原始标距长度的 0.2%时所对应的应力值，作为硬钢的屈服强度，也称条件屈服点，用 $\sigma_{0.2}$ 表示，如图 1-5 所示。

2) 抗拉强度

从图 1-4 中 *BC* 曲线逐步上升可以看出：试件在屈服阶段以后，其抵抗塑性变形的能力又重新提高，称为强化阶段。对应于最高点 *C* 的应力称为抗拉强度，用 σ_b 表示。

3) 伸长率

图 1-4 中当曲线到达 *C* 点后，试件薄

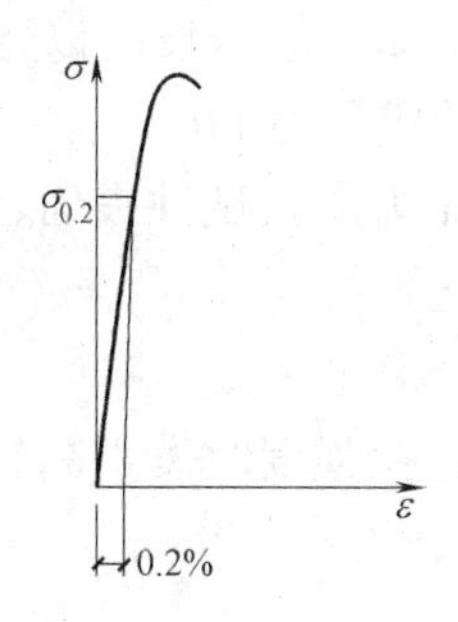

图 1-5 中-高碳钢受力应力应变图

$\sigma_{0.2}$—硬钢的残余变形为原标距长度的 0.2%时所应的断裂强度；σ_b—硬钢的断裂强度；ε—钢筋应变

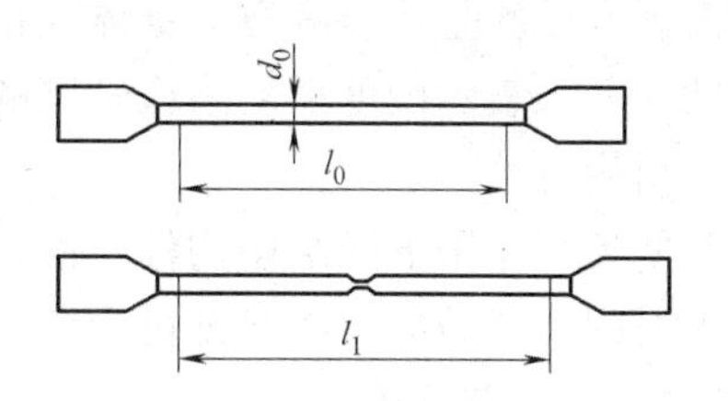

图 1-6 钢材的伸长率

l_0 一钢筋的原始标距；l_1—断裂后的标距；d_0—钢筋直径

弱处急剧缩小，塑性变形迅速增加，产生“颈缩现象”而断裂。将拉断后的试件拼合起来，测定出标距范围内的长度 l_1（mm），其与试件原标距 l_0（mm）之差为塑性变形值，塑性变形值与之比 l_0 称为伸长率，用 δ 表示，如图 1-6 所示。

$$\delta=\frac{l_1-l_0}{l_0} \tag{1-5}$$

伸长率是衡量钢材塑性的一个重要指标，δ 越大说明钢材的塑性越好。

（2）冲击韧性

冲击韧性是指钢材抵抗冲击荷载的能力。冲击韧性指标是通过标准试件的弯曲冲击韧。性试验确定的，如图 1-7 所示。以摆锤打击试件，于刻槽处将其打断，试件单位截面积上所消耗的功，即为钢材的冲击韧性指标，用冲击韧性 α_k（J/cm^2）表示。α_k 值越大，冲击韧性越好。

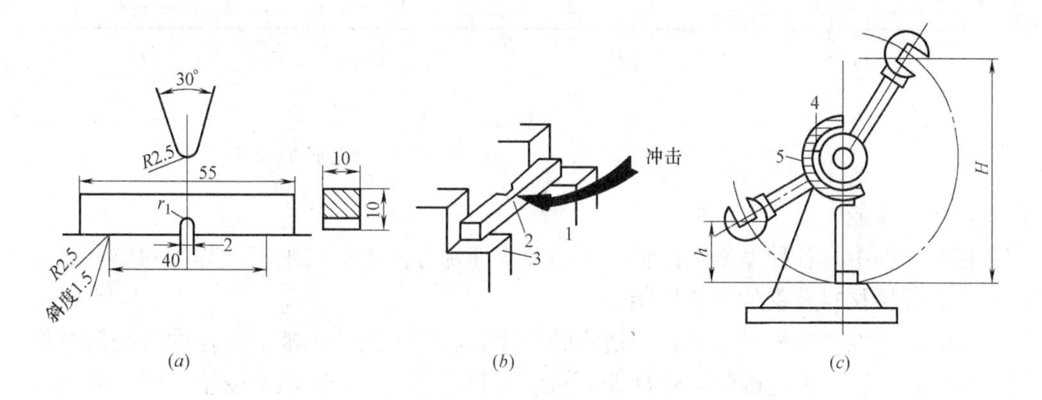

图 1-7 冲击韧性试验示意图

（a）试件尺寸；（b）试验装置；（c）试验机

1—摆锤；2—试件；3—试验台；4—刻转盘；5—指针

（3）硬度

钢材的硬度是指其表面局部体积内抵抗外物压入产生塑性变形的能力。常用的测定硬度的方法有布氏法和洛氏法。

布氏硬度试验是利用直径为 D（mm）的淬火钢球，以一定荷载 F（N）将其压入试件表面，经规定的持续时间后卸除荷载，即得到直径为 d（mm）的压痕。以压痕表面积除荷载 F，所得的应力值即为试件的布氏硬度值。布氏硬度的代号为 HB。

洛氏硬度试验是将金刚石圆锥体或钢球等压头，按一定压力压入试件表面，以压头压入试件的深度来表示硬度值。洛氏硬度的代号为 HR。

（4）耐疲劳性

在反复荷载作用下的结构构件，钢材往往在应力远小于抗拉强度时发生断裂，这种现象称为钢材的疲劳破坏。钢材抵抗疲劳破坏的能力称为耐疲劳性。

1.5.1.2　工艺性能

良好的工艺性能，可以保证钢材顺利通过各种加工，而使钢材制品的质量不受影响。钢材的工艺性能主要包括冷弯性能、焊接性能、冷拉性能、冷拔性能等，下面只介绍冷弯性能和焊接性能。

（1）冷弯性能

冷弯性能是指钢材在常温下承受弯曲变形的能力。钢材的冷弯性能指标是以试件弯曲的角度（a）和弯心直径对试件厚度（或直径）的比值（d/a）来表示。

钢材的冷弯试验是通过直径（或厚度）为 a 的试件，采用标准规定的弯心直径 d（$d=na$），弯曲到规定的弯曲角（180°或 90°）时，试件的弯曲处不发生裂缝、裂断或起层，即认为冷弯性能合格。钢材弯曲时的弯曲角度越大，弯心直径越小，则表示其冷弯性能越好。图 1-8 为弯曲时不同弯心直径的钢材冷弯试验。

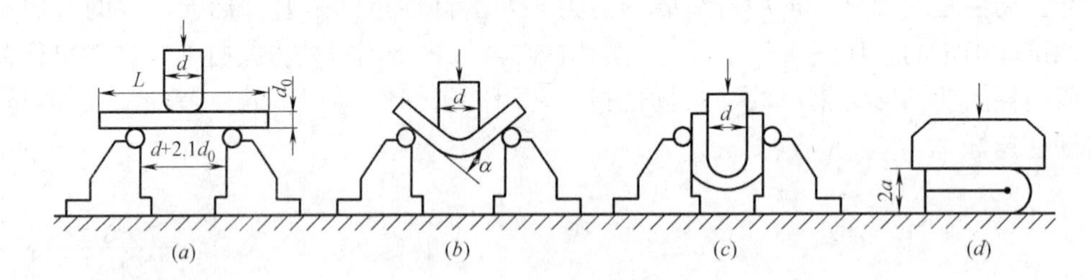

图 1-8　钢材冷弯试验

（a）安装试件；（b）弯曲 90°；（c）弯曲 180°；（d）弯曲至两面重合

（2）焊接性能

在建筑工程中，各种型钢、钢板、钢筋及预埋件等需用焊接加工。焊接的质量取决于焊接工艺、焊接材料及钢的焊接性能。

钢材的可焊性是指钢材是否适应通常的焊接方法与工艺的性能。可焊性好的钢材指易于用一般焊接方法和工艺施焊，焊口处不易形成裂纹、气孔、夹渣等缺陷；焊接后钢材的力学性能，特别是强度不低于原有钢材，硬脆倾向小。钢材可焊性能的好坏，主要取决于钢的化学成分。含碳量高将增加焊接接头的硬脆性，含碳量小于 0.25％的碳素钢具有良好的可焊性。

1.5.2　钢结构用钢材的品种

建筑用钢主要有碳素结构钢和低合金结构钢两种。

1.5.2.1 钢材的牌号及其表示方法

(1) 碳素结构钢(《碳素结构钢》GB/T 700—2006)

碳素结构钢的牌号由字母 Q、屈服点数值、质量等级代号、脱氧方法代号四个部分组成。其中 Q 是"屈"字汉语拼音的首位字母;屈服点数值(以 N/mm^2 为单位)分为 195、215、235、275;质量等级代号有 A、B、C、D,表示质量由低到高;脱氧方法代号有 F、Z、TZ,分别表示沸腾钢、镇静钢、特殊镇静钢,其中代号 Z、TZ 可以省略不写。钢结构一般采用 Q235 钢,分为 A、B、C、D 四级,A、B 两级有沸腾钢和镇静钢,C 级全部为镇静钢,D 级全部为特殊镇静钢。例如 Q235A 代表屈服强度为 $235N/mm^2$,A 级,镇静钢。

(2) 低合金高强度结构钢(《低合金高强度结构钢》GB/T 1591—2008)

低合金高强度结构钢均为镇静钢或特殊镇静钢,所以它的牌号只有 Q、屈服点数值、质量等级三部分。屈服点数值(以 N/mm^2 为单位)分为 Q345、Q390、Q420、Q460、Q500、Q550、Q620、Q690。质量等级有 A～E 五个级别。A 级无冲击功要求,B、C、D、E 级均有冲击功要求。不同质量等级对碳、硫、磷、铝等含量的要求也有区别。低合金高强度结构钢的 A、B 级属于镇静钢,C、D、E 级属于特殊镇静钢。例如 Q345E 代表屈服点为 345 N/mm^2 的 E 级低合金高强度结构钢。

1.5.2.2 钢结构用钢材

钢结构所用钢材主要是型钢和钢板。型钢和钢板的成型有热轧和冷轧两种。

(1) 热轧型钢

热轧型钢主要采用碳素结构钢 Q235A,低合金高强度结构钢 Q345 和 Q390 热轧成型。常用的热轧型钢有角钢、工字钢、槽钢、T 型钢、H 型钢、Z 型钢等,如图 1-9 所示。

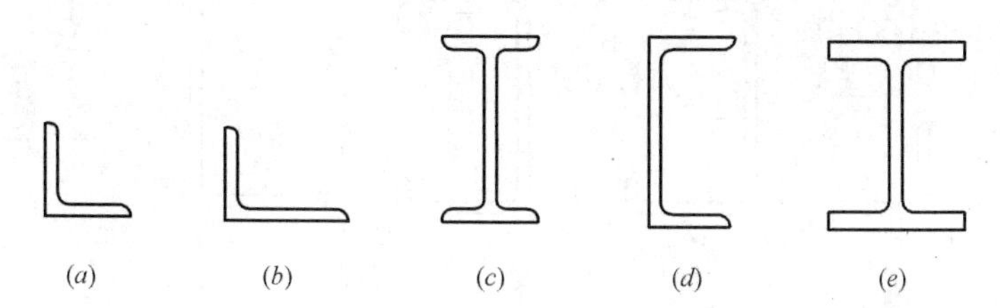

图 1-9 热轧型钢

(*a*) 等边角钢;(*b*) 不等边角钢;(*c*) 工字钢;(*d*) 槽钢;(*e*) H 型钢

1) 热轧角钢

角钢可分为等边角钢和不等边角钢。

等边角钢的规格以"边宽度×边宽度×厚度"(mm)或"边宽♯"(cm)表示。规格范同为 20×20×(3～4) ～200×200×(14～24)。

不等边角钢的规格以"长边宽度×短边宽度×厚度"(mm)或"长边宽度/短边宽度"(cm)表示。规格范围为 25×16×(3～4)～200×125×(12～18)。

2) 热轧普通工字钢

工字钢的规格以"腰高度×腿宽度×腰厚度"(mm)表示,也可用"腰高度♯"(cm)表示;规格范围为 10 号～63 号。若同一腰高的 T 型钢,有几种不同的腿宽和腰厚,则在其后标注 a、b、c 表示相应规格。

工字钢广泛应用于各种建筑结构和桥梁，主要用于承受横向弯曲（腹板平面内受弯）的杆件，但不易单独用作轴心受压构件或双向弯曲的构件。

3）热轧普通槽钢

槽钢规格以“腰高度×腿宽度×腰厚度”（mm）或“腰高度＃”（cm）来表示。同一腰高的槽钢，若有几种不同的腿宽和腰厚，则在其后标注 a、b、c 表示该腰高度下的相应规格。

槽钢主要用于承受轴向力的杆件、承受横向弯曲的梁以及联系杆件，主要用于建筑钢结构、车辆制造等。

4）热轧 H 型钢

H 型钢由工字型钢发展而来。H 型钢的规格型号以“代号腹板高度×翼板宽度×腹板厚度×翼板厚度”（ mm）表示，也可用“代号腹板高度×翼板宽度”表示。

与工字型钢相比，H 型钢优化了截面的分布，具有翼缘宽，侧向刚度大，抗弯能力强，翼缘两表面相互平行、连接构造方便，重量轻、节省钢材等优点。

H 型钢分为宽翼缘（代号为 HW）、中翼缘（代号为 HM）和窄翼缘 H 型钢（HN）以及 H 型钢桩（HP）。宽翼缘和中翼缘 H 型钢适用于钢柱等轴心受压构件，窄翼缘 H 型钢适用于钢梁等受弯构件。

（2）冷弯薄壁型钢

冷弯薄壁型钢指用钢板或带钢在常温下弯曲成的各种断面形状的成品钢材。冷弯薄壁型钢的类型有 C 型钢、U 型钢、Z 型钢、带钢、镀锌带钢、镀锌卷板、镀锌 C 型钢、镀锌 U 型钢、镀锌 Z 型钢。图 1-10 所示为常见形式的冷弯薄壁型钢。冷弯薄壁型钢的表示方法与热轧型钢相同。

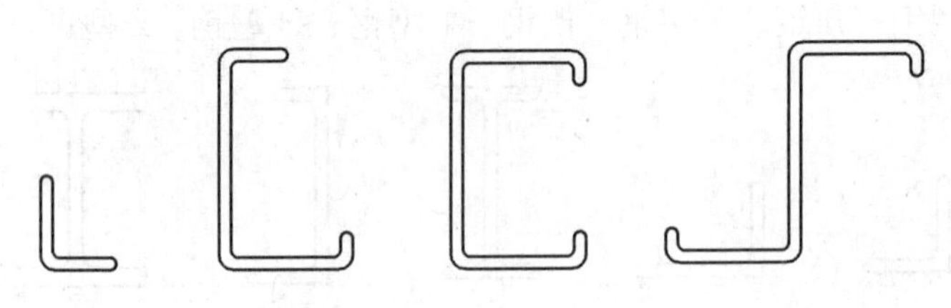

图 1-10　冷弯薄壁型钢

在房屋建筑中，冷弯型钢可用作钢架、桁架、梁、柱等主要承重构件，也被用作屋面檩条、墙架梁柱、龙骨、门窗、屋面板、墙面板、楼板等次要构件和围护结构。

（3）钢板

钢板是用碳素结构钢和低合金高强度结构钢经热轧或冷轧生产的扁平钢材。按轧制方式可分为热轧钢板和冷轧钢板。

表示方法：宽度×厚度×长度（mm）。

厚度大于 4mm 的为厚板；厚度小于或等于 4mm 的为薄板。

热轧碳素结构钢厚板，是钢结构的主要用钢材。低合金高强度结构钢厚板，用于重型结构、大跨度桥梁和高压容器等。薄板用于屋面、墙面或轧型板原料等。

1.5.3　钢筋混凝土结构用钢材的品种

钢筋混凝土结构用钢材主要是由碳素结构钢和低合金结构钢轧制而成的各种钢筋，其主要品种有热轧钢筋、冷加工钢筋、热处理钢筋、预应力混凝土用钢丝和钢绞线等。常用的是热轧钢筋、预应力混凝土用钢丝和钢绞线。

1.5.3.1 热轧钢筋

经热轧成型并自然冷却的成品钢筋，称为热轧钢筋。根据表面特征不同，热轧钢筋分为光圆钢筋和带肋钢筋两大类。

（1）热轧光圆钢筋（《钢筋混凝土用钢　第1部分：热轧光圆钢筋》GB 1499.1—2008）

热轧光圆钢筋，横截面为圆形，表面光圆。其牌号由HPB＋屈服强度特征值构成。其中HPB为热轧光圆钢筋的英文（Hot rolled Plain Bars）缩写，屈服强度值分为235、300两个级别。

热轧光圆钢筋的塑性及焊接性能很好，但强度较低，故广泛用于钢筋混凝土结构的构造筋。

（2）热轧带肋钢筋

热轧带肋钢筋通常为圆形横截面，且表面通常带有两条纵肋和沿长度方向均匀分布的横肋。

热轧带肋钢筋按屈服强度值分为335、400、500三个等级，其牌号的构成及其含义见表1-14。

热轧带肋钢筋（GB 1499.2—2007） **表1-14**

类别	牌号	牌号构成	英文字母含义
普通热轧钢筋	HRB335	HRB＋屈服强度特征值	HRB-热轧带肋钢筋的英文（Hot rolled RibbedBars）缩写
	HRB400		
	HRB500		
细晶粒热轧钢筋	HRBF335	HRBF－屈服强度特征值	HRBF在热轧带肋钢筋的英文缩写后加“细”的英文(Fine)首位字母
	HRBF400		
	HRBF500		

热轧带肋钢筋的延性、可焊性、机械连接性能和锚固性能均较好，且其400MPa、500MPa级钢筋的强度高，因此HRB400、HRBF400、HRB500、HRBF500钢筋是混凝土结构的主导钢筋，实际工程中主要用作结构构件中的受力主筋、箍筋等。

1.5.3.2 预应力混凝土用钢丝（《预应力混凝土用钢丝》GB/T 5223—2014）

钢丝按加工状态分为冷拉钢丝和消除应力钢丝两类。

冷拉钢丝是用盘条通过拔丝模或轧辊经冷加工而成产品，以盘卷供货的钢丝。

消除应力钢丝，即钢丝在塑性变形下（轴应变）进行的短时热处理，得到的应是低松弛钢丝；或钢丝通过矫直工序后在适当温度下进行的短时热处理，得到的应是普通松弛钢丝，故消除应力钢丝按松弛性能又分为低松弛级钢丝和普通松弛级钢丝。

钢丝按外形分为光圆钢丝、螺旋肋钢丝、三面刻痕钢丝3种。螺旋肋钢丝表面沿着长度方向上具有规则间隔的肋条（图1-11）；刻痕钢丝表面沿着长度方向上具有规则间隔的压痕（图1-12）。

预应力钢丝的抗拉强度比钢筋混凝土用热轧光圆钢筋、热轧带肋钢筋高很多，在构件中采用预应力钢丝可节省钢材、减少构件截面和节省混凝土。预应力钢丝主要用于桥梁、

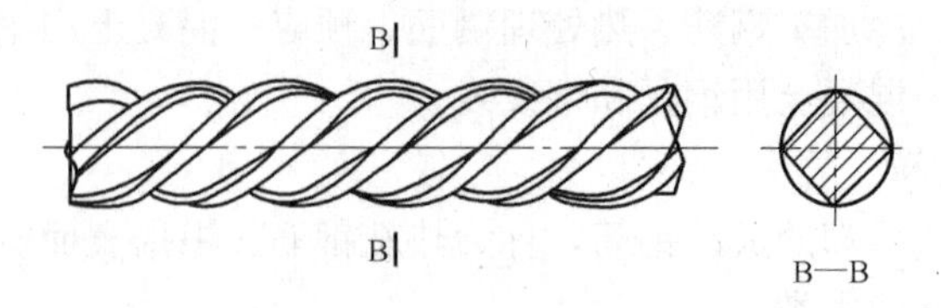

图 1-11　螺旋肋钢丝外形

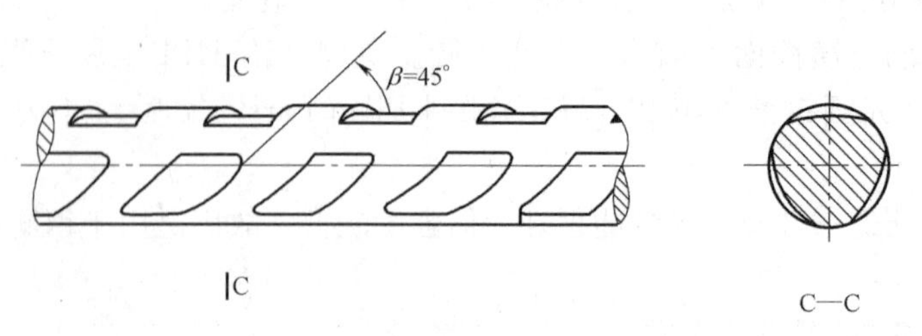

图 1-12　三面刻痕钢丝外形

吊车梁、大跨度屋架和管桩等预应力钢筋混凝土构件中。

1.5.3.3　钢铰线（《预应力混凝土钢绞线》GB/T 5224—2014）

钢铰线是按严格的技术条件，绞捻起来的钢丝束。

预应力钢绞线按捻制结构分为五类：用两根钢丝捻制的钢绞线（代号为 1×2）、用 3 根钢丝捻制的钢绞线（代号为 1×3）、用三根刻痕钢丝捻制的钢绞线（代号为 1×3I）、用七根钢丝捻制的标准型钢绞线（代号为 1×7）、用七根钢丝捻制又经模拔的钢绞线［代号为（1×7）C］。钢绞线外形示意图如图 1-13 所示。

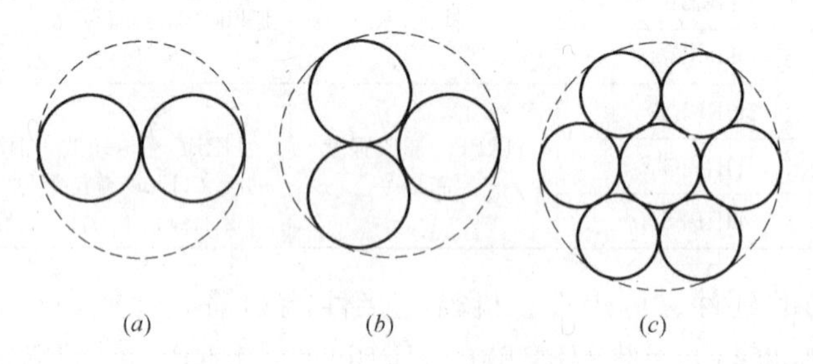

图 1-13　钢绞线外形示意图

（*a*）1×2 结构钢绞线；（*b*）1×3 结构钢绞线；（*c*）1×7 结构钢绞线

预应力钢丝和钢绞线具有强度高、柔度好，质量稳定，与混凝土粘结力强，易于锚固，成盘供应不需接头等诸多优点。主要用于大跨度、大负荷的桥梁、电杆、轨枕、屋架、大跨度吊车梁等结构的预应力筋。

1.6　沥青材料及沥青混合料

1.6.1　沥青材料的种类、技术性质及应用

1.6.1.1　沥青材料的种类

沥青是由一些极为复杂的高分子碳氢化合物及其非金属（氮、氧、硫）衍生物所组成

的，在常温下呈固态、半固态或黏稠液体的混合物。

我国对于沥青材料的命名和分类方法按沥青的产源不同划分为地沥青和焦油沥青。

（1）地沥青

地沥青根据产源又可分为天然沥青和石油沥青。天然沥青是石油在自然条件下，长时间经受地球物理因素作用形成的产物；石油沥青是石油经各种炼油工艺加工而得的石油产品。

（2）焦油沥青

焦油沥青又分为煤沥青和页岩沥青。煤沥青是煤经干馏所得的煤焦油，经再加工后得到的产品。

页岩沥青是页岩炼油工业的副产品。

沥青是憎水材料，有良好的防水性；具有较强的抗腐蚀性，能抵抗一般的酸、碱、盐类等侵蚀性液体和气体的侵蚀；能紧密粘附于无机矿物表面，有很强的粘结力；有良好的塑性，能适应基材的变形。因此，沥青及沥青混合料被广泛应用于防水、防腐、道路工程和水工建筑中。我国应用最广泛的是石油沥青。

1.6.1.2　石油沥青的技术性质

（1）黏滞性

石油沥青的黏滞性是指在外力作用下，沥青粒子产生相互位移时抵抗变形的性能。黏滞性是反映材料内部阻碍其相对流动的一种特性，也是我国现行标准划分沥青牌号的主要性能指标。

沥青的黏滞性与其组分及所处的温度有关。当沥青质含量较高，又有适量的胶质，且油分含量较少时，黏滞性较大。在一定的温度范围内，当温度升高，黏滞性随之降低，反之则增大。

石油沥青的黏滞性一般采用针入度来表示。针入度是在温度为25℃时，以负重100g的标准针，经5s沉入沥青试样中的深度，每沉入1/10mm，定为1度。针入度数值越小，表明黏度越大。

（2）塑性和脆性

1）塑性

塑性是指石油沥青在受外力作用时产生变形而不破坏，除去外力后，仍保持变形后形状的性质。

石油沥青的塑性用延度表示，延度越大，塑性越好。延度是将沥青试样制成8字形标准试件，在规定温度的水中，以5cm/min的速度拉伸至试件断裂时的伸长值，以cm为单位。

沥青的延度决定于沥青的胶体结构、组分和试验温度。当石油沥青中胶质含量较多且其他组分含量又适当时，则塑性较大；温度升高，则延度增大；沥青膜层厚度越厚，则塑性越高。反之，膜层越薄，则塑性越差，当膜层薄至1μm时，塑性近于消失，即接近于弹性。

2）脆性

温度降低时沥青会表现出明显的塑性下降，在较低温度下甚至表现为脆性。特别是在冬季低温下，用于防水层或路面中的沥青由于温度降低时产生的体积收缩，很容易导致沥青材料的开裂。显然，低温脆性反映了沥青抗低温的能力。

不同沥青对抵抗这种低温变形时脆性开裂的能力有所差别。通常采用弗拉斯（Frass）脆点作为衡量沥青抗低温能力的条件脆性指标。沥青脆性指标是在特定条件下，涂于金属片上的沥青试样薄膜，因被冷却和弯曲而出现裂纹时的温度，以℃表示。低温脆性主要取决于沥青的组分，当树脂含量较多、树脂成分的低温柔性较好时，其抗低温能力就较强；当沥青中含有较多石蜡时，其抗低温能力就较差。

（3）温度稳定性

温度稳定性是指石油沥青的黏滞性和塑性随温度升降而变化的性能。在工程上使用的沥青，要求有较好的温度稳定性，否则容易发生沥青材料夏季流淌或冬季变脆甚至开裂等现象。

通常用软化点来表示石油沥青的温度稳定性。软化点为沥青受热由固态转变为具有一定流动态时的温度。软化点越高，表明沥青的耐热性越好，即温度稳定性越好。沥青的软化点不能太低，否则夏季易融化发软；但也不能太高，否则不易施工，冬季易发生脆裂现象。

针入度、延度、软化点是评价黏稠沥青性能最常用的经验指标，也是划分沥青牌号的主要依据。所以统称为沥青的“三大指标”。

1.6.2 沥青混合料的种类、技术性质及应用

1.6.2.1 沥青混合料分类

沥青混合料是用适量的沥青与一定级配的矿质集料经过充分拌合而形成的混合物。沥青混合料的种类很多，道路工程中常用的分类方法有以下几类：

（1）按结合料分类

按使用的结合料不同，沥青混合料可分为石油沥青混合料、煤沥青混合料、改性沥青混合料和乳化沥青混合料。

（2）按混合料密度分类

按沥青混合料中剩余空隙率大小的不同分类，压实后剩余空隙率大于15%的沥青混合料称为开式沥青混合料；剩余空隙率为10%～15%的混合料称为半开式沥青混合料；剩余空隙率小于10%的沥青混合料称为密实式沥青混合料。密实式沥青混合料中，剩余空隙率为3%～6%时称为Ⅰ型密实式沥青混合料，剩余空隙率为4%～10%时称为Ⅱ型半密实式沥青混合料。

（3）按矿质混合料的级配类型分类

1）连续级配沥青混合料。它是用连续级配的矿质混合料所配制的沥青混合料。其中连续级配矿质混合料是指矿质混合料中的颗粒从大到小各级粒径按比例相互搭配组成。

2）间断级配沥青混合料。它是用间断级配的矿质混合料所配制的沥青混合料。其中间断级配矿质混合料是指矿质混合料的比例搭配组成中缺少某些尺寸范围粒径的级配。

（4）按沥青混合料所用集料的最大粒径分类

1）粗粒式沥青混合料。集料最大粒径为26.5mm或31.5mm的沥青混合料。

2）2中粒式沥青混合料。集料最大粒径为16mm或19mm的沥青混合料。

3）细粒式沥青混合料。集料最大粒径为9.5 mm或13.2mm的沥青混合料。

4）砂粒式沥青混合料。集料最大粒径小于或等于 4.75m 的沥青混合料。

沥青碎石混合料中除上述 4 类外，尚有集料最大粒径大于 37.5mm 的特粗式沥青碎石混合料。

（5）按沥青混合料施工温度分类

按沥青混合料施工温度，可分为热拌沥青混合料和常温沥青混合料。

1.6.2.2　沥青混合料的组成材料及其技术要求

（1）沥青

沥青是沥青混合料中唯一的连续相材料，而且还起着胶结的关键作用。沥青的质量必须符合《公路沥青路面施工技术规范》JTG F40—2004 的要求，同时沥青的标号应按表 1-15 选用。通常在较炎热地区首先要求沥青有较高的粘度，以保证混合料具有较高的力学强度和稳定性；在低气温地区可选择较低稠度的沥青，以便冬季低温时有较好的变形能力，防止路面低温开裂。一般煤沥青不宜用于热拌沥青混合料路面的表面层。

热拌沥青混合料用沥青标号的选用　　**表 1-15**

气候分区	最低月平均温度(℃)	沥青标号	
		沥青碎石	沥青混凝土
寒区	＜－10	90,110,130	90，110，130
温区	0～10	90,110	70,90
热区	＞10	50，70,90	50，70

（2）粗集料

沥青混合料中所用粗集料是指粒径大于 2.36mm 的碎石、破碎砾石和矿渣等。粗集料应该洁净、干燥、无风化、无杂质，其质量指标应符合表 1-16 的要求。对于高速公路、一级公路、城市快速路、主干路的路面及各类道路抗滑层用的粗集料还有磨光值和黏附性的要求，并优先选用与沥青的粘结性好的碱性集料。酸性岩石的石料与沥青的粘结性差，应避免采用，若采用时应采取抗剥离措施。粗集料的级配应满足《公路沥青路面施工技术规范》JTG F40 的规定。

沥青面层用粗集料质量指标要求　　**表 1-16**

指标	高速公路及一级公路		其他等级公路
	表面层	其他层次	
石料压碎值(%)≤	26	28	30
洛杉矶磨耗损失(%)≤	28	30	35
表观相对密度(t/m^3)≥	2.60	2.50	2.45
吸水率(%)≤	2.0	3.0	3.0
坚固性(%)≤	12	12	
针片状颗粒含量(混合料)(%)≤ 其中粒径大于 9.5mm(%)≤ 其中粒径小于 9.5mm(%)≤	15 12 18	18 15 20	20
水洗法＜0.075mm 颗粒含量(%)≤	1	1	1
软石含量(%)≤	3	5	5

（3）细集料

沥青混合料用细集料是指粒径小于2.36mm的天然砂、人工砂及石屑等。天然砂可采用河砂或海砂，通常宜采用粗砂和中砂。细集料应洁净、干燥、无风化、无杂质，并有适当的颗粒级配，其主要质量要求见表1-17，沥青面层用天然砂的级配应符合规范《公路沥青路面施工技术规范》JTG F 40—2004中的有关要求。

沥青混合料用细集料主要质量要求　　表1-17

指标	高速公路、一级公路	一般道路
表观密度（g/cm³）	≥2.50	≥2.45
坚固性（>0.3mm部分）（%）	≤12	—
砂当量（%）	≥60	≥50

（4）矿粉等填料

矿粉是粒径小于0.075mm的无机质细粒材料，它在沥青混合料中起填充与改善沥青性能的作用。矿粉宜采用石灰岩或岩浆岩中的强基性岩石经磨细得到的矿粉，原石料中的泥土质量分数要小于3%，其他杂质应除净，并且要求矿粉干燥、洁净，级配合理，其质量符合表1-18的技术要求。当采用水泥、石灰、粉煤灰作填料时，其用量不宜超过矿料总量的2%，并要求粉煤灰与沥青有良好的黏附性，烧失量小于12%。

在高等级路面中可加入有机或无机短纤维等填料，以便改善沥青混合料路面的使用性能。

沥青面层用矿粉质量要求　　表1-18

指标		高速公路、一级公路	一般道路
表观密度（g/cm³）		≥2.50	≥2.45
含水量（%）		≤1	≤1
粒度范围（%）	<0.6mm	100	100
	<0.15mm	90～100	90～100
	<0.075	75～100	70～100
外观		无团块	
亲水系数		<1	
塑性指数		<4	

1.6.2.3　沥青混合料的技术性质

（1）沥青混合料的强度

沥青混合料的强度是指其抵抗破坏的能力，由两方面构成：一是沥青与集料间的结合力；二是集料颗粒间的内摩擦力。

（2）沥青混合料的温度稳定性

路面中的沥青混合料需要抵御各种自然因素的作用和影响。其中环境温度对于沥青混合料性能的影响最为明显。为长期保持其承载能力，沥青混合料必须具有在高温和低温作用下的结构稳定性。

1）高温稳定性

高温稳定性是指在夏季高温环境条件下，经车辆荷载反复作用时，路面沥青混合料的结构保持稳定或抵抗塑性变形的能力。稳定性不好的沥青混合料路面容易在高温环境中出现车辙、波浪等不良现象。通常所指的高温环境多以60℃为参考标准。

评价沥青混合料高温稳定性的方法主要有三轴试验、马歇尔稳定度、车辙试验（即动稳定度）等方法。由于三轴试验较为复杂，故通常采用马歇尔稳定度和车辙试验作为检验和评定沥青混合料的方法。

马歇尔稳定度是指在规定条件下沥青混合料试件所能承受荷载的能力。它是通过在规定温度与加荷速度下，标准试件在允许变形范围内所能承受的最大破坏荷载。试验测定的指标有两个：一是反映沥青混合料抵抗荷载能力的马歇尔稳定度MS（以kN计）；二是反映沥青混合料在外力作用下，达到最大破坏荷载时表示试件垂直变形的流值FL（以mm计）。通常期望沥青混合料在具有较高马歇尔稳定度的同时，试件所产生的流值较小。

沥青混合料车辙试验是用标准方法制成300mm×300mm×300mm的沥青混合料试件，在60℃（根据需要，在寒冷地区也可采用45℃或其他温度）的温度条件下，以一定荷载的橡胶轮（轮压为0.7MPa）在同一轨迹上作一定时间的反复行走，测定其在变形稳定期每增加变形Imm的碾压次数，即动稳定度，并以“次/mm”表示。

用于高速公路、一级公路上面层或中面层的沥青混凝土混合料的动稳定度宜不小于800次/mm，对用于城市主干道的沥青混合料的动稳定度不宜小于600次/mm。

2）低温抗裂性

低温抗裂性是指在冬季环境等较低温度下，沥青混合料路面抵抗低温收缩，并防止开裂的能力。低温开裂的原因主要是由于温度下降造成的体积收缩量超过了沥青混合料路面在此温度下的变形能力，导致路面收缩应力过大而产生的收缩开裂。

工程实际中常根据试件的低温劈裂试验来间接评定沥青混合料的抗低温能力。

（3）沥青混合料的耐久性

耐久性是指沥青混合料长期在使用环境中保持结构稳定和性能不严重恶化的能力。沥青的老化或剥落、结构松散、开裂、抗剪强度的严重降低等影响正常使用的各种现象都是这种恶化的表现。

我国现行规范采用空隙率、饱和度和残留稳定度等指标来表征沥青混合料的耐久性。

（4）沥青混合料的抗疲劳性

沥青混合料的疲劳是材料在荷载重复作用下产生不可恢复的强度衰减积累所引起的一种现象。荷载重复作用的次数越多，强度的降低也越大，它能承受的应力或应变值就越小。通常把沥青混合料出现疲劳破坏的重复应力值称为疲劳强度，相应的应力重复作用次数称为疲劳寿命。

（5）沥青混合料的抗滑性

为保证汽车安全和快速行驶，要求路面具有一定的抗滑性。为满足路面对混合料抗滑性的要求，应选择表面粗糙、多棱角、坚硬耐磨的矿质集料，以提高路面的摩擦系数。沥青用量和含蜡量对抗滑性的影响非常敏感，即使沥青用量较最佳沥青用量只增加0.5%，也会使抗滑系数明显降低；沥青含蜡量对路面抗滑性的影响也十分显著，工程实际中应严格控制沥青含蜡量。

(6) 沥青混合料的施工和易性

影响沥青混合料施工和易性的因素主要是矿料级配。粗细集料的颗粒大小相距过大时，缺乏中间粒径，混合料容易离析。若细料太少，沥青层就不容易均匀地分布在粗颗粒表面；细料过多时，则拌合困难。

另外，用粉煤灰这种具有球形结构和一定保温性能的材料作为沥青混合料的填料时，也具有良好的施工和易性。

第 2 章　建筑工程识图

2.1　施工图的基本知识

房屋建筑施工图是指利用正投影的方法把所设计房屋的大小、外部形状、内部布置和室内装修，以及各部分结构、构造、设备等的做法，按照建筑制图国家标准规定绘制的工程图样。它是工程设计阶段的最终成果，同时又是工程施工、监理和计算工程造价的主要依据。

按照内容和作用不同，房屋建筑施工图分为建筑施工图（简称“建施”）、结构施工图（简称“结施”）和设备施工图（简称“设施”）。通常，一套完整的施工图还包括图纸目录、设计总说明（即首页）。

图纸目录列出所有图纸的专业类别、总张数、排列顺序、各张图纸的名称、图样幅面等，以方便翻阅查找。

设计总说明包括施工图设计依据、工程规模、建筑面积、相对标高与总平面图绝对标高的对应关系、室内外的用料和施工要求说明、采用新技术和新材料或有特殊要求的做法说明、选用的标准图以及门窗表等。设计总说明的内容也可在各专业图纸上写成文字说明。

2.1.1　房屋建筑施工图的组成及作用

（1）建筑施工图的组成及作用

建筑施工图一般包括建筑设计说明、建筑总平面图、平面图、立面图、剖面图及建筑详图等。

建筑施工图表达的内容主要包括房屋的造型、层数、平面形状与尺寸，房间的布局、形状、尺寸、装修做法，墙体与门窗等构配件的位置、类型、尺寸、做法，室内外装修做法等。建造房屋时，建筑施工图主要作为定位放线、砌筑墙体、安装门窗、装修的依据。

各图样的作用分别是：

建筑设计说明主要说明装修做法和门窗的类型、数量、规格、采用的标准图集等情况。

建筑总平面图也称总图，用以表达建筑物的地理位置和周围环境，是新建房屋及构筑物施工定位，规划设计水、暖、电等专业工程总平面图及施工总平面图设计的依据。

建筑平面图主要用来表达房屋平面布置的情况，包括房屋平面形状、大小、房间布置，墙或柱的位置、大小、厚度和材料，门窗的类型和位置等，是施工备料、放线、砌墙、安装门窗及编制概预算的依据。

建筑立面图主要用来表达房屋的外部造型、门窗位置及形式、外墙面装修、阳台、雨篷等部分的材料和做法等。在施工中是外墙面造型、外墙面装修、工程概预算、备料等的依据。

建筑剖面图主要用来表达房屋内部垂直方向的高度、楼层分层情况及简要的结构形式和构造方式，是施工、编制概预算及备料的重要依据。

因为建筑物体积较大，建筑平面图、立面图、剖面图常采用缩小的比例绘制，所以房屋上许多细部的构造无法表示清楚，为了满足施工的需要，必须分别将这些部位的形状、尺寸、材料、做法等用较大的比例画出，这些图样就是建筑详图。

(2) 结构施工图的组成及作用

结构施工图一般包括结构设计说明、结构平面布置图和结构详图三部分，主要用以表示房屋骨架系统的结构类型、构件布置、构件种类、数量、构件的内部构造和外部形状、大小，以及构件间的连接构造。施工放线、开挖基坑（槽），施工承重构件（如梁、板、柱、墙、基础、楼梯等）主要依据结构施工图。

结构设计说明是带全局性的文字说明，它包括设计依据，工程概况，自然条件，选用材料的类型、规格、强度等级，构造要求，施工注意事项，选用标准图集等。主要针对图形不容易表达的内容，利用文字或表格加以说明。

结构平面布置图是表示房屋中各承重构件总体平面布置的图样，一般包括：基础平面布置图、楼层结构布置平面图、屋顶结构平面布置图。

结构详图是为了清楚地表示某些重要构件的结构做法，而采用较大的比例绘制的图样，一般包括：梁、柱、板及基础结构详图，楼梯结构详图，屋架结构详图，其他详图（如天沟、雨篷、过梁等）。

(3) 设备施工图的组成及作用

设备施工图可按工种不同再分成给水排水施工图（简称水施图）、供暖通风与空调施工图（简称暖施图）、电气设备施工图（简称电施图）等。水施图、暖施图、电施图一般都包括设计说明、设备的布置平面图、系统图等内容。设备施工图主要表达房屋给水排水、供电照明、供暖通风、空调、燃气等设备的布置和施工要求等。

2.1.2 房屋建筑施工图的图示特点

房屋建筑施工图的图示特点主要体现在以下几方面：

(1) 施工图中的各图样用正投影法绘制。一般在水平面（H面）上作平面图，在正立面（V面）上作正、背立面图，在侧立面（W面）上作剖面图或侧立面图。平面图、立面图、剖面图是建筑施工图中最基本、最重要的图样，在图纸幅面允许时，最好将其画在同一张图纸上，以便阅读。

(2) 由于房屋形体较大，施工图一般都用较小比例绘制，但对于其中需要表达清楚的节点、剖面等部位，则用较大比例的详图来表现。

(3) 房屋建筑的构、配件和材料种类繁多，为作图简便，国家标准采用一系列图例来代表建筑构配件、卫生设备、建筑材料等。为方便读图，国家标准还规定了许多标注符号，构件的名称应用代号表示。

2.1.3 制图标准相关规定

(1) 常用建筑材料图例和常用构件代号

常用建筑材料图例见表 2-1。

常用建筑材料图例 **表 2-1**

序号	名称	图例	备注
1	自然土壤		包括各种自然土壤
2	夯实土壤		
3	石材		
4	毛石		
5	普通砖		包括实心砖、多孔砖、砌块等砌体，断面较窄不易绘出图例线时，可涂红，并在图纸备注中加注说明，画出该材料图例
6	饰面砖		包括铺地砖、陶瓷锦砖、人造大理石等
7	焦渣、矿渣		包括与水泥、石灰等混合而成的材料
8	混凝土		1. 本图例指能承重的混凝土及钢筋混凝土； 2. 包括各种强度等级、骨料、添加剂的混凝土； 3. 在剖面图上画出钢筋时，不画图例线； 4. 断面图形小时，不易画出图例线时，可涂黑
9	钢筋混凝土		
10	粉刷材料		

构件代号以构件名称的汉语拼音的第一个字母表示，如 B 表示板，WB 表示屋面板。对预应力混凝土构件，则在构件代号前加注“Y”，如 YKB 表示预应力混凝土空心板。

（2）图线

建筑专业制图、建筑结构专业制图的图线见表 2-2。

建筑制图的线型及其应用 **表 2-2**

名称		线型	线宽	建筑制图中的用途	建筑结构制图中的用途
实线	粗	————	b	1. 平、剖面图中被剖切的主要建筑构造(包括构配件)的轮廓线 2. 建筑立面图或室内立面图的外轮廓线 3. 建筑构造详图中被剖切的主要部分的轮廓线 4. 建筑构配件详图中的外轮廓线 5. 平、立、剖面的剖切符号	螺栓、钢筋线、结构平面图中的单线结构构件线，钢木支撑冢系杆线、图名下横线，剖切线

续表

名称		线型	线宽	建筑制图中的用途	建筑结构制图中的用途
实线	中粗		0.7b	1. 平、剖面图中被剖切的次要建筑构造(包括构配件)的轮廓线 2. 建筑平、立、剖面图中建筑构配件的轮廓线 3. 建筑构造详图及建筑构配件详图中的一般轮廓线	结构平面图及详图中剖到或可见的墙身轮廓线,基础轮廓线、钢、木结构轮廓线、钢筋线
	中		0.5b	小于0.7b的图形线、尺寸线、尺寸界线、索引符号、标高符号、详图材料做法引出线、粉刷线、保温层线、地面、墙面的高差分界线等	结构平面图及详图中剖到或可见的墙身轮廓线,基础轮廓线、可见的钢筋混凝土构件轮廓线、钢筋线
	细		0.25b	图例填充线、家具线、纹样线等	标注引出线、标高符号线、索引符号线、尺寸线
虚线	粗		b	—	不可见的钢筋线、螺栓线、结构平面图中不可见的单线结构构件及钢、木支撑线
	中粗		0.7b	1. 建筑构造详图及建筑构件不可见轮廓线。 2. 平面图中起重机(吊车)轮廓线。 3. 拟建、扩建建筑物轮廓线	结构平面图中的不可见构件,墙身轮廓线及不可见钢、木结构构件线、不可见的钢筋线
	中		0.5b	小于0.5b的不可见轮廓线、投影线	结构平面图中的不可见构件、墙身轮廓线及不可见钢、木结构构件线、不可见的钢筋线
	细		0.25b	图例填充线、家具线	基础平面图中管沟轮廓线、不可见的钢筋混凝土构件轮廓线
单点长画线	粗		b	起重机(吊车)轨道线	柱间支撑、垂直支撑、设备基础轴线图中的中心线
	细		0.25b	中心线、对称线、定位轴线	定位轴线、对称线、中心线
双点长画线	粗		b	—	预应力钢筋线
	细		0.25b	—	原有结构轮廓线
折断线	细		0.25b	部分省略表示时的断开界线	断开界线
波浪线	细		0.25b	部分省略表示时的断开界线,曲线形构件断开界线、构造层次的断开界线	断开界线

注:建筑制图中地平线宽可用1.4b。

(3) 尺寸标注

图样上的尺寸,应包括尺寸界线、尺寸线、尺寸起止符号和尺寸数字四个要素,如图2-1所示。

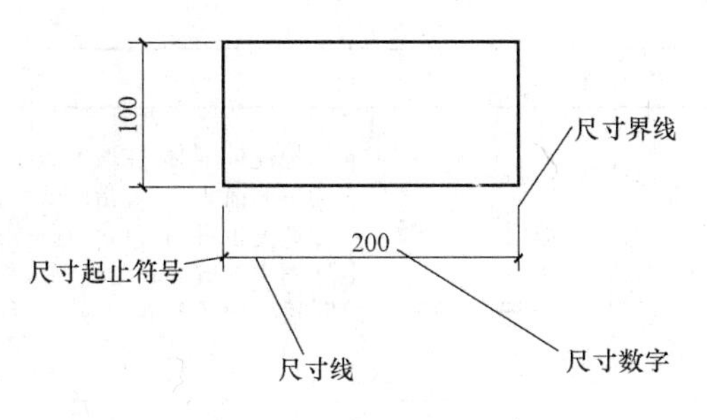

图 2-1　尺寸组成四要素

几种尺寸的标注形式见表 2-3。

尺寸的标注形式　　**表 2-3**

注写的内容	注法示例	说　明
半径	R1200　R1200　R16　R16　R20　R12　R8	半圆或小于半圆的圆弧应标注半径，如左下方的例图所示。标注半径的尺寸线应一端从圆心开始，另一端画箭头指向圆弧，半径数字前应加注符号“R”。 较大圆弧的半径，可按上方两个例图的形式标注；较小圆弧的半径，可按右下方四个例图的形式标注
直径	ϕ600　ϕ36　ϕ22　ϕ12　ϕ16　ϕ16　ϕ4　ϕ600	圆及大于半圆的圆弧应标注直径，如左侧两个例图所示，并在直径数字前加注符号“ϕ”。在圆内标注的直径尺寸线应通过圆心，两端画箭头指至圆弧。 较小圆的直径尺寸，可标注在圆外，如右侧六个例图所示
薄板厚度	t10　160　220　70　60　180　120　300	应在厚度数字前加注符号“t”
正方形	ϕ30　40　60　20　50×50　ϕ30　40　60　20　□50	在正方形的侧面标注该正方形的尺寸，可用“边长×边长”标注，也可在边长数字前加正方形符号“□”

续表

注写的内容	注法示例	说　明
坡度	2%　1:2　2.5　2%	标注坡度时，在坡度数字下应加注坡度符号，坡度符号为单面箭头，一般指向下坡方向。 坡度也可用直角三角形形式标注，如右侧的例图所示。 图中的坡面高的一侧水平边上所画的垂直于水平边的长短相同的等距细实线，称为示坡线，也可用它来表示坡面
角度、弧长与弦长	75°20′　5°　6°09′56″　$\frown{120}$　113	如左方的例图所示，角度的尺寸线是圆弧，圆心是角顶。角边是尺寸界线。尺寸起止符号用箭头；如没有足够的位置画箭头，可用圆点代替。角度的数字应水平方向注写。 如中间例图所示，标注弧长时，尺寸线为同心圆弧，尺寸界线垂直于该圆弧的弦，起止符合用箭头，弧长数字上方加圆弧符号。 如右方的例图所示，圆弧的弦长尺寸线应平行于弦，尺寸界线垂直于弦
连续排列的等长尺寸	180　5×100=500　60	可用“个数×等长尺寸−总长”的形式标注
相同要素	6×ϕ30　ϕ120　ϕ200	当构配件内的构造要素（如孔、槽等）相同时，可仅标注其中一个要素的尺寸及个数

（4）标高

标高是表示建筑的地面或某一部位的高度。在房屋建筑中，建筑物的高度用标高表示。标高分为相对标高和绝对标高两种。一般以建筑物底层室内地面作为相对标高的零点；我国把青岛市外的黄海海平面作为零点所测定的高度尺寸称为绝对标高。

各类图上的标高符号如图 2-2 所示。标高符号的尖端应指至被标注的高度，尖端可向下也可向上。在施工图中一般注写到小数点后三位即可；在总平面图中则注写到小数点后二位。零点标高注写成±0.000，负标高数字前必须加注“−”，正标高数字前不写“+”。标高单位除建筑总平面图以米为单位外，其余一律以毫米为单位。

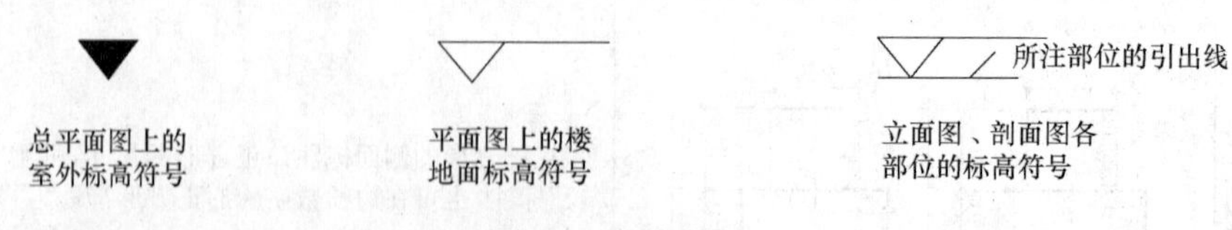

图 2-2　标高符号

在建施图中的标高数字表示其完成面的数值。

2.2 施工图的图示方法及内容

2.2.1 建筑施工图的图示方法及内容

2.2.1.1 建筑总平面图

(1) 建筑总平面图的图示方法

建筑总平面图是新建房屋所在地域的一定范围内的水平投影图。

建筑总平面图是将拟建工程四周一定范围内的新建、拟建、原有和将拆除的建筑物、构筑物连同其周围的地形地物状况，用水平投影方法画出的图样。由于总平面图绘图比例较小，图中的原有房屋、道路、绿化、桥梁边坡、围墙及新建房屋等均是用图例表示。表2-4为总平面图图例示例。

总平面图的常用图例 **表2-4**

名称	图例	说明
新建的建筑物	6	1. 需要时，可在图形内右上角以点数或数字(高层宜用数字)表示层数； 2. 用粗实线表示
围墙及大门		1. 上图为砖石、混凝土或金属材料的围墙，下图为镀锌铁丝网、篱笆等围墙； 2. 如仅表示围墙时不画大门
新建的道路	6 101.00 R9 150.00	1. R9表示道路转弯半径为9m，150为路面中心标高，6表示6%纵向坡度，101.00表示变坡点间距离； 2. 图中斜线为道路断面示意，根据实际需要绘制

(2) 总平面图的图示内容

1) 图名、比例

由于总平面图所包括的区域面积大，所以绘制时常采用1∶500、1∶1000、1∶2000、1∶5000等小比例。

2) 图例

由于比例较小，故总平面图应用图例来表明各建筑物及构筑物的位置，道路、广场、室外场地和绿化，河流、池塘等的布置情况以及各建筑物的层数等，均应按规定的图例绘制。对于自定的图例，必须在总平面图的适当位置加以说明。

3) 工程的用地范围

新建建筑工程用地的范围一般以规划红线确定。规划红线又称建筑红线，它是城市建设规划图上划分建设用地和道路用地的分界线，一般用红色线条来表示，故称为“红线”。规划红线由当地规划管理部门确定，在确定沿街建筑或沿街地下管线位置时，不能超越此线或按规划管理部门规定。

4) 新建建筑的平面位置

新建建筑所在地域一般以规划红线确定。拟建建筑的定位有三种方式：一种是利用新建筑与原有建筑或道路中心线的距离确定新建筑的位置；第二种是利用建筑坐标确定新建建筑的位置；第三种是利用测量坐标确定新建建筑的位置。

新建建筑的平面位置对于小型工程，一般根据原有房屋、道路、围墙等固定设施来确定其位置并标出定位尺寸。

对于建造成片建筑或大中型工程，为确保定位放线的正确，通常用坐标网来确定其平面位置。在地形图上以南北方向为 X 轴，东西方向为 Y 轴，以 100m×100m 或 50m×50m 画成的细网格线称为测量坐标网。在坐标网中，房屋的平面位置可由房屋三个墙角的坐标来定位，如图 2-3（a）所示。

当房屋的两个主向与测量坐标网不平行时，为方便施工，通常采用建筑施工坐标网定位。其方法是在图中选定某一适当位置为坐标原点，以竖直方向为 A 轴，水平方向为 B 轴，同样以 100m×100m 或 50m×50m 进行分格，即为施工坐标网，只要在图中标明房屋两个相对墙角的 A、B 坐标值，就可以确定其位置，还可算出房屋总长和总宽，如图 2-3（b）所示。

5）新建建筑区域的地形

新建建筑附近的地形情况，一般用等高线表示，由等高线可以分析出地形的高低起伏情况。如图 2-3（b）中的 725、726 两根曲线即为等高线。

6）建筑物的层数、尺寸标注和室内外地面的标高

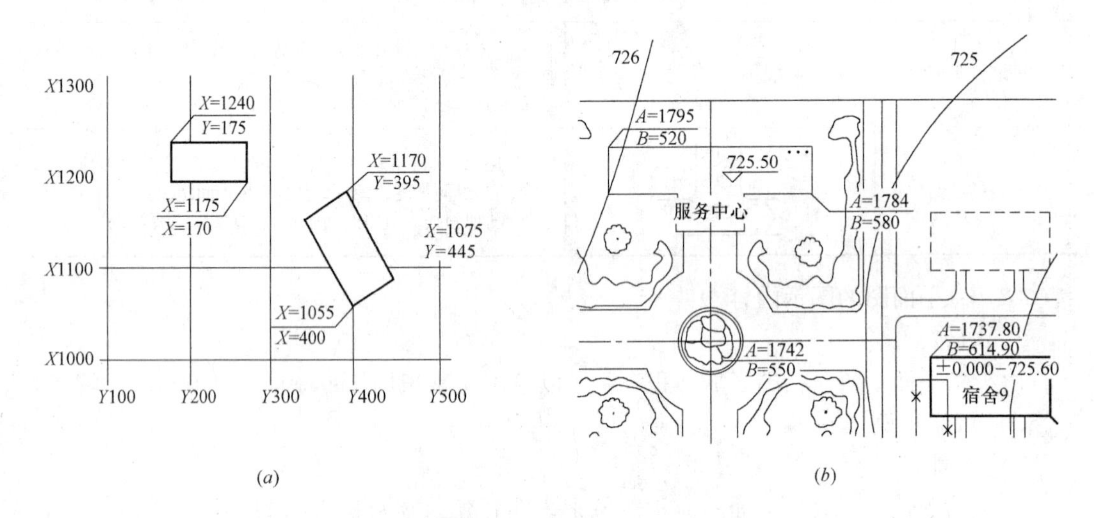

图 2-3　坐标确定建筑平面位置

（a）测量坐标确定位置；（b）施工坐标确定位置

在总平面图中建筑物，其层数一般用在建筑平面图形的右上角用小圆点的数量或直接用数字表示。

总平面图中尺寸标注的内容包括：新建建筑物的总长和总宽；新建建筑物与原有建筑物或道路的间距；新增道路的宽度等。

总平面图中标注的标高应为绝对标高，并保留至小数点后两位。

7）指北针或风向频率玫瑰图

建筑总平面图中一般均画出指北针或带有指北方向的风向频率玫瑰图。指北针用来确定新建房屋的朝向，其符号如图 2-4 所示。

风向频率玫瑰图简称风玫瑰图，是新建房屋所在地区风向情况的示意图（图 2-5）。风向玫瑰图也能表明房屋和地物的朝向情况。

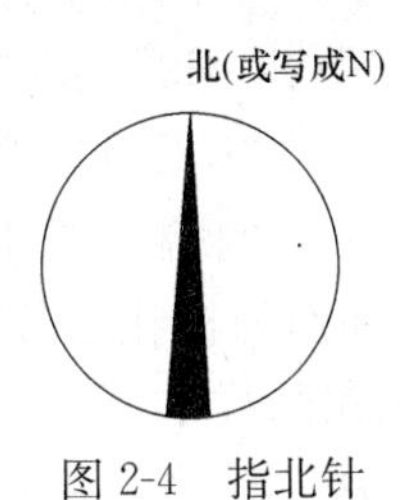

图 2-4 指北针

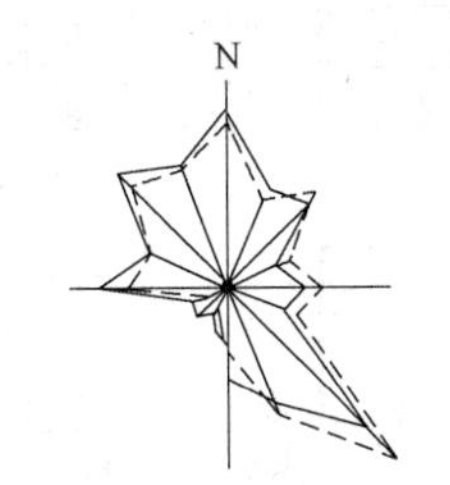

图 2-5 风向频率玫瑰图

8）管道布置与绿化规划

9）附近的地形地物，如等高线、道路、围墙、河流、水沟和池塘等与工程有关的内容。

2.2.1.2 建筑平面图

（1）建筑平面图的图示方法

假想用一个水平剖切平面沿房屋的门窗洞口的位置把房屋切开，移去上部之后，画出的水平剖面图称为建筑平面图，简称平面图。沿底层门窗洞口切开后得到的平面图，称为底层平面图，沿二层门窗洞口切开后得到的平面图，称为二层平面图，依次可以得到三层、四层的平面图。当某些楼层平面相同时，可以只画出其中一个平面图，称其为标准层平面图。房屋屋顶的水平投影图称为屋顶平面图。

凡是被剖切到的墙、柱断面轮廓线用粗实线画出，其余可见的轮廓线用中实线或细实线，尺寸标注和标高符号均用细实线，定位轴线用细单点长画线绘制。砖墙一般不画图例，钢筋混凝土的柱和墙的断面通常涂黑表示。

常用门、窗图例如图 2-6、图 2-7 所示。建筑平面图中常用图例如图 2-8 所示。

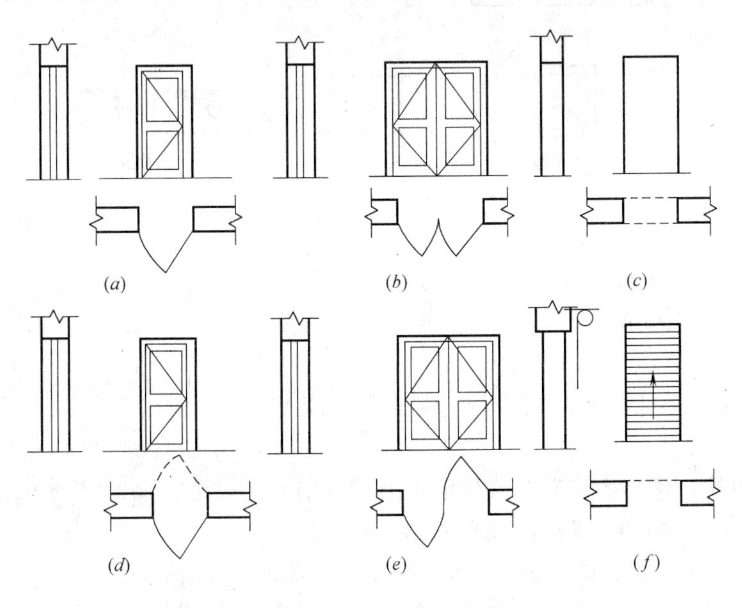

图 2-6 常用门图例

(*a*) 单扇门；(*b*) 双扇门；(*c*) 空门洞；(*d*) 单扇双面弹簧门；(*e*) 双扇双面弹簧门；(*f*) 卷帘门

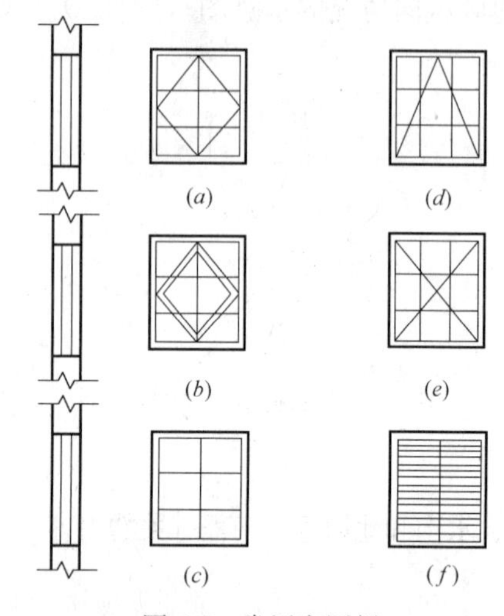

图 2-7　常用窗图例
(a) 单扇外开平开窗；(b) 双扇内外开平开窗；
(c) 单扇固定窗；(d) 单扇外开上悬窗；
(e) 单扇中悬窗；(f) 百叶窗

(2) 建筑平面图的图示内容

1) 表示墙、柱，内外门窗位置及编号，房间的名称或编号，轴线编号。平面图上所用的门窗都应进行编号。门常用"M1"、"M2"或"M-1"、"M-2"等表示，窗常用"C1"、"C2"或"C-1"、"C-2"等表示。在建筑平面图中，定位轴线用来确定房屋的墙、柱、梁等的位置和作为标注定位尺寸的基线。定位轴线的编号宜标注在图样的下方与左侧，横向编号应用阿拉伯数字，从左至右顺序编写，竖向编号应用大写拉丁字母，从下至上顺序编写，拉丁字母中的I、O及Z三个字母不得作轴线编号，以免与数字1、0及2混淆（图2-9）。

2) 出室内外的有关尺寸及室内楼、地面的标高。

建筑平面图中的尺寸有外部尺寸和内部尺寸两种。

① 外部尺寸。在水平方向和竖直方向各标注三道尺寸，最外一道尺寸标注房屋水平方向的总长、总宽，称为总尺寸；中间一道尺寸标注房屋的开间、进深，称为轴线尺寸（一般情况下两横墙之间的距离称为"开间"；两纵墙之间的距离称为"进深"）。最里边一道尺寸以轴线定位的标注房屋外墙的墙段及门窗洞口尺寸，称为细部尺寸。

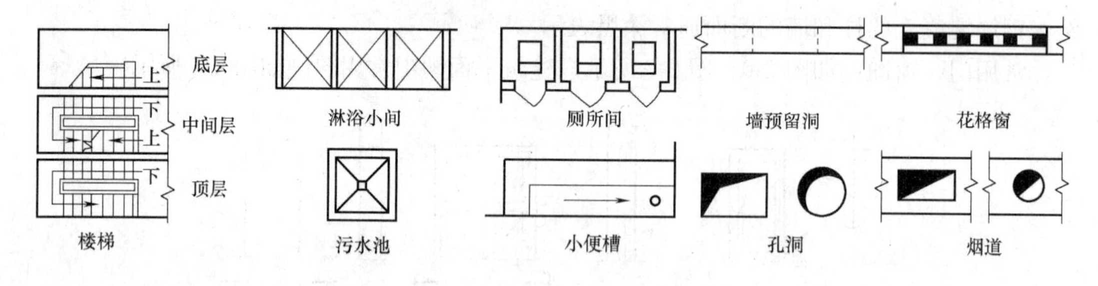

图 2-8　建筑平面图中常用图例

② 内部尺寸。应标注各房间长、宽方向的净空尺寸、墙厚及轴线的关系、柱子截面、房屋内部门窗洞口、门垛等细部尺寸。

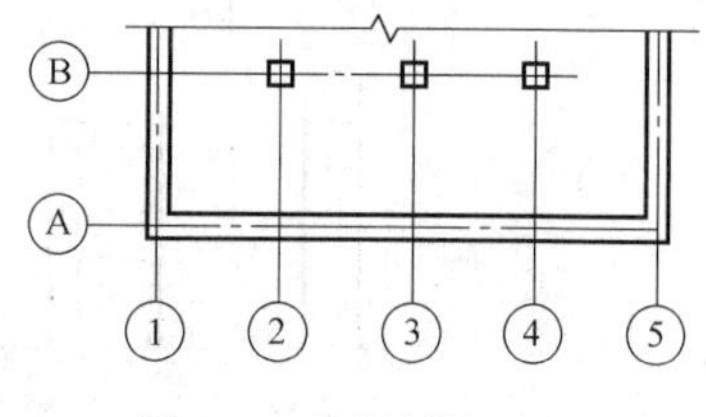

图 2-9　定门轴线编号

在平面图中所标注的标高均为相对标高。底层室内地面的标高一般用±0.000表示。

3) 表示电梯、楼梯的位置及楼梯的上下行方向。

4) 表示阳台、雨篷、踏步、斜坡、通气竖道、管线竖井、烟囱、消防梯、雨水管、散水、排水沟、花池等位置及尺寸。

5) 画出卫生器具、水池、工作台、橱、柜、隔断及重要设备位置。

6) 表示地下室、地坑、地沟、各种平台、检查孔、墙上留洞、高窗等位置尺寸与标高。对于隐蔽的或者在剖切面以上部位的内容，应以虚线表示。

7）画出剖面图的剖切符号及编号（一般只标注在底层平面图上）。

8）标注有关部位上节点详图的索引符号。

9）在底层平面图附近绘制出指北针。

10）屋面平面图一般内容有：女儿墙、檐沟、屋面坡度、分水线与落水口、变形缝、楼梯间、水箱间、天窗、上人孔、消防梯以及其他构筑物、索引符号等。

图 2-10 为某住宅楼平面图。

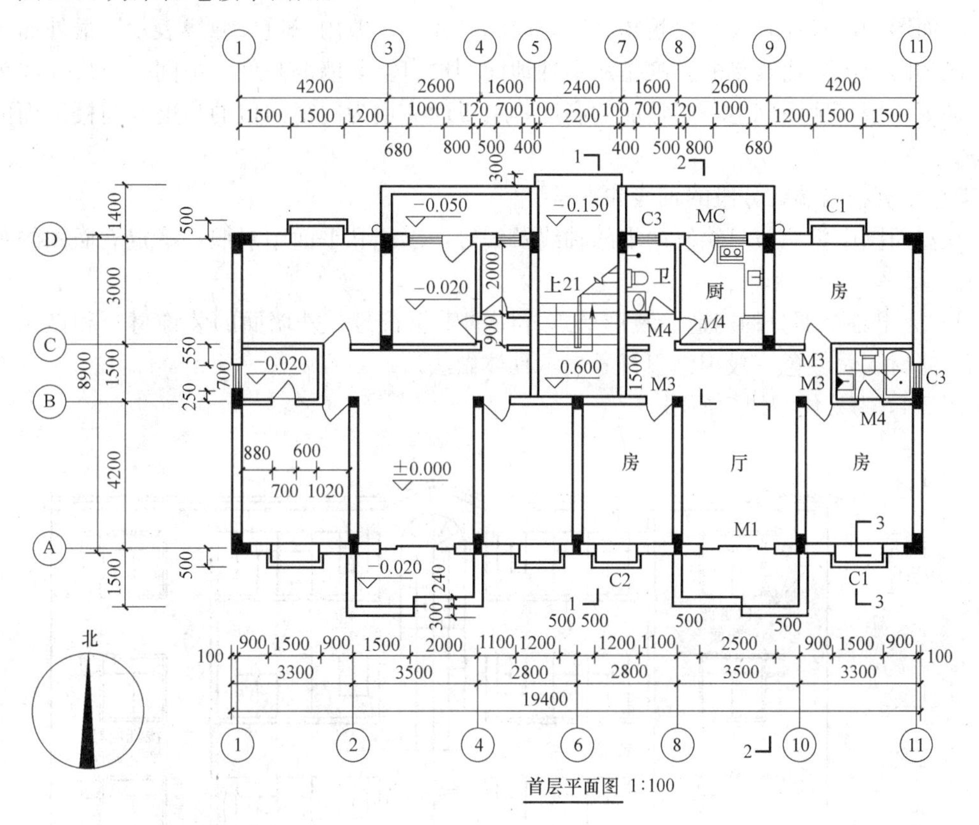

图 2-10 某住宅楼平面图

2.2.1.3 建筑立面图

（1）建筑立面图的图示方法

在与房屋的四个主要外墙面平行的投影面上所绘制的正投影图称为建筑立面图，简称立面图。反映建筑物正立面、背立面、侧立面特征的正投影图，分别称为正立面图、背立面图和侧立面图，侧立面图又分左侧立面图和右侧立面图。立面图也可以按房屋的朝向命名，如东立面图、西立面图、南立面图、北立面图。此外，立面图还可以用各立面图的两端轴线编号命名，如①～⑦立面图、⑥～⑧立面图等。

为使建筑立面图轮廓清晰、层次分明，通常用粗实线表示立面图的最外轮廓线。外形轮廓线以内的细部轮廓，如凸出墙面的雨篷、阳台、柱、窗台、台阶、屋檐的下檐线以及窗洞、门洞等用中粗线画出。其余轮廓如腰线、粉刷线、分格线、落水管以及引出线等均采用细实线画出。地平线用标准粗度的 1.2～1.4 倍的加粗线画出。

（2）建筑立面图的图示内容

1）表明建筑物外貌形状、门窗和其他构配件的形状和位置，主要包括室外的地面线、房屋的勒脚、台阶、门窗、阳台、雨篷；室外的楼梯、墙和柱；外墙的预留孔洞、檐口、屋顶、雨水管、墙面修饰构件等。

2）外墙各个主要部位的标高和尺寸：

立面图中用标高表示出各主要部位的相对高度，如室内外地面标高、各层楼面标高及檐口标高。相邻两楼面的标高之差即为层高。

立面图中的尺寸是表示建筑物高度方向的尺寸，一般用三道尺寸线表示。最外面一道为建筑物的总高。建筑物的总高是从室外地面到檐口女儿墙的高度。中间一道尺寸线为层高，即下一层楼地面到上一层楼面的高度。最里面一道为门窗洞口的高度及与楼地面的相对位置。

3）建筑物两端或分段的轴线和编号

在立面图中，一般只绘制两端的轴线及编号，以便和平面图对照，确定立面图的观看方向。

4）标出各个部分的构造、装饰节点详图的索引符号，外墙面的装饰材料和做法。外墙面装修材料及颜色一般用索引符号表示具体做法。

图 2-11 为某住宅楼立面图。

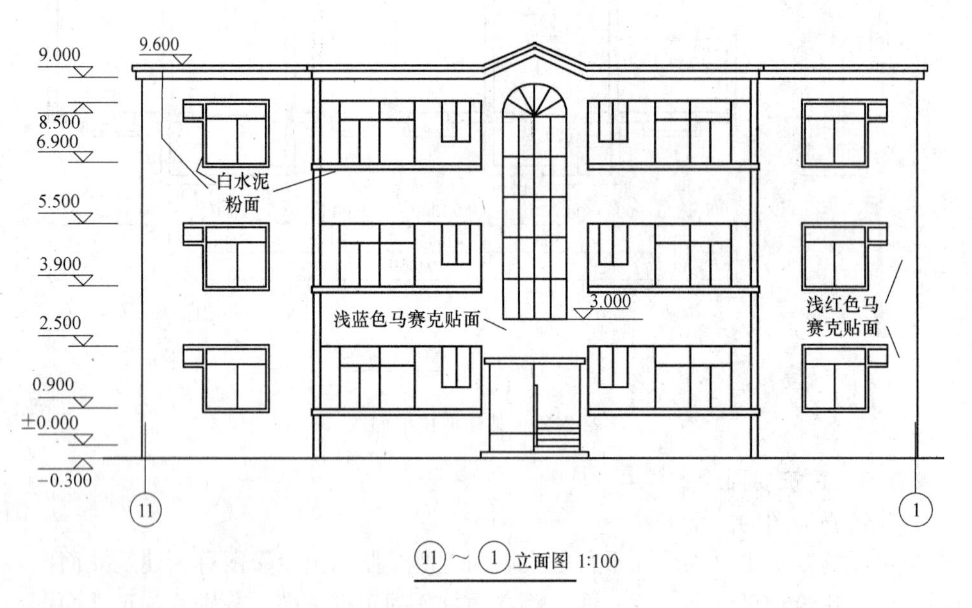

图 2-11　某住宅楼立面图

2.2.1.4　建筑剖面图

（1）建筑剖面图的图示方法

假想用一个或多个垂直于外墙轴线的铅垂剖切平面将房屋剖开，移去靠近观察者的部分，对留下部分所作的正投影图称为建筑剖面图，简称剖面图。

剖面图一般表示房屋在高度方向的结构形式。凡是被剖切到的墙、板、梁等构件的断面轮廓线用粗实线表示，而没有被剖切到的其他构件的轮廓线，则常用中实线或细实线表示。

（2）建筑剖面图的图示内容

1）墙、柱及其定位轴线。与建筑立面图一样，剖面图中一般只需画出两端的定位轴线及编号，以便与平面图对照。需要时也可以注出中间轴线。

2）室内底层地面、地沟、各层的楼面、顶棚、屋顶、门窗、楼梯、阳台、雨篷、墙洞、防潮层、室外地面、散水、脚踢板等能看到的内容。

3）各个部位完成面的标高，包括室内外地面、各层楼面、各层楼梯平台、檐口或女儿墙顶面、楼梯间顶面、电梯间顶面等部位。

4）各部位的高度尺寸。建筑剖面图中高度方向的尺寸包括外部尺寸和内部尺寸。外部尺寸的标注方法与立面图相同，包括三道尺寸：门、窗洞口的高度，层间高度，总高度。内部尺寸包括地坑深度、隔断、搁板、平台、室内门窗等的高度。

5）楼面和地面的构造。一般采用引出线指向所说明的部位，按照构造的层次顺序，逐层加以文字说明。

6）详图的索引符号。

建筑剖面图中不能详细表示清楚的部位应引出索引符号，另用详图表示。详图索引符号如图 2-12 所示。

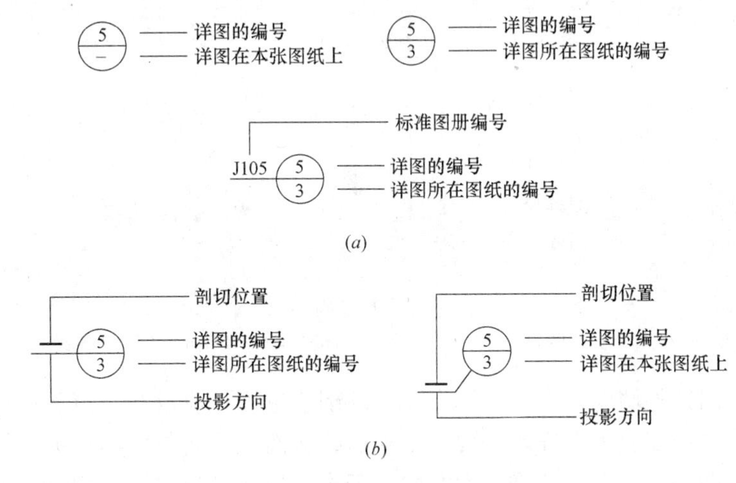

图 2-12 详图索引符号

（*a*）详图索引符号；（*b*）局部剖切索引符号

图 2-13 为某住宅楼剖面图。

2.2.1.5 建筑详图

需要绘制详图或局部平面放大图的位置一般包括内外墙节点、楼梯、电梯、厨房、卫生间、门窗、室内外装饰等。

详图符号如图 2-14 所示。

（1）内外墙节点详图

内外墙节点一般用平面和剖面表示。

平面节点详图表示出墙、柱或构造柱的材料和构造关系。

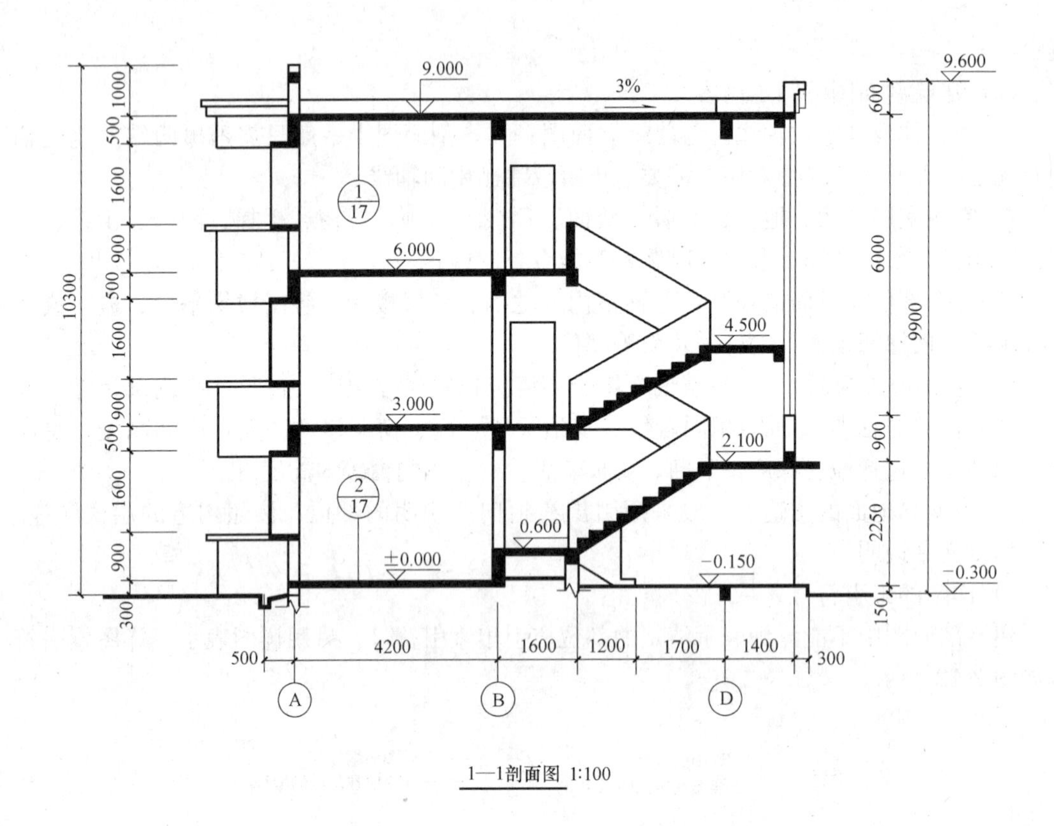

图 2-13 某住宅楼剖面图

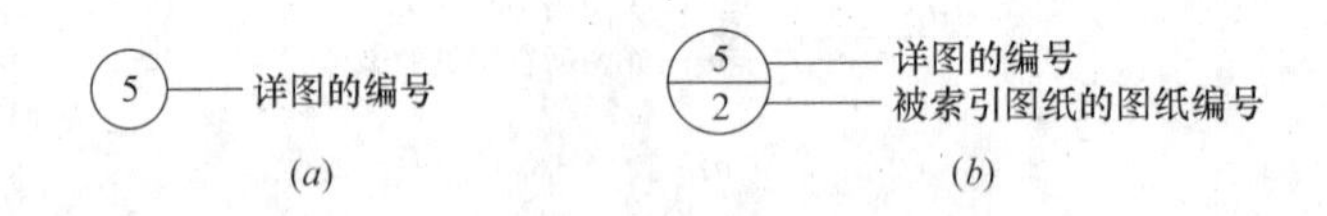

图 2-14 详图符号

(a) 详图与被索引图在同一张图纸上；(b) 详图与被索引图不在同一张图纸上

剖面节点详图即外墙身详图。外墙身详图的剖切位置一般设在门窗洞口部位。它实际上是建筑剖面图的局部放大图样，主要表示地面、楼面、屋面与墙体的关系，同时也表示排水沟、散水、勒脚、窗台、窗檐、女儿墙、天沟、排水口等位置及构造做法。外墙身详图可以从室内外地坪、防潮层处开始一直画到女儿墙压顶。实际工程中，为了节省图纸，通常在门窗洞口处断开，或者重点绘制地坪、中间层、屋面处的几个节点，而将中间层重复使用的节点集中到一个详图中表示。

(2) 楼梯详图

楼梯详图一般包括三部分的内容，即楼梯平面图、楼梯剖面图和节点详图。

1) 楼梯平面图

楼梯平面图的形成与建筑平面图一样，即假设用一水平剖切平面在该层往上行的第一个楼梯段中剖切开，移去剖切平面及以上部分，将余下的部分按正投影的原理投射在水平投影面上所得到的图样。因此，楼梯平面图实质上是建筑平面图中楼梯间部分的局部放大。

楼梯平面图必须分层绘制，底层平面图一般剖在上行的第一跑上，因此除表示第一跑的平面外，还能表明楼梯间一层休息平台以下的平面形状。中间相同的几层楼梯，同建筑平面图一样，可用一个图来表示，这个图称为标准层平面图。最上面一层平面图称为顶层平面图，所以，楼梯平面图一般有底层平面图，标准层平面图和顶层平面图三个。

2）楼梯间剖面图

假想用一铅垂剖切平面，通过各层的一个楼梯段，将楼梯剖切开，向另一未剖切到的楼梯段方向进行投影，所绘制的剖面图称为楼梯剖面图。

楼梯间剖面图只需绘制出与楼梯相关的部分，相邻部分可用折断线断开。尺寸需要标注层高、平台、梯段、门窗洞口、栏杆高度等竖向尺寸，并应标注出室内外地坪、平台、平台梁底面的标高。水平方向需要标注定位轴线及编号、轴线间尺寸、平台、梯段尺寸等。梯段尺寸一般用“踏步宽（高）×级数＝梯段宽（高）”的形式表示。

3）楼梯节点详图

楼梯节点详图一般包括踏步做法详图、栏杆立面做法以及梯段连接、与扶手连接的详图、扶手断面详图等。这些详图是为了弥补楼梯间平、剖面图表达上的不足，而进一步表明楼梯各部位的细部做法。因此，一般采用较大的比例绘制，如 1∶1、1∶2、1∶5、1∶10、1∶20 等。

2.2.2 结构施工图的图示方法及内容

2.2.2.1 结构施工图的组成

结构施工图一般包括结构设计说明、基础图、结构平面布置图、结构详图等图样。

（1）结构设计说明

结构设计说明是带全局性的文字说明，主要针对图形不容易表达的内容，利用文字或表格加以说明。它包括设计依据，工程概况，自然条件，选用材料的类型、规格、强度等级，构造要求，施工注意事项，选用标准图集等。

（2）基础图

基础图是建筑物正负零标高以下的结构图，一般包括基础平面图和基础详图。桩基础还包括桩位平面图，工业建筑还包括设备基础布置图。

基础图是施工放线、开挖基槽（坑）、基础施工、计算基础工程量的依据。

（3）结构平面布置图

结构平面布置图是房屋承重结构的整体布置图，主要表示结构构件的位置、数量、型号及相互关系。

结构平面布置图包括：

1）楼层结构平面布置图，工业建筑还包括柱网、吊车梁、柱间支撑布置图；

2）屋顶结构平面布置图，工业建筑还包括屋面板、天沟、屋架、屋面支撑系统布置图。

结构平面布置图主要用作预制楼屋盖梁、板安装，现浇楼屋盖现场支模、钢筋绑扎、浇筑混凝土的依据。

(4) 结构详图

结构详图包括梁、板、柱等构件详图，楼梯详图，屋架详图，模板、支撑、预埋件详图以及构件标准图等。

结构详图主要用作构件制作、安装的依据。

2.2.2.2 基础图的图示方法及内容

基础图一般通过基础平面图和基础详图表示。

(1) 基础平面图

1) 基础平面图的图示方法

基础平面图是假想用一个水平剖切平面在室内地面处剖切建筑，并移去基础周围的土层，向下投影所得到的图样。

在基础平面图中，只画出基础墙、柱及基础底面的轮廓线，基础的细部轮廓（如大放脚或底板）可省略不画。凡被剖切到的基础墙、柱轮廓线，应画成中实线，基础底面的轮廓线应画成细实线。当基础墙上留有管洞时，应用虚线表示其位置，具体做法及尺寸另用详图表示。当基础上设基础梁和地圈梁时，用粗单点长画线表示其中心线的位置。

凡基础宽度、墙厚、大放脚、基底标高、管沟做法不同时，均以不同的断面图表示。基础平面图示例如图 2-15 所示。

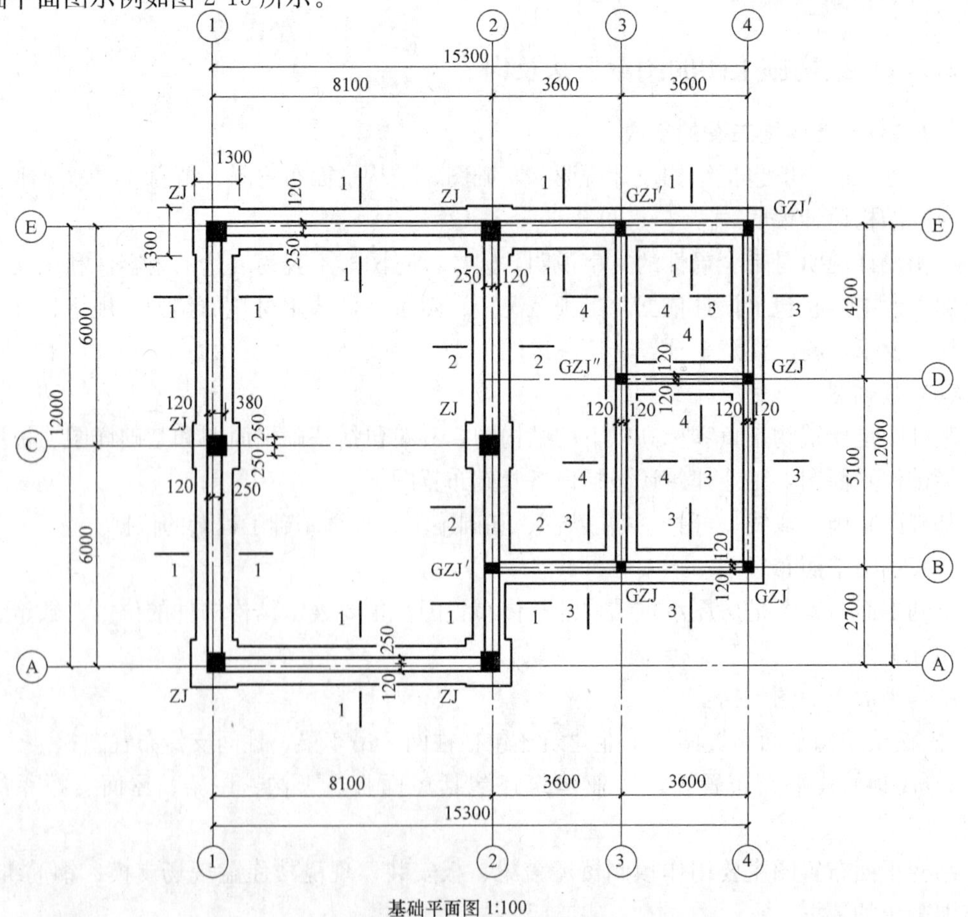

图 2-15 基础平面图示例

2）基础平面图的图示内容

① 绘出定位轴线、基础构件（包括承台、基础梁等）的位置、尺寸、底标高、构件编号；基础底标高不同时，应绘出放坡示意图；表示施工后浇带的位置及宽度。

基础平面图中的定位轴线网格与建筑平面图中的轴线网格完全相同。

基础平面图的尺寸标注分内部尺寸和外部尺寸两部分。外部尺寸只标注定位轴线的间距和总尺寸。内部尺寸应标注各道墙的厚度、柱的断面尺寸和基础底面的宽度等。

② 标明砌体结构墙与墙垛、柱的位置与尺寸、编号；混凝土结构可另绘结构墙、柱平面定位图，并注明截面变化关系尺寸。

③ 标明地沟、地坑和已定设备基础的平面位置、尺寸、标高，预留孔与预埋件的位置、尺寸、标高。

④ 采用桩基时，应绘出桩位平面位置、定位尺寸及桩编号。当采用人工复合地基时，应绘出复合地基的处理范围和深度，置换桩的平面布置及其材料和性能要求、构造详图；注明复合地基的承载力特征值及变形控制值等有关参数和检测要求。

（2）基础详图

1）基础详图的图示方法

不同类型的基础，其详图的表示方法有所不同。如条形基础的详图一般为基础的垂直剖面图；独立基础的详图一般应包括平面图和剖面图。

不同构造的基础应分别画出其详图。当基础构造相同，而仅部分尺寸不同时，也可用一个详图表示，但需标出不同部分的尺寸。基础详图的轮廓线用中实线表示，断面内应画出材料图例；对钢筋混凝土基础，则只画出配筋情况，不画出材料图例。

基础详图中需标注基础各部分的详细尺寸及室内、室外、基础底面标高等。

基础详图示例如图 2-16 所示。

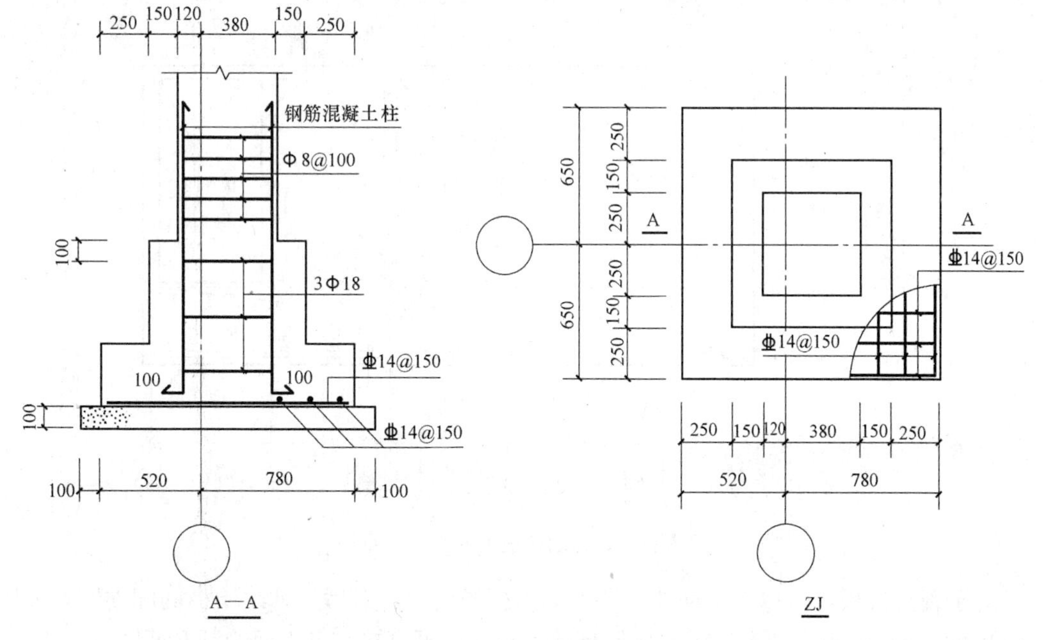

图 2-16 基础详图示例

2）基础详图的图示内容

① 基础剖面图中轴线及其编号。

② 基础剖面的形状及详细尺寸。

③ 室内地面及基础底面的标高，外墙基础还需注明室外地坪的相对标高。如有沟槽者尚应标明其构造关系。

④ 钢筋混凝土基础应标注钢筋直径、间距及钢筋编号。现浇基础尚应标注预留插筋、搭接长度与位置及箍筋加密等。

桩基础应绘出桩详图、承台详图及桩与承台的连接构造详图。桩详图包括桩顶标高、桩长、桩身截面尺寸、配筋、预制桩的接头详图。承台详图包括平面、剖面、垫层、配筋，标注总尺寸、分尺寸、标高及定位尺寸。

⑤ 防潮层的位置及做法，垫层材料等。

2.2.2.3 结构平面布置图

（1）结构平面布置图的图示方法

结构平面布置图是假想沿着楼板面将建筑物水平剖开所作的水平剖面图，主要表示各楼层结构构件（如墙、梁、板、墙、过梁和圈梁等）的平面布置情况，以及现浇楼板、梁的构造与配筋情况及构件之间的结构关系。对于承重构件布置相同的楼层，只画一个结构平面布置图，称为标准层结构平面布置图。

在楼层结构平面图中，外轮廓线用中粗实线表示，被楼板遮挡的墙、柱、梁等用中虚线表示，其他用细实线表示，图中的结构构件用构件代号表示。

结构平面布置图中钢筋混凝土楼板的表达方式，有预制楼板的表达方式和现浇楼板的表达方式两种。

对于预制楼板，用粗实线表示楼层平面轮廓，用细实线表示预制板的铺设，把楼板下不可见墙体用虚线表示。预制板楼板平面布置的表达形式如图 2-17 所示。

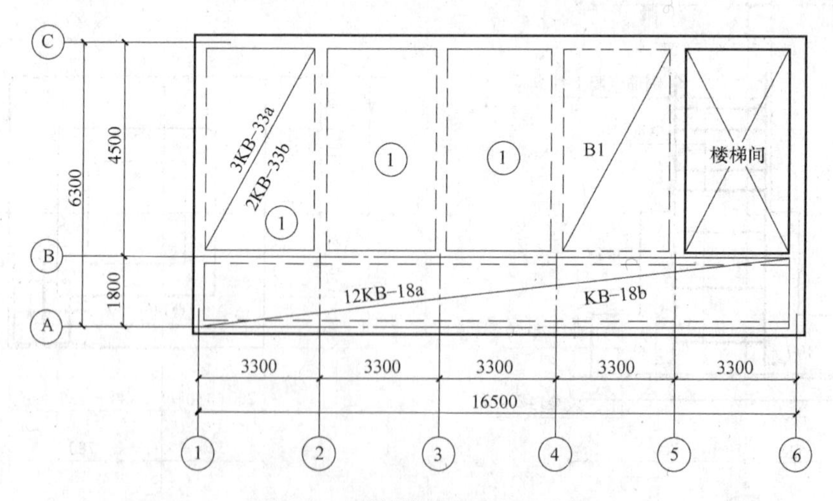

图 2-17 预制楼板平面布置示意

对于现浇楼板，可以在平面布置图上标出板的名称，然后另外绘制板的配筋图，如图 2-17 中的“B1”；当平面布置图的比例足够大时，也可直接在其上面绘制配筋图。

(2) 结构平面布置图的图示内容

1) 绘出定位轴线及梁、柱、承重墙、抗震构造柱位置及必要的定位尺寸，并注明其编号和楼面结构标高。

2) 采用预制板时注明预制板的跨度方向、板号，数量及板底标高，标出预留洞大小及位置；预制梁、洞口过梁的位置和型号、梁底标高。

3) 现浇板应注明板厚、板面标高、配筋（亦可另绘放大的配筋图），有预留孔、埋件、已定设备基础时应示出规格与位置，洞边加强措施，当预留孔、埋件、设备基础复杂时亦可另绘详图；必要时尚应在平面图中表示施工后浇带的位置及宽度；电梯间机房尚应表示吊钩平面位置与详图。

4) 砌体结构有圈梁时应注明位置、编号、标高，可用小比例绘制单线平面示意图。

5) 楼梯间可绘制斜线注明编号与所在详图号。

6) 对屋面结构平面布置图，当结构找坡时应标注屋面板的坡度、坡向、坡向起终点处的板面标高；当屋面上有预留洞或其他设施时应绘出其位置、尺寸与详图，女儿墙或女儿墙构造柱的位置、编号及详图。

7) 当选用标准图中节点或另绘节点构造详图时，应在平面图中注明详图索引号。

2.2.2.4 结构详图

(1) 钢筋混凝土构件图

钢筋混凝土构件图主要是配筋图，有时还有模板图和钢筋表。

模板图主要表达构件的外部形状、几何尺寸和预埋件代号及位置。若构件形状简单，模板图可与配筋图画在一起。

钢筋表的设置是为了方便统计材料和识图。其内容一般包括构件名称、数量以及钢筋编号、规格、形状、尺寸、根数、重量等。

配筋图主要表达构件内部的钢筋位置、形状、规格和数量。一般用立面图和剖面图表示。绘制钢筋混凝土构件配筋图时，假想混凝土是透明体，使包含在混凝土中的钢筋“可见”。为了突出钢筋，构件外轮廓线用细实线表示，而主筋用粗实线表示，箍筋用中实线表示，钢筋的截面用小黑圆点涂黑表示。

钢筋的标注有下面两种方式：

1) 标注钢筋的直径和根数：

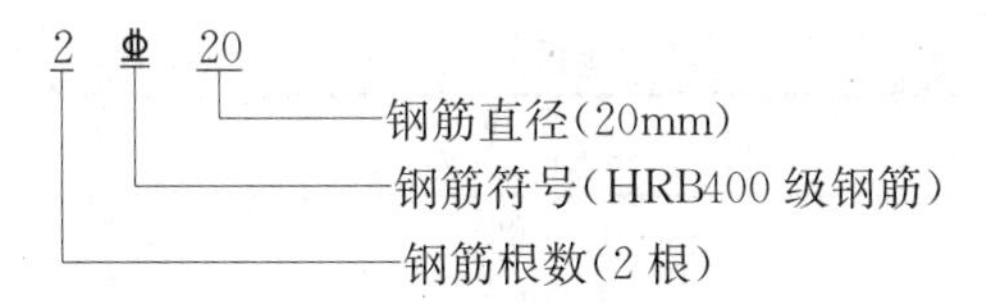

2) 标注钢筋的直径和相邻钢筋中心距：

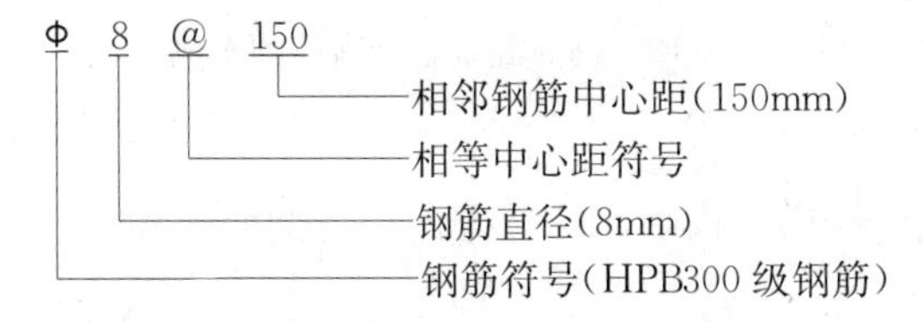

钢筋符号见表 2-5。

钢筋符号 **表 2-5**

项次	牌号	符号
1	HPB300	Φ
2	HRB335 HRB400 HRB500	Φ Ф Ф
3	HRBF335 HRBF400 HRBF500	Φ^F Ф^F Ф^F
4	RRB400	Ф^R

图 2-18 为钢筋混凝土梁配筋图。

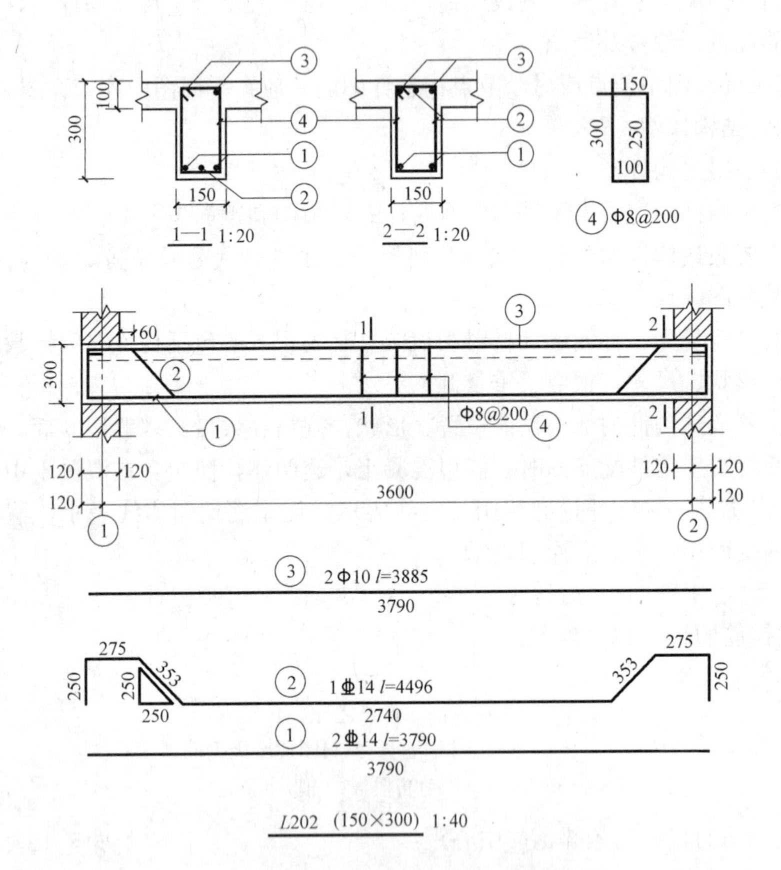

图 2-18 钢筋混凝土梁配筋图示例

（2）楼梯结构施工图

楼梯结构施工图包括楼梯结构平面图、楼梯结构剖面图和构件详图。

1）楼梯结构平面图

根据楼梯梁、板、柱的布置变化，楼梯结构平面图包括底层楼梯结构平面图、中间层楼梯结构平面图和顶层楼梯结构平面图。当中间几层的结构布置和构件类型完全相同时，只用一个标准层楼梯结构平面图表示。

在各楼梯结构平面图中，主要反映出楼梯梁、板的平面布置，轴线位置与轴线尺寸，构件代号与编号，细部尺寸及结构标高，同时确定纵剖面图位置。当楼梯结构平面图比例较大时，还可直接绘制出休息平台板的配筋。

钢筋混凝土楼梯的可见轮廓线用细实线表示，不可见轮廓线用细虚线表示，剖切到的砖墙轮廓线用中实线表示，剖切到的钢筋混凝土柱用涂黑表示，钢筋用粗实线表示，钢筋截面用小黑点表示。

2）楼梯结构剖面图

楼梯结构剖面图是根据楼梯平面图中剖面位置绘出的楼梯剖面模板图。楼梯结构剖面图主要反映楼梯间承重构件梁、板、柱的竖向布置，构造和连接情况；平台板和楼层的标高以及各构件的细部尺寸。

3）楼梯构件详图

楼梯构件详图包括斜梁、平台梁、梯段板、平台板的配筋图，其表示方法与钢筋混凝土构件施工图表示方法相同。当楼梯结构剖面图比例较大时，也可直接在楼梯结构剖面图上表示梯段板的配筋。

（3）现浇板配筋图

现浇板配筋图一般采用平法表示，见本节现浇混凝土有梁楼盖。

2.2.3 混凝土结构平法施工图的制图规则

混凝土结构施工图平面整体设计方法（简称平法）是将结构构件的尺寸和配筋，按照平面整体表示方法制图规则，整体直接表达在结构平面布置图上，再与标准构造详图配合，即构成一套新型完整的结构设计图纸。

按平面整体设计方法设计的结构施工图通常简称平法施工图。我国关于混凝土结构平法施工图的国家建筑标准设计图集为《混凝土结构施工图平面整体表示方法制图规则和构造详图》G101 系列图集，现行版本为：

（1）G101-1（现浇混凝土框架、剪力墙、梁、板）；

（2）G101-2（现浇混凝土板式楼梯）；

（3）G101-3（独立基础、条形基础、筏形基础及桩基承台）。

下面只介绍独立基础、柱、梁、有梁楼板和板式楼梯平法施工图的制图规则。

2.2.3.1 独立基础

独立基础平法施工图，有平面注写与截面注写两种表达方式。

（1）独立基础的平面注写方式

独立基础的平面注写方式，分为集中标注和原位标注两部分内容。

1）集中标注

集中标注，系在基础平面图上集中引注：基础编号、截面竖向尺寸、配筋二项必注内容，以及基础底面标高（与基础底面基准标高不同时）和必要的文字注解两项选注内容。

独立基础编号按表 2-6 的规定。

独立基础编号 **表 2-6**

类型	基础底板截面形状	代号	序号
普通独立基础	阶形	DJ_J	××
	坡形	DJ_P	××
杯形独立基础	阶形	BJ_J	××
	坡形	BJ_P	××

阶形截面普通独立基础竖向尺寸的标注形式为 $h_1/h_2/h_3$（图 2-19）。例如，独立基础 DJ_J××的竖向尺寸注写为 300/300/400 时，表示 $h_1=300$、$h_2=300$、$h_3=400$，基础底板总厚度为 1000。

图 2-20 为独立基础底板底部双向配筋示意。图中 B：XΦ16@150，YΦ16@200；表示基础底板底部配置 HRB335 级钢筋，X 向直径为Φ16，分布间距 150mm；Y 向直径为Φ16，分布间距 200mm。

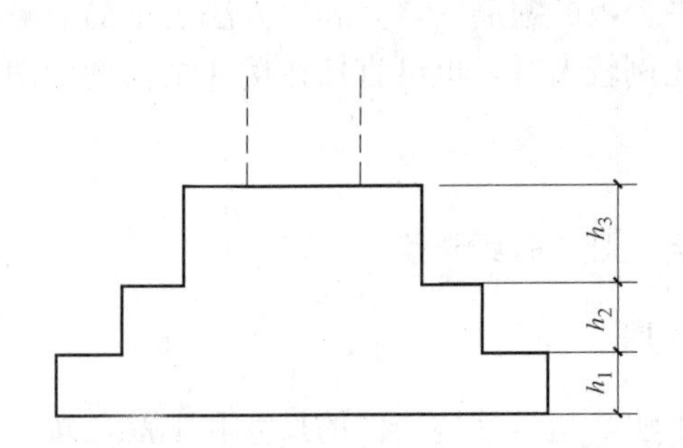

图 2-19　阶形截面普通独立基础竖向尺寸

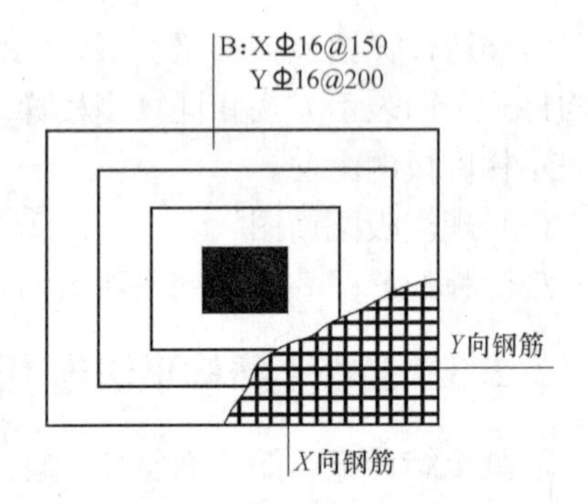

图 2-20　独立基础底板底部双向配筋示意

2）原位标注

钢筋混凝土和素混凝土独立基础的原位标注，系在基础平面布置图上标注独立基础的平面尺寸。

图 2-21 为阶形截面普通独立基础原位标注。其中，x、y 为普通独立基础两向边长，x_c、y_c 为柱截面尺寸，x_i，y_i 为阶宽或坡形平面尺寸。

图 2-22 为普通独立基础平面注写方式施工图示例。

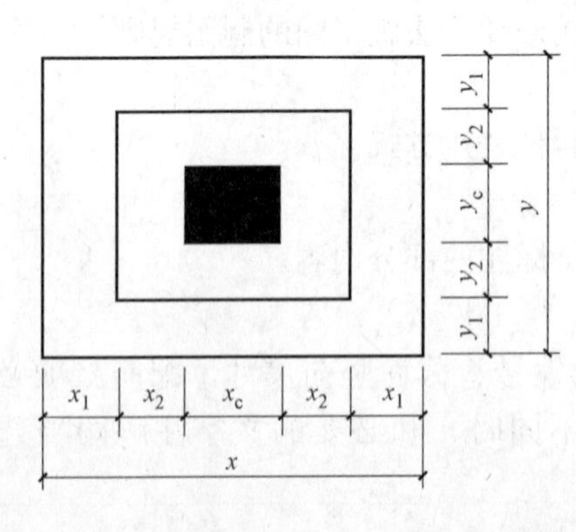

图 2-21　阶形截面普通独立基础原位标注

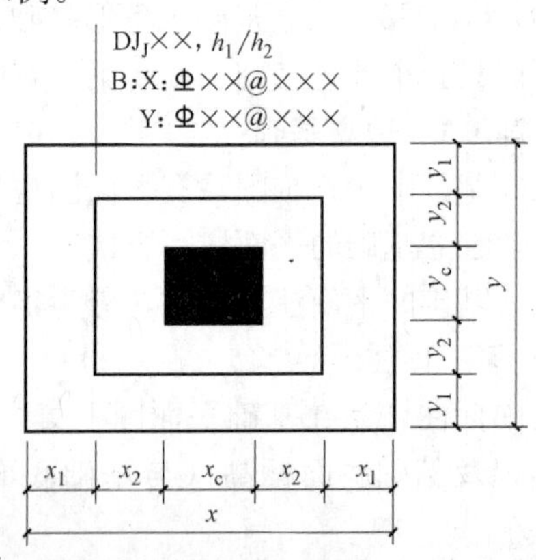

图 2-22　普通独立基础平面注写方式施工图

（2）独立基础的截面注写方式

独立基础的截面注写方式，可分为截面标注和列表注写（结合截面示意图）两种表达方式。

2.2.3.2 柱

柱平法施工图有两种表示方法，一种是列表注写方式，另一种是截面注写方式。

（1）列表注写方式

列表注写方式就是在柱平面布置图上，分别在同一编号的柱中选择一个截面标注几何参数代号，然后在柱表中注写柱号、柱段起止标高、几何尺寸与配筋的具体数值，并配以各种柱截面形状及箍筋类型图的方式，来表达柱平法施工图。

1）柱编号。柱编号由类型代号和序号组成，见表 2-7。

2）各段柱的起止标高。自柱根部往上以变截面位置或截面未变但配筋改变处为界分段注写。框架柱和框支柱的根部标高是指基础顶面标高；芯柱的根部标高是指根据结构实际需要而定的起始位置标高；梁上柱的根部标高是指梁顶面标高；剪力墙的根部标高分两种：当柱纵筋锚固在墙顶部时，其根部标高为墙顶面标高；当柱与剪力墙重叠一层时，其根部标高为墙顶面往下一层的结构层楼面标高。

柱编号 **表 2-7**

柱类型	代号	序号	柱类型	代号	序号
框架柱	KZ	××	梁上柱	LZ	××
框支柱	KZZ	××	剪力墙柱	QZ	××
芯柱	XZ	××			

3）几何尺寸。不仅要标明柱截面尺寸 $b \times h$（圆柱用直径数字前加 d 表示），而且还要标明柱截面与轴线的关系。

当柱的总高、分段截面尺寸和配筋均对应相同，仅仅截面与轴线的关系不同时，仍可将其编为同一柱号，另在图中注明截面与轴线的关系即可。

4）柱纵筋。当柱纵筋直径相同，各边根数也相同时，将柱纵筋注写在“全部纵筋”一栏中，除此之外，柱纵筋分角筋、截面 b 边中部筋和 h 边中部筋三项分别注写（对称配筋的矩形截面柱，可仅注写一侧中部筋）。

5）箍筋类型号和箍筋肢数。选择对应的箍筋类型号（在此之前要对绘制的箍筋分类图编号），在类型号后注写箍筋肢数（注写在括号内）。

6）柱箍筋。包括钢筋级别、直径与间距。当箍筋分为加密区和非加密区时，用斜线“/”区分柱端箍筋加密区与柱身非加密区长度范围内箍筋的不同间距。当箍筋沿柱高全高为一种间距时，则不使用“/”。当框架节点核芯区内箍筋与柱箍筋设置不同时，在括号内注明核芯区箍筋直径及间距。当圆柱采用螺旋箍筋时，需在箍筋前加“L”。例如：

Φ8@100，表示沿柱全高范围内箍筋为 HPB300 钢筋，直径 8mm，间距 100mm。

Φ8@100/200，表示柱箍筋为 HPB300 钢筋，直径 8mm，加密区间距 100mm，非加密区间距 200mm。

Φ8@100/200（Φ10@100），表示柱中箍筋为 HPB300 钢筋，直径 8mm，加密区间距 100mm，非加密区间距 200mm；框架节点核芯区箍筋为 HPB300 钢筋，直径 10mm，间距

100mm。

LΦ8@100/200，表示柱箍筋为 HPB300 钢筋，螺旋箍筋，直径 8mm，加密区间距 100mm，非加密区间距 200mm。图 2-23 为柱列表注写方式示例。

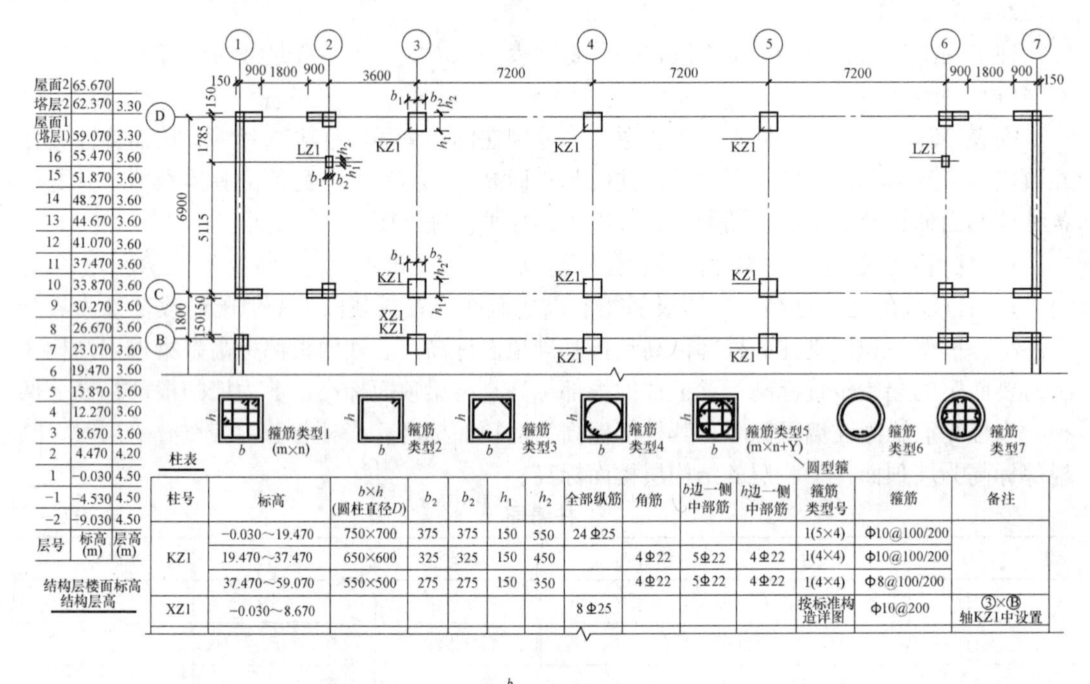

柱号	标高	$b \times h$（圆柱直径D）	b_2	b_2	h_1	h_2	全部纵筋	角筋	b边一侧中部筋	h边一侧中部筋	箍筋类型号	箍筋	备注
KZ1	−0.030～19.470	750×700	375	375	150	550	24Φ25				1(5×4)	Φ10@100/200	
	19.470～37.470	650×600	325	325	150	450		4Φ22	5Φ22	4Φ22	1(4×4)	Φ10@100/200	
	37.470～59.070	550×500	275	275	150	350		4Φ22	5Φ22	4Φ22	1(4×4)	Φ8@100/200	
XZ1	−0.030～8.670						8Φ25				按标准构造详图	Φ10@200	③×Ⓑ轴KZ1中设置

注：1.如采用非对称配筋，需要在柱表中增加相应栏目分别表示各边的中部筋。
2.抗震设计箍筋对纵筋至少隔一拉一。
3.类型1的箍筋肢数可有多种组合，右图为5×4的组合，其余类型为固定形式，在表中只注类型号即可。

箍筋类型1(5×4)

图 2-23　柱列表注写方式示例

（2）截面注写方式

柱截面注写方式，是在柱平面布置图的柱截面上，分别在同一编号的柱中选择一个截面，直接在该截面上注写截面尺寸和配筋具体数值。具体做法如下：

对所有柱编号，从相同编号的柱中选择一个截面，按另一种比例原位放大绘制柱截面配筋图，并在配筋图上依次注明编号、截面尺寸 $b \times h$、角筋或全部纵筋（当纵筋采用一种直径且能够图示清楚时）及箍筋的具体数值。当纵筋采用两种直径时，须再注写截面各边中部筋的具体数值；对称配筋的矩形截面柱，可只在一侧注写中部筋。箍筋注写方式与梁箍筋注写方式相同，如图 2-24 所示。图 2-25 为柱截面注写方式示例。

2.2.3.3 梁

梁平法施工图是在梁平面布置图上采用平面注写方式或截面注写方式表达。

和柱相同，采用平法表示梁的施工图时，需要对梁进行分类与编号，其编号应符合表 2-8 的规定。

（1）平面注写方式

平面注写方式包括集中标注与原位标注两部分。集中标注表达梁的通用数值，原位标注表达梁的特殊数值。当集中的某项数值不适用于梁的某部位时，则将该项数原位标注，

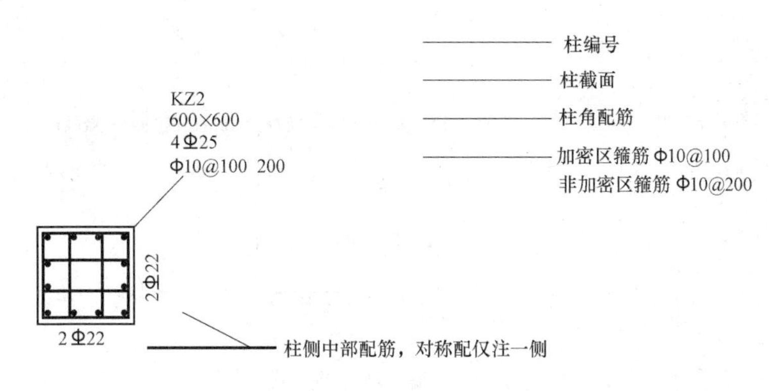

图 2-24　柱截面注写方式

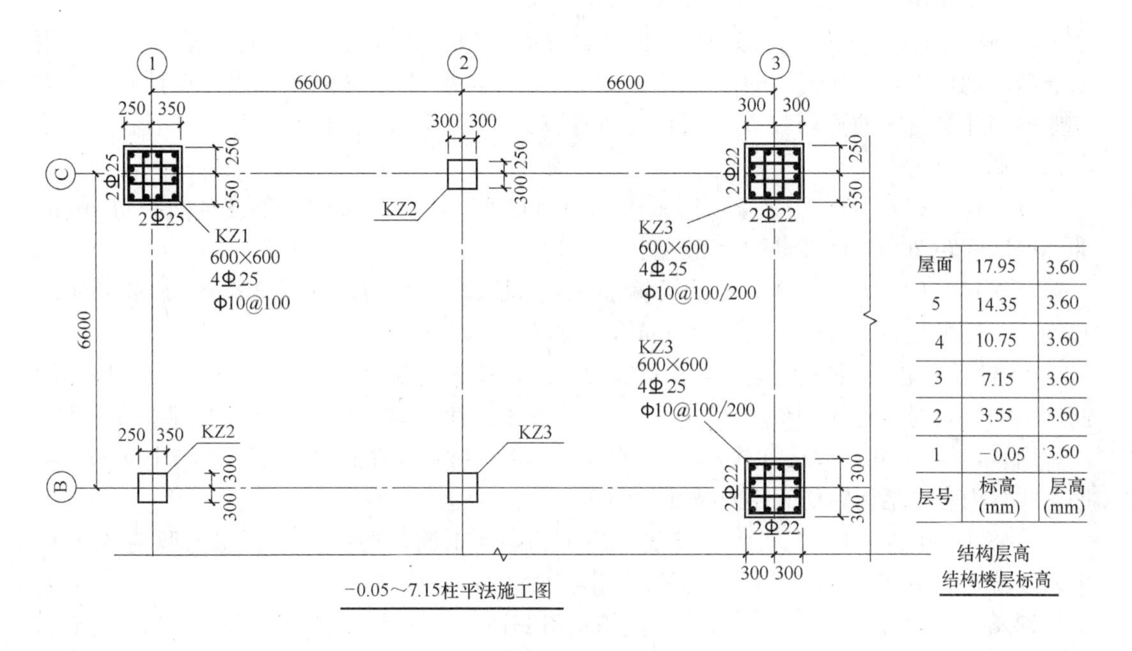

图 2-25　柱平法施工图（截面注写方式）示例

施工时原位标注取值优先。

梁编号　　　　**表 2-8**

梁类型	代号	序号	跨数及是否带有悬挑	备注
楼层框架梁	KL	××	(××)、(××A)或(××B)	(××A)为一端悬挑，(××B)为两端悬挑，悬挑不计入跨数。如KL7(5A)表示7号框架梁，5跨，一端有悬挑
屋面框架梁	WKL	××	(××)、(××A)或(××B)	
框支梁	KZL	××	(××)、(××A)或(××B)	
非框架梁	L	××	(××)、(××A)或(××B)	
悬挑梁	XL	××		
井字梁	JZL	××	(××)、(××A)或(××B)	

1）集中标注

集中标注的形式如图 2-26 所示。

KL－1(3)300×600 —— 梁编号(跨数)截面宽×高

Φ8@100/200(2) —— 箍筋直径、加密区间距/非加密区间距(箍筋肢数)

2Φ25 —— 通长筋根数、直径

G2Φ12 —— 构造钢筋根数、直径

(−0.05) —— 梁顶标高与结构层标高的差值,负号表示低于结构层标高

图 2-26 集中注写的形式

① 梁截面标注规则。当梁为等截面时，用 $b\times h$ 表示。

② 箍筋的标注规则。梁箍筋标注内容包括钢筋级别、直径、加密区与非加密区间距及肢数。加密区与非加密区的不同间距及肢数，用斜线“/”分隔，肢数写在括号内；当加密区与非加密区的箍筋肢数相同时，则将肢数注写一次；如果无加密区则不需用斜线“/”。例如：

Φ8@100/200（4），表示梁箍筋采用 HPB300 钢筋，直径 8mm，加密区间距 100mm，非加密区间距 200mm，全部为 4 肢箍。

Φ8@100（4)/150（2)，表示梁箍筋采用 HPB300 钢筋，直径 8mm；加密区间距 100mm，四肢箍；非加密区间距 150mm，双肢箍。

当抗震结构中的非框架梁、悬挑梁、井字梁，及非抗震结构中的各类梁采用不同的箍筋间距和肢数时，也用斜线“/”将其分隔开表示。注写时，先注写梁支座端部的箍筋，注写内容包括箍筋的箍数、钢筋级别、直径、间距及肢数；在斜线后注写梁跨中部分的箍筋，注写内容包括为箍筋间距及肢数。例如：

13Φ8@150/200（4），表示梁箍筋采用 HPB300 钢筋，直径 8mm；梁的两端各有 13 个四肢箍，间距 150mm；梁跨中箍筋的间距为 200mm，四肢箍。

13Φ8@150（4)/150（2)，表示梁箍筋采用 HPB300 钢筋，直径 8mm；梁两端各有 13 个Φ8 的四肢箍，间距 150mm；梁跨中箍筋为双肢箍，间距为 150mm。

③ 梁上部通长钢筋或架立筋标注规则。在梁上部既有通长钢筋又有架立筋时，用“＋”号相连标注，并将角部纵筋写在“＋”号前面，架立筋写在“＋”号后面并加括号。若梁上部仅有架立筋而无通长钢筋，则全部写入括号内。例如 2Φ22＋(2Φ12)，表示 2Φ22 为通长筋，2Φ12 为架立钢筋。

当梁的上部纵向钢筋和下部纵向钢筋均为通长筋，且多数跨配筋相同时，此项可加注下部纵筋的配筋值。其方法是，用分号“;”将上部纵筋和下部纵筋隔开，上部纵筋写在“;”前面。当少数跨不同时，则将该项数值原位标注。图 2-27 表示梁上部为 3Φ22 通长筋，梁下部为 4Φ25 通长筋。

④ 梁侧钢筋的标注规则。梁侧钢筋分为梁侧纵向构造钢筋（即腰筋）和受扭纵筋。构造钢筋用大写字母 G 打头，接着标注梁两侧的总配筋量，且对称配置。例如 G4Φ12，表示在梁的两侧各配 2Φ12 构造钢筋。受扭纵筋用 N 打头。例如 N6Φ18，表示梁的两侧各配置 3Φ18 的纵向受扭钢筋。

⑤ 梁顶标高高差的标注规则。梁顶标高高差是指梁顶相对于结构层楼面标高的高差值，对于位于结构夹层的梁，则指相对于结构夹层楼面标高的高差。若梁顶与结构层存在高差时，则将高差值标人括号内，梁顶高于结构层时标为正值，反之为负值。当梁顶与相应的结构层标高一致时，则不标此项。例如（－0.05）表示梁顶低于结构层 0.05m，（0.05）表示梁顶高于结构层 0.05m。

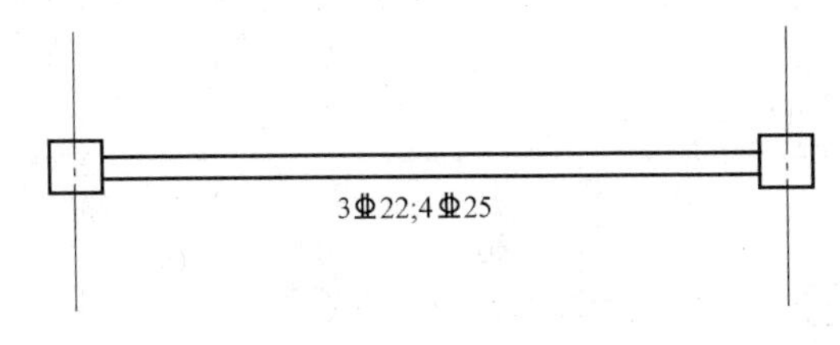

图 2-27 框梁原位标注

2）原位标注

① 梁支座上部纵筋

该部位标注包括梁上部的所有纵筋，即包括通长筋在内。

当梁上部纵筋不止一排时用斜线“/”将各排纵筋从上至下分开。如 6Φ25（4/2），表示共有钢筋 6Φ25，上一排 4Φ25，下一排 2Φ25。

当同排纵筋有两种直径时，用加号“＋”将两种规格的纵筋相连表示，并将角部钢筋写在“＋”号前面。例如 2Φ25＋2Φ22 表示共有 4 根钢筋，2Φ25 放在角部，2Φ22 放在中部。

当梁中间支座两边的上部纵筋不同时，须在支座两边分别标注；当梁中间支座两边的上部纵筋相同时，可仅在支座一边标注，另一边可省略标注。

② 梁下部纵向钢筋

当梁下部纵向钢筋多于一排时，用“/”号将各排纵向钢筋自上而下分开。当同排纵筋有两种直径时，用“＋”号相连，角筋写在“＋”前面。当梁下部纵向钢筋不全部伸入支座时，将梁支座下部纵筋减少的数量写在括号内。

例如梁下部注写为 6Φ25（2/4）表示梁下部纵向钢筋为两排，上排为 2Φ25，下排为 4Φ25，全部钢筋伸入支座。

例如梁下部注写为 6Φ25 2（—2)/4 表示梁下部为双排配筋，其中上排 2Φ25 不伸入支座，下排 4Φ25 全部伸入支座。

当梁上部和下部均为通长钢筋，而在集中标注时已经注明，则不需在梁下部重复做原位标注。

③ 附加箍筋或吊筋

附加箍筋和吊筋的标注，将其直接画在平面图的主梁上，用引出线标注总配筋值（附加箍筋的肢数注在括号内），如图 2-28 所示。当多数附加箍筋和吊筋相同时，可在梁平法施工图上统一注明，少数与统一注明值不同时，再原位引注。

④ 当在梁上集中标注的内容不适用于某跨时，则采用原位标注的方法标注此跨内容，施工时原位标注优先采用。

（2）截面注写方式

梁的截面注写方式是在分标准层绘制的梁平面布置图上，分别在不同编号的梁中各选择一根梁用剖面号引出配筋图，并在剖面上注写截面尺寸和配筋的具体数值的方式。这种表达方式适用于表达异形截面梁的尺寸与配筋，或平面图上梁距较密的情况。

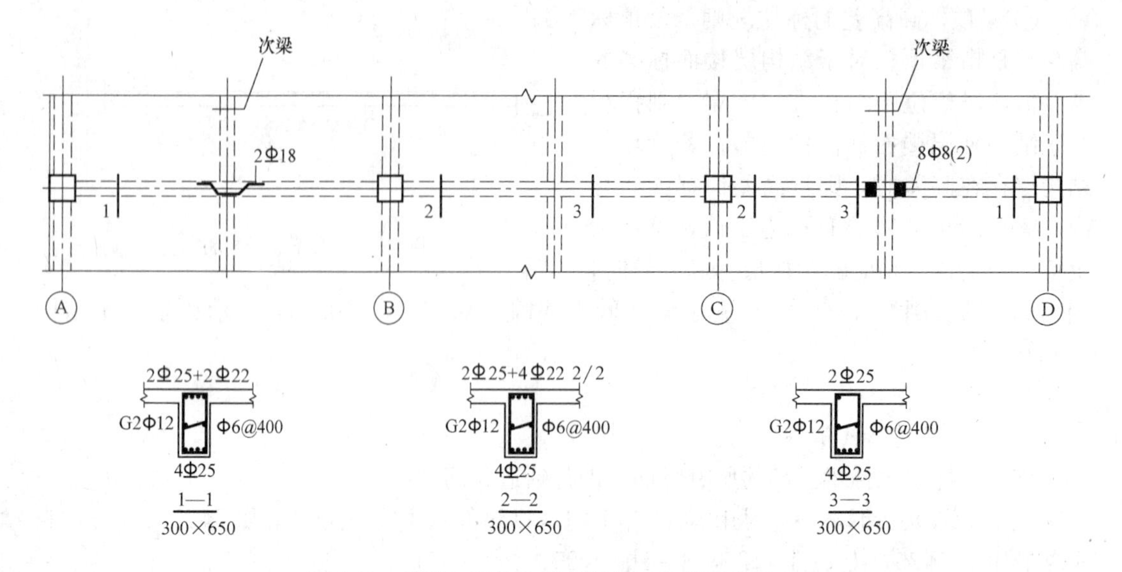

图 2-28 梁附加箍筋和吊筋的标注及截面注写方式

截面注写方式可以单独使用，也可以与平面注写方式结合使用。当然当梁距较密时也可以将较密的部分按比例放大采用平面注写方式。

2.2.3.4 现浇混凝土有梁楼盖板

板平面注写主要包括：板块集中标注和板支座原位标注。

（1）板块集中标注

板块编号 **表 2-9**

板类型	代号	序号
楼面板	LB	××
屋面板	WB	××
延伸纯悬挑板	YXB	××
悬挑板	XB	××

注：延伸悬挑板的上部受力钢筋应与相邻跨内板的上部纵筋连通配置。

板块集中标注的内容为：板块编号、板厚、贯通纵筋、当板面标高不同时的标高高差。

板块编号按表 2-9 的规定。

注：延伸悬挑板的上部受力钢筋应与相邻跨内板的上部纵筋连通配置。

板厚注写为/1=×××（为垂直于板面的厚度）；当悬挑板的端部改变截面厚度时，用斜线分隔根部与端部的高度值，注写为 h=×××/×××。

贯通纵筋按板块的下部和上部分别注写，以 B 代表下部、T 代表上部，B&T 代表下部与上部；X 向贯通纵筋以 X 打头，Y 向贯通纵筋以 Y 打头，两向贯通纵筋配置相同时以 X&Y 打头。在某些板内配置构造钢筋时，X 向构造钢筋以 X_c 打头标注，Y 向以 Y_c 打头注写。当贯通钢筋采用两种规格钢筋“隔一布一”方式时，表达为Φ××/××@×××。

板面标高高差，系指相对于结构层楼面标高的高差，将其注写在括号内，无高差时不标注。

例如 LB5 h=110

B：X⌀12@120；Y⌀10@110

表示5号楼面板，板厚110mm，板下部配置贯通纵筋X向为⌀12@120，Y向为⌀10@110，板上部未配置贯通纵筋。

XB5 h=110/70

B：Xc&Yc⌀10@200

表示5号悬挑板，根部厚110mm，端部厚70mm，板下部双向均配置构造钢筋⌀10@200。

（2）板支座原位标注

板支座原位标注的内容为：板支座上部非贯通纵筋和悬挑板上部受力钢筋。如图2-29所示，图中以一段适宜长度、垂直于板支座的中粗实线代表支座上部非贯通纵筋，线段上方注写钢筋编号、配筋值及横向连续布置的跨数（注写在括号内，当为一跨时可不注），以及是否横向布置到梁的悬挑端。板支座上部非贯通筋自支座中线向跨内的延伸长度，注写在线段的下方。若中间支座上部非贯通纵筋向支座两侧对称延伸时，可仅在支座一侧线段下方标注延伸长度，如图2-29（a）；若为向支座两侧非对称延伸时，应分别在支座两侧线段下方注写延伸长度，如图2-29（b）；贯通全跨或延伸至全悬挑一侧的长度值不注，只注明非贯通筋另一侧的延伸长度值，如图2-29（c）、（d）所示。

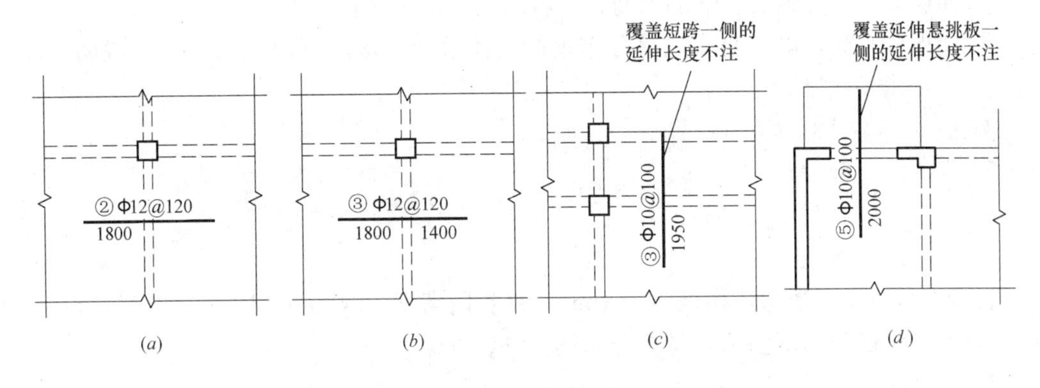

图2-29 板支座原位标注

2.2.3.5 现浇混凝土板式楼梯

现浇混凝土板式楼梯平法施工图有平面注写、剖面注写和列表注写三种表达方式。

（1）梯段板的类型

G101－2图集中包含11种类型的楼梯，梯板类型代号依次为AT、BT、CT、DT、ET、FT、GT、HT、AT_a、AT_b、AT_c，常用的三种类型如图2-30所示。图2-30为AT、BT、CT型梯段板的形状及支座位置

（2）平面注写方式

平面注写方式，是在楼梯平面布置图上注写截面尺寸和配筋具体数值的方式来表达楼梯施工图。包括集中标注和外围标注。

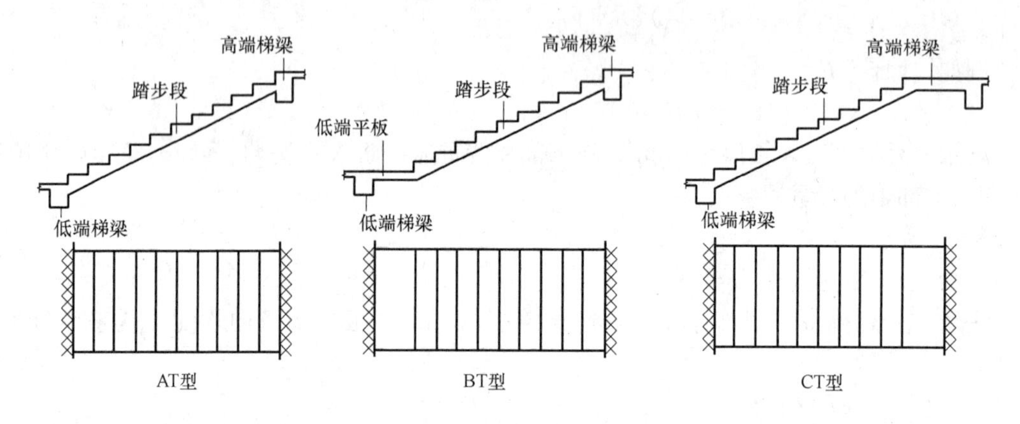

图 2-30　AT、BT、CT 型梯段板的形状及支座位置

1）集中标注

集中标注的内容及注写方式如下：

① 梯板类型代号与序号，如 AT××；

② 梯板厚度，注写为 h=×××。当为带平板的梯板，且梯段板厚度与平板厚度不同时，可在梯段板厚度后面括号内以字母户打头注写平板厚度。例如 h=100（P=120），表示梯段板厚 100mm，梯板平板段厚 120mm。

③ 踏步段总高度和踏步级数，二者间以“/”分隔；

④ 梯板支座上部纵筋和下部纵筋，二者间以“;”分隔；

⑤ 梯板分布筋，以 F 打头注写分布钢筋具体数值。该项可以在图中统一说明，此处不注。

例如：　AT3，h=100

1800/12

Φ10@200；Φ12@150

FΦ8@250

表示 3 号 AT 型楼梯，梯板厚 100mm，踏步段高度 1800mm，12 步，上部纵筋为Φ10@200，下部纵筋为Φ12@150，梯板分布筋为Φ8@250。

2）外围标注

楼梯外围标注的内容包括楼梯间的平面尺寸、楼层结构标高、层间结构标高、楼梯的上下方向、梯板的平面几何尺寸，以及平台板、梯梁、梯柱的配筋。

（3）剖面注写方式

剖面注写方式需在楼梯平法施工图中绘制楼梯平面布置图和剖面图，注写方式分平面注写、剖面注写两部分。

楼梯平面布置图注写内容，包括楼梯间的平面尺寸、楼层结构标高、层间结构标高、楼梯的上下方向、梯板的平面几何尺寸、梯板类型及编号，以及平台板、梯梁、梯柱的配筋等。

楼梯剖面图注写内容，包括梯板集中标注、梯梁梯柱编号、梯板水平及竖向尺寸、楼层结构标高、层间结构标高等。

梯板集中标注内容有四项：

1）梯板类型及编号，如 AT ××；

2）梯板厚度，注写形式同平面注写；

3）梯板配筋，注明梯板上部纵筋和下部纵筋，二者间以"；"分隔；

4）梯板分布筋，注写方式同平面注写方式。

（4）列表注写方式

列表注写方式，是用列表方式注写梯板截面尺寸、配筋具体数值的方式来表达楼梯施工图。

列表注写方式的具体要求与剖面注写方式相同，只需将梯板配筋改为列表注写即可。梯板列表格式见表 2-10。

梯板几何尺寸和配筋 **表 2-10**

梯板编号	踏步段总高度/踏步级数	板厚 h	上部纵向钢筋	下部纵向钢筋	分布筋

AT 型楼梯的平面注写方式如图 2-31 所示。

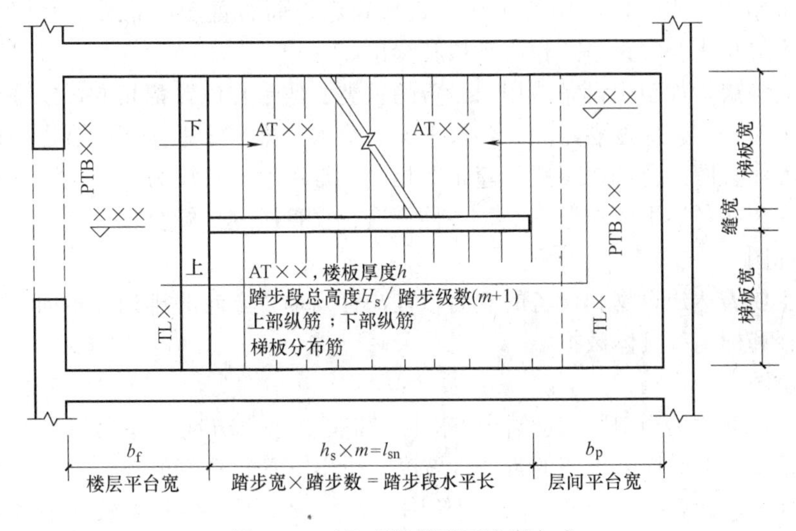

图 2-31　AT 型楼梯平面注写方式

2.3　设备施工图的图示方法和内容

2.3.1　设备施工图的内容

设备工程主要包括给排水工程、电气工程、供暖工程、通风空调工程、建筑智能化工程等几各专业工程组成，施工图内容主要包括图纸目录及设计说明、总平面图及平面图、剖面图、系统图、大样图、标准图、非标准图和材料表等几部分组成。下面就以给水排水工程施工图为例，简要叙述一下施工图的内容。

（1）图纸目录、设计说明

设计人员把一套施工图按照前后顺序编排好图纸目录，作为图纸前后排列和清点图纸的索引。用工程绘图无法表达清楚的给水、排水、热水供应、雨水系统等管材、防腐、防冻、防露的做法；或难以表达的诸如管道连接、固定、竣工验收要求、施工中特殊情况技术处理措施，或施工方法要求必须严格遵守的技术规程、规定等，可在图纸中用文字写出设计施工说明。

(2) 总平面图

指表示某一区域、小区、街道、村镇、几幢房屋等的室外管网平面布置的施工图。

(3) 平面图

给水、排水平面图应表达给水、排水管线和设备的平面布置情况。根据建筑规划，在设计图纸中，用水设备的种类、数量、位置，均要做给水和排水平面布置；各种功能管道、管道附件、卫生器具、用水设备，如消火栓箱、喷头等，应用各种图例表示；各种横干管、立管、支管的管径、坡度等，均应标出。平面图上管道都用单线绘出，沿墙敷设时不注管道距墙面的距离。

一张平面图上可以绘制几种类型的管道，一般来说给水和排水管道可以在一起绘制。若图纸管线复杂，也可以分别绘制，以图纸能清楚地表达设计意图而图纸数量又很少为原则。建筑内部给水排水，以选用的给水方式来确定平面布置图的张数。底层及地下室必绘；顶层若有高位水箱等设备，也必须单独绘出。

建筑中间各层，如卫生设备或用水设备的种类、数量和位置都相同，绘一张标准层平面布置图即可；否则，应逐层绘制。各层平面若给水、排水管垂直相重合，平面布置可错开表示。平面布置图的比例，一般与建筑图相同。常用的比例尺为1∶100；施工详图可取1∶50～1∶20。在各层平面布置图上，各种管道、立管应编号标明。

(4) 剖面图

剖面图主要表达建筑物和设备的立面布置，管线垂直方向的排列和走向，以及每根管线编号、管径和标高等具体数据。

(5) 系统图

系统图，也称“轴测图”。其绘法取水平、轴测、垂直方向，完全与平面布置图使用比例相同。系统图上应标明管道的管径、坡度，标出支管与立管的连接处，以及管道各种附件的安装标高，标高的±0.000应与建筑图一致。系统图上各种立管的编号应与平面布置图相一致。系统图均应按给水、排水、热水等各系统单独绘制．以便于施工安装和概预算应用。

系统图中对用水设备及卫生器具的种类、数量和位置完全相同的支管、立管，可不重复完全绘出，但应用文字标明。当系统图立管、支管在轴测方向出现重复交叉影响识图时，可断开移到图面空白处绘制。

建筑居住小区给排水管道一般不绘制系统图，但应绘制管道纵断面图。

(6) 大样详图

凡平面布置图、系统图中局部构造因受图面比例限制而表达不完善或无法表达的，为使施工概预算及施工不出现失误，必须绘出施工详图。通用施工详图系列，如卫生器具安装、排水检查井、雨水检查井、阀门井、水表井、局部污水处理构筑物等，均有各种施工标准图，施工详图宜首先采用标准图。

绘制施工详图的比例以能清楚绘出构造为根据选用。施工详图应尽量详细注明尺寸，不应以比例代替尺寸。

（7）标准图

标准图是一种具有通用性质的图样。标准图中标有成组管道、设备或部件的具体图形和详细尺寸。它一般不能作为单独进行施工的图纸，而只能作为某些施工图的一个组成部分。标准图由国家或有关部门出版标准图集，作为国家标准或部颁标准等。

（8）非标准图

指具有特殊要求的装置、器具及附件，不能采用标准图，而独立设计的加工或安装图。这种图只限某工程一次性使用。

（9）材料表

指工程所需的各种设备和主要材料的名称、规格、型号、材质、数量等的明细表，作为建设单位设备订货和材料采购的清单。

设计者根据工程内容和规模，决定出图的内容和数量，全面清楚地表达设计意图。

2.3.2 设备施工图的图示方法

除系统图采用轴测图表达外，其余与建筑施工图图示方法基本相同。唯一有区别的是，施工图中需要表达的大量设备、管线及其连接件等引用了大量的图例及符号，因国家提倡采用标准配件和管件，这些都有相关的标准图。

给水排水工程常用图例及符号见表 2-11。

给排水工程常用符号 **表 2-11**

名称	图例	名称	图例
生活给水管	——J——	检查口	
生活污水管	——SW——	清扫口	
通气管	——T——	地漏	
雨水管	——Y——	浴盆	
水表		洗脸盆	
截止阀		蹲式大便器	
闸阀		坐式大便器	
止回阀		洗涤池	
蝶阀		立式小便器	
自闭冲洗阀		室外水表井	
雨水口		矩形化粪池	
存水弯		圆形化粪池	
消火栓		阀门井（检查井）	

2.4 施工图的绘制与识读

2.4.1 房屋建筑图的基本知识

在房屋施工图设计阶段，设计人员将拟建建筑物的内外形状和大小、布置以及各部分的结构、构造、装修、设备等内容。按照“国标”的规定，用正投影的方法详细准确地画出来的图样称为房屋建筑图。

2.4.1.1 房屋建筑图的分类

一套完整的房屋建筑工程施工图按专业内容或作用的不同，一般分为：

(1) 建筑施工图，简称建施图。主要用于表达建筑物的规划位置、外部造型、内部各房间的布置、内外装修及构造施工要求等。

(2) 结构施工图，简称结施图。主要用于表达建筑物承重结构的结构类型，结构布置，构件种类、数量、大小、做法等。

(3) 设备施工图，简称设施图。主要用于表达建筑物的给水排水、暖气通风、供电照明、燃气等设备的布置和施工要求。

房屋全套施工图的编排顺序一般为：建筑施工图、结构施工图、给水排水施工图、供暖通风施工图、电气施工图等。

2.4.1.2 房屋建筑施工图的特点

(1) 建筑施工图中的图样是依据正投影法原理绘制的。

(2) 建筑施工图中的图样是按比例绘制的。房屋的平、立、剖面图采用小比例绘制，对无法表达清楚的部分，采用大比例绘制的建筑详图来进行表达。

(3) 房屋构、配件以及所使用的建筑材料均采用国标规定的图例或代号来表示。

(4) 施工图中的尺寸，除标高和总平面图中的尺寸以米为单位外，一般施工图中的尺寸以毫米为单位，尺寸数字后面不必标注单位。

(5) 为了使所绘的图样重点突出，建筑图上采用了多种线型且线型粗细变化。

2.4.2 建筑施工图、结构施工图的绘制步骤与方法

2.4.2.1 施工图绘制的一般步骤与方法

对于不同的项目，其施工图绘制步骤与方法并不完全相同，但其总的规律是：先整体、后局部，即先画全局性的图纸，再画详图；先骨架、后细部，即一张图纸先画整体骨架，再画细部；先底稿、后加深，即先打底稿，经反复核查无误后，再正式出图；先画图、后标注，即绘图时一般先把图画完，然后再注写数字和文字。一般而言，建筑施工图、结构施工图可按下列步骤与方法绘制。

(1) 确定绘制图样的数量

根据房屋的形状、平面布置和构造的复杂程度，以及施工的具体要求，决定绘制哪些图样。对施工图的内容和数量要作全面的安排，防止重复和遗漏。

(2) 选择合适的比例

在保证图样能清楚表达其内容的情况下，根据不同图样的不同要求选用不同的比例。

建筑制图、结构制图中选用的各种比例，宜符合表 2-12、表 2-13 的规定。

建筑制图中比例的规定　　表 2-12

图　名	比　例
建筑物或构筑物平面图、立面图、剖面图	1∶50、1∶100、1∶150、1∶200、1∶300
建筑物或构筑物的局部放大图	1∶10、1∶20、1∶25、1∶30、1∶50
配件及构造详图	1∶1、1∶2、1∶5、1∶10、1∶20、1∶25、1∶30、1∶50

建筑结构制图中比例的规定　　表 2-13

图名	常用比例	可用比例
结构平面图、基础平面图	1∶50、1∶100、1∶150	1∶60、1∶200
圈梁平面图、总图中管沟、地下设施平面图等	1∶200、1∶500	1∶300
详图	1∶10、1∶20、1∶50	1∶5、1∶30、1∶25

（3）进行合理的图面布置

图面布置包括图样、图名、尺寸、文字说明及表格等，应做到主次分明、排列适当、表达清晰。在图纸幅面许可的情况下，尽量保持各图之间的投影关系，或将同类型的、内容关系密切的图样，集中在一张或顺序连续的几张图纸上，以便对照查阅。若画在同一张图纸时，各图样间应符合等量关系，如平面图与立面图应长对正，立面图与剖面图应高平齐，平面图与剖面图应宽相等。

（4）绘制图样

绘制图样时，应先绘制全局性的图样，再绘制详图。例如绘制建筑施工图，一般按平面图→立面图→剖面图→详图的顺序进行；绘制结构施工图时，一般按基础平面图→基础详图→结构平面布置图→结构详图的顺序进行。

2.4.2.2　主要图样的画法步骤

（1）建筑平面图

1）选比例和布图，画轴线。

2）画墙、柱、门、窗。

3）画细部，如入口台阶、散水、门的开启方向等。

4）画剖切位置线、尺寸线，安排注字位置。

5）标注局部详图索引符号。

6）注写尺寸、文字。

（2）建筑剖面图

1）画室内外地坪线、墙身轴线、轮廓线、屋面线。

2）画被剖切的轮廓线，如地面、门窗洞口、楼面、屋面的轮廓线等。

3）画细部，如楼地面、屋面的做法、散水的做法等。

4）按国家制图标准画断面的材料符号。

5）注写尺寸、文字。

（3）建筑立面图

1）从平面图中引出立面的长度，从剖面图中量出立面的高度及各部位的相应位置。

2）画室外地坪线、外墙轮廓线、屋顶线。

3）定门窗位置、细部位置，如门窗洞口、阳台、雨篷、雨水管等。

4）注写尺寸、文字。

（4）结构平面图

1）选比例和布图，画出两向轴线。

2）定墙、柱、梁、板的大小及位置。用中实线表示剖到或可见的构件轮廓线，用中虚线表示不可见构件的轮廓线，门窗洞一般不画出。

3）画板的钢筋详图。主要画出受力筋的形状和配置情况，并注明其编号、规格、直径、间距或数量等。每种规格的钢筋只画一根，按其立面形状画在钢筋安放的位置上。当图中钢筋布置表示不清时，可在图外画出钢筋详图。在结构平面图中，分布筋不必画出。配筋相同的板，只需画出其中一块的配筋情况。

4）画圈梁、过梁等。在其中心位置用粗点划线画出。

5）标注轴线编号。

6）注写尺寸、文字。

2.4.3 房屋建筑施工图识读的步骤与方法

2.4.3.1 施工图识读方法

（1）总揽全局。识读施工图前，先阅读建筑施工图，建立起建筑物的轮廓概念，了解和明确建筑施工图平面、立面、剖面的情况。在此基础上，阅读结构施工图目录，对图样数量和类型做到心中有数。阅读结构设计说明，了解工程概况及所采用的标准图等。粗读结构平面图，了解构件类型、数量和位置。

（2）循序渐进。根据投影关系、构造特点和图纸顺序，从前往后、从上往下、从左往右、由外向内、由大到小、由粗到细反复阅读。

（3）相互对照。识读施工图时，应当图样与说明对照看，建施图、结施图、设施图对照看，基本图与详图对照看。

（4）重点细读。以不同工种身份，有重点地细读施工图，掌握施工必需的重要信息。

2.4.3.2 施工图识读步骤

识读施工图的一般顺序如下：

（1）阅读图纸目录

根据目录对照检查全套图纸是否齐全，标准图和重复利用的旧图是否配齐，图纸有无缺损。

（2）阅读设计总说明

了解本工程的名称、建筑规模、建筑面积、工程性质以及采用的材料和特殊要求等。对本工程有一个完整的概念。

（3）通读图纸

按建施图、结施图、设施图的顺序对图纸进行初步阅读，也可根据技术分工的不同进行分读。读图时，按照先整体后局部，先文字说明后图样，先图形后尺寸的顺序进行。

（4）精读图纸

在对图纸分类的基础上，对图纸及该图的剖面图、详图进行对照、精细阅读，对图样上的每个线面、每个尺寸都务必认清看懂，并掌握它与其他图的关系。

2.5 识读建筑施工图

2.5.1 建筑施工图识读

2.5.1.1 施工图的阅读方法

一套完整的房屋施工图，阅读时应先看图纸目录和设计总说明，再按建筑施工图、结构施工图和设备施工图的顺序阅读。阅读建筑施工图，先看平面图、立面图、剖面图，后看详图。阅读结构施工图，先看基础图、结构平面图，后看构件详图。当然，这些步骤不是孤立的，要经常互相联系并反复进行。

阅读图样时，要先从大的方面看，然后再依次阅读细小部分，即先粗看、后细看。还应注意按先整体后局部，先文字说明后图样，先图形后尺寸的原则依次进行。同时，还应注意各类图纸之间的联系，弄清各专业工种之间的关系等。

2.5.1.2 首页图

首页图是建筑施工图的第一页，它的内容一般包括：图纸目录、设计总说明、建筑装修及工程做法、门窗表等。

(1) 图纸目录

图纸目录放在一套图纸的最前面，说明本工程的图纸类别、图号编排，图纸名称和备注等，以方便图纸的查阅。

(2) 设计说明

主要说明工程的概况和总的要求。内容包括工程设计依据（如工程地质、水文、气象资料）、设计标准（建筑标准、结构荷载等级、抗震要求、耐火等级、防水等级）、建设规模（占地面积、建筑面积）、工程做法（墙体、地面、楼面、屋面等做法）及材料要求等。

(3) 门窗表

门窗表反映门窗的类型、编号、数量、尺寸规格、所在标准图集等相应内容，以备工程施工、结算所需。

2.5.1.3 总平面图

(1) 总平面图的形成

建筑总平面图是将新建工程四周一定范围内的新建、拟建、原有和拆除的建筑物、构筑物连同其周围的地形、地物状况用水平投影方法和相应的图例所画出的工程图样。主要表达拟建房屋的位置和朝向，表明拟建房屋一定范围内原有、新建、拟建、即将拆除的建筑及其所处周围环境、地形地貌、道路、绿化等情况。

(2) 总平面图的读图方法

1) 看图名、比例。如图 2-32 所示的总平面图，比例是 1∶500。

2) 了解工程的用地范围、地形地貌和周围环境情况。如图 2-32 所示的总平面图，该建筑区域的地形为西高东低。根据图上的图例可知新建建筑有 3 个，分别是宿舍 7、宿舍 8 和宿舍 9，建筑层数均为 6 层。原有建筑有 8 个，分别是宿舍 1、宿舍 2、宿舍 3、宿舍 4、宿舍 5、宿舍 6 和俱乐部与服务中心，在新建建筑的左面（西面）；其中 6 幢宿舍的层数为 4 层，俱乐部与服务中心为 3 层；俱乐部的中间有一个天井，俱乐部的后面（北面）是服务中心，俱乐部与服务中心之间有一个圆形花池。在新建建筑的后面（北面）有一个计划扩建的建筑，在俱乐部的右面（东面）、新建建筑的左面（西面）有二个拆除建筑，在新建建筑的右面（东面）还有一个池塘等。

3）了解新建房屋的朝向、标高、出入口位置等和该地区的主要风向。如图 2-32 所示，所有的建筑朝向均为坐北朝南。除俱乐部有东、南、西、北四个出口外，其余建筑的出入口均朝南。宿舍 7、宿舍 8 和宿舍 9 的室内地坪绝对标高均为 725.60，相对标高为±0.000。原有的宿舍 1、宿舍 2、宿舍 3、宿舍 4、宿舍 5 和宿舍 6 的建筑层数均为 4 层，室内地坪绝对标高均为 726.00。俱乐部与服务中心的建筑层数均为 3 层，室内地坪绝对标高均为 725.50。该地区的常年主导风向为东南风。

4）了解新建房屋的准确位置。如图 2-32 所示，本图中新建建筑所采用是建筑坐标定位方法，坐标网格 100m×100m，所有的建筑对应的两个角用建筑坐标定位，从坐标可知原有建筑和新建建筑的长度和宽度。如服务中心的坐标分别是 $A=1793$、$B=520$ 和 $A=1784$、$B=580$，表示服务中心的长度为 (580－520)m＝60m，宽度为 (1793－1784)m＝9m。新建建筑中的宿舍 7 的坐标分别为 $A=1661.20$、$B=614.90$ 和 $A=1646$、$B=649.60$，表示宿舍 7 的长度为 (649.6－614.9)m＝34.7m，宽度为 (1661.20－1646)m＝15.2m。

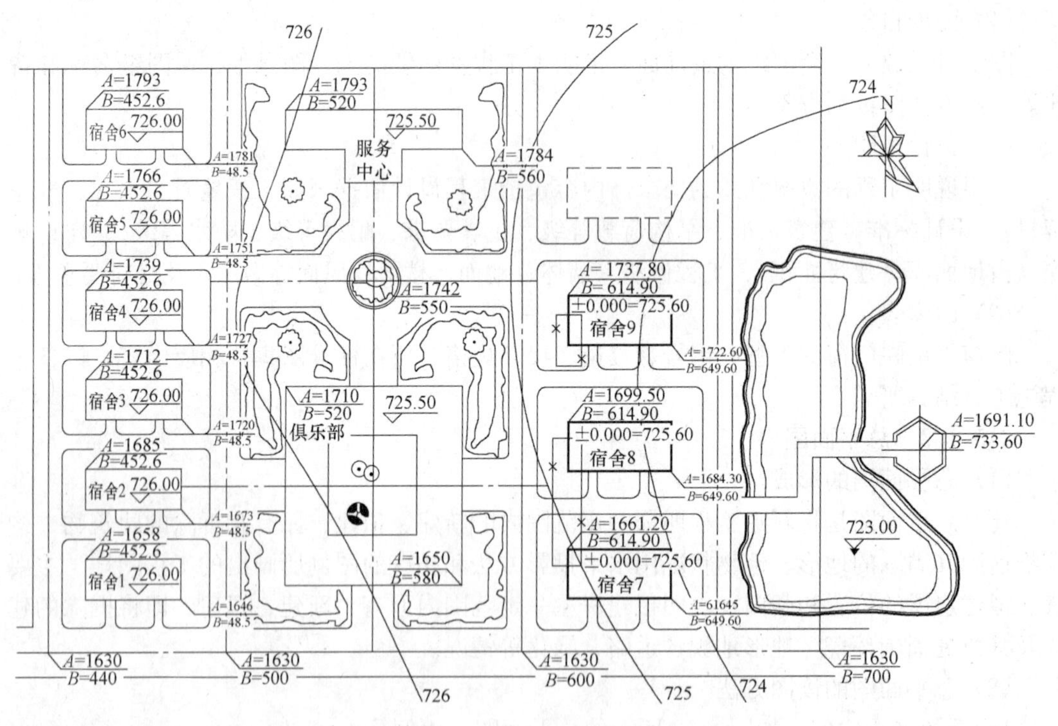

图 2-32　总平面图示例

5）了解道路交通布置情况。如图 2-32 所示，纵坐标为 1630 及横坐标分别为 440、500、600、660 的轴线为几条主干道的中心线位置，连接俱乐部与服务中心的道路也是主干道。另外，在两宿舍楼间也有通行的道路。

2.5.1.4 建筑平面图

(1) 建筑平面图的形成

建筑平面图是假想用一个水平的剖切平面，在房屋窗台略高一点位置水平剖开整幢房屋，移去剖切平面上方的部分，对留下部分所作的水平剖投影图，简称平面图。

建筑平面图反映新建建筑的平面形状、房间的位置、大小、相互关系、墙体的位置、厚度、材料、柱的截面形状与尺寸大小，门窗的位置及类型，以及其他建筑构配件的布置。

对多层楼房，原则上每一楼层均要绘制一个平面图，并在平面图下方注写图名（如底层平面图、二层平面图等）；若房屋某几层平面布置相同，可将其作为标准层，并在图样下方注写适用的楼层图名（如三、四、五层平面图）。若房屋对称，可利用其对称性，在对称符号的两侧各画半个不同楼层平面图。

(2) 建筑平面图的识读

1) 建筑平面图的读图注意事项

① 看清图名和绘图比例，了解该平面图属于哪一层。

② 阅读平面图时，应由低向高逐层阅读平面图。首先从定位轴线开始，根据所注尺寸看房间的开间和进深，再看墙的厚度或柱子的尺寸，看清楚定位轴线是处于墙体的中央位置还是偏心位置，看清楚门窗的位置和尺寸。尤其应注意各层平面图变化之处。

③ 在平面图中，被剖切到的砖墙断面上，按规定应绘制砖墙材料图例，若绘图比例小于等于 1∶50，则不绘制砖墙材料图例。

④ 平面图中的剖切位置与详图索引标志也是不可忽视的问题，它涉及朝向与所表达的详尽内容。

⑤ 房屋的朝向可通过底层平面图中的指北针来了解。

2) 底层平面图的识读

① 了解平面图的图名、比例。如图 2-33 所示，该图为底层平面图，比例为 1∶100。

② 了解建筑的朝向。如图 2-33 所示，从图中指北针可知该建筑是坐北朝南的方向。

③ 了解建筑的平面布置。如图 2-33 所示，该建筑横向定位轴线 13 根，纵向定位轴线 6 根，共有 2 个单元，每单元 2 户，户型相同。每户有南北 2 个卧室，一个客厅朝南，一间厨房，一个卫生间，一个阳台朝南。楼梯间有 2 个管道井，A 轴线外墙上设空调外机搁板。

④ 了解建筑平面图上的尺寸。从图 2-33 中可知，该建筑的内部尺寸如图中的 D1、D2（D 表示洞）距离 E 轴线、D3 距离门边均为 1000mm，卫生间隔墙距离①轴线 2400mm，这些都是定位尺寸。

该建筑的外部尺寸中最里面的一道细部尺寸如 A 轴线上的 C6 的洞宽是 2800mm，B 轴线上的 C5 的洞宽是 2100mm，两窗洞间的距离为 [750－(－750)]mm＝1500mm，而两 C6 窗洞间的尺寸为（1075＋1075）mm＝2150mm。从中间一道的轴间尺寸可知，客厅的开间为 4950mm，进深为 5100mm；南卧的开间为 3600mm，进深为 5100mm；北卧和厨房的开间均为 3600mm，进深均为 4200mm；卫生间的进深为 3900mm，开间从内部尺寸中查得为 2400mm；阳台有进深为 1500mm。从最外一道尺寸看出，该建筑的总长是

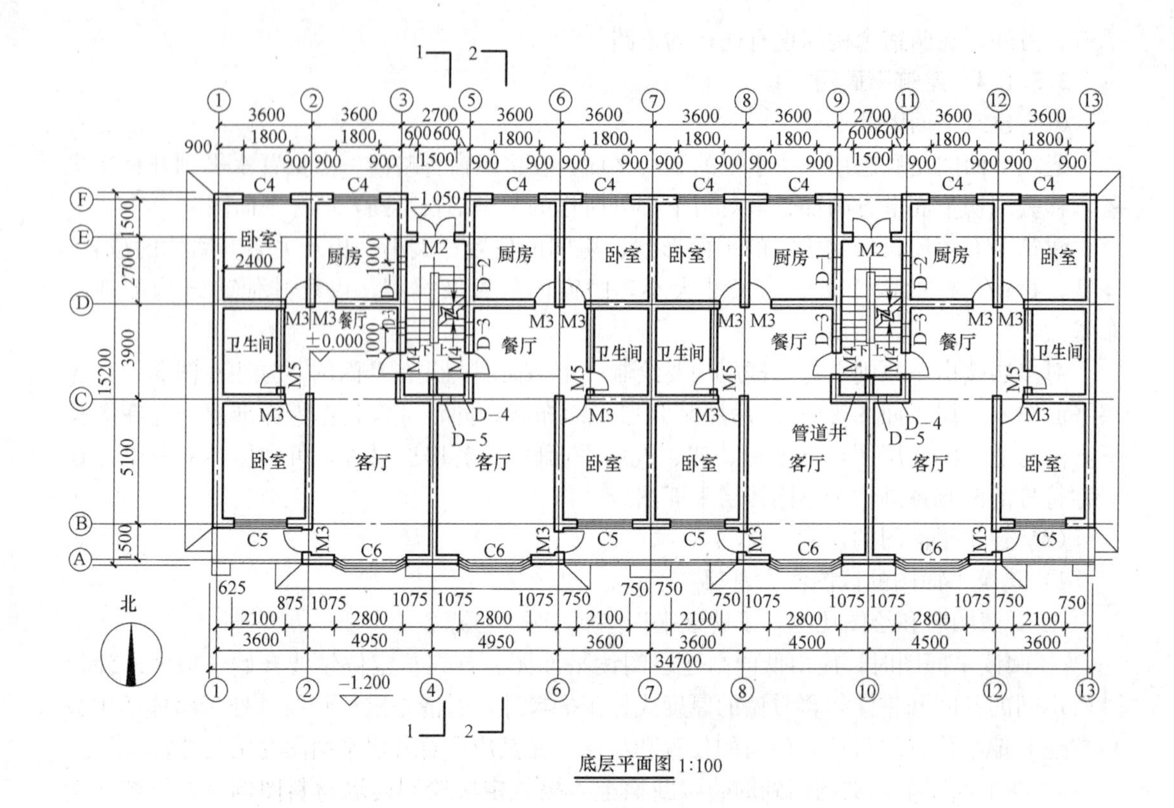

图 2-33　底层平面图

34700mm，总宽是 15200mm。

⑤ 了解建筑中各组成部分的标高情况。如图 2-33 所示，该建筑室内地面标高为±0.000，室外地面标高为－1.200，说明室内外高度相差 1.200m。

⑥ 了解门窗的位置及编号。从图 2-33 中可看出，楼梯间的门为 M2，每户进户门为 M4，卧室、厨房和阳台的门为 M3，卫生间的门为 M5。F 轴线上的是 C4，B 轴线上的是 C5，A 轴线上的是 C6。

⑦ 了解建筑剖面图的剖切位置、索引标志。从图 2-33 中可发现有 2 个剖切符号，分别是在④～⑤轴线间的 1－1 剖切符号和 2－2 剖切符号，剖面图类型均为全剖面图，剖视方向向左。

⑧ 了解各专业设备的布置情况。建筑内的专业设备如卫生间的洗脸盆、浴缸等的位置，读图时要注意其位置、形式及相应尺寸。

3）标准层平面图和顶层平面图的识读

为了简化作图，已在底层平面图上表示过的内容，在标准层平面图和顶层平面图上不再表示，顶层平面图上不再画二层平面图上表示过的雨篷等。识读标准层平面图和顶层平面图重点应与底层平面图对照异同。

4）屋顶平面图的识读

屋顶平面图是屋面的水平投影图，不管是平屋顶还是坡屋顶，主要应表示出屋面排水情况和突出屋面的全部构造位置。

屋顶平面图的基本内容：

① 表明屋顶形状和尺寸，女儿墙的位置和墙厚，以及突出屋面的楼梯间、水箱、烟道、通风道、检查孔等具体位置。

② 表示出屋面排水分区情况、屋脊、天沟、屋面坡度及排水方向和下水口位置等。

③ 屋顶构造复杂的还要加注详图索引符号，画出详图。

屋顶平面图虽然比较简单，亦应与外墙详图和索引屋面细部构造详图对照才能读懂，尤其是有外楼梯、检查孔、檐口等部位和做法、屋面材料防水做法。

如图 2-34 所示的屋顶平面图，从图中可见该屋顶为四坡挑檐排水，屋面排水坡度为2%，檐沟排水坡度为1%，排水管设在 A、F 轴线墙上的①⑦⑩轴线处，构造做法采用标准图集 98J5 第 10 页 A 图、第 14 页 1、4、5 图的做法。上人孔尺寸为 700mm×600mm，距 C 轴线 2050mm，构造做法采用标准图集 98J5 第 22 页 1 图的做法。

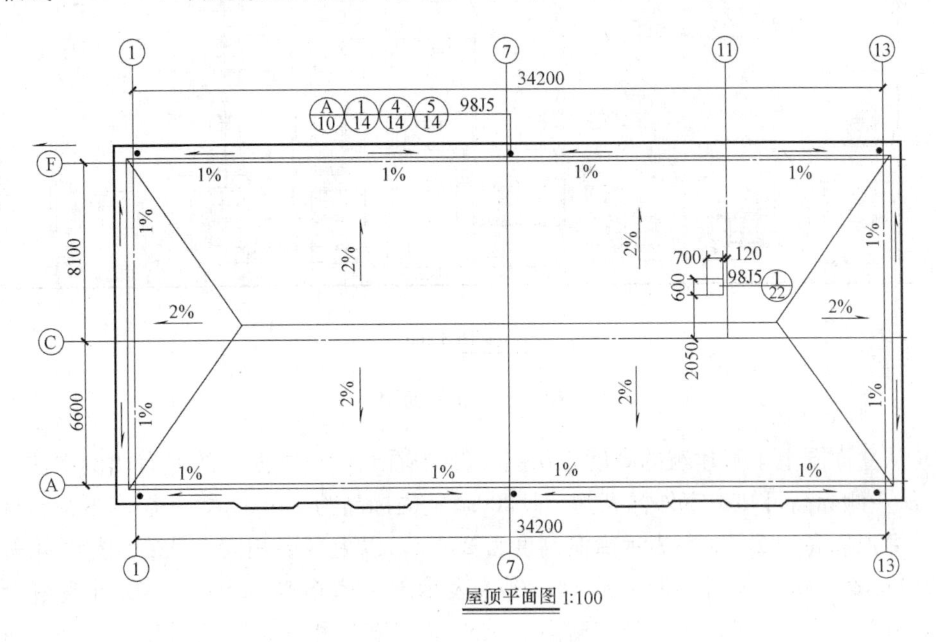

图 2-34 屋顶平面图

2.5.1.5 建筑立面图

(1) 立面图的形成、用途与命名方式

在与建筑立面平行的铅直投影面上所做的正投影图称为建筑立面图，简称立面图。立面图主要反映房屋各部位的高度、外貌和装修要求，是建筑外装修的主要依据。

立面图的命名方式有三种：

1) 用朝向命名：建筑物的某个立面面向那个方向，就称为那个方向的立面图。

2) 按外貌特征命名：将建筑物反映主要出入口或比较显著地反映外貌特征的那一面称为正立面图，其余立面图依次为背立面图、左立面图和右立面图。

3) 用建筑平面图中的首尾轴线命名：按照观察者面向建筑物从左到右的轴线顺序命名。

施工图中这三种命名方式都可使用，但每套施工图只能采用其中的一种方式命名。

(2) 建筑立面图识读

1) 从正立面图上了解该建筑的外貌形状，并与平面图对照深入了解屋面、名称、雨篷、台阶等细部形状及位置。如图 2-35 所示，该建筑为 6 层，屋面为平屋面。相邻两户客厅的窗下墙之间及下层卧室窗上方装有空调外机搁板。

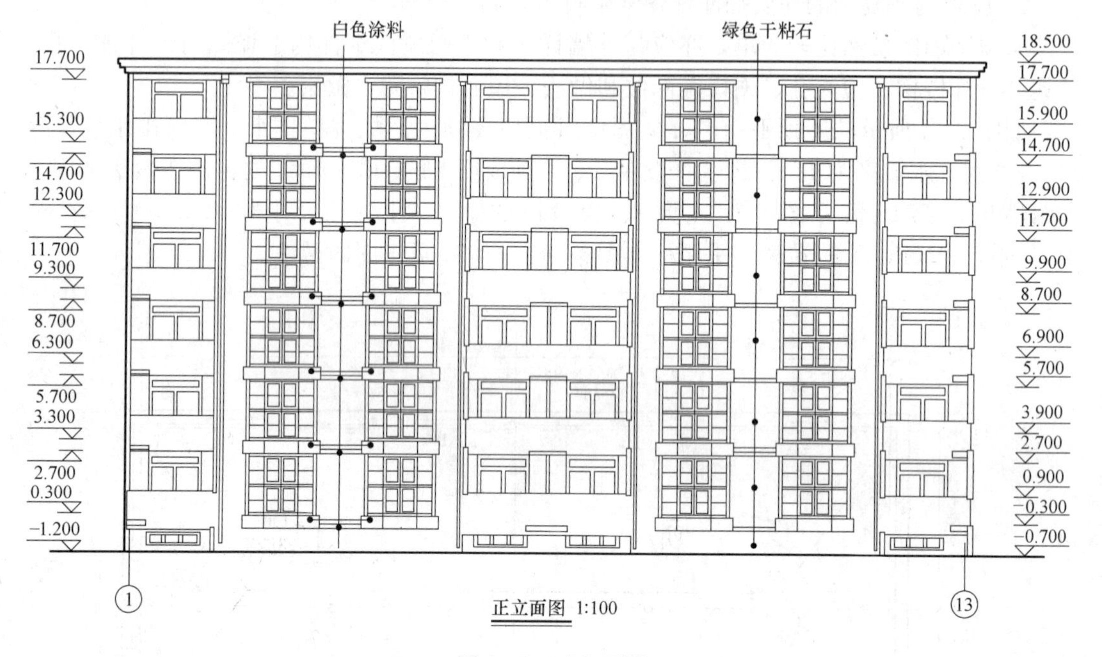

图 2-35　正立面图

2) 从立面图上了解建筑的高度。从图 2-35 中看到，正立面图的左右两侧都注有标高尺寸。从左侧标高可知：室外标高为－1.200，室内标高为±0.000，一层客厅窗台标高为 0.300，窗顶标高为 2.700，表示窗洞高度为 2.4m，以上各层相同。从右侧标高可知：地下室窗台标高－0.700，窗顶标高－0.300，表示地下室窗高 0.4m；一层卧室窗台标高 0.900，窗顶标高 2.700，表示卧室窗高 1.8m，以上各层相同；屋顶标高 18.500，可算得该建筑的总高为 (18.5＋1.2)m＝19.7m。

3) 了解建筑物的装修做法。

从图 2-35 中看到，建筑以绿色干粘石为主，只是在卧室窗下及空调外机搁板处刷白色涂料。

4) 了解立面图上的索引符号的意义。

5) 了解其他立面图。

6) 建立建筑物的整体形状。

2.5.1.6　建筑剖面图

(1) 建筑剖面图的形成与用途

假想用一个或一个以上的铅垂剖切平面剖切建筑物，得到的剖面图称为建筑剖面图，简称剖面图，如图 2-36 所示。建筑剖面图用以表示建筑内部的结构构造、各层楼地面、屋顶的构造及相关尺寸、标高等。

剖切的位置常取楼梯间、门窗洞口及构造比较复杂的典型部位。剖面图的数量，则根据房屋的复杂程度和施工的实际需要而定。剖面图的名称必须与底层平面图上所标的剖切位置和剖视方向一致。

（2）剖面图的识读

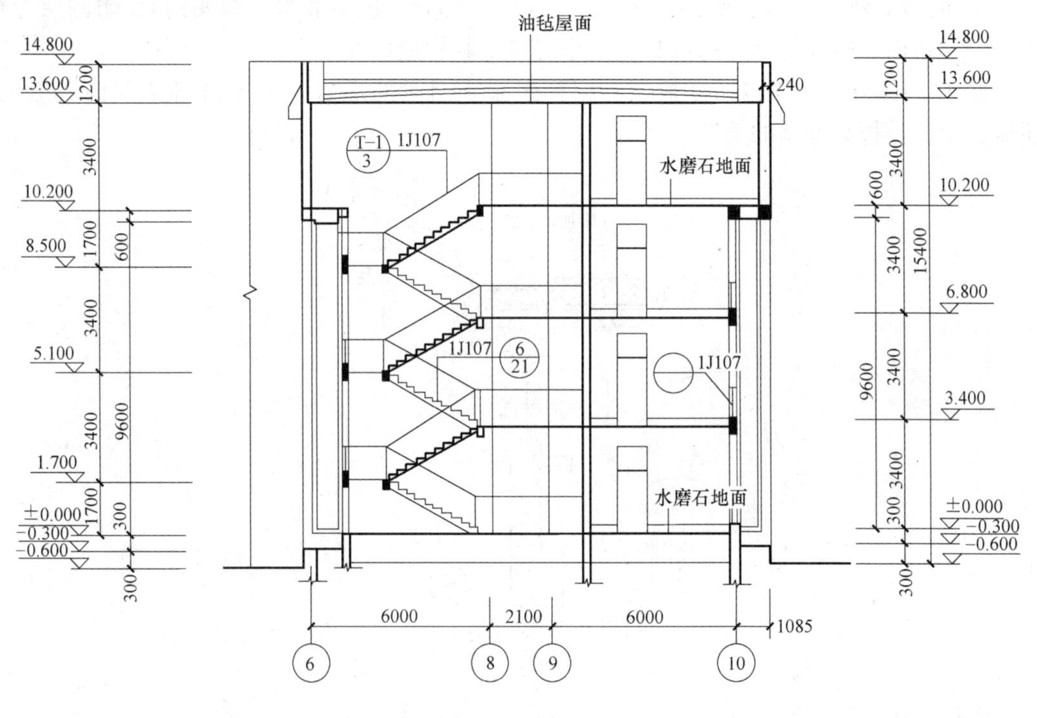

图 2-36　剖面图

1）结合底层平面图阅读，对应剖面图与平面图的相互关系，建立起房屋内部的空间概念。

2）结合建筑设计说明或材料做法表，查阅地面、楼面、墙面、顶棚的装修做法。

3）查阅各部位的高度。

4）结合屋顶平面图阅读，了解屋面坡度、屋面防水、女儿墙泛水、屋面保温、隔热等的做法。

5）详图索引符号。

2.5.1.7　建筑详图

（1）详图的由来、特点与种类

为了满足施丁要求，对建筑的细部构造用较大的比例详细地表达出来，这样的图称为建筑详图，简称详图，有时也叫作大样图。常用的比例有 1∶50、1∶20、1∶10、1∶5、1∶2、1∶1 等。

（2）建筑外墙身剖面详图

外墙身详图也叫外墙大样图．是建筑剖面图的局部放大图样，表达外墙与地面、楼面、屋面的构造连接情况以及檐口、门窗顶、窗台、勒脚、防潮层、散水、明沟的尺寸、材料、做法等构造情况，如图 2-37 所示。外墙身详图是砌墙、室内外装修、门窗安装、编制施工预算以及材料估算等的重要依据。

在多层房屋中，各层构造情况基本相同，所以，外墙身详图只画墙脚、檐口和中间部分三个节点。为了简化作图，通常采用省略方法画，即在门窗洞口处断开。

1）外墙身详图的内容

① 墙脚。外墙墙脚主要是指一层窗台及以下部分，包括散水（或明沟）、防潮层、勒脚、一层地面、踢脚等部分的形状、大小材料及其构造情况。

② 中间部分。主要包括楼板层、门窗过梁、圈梁的形状、大小材料及其构造情况，还应表示出楼板与外墙的关系。

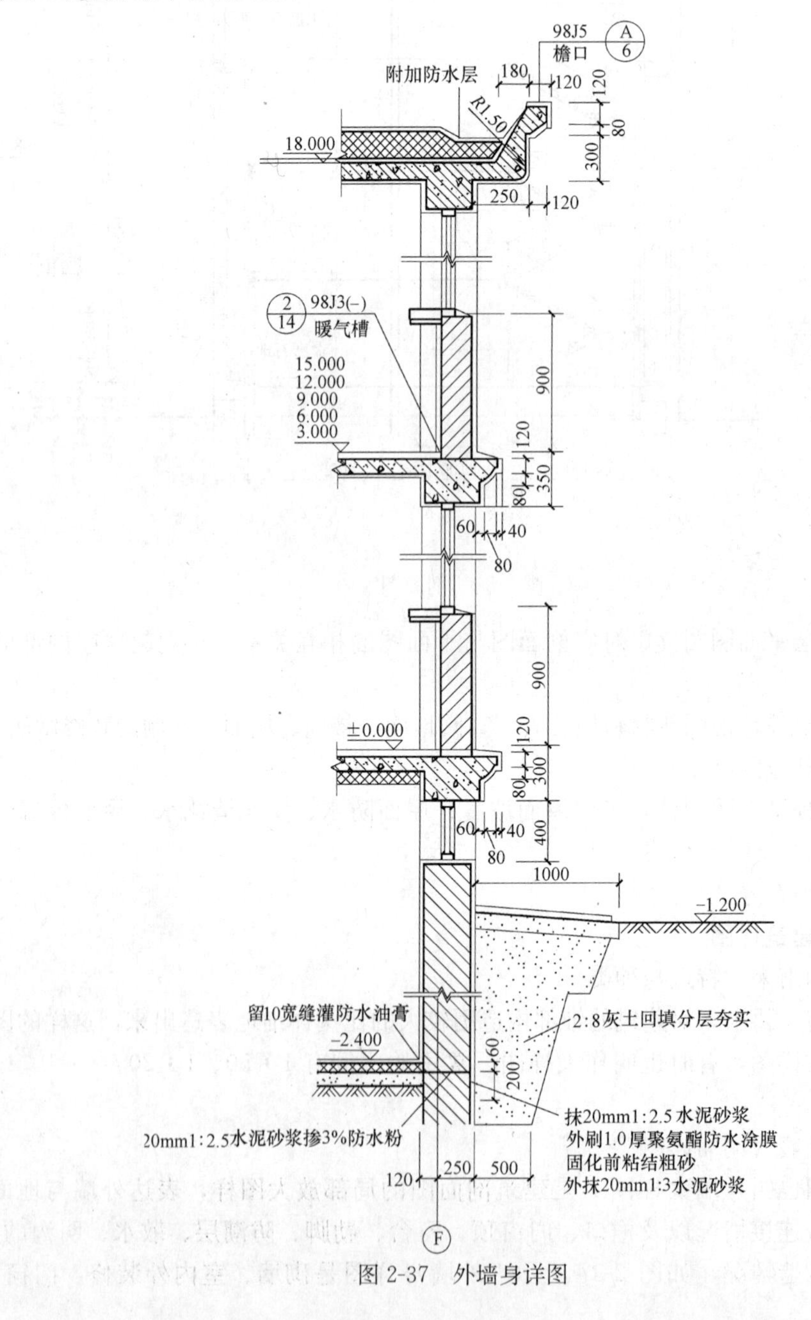

图 2-37　外墙身详图

③ 檐口。应表示出屋顶、檐口、女儿墙、屋顶圈梁的形状、大小、材料及其构造情况。

墙身大样图一般用 1∶20 的比例绘制，由于比例较大，各部分的构造如结构层、面层的构造均应详细表达出来，并画出相应的图例符号。

2）外墙身详图的识读

① 了解墙身详图的图名和比例。图 2-37 为 F 轴线的墙身大样图，比例为 1∶20。

② 了解墙脚构造。从图 2-37 中可知，该墙脚防潮层采用 1∶2.5 水泥砂浆，内掺 3% 防水粉。地下室地面与墙脚相交处留 10mm 宽缝并灌防水油亮油膏。外墙面的防潮做法是：先抹 20mm 厚 1∶2.5 水泥砂浆，再刷 1.0mm 厚聚氨酯防水涂膜，且在涂膜因化前粘结粗砂，最后再 20mm 厚抹 1∶3 水泥砂浆。

③ 了解中间节点。从图 2-37 中可知，窗台高度为 900mm，暖气槽的做法见 98J3（一）标准图集第 14 页的 2 详图，各层楼板与过梁整体浇筑，楼板面的标高分别为 3.000、6.000、9.000、12.000 和 15.000，表示该节点适用于二～六层的相同部位。

④ 了解檐口部位。如图 2-37，檐口顶部做法见 98J5 标准图集第 6 页的 A 图。

（3）楼梯详图

楼梯是垂直交通工具，最常用的是钢筋混凝土楼梯。楼梯由楼梯段、休息平台（包括平台板和梁）和栏杆（或栏板）等组成。

楼梯详图是由楼梯平面图、楼梯剖面图和楼梯节点详图三部分构成。

1）楼梯平面图

楼梯平面图就是将建筑平面图中的楼梯间比例放大后画出的图样，比例通常为 1∶50。

楼梯平面图实际是各层楼梯的水平剖面图，水平剖切平面应通过每层上行第一梯段及门窗洞口的任一位置。包括底层平面图、标准层平面图和顶层平面图。

楼梯底层平面：当水平剖切平面沿底层上行第一梯段休息平台以下某一位置切开时，便可以得到底层平面图。

楼梯标准层平面图：当水平剖切平面沿标准层的休息平台以下及梯间窗洞台以上的某一位置切开时，便可得到标准层平面图。

楼梯顶层平面图：当水平剖切沿顶层门窗洞口的某一位置切开时，便可得到顶层平面图。

① 楼梯平面图的内容

a. 楼梯间的位置。

b. 楼梯间的开间、进深和墙体厚度。

c. 楼梯段的长度、宽度，踏步的宽度和数量。

d. 休息平台的形状和位置。

e. 楼梯井的宽度。

f. 楼梯段的起步尺寸。

g. 各楼层、各平台的标高。

h. 底层平面图中的剖切符号。

② 楼梯平面图的识读

a. 了解楼梯间在建筑物中的位置。如图 2-38 所示，从图中可知，楼梯间位于 C、E 轴线和 3、5 轴线的范围内。

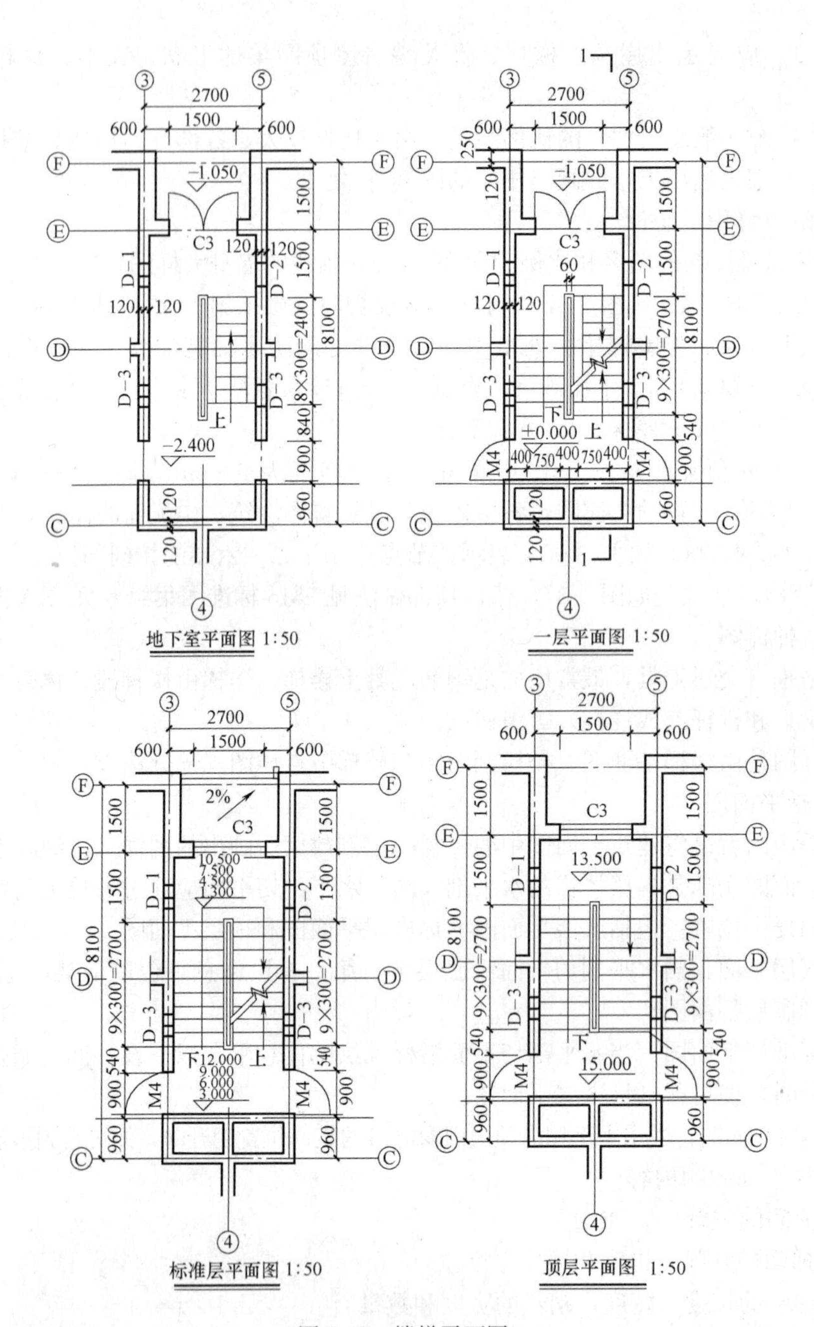

图 2-38　楼梯平面图

b. 了解楼梯间的开间、进深、墙体的厚度、门窗的位置。从图 2-38 中可知，该楼梯间的开间为 2700mm，进深为 6600mm。外墙厚 370mm，内墙厚 240mm，楼梯间的门窗宽度均为 1500mm。

c. 了解楼梯段、楼梯井和休息平台的平面形式、位置、踏步的宽度和数量。从图 2-38 中可知，该楼梯为双跑式的楼梯，每个梯段有 9 个踏步，踏步宽 300mm，每个梯段的水平投影长 2700mm，楼梯平台宽度为（1500－120)mm＝1380mm。

d. 了解楼梯的走向以及上下行的起步位置。从图 2-38 中可知，该楼梯走向如图中箭头所示，地下室平台的起步尺寸为 840mm，其他层平台的起步尺寸为 540mm。

e. 了解楼梯段各层平台的标高。从图 2-38 中可知，楼梯间人口处的标高为－1.050，其他层休息平台的标高分别为 1.500、4.500、7.500、10.500 和 13.500。

f. 在底层平面图中了解楼梯剖面图的剖切位置，及剖视方向。

2）楼梯剖面图

楼梯剖面图是用假想的铅垂剖切平面，通过各层的一个梯段和门窗洞口，将楼梯垂直剖切，向另一未剖到的梯段方向作投影，所得到的剖面图。楼梯剖面图一般采用的比例有 1：50、1：30 或 1：40。

① 楼梯剖面图内容

楼梯剖面图主要表达楼梯踏步、平台的构造、栏杆的形状以及相关尺寸。

② 楼梯剖面图的识读

a. 了解楼梯的构造形式。从图 2-39 中可知，该楼梯的结构形式为双跑板式楼梯。

b. 了解楼梯在竖向和进深方向的有关尺寸。从图 2-39 可知，该建筑的层高为 3000mm，楼梯间进深为 6600mm。

c. 了解楼梯段、平台、栏杆、扶手等的构造和用料说明。

d. 被剖切梯段的踏步级数。从图 2-39 可知，从楼梯入门处到一层地面需上 7 个踏步，每个踢面高 150mm，梯段的垂直高度为 1500mm。

e. 了解图中的索引符号，从而知道楼梯细部做法。

3）楼梯节点详图

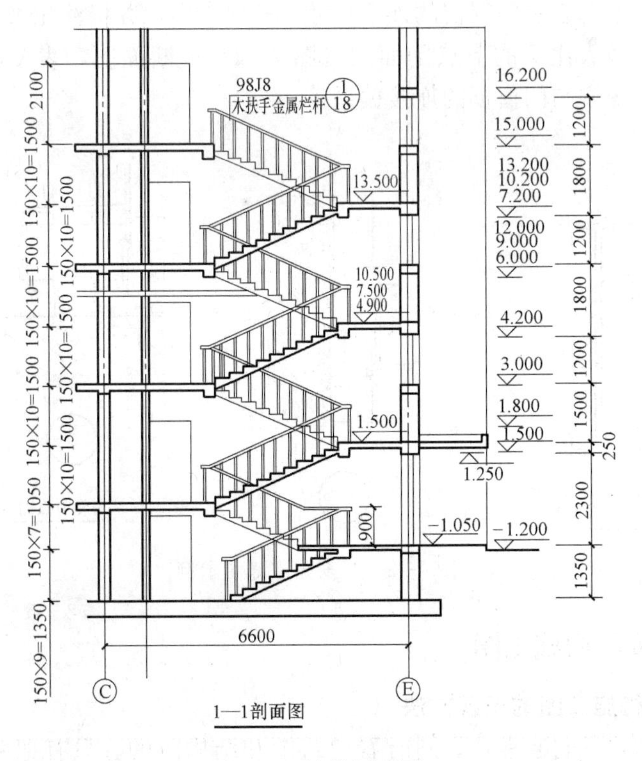

图 2-39 楼梯剖面图

楼梯节点详图主要表达楼梯栏杆、踏步、扶手的做法。

如图 2-40 所示为栏杆构造做法，表达楼梯栏杆的具体位置和采用的材料。

如图 2-41 所示为踏步防滑条的做法，表达防滑条的具体位置和采用的材料。

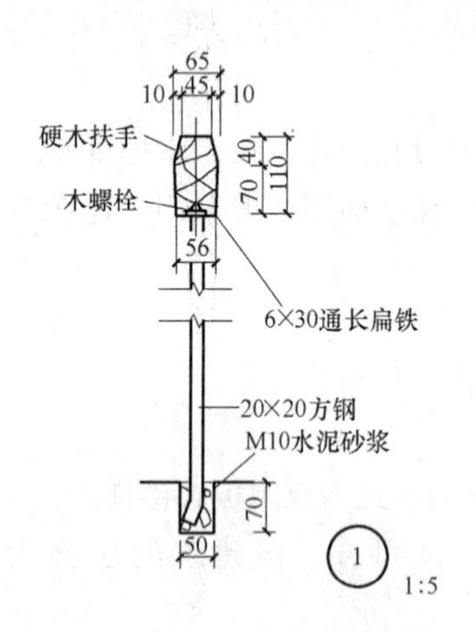

图 2-40 栏杆构造做法

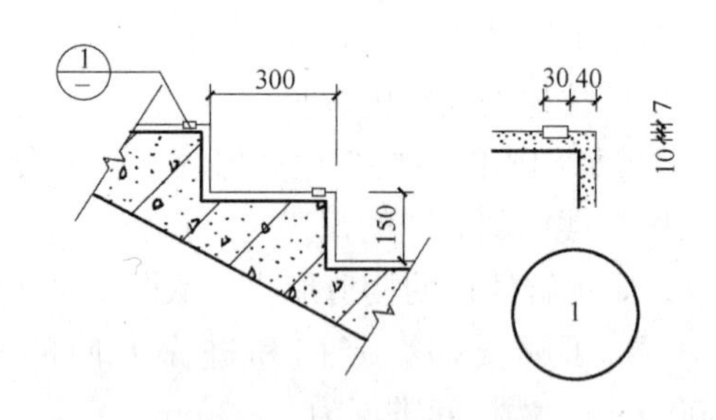

图 2-41 踏步防滑条做法

（4）门窗详图

门与窗是房屋的重要组成部分，其详图一般都预先绘制成标准图，以供设计人员选用。如果选用了标准图，在施工图中就要用索引符号并加注所选用的标准图集的编号表示，此时，不必另画详图。如果门、窗没按标准图选用，就一定要画出详图。

门窗详图用立面图表示门、窗的外形尺寸，开启方向，并标注出节点剖面详图或断面图的索引符号；用较大比例的节点剖面图（图 2-42）或断面图，表示门、窗的截面、用料、安装位置、门窗扇与门窗框的连接关系等。

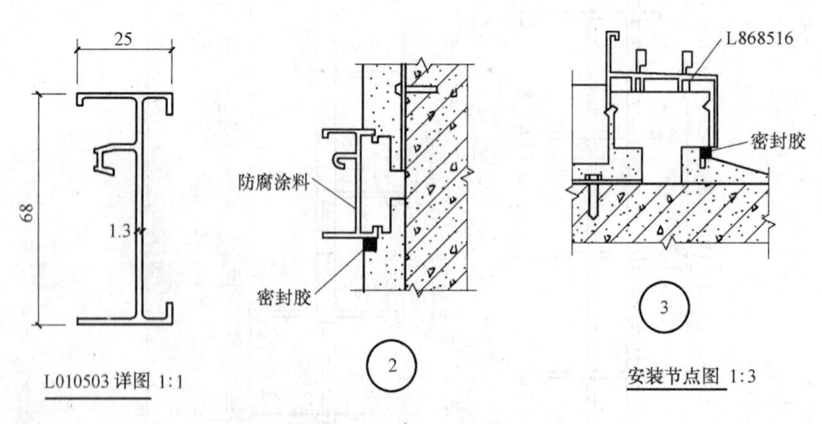

图 2-42 门窗节点详图示例

2.5.2 识读结构施工图

2.5.2.1 结构施工图的识读方法

在实际施工中，我们通常是要同时看建筑图和结构图的。只有把两者同时结合起来看，把它们融合在一起，一栋建筑物才能进行施工。

（1）建筑图和结构图的关系

建筑图和结构图有相同的地方和不同的地方，以及相关联的地方。

1）相同的地方。轴线位置、编号都相同；墙体厚度应相同；过梁位置与门窗洞口位置应相符合等。因此，凡是应相符合的地方都应相同，如果有不符合时，就有了矛盾，有了问题，在看图时应记下来，在会审图纸时提出，或随时与设计人员联系，以便得到解决。

2）不同的地方。有时候建筑标高与结构标高是不一样的，结构尺寸和建筑尺寸是不同的；承重结构墙在结构平面图上有，非承重的隔断墙则在建筑图上才有等。这些要从看图积累经验后，了解到哪些东西应在哪种图纸上看到，才能了解建筑物的全貌。

3）相关联的地方。结构图和建筑图相关联的地方，必须同时看两种图。建筑图中如雨篷、阳台的结构和建筑的装饰图必须结合起来看；如圈梁的结构布置图中圈梁通过门、窗口处对门窗高度有无影响，这也是要把两种图纸结合起来看；还有楼梯结构往往与建筑图结合在一起绘制等。

（2）综合看图应注意的事项

1）查看建筑尺寸和结构尺寸有无矛盾之处。

2）建筑标高和结构标高之差，是否符合应增加的装饰厚度。

3）建筑图上的一些构造，在做结构时是否需要先做上预埋件或木砖之类。

4）结构施工时，应考虑建筑安装时尺寸上的放大或缩小。这在图上是没有具体标志的，但从施工经验及看了两种图后，应该预先想到应放大或者缩小的尺寸。

2.5.2.2　识读结构施工图的基本要领

（1）由大到小、由粗到细

在识读结构施工图时，首先应识读结构平面布置图，然后识读构件图，最后才能识读构件详图或断面图。

（2）仔细识读设计说明或附注

在建筑施工图中，对于拟建建筑物中一些无法直接用图形表示的内容，而又直接关系到工程的做法及工程质量，往往以文字要求的形式在施工图中适当的页次或某一张图纸中适当的位置表达出来。显然，这些说明或附注同样是图纸的主要内容之一，不但必须看，而且必须看懂，并且认真、正确地理解。如结构施工图中建筑物的抗震等级、混凝土强度等级，还有楼板图纸中的分布钢筋，同样无法在图中画出，只能以附注的形式表达在同一张施工图中。

（3）牢记常用图例和符号

在建筑工程施工图中，为了表达的方便和简捷，也让识图人员一目了然，在图纸绘制中有很多的内容采用符号或图例来表示。因此，识图人员务必牢记常用的图例和符号，这样才能顺利地识读图纸，避免识读过程中出现“语言”障碍。施工图中常用的图例和符号是工程技术人员的共同语言或组成这种语言的字符。

（4）注意尺寸单位

在图纸中的图形或图例均有其尺寸，尺寸单位为米（m）和毫米（mm）两种，除了图纸中的标高和总平面图中的尺寸用米（m）为单位，其余的尺寸均以毫米（mm）为单位。

(5) 不得随意变更或修改图纸

在识读施工图过程中，若发现图纸设计或表达不全甚至是错误时，应及时准确地作记录，但不得随意地变更设计，或轻易地加以修改，尤其是对有疑问的地方或内容可以保留意见。在适当的时间，对设计图纸中存在的问题或合理性的建议向有关人员提出，并及时与设计人员协商解决。

2.5.2.3 基础施工图的主要内容和识读步骤

(1) 基础平面图的内容及阅读方法

1) 看图名。了解是哪个工程的基础，绘制比例是多少。

2) 看纵横定位轴线。可知有多少道基础，基础间的定位轴线各是多少。

3) 看基础墙、柱以及基础底面形状、大小尺寸及其与轴线的关系。

4) 看基础梁的位置和代号。根据代号可以统计梁的种类数量和查看梁的详图。

5) 看基础平面中剖切线及其编号可了解到基础断面图的种类、数量及其分布位置，以便与断面图对照阅读。

6) 看施工说明。从中了解施工时对基础材料及强度等的要求。

(2) 基础详图的内容及阅读方法

1) 看图名、比例。图名常用1—1断面、2—2断面……或用基础代号表示。读图时先用基础详图的名字（1—1或2—2等）去对应基础平面的位置，了解这是哪一道基础上的断面。

2) 看基础断面图中轴线及其编号。如果该基础断面适用于多道基础的断面，则轴线的圆圈内可不予编号。

3) 看基础断面各部分详细尺寸和室内外地面、基础底面的标高。如基础厚度、大放脚的尺寸、基础的底宽尺寸以及它们与轴线的相对位置尺寸。从基础底面标高可了解基础的埋置深度。

4) 看基础断面图中基础梁的高、宽或标高及配筋。

5) 看施工说明等，了解对基础的施工要求。

2.5.2.4 柱平法施工图的主要内容和识读步骤

(1) 柱平法施工图的主要内容

1) 图名和比例。柱平法施工图的比例应与建筑平面图相同。

2) 定位轴线及其编号、间距尺寸。

3) 柱的编号、平面布置。应反映柱与轴线的直接关系。

4) 每一种编号柱的标高、截面尺寸、纵向钢筋和箍筋的配置情况。

5) 必要的设计说明。

(2) 柱平法施工图的识读步骤

1) 查看图名、比例。

2) 校核轴线编号及其间距尺寸，要求必须与建筑平面图、基础平面图保持一致。

3) 与建筑图配合，明确各柱的编号、数量及位置。

4) 阅读结构设计总说明或有关说明，明确柱的混凝土强度等级。

5) 根据各柱的编号，查阅图中截面标注或柱表，明确柱的标高、截面尺寸和配筋情况。再根据抗震等级、设计要求和标准构造详图，确定纵向钢筋和箍筋的构造要求（如纵向钢筋连接的方式、位置和搭接长度、弯折要求、柱头锚固要求、箍筋加密区的范围）。

2.5.2.5 剪力墙平法施工图的主要内容和识读步骤

（1）剪力墙平法施工图的主要内容

1）图名和比例。剪力墙平法施工图的比例应与建筑平面图相同。

2）定位轴线及其编号、间距尺寸。

3）剪力墙柱、剪力墙身和剪力墙梁的编号、平面布置。

4）每一种编号剪力墙柱、剪力墙身和剪力墙梁的标高、截面尺寸、配筋情况。

5）必要的设计详图和设计说明。

（2）剪力墙平法施工图的识读步骤

1）查看图名、比例。

2）首先校核轴线编号及其间距尺寸，要求必须与建筑图、基础平面图保持一致。

3）与建筑图配合，明确各段剪力墙的暗柱和端柱的编号、数量及位置、墙身的编号和长度、洞口的定位尺寸。

4）阅读结构设计总说明或有关说明，明确剪力墙的混凝土强度等级。

5）所有洞口的上方必须设置连梁，如剪力墙洞口编号，连梁的编号应与剪力墙洞口编号相对应。根据连梁的编号，查阅剪力墙梁表或图中标注，明确连梁的截面尺寸、标高和配筋情况。再根据抗震等级、设计要求和标准构造详图，确定纵向钢筋和箍筋的构造要求（如纵向钢筋伸入墙内的锚固长度、箍筋的位置要求等）。

6）根据各段剪力墙端柱、暗柱和小墙肢的编号，查阅剪力墙柱表或图中截面标注等，明确暗柱、端柱和小墙肢的截面尺寸、标高和配筋情况。再根据抗震等级、设计要求和标注构造详图，确定纵向钢筋和箍筋的构造要求（如箍筋加密区的范围、纵向钢筋连接的方式、位置和搭接长度、弯折要求、柱头锚固要求）。

7）根据各段剪力墙身的编号，查阅剪力墙身表或图中标注，明确剪力墙身的厚度、标高和配筋情况。再根据抗震等级、设计要求和标准构造详图，确定水平分布筋、竖向分布筋和拉筋的构造要求（如水平钢筋的锚固和搭接长度、弯折要求；竖向钢筋连接的方式、位置和搭接长度、弯折和锚固要求）。

需要特别说明的是，不同楼层的剪力墙混凝土强度等级由下向上会有变化，同一楼层柱、墙和梁、板的混凝土可能也有所不同，应格外注意。

2.5.2.6 梁平法施工图的主要内容和识读步骤

（1）梁平法施工图的主要内容

1）图名和比例。梁平法施工图的比例应与建筑平面图相同。

2）定位轴线及其编号、间距尺寸。

3）梁的编号、平面布置。

4）每一种编号梁的截面尺寸、配筋情况和标高。

5）必要的设计详图和说明。

（2）梁平法施工的识读步骤

1）查看图名、比例。

2）首先校核轴线编号及其间距尺寸，要求必须与建筑图、剪力墙施工图、柱施工图保持一致。

3）与建筑配合，明确梁的编号、数量和布置。

4）阅读结构设计总说明或有关说明，明确梁的混凝土强度等级及其他要求。

5）根据梁的编号，查阅图中标注或截面标注，明确梁的截面尺寸、配筋和标高。再根据抗震等级、设计要求和标准构造详图确定纵向钢筋、箍筋和吊筋的构造要求（如纵向钢筋的锚固长度、切断位置、弯折要求和连接方式、搭接长度等；箍筋加密区的范围；附加箍筋、吊筋的构造）。

2.5.2.7 柱平法施工图实例

（1）截面注写

截面注写方式是在标准层绘制的柱平面布置图上，分别在同一编号的柱中选择一个截面，并将此截面在原位放大，以直接注写截面尺寸和配筋具体数值，如图 2-44 所示。

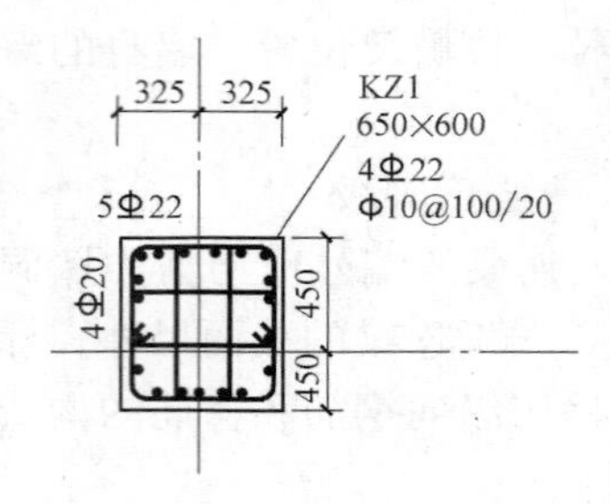

图 2-43　截面注写方式（一）

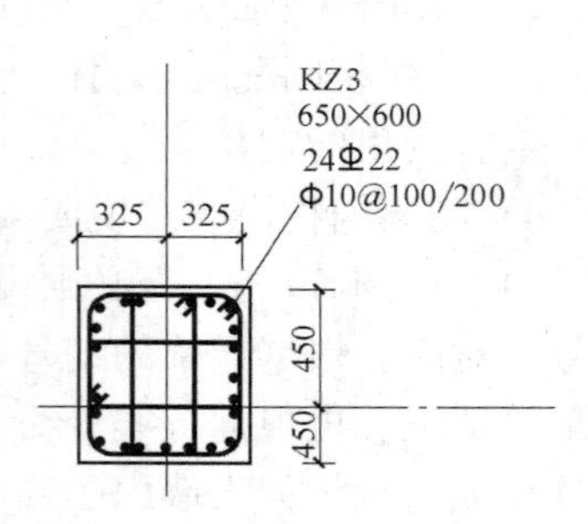

图 2-44　截面注写方式（二）

截面注写又分为：

1）集中注写：柱截面尺寸 $b \times h$、角筋（如图 2-43 所示中的 4Φ22）或全部纵筋（纵筋直径相同且能表示清楚时如图 2-44 所示中的 24Φ22）、箍筋的级别、直径与间距（间距有加密区和非加密区之分时，用“/”区分，如图 2-43、图 2-44 中的中Φ10@100/200）。

当矩形截面的角筋与中部直径不同时，一种按“角筋＋b 边中部筋－h 边中部筋”的形式注写。例：4Φ22＋10Φ22＋8Φ20 表示角筋 4Φ22，b 边中部筋共 10Φ22（每边 5Φ22），h 边中部钢筋共 8Φ20（每边 4Φ20）。另一种方式在集中标注中仅注写角筋，然后在截面配筋图上原位注写中部钢筋，当采用对称配筋时，仅注写一侧中部钢筋，另一侧不注写，如图 2-43 所示。

当异形截面的角筋与中部筋不同时，按“角筋＋中部筋”的形式注写。例：5Φ22＋15Φ20　表示角筋 5Φ22，各边中部筋共 15Φ20。

2）原位注写：柱截面与轴线关系 b_1、b_2 和 h_1、h_2 的具体数值；截面各边中部筋的具体数值（对称配筋的矩形截面，可仅在一侧注写，如图 2-43 所示）。当采用截面注写方式时，可以根据具体情况，在一柱平面布置图上加括号来区分表达不同标准层的注写数值。

3）识读举例，如图 2-45 所示，该图反映的是标高在 19.470～37.470 段（对应表格，即为 6～10 层范围内）的柱配筋情况，以 KZ1 为例：

① 集中注写：柱截面尺寸 650～600mm；角筋为 4 根直径 22mm 的 HRB335 钢筋，箍筋为直径 10mm 的 HPB300 钢筋，柱端加密区间距为 100mm、柱身非加密区间距为 200mm，4×4 型箍筋。

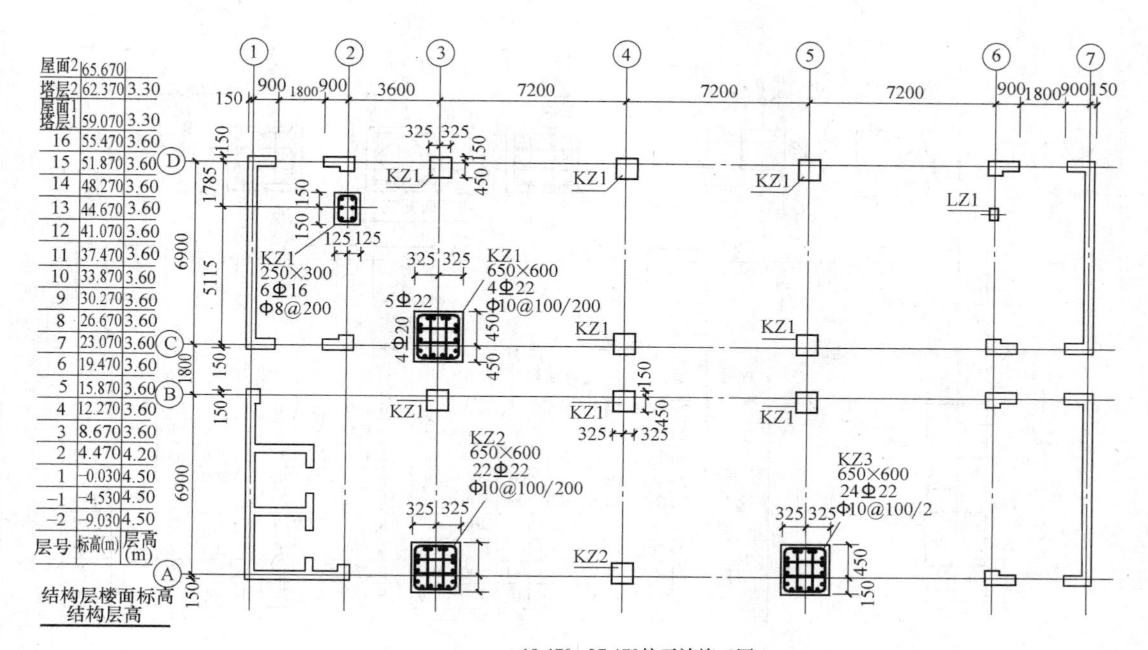

图 2-45　柱截面注写方式

②原位注写：柱截面与轴线关系的几何参数 $b_1=325$、$b_2=325$、$h_1=150$、$h_2=450$；纵筋布置截面 b 边中部筋为 5 根直径为 22mm 的 HRB335 钢筋，h 边中部筋为 4 根直径为 20mm 的 HRB335 钢筋。

（2）列表注写方式

柱的列表注写方式，系在柱平面布置图上，分别在同一编号的柱中选择一个（有时需要选择几个）截面标准几何参数代号；在柱表中注写柱号、柱段起止标高、几何尺寸（含柱截面对轴线的偏心情况）与配筋的具体数值，并配以各种柱截面形状和箍筋类型图，如图 2-46 所示。注写的内容包括：

1）柱编号：由柱类型代号、序号组成，应符合表 2-14 的规定。

柱编号表　　　　表 2-14

柱类型	代号	序号
框架柱	KZ	××
框支柱	KZZ	
芯柱	XZ	
梁上柱	LZ	
剪力墙上柱	QZ	

注：编号时，当柱的总高、分段截面尺寸和配筋均对应相同，仅分段截面与轴线的关系不同时，仍可将其编为同一柱号。

2）各段柱的起止标高，自柱根部往上以变截面位置或截面未变但配筋改变处为界分段注写。

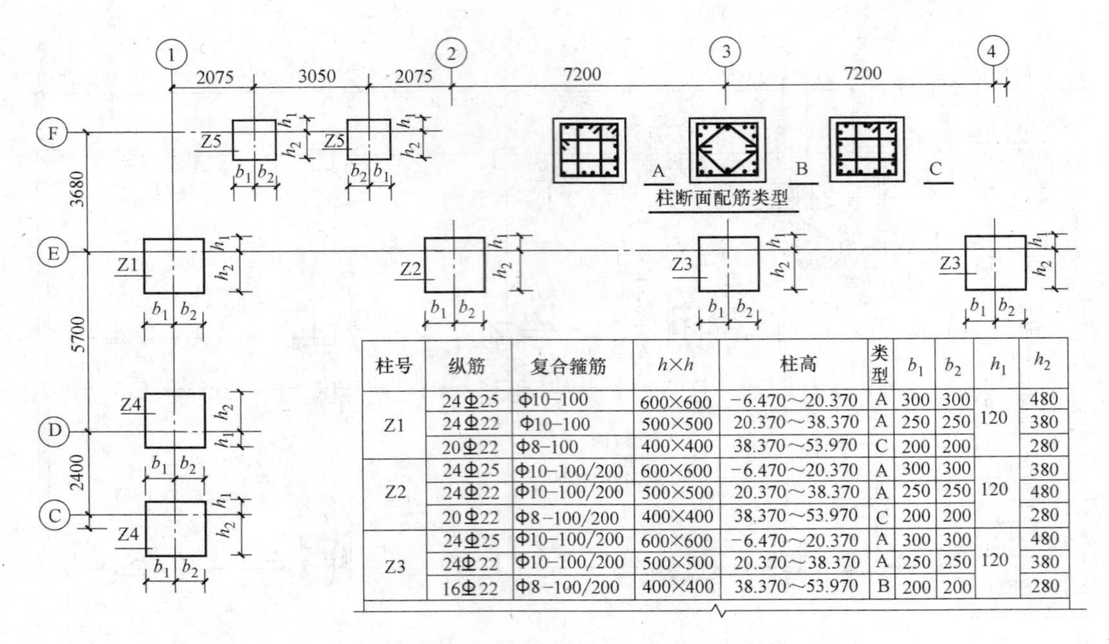

柱号	纵筋	复合箍筋	$h\times h$	柱高	类型	b_1	b_2	h_1	h_2
Z1	24Φ25	Φ10-100	600×600	−6.470～20.370	A	300	300	120	480
	24Φ22	Φ10-100	500×500	20.370～38.370	A	250	250		380
	20Φ22	Φ8-100	400×400	38.370～53.970	C	200	200		280
Z2	24Φ25	Φ10-100/200	600×600	−6.470～20.370	A	300	300	120	380
	24Φ22	Φ10-100/200	500×500	20.370～38.370	A	250	250		480
	20Φ22	Φ8-100/200	400×400	38.370～53.970	C	200	200		280
Z3	24Φ25	Φ10-100/200	600×600	−6.470～20.370	A	300	300	120	480
	24Φ22	Φ10-100/200	500×500	20.370～38.370	A	250	250		380
	16Φ22	Φ8-100/200	400×400	38.370～53.970	B	200	200		280

图 2-46　柱列表注写方式

3）柱尺寸：

矩形柱：注写柱截面尺寸 $b\times h$ 及与轴线关系的几何参数代号 b_1、b_2 和 h_1、h_2 的数值。其中 $b=b_1+b_2$，$h=h_1+h_2$。

圆柱：表中 $b\times h$ 一栏改用在圆柱直径数字前加 d 表示。圆柱截面与轴线的关系也用 b_1、b_2、h_1、h_2 表示，并使 $d=b_1+b_2=h_1+h_2$。

4）配筋情况：

柱纵筋：当纵筋直径相同，各边根数也相同时，将纵筋写在“全部纵筋”一栏中；否则，将纵筋分角筋、截面 b 边中部筋和 h 边中部筋三项分别注写。

箍筋：注写箍筋类型号及肢数、箍筋的级别、直径与间距（间距有柱端加密区和柱身非加密区之分时，用“/”区分）。在表的上部或图中适当位置画出箍筋类型图以及箍筋复合的具体方式，在图上标注出与表中相对应尺寸 b、h，编上类型号。

5）识读举例，如图 2-46 中的 Z1：

① −6.470～20.370 段：柱截面尺寸 600×600，与轴线关系的几何参数 $b_1=300$、$b_2=300$、$h_1=120$、$h_2=480$；纵筋 24 根直径为 25mm 的 HRB335 钢筋，沿柱四周均匀布置；箍筋为 HPB300 钢筋，直径为 10mm，间距为 100mm，箍筋类型属于 A 型（4×4）。

② 20.370～38.370 段：柱截面尺寸 500×500，与轴线关系的几何参数 $b_1=250$、$b_2=250$、$h_1=120$、$h_2=380$；纵筋 24 根直径为 22mm 的 HRB335 钢筋，沿柱四周均匀布置；箍筋为 HPB300 钢筋，直径为 10mm，间距为 100mm，箍筋类型属于 A 型（4×4）。

③ 38.370−53.970 段：柱截面尺寸 400×400，与轴线关系的几何参数 $b_1=200$、$b_2=200$、$h_1=120$、$h_2=280$；纵筋 20 根直径为 20mm 的 HRB335 钢筋，沿柱四周均匀布置；

箍筋为 HPB300 钢筋，直径为 8mm，间距为 100mm，箍筋类型属于 C 型（4×4）。

2.5.2.8 梁平法施工图实例

(1) 平面注写方式

平面注写方式系在梁平面布置图上，分别在不同编号的梁中各选一根梁，在其上注写截面尺寸和配筋具体数值的方式来表达梁平法施工图。

平面注写包括集中标注和原位标注，集中标注表达梁的通用数值，原位标注表达梁的特殊数值。平面注写采用集中注写与原位注写相结合的方式标注，如图 2-47 所示。

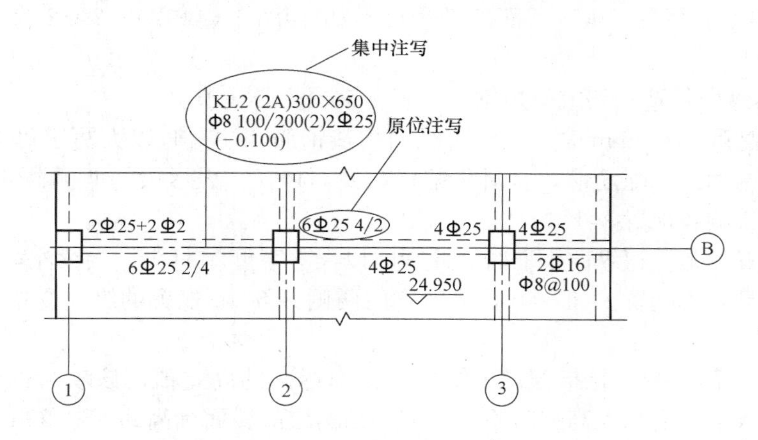

图 2-47 梁的平面注写

1）梁集中标注的内容，有五项必注值及一项选注值（集中标注可以从梁的任意一跨引出），规定如下：

① 梁编号：该项为必注值。由梁类型代号、序号、跨数及有无悬挑代号几项组成，应符合表 2-15 的规定。

梁编号表 **表 2-15**

梁类型	代号	序号	跨数及是否带有悬挑
楼层框架梁	KL	××	(××)、(××A)或(××B)
屋面框架梁	WKL		
框支梁	KZL		
非框架梁	L		
井字梁	JZL		
悬挑梁	XL		

注：（××A）为一端悬挑，（××B）为两端悬挑，悬挑不计入跨数。

例：如图 2-47 中所示，KL2（2A）表示第 2 号框架梁，两跨，一端有悬挑。

② 梁截面尺寸：该项为必注值。

当为等截面梁时，用 $b\times h$（宽×高）表示。如图 2-47 中所示，300×650 表示梁宽 300mm，高 650mm。

当为加腋梁时，用 $b\times h$　$\mathrm{Y}C_1\times C_2$ 表示，其中 C_1 为腋长，C_2 为腋高；当为悬挑梁且根部和端部的高度不同时，用斜线分隔根部与端部的高度值，即为 $b\times h_1/h_2$。

③ 梁箍筋：包括钢筋级别、直径、加密区与非加密区间距及肢数，该项为必注值。

加密区与非加密区的不同间距及肢数需用斜线分隔。如图 2-47 中所示，Φ8@100/200(2)，表示箍筋为 HPB300 钢筋，直径为 8，加密区间距为 100，非加密区间距为 200，两肢箍；当梁箍筋为同一种间距及肢数相同时，则不需用斜线，如Φ10@200；当加密区和非加密区的箍筋肢数相同时，则将肢数注写一次。

④ 梁上部通长筋或架立筋配置：该项为必注值。

当同排纵筋中既有通长筋又有架立筋时，应用“＋”相连。注写时须将角部纵筋写在“＋”之前，架立筋写在“＋”后面的括号内，如 2Φ22＋(4Φ12)；2Φ22 为通长筋，4Φ12 为架立筋。

⑤ 梁侧面纵向构造钢筋或受扭钢筋配置：该项为必注值。

当梁腹板高度≥450mm 时，须配置纵向构造钢筋，注写时以大写字母 G 打头，接续注写设置在梁两侧的总配筋值，且对称配置。如 G4Φ12，表示梁的两侧共 4Φ12 配置的纵向构造钢筋，每侧各配置 2Φ12。

当梁侧配置的是受扭纵向钢筋时，注写时以大写字母 N 打头，接续注写设置在梁两侧的总配筋值，且对称配置。如 6Φ10，表示梁的两侧共 6Φ10 配置的纵向受扭钢筋，每侧各配置 3Φ10。

⑥ 梁顶面标高高差：是指相对于结构层楼面标高的高差值，该项为选注值。有高差时，须将其写入括号内，无高差时不注。如某结构层的楼面标高为 48.950m，当梁的梁顶标高为（－0.050）时，即表明该梁顶面的标高相对于 48.950m 低 0.05m，为 48.900m；如果是（＋0.100）则表示该梁顶面比楼面标高高 0.1m，为 49.050m。

2）当集中标注的某项数值不适用于梁的某部位时，则将该项数值原位标注。梁原位标注的内容有：

① 梁支座上部纵筋（含通长筋）：写在梁的上方，并且靠近支座。

当上部纵筋多于一排时，用斜线“/”将各排纵筋自上而下分开。如 6Φ25 4/2，表示梁支座上部纵筋布置上一排纵筋为 4Φ25，下一排纵筋为 2Φ25。

当同排纵筋有两种直径时，用加号“＋”将两种直径相连，注写时将角部纵筋写在前面。如梁支座上部纵筋有四根，2Φ25 放在角部，2Φ22 放在中部，则在梁支座上部应注写为 2Φ25＋2Φ22。

当梁中间支座两边的上部纵筋不同时，须在支座两边分别标注；当梁中间支座两边的上部纵筋相同时，可仅在支座一边标注配筋值，另一边省去不注。

②梁下部纵筋（不含通长筋）：写在梁的下方，并且靠近跨中。

当下部纵筋多于一排时，用斜线“/”将各排纵筋自上而下分开。如梁下部纵筋注写为 6Φ25 2/4，表示上一排纵筋为 2Φ25，下一排纵筋为 4Φ25，全部伸入支座。

当同排纵筋有两种直径时，表示方法同梁支座上部纵筋。

当梁下部纵筋不全部伸入支座时，将梁支座下部纵筋减少的数量写在括号内。如梁下部纵筋注写为 6Φ25　2（－2)/4，则表示上排纵筋为 2Φ25，且不伸入支座；下排的纵筋为 4Φ25，全部伸入支座。

当集中标注已按规定注写了梁上部和下部均为通长的纵筋值时，则不需在梁下部重复做原位标注。

③ 梁侧面纵向构造钢筋或受扭钢筋：注写在下部纵向钢筋之后或下方，以“G”或“N”打头。

④ 附加箍筋或吊筋：将其直接画在平面图中的主梁上，用引线注总配筋值（附加箍筋的肢数注写在括号内），当多数附加箍筋或吊筋相同时，可在梁的平法施工图上统一注明，少数与统一注明值不同时，再原位引注。

3）识读举例：

如图 2-48 所示，梁平法施工图的图名为 15.870～26.670 梁平法施工图。在该图中选择编号为 KL1 的梁为例进行识读：

在该图中编号为 KL1 的梁共有三根，分别在 A、C、D 三根轴线上，其中 D 轴线上的 KL1 梁进行了平面注写。

① 中注写：KL1（4）表示编号为 1 的框架梁有 4 跨（②～③轴线间、③～④轴线间、④～⑤轴线间、⑤～⑥轴线间，共 4 跨）；300×700 表示梁宽 300mm，梁高 700mm；Φ10@100/200（2）表示梁内箍筋为 HPB300 钢筋，直径为 10mm，非加密区间距为 200mm，支座处加密区间距为 100mm，两肢箍筋；2Φ25 表示梁上部的有 2 根直径为 25mm 的 HRB335 钢筋；G4Φ10 表示梁侧面布置有 4 根直径为 10mm 的构造钢筋，每侧 2 根；

② 原位注写：②～③轴线间：梁上方 8Φ25　4/4 表示支座处梁上部布置 8 根直径为 25mm 的 HRB335 钢筋，分两排布置，上下各 4 根；梁下方 5Φ25 表示梁下部布置 5 根直径为 25mm 的 HRB335 钢筋，单排布置；

③～④轴线间：梁上方钢筋布置同①～②轴线；梁下方 7Φ25　2/5 表示梁下部布置 5 根直径为 25mm 的 HRB335 钢筋，分两排布置，上排 2 根下排 5 根；

④～⑤轴线间，梁上方钢筋布置同①～②轴线；梁下方 8Φ25　3/5 表示梁下部布置 5 根直径为 25mm 的 HRB335 钢筋，分两排布置，上排 3 根下排 5 根；

⑤～⑥轴线间，梁上方 8Φ25 4/4 表示支座处梁上部布置 8 根直径为 25mm 的 HRB335 钢筋，分两排布置，上下各 4 根；梁下方 7Φ25　2/5 表示梁下部布置 7 根直径为 25mm 的 HRB335 钢筋，分两排布置，上排 2 根下排 5 根；2Φ18 表示 KL1 与 L4 相接的地方有 2 根附加吊筋，直径为 18mm 的 HRB335 钢筋。

（2）截面注写方式

截面注写方式是在梁平面布置图上，分别在不同编号的梁中各选一根梁用剖面号引出配筋图，并在其上注写截面尺寸和配筋具体数值的方式，如图 2-49 所示。

1）在截面配筋详图上注写截面尺寸、梁顶面标高高差、上部筋、下部筋、侧面构造筋或受扭筋、箍筋的具体数值及。其表达形式同平面注写方式。

2）截面注写方式既可单独使用，也可与平面注写方式结合使用。

3）识读举例：

如图 2-49 所示，该图中有三个截面图，其中 1－1 和 2－2 是 L3 的配筋图，3－3 是 L4 的配筋图。以 L3 为例：

①集中注写：

L3（1）表示编号为 3 的非框架梁，有 1 跨（⑤～⑥轴线间）；（－0.100）表示 L3 顶面比楼面结构标高低 0.100m。

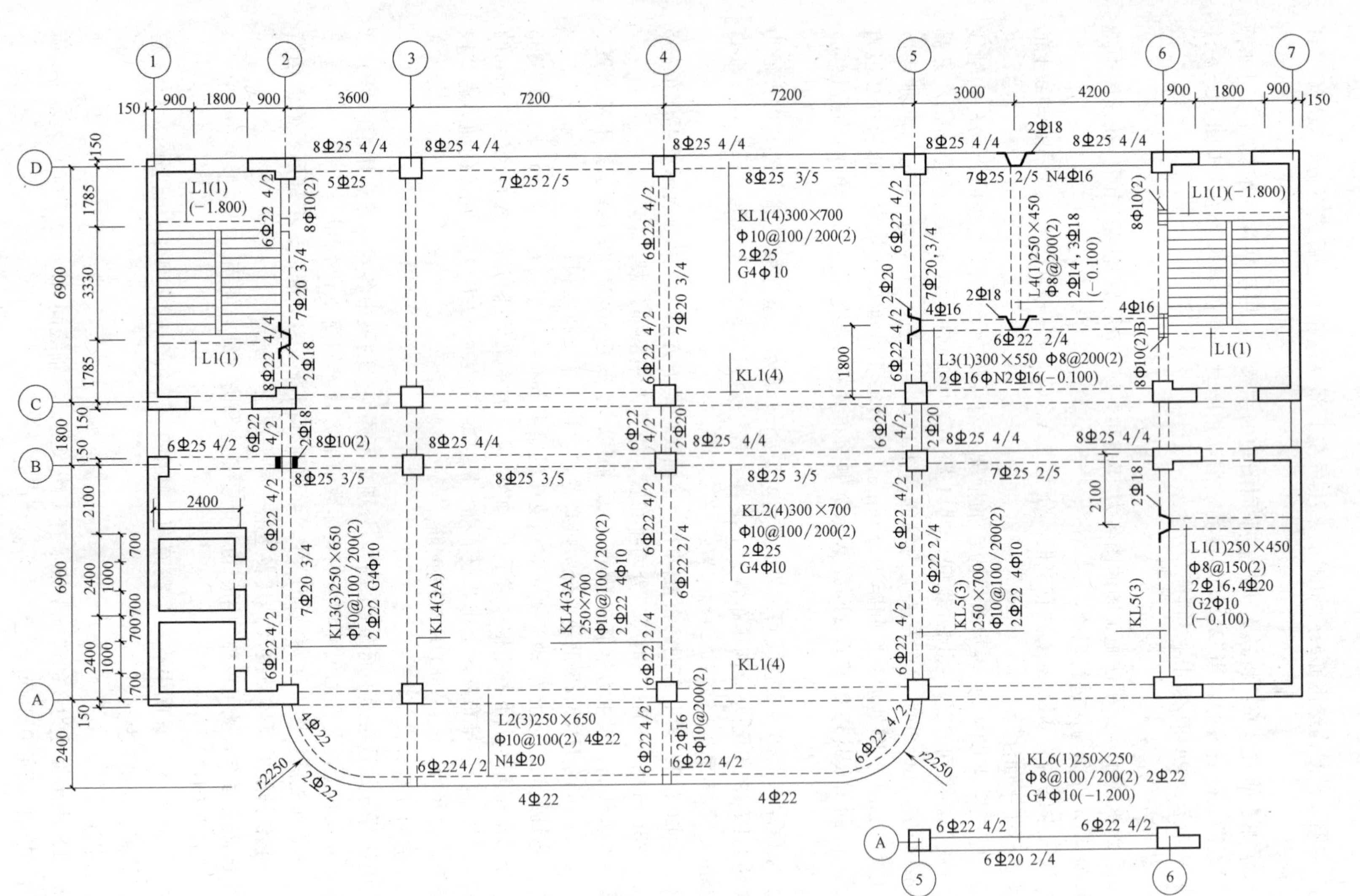

图 2-48 15.870～26.670 梁平法施工图

② 截面注写：

300×550 表示梁宽 300mm，梁高 550mm。1—1 反映的是 L3 两端支座处的配筋情况：图上方 4Φ16 表示梁上部布置 4 根直径为 16mm 的 HRB335 钢筋；图下方 6Φ22 2/4 表示梁下部布置 6 根直径为 22mm 的 HRB335 钢筋，分两排布置，上排 2 根下排 4 根；Φ8@200 表示端支座处箍筋为Ⅰ级钢筋，直径为 8mm，间距为 200mm，图上看出是两肢箍筋。2—2 反映的是 L3 跨中的配筋情况：图上方 2Φ16 表示梁上部布置 2 根直径为 16mm 的 HRB335 钢筋；梁下部钢筋及箍筋布置同 1—1。

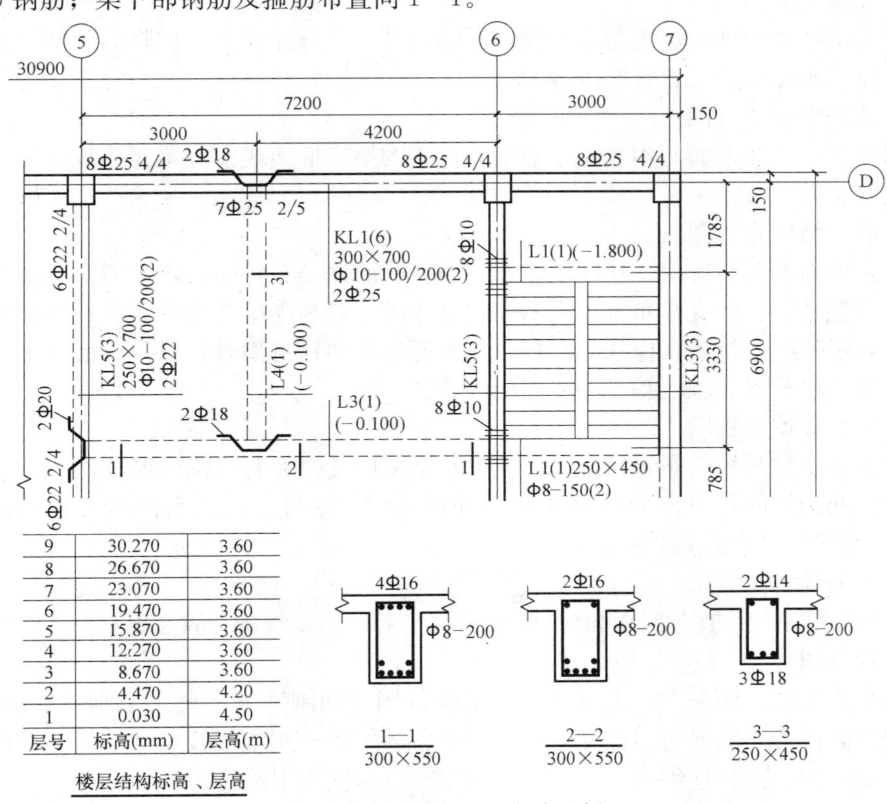

层号	标高(mm)	层高(m)
9	30.270	3.60
8	26.670	3.60
7	23.070	3.60
6	19.470	3.60
5	15.870	3.60
4	12.270	3.60
3	8.670	3.60
2	4.470	4.20
1	0.030	4.50

图 2-49 梁截面注写方式示例

2.6 识读钢结构施工图

2.6.1 钢结构施工图的内容

钢结构工程施工设计图通常有图纸目录、设计说明、基础图、结构布置图、构件图、节点详图以及其他次构件、钢材订货表等。

（1）图纸目录：通常注有设计单位名称、工程名称、工程编号、项目、出图日期、图纸名称、图别、图号、图幅以及校对、制表人等。

（2）设计说明

通常包含设计依据、设计条件、工程概况、设计控制参数、材料、钢构件制作和加工、钢结构运输和安装、钢结构涂装、钢结构防火、钢结构的维护及其他需说明的事项等内容。

(3) 基础图

包括基础平面布置图和基础详图基础平面布置图主要表示基础的平面位置（即基础与轴线的关系），以及基础梁、基础其他构件与基础之间的关系；标注基础、钢筋混凝土柱、基础梁等有关构件的编号，表明地基持力层、地耐力、基础混凝土和钢材强度等级等有关方面的要求。基础详图主要表示基础的细部尺寸，如基底平面尺寸、基础高度、底板配筋、基底标高和基础所在的轴线号等；基础梁详图主要表示梁的断面尺寸、配筋和标高。

(4) 柱脚平面布置图

主要表示柱脚的轴线位置与和柱脚详图的编号。柱脚详图表示柱脚的细部尺寸、锚栓位置及柱脚二次灌浆的位置和要求等。

(5) 结构平面布置图

表示结构构件在平面的相互关系和编号，如刚架、框架或主次梁、楼板的编号以及它们与轴线的关系。

(6) 墙面结构布置图

可以是墙面檩条布置图、柱间支撑布置图。墙面檩条布置图表示墙面檩条的位置、间距及檩条的型号；柱间支撑布置图表示柱间支撑的位置和支撑杆件的型号；墙面檩条布置图同时也表示隅撑、拉条、撑杆的布置位置和所选用的钢材型号，以及墙面其他构件的相互关系，如门窗位置、轴线编号、墙面标高等。

(7) 屋盖支撑布置图

表示屋盖支撑系统的布置情况。屋面的水平横向支撑通常由交叉圆杆组成，设置在与柱间支撑相同的柱间；屋面的两端和屋脊处设有刚性系杆，刚性系杆通常是圆钢管或角钢，其他为柔性系杆可用圆钢。

(8) 屋面檩条布置图

表示屋面檩条的位置、间距和型号以及拉条、撑杆、隅撑的布置位置和所选用的型号。

(9) 构件图

可以是框架图、刚架图，也可以是单根构件图。如刚架图主要表示刚架的细部尺寸、梁和柱变截面位置，刚架与屋面檩条、墙面檩条的关系；刚架轴线尺寸、编号及刚架纵向高度、标高；钢架梁、柱编号、尺寸以及刚架节点详图索引编号等。

(10) 节点详图

表示某些复杂节点的细部构造。如刚架端部和屋脊的节点，它表示连接节点的螺栓个数、螺栓直径、螺栓等级、螺栓位置、螺栓孔直径；节点板尺寸、加劲肋位置、加劲肋尺寸以及连接焊缝尺寸等细部构造情况。

(11) 次构件详图

包括隅撑、拉条、撑杆、系杆及其他连接构件的细部构造情况。

(12) 材料表

包括构件的编号、零件号、截面代号、截面尺寸、构件长度、构件数量及重量等。

2.6.2 钢结构施工图的图例及标注方法

(1) 焊缝符号及标注方法

1) 焊缝符号

在钢结构施工图中，要用焊缝符号表示焊缝形式、尺寸和辅助要求。焊缝符号主要由基本符号和引出线组成，必要时还可以加上辅助符号等。

基本符号表示焊缝横截面的基本形式，“△”如表示角焊缝；‖表示I型坡口的对接焊缝；“V”表示V型坡口的对接焊缝等。

引出线由箭头线和横线组成。当箭头指向焊缝的一面时，应将图形符号和尺寸标注在横线的上方；当箭头指向焊缝所在的另一面时，应将图形符号和尺寸标注在横线的下方（图 2-50）。双面焊缝应在横线的上、下都标注符号和尺寸；当两面的焊缝尺寸相同时，只需在横线上方标注尺寸。

辅助符号表示对焊缝的辅助要求，如在引出线的转折处绘涂黑的三角形旗号表示现场焊缝，如 K△；在引出线的转折处绘 3/4 圆弧表示相同焊缝；在引出线的转折处绘圆圈表示环绕工作件周围的围焊缝等。基本符号的表示位置如图 2-50 所示。

2）焊缝的标注方法

① 当焊缝分布不规则时，在标注焊缝符号的同时，宜在焊缝处加中粗实线（表示可见焊缝）或加细栅线（表示不可见焊缝），如图 2-51。

② 在同一张图上，当焊缝的形式、断面尺寸和辅助要求均相同时，可只选择一处标注焊缝的符号和尺寸，并加注“相同焊缝符号”，相同焊缝符号为 3/4 圆弧，绘在引出线的转折处，如图 2-52（a）、（b）所示。

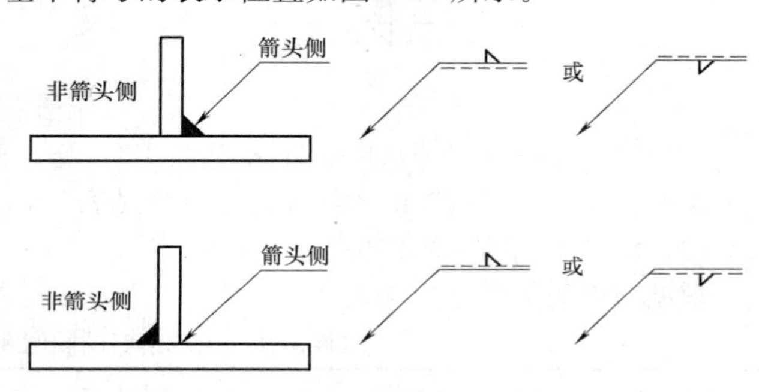

图 2-50　基本符号的表示位置

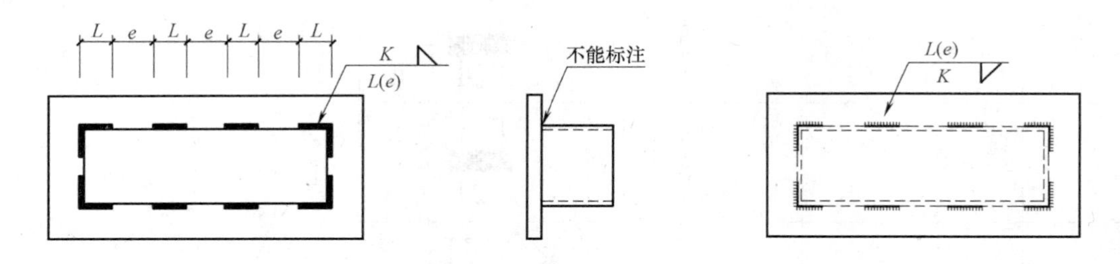

图 2-51　不规则焊缝的标注

同一张图上当有数种相同的焊缝时，可将焊缝分类编号标注。在同一类焊缝中，可选择一处标注焊缝符号和尺寸。分类编号采用大写的拉丁字母，如图 2-52（c）所示。

③ 较长的角焊缝，可直接在角焊缝旁标注焊缝尺寸 K 如图 2-53 所示。

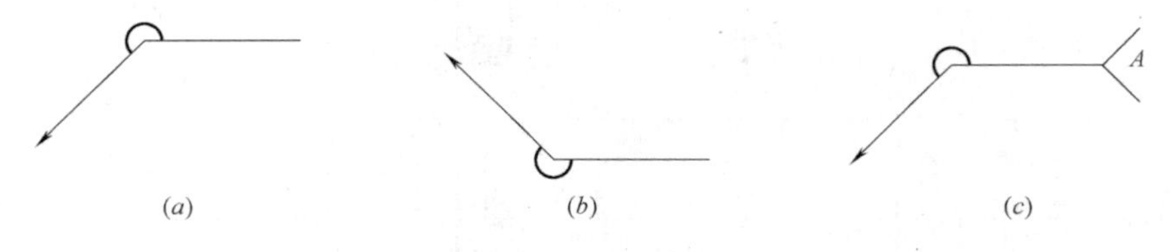

图 2-52　相同焊缝符号

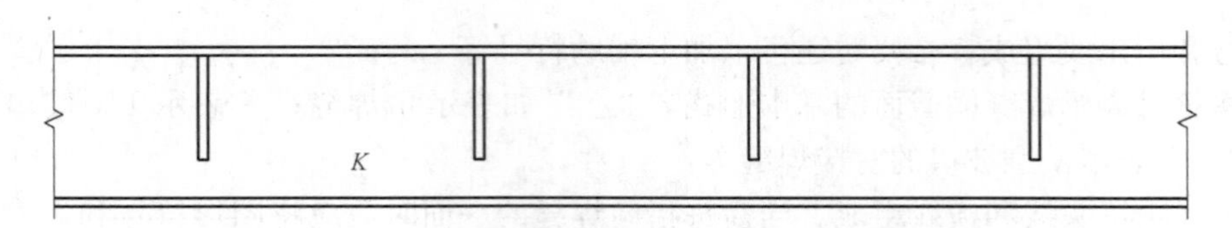

图 2-53　较长角焊缝的标注

④ 局部焊缝的标注方法如图 2-54 所示。

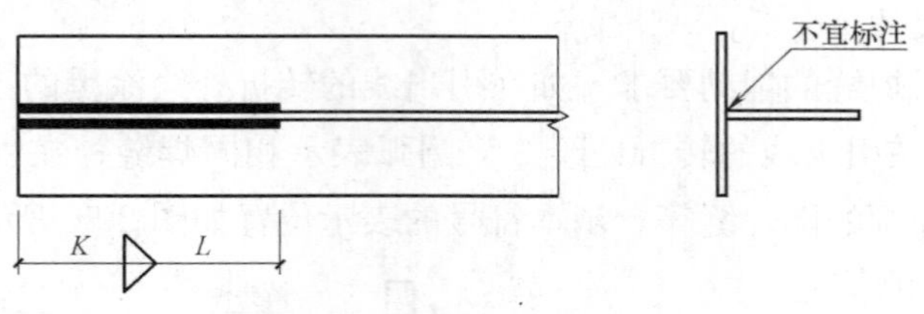

图 2-54　局部焊缝标注方法

(2) 螺栓连接的图例及标注方法

螺栓、孔、电焊铆钉的图例及标注方法见表 2-16。

(3) 常见型钢的标注方法

常见型钢的标注方法见表 2-17。

螺栓、孔、电焊铆钉的图例及标注方法　　**表 2-16**

序号	名称	图例	说明
1	永久螺栓		1. 细“+”线表示定位线； 2. M表示螺栓型号 3. ϕ表示螺栓孔直径； 4. d表示膨胀螺栓、电焊铆钉直径； 5. 采用引出线标注螺栓时，横线上标注螺栓规格，横线下标注螺栓孔直径
2	高强螺栓		
3	安装螺栓		
4	胀锚螺栓		
5	圆形螺栓孔		
6	长圆形螺栓孔		
7	电焊铆钉		

常见型钢的标注方法 **表 2-17**

序号	名称	截面	标注	说明
1	等边角钢	∟	∟ $b \times t$	b 为肢宽； t 为肢厚
2	不等边角钢	B ∟	∟ $B \times b \times t$	B 为长肢宽；b 为短肢宽；t 为肢厚
3	工字钢	I	I N　Q I N	轻型工字钢加注 Q 字，N 为工字钢的型号
4	槽钢	[	[N　Q [N	轻型槽钢加注 Q 字，N 为槽钢的型号
5	方钢	b	□ b	
6	扁钢	b	$-b \times t$	
7	钢板	—	$\frac{-b \times t}{l}$	$\frac{\text{宽} \times \text{厚}}{\text{板长}}$
8	圆钢	○	ϕd	
9	钢管	○	$DN \times \times$ $d \times t$	内径 外径×壁厚

第3章　建筑基本知识

3.1　建筑构造基本知识

3.1.1　民用建筑的基本构造组成

民用建筑是供人们居住和进行公共活动的建筑的总称。

（1）民用建筑分类：

1）民用建筑按使用功能可分为居住建筑和公共建筑两大类。

2）民用建筑按地上层数或高度分类划分应符合下列规定：

① 住宅建筑按层数分类：一层至三层为低层住宅，四层至六层为多层住宅，七层至九层为中高层住宅，十层及十层以上为高层住宅；

② 除住宅建筑之外的民用建筑高度不大于24m者为单层和多层建筑，大于24m者为高层建筑（不包括建筑高度大于24m的单层公共建筑）；

③ 建筑高度大于100m的民用建筑为超高层建筑。

建筑构造是指建筑物各组成部分的构造原理和构造方法。建筑物一般由基础、墙或柱、楼板楼梯、屋顶和门窗等组成，这些构件处在不同的部位，发挥各自的作用。建筑物还有一些附属部分，如阳台、雨篷、散水、勒脚等。有时为了满足特殊的要求，会设置电梯、自动扶梯或坡道等，如图3-1所示。

（2）建筑构造设计应遵循以下几项基本原则：

1）满足建筑物的使用功能及变化要求；

2）充分发挥所有材料的各种性能；

3）注意施工的可能性与现实性；

4）注意感官效果及对空间构成的影响；

5）讲究经济效益和社会效益；

6）符合相关各项建筑法规和规范的要求。

3.1.1.1　常见基础的构造

在建筑工程上，把建筑物与土直接接触的部分称为基础，把支承建筑物重量的土层叫做地基，如图3-2所示。基础是建筑物的组成部分，它承受着建筑物的上部荷载，并将这些荷载传给地基。地基不是建筑物的组成部分，分为天然地基和人工地基两类。地基基础的设计使用年限不应小于建筑结构的设计使用年限。地基基础设计应根据地基复杂程度、建筑物规模和功能特征以及由于地基问题可能造成建筑物破坏或影响正常使用的程度分为三个设计等级，设计时应根据具体情况，按表3-1选用。

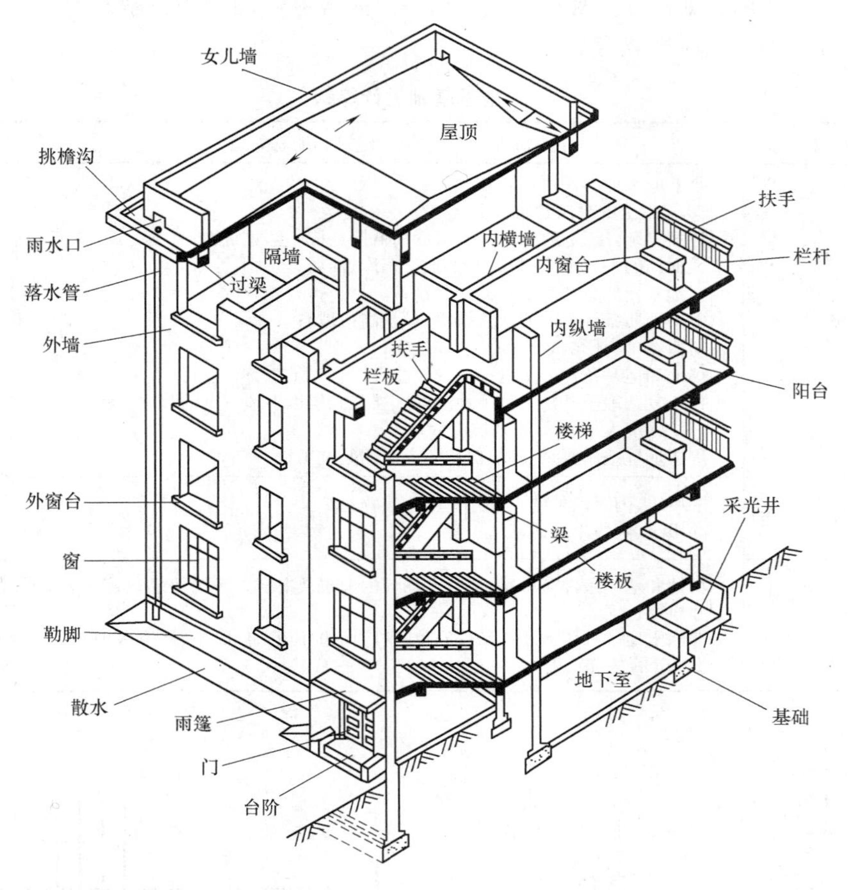

图 3-1 民用建筑的构造组成

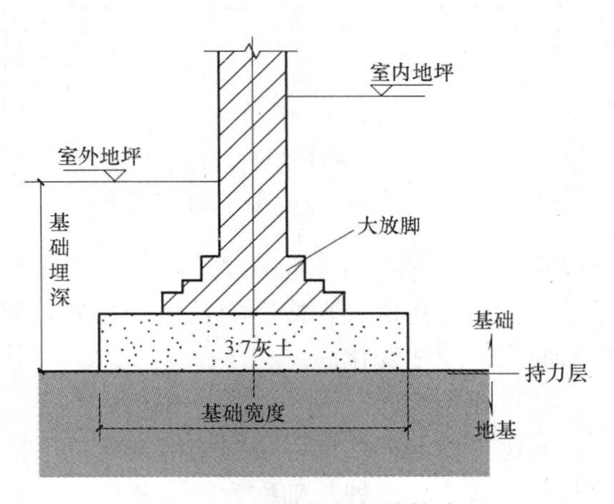

图 3-2 地基与基础的构成

基础按照的受力状态和材料性能可以分为无筋扩展基础、扩展基础。基础按照构造方式可以分为独立基础、条形基础、十字交叉基础、筏形基础、箱形基础和桩基础。

砖基础、灰土基础、三合土基础、毛石基础、混凝土基础、毛石混凝土基础属于无筋扩展基础。其中，砖及毛石基础抗压强度高而抗拉、抗剪强度低。为了保证基础的安全，就要使基础的挑出宽度 b 与基础工作部分的高度 h 之间的比例控制在一定的范围之内，通常用刚性角 α 来控制，基础的放大角度不应超过刚性角，如图 3-3 所示。钢筋混凝土基础属于扩展基础，利用设置在基础底面的钢筋来抵抗基底的拉应力，具有良好的抗弯和抗剪性能，可在上部结构荷载较大、地基承载力不高以及具有水平力等荷载的情况下使用，如图 3-4 所示。桩基础是当前普遍采用的一种基础形式，具有施工速度快，土方量小、适应性强等优点。

地基基础设计等级 **表 3-1**

设计等级	建筑和地基类型
甲级	重要的工业与民用建筑物； 30 层以上的高层建筑； 体型复杂，层数相差超过 10 层的高低层连成一体建筑物； 大面积的多层地下建筑物（如地下车库、商场、运动场等）； 对地基变形有特殊要求的建筑物； 复杂地质条件下的坡上建筑物（包括高边坡）； 对原有工程影响较大的新建建筑物； 场地和地基条件复杂的一般建筑物； 位于复杂地质条件及软土地区的二层及二层以上地下室的基坑工程； 开挖深度大于 15m 的基坑工程； 周边环境条件复杂、环境保护要求高的基坑工程
乙级	除甲级、丙级以外的工业与民用建筑物； 除甲级、丙级以外的基坑工程
丙级	场地和地基条件简单、荷载分布均匀的七层及七层以下民用建筑及一般工业建筑；次要的轻型建筑物； 非软土地区且场地地质条件简单、基坑周边环境条件简单、环境保护要求不高且开挖深度小于 5.0m 的基坑工程

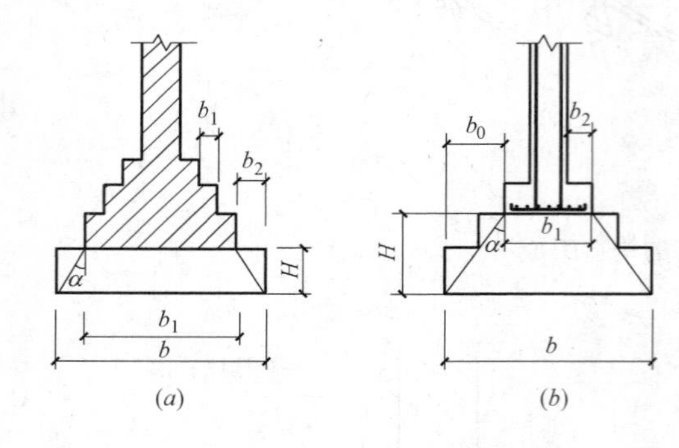

图 3-3 无筋扩展基础

（a）墙下无筋扩展基础；（b）柱下无筋扩展基础

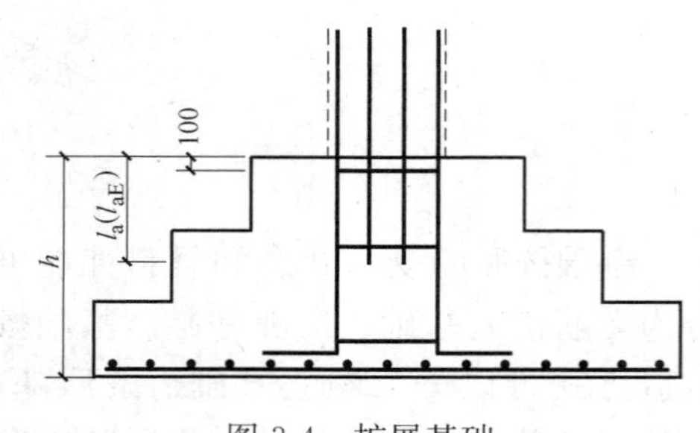

图 3-4 扩展基础

基础构造形式的确定随建筑物上部结构形式、荷载大小及地基土质情况而定。一般情况下，上部结构形式直接影响基础的形式，当上部荷载增大，且地基承载能力有变化时，基础形式也随之变化。

（1）独立基础

当建筑物上部结构采用框架结构或单层排架及门架结构承重时，其基础常采用方形或矩形单独基础，这种基础称为独立基础。独立基础分三种：阶形基础、坡形基础、杯形基础，如图 3-5 所示。独立基础是柱下基础的基本形式，当柱采用预制构件时，则基础做成杯口形，然后将柱子插入并嵌固在杯口内，故称杯形基础。

（2）条形基础

条形基础是指基础长度远大于其宽度的一种基础形式，按上部结构形式分为柱下条形

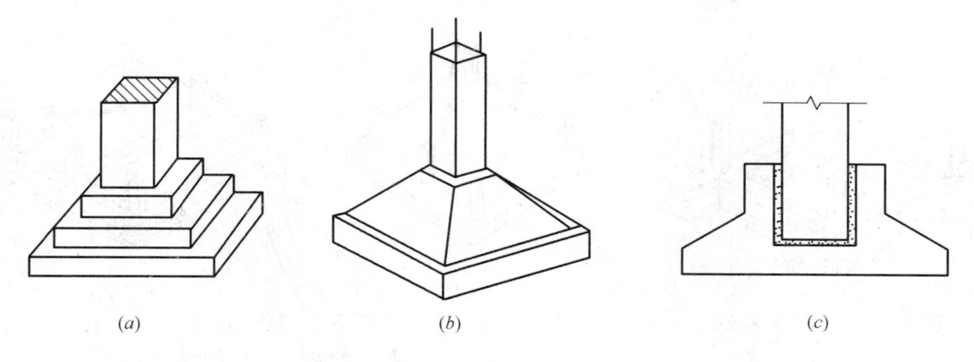

图 3-5　独立基础

(a) 阶形基础；(b) 坡形基础；(c) 杯形基础

基础和墙下条形基础，如图 3-6 所示。基础的长度大于或等于 10 倍基础的宽度。条形基础的特点是，布置在一条轴线上且与两条以上轴线相交，有时也和独立基础相连，但截面尺寸与配筋不尽相同。另外横向配筋为主要受力钢筋，纵向配筋为次要受力钢筋或者是分布钢筋。主要受力钢筋布置在下面。

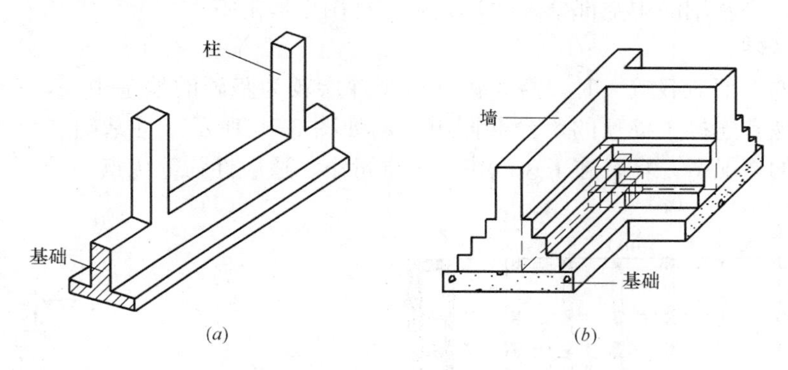

图 3-6　条形基础

(a) 柱下条形基础；(b) 墙下条形基础

(3) 十字交叉基础

荷载较大的高层建筑，如果土质软弱，为了增强基础的整体刚度，减少不均匀沉降，可以沿柱网纵横方向设置钢筋混凝土条形基础，形成十字交叉基础。如图 3-7 所示。

(4) 筏板基础

当建筑物上部荷载较大，而地基承载能力比较弱，这时采用简单的条形基础或井格式基础已不能适应地基变形的需要。常将墙或柱下基础连成一片，使整个建筑物的荷载承受在一块整板上，这种满堂式的板式基础称为筏板基础。

筏板基础分为平板式和梁板式两种类型，如图 3-8 所示，其选型应根据地基土质、上部结构体系、柱距、荷载大小、使用要求以及施工条件等因素确定。与梁板式筏板基础相比，平板式筏板基础具有抗冲切及抗剪切能力强的特点，且构造简单，施工便捷，经大量工程实践和部分工程事故分析，平板式筏板基础具有更好的适应性。梁板式又分为两类：一类是在底板上做梁，柱子支承在梁上；另一类是将梁放在底板下方，底板上面平整，可

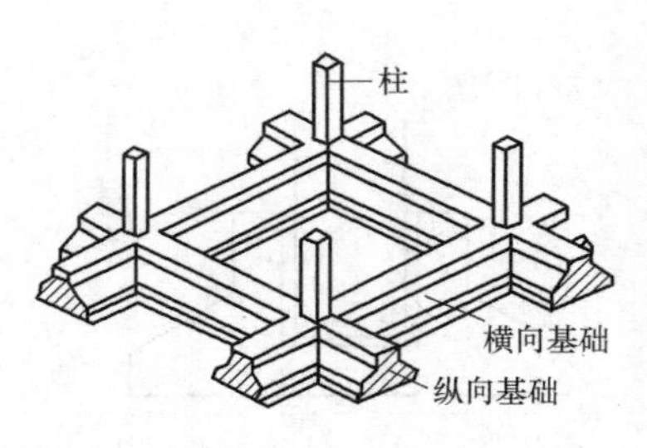

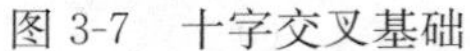

图 3-7　十字交叉基础

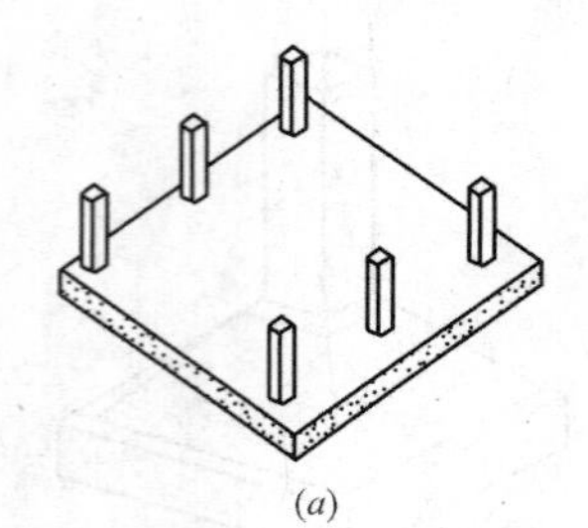

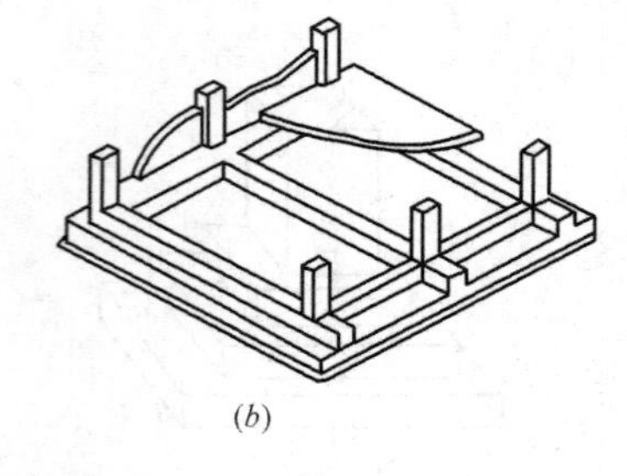

图 3-8　筏板基础

（a）平板式；（b）梁板式

作为建筑物的底层地面。

（5）箱形基础

为了增大基础刚度，可将基础做成由顶板、底板及若干纵横隔墙组成的箱形基础，如图 3-9 所示，是由筏形基础发展而来的。箱形基础一般由钢筋混凝土建造，整体空间刚度大，对抵抗地基的不均匀沉降有利，一般适用于高层建筑或在软弱地基上造的上部荷载较大的建筑物。当基础的中空部分尺寸较大时，可用作地下室。

（6）桩基础

当建筑的上部荷载较大时，需要将其传至深层较为坚硬的地基中去，会使用桩基础。桩基础由基桩和连接于桩顶的承台共同组成，如图 3-10 所示。桩基础多数用于高层建筑或土质不好的情况下，具有施工速度快、土方量小、适应性强等优点。

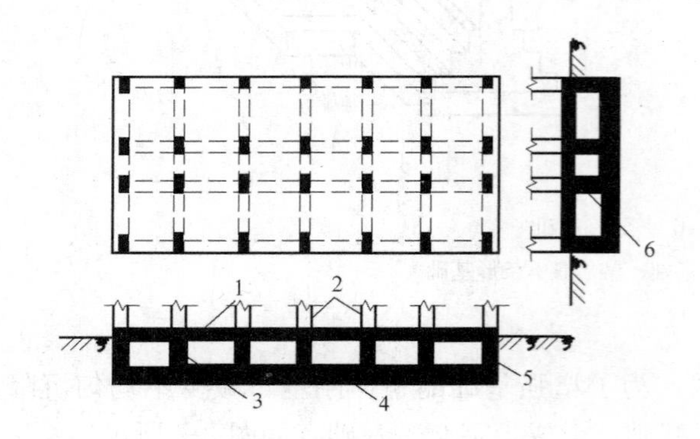

图 3-9　箱形基础

1—顶板；2—柱；3—内横墙；4—底板；5—外墙；6—内纵墙

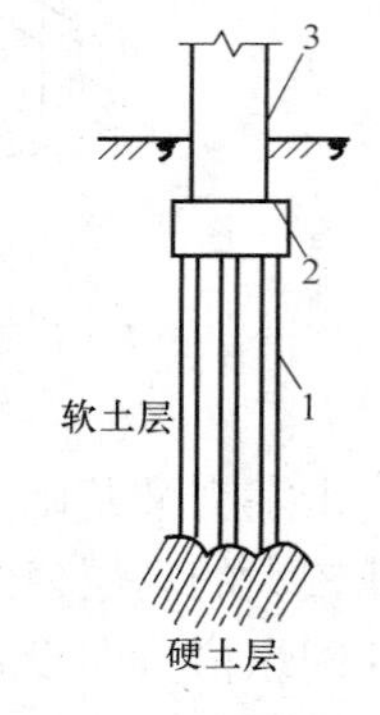

图 3-10　桩基础

1—基桩；2—承台；3—上部结构

3.1.1.2　墙体与地下室的构造

（1）墙的分类

墙在建筑物中主要起承重、围护及分隔作用，按墙在建筑物中的位置、受力情况、所用材料和构造方式不同可分为不同的类型：

1）根据墙的位置分为内墙、外墙、横墙和纵墙；

2）根据墙的受力可分为承重墙和非承重墙，只起分隔作用的非承重墙称隔墙；

3）根据墙的构造方式可分为实体墙、空体墙和组合墙；

4）根据墙的施工方式可分为叠砌式、板筑式和装配式。

（2）墙的构造要求

墙应具有足够的承载力和稳定性，具有必要的保温、隔热性能，具备一定的耐火能力，满足隔声、防潮、防水及经济性等方面的要求。

（3）砌体墙的细部构造

砌体墙所用材料主要分为块材和粘结材料两部分。砌筑用的材料多为刚性材料，即抗压强度高，抗弯、抗剪强度低，砌体承重墙的抗压强度主要由砌块材料的强度决定。常用粘结材料的主要成分是水泥、砂和石灰，可以按照需要选择不同的材料配合及材料级配。

砌体墙的细部构造主要包括：

1）防潮层。防潮层是为了防止地下土壤中的潮气进入建筑地下部分材料的孔隙内形成毛细水并沿墙体上升，逐渐使地上部分墙体潮湿，导致建筑的室内环境变差及墙体破坏而设置的构造。防潮层分为水平防潮层和垂直防潮层两种形式。防潮层主要有三种常见的构造做法：卷材防潮层、砂浆防潮层、细石混凝土防潮层。

水平防潮层应设置在首层地坪结构层（如混凝土垫层）厚度范围之内的墙体之中。当首层地面为实铺时，防潮层的位置通常选择在－0.06m 处，以保证隔潮的效果。防潮层的位置关系到防潮的效果，位置不当，就不能完全的隔阻地下的潮气，如图 3-11 所示。

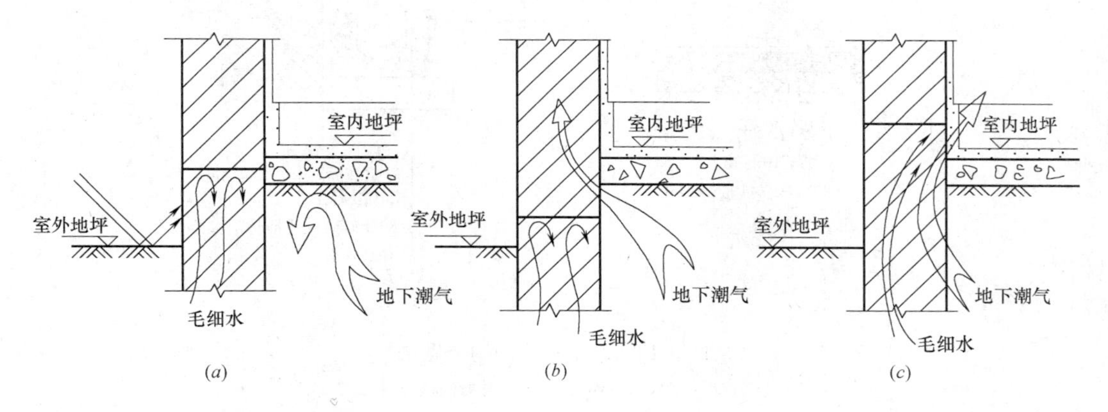

图 3-11　防潮层的位置

（a）位置适当；（b）位置偏低；（c）位置偏高

当室内地面出现高差或室内地面低于室外地面时。由于地面较低一侧房间墙体的另外一侧为潮湿土壤。在此处除了要分别按高差不同在墙内设置两道水平防潮层之外，还要对两道水平防潮之间的墙体做防潮处理，即垂直防潮层。

2）勒脚。勒脚是墙身接近室外地面的部分，其高度一般为室内地坪与室外地面的高差部分。墙体接近室外地面部分容易受到外界碰撞和雨雪的侵蚀，勒脚起到保护墙面的作用，提高建筑物的耐久性。勒脚经常采用抹水泥砂浆、水刷石，砌筑石块或贴石材勒脚。为杜绝地下潮气对墙身的影响，砌体墙应该在勒脚处设置防潮层，按照墙体所处的位置，可单独设水平防潮层或者同时设水平、垂直防潮层，如图 3-12 所示。

3）散水和明沟。在外墙四周将地面做成向外倾斜的坡面，以便将屋面雨水排至远处，

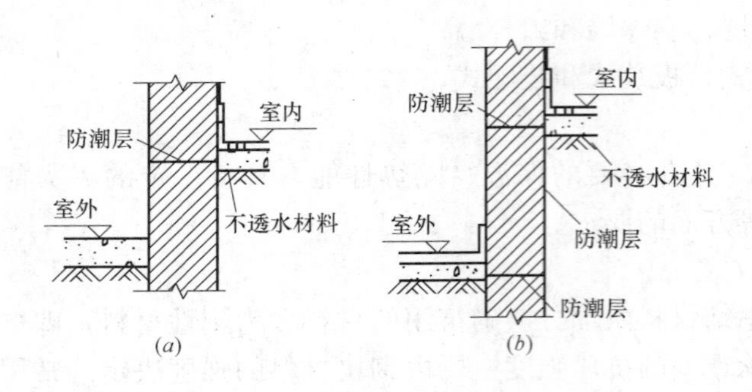

图 3-12　勒脚防潮层设置

（a）单独设水平防潮层；（b）设水平防、垂直防潮层

从而保护墙基不受雨水的侵蚀，这一坡面称散水或护坡。在外墙四周做明沟，可将雨水有组织地集中排走。散水坡度约 5%，宽度一般为 600～1000mm。明沟沟底应做纵坡，坡度为 0.5%～1%，如图 3-13 所示。散水和明沟都是在外墙的装修完成后再做的。

4）窗台。窗洞口下部应设窗台，按照设置位置不同分为内窗台和外窗台。外窗台的作用主要是排除上部雨水，保证窗下墙的干燥，同时也对建筑的立面具有装饰作用，有悬挑和不悬挑两种。悬挑窗台常用砖砌或采用预制钢筋混凝土，挑出尺寸应不小于 60mm。外窗台应向外形成一定坡度，并用不透水材料做面层，且要做好滴水。悬挑窗台无论是否做了滴水处理，下部墙面都会出现雨水流淌的痕迹，影响美观，为此可采用仅在上表面抹水泥砂浆斜面的不悬挑窗台，如图 3-14 所示。

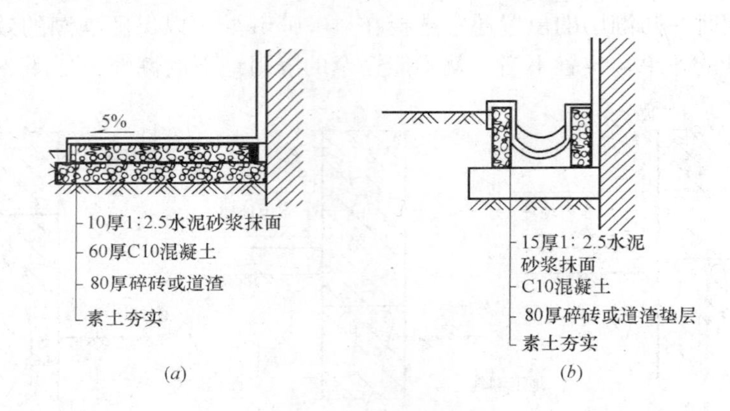

图 3-13　散水和明沟构造做法

（a）散水构造做法；（b）明沟构造做法

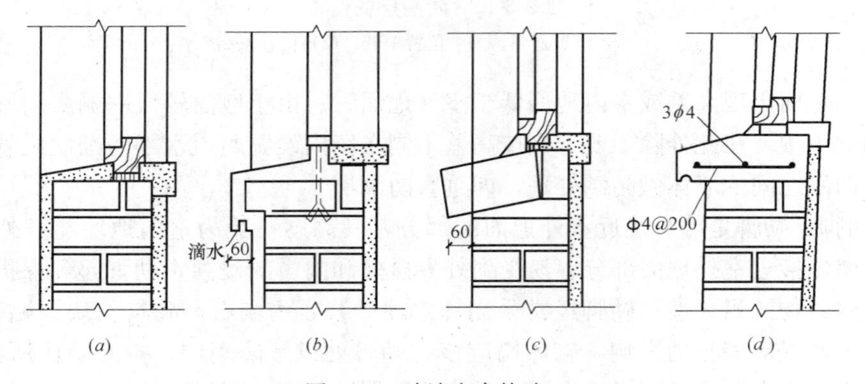

图 3-14　砖墙窗台构造

（a）不悬挑窗台；（b）设滴水的悬挑窗台；（c）侧砌砖窗台；（d）预置钢筋混凝土窗台

5）过梁。过梁是在门窗洞口上设置的横梁，如图 3-15 所示。可支承上部砌体结构传来的各种荷载，并将这些荷载传给窗间墙。宽度超过 300mm 的洞口上部应设置过梁，钢筋混凝土过梁应用最为广泛。对有较大振动荷载或可能产生不均匀沉降的房屋，应采用混凝土过梁。当过梁跨度不大于 1.5m 时，可采用钢筋砖过梁；当过梁跨度不大于 1.2m 时，可采用砖砌平拱过梁。

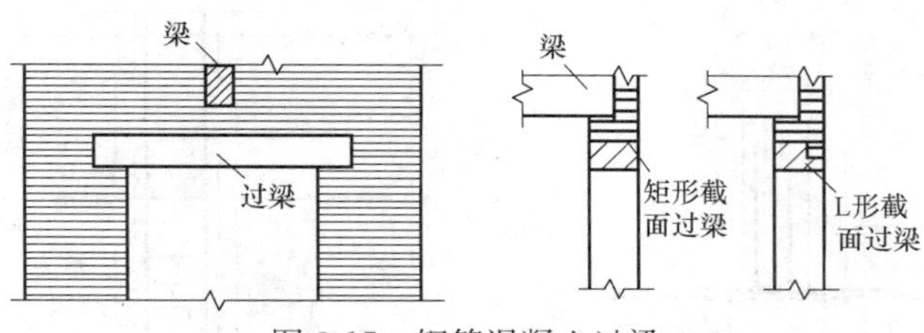

图 3-15　钢筋混凝土过梁

6）圈梁。圈梁是沿着建筑物的全部外墙和部分内墙设置的连续封闭的梁，如图 3-16 所示。对于有地基不均匀沉降或较大振动荷载的房屋，可按照规定在砌体墙中设置现浇混凝土圈梁。

图 3-16　圈梁

厂房、仓库、食堂等空旷单层房屋应按下列规定设置圈梁：

① 砖砌体结构房屋，檐口标高为 5.000～8.000m 时，应在檐口标高处设置圈梁一道，檐口标高大于 8.000m 时，应增加设置数量。

② 砌块及料石砌体结构房屋，檐口标高为 4.000～5.000m 时，应在檐口标高处设置圈梁一道，檐口标高大于 5.000m 时，应增加设置数量。

③ 对有吊车或较大振动设备的单层工业房屋，当未采取有效的隔振措施时，除在檐口或窗顶标高处设置现浇混凝土圈梁外，尚应增加设置数量。

住宅、办公楼等多层砌体结构民用房屋，且层数为 3～4 层时，应在底层和檐口标高处各设置一道圈梁。当层数超过 4 层时，除应在底层和檐口标高处各设置一道圈梁外，至少应在所有纵、横墙上隔层设置。多层砌体工业房屋，应每层设置现浇混凝土圈梁。设置墙梁的多层砌体结构房屋，应在托梁、墙梁顶面和檐口标高处设置现浇钢筋混凝土圈梁。

圈梁一般采用钢筋混凝土材料，其宽度宜与墙体厚度相同。当墙厚不小于 240mm 时，圈梁的宽度不宜小于墙厚的 2/3。圈梁的高度一般不应小于 120mm，通常与砌块的皮数尺寸相配合。圈梁应当连续、封闭地设置在同一水平面上。当圈梁被门窗洞口（如楼梯间窗洞口）截断时，应在洞口上方或下方设置附加圈梁。附加圈梁与圈梁的搭接长度不应小于其中到中垂直间距的 2 倍，也不应小于 1m。

7）构造柱。在砌体房屋墙体的规定部位，按构造配筋，并按先砌墙后浇灌混凝土柱的施工顺序制成的混凝土柱，通常称为混凝土构造柱，简称构造柱。构造柱一般设在建筑物易发生变形的部位，如房屋的四角、内外墙交接处、楼梯间、电梯间、有错层的部位以及某些较长的墙体中部。构造柱必须与圈梁及墙体紧密连接。

① 构造柱拉结筋与马牙槎

设有钢筋混凝土构造柱的墙体，应先绑扎构造柱钢筋，然后砌砖墙，最后支模浇筑混凝土。砖墙应砌成马牙槎（先退后进），墙与柱应沿高度方向每500mm设水平拉结筋，每边伸入墙内不应少于1m，如图3-17所示。

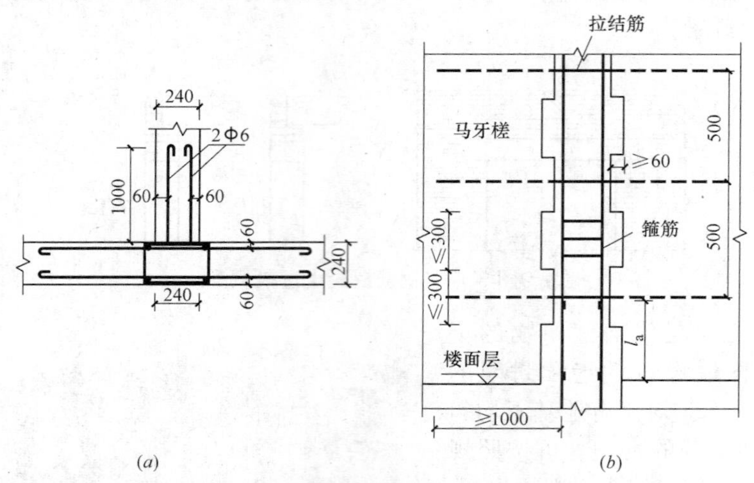

图3-17 构造柱拉结筋与马牙槎

(a) 平面图；(b) 立面图

② 各类多层砖砌体房屋，应按下列要求设置现浇钢筋混凝土构造柱：

a. 构造柱设置部位，一般情况下应符合表3-2的要求。

b. 外廊式和单面走廊式的多层房屋，应根据房屋增加一层的层数，按表3-2的要求设置构造柱，且单面走廊两侧的纵墙均应按外墙处理。

c. 横墙较少的房屋，应根据房屋增加一层的层数，按表3-2的要求设置构造柱。当横墙较少的房屋为外廊式或单面走廊式时，应按上款要求设置构造柱；但6度不超过四层、7度不超过三层和8度不超过二层时应按增加二层的层数对待。

d. 各层横墙很少的房屋，应按增加二层的层数设置构造柱。

e. 采用蒸压灰砂砖和蒸压粉煤灰砖的砌体房屋，当砌体的抗剪强度仅达到烧结普通砖砌体的70%时，应根据增加一层的层数按以上款要求设置构造柱；但6度不超过四层、7度不超过三层和8度不超过二层时应按增加二层的层数对待。

多层砖砌体房屋构造柱设置要求　　表3-2

<table>
<tr><th colspan="4">房屋层数</th><th colspan="2" rowspan="2">设置部位</th></tr>
<tr><th>6度</th><th>7度</th><th>8度</th><th>9度</th></tr>
<tr><td>四、五</td><td>三、四</td><td>二、三</td><td></td><td rowspan="3">楼、电梯间四角，楼梯斜梯段上下端对应的墙体处；
外墙四角和对应转角；
错层部位横墙与外纵墙交接处；
大房间内外墙交接处；
较大洞口两侧</td><td>隔12m或单元横墙与外纵墙交接处；
楼梯间对应的另一侧内横墙与外纵墙交接处</td></tr>
<tr><td>六</td><td>五</td><td>四</td><td>二</td><td>隔开间横墙（轴线）与外墙交接处；
山墙与内纵墙交接处</td></tr>
<tr><td>七</td><td>≥六</td><td>≥五</td><td>≥三</td><td>内墙（轴线）与外墙交接处；
内墙的局部较小墙垛处；
内纵墙与横墙（轴线）交接处</td></tr>
</table>

注：较大洞口，内墙指不小于2.1m的洞口；外墙在内外墙交接处已设置构造柱时允许适当放宽，但洞侧墙体应加强。

8）通风道。通风道是墙体中常见的竖向孔道，可以排除卫生间、厨房的污浊空气。通风道的组织方式可以分为每层独用、隔层共用和子母式三种。子母式通风道最为常见，厨房通风道一般属于此，如图 3-18 所示。通风道与管道井、烟道和垃圾管道应分别独立设置，不得使用同一管道系统。

（4）隔墙的构造

1）立筋式隔墙。立筋式隔墙称轻骨架隔墙，它是以木材、钢材或其他材料构成骨架，把面层钉结、涂抹或粘贴在骨架上形成的隔墙，所以隔墙由骨架和面层两部分组成，如图 3-19 所示。

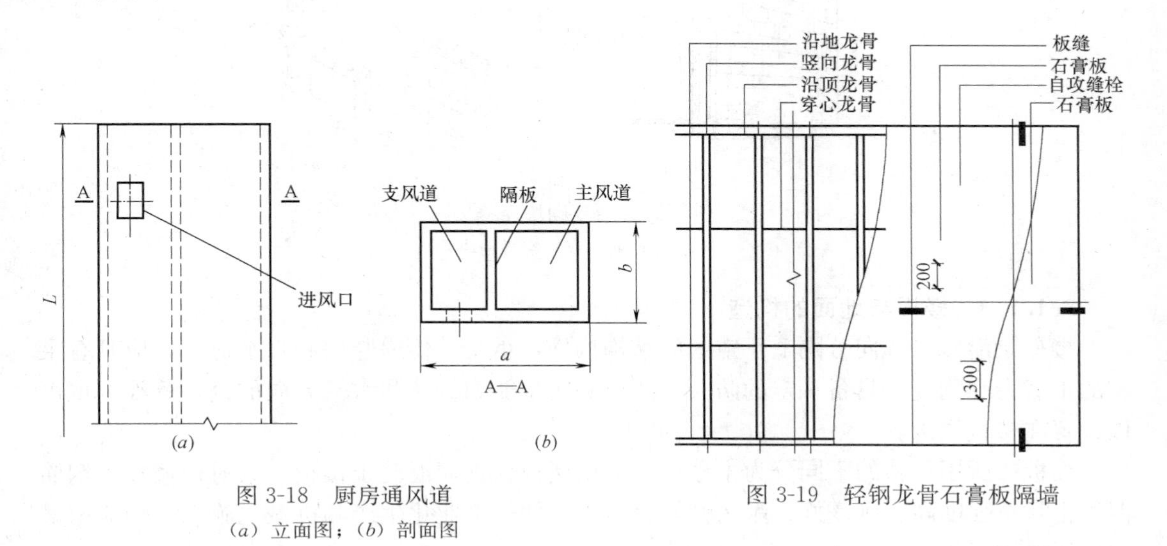

图 3-18　厨房通风道

（a）立面图；（b）剖面图

图 3-19　轻钢龙骨石膏板隔墙

2）条板类隔墙。条板类隔墙是采用一定厚度和刚度的条形板材，如水泥玻纤空心条板（图 3-20）、空心石膏条板、加气混凝土条板、水泥刨花板等，安装时不需要内骨架来支撑，直接拼接而成的隔墙。条板隔墙按使用功能要求可分为普通隔墙、防火隔墙、隔声隔墙，按使用部位的不同可分为分户隔墙、分室隔墙、外走廊隔墙、楼梯间隔墙；应根据隔墙使用功能和使用部位的不同分别设计单层条板隔墙、双层条板隔墙、接板拼装条板隔墙。条板隔墙厚度应满足建筑物抗震、防火、隔声、保温等功能要求。60mm 厚条板不得单独做隔墙使用。单层条板隔墙用做分户墙时，其厚度不应小于 120mm 用做户内分室隔墙时，不宜小于 90mm。双层条板隔墙选用条板的厚度不应小于 600mm。

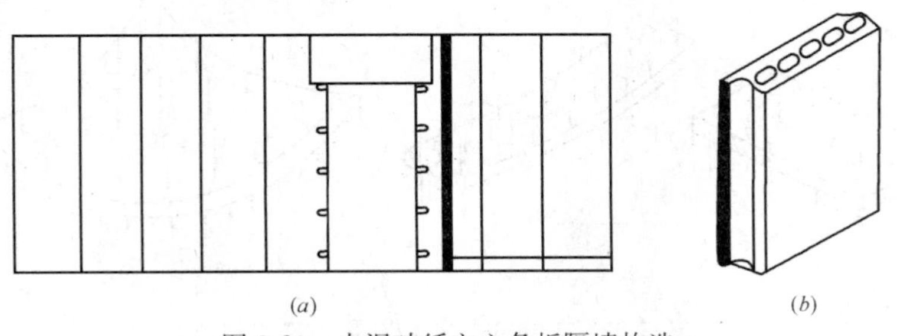

图 3-20　水泥玻纤空心条板隔墙构造

（a）水泥玻纤空心条板隔墙；（b）水泥玻纤空心条板

3）块材隔墙。块材隔墙由普通砖、空心砖、加气混凝土砌块等块材砌筑而成，按材料不同分为砖砌隔墙和砌块隔墙，如图 3-21 所示。砖砌隔墙分为 1/4 砖厚和 1/2 砖厚两种，1/2 砖砌隔墙较为常见。1/2 砖砌隔墙又称半砖隔墙，砌墙用的砂浆强度应不低于 M5。砌块隔墙厚度由砌块尺寸决定，一般为 90～120mm。砌块墙吸水性强，故在砌筑时应先在墙下部实砌 3～5 皮烧结普通砖再砌砌块。砌块不够整块时，宜用烧结普通砖填补。

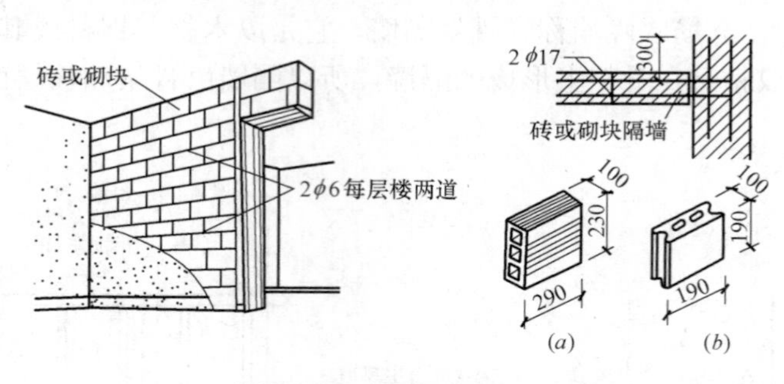

图 3-21　砖或砌块内隔墙

（a）空心砖；（b）空心砌块

3.1.1.3　楼板与地面的构造

楼板是沿水平方向分隔上下空间的结构构件，承受并传递竖向和水平荷载，应具有足够的承载力和刚度，具备一定的防火、隔声和防水能力。一些水平方向的设备管线，也可以设置在楼板层内。

楼板按所用材料的不同分为木楼板、砖拱楼板、钢筋混凝土楼板、钢衬板楼板。钢筋混凝土材料强度高、刚度好、耐久性好、防火，便于工业化生产和机械化施工，是应用最为广泛的楼板材料。

（1）现浇钢筋混凝土楼板

1）板式楼板（图 3-22）。板式楼板适用于跨度较小的房间，分为单向板和双向板。两对边支承的板应按单向板计算，四边支承的板应按下列规定计算：

① 当长边与短边长度之比小于或等于 2.0 时，应按双向板计算。

② 当长边与短边长度之比大于 2.0，但小于 3.0 时，宜按双向板计算；当按沿短边方向受力的单向板计算时，应沿长边方向布置足够数量的构造钢筋。

③ 当长边与短边长度之比大于或等于 3.0 时，宜按沿短边方向受力的单向板计算。

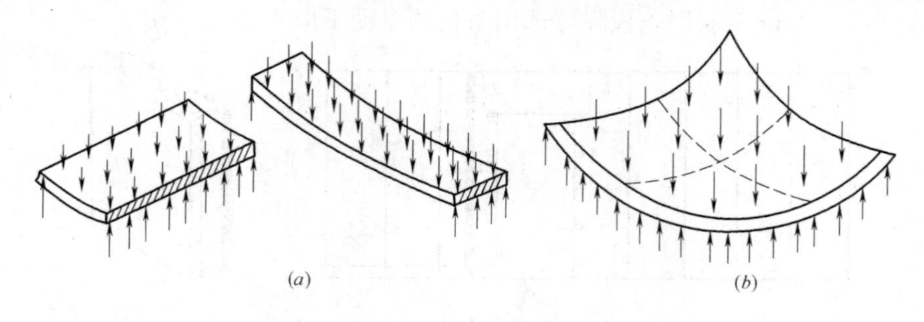

图 3-22　板式楼板

（a）单向板；（b）双向板

2）梁板式楼板（图 3-23）。当房间开间、进深较大，采用单块楼板跨度太大时，可以在楼板下设梁，梁将楼板划分为小块，从而减小跨度，这种楼板称为梁板式楼板。主梁沿短跨方向布置，次梁垂直于主梁并把荷载传递给主梁，板支承在次梁上并把荷载传递给次梁。

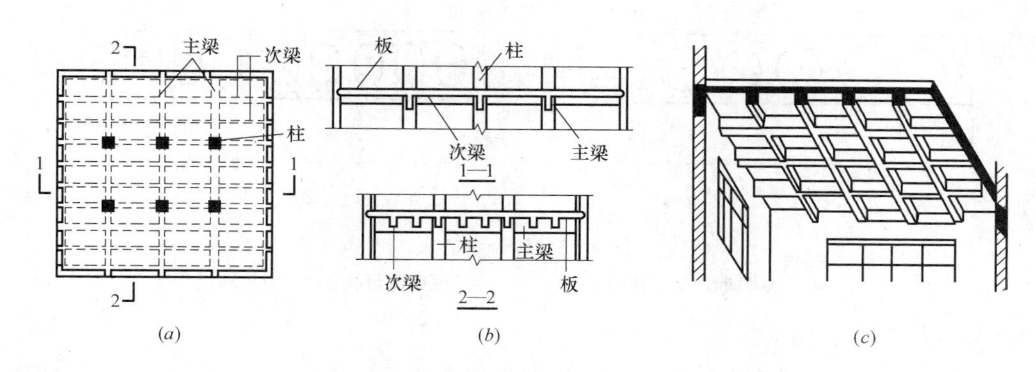

图 3-23　梁板式楼板

（a）平面图；（b）剖面图；（c）井字形密肋楼板

井字形密肋楼板是梁板式楼板的一种特殊形式，该种楼板梁高相同，形成了井字形的梁格，因梁格分布规整，具有较好的装饰性。当房间平面形状近似正方形，跨度在 10m 以内时，常采用这种楼板。

3）无梁楼板。无梁楼板不设梁，板直接支承于柱上，分为有柱帽（图 3-24）和无柱帽两种类型。当荷载较大时，为减小楼板厚度，常采用有柱帽的形式。无梁楼板的柱网应尽量按方形网格布置，跨度在 6～8m 较为经济。

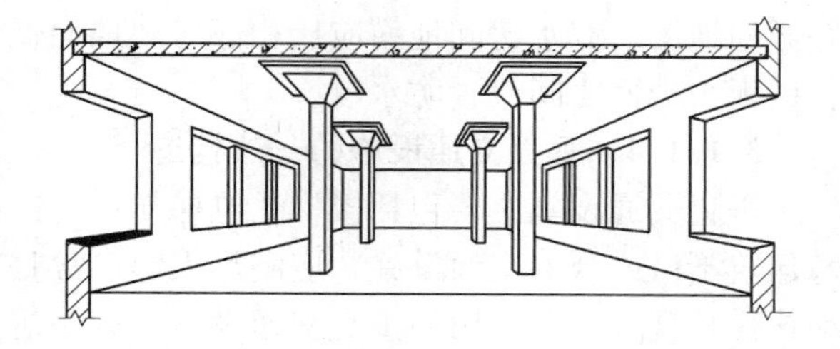

图 3-24　有柱帽无梁楼板

（2）预制装配式钢筋混凝土楼板

1）预制实心板：跨度一般在 2.4m 以内，适用于面积较小的房间或过道，板宽为 600～900mm，板厚一般为板跨的 1/30，即 50～100mm。

2）预制槽形板：两侧设有边肋，是一种梁板合一的构件，力学性能好，有预应力和非预应力两种类型。为了提高板的刚度，通常在板的两端设置端肋封闭。如果板的跨度较大，还应在板的中部增设横向加劲肋。槽形板多用作屋面板，搁置的方式有两种：一种是正置（肋向下搁置），另一种是倒置（肋向上搁置），如图 3-25 所示。

图 3-25　槽形板

（a）正置槽形板；（b）倒置槽形板

3）预制空心板：空心板是将平板沿纵向抽空而成的，孔的断面多为圆形和椭圆形，如图 3-26 所示。空心板具有自重小、用料省、承载力高等优点，因此被广泛采用。

预制空心板的搁置要求：预制钢筋混凝土板在混凝土圈梁上的支承长度不应小于80mm，板端伸出的钢筋应与圈梁可靠连接，且同时浇筑；预制钢筋混凝土板在墙上的支承长度不应小于100mm。

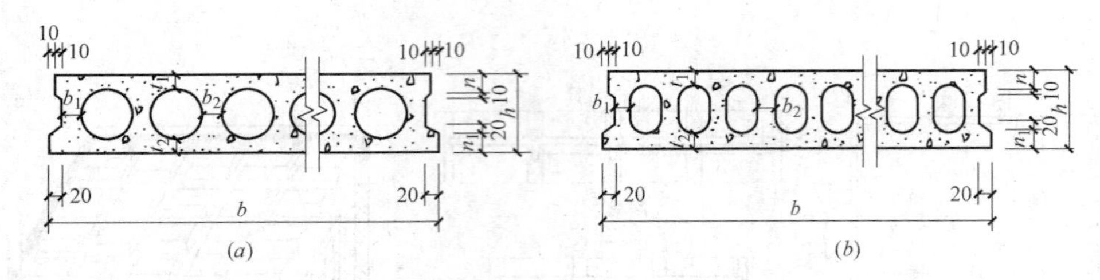

图 3-26 预制空心板

（a）断面圆形预制空心板；（b）断面椭圆形预制空心板

（3）地面的基本构造

1）实铺地面。实铺地面是指将开挖基础时挖去的土回填到指定标高，并且分层夯实后，在上面铺碎石和三合土，然后再满铺素混凝土结构层。

2）架空地面。架空地面是指用预制板将底层室内地层架空，使地层以下的回填土同地层结构之间保持一定的距离，相互不接触；同时利用建筑物室内外高差，在接近室外的地面上留出通风洞，减少潮气的影响。

3）地面防水。在用水频繁的房间，为防止室内地面积水，地面应有1%～5%的坡度，并导向地漏；有水房间地面应比相邻房间地面低20～30mm。对防水要求较高的房间，应在楼板与地面之间设置防水层。

3.1.1.4 垂直交通设施的一般构造

垂直交通设施主要包括楼梯、电梯与自动扶梯。楼梯是连通各楼层的重要通道，是楼房建筑不可或缺的交通设施，应满足人们正常时交通，紧急时安全疏散的要求。电梯和自动扶梯是现代建筑常用的垂直交通设施。有些建筑中还设置有坡道和爬梯，它们也属于建筑的垂直交通设施。

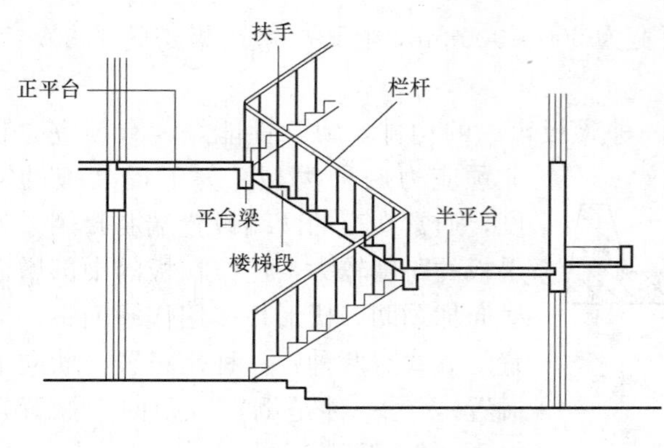

图 3-27 楼梯的组成

（1）楼梯的组成

楼梯是由楼梯段、楼梯平台、栏杆和持手组成的，如图3-27所示。楼梯段是连接楼梯平台的倾斜构件，梯段的踏步步数一般为3～18级；楼梯平台是连接两个梯段之间的水平部分，与楼层标高一致的平台称为正平台，介于两个楼层之间的平台称为半平台。

（2）楼梯的分类

楼梯按梯段可分为单跑楼梯、双跑楼梯和多跑楼梯，梯段的平面形状有直线、折线和曲线；按材料分为钢筋混凝土楼梯、钢楼梯、木楼梯等；按使用性质分为主要楼梯、辅助楼梯、疏散楼梯、消防楼梯等。

（3）钢筋混凝土楼梯的基本构造

现浇钢筋混凝土楼梯是指楼梯段、楼梯平台等整体浇筑在一起的楼梯。它整体性好，刚度大，坚固耐久，可塑性强，对抗震较为有利，并能适应各种楼梯形式。但是在施工过程中，要经过支模、绑扎钢筋、浇灌混凝土、振捣、养护、拆模等作业，受外界环境因素影响较大。在拆模之前，不能利用它进行垂直运输，因而较适合于比较小型的楼梯或对抗震设防要求较高的建筑中。对于螺旋形楼梯、弧形楼梯等形式复杂的楼梯，也宜采用现浇钢筋混凝土楼梯。

现浇钢筋混凝土楼梯按照楼梯段的传力特点，分为板式楼梯和梁式楼梯两种，如图3-28所示，应按具体的工程，根据功能要求、造型处理及技术经济等比较而采用。

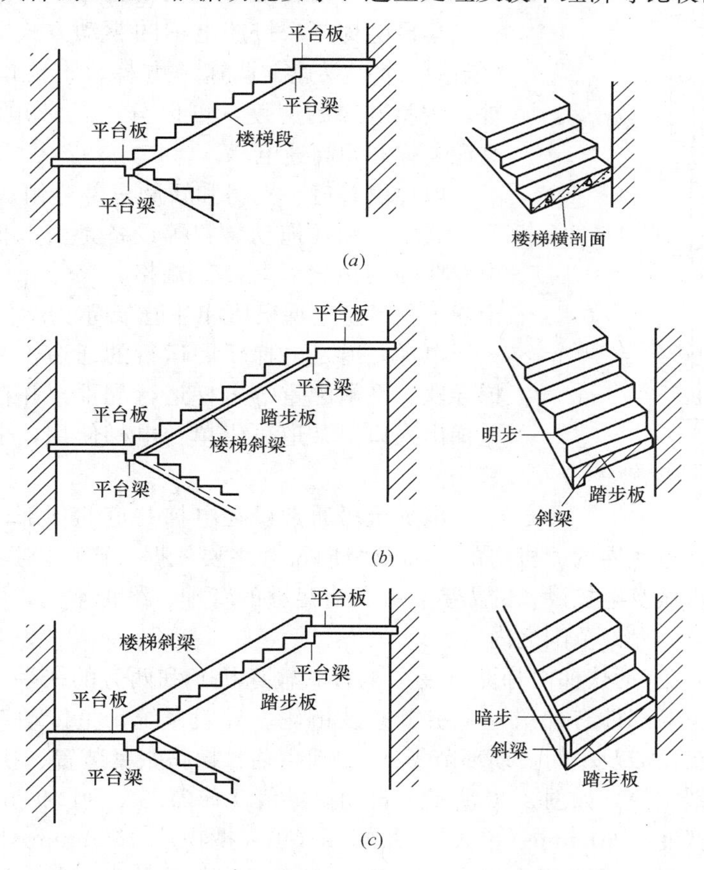

图 3-28　板式楼梯和梁式楼梯

（*a*）板式楼梯；（*b*）梁在下面的梁式楼梯；（*c*）梁在上面的梁式楼梯

1）板式楼梯

板式的楼梯段作为一块整浇板，斜向搁置在平台梁上，楼梯段相当于一块斜放的板，平台梁之间的距离即为板的跨度。楼梯段应沿跨度方向布置受力钢筋。也有带平台板的板式楼梯，即把两个或一个平台板和一个梯段组合成一块折形板，这样处理平台下净空扩大了，但斜板跨度增加了。当楼梯荷载较大，楼梯段斜板跨度较大时，斜板的截面高度也将很大，钢筋和混凝土用量增加，经济性下降。所以，板式楼梯常用于楼梯荷载较小、楼梯段的跨度也较小的住宅等房屋。板式楼梯段的底面平齐，便于装修。

2）梁板式楼梯

梁板式楼梯是由踏步板、楼梯斜梁、平台梁和平台板组成。荷载由踏步板传给斜梁，再由斜梁传给平台梁，然后传到墙或柱上。当斜梁在板下部称为正梁式梯段，上面踏步露明，常称明步。有时，为了让楼梯段底表面平整或避免洗刷楼梯时污水沿踏步端头下淌，弄脏楼梯，常将楼梯斜梁反向上面称反梁式梯段，下面平整，踏步包在梁内，常称暗步。

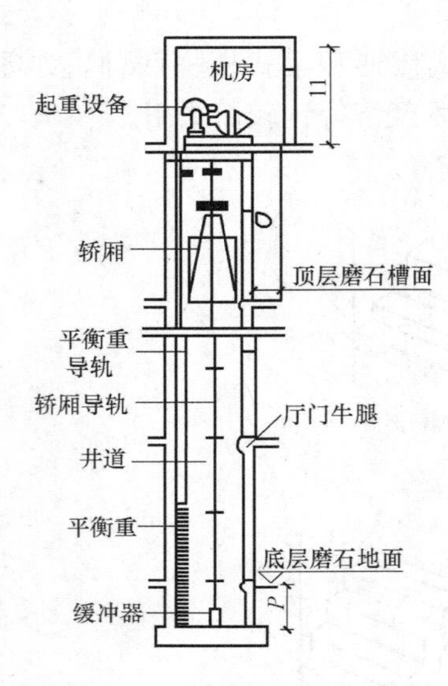

图 3-29　电梯的组成示意图

（4）电梯与自动扶梯

1）电梯。电梯分类方式较多，按照电梯的用途分类，可以分为乘客电梯、载货电梯、医用电梯、观光电梯、车辆电梯等；按照电梯的驱动方式，可以分为交流（包括单速、双速、调速）电梯、直流电梯、液压电梯等；按照电梯的速度，可以分为低速电梯、中速电梯、高速电梯和超高速电梯。

电梯由井道、机房和轿厢三部分组成，如图 3-29 所示。其中轿厢及拖动装置等设备是由电梯厂生产的，并由专业公司负责安装。其规格、尺寸、载重量等指标是土建工程确定电梯机房和井道布局、尺寸和构造的依据。

电梯井道是电梯轿厢运行的通道，井道内部设置电梯导轨、平衡配重等电梯运行配件，并在相关楼层设有电梯出人口。井道可供单台电梯使用，也可供两台电梯共用。

电梯机房通常设在电梯井道的顶部，个别时候也有把电梯机房设在井道底层的。机房的平面及竖向尺寸主要依据生产厂家提出的要求确定，应满足布置牵引机械及电控设备的需要，并留有足够的管理、维护空间，同时要把室内温度控制在设备运行的允许范围之内。

2）自动扶梯。自动扶梯由梯路（变形的板式输送机）和两旁的扶手（变形的带式输送机）组成，其主要部件有梯级、牵引链条及链轮、导轨系统、主传动系统（包括电动机、减速装置、制动器及中间传动环节等）、驱动主轴、梯路张紧装置、扶手系统、梳板、扶梯骨架和电气系统等，如图 3-30 所示。自动扶梯角度有 27.3°、30°和 35°，其中 30°是优先选用的角度。宽度有 600mm（单人）、800mm（单人携物）、1000mm、1200mm（双人）几种规格。自动扶梯的载客能力很高，一般为 4000～10000 人/h。自动扶梯一般设在室内，也可以设在室外。自动扶梯的布置方式主要有并联排列、平行排列、串联排列、交叉排列等形式。

3.1.1.5　门与窗的构造

门和窗是建筑物中的围护及分隔构件。门的主要功能是交通联系，兼具采光和通风的作用。窗的主要功能是采光、通风及观望。建筑门窗是建筑物不可缺少的组成部分，它除了具有上述作用外，还具有隔热、保温的功能。此外，建筑门窗造型和色彩的选择对建筑物的装饰效果影响也很大。

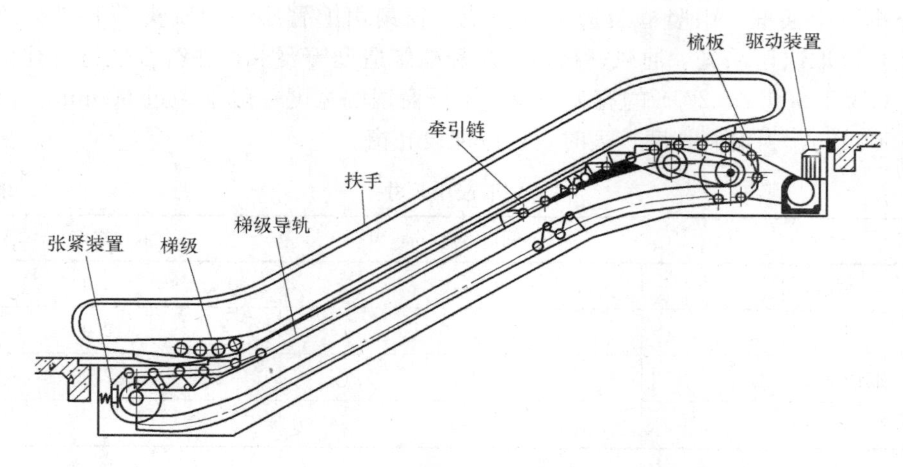

图 3-30　自动扶梯结构图

门窗按照材料，分为木门窗、钢门窗、铝合金门窗、塑料门窗等；按照开启方式，分为平开门窗和推拉门窗等。

（1）门的组成与尺度

门主要由门框、门扇和门用五金件组成，如图 3-31、图 3-32 所示。门框由上框、中框和边框组成，多扇门还有中竖框。门扇由上冒头、中冒头、下冒头、边梃和门扇板等组成。

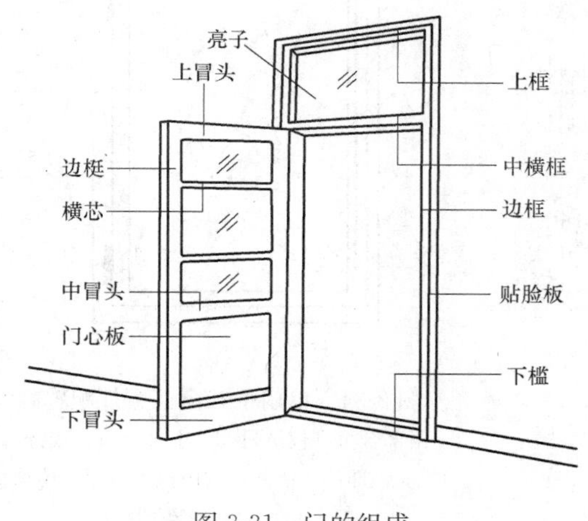

图 3-31　门的组成

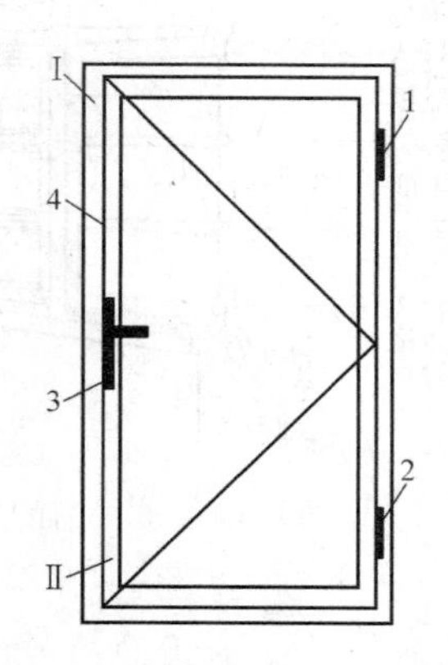

图 3-32　单扇平开门五金件配置

1—上部合页（铰链）；2—下部合页（铰链）；
3—操纵部件（传动机构用执手或双面执手）；
4—传动锁闭部件（传动锁闭器）；
Ⅰ—门框；Ⅱ—门扇

门的洞口尺寸要满足人流通行、疏散以及搬运家具设备的需要，同时还应尽量符合现行《建筑模数协调标准》GB/T 50002 的有关规定。门洞的最小尺寸应符合表 3-3 的要求。

（2）窗的组成与尺度

窗主要由窗樘、窗扇、窗五金件组成，如图 3-33、图 3-34 所示。窗樘又称窗框，由上框、下框、中横框、中竖框及边框等组成。窗扇由上冒头、中冒头、下冒头及边梃组成。窗的尺度取决于采光、通风、构造做法和建筑造型等要求，并符合现行《建筑模数协调标准》GB/T 50002—2013 的有关规定。平开窗扇的宽度一般不超过 600mm，高度一般不超过 1500mm，当窗洞高度较大时，可以加设亮窗。

门洞最小尺寸 **表 3-3**

类别	洞口宽度(m)	洞口高度(m)
共用外门	1.20	2.00
户(套)门	1.00	2.00
起居室(厅)门	0.90	2.00
卧室门	0.90	2.00
厨房门	0.80	2.00
卫生间门	0.70	2.00
阳台门(单扇)	0.70	2.00

注：1. 表中门洞口高度不包括门上亮子高度，宽度以平开门为准。
2. 洞口两侧地面有高低差时，以高地面为起算高度。

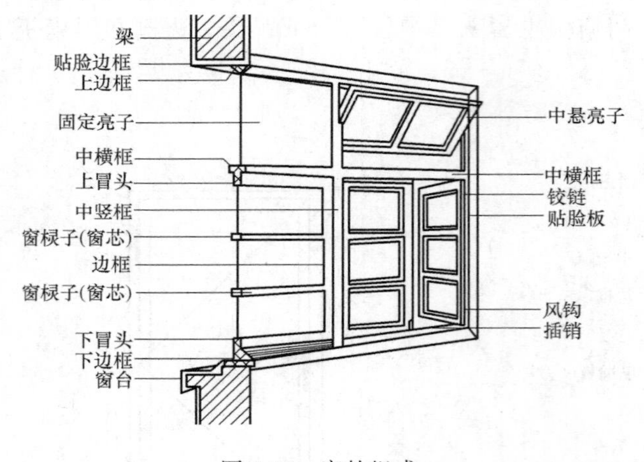

图 3-33 窗的组成

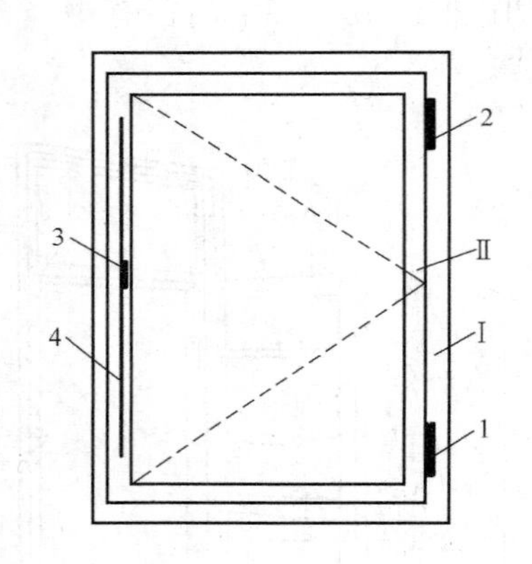

图 3-34 单扇平开窗五金件配置

1—下部合页（铰链）；2—上部合页（铰链）；3—操纵部件（传动机构用执手）；4—传动锁闭部件（传动锁闭器）；Ⅰ—窗框；Ⅱ—窗扇

3.1.1.6 屋顶的基本构造

屋顶也称屋盖，是建筑上层起承重和覆盖作用的构件，也是建筑立面的重要组成部分。

（1）屋顶的类型

屋顶按照外形可分为平屋顶、坡屋顶和曲面屋顶。平屋顶是屋面坡度在 10%以下的屋顶。坡屋顶是屋面坡度在 10%以上的屋顶。按照屋面防水材料可分为柔性防水屋面、刚性防水屋面、构件自防水屋面和瓦屋面。

（2）屋面的基本构造层次

屋面的基本构造层次宜符合表 3-4 的要求。

（3）屋顶细部构造

屋顶细部构造应包括檐口、檐沟和天沟、女儿墙和山墙、水落口、变形缝、伸出屋面管道、屋面出入口、反梁过水孔、设施基座、屋脊、屋顶窗等部位。

1）檐口。卷材防水屋面檐口 800mm 范围内的卷材应满粘，卷材收头应采用金属压条钉压，并应用密封材料封严，如图 3-35 所示。涂膜防水屋面檐口的涂膜收头，应用防水涂料多遍涂刷。檐口下端应做鹰嘴和滴水槽。烧结瓦、混凝土瓦屋面的瓦头挑出檐口的长度宜为 50～70mm。沥青瓦屋面的瓦头挑出檐口长度宜为 10～20mm。金属板屋面檐口挑出墙面的长度不应小于 200mm；屋面板与墙板交接处应设置金属封檐板和压条。

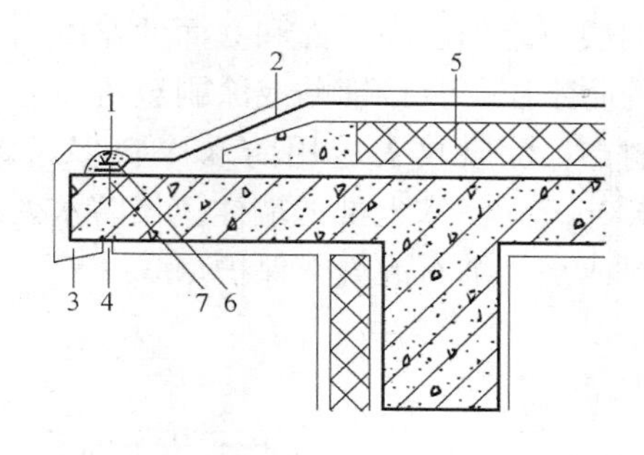

图 3-35　卷材防水屋面檐口

1—密封材料；2—卷材防水层；3—鹰嘴；4—滴水槽；5—保护层；6—金属压条；7—水泥钉

屋面的基本构造层次　　表 3-4

屋面类型	基本构造层次（自上而下）
卷材、涂膜屋面	保护层、隔离层、防水层、找平层、保温层、找平层、找坡层、结构层
	保护层、保温层、防水层、找平层、找坡层、结构层
	种植隔热层、保护层、耐根穿刺防水层、防水层、找平层、保温层、找平层、找坡层、结构层
	架空隔热层、防水层、找平层、保温层、找平层、找坡层、结构层
	蓄水隔热层、隔离层、防水层、找平层、保温层、找平层、找坡层、结构层
瓦屋面	块瓦、挂瓦条、顺水条、持钉层、防水层或防水垫层、保温层、结构层
	沥青瓦、持钉层、防水层或防水垫层、保温层、结构层
金属板屋面	压型金属板、防水垫层、保温层、承托网、支承结构
	上层压型金属板、防水垫层、保温层、底层压型金属板、支承结构
	金属面绝热夹芯板、支承结构
玻璃采光顶	玻璃面板、金属框架、支承结构
	玻璃面板、点支承装置、支承结构

注：1. 表中结构层包括混凝土基层和木基层，防水层包括卷材和涂膜防水层，保护层包括块体材料、水泥砂浆、细石混凝土保护层。

2. 有隔汽要求的屋面，应在保温层与结构层之间设隔汽层。

2）檐沟和天沟。卷材或涂膜防水屋面檐沟和天沟的防水构造，应符合下列规定：檐沟和天沟的防水层下应增设附加层，附加层伸入屋面宽度不应小于 250mm；檐沟防水层和附加层应由沟底翻上至外侧顶部，卷材收头应用金属压条钉压，并应用密封材料封严。涂膜收头应用防水涂料多遍涂刷；檐沟外侧下端应做成鹰嘴或滴水槽；檐沟外侧高于屋面结构板时，应设置溢水口，如图 3-36 所示。

3）女儿墙和山墙

女儿墙的防水构造应符合下列规定：女儿墙压顶可采用混凝土或金属制品。压顶向内排水坡度不应小于5%，压顶内侧下端应做滴水处理。女儿墙泛水处的防水层下应增设附加层，附加层在平面和立面的宽度均不应小于250mm，如图3-37所示。低女儿墙泛水处的防水层可直接铺贴或涂刷至压顶下，卷材收头应用金属压条钉压固定，并应用密封材料封严；涂膜收头应用防水涂料多遍涂刷。高女儿墙泛水处的防水层泛水高度不应小于250mm；泛水上部的墙体应做防水处理。女儿墙泛水处的防水层表面，宜采用涂刷浅色涂料或浇筑细石混凝土保护。

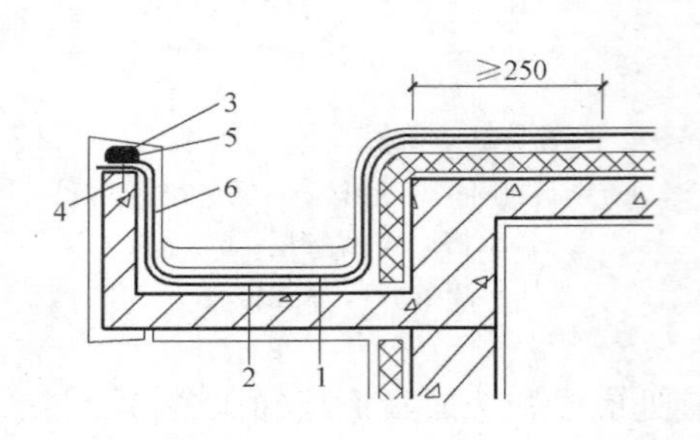

图3-36 卷材、涂膜防水屋面檐沟

1—防水层；2—附加层；3—密封材料；4—水泥钉；5—金属压条；6—保护层

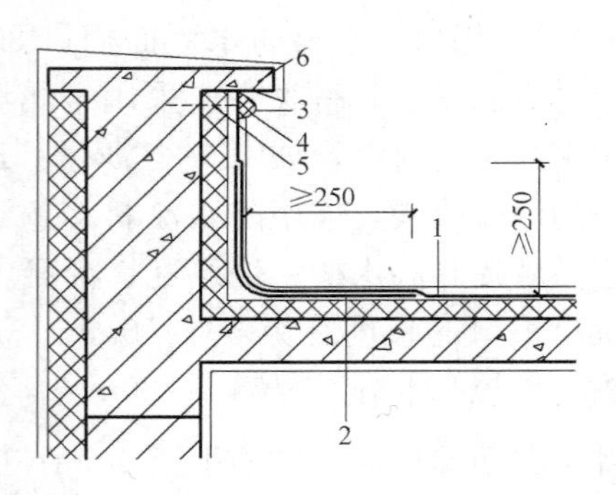

图3-37 女儿墙

1—防水层；2—附加层；3—密封材料；4—金属压条；5—水泥钉；6—压顶

山墙的防水构造应符合下列规定：山墙压顶可采用混凝土或金属制品。压顶应向内排水，坡度不应小于5%，压顶内侧下端应做滴水处理。山墙泛水处的防水层下应增设附加层，附加层在平面和立面的宽度均不应小于250mm。烧结瓦、混凝土瓦屋面山墙泛水应采用聚合物水泥砂浆抹成，侧面瓦伸入泛水的宽度不应小于50mm。沥青瓦屋面山墙泛水应采用沥青基胶粘材料满粘一层沥青瓦片，防水层和沥青瓦收头应用金属压条钉压固定，并应用密封材料封严。金属板屋面山墙泛水应铺钉厚度不小于0.45mm的金属泛水板，并应顺流水方向搭接；金属泛水板与墙体的搭接高度不应小于250mm，与压型金属板的搭盖宽度宜为1～2波，并应在波峰处采用拉铆钉连接。

4）水落口。重力式排水的水落口防水构造应符合下列规定：水落口可采用塑料或金属制品，水落口的金属配件均应做防锈处理。水落口杯应牢固地固定在承重结构上，其埋设标高应根据附加层的厚度及排水坡度加大的尺寸确定。水落口周直径500mm范围内坡度不应小于5%，如图3-38所示，防水层下应增设涂膜附加层。防水层和附加层伸入水落口杯内不应小于50mm，并应粘结牢固，如图3-39所示。

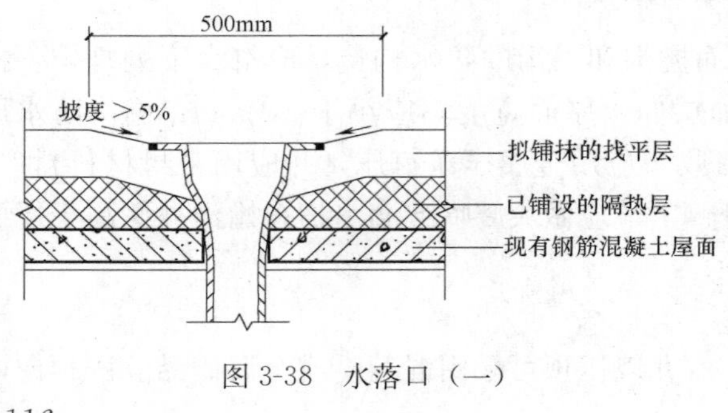

图3-38 水落口（一）

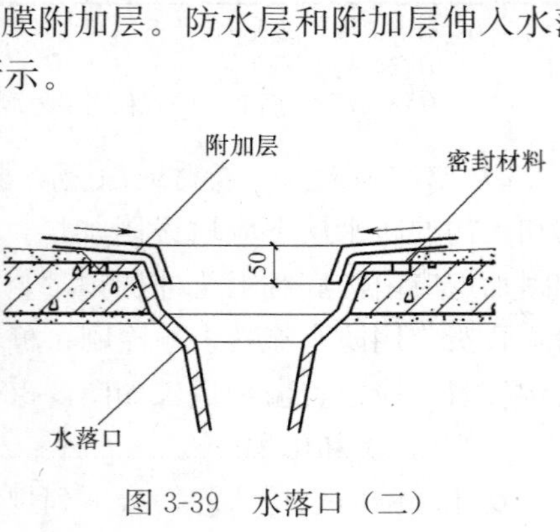

图3-39 水落口（二）

5）屋面变形缝。变形缝防水构造应符合下列规定：变形缝泛水处的防水层下应增设附加层，附加层在平面和立面的宽度不应小于 250mm；防水层应铺贴或涂刷至泛水墙的顶部。变形缝内应预填不燃保温材料，上部应采用防水卷材封盖，并放置衬垫材料，再在其上干铺一层卷材。等高变形缝顶部宜加扣混凝土或金属盖板，如图 3-40 所示。高低跨变形缝在立墙泛水处，应采用有足够变形能力的材料和构造做密封处理，如图 3-41 所示。

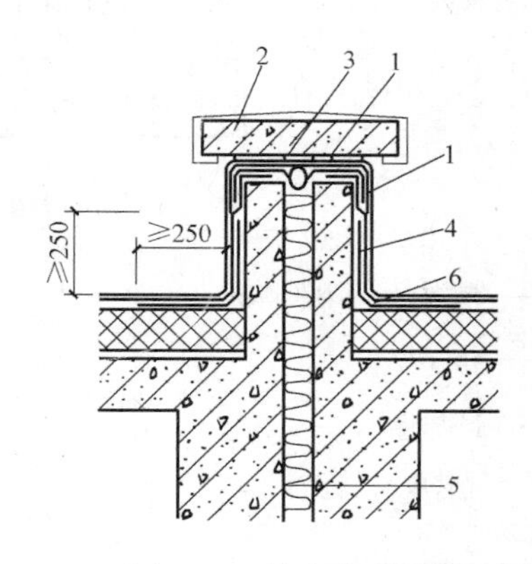

图 3-40　等高变形缝

1—卷材封盖；2—混凝土盖板；3—衬垫材料；4—附加层；5—不燃保温材料；6—防水层

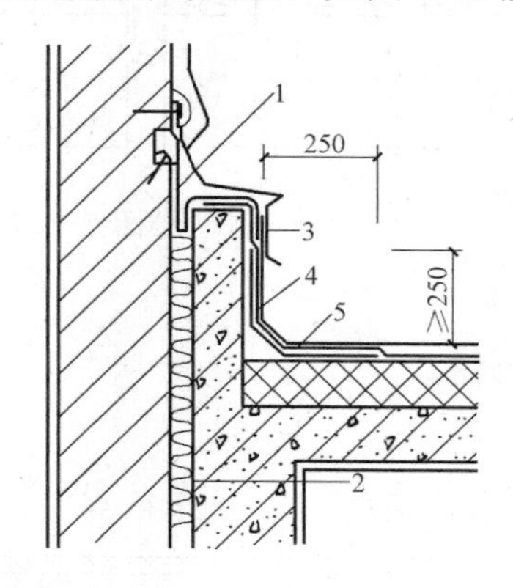

图 3-41　高低跨变形缝

1—卷材封盖；2—不燃保温材料；3—金属盖板；4—附加层；5—防水层

3.1.1.7　建筑变形缝的构造

变形缝是一种人工构造缝，包括伸缩缝、沉降缝和防震缝三种类型。

（1）伸缩缝

伸缩缝也称温度缝，是指为防止建筑结构因温度变化导致结构破坏而沿建筑物或者构筑物施工缝方向的适当部位设置的一条构造缝，如图 3-42 所示。

伸缩缝应尽量设置在建筑的中段，当设置几道伸缩缝时，应使各温度区的长度尽量均衡。以伸缩缝为界，把建筑分成两个独立的温度区。结构和构造要完全独立，屋顶、楼板、墙体和梁柱要成为独立的结构与构造单元。由于基础埋置在地下，基本不受气温变化的影响，因此仍然可以连在一起。伸缩缝应尽量设置在建筑横墙对位的部位，并采用双横墙双轴线的布置方案，这样可以较好地解决伸缩缝处的构造问题。

（2）沉降缝

沉降缝是为防止建筑物各部分由于地基不均匀沉降引起房屋破坏所设置的垂直构造缝，如图 3-43 所示。

沉降缝的设置标准没有伸缩缝的量化程度高，主要根据地基情况、建筑自重、结构形式的差异、施工期的间隔等因素来确定。要用沉降缝把建筑分成在结构和构造上完全独立的若干个单元。除了屋顶、楼板、墙体和梁柱在结构与构造上要完全独立之外，基础也要完全独立。因为沉降缝在构造上已经完全具备了伸缩缝的特点，因此沉降缝可以代替伸缩缝发挥作用，反之则不行。

（3）防震缝

防震缝是为了避免建筑物破坏，按抗震要求设置的垂直构造缝。该缝一般设置在结构变形的敏感部位，沿着房屋基础顶面全面设置，使得建筑分成若干刚度均匀的单元独立变形，如图 3-44 所示。

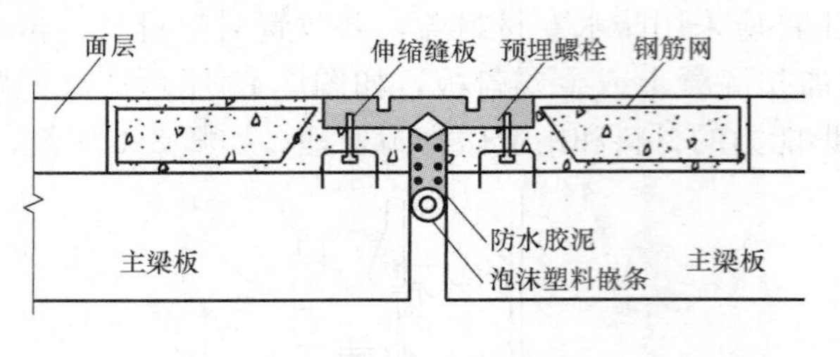

图 3-42　楼面伸缩缝

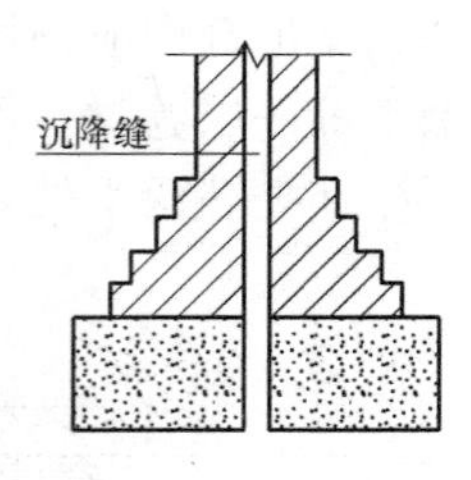

图 3-43　沉降缝

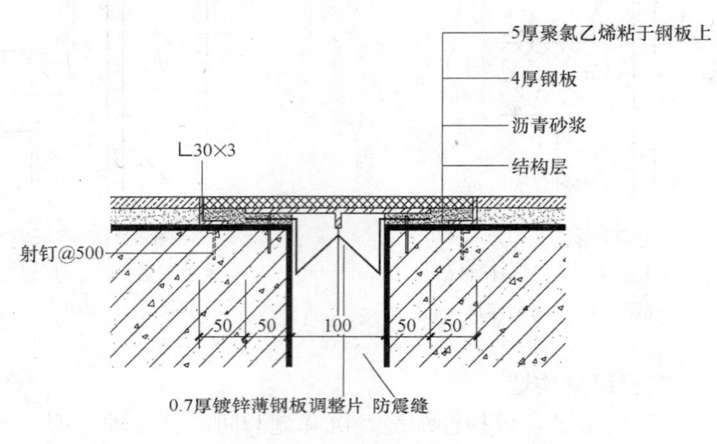

图 3-44　楼面防震缝

在地震设防烈度为 7～9 度的地区，当建筑立面高差较大、建筑内部有错层且高差较大、建筑相邻部分结构差异较大时，要设置防震缝。

3.1.2　民用建筑一般装饰装修构造

建筑装饰装修为保护建筑物的主体结构、完善建筑物的使用功能和美化建筑物，采用装饰装修材料或饰物，对建筑物的内外表面及空间进行的各种处理过程。

3.1.2.1　装饰装修的基本规定

建筑装饰装修工程必须进行设计，并出具完整的施工图设计文件。建筑装饰装修工程设计必须保证建筑物的结构安全和主要使用功能。当涉及主体和承重结构改动或增加荷载时，必须由原结构设计单位或具备相应资质的设计单位核查有关原始资料，对既有建筑结构的安全性进行核验、确认。

3.1.2.2　地面装饰的一般构造

地面装饰一般分为：整体地面、块料地面、卷材地面、涂料地面。整体地面如水泥砂浆地面、细石混凝土地面、水磨石地面等。块料地面如陶瓷类板块地面、石材地面、木地面、塑料地面等。卷材地面如地毯、塑胶地面等。涂料地面如丙烯酸、环氧、聚氨酯等树脂型涂料地面。

（1）水泥砂浆地面。水泥砂浆面层的厚度应符合设计要求，且不应小于 20mm。水泥宜采用硅酸盐水泥、普通硅酸盐水泥，不同品种、不同强度等级的水泥严禁混用；砂应为中粗砂，当采用石屑时，其粒径应为 1～5mm，且含泥量不应大于 3%；防水水泥砂浆采用的砂或石屑，其含泥量不应大于 1%。一般先用 15～20mm 厚 1∶3 水泥砂浆打底并找平，再用 5～10mm 厚 1∶2 或 1∶2.5 的水泥砂浆抹面，用抹子拍出净浆，最后洒上干水泥粉揉光，抹平。它既可以作为完成面使用，也可以作为其他面层的基层。具有造价低、施工方便、适应性好的优点，但观感差、易结露和起灰、耐磨度一般。

（2）细石混凝土地面。细石混凝土楼面是在楼面结构或地面垫层上不做找平层，直接用细石混凝土做楼面面层，随打随抹、一次成型。常用于厂房或材料、设备库房楼地面。细石混凝土是混凝土的一种，把普通混凝土中的石子换成小石子（瓜子片）。

细石混凝土中的材料：水泥一般采用 32.5 级以上硅酸盐水泥、普通硅酸盐水泥和矿渣硅酸盐水泥；砂宜用中粗砂，含泥量不大于 5%；粗骨料用石子最大颗粒粒径不应大于面层厚度的 2/3，商品细石混凝土面层采用的石子粒径不应大于 15mm。

面层细石商品混凝土铺设：将搅拌好的细石商品混凝土铺抹到地面基层上（水泥浆结合层要随刷随铺），紧接着用 2m 长刮杠顺着标筋刮平，然后用滚筒（常用的为直径 20cm，长度 60cm 的商品混凝土或铁制滚筒，厚度较厚时应用平板振动器）往返、纵横滚压，如有凹处用同配合比商品混凝土填平，直到面层出现泌水现象，撒一层干拌水泥砂（1∶1=水泥∶砂）拌合料，要撒匀（砂要过 3mm 筛），再用 2m 长刮杠刮平（操作时均要从房间内往外退着走）。

抹面层、压光：当面层灰面吸水后，用木抹子用力搓打、抹平，将干水泥砂拌合料与细石商品混凝土的浆混合，使面层达到结合紧密。第一遍抹压：用铁抹子轻轻抹压一遍直到出浆为止；第二遍抹压：当面层砂浆初凝后，地面面层上有脚印但走上去不下陷时，用铁抹子进行第二遍抹压，把凹坑、砂眼填实抹平，注意不得漏压；第三遍抹压：当面层砂浆终凝前，即人踩上去稍有脚印，用铁抹子压光无抹痕时，可用铁抹子进行第三遍压光，此遍要用力抹压，把所有抹纹压平压光，达到面层表面密实光洁。

细石混凝土楼地面可以克服水泥砂浆楼地面干缩性大的缺点，这种地面强度高，干缩值小，耐磨、耐久性好。

（3）水磨石地面：水磨石面层采用水泥与石粒拌合料铺设，有防静电要求时，其拌合料内应按设计要求掺入导电材料。面层厚度除有特殊要求外，宜为 12～18mm，且按石粒粒径确定。水磨石面层的结合层的水泥砂浆体积比宜为 1∶3，相应的强度等级不应小于 M10，水泥砂浆稠度（以标准圆锥体沉入度计）宜为 30～35mm。一般先用 10～15mm 厚 1∶3 水泥砂浆打底并找平，然后按设计要求固定分格条，分隔条可以用玻璃条、铜条或铝条等，最后用 1∶2～1∶2.5 水泥石屑浆抹面。浇水养护后用磨光机磨光，再用草酸清洗，并打蜡保护。装饰性能好、耐磨性好、表面光洁、不易起灰，但施工要求较高。

（4）陶瓷板块地面：常用的材料有陶瓷马赛克、缸砖、陶瓷地砖和水泥花砖等，铺贴方式一般先用 1∶3 水泥砂浆作粘结层，按事先设计好的顺序铺贴面层材料，最后用干水泥粉或填缝剂嵌缝，勾缝和压缝应采用同品种、同强度等级、同颜色的水泥，并做养护和保护。大面积铺设陶瓷地砖、缸砖地面时，室内最高温度大于 30℃、最低温度小于 5℃时，板块紧密镶贴的面积宜控制在 1.5m×1.5m；板块留缝镶贴的勾缝材料宜采用弹性勾缝料，勾缝后应压缝，缝深应不大于板块厚度的 1/3。这种地面具有表面致密光洁、耐磨、耐腐蚀、吸水率低、不变色的特点，但造价偏高。

（5）石板地面：石板地面包括天然石材地面和人造石材地面两种材料。天然石材主要是大理石和花岗石，人造石材主要有预制水磨石板、人造大理石板等。铺贴时的工艺要求较高，一般需预先试铺，合适后再正式粘贴。通常是在垫层或结构层上先用20～30mm厚1∶3～1∶4干硬性水泥砂浆找平，再用5～10mm厚1∶1水泥砂浆铺贴，并用干水泥粉或水泥浆擦缝。在首层地面也可以采用泼浆的铺法。

（6）木地板：木地板主要分为实木、复合及实木复合三种。木地板按构造方式有空铺式和实铺式两种，空铺木地面耗费木料多、占用空间大，目前已经基本不用。实铺木地面铺设方法较多，目前多采用铺钉式和直铺式做法。实木、实木集成、竹地板面层采用的材质、铺设时的木（竹）材含水率、胶粘剂等应符合设计要求和国家现行产品标准的规定。

（7）塑料地板：塑料板面层应采用塑料板块材、塑料板焊接、塑料卷材以胶粘剂在水泥类基层上采用实铺或空铺法铺设。水泥类基层表面应平整、坚硬、干燥、密实、洁净、无油脂及其他杂质，不得有麻面、起砂、裂缝等缺陷。胶粘剂应按基层材料和面层材料使用的相容性要求，通过试验确定，其质量应符合国家现行产品标准的规定。防静电塑料板配套的胶粘剂、焊条等应具有防静电性能。具有脚感舒适、防滑、易清洁、美观的优点，但由于板材较薄，对基层的平整度要求极高。

（8）塑胶地面。塑胶地坪是由各种颜料橡胶颗粒或三元乙丙橡胶颗粒为面层，黑色橡胶颗粒为底层，由胶粘剂经过高温硫化热压所制成。塑胶地坪施工时，底层混凝土地面在铺装地板之前，必须用砂浆提前15～20天找平，找平高度比地面设计高度低5mm，找平表面为光面；混凝土及找平层必须充分干燥后才能安装卷材地板；整个地面含水率不超过5%；找平层须有足够的承载力，不能有裂缝、空鼓和起砂等现象；基础地面需干净，无油脂、油漆、胶水、水泥硬块等。塑胶地面环保且具有高度吸振力及止滑效果，减少从高处坠下而造成的伤害，提供大人或小孩在运动时的保护作用及舒适感，长久耐用、容易清洁。

（9）环氧地面。环氧地面，又称为“环氧地坪”，是用环氧树脂为主材、固化剂、稀释剂、溶剂、分散剂、消泡剂及某些填料等混合加工而成的环氧地坪漆，结合特定地坪施工工艺，现场地面装饰施工而成的一类地坪；环氧地面细分有环氧砂浆的地面、环氧树脂地面、环氧自流平地面、环氧防静电地面、环氧防腐蚀地面、环氧防滑地面、环氧彩砂水磨石地面等等。在环氧地坪施工前，需要对原有的地面进行处理：使用打磨机进行整体打磨，清除表面水泥浮浆或其他粘附物，将表面打磨粗糙；采用吸尘器全面吸尘处理干净；边缘作重点人工打毛处理；表面清洁及修补。环氧地坪具有耐强酸碱、耐磨、耐压、耐冲击、防霉、防水、防尘、止滑以及防静电、电磁波等特性，颜色亮丽多样，清洁容易；它采用一次性涂覆工艺，不管有多大的面积，都不存在连接缝，而且还是一种无灰尘材料，具有附着力强、耐摩擦、硬度强等特点。

3.1.2.3 墙面装饰的一般构造

墙面装饰分为外墙饰面和内墙饰面，可以起到装饰和保护墙体的作用。按材料及施工方式，常见的墙面装饰可以分为抹灰类、贴面类、涂料类、裱糊类和铺钉类。

（1）抹灰类。抹灰是指在墙面上抹水泥砂浆、混合砂浆等作为面层的装修做法。抹灰施工的材料来源广、造价低廉，但是耐久性差。一般抹灰按照质量要求分为普通抹灰、中级抹灰和高级抹灰。普通抹灰一般由底层和面层组成，中高级抹灰一般在面层和底层之间加一层或多层中间层，如图 3-45 所示。对于易被碰撞的内墙阳角，宜做高度不小于于 2m 的护角。外墙面因抹灰面积较大，由于材料干缩和温度变化，容易产生裂缝，常在抹灰面层做分格，称为引条线。

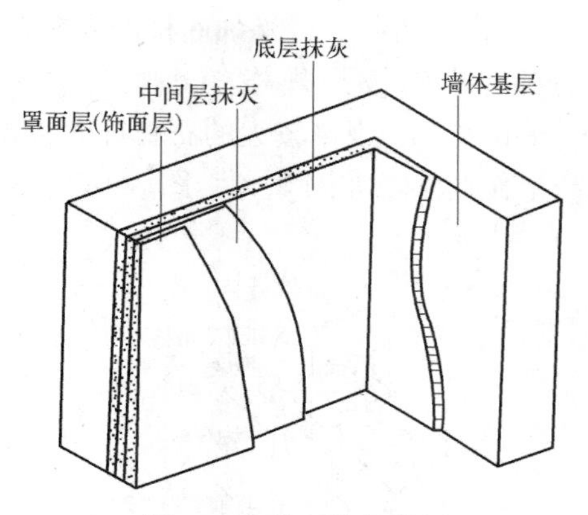

图 3-45 墙面抹灰分层

（2）贴面类。贴面是指通过粘贴、绑扎、悬挂等多种工艺，将陶瓷马赛克、花岗石板、大理石板、水磨石等板材固定在墙面的装饰做法。贴面类装饰耐久性好、装饰性强且施工方便，是目前采用较多的一种墙面装饰做法。

1）面砖。面砖是目前室内外墙面装修普遍采用的饰面材料，外墙面砖作为瓷砖的一种，拥有超强的功能。它不吸附污垢，长期使用也不会变坏，对酸雨也有较强的抵御能力，外墙面砖同其他外墙材料相比本身就是抗污较强的建筑材料。内墙面砖常用于洗手间、厨房、室外阳台的立面装饰，既防潮又美观、耐磨。面砖一般分挂釉和不挂釉两种，表面的色彩与质感也多种多样。

2）陶瓷马赛克。陶瓷马赛克旧称陶瓷锦砖，它是用优质瓷土烧成，一般做成 18.5mm×18.5mm×5 mm、39mm×39mm×5mm 的小方块，或边长为 25mm 的六角形等。这种制品出厂前已按各种图案（图 3-46）反贴在牛皮纸上，每张大小约 30cm 见方，称作一联，其面积约 $0.093m^2$，每 40 联为一箱，每箱约 $3.7m^2$。施工时将每联纸面向上，贴在半凝固的水泥砂浆面上，用长木板压面，使之粘贴平实，待砂浆硬化后洗去皮纸，即显出美丽的图案，如图 3-47 所示。陶瓷锦砖色泽多样，质地坚实，经久耐用，能耐酸、耐碱、耐火、耐磨，抗压力强，吸水率小，不渗水，易清洗，可用于工业与民用建筑的洁净车间、门厅、走廊、餐厅、厕所、浴室、工作间、化验室等处的地面和内墙面，并可作高级建筑物的外墙饰面材料。

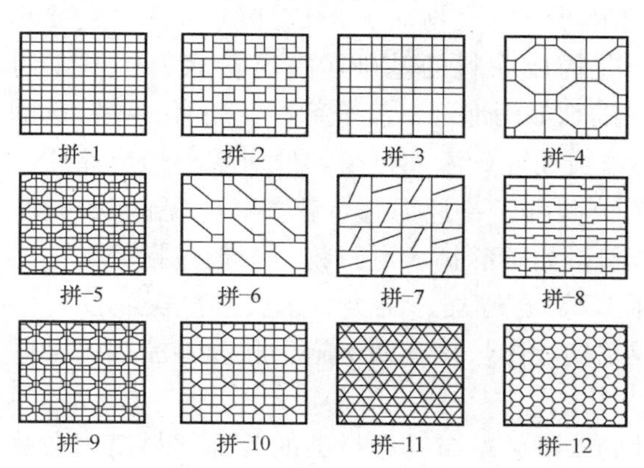

图 3-46 陶瓷马赛克基本拼花图案

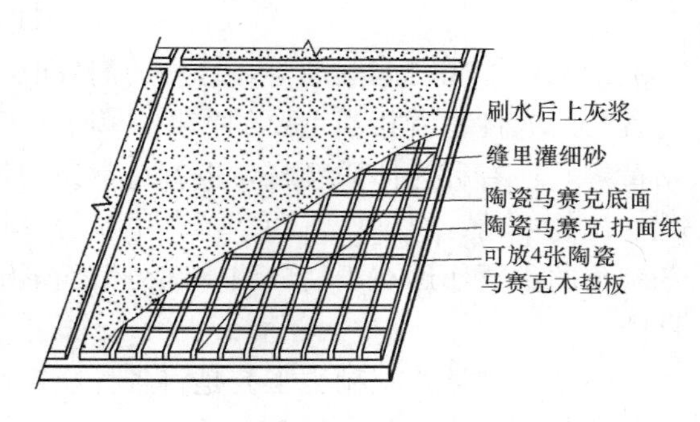

图 3-47 陶瓷马赛克镶贴

3）石材墙面。石材饰面板的安装施工方法一般有挂贴和粘贴两种。通常采用粘贴方法的石材饰面板是规格较小（指边长在 400mm 及以下）的饰面板，且安装高度在 1000mm 左右。规格较大的石材饰面板则应采用挂贴的方法安装。挂贴的方法又分湿作业法与干作业法，如图 3-48、图 3-49 所示。

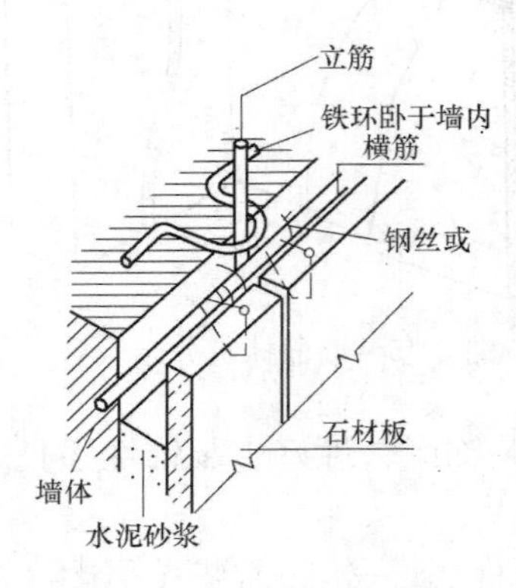

图 3-48　湿作业法挂贴

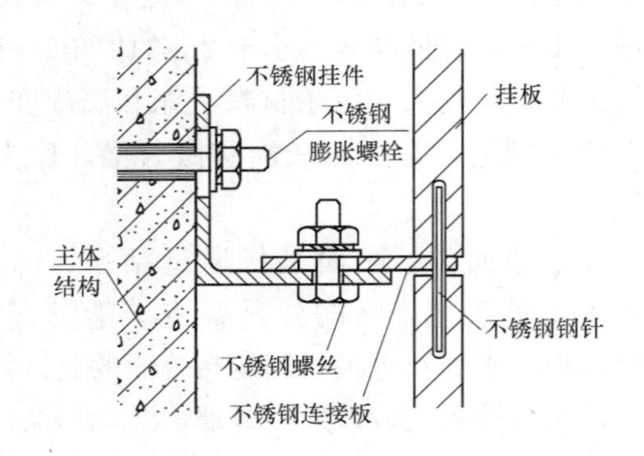

图 3-49　干作业法挂贴

（3）涂料类。涂料类是指利用各种涂料敷于基层表面，形成完整牢固的膜层，起到保护墙面和装饰作用的做法。涂料按其成膜物的不同可分为无机涂料和有机涂料两大类。涂料装饰施工简便、造价低、装饰性好、工期短，具有良好的发展前景。其中，外墙涂料应具有良好的耐久、抗冻、耐污染性能，内墙涂料应具有耐水、耐高温和防霉性。当外墙施涂的涂料面积过大时，可以设置外墙的分格缝或把墙的阴角处及落水管等处设为分界线，较少涂料色差的影响。

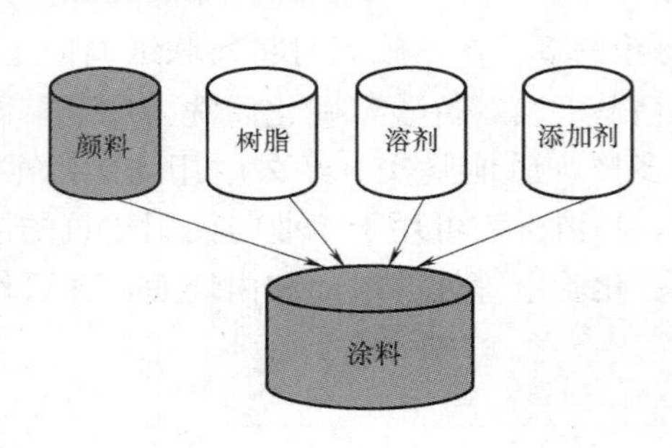

图 3-50　涂料的组成

涂料一般由四种基本成分：成膜物质（树脂、乳液）、颜料（包括体质颜料）、溶剂和添加剂（助剂），如图 3-50 所示。成膜物质是涂膜的主要成分，包括油脂、油脂加工产品、纤维素衍生物、天然树脂、合成树脂和合成乳液；成膜物质还包括部分不挥发的活性稀释剂，它是使涂料牢固附着于被涂物面上形成连续薄膜的主要物质，是构成涂料的基础，决定着涂料的基本特性。助剂如消泡剂、流平剂等，还有一些特殊的功能助剂，如底材润湿剂等，这些助剂一般不能成膜并且添加量少，但对基料形成涂膜的过程与耐久性起着相当重要的作用。颜料一般分两种，一种为着色颜料，常见的钛白粉，铬黄等，还有种为体质颜料，也就是常说的填料，如碳酸钙、滑石粉。溶剂包括烃类。溶剂（矿物油精、煤油、汽油、苯、甲苯、二甲苯等）、醇类、醚类、酮类和酯类物质，溶剂和水的主要作用在于使成膜基料分散而形成黏稠液体，它有助于施工和改善涂膜的某些性能。

（4）裱糊类。裱糊类工艺是将各种装饰性的壁纸、壁布等卷材类的装饰材料裱糊在墙面上的装饰做法。其中，常用的壁纸有 PVC 塑料壁纸、纺织物面壁纸、金属面壁纸、天然木纹面壁纸，常用的壁布有人造纤维装饰壁布、锦缎类壁布。裱糊类面层主要在抹灰的基层上进行，也可在其他基层上粘贴壁纸和壁布。裱糊基层处理质量应符合下列要求：新建筑物的混凝土或抹灰基层墙面在刮腻子前应涂刷抗碱封闭底漆；旧墙面在裱糊前应清除疏松的旧装修层，并涂刷界面剂；混凝土或抹灰基层含水率不得大于8%，木材基层的含水率不得大于12%；基层腻子应平整、坚实、牢固，无粉化、起皮和裂缝；基层表面平整度、立面垂直度及阴阳角方正应达到相关规范要求；基层表面颜色应一致；裱糊前应用封闭底胶涂刷基层。裱糊后各幅拼接应横平竖直，拼接处花纹、图案应吻合，不离缝，不搭接，不显拼缝。

（5）钉挂类。钉挂类工艺是以附加的金属或者木骨架固定或吊挂表层板材的装饰做法。钉挂类面层的骨架用材主要是铝合金、木材和型钢，有时也可以用单个的金属连接件代替条状的骨架。面材主要有天然和复合木板、纸面石膏板、硅钙板、塑铝板等，表层也可以采用天然或人造皮革以及各类纺织品软包。

3.1.2.4 顶棚装饰的一般构造

顶棚是位于楼盖和屋盖下的装饰构造。按照构造方式不同，可分为直接顶棚和悬吊顶棚。

（1）直接顶棚

直接顶棚是在结构层底面进行喷浆、抹灰、粘贴壁纸、粘贴面砖、粘贴或钉接石膏板条或其他板材等饰面材料。该种顶棚构造简单，构造层厚度小，可充分利用空间，装饰效果多样，用材少，施工方便，造价较低。但不能隐藏管线等设备。常用于普通建筑及室内空间高度受到限制的场所。

（2）悬吊顶棚

悬吊顶棚简称吊顶，可埋设各种管线，镶嵌灯具，高度调节灵活，可丰富顶棚空间层次和形式。吊顶主要由吊杆、龙骨和面层三部分组成，龙骨多用木龙骨和金属龙骨，如图3-51所示。

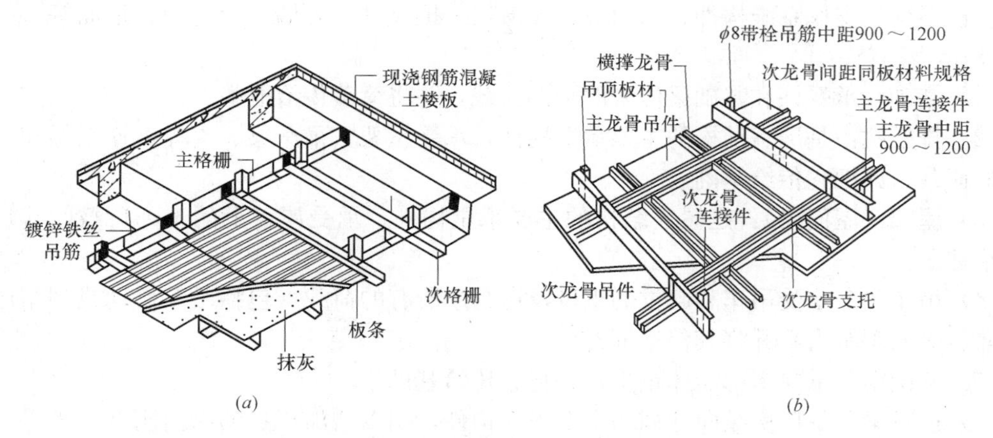

图3-51 吊顶组成

（a）木龙骨吊顶组成；（b）金属龙骨吊顶组成

吊顶的类型多种多样，按结构形式可分为以下几种：

1）整体性吊顶。它是指顶碰面形成一个整体、没有分格的吊顶形式，其龙骨一般为木龙骨或槽型轻钢龙骨，面板用胶合板、石膏板等。也可在龙骨上先钉灰板条或钢丝网，然后用水泥砂浆抹平形成吊顶。

2）活动式装配吊顶。它是将其面板直接搁在龙骨上，通常与倒T型轻钢龙骨配合使用。这种吊顶龙骨外露，形成纵横分格的装饰效果，且施工安装方便，又便于维修，是目前应用推广的一种吊顶形式。

3）隐蔽式装配吊顶。它是指龙骨不外露，饰面板表面平整，整体效果较好的一种吊顶形式。

4）开敞式吊顶。它是指通过特定形状的单元体及其组合而成，吊顶的饰面是敞口的，如木格栅吊顶、铝合金格栅吊顶，具有良好的装饰效果，多用于重要房间的局部装饰。

3.1.3 排架结构单层厂房的基本构造

单层厂房的结构支承方式分为承重墙支承与骨架支承两类。当厂房跨度、高度、吊车荷载较小时采用承重墙承重，较大时多用骨架支承结构。骨架结构由柱子、屋架或屋面梁等承重构件组成，其结构体系可分为刚架、排架及空间结构，而以排架最为常见。

3.1.3.1 排架厂房结构体系类型

（1）砌体结构：这种结构由砖石等砌块砌筑成柱子，屋架采用钢筋混凝土屋架或钢屋架。

（2）混凝土结构：这种结构建设周期短、坚固耐久，与钢结构相比节省钢材，造价较低，故应用广泛。但自重大、抗震性能比钢结构差。

（3）钢结构：这种结构主要承重构件全部采用钢材，自重轻、抗震性能好、施工速度快，主要用于跨度大、空间高、荷载重、有高温和振动荷载的厂房。但钢结构易腐蚀、保护和维修费用高、耐久性及防火性差。

3.1.3.2 排架结构单层厂房的基本构造

排架结构单层厂房的基本构造主要有：基础、排架柱、屋架（屋面梁）、吊车梁、基础梁、连系梁、支撑系统构件、屋面板、天窗架、抗风柱、外墙、窗与门、地面等，如图3-52所示。

（1）基础：承受柱和基础梁传来的全部荷载，并将荷载传给地基。

（2）排架柱：是厂房结构的主要承重构件，承受屋架、吊车梁、支撑、连系梁和外墙传来的荷载，并把它传给基础。

（3）屋架（屋面梁）：是屋盖结构的主要承重构件，承受屋盖上的全部荷载，并将荷载传给柱子。

（4）吊车梁：承受吊车和起重的重量及运行中所有的荷载（包括吊车启动或刹车产生的横向、纵向刹车力）并将其传给框架柱。

（5）基础梁：承受上部墙体重量，并把它传给基础。

（6）连系梁：是厂房纵向柱列的水平连系构件，用以增加厂房的纵向刚度，承受风荷载和上部墙体的荷载，并将荷载传给纵向柱列。

（7）支撑系统构件：加强厂房的空间整体刚度和稳定性，它主要传递水平荷载和吊车产生的水平刹车力。

（8）屋面板：直接承受板上的各类荷载，包括屋面板自重，屋面覆盖材料，雪、积灰及施工检修等荷载，并将荷载传给屋架。

（9）天窗架：承受天窗上的所有荷载并把它传给屋架。

（10）抗风柱：同山墙一起承受风荷载，并把荷载中的一部分传到厂房纵向柱列上去，另一部分直接传给基础。

（11）外墙：厂房的大部分荷载由排架结构承担，因此，外墙是自承重构件，主要起着防风、防雨、保温、隔热、遮阳、防火等作用。

（12）窗与门：供采光、通风、日照和交通运输用。

（13）地面：满足生产使用及运输要求等。

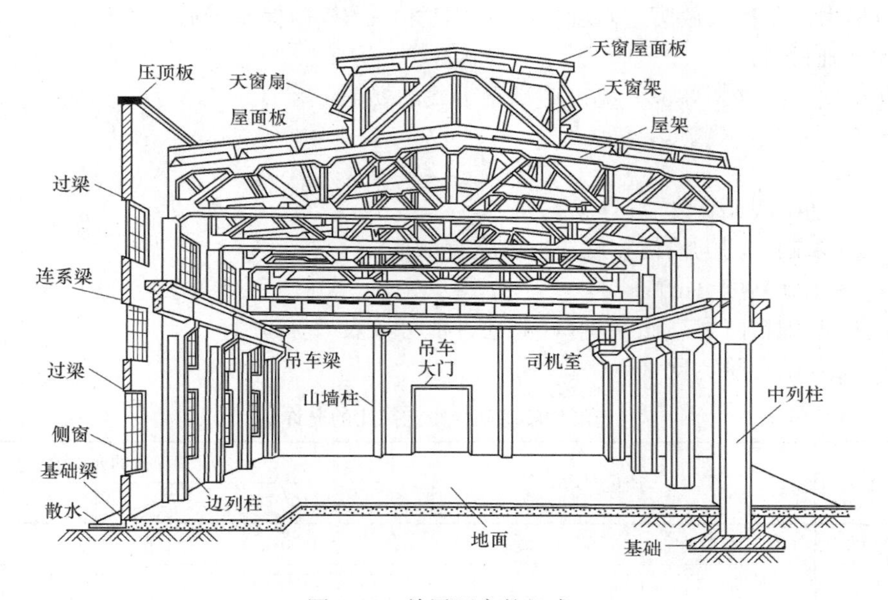

图 3-52 单层厂房的组成

3.2 建筑结构基本知识

建筑结构是指在建（构）筑物中，由建筑材料做成用来承受各种荷载或者作用，以起骨架作用的空间受力体系。建筑结构因所用的建筑材料不同，可分为混凝土结构、砌体结构、钢结构、木结构和组合结构等。

3.2.1 基础

3.2.1.1 地基基础的基本概念

基础是将结构所承受的各种作用传递到地基上的下部承重结构，是结构的组成部分。地基是支撑基础的土体或岩体。

3.2.1.2 常见的基础结构形式

基础按使用的材料分为：灰土基础、砖基础、毛石基础、混凝土基础、钢筋混凝土基础等。基础按埋置深度可分为：浅基础、深基础。浅基础是埋置深度小于 5m 或小于基础宽度 4 倍的基础，深基础是埋深大于等于 5m 或大于等于基础宽度 4 倍的基础。基础按受力特点，可分为无筋扩展基础和扩展基础。基础按构造形式，可分为独立基础、条形基础、十字交叉基础、筏形基础、箱形基础和桩基础。

（1）无筋扩展基础

无筋扩展基础是指由砖、毛石、混凝土或毛石混凝土、灰土和三合土等材料组成的，且不需配置钢筋的墙下条形基础或柱下独立基础。

无筋扩展基础俗称刚性基础，由刚性材料制作，有较好的抗压性能，但抗拉、抗剪强度低。基础设计时，通过限制基础外伸宽度与高度的比值，保证拉应力和剪应力不超过基础材料强度的设计值。刚性基础上压力分布角，称为刚性角，不同的材料刚性角不同，在设计中应尽力使基础大放脚与基础材料的刚性角一致以确保基础底面不产生拉力，最大限度地节约基础材料。

无筋扩展基础（图 3-53）高度应满足下式的要求：

$$H_0 \geqslant \frac{b-b_0}{2\tan\alpha} \tag{3-1}$$

式中：b——基础底面宽度（m）；

b_0——基础顶面的墙体宽度或柱脚宽度（m）；

H_0——基础高度（m）；

$\tan\alpha$——基础台阶宽高比 b_0 ∶ H_0 其允许值可按表 3-5 选用；

b_2——基础台阶宽度（m）。

无筋扩展基础台阶宽高比的允许值 表 3-5

基础材料	质量要求	台阶宽高比的允许值		
		$p_k \leqslant 100$	$100 < p_k \leqslant 200$	$200 < p_k \leqslant 300$
混凝土基础	C15 混凝土	1∶1.00	1∶1.00	1∶1.25
毛石混凝土基础	C15 混凝土	1∶1.00	1∶1.25	1∶1.50
砖基础	砖不低于 MU10、砂浆不低于 M5	1∶1.50	1∶1.50	1∶1.50
毛石基础	砂浆不低于 M5	1∶1.25	1∶1.50	—
灰土基础	体积比为 3∶7 或 2∶8 的灰土，其最小干密度： 粉土 1550kg/m³ 粉质黏土 1500 kg/m³ 黏土 1450 kg/m³	1∶1.25	1∶1.50	—
三合土基础	体积比 1∶2∶4～1∶3∶6（石灰∶砂∶骨料），每层约虚铺 220mm，夯至 150mm	1∶1.50	1∶2.00	—

注：1. p_k 外为作用的标准组合时基础底面处的平均压力值（kPa）；
2. 阶梯形毛石基础的每阶伸出宽度，不宜大于 200mm；
3. 当基础由不同材料叠合组成时，应对接触部分作抗压验算；
4. 混凝土基础单侧扩展范围内基础底面处的平均压力值超过 300kPa 时，尚应进行抗剪验算；对基底反力集中于立柱附近的岩石地基，应进行局部受压承载力验算。

采用无筋扩展基础的钢筋混凝土柱，其柱脚高度 h_1 不得小于 b_1（图 3-53），并不应小于 300mm 且不小于 $2d$。当柱纵向钢筋在柱脚内的竖向锚固长度不满足锚固要求时，可沿水平方 向弯折，弯折后的水平锚固长度不应小于 $10d$ 也不应大于 $20d$。

注：d 为柱中的纵向受力钢筋的最大直径。

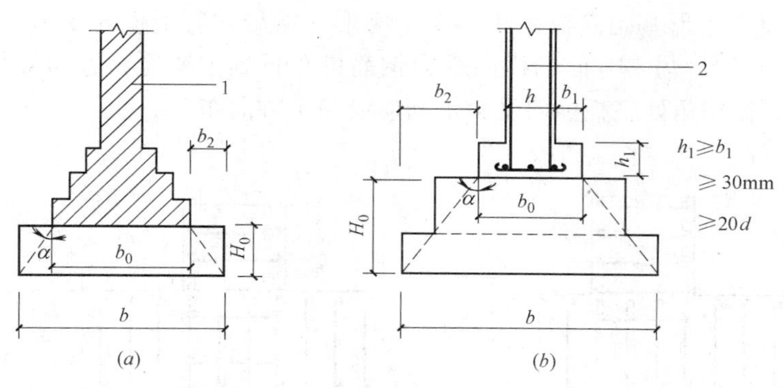

图 3-53　无筋扩展基础构造

d—柱中纵向钢筋直径；

1—承重墙；2—钢筋混凝土柱

（2）扩展基础

扩展基础是为扩散上部结构传来的荷载，使作用在基底的压应力满足地基承载力的设计要求，且基础内部的应力满足材料强度的设计要求，通过向侧边扩展一定底面积的基础。该种基础不受刚性角限制，抗弯和抗剪性能良好，一般为柱下钢筋混凝土独立基础和墙下钢筋混凝土条形基础。

扩展基础的构造，应符合下列规定：

1）锥形基础的边缘高度不宜小于 200mm，且两个方向的坡度不宜大于 1∶3；阶梯形基础的每阶高度，宜为 300～500mm。

2）垫层的厚度不宜小于 70mm，垫层混凝土强度等级不宜低于 C10。

3）扩展基础受力钢筋最小配筋率不应小于 0.15%，底板受力钢筋的最小直径不应小于 10mm，间距不应大于 200mm，也不应小于 100mm。墙下钢筋混凝土条形基础纵向分布钢筋的直径不应小于 8mm；间距不应大于 300mm；每延米分布钢筋面积应不小于受力钢筋面积的 15%。当有垫层时钢筋保护层的厚度不应小于 40mm；无垫层时不应小于 70mm。

4）混凝土强度等级不应低于 C20。

5）当柱下钢筋混凝土独立基础的边长和墙下钢筋混凝土条形基础的宽度大于或等于 2.5m 时，底板受力钢筋的长度可取边长或宽度的 0.9 倍，并宜交错布置，如图 3-54 所示。

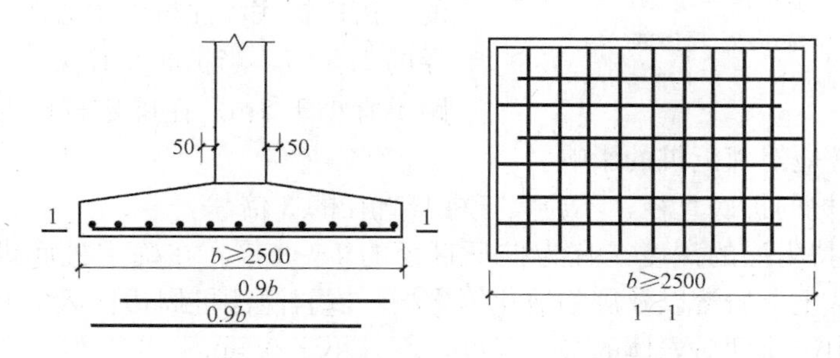

图 3-54　柱下独立基础底板受力钢筋布置

6）钢筋混凝土条形基础底板在T形及十字形交接处，底板横向受力钢筋仅沿一个主要受力方向通长布置，另一方向的横向受力钢筋可布置到主要受力方向底板宽度1/4处，如图3-55所示。在拐角处底板横向受力钢筋应沿两个方向布置。

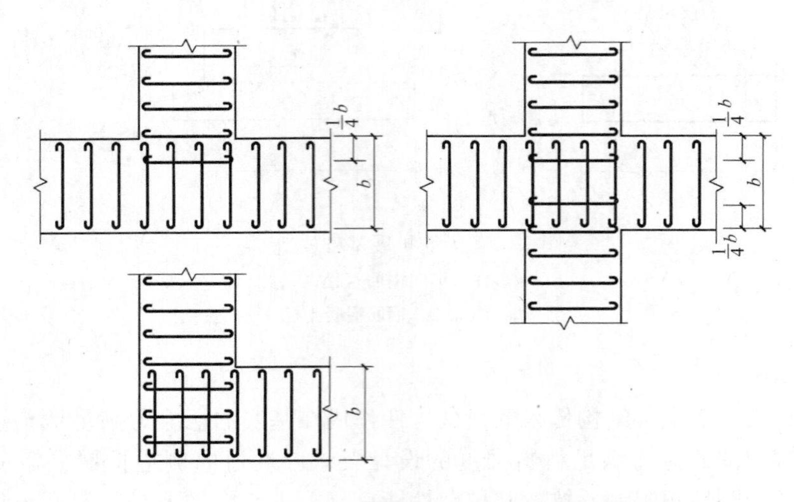

图3-55　墙下条形基础纵横交叉处底板钢筋布置

（3）桩基础

桩基础是由设置于岩土中的桩和与桩顶连接的承台共同组成的基础或由柱与桩直接连接的单桩基础。桩基础根据材料，可分为木桩、钢筋混凝土桩和钢桩等；根据荷载传递方式，可分为端承桩和摩擦桩，如图3-56所示，摩擦型桩的竖向荷载主要由桩侧阻力承受，端承型桩的竖向荷载主要由桩端阻力承受。根据断面形式，可分为圆形桩、方形桩、环形桩、六角形桩和工字形桩等；根据施工方法，可分为预制桩和灌注桩。

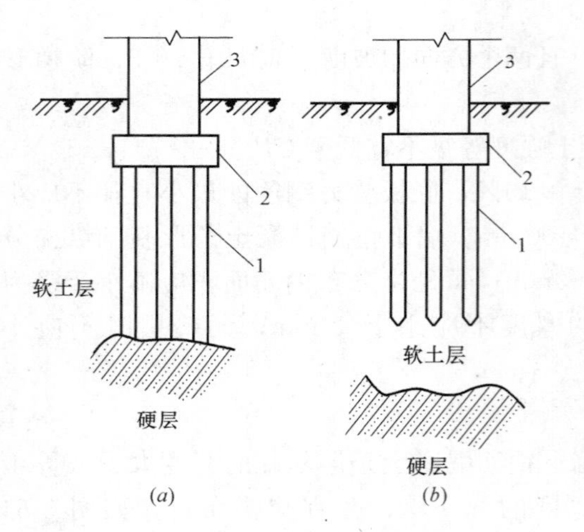

图3-56　端承桩与摩擦桩

（a）端承桩；（b）摩擦桩

1—桩；2—承台；3—上部结构

桩和桩基的构造，应符合下列规定：

1）摩擦型桩的中心距不宜小于桩身直径的3倍；扩底灌注桩的中心距不宜小于扩底直径的1.5倍，当扩底直径大于2m时，桩端净距不宜小于1m。在确定桩距时，尚应考虑施工工艺中挤土等效应对邻近桩的影响。

2）扩底灌注桩的扩底直径，不应大于桩身直径的3倍。

3）桩底进入持力层的深度，宜为桩身直径的1～3倍。在确定桩底进入持力层深度时，尚应考虑特殊土、岩溶以及震陷液化等影响。嵌岩灌注桩周边嵌入完整和较完整的未风化、微风化、中风化硬质岩体的最小深度，不宜小于0.5m。

4）布置桩位时宜使桩基承载力合力点与竖向永久荷载合力作用点重合。

5）设计使用年限不少于 50 年时，非腐蚀环境中预制桩的混凝土强度等级不应低于 C30，预应力桩不应低于 C40，灌注桩的混凝土强度等级不应低于 C25；二 b 类环境及三类及四类、五类微腐蚀环境中不应低于 C30；在腐蚀环境中的桩，桩身混凝土的强度等级应符合现行国家标准《混凝土结构设计规范》GB 50010—2010 的有关规定。设计使用年限不少于 100 年的桩，桩身混凝土的强度等级宜适当提高。水下灌注混凝土的桩身混凝土强度等级不宜高于 C40。

6）桩身混凝土的材料、最小水泥用量、水灰比、抗渗等级等应符合现行国家标准《混凝土结构设计规范》GB 50010—2010、《工业建筑防腐蚀设计规范》GB 50046—2008 及《混凝土结构耐久性设计规范》GB/T 50476—2008 的有关规定。

7）桩的主筋配置应经计算确定。预制桩的最小配筋率不宜小 0.8%（锤击沉桩）、0.6%（静压沉桩），预应力桩不宜小于 0.5%；灌注桩最小配筋率不宜小于 0.2%～0.65%（小直径桩取大值）。桩顶以下 3～5 倍桩身直径范围内，箍筋宜适当加强加密。

8）桩身纵向钢筋配筋长度应符合下列规定：

① 受水平荷载和弯矩较大的桩，配筋长度应通过计算确定；

② 桩基承台下存在淤泥、淤泥质土或液化土层时，配筋长度应穿过淤泥、淤泥质土层或液化土层；

③ 坡地岸边的桩、8 度及 8 度以上地震区的桩、抗拔桩、嵌岩端承桩应通长配筋；

④ 钻孔灌注桩构造钢筋的长度不宜小于桩长的 2/3；桩施工在基坑开挖前完成时，其钢筋长度不宜小于基坑深度的 1.5 倍。

9）桩身配筋可根据计算结果及施工工艺要求，可沿桩身纵向不均匀配筋。腐蚀环境中的灌注桩主筋直径不宜小于 16mm，非腐蚀性环境中灌注桩主筋直径不应小于 12mm。

10）桩顶嵌入承台内的长度不应小于 50mm。

11）灌注桩主筋混凝土保护层厚度不应小于 50mm；预制桩不应小于 45mm，预应力管桩不应小于 35mm；腐蚀环境中的灌注桩不应小于 55mm。

（4）独立基础

独立基础也称单独基础，用作柱下独立基础和墙下独立基础，常采用方形、圆柱形和多边形等形式，独立基础分三种：阶形基础、锥形基础、杯形基础。

预制钢筋混凝土柱与杯口基础的连接（图 3-57），应符合下列规定：

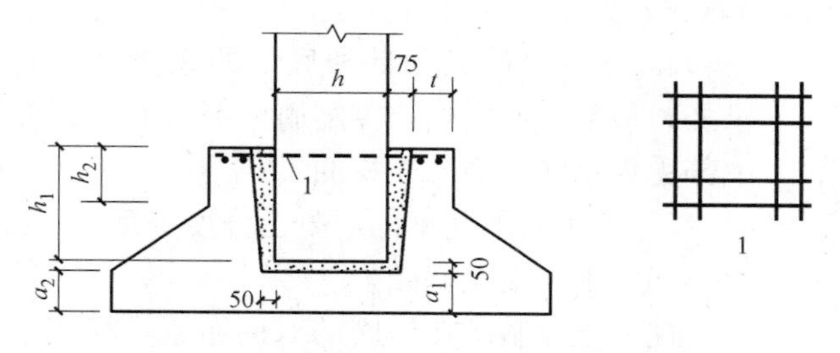

图 3-57　预制钢筋混凝土柱与杯口基础的连接

注：$a_2 \geqslant a_1$；1—焊接网

1）柱的插入深度，可按表 3-6 选用，并应满足钢筋锚固长度的要求及吊装时柱的稳定性。

柱的插入深度 h_1（mm） 表 3-6

矩形或工字形柱				双肢柱
$h<500$	$500<h<800$	$800<h<1000$	$h>1000$	
$h\sim1.2h$	h	$0.9h$ 且$\geqslant800$	$0.8h$ 且$\geqslant1000$	$(1/3\sim2/3)h_a$ $(1.5\sim1.8)h_b$

注：1. h 为柱截面长边尺寸；h_a 为双肢柱全截面长边尺寸；h_b 如为双肢柱全截面短边尺寸；
2. 柱轴心受压或小偏心受压时，h_1 可适当减小，偏心距大于 $2h$ 时，h_1 应适当加大。

2）基础的杯底厚度和杯壁厚度，可按表 3-7 选用。

基础的杯底厚度和杯壁厚度 表 3-7

柱截面长边尺寸 h(mm)	杯底厚度 a_1(mm)	杯壁厚度 t(mm)
$h<500$	$\geqslant150$	150～200
$500\leqslant h<800$	$\geqslant200$	$\geqslant200$
$800\leqslant h<1000$	$\geqslant200$	$\geqslant300$
$1000\leqslant h<1500$	$\geqslant250$	$\geqslant350$
$1500\leqslant h<2000$	$\geqslant300$	$\geqslant400$

注：1. 双肢柱的杯底厚度值，可适当加大；
2. 当有基础梁时，基础梁下的杯壁厚度，应满足其支承宽度的要求；
3. 柱子插入杯口部分的表面应凿毛，柱子与杯口之间的空隙，应用比基础混凝土强度等级高一级的细石混凝土充填密实，当达到材料设计强度的 70%以上时，方能进行上部吊装。

（5）条形基础

条形基础是指基础长度远远大于宽度的一种基础形式。按上部结构，分为墙下条形基础和柱下条形基础。

柱下条形基础的构造，除应符合扩展基础的要求外，尚应符合下列规定：

1）柱下条形基础梁的高度宜为柱距的 1/4～1/8 翼板厚度不应小于 200mm。当翼板厚度大于 250mm 时，宜采用变厚度翼板，其顶面坡度宜小于或等于 1∶3。

2）条形基础的端部宜向外伸出，其长度宜为第一跨距的 0.25 倍。

3）现浇柱与条形基础梁的交接处，基础梁的平面尺寸应大于柱的平面尺寸，且柱的边缘至基础梁边缘的距离不得小于 50mm，如图 3-58 所示。

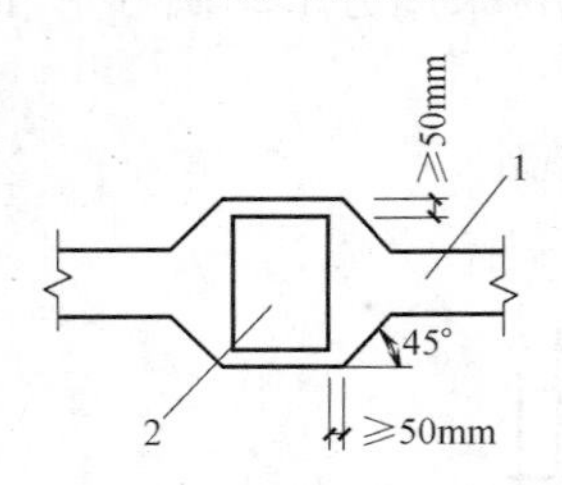

图 3-58 现浇柱与条形基础梁交接处平面尺寸
1—基础梁；2—柱

4）条形基础梁顶部和底部的纵向受力钢筋除应满足计算要求外，顶部钢筋应按计算配筋全部贯通，底部通长钢筋不应少于底部受力钢筋截面总面积的 1/3。

5）柱下条形基础的混凝土强度等级，不应低于 C20。

（6）十字交叉基础

柱下条形基础在柱网的双向布置，相交于柱位处形成十字交叉条形基础。当地基软弱、建筑荷载较大、柱网的柱荷载不均匀、需要基础具有空间刚度以调整不均匀沉降时，多采用此类型基础。

（7）筏形基础

筏形基础是柱下或墙下连续的平板式或梁板式钢筋混凝土基础。高层建筑筏形基础构造应符合以下要求：

1）筏形基础分为梁板式和平板式两种类型，其选型应根据地基土质、上部结构体系、柱距、荷载大小、使用要求以及施工条件等因素确定。框架-核心筒结构和筒中筒结构宜采用平板式筏形基础。

2）筏形基础的混凝土强度等级不应低于C30，当有地下室时应采用防水混凝土。防水混凝土的抗渗等级应按表3-8选用。对重要建筑，宜采用自防水并设置架空排水层。

防水混凝土抗渗等级 表3-8

埋置深度 d(m)	设计抗渗等级	埋置深度 d(m)	设计抗渗等级
$d<10$	P6	$20\leqslant d<30$	P10
$10\leqslant d<20$	P8	$d\geqslant 30$	P12

3）采用筏形基础的地下室，钢筋混凝土外墙厚度不应小于250mm，内墙厚度不宜小于200mm。墙的截面设计除满足承载力要求外，尚应考虑变形、抗裂及外墙防渗等要求。墙体内应设置双面钢筋，钢筋不宜采用光圆钢筋，水平钢筋的直径不应小于12mm，竖向钢筋的直径不应小于10mm，间距不应大于200mm。

4）平板式筏基的板厚应满足受冲切承载力的要求。

5）地下室底层柱、剪力墙与梁板式筏基的基础梁连接的构造应符合下列规定：

① 柱、墙的边缘至基础梁边缘的距离不应小于50mm，如图3-59所示；

② 当交叉基础梁的宽度小于柱截面的边长时，交叉基础梁连接处应设置八字角，柱角与八字角之间的净距不宜小于50mm，如图3-59（*a*）所示；

③ 单向基础梁与柱的连接，可按图3-59（*b*）、（*c*）采用；

④ 基础梁与剪力墙的连接，可按图3-59（*d*）采用。

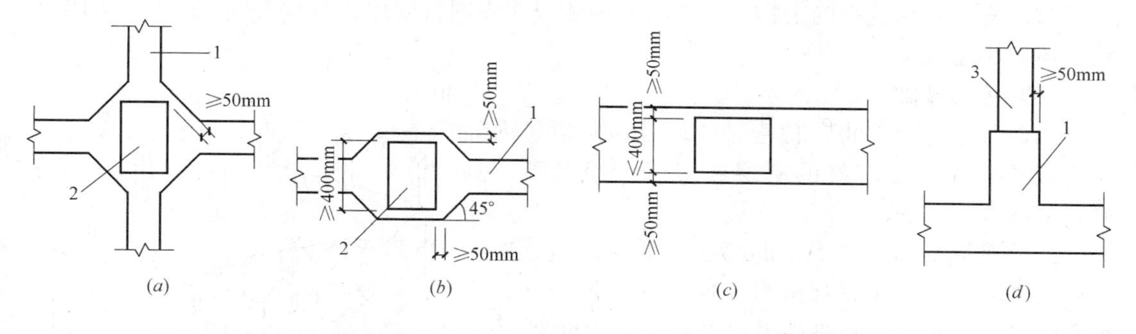

图3-59 地下室底层柱或剪力墙与梁板式筏基的基础梁连接的构造要求

1—基础梁；2—柱；3—墙

6）筏板与地下室外墙的接缝、地下室外墙沿高度处的水平接缝应严格按施工缝要求施工，必要时可设通长止水带。

7）带裙房的高层建筑筏形基础应符合下列规定：

① 当高层建筑与相连的裙房之间设置沉降缝时，高层建筑的基础埋深应大于裙房基础的埋深至少2m。地面以下沉降缝的缝隙应用粗砂填实，如图3-60（*a*）所示。

② 当高层建筑与相连的裙房之间不设置沉降缝时，宜在裙房一侧设置用于控制沉降

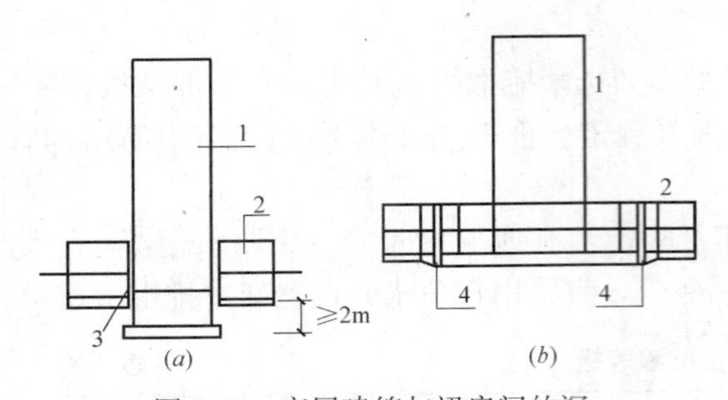

图 3-60 高层建筑与裙房间的沉降缝、后浇带处理示意

(a) 沉降缝形式；(b) 后浇带形式

1—高层建筑；2—裙房及地下室；3—室外地坪以下用粗砂填实；4—后浇带

差的后浇带。当沉降实测值和计算确定的后期沉降差满足设计要求后，方可进行后浇带混凝土浇筑。当高层建筑基础面积满足地基承载力和变形要求时，后浇带宜设在与高层建筑相邻裙房的第一跨内。当需要满足高层建筑地基承载力、降低高层建筑沉降量、减小高层建筑与裙房间的沉降差而增大高层建筑基础面积时，后浇带可设在距主楼边柱的第二跨内，此时应满足以下条件：

a. 地基土质较均匀；

b. 裙房结构刚度较好且基础以上的地下室和裙房结构层数不少于两层；

c. 后浇带一侧与主楼连接的裙房基础底板厚度与高层建筑的基础底板厚度相同，如图 3-60 (b) 所示。

③ 当高层建筑与相连的裙房之间不设沉降缝和后浇带时，高层建筑及与其紧邻一跨裙房的筏板应采用相同厚度，裙房筏板的厚度宜从第二跨裙房开始逐渐变化，应同时满足主、裙楼基础整体性和基础板的变形要求；应进行地基变形和基础内力的验算，验算时应分析地基与结构间变形的相互影响，并采取有效措施防止产生有不利影响的差异沉降。

8) 带裙房的高层建筑下的整体筏形基础，其主楼下筏板的整体挠度值不宜大于 0.05%，主楼与相邻的裙房柱的差异沉降不应大于其跨度的 0.1%。

9) 筏形基础地下室施工完毕后，应及时进行基坑回填工作。填土应按设计要求选料，回填时应先清除基坑中的杂物，在相对的两侧或四周同时回填并分层夯实，回填土的压实系数不应小于 0.94。

(8) 箱形基础

箱形基础是由底板、顶板、侧墙及一定数量内隔墙构成的整体刚度较好的单层或多层钢筋混凝土基础，如图 3-61 所示。

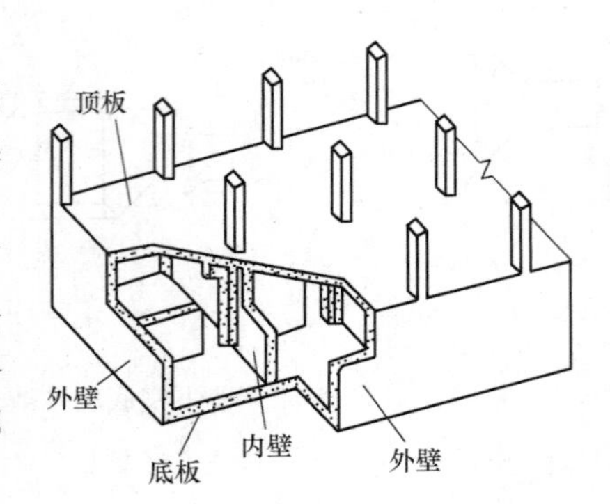

图 3-61 箱形基础

采用筏形基础带地下室的高层和低层建筑、地下室四周外墙与土层紧密接触且土层为非松散填土、松散粉细砂土、软塑流塑黏性土，上部结构为框架、框-剪或框架-核心筒结构，当地下一层结构顶板作为上部结构嵌固部位时，应符合下列规定：

1) 地下一层的结构侧向刚度大于或等于与其相连的上部结构底层楼层侧向刚度的 1.5 倍。

2) 地下一层结构顶板应采用梁板式楼盖，板厚不应小于 180mm，其混凝土强度等级不宜小于 C30；楼面应采用双层双向配筋，且每层每个方向的配筋率不宜小于 0.25%。

3) 地下室外墙和内墙边缘的板面不应有大洞口，以保证将上部结构的地震作用或水平力传递到地下室抗侧力构件中。

4）当地下室内、外墙与主体结构墙体之间的距离符合表3-9的要求时，该范围内的地下室内、外墙可计入地下一层的结构侧向刚度，但此范围内的侧向刚度不能重叠使用于相邻建筑。当不符合上述要求时，建筑物的嵌固部位可设在筏形基础的顶面，此时宜考虑基侧土和基底土对地下室的抗力。

地下室墙与主体结构墙之间的最大间距 d 表3-9

抗震设防烈度7度、8度	抗震设防烈度9度
$d \leqslant 30m$	$d \leqslant 20m$

3.2.2 钢筋混凝土结构的基本知识

3.2.2.1 混凝土结构的一般概念

混凝土结构是以混凝土为主制成的结构，并根据需要配置钢筋、钢管等，包括素混凝土结构、钢筋混凝土结构和预应力混凝土结构等。常见的混凝土结构如下：

（1）素混凝土结构：无筋或不配置受力钢筋的混凝土结构；

（2）钢筋混凝土结构：配置受力的普通钢筋、钢筋网或钢筋骨架的混凝土结构；

（3）预应力混凝土结构：配置受力的预应力筋，通过张拉或其他方法建立预加应力的混凝土结构；

（4）装配式混凝土结构：由预制混凝土构件或部件装配、连接而成的混凝土结构；

（5）装配整体式混凝土结构：由预制混凝土构件或部件通过钢筋、连接件或施加预应力加以连接，并现场浇筑混凝土而形成整体受力的混凝土结构。

3.2.2.2 混凝土结构设计

（1）混凝土结构设计应包括下列内容：

1）结构方案设计，包括结构选型、传力途径和构件布置；

2）作用及作用效应分析；

3）结构构件截面配筋计算或验算；

4）结构及构件的构造、连接措施；

5）对耐久性及施工的要求；

6）满足特殊要求结构的专门性能设计。

（2）目前，我国混凝土结构设计采用以概率理论为基础的极限状态设计方法，以可靠指标度量结构构件的可靠度，采用分项系数的设计表达式进行设计。

（3）混凝土结构的极限状态设计应包括：承载能力极限状态，结构或结构构件达到最大承载力、出现疲劳破坏或不适于继续承载的变形，或结构的连续倒塌；正常使用极限状态，结构或结构构件达到正常使用或耐久性能的某项规定限值。

（4）混凝土结构的安全等级和设计使用年限应符合现行国家标准《工程结构可靠性设计统一标准》GB 50153—2008的规定。混凝土结构中各类结构构件的安全等级，宜与整个结构的安全等级相同。对其中部分结构构件的安全等级，可根据其重要程度适当调整。对于结构中重要构件和关键传力部位，宜适当提高其安全等级。

（5）混凝土结构设计应考虑施工技术水平以及实际工程条件的可行性。有特殊要求的混凝土结构，应提出相应的施工要求。

（6）设计应明确结构的用途，在设计使用年限内未经技术鉴定或设计许可，不得改变结构的用途和使用环境。

（7）混凝土结构的设计方案应符合下列要求：

1）选用合理的结构体系、构件形式和布置；

2）结构的平面、立面布置宜规则，各部分的质量和刚度宜均匀、连续；

3）结构传力途径应简捷、明确，竖向构件宜连续贯通、对齐；

4）宜采用超静定结构，重要构件和关键传力部位应增加冗余约束或有多条传力途径；

5）宜采取减小偶然作用影响的措施。

3.2.2.3　混凝土结构的计算

（1）混凝土结构的承载能力极限状态计算应包括下列内容：

1）结构构件应进行承载力（包括失稳）计算；

2）直接承受重复荷载的构件应进行疲劳验算；

3）有抗震设防要求时，应进行抗震承载力计算；

4）必要时尚应进行结构的倾覆、滑移、漂浮验算；

5）对于可能遭受偶然作用，且倒塌可能引起严重后果的重要结构，宜进行防连续倒塌设计。

（2）混凝土结构构件应根据其使用功能及外观要求，按下列规定进行正常使用极限状态验算：

1）对需要控制变形的构件，应进行变形验算；

2）对不允许出现裂缝的构件，应进行混凝土拉应力验算；

3）对允许出现裂缝的构件，应进行受力裂缝宽度验算；

4）对舒适度有要求的楼盖结构，应进行竖向自振频率验算。

（3）结构构件正截面的受力裂缝控制等级分为三级，等级划分及要求应符合下列规定：

一级——严格要求不出现裂缝的构件，按荷载标准组合计算时，构件受拉边缘混凝土不应产生拉应力。

二级——一般要求不出现裂缝的构件，按荷载标准组合计算时，构件受拉边缘混凝土拉应力不应大于混凝土抗拉强度的标准值。

三级——允许出现裂缝的构件：对钢筋混凝土构件，按荷载准永久组合并考虑长期作用影响计算时，构件的最大裂缝宽度不应超过表 3-10 规定的最大裂缝宽度限值。对预应力混凝土构件，按荷载标准组合并考虑长期作用的影响计算时，构件的最大裂缝宽度不应超过表 3-9 规定的最大裂缝宽度限值；对二 a 类环境的预应力混凝土构件，尚应按荷载准永久组合计算，且构件受拉边缘混凝土的拉应力不应大于混凝土的抗拉强度标准值。

3.2.2.4　混凝土结构的材料

（1）混凝土

1）混凝土强度等级应按立方体抗压强度标准值确定。立方体抗压强度标准值系指按标准方法制作、养护的边长为 150mm 的立方体试件，在 28d 或设计规定龄期以标准试验方法测得的具有 95％保证率的抗压强度值。

结构构件的裂缝控制等级及最大裂缝宽度的限值（mm）　　表 3-10

<table>
<tr><th rowspan="2">环境类别</th><th colspan="2">钢筋混凝土结构</th><th colspan="2">预应力混凝土结构</th></tr>
<tr><th>裂缝控制等级</th><th>ω_{lim}</th><th>裂缝控制等级</th><th>ω_{lim}</th></tr>
<tr><td>一</td><td rowspan="4">三级</td><td>0.30(0.40)</td><td rowspan="2">三级</td><td>0.20</td></tr>
<tr><td>二 a</td><td rowspan="3">0.20</td><td>0.10</td></tr>
<tr><td>二 b</td><td>二级</td><td>—</td></tr>
<tr><td>三 a、三 b</td><td>一级</td><td>—</td></tr>
</table>

注：1. 对处于年平均相对湿度小于 60%地区一类环境下的受弯构件，其最大裂缝宽度限值可采用括号内的数值；
2. 在一类环境下，对钢筋混凝土屋架、托架及需作疲劳验算的吊车梁，其最大裂缝宽度限值应取为 0.2mm；对钢筋混凝土屋面梁和托梁，其最大裂缝宽度限值应取为 0.30mm；
3. 在一类环境下，对预应力混凝土屋架、托架及双向板体系，应按二级裂缝控制等级进行验算；对一类环境下的预应力混凝土屋面梁、托梁、单向板，应按表中二 a 级环境的要求进行验算；在一类和二 a 类环境下需作疲劳验算的预应力混凝土吊车梁，应按裂缝控制等级不低于二级的构件进行验算；
4. 表中规定的预应力混凝土构件的裂缝控制等级和最大裂缝宽度限值仅适用于正截面的验算；预应力混凝土构件的斜截面裂缝控制验算应符合规范的有关规定；
5. 对于烟囱、筒仓和处于液体压力下的结构，其裂缝控制要求应符合专门标准的有关规定；
6. 对于处于四、五类环境下的结构构件，其裂缝控制要求应符合专门标准的有关规定；
7. 表中的最大裂缝宽度限值为用于验算荷载作用引起的最大裂缝宽度。

2）素混凝土结构的混凝土强度等级不应低于 C15；钢筋混凝土结构的混凝土强度等级不应低于 C20；采用强度等级 400MPa 及以上的钢筋时，混凝土强度等级不应低于 C25。预应力混凝土结构的混凝土强度等级不宜低于 C40，且不应低于 C30。承受重复荷载的钢筋混凝土构件，混凝土强度等级不应低于 C30。

3）混凝土轴心抗压强度的标准值 f_{ck}应按表 3-11 采用；轴心抗拉强度的标准值 f_{tk}应按表 3-12 采用。

混凝土轴心抗压强度标准值（N/mm²）　　表 3-11

强度	混凝土强度等级													
	C15	C20	C25	C30	C35	C40	C45	C50	C55	C60	C65	C70	C75	C80
f_{ck}	10.0	13.4	16.7	20.1	23.4	26.8	29.6	32.4	35.5	38.5	41.5	44.5	47.4	50.2

混凝土轴心抗拉强度标准值（N/mm²）　　表 3-12

强度	混凝土强度等级													
	C15	C20	C25	C30	C35	C40	C45	C50	C55	C60	C65	C70	C75	C80
f_{tk}	1.27	1.54	1.78	2.01	2.20	2.39	2.51	2.64	2.74	2.85	2.93	2.99	3.05	3.11

4）混凝土轴心抗压强度的设计值 f_c 应按表 3-13 采用；轴心抗拉强度的设计值 f_t 应按表 3-14 采用。

混凝土轴心抗压强度设计值（N/mm²）　　表 3-13

强度	混凝土强度等级													
	C15	C20	C25	C30	C35	040	C45	C50	C55	C60	C65	C70	C75	C80
f_c	7.2	9.6	11.9	14.3	16.7	19.1	21.1	23.1	25.3	27.5	29.7	31.8	33.8	35.9

混凝土轴心抗拉强度设计值（N/mm²） **表 3-14**

强度	混凝土强度等级													
	C15	C20	C25	C30	C35	C40	C45	C50	C55	C60	C65	C70	C75	C80
f_t	0.91	1.10	1.27	1.43	1.57	1.71	1.80	1.89	1.96	2.04	2.09	2.14	2.18	2.22

（2）钢筋

1）混凝土结构的钢筋应按下列规定用：

① 纵向受力普通钢筋宜采用 HRB400、HRB500、HRBF400、HRBF500 钢筋，也可采用 HPB300、HRB335、HRBF335、RRB400 钢筋；

② 梁、柱纵向受力普通钢筋应采用 HRB400、HRB500、HRBF400、HRBF500 钢筋；

③ 箍筋宜采用 HRB400、HRBF400、HPB300、HRB500、HRBF500 钢筋，也可采用 HRB335、HRBF335 钢筋；

④ 预应力筋宜采用预应力钢丝、钢绞线和预应力带肋钢筋。

2）钢筋的强度标准值应具有不小于 95%的保证率。普通钢筋的屈服强度标准值 f_{yk}、极限强度标准值 f_{stk}应按表 3-15 采用。

普通钢筋强度标准值（N/mm²） **表 3-15**

牌号	符号	公称直径 d(mm)	屈服强度标准值 f_{yk}	极限强度标准值 f_{stk}
HPB300	Φ	6～22	300	420
HRB335 HRBF335	Φ Φ^F	6～50	335	455
HRB400 HRBF400 RRB400	Φ Φ^F Φ^R	6～50	400	540
HRB500 HRBF500	Φ Φ^F	6～50	500	630

3）普通钢筋的抗拉强度设计值 f_y、抗压强度设计值 f'_y应按表 3-16 采用。当构件中配有不同种类的钢筋时，每种钢筋应采用各自的强度设计值。横向钢筋的抗拉强度设计值 f_{yv}应按表中 f_y 的数值采用；当用作受剪、受扭、受冲切承载力计算时，其数值大于 360N/mm² 时应取 360N/mm²。

普通钢筋强度设计值（N/mm²） **表 3-16**

牌号	抗拉强度设计值 f_y	抗压强度设计值 f'_y
HPB300	270	270
HRB335、HRBF335	300	300
HRB400、HRBF400、RRB400	360	360
HRB500、HRBF500	435	410

4）普通钢筋及预应力筋在最大力下的总伸长率 δ_{gt}不应小于表 3-17 规定的数值。

普通钢筋及预应力筋在最大力下的总伸长率限值　　表 3-17

钢筋品种	普通钢筋			预应力筋
	HPB300	HRB335、HRBF335、HRB400、HRBF400、HRB500、HRBF500	RRB400	
δ_{gt}	10.0	7.5	5.0	3.5

5）当进行钢筋代换时，除应符合设计要求的构件承载力、最大力下的总伸长率、裂缝宽度验算以及抗震规定以外，尚应满足最小配筋率、钢筋间距、保护层厚度、钢筋锚固长度、接头面积百分率及搭接长度等构造要求。

3.2.2.5　混凝土结构构件

（1）板

钢筋混凝土板，常用作屋盖、楼盖、平台、墙、挡土墙、基础、地坪、路面、水池等。钢筋混凝土板按平面形状分为方板、圆板和异形板。按结构的受力作用方式分为单向板和双向板。最常见的有单向板、四边支承双向板和由柱支承的无梁平板。板的厚度应满足承载力和刚度的要求。

现浇混凝土板应符合以下规定：

1）混凝土板按下列原则进行计算：

① 两对边支承的板应按单向板计算；

② 四边支承的板应按下列规定计算：

a. 当长边与短边长度之比不大于 2.0 时，应按双向板计算；

b. 当长边与短边长度之比大于 2.0 但小于 3.0 时，宜按双向板计算；

c. 当长边与短边长度之比不小于 3.0 时，宜按沿短边方向受力的单向板计算，并应沿长边方向布置构造钢筋。

2）现浇混凝土板的尺寸宜符合下列规定：

① 板的跨厚比：钢筋混凝土单向板不大于 30，双向板不大于 40；无梁支承的有柱帽板不大于 35，无梁支承的无柱帽板不大于 30。预应力板可适当增加；当板的荷载、跨度较大时，宜适当减小。

② 现浇钢筋混凝土板的厚度不应小于表 3-18 规定的数值。

3）板中受力钢筋的间距，当板厚不大于 150mm 时，不宜大于 200mm；当板厚大于 150mm 时，不宜大于板厚的 1.5 倍，且不宜大于 250mm。

4）按简支边或非受力边设计的现浇混凝土板，当与混凝土梁、墙整体浇筑或嵌固在砌体墙内时，应设置板面构造钢筋，并符合下列要求：

① 钢筋直径不宜小于 8mm，间距不宜大于 200mm，且单位宽度内的配筋面积不宜小于跨中相应方向板底钢筋截面面积的 1/3。与混凝土梁、混凝土墙整体浇筑单向板的非受力方向，钢筋截面面积尚不宜小于受力方向跨中板底钢筋截面面积的 1/3。

② 钢筋从混凝土梁边、柱边、墙边伸入板内的长度不宜小于 $l_0/4$，砌体墙支座处钢筋伸入板边的长度不宜小于 $l_0/7$，其中计算跨度 l_0 对单向板按受力方向考虑，对双向板按短边方向考虑。

③ 在楼板角部，宜沿两个方向正交、斜向平行或放射状布置附加钢筋。

现浇钢筋混凝土板的最小 **表 3-18**

板的类别		最小厚度
单向板	屋面板	60
	民用建筑楼板	60
	工业建筑楼板	70
	行车道下的楼板	80
双向板		80
密肋楼盖	面板	50
	肋高	250
悬臂板(根部)	悬臂长度不大于 500mm	60
	悬臂长度 1200mm	100
无梁楼板		150
现浇空心楼盖		200

5）当按单向板设计时，应在垂直于受力的方向布置分布钢筋，单位宽度上的配筋不宜小于单位宽度上的受力钢筋的 15%，且配筋率不宜小于 0.15%；分布钢筋直径不宜小于 6mm，间距不宜大于 250mm；当集中荷载较大时，分布钢筋的配筋面积尚应增加，且间距不宜大于 200mm。

当有实践经验或可靠措施时，预制单向板的分布钢筋可不受本条的限制。

6）混凝土板中配置抗冲切箍筋或弯起钢筋时，应符合下列构造要求：

① 板的厚度不应小于 150mm；

② 按计算所需的箍筋及相应的架立钢筋应配置在与 45°冲切破坏锥面相交的范围内，且从集中荷载作用面或柱截面边缘向外的分布长度不应小于 1.5 [图 3-62 (*a*)]；箍筋直径不应小于 6mm，且应做成封闭式，间距不应大于 $h_0/3$，且不应大于 100mm；

③ 按计算所需弯起钢筋的弯起角度可根据板的厚度在 30°～45°之间选取；弯起钢筋的倾斜段应与冲切破坏锥面相交 [图 3-62 (*b*)]，其交点应在集中荷载作用面或柱截面边缘以 (1/2～2/3) h 的范围内。弯起钢筋直径不宜小于 12mm，且每一方向不宜少于 3 根。

7）板柱节点可采用带柱帽或托板的结构形式。板柱节点的形状、尺寸应包容 45°的冲切破坏锥体，并应满足受冲切承载力的要求。

柱帽的高度不应小于板的厚度 h；托板的厚度不应小于 $h/4$。柱帽或托板在平面两个方向上的尺寸均不宜小于同方向上柱截面宽度 b 与 $4h$ 的和，如图 3-63 所示。

(2) 梁

钢筋混凝土梁形式多种多样，是房屋建筑、桥梁建筑等工程结构中最基本的承重构件，应用范围极广。钢筋混凝土梁按其截面形式，可分为矩形梁、T 形梁、工字梁、槽形梁和箱形梁。按其施工方法，可分为现浇梁、预制梁和预制现浇叠合梁。按其配筋类型，可分为钢筋混凝土梁和预应力混凝土梁。按其结构简图，可分为简支梁、连续梁、悬臂梁、主梁和次梁等。

1）梁的纵向受力钢筋应符合下列规定：

① 伸入梁支座范围内的钢筋不应少于 2 根。

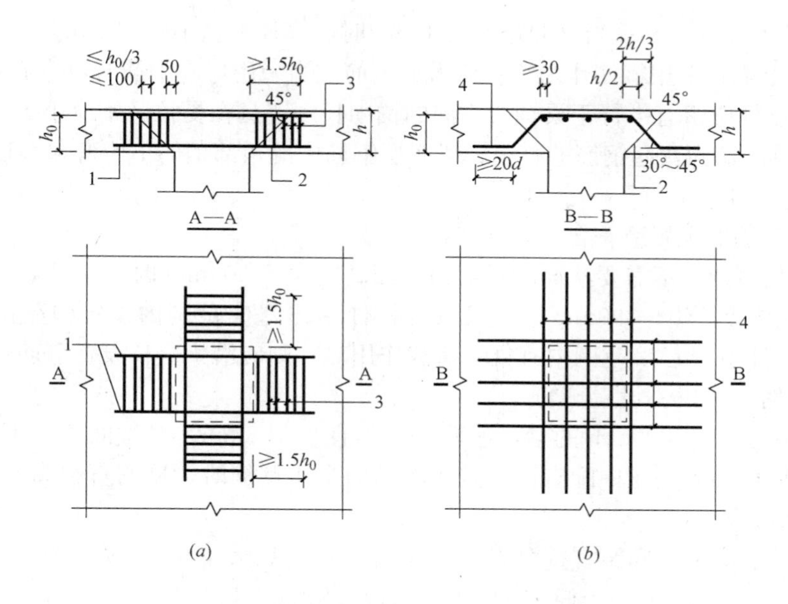

图 3-62　板中抗冲切钢筋布置

(a) 用箍筋作抗冲切钢筋；(b) 用弯起钢筋作抗冲切钢筋

1—架立钢筋；2—冲切破坏锥面；3—箍筋；4—弯起钢筋

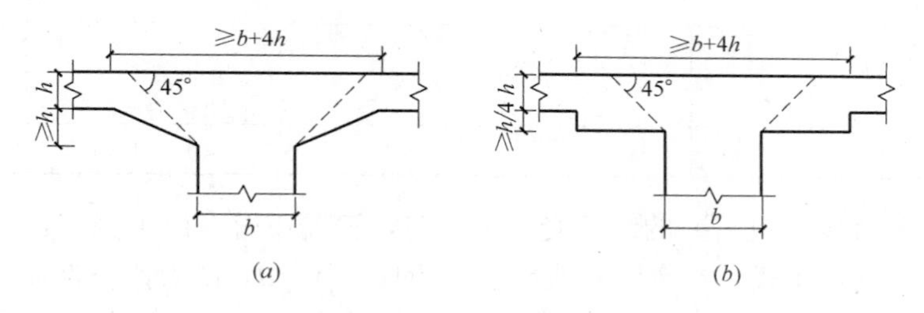

图 3-63　带柱帽或托板的板柱结构

(a) 柱帽；(b) 托板

② 梁高不小于 300mm 时，钢筋直径不应小于 10mm；梁高小于 300mm 时，钢筋直径不应小于 8mm。

③ 梁上部钢筋水平方向的净间距不应小于 30mm 和 1.5d；梁下部钢筋水平方向的净间距不应小于 25mm 和 d。当下部钢筋多于 2 层时，2 层以上钢筋水平方向的中距应比下面 2 层的中距增大一倍；各层钢筋之间的净间距不应小于 25mm 和 d，d 为钢筋的最大直径。

④ 在梁的配筋密集区域宜采用并筋的配筋形式。

2）梁的上部纵向构造钢筋应符合下列要求：

① 当梁端按简支计算但实际受到部分约束时，应在支座区上部设置纵向构造钢筋。其截面面积不应小于梁跨中下部纵向受力钢筋计算所需截面面积的 1/4，且不应少于 2 根。该纵向构造钢筋自支座边缘向跨内伸出的长度不应小于 $l_0/5$，l_0 为梁的计算跨度。

② 对架立钢筋，当梁的跨度小于 4m 时，直径不宜小于 8mm；当梁的跨度为 4～6m

时，直径不应小于 10mm；当梁的跨度大于 6m 时，直径不宜小于 12mm。

3）混凝土梁宜采用箍筋作为承受剪力的钢筋。当采用弯起钢筋时，弯起角宜取 45°或 60°；在弯终点外应留有平行于梁轴线方向的锚固长度，且在受拉区不应小于 $20d$，在受压区不应小于 $1d$，d 为弯起钢筋的直径；梁底层钢筋中的角部钢筋不应弯起，顶层钢筋中的角部钢筋不应弯下。

4）梁中箍筋的配置应符合下列规定：

① 按承载力计算不需要箍筋的梁，当截面高度大于 300mm 时，应沿梁全长设置构造箍筋；当截面高度 150～300mm 时，可仅在构件端部 $l_0/4$ 范围内设置构造箍筋，l_0 为跨度。但当在构件中部 $l_0/2$ 范围内有集中荷载作用时，则应沿梁全长设置箍筋。当截面高度小于 150mm 时，可以不设置箍筋。

② 截面高度大于 800mm 的梁，箍筋直径不宜小于 8mm；对截面高度不大于 800mm 的梁，不宜小于 6mm。梁中配有计算需要的纵向受压钢筋时，箍筋直径尚不应小于 $d/4$，d 为受压钢筋最大直径。

③ 梁中箍筋的最大间距宜符合表 3-19 的规定；当 V 大于 $0.7f_tbh_0+0.05N_{p0}$ 时，箍筋的配筋率 ρ_{sv} $[\rho_{sv}=A_{sv}/(b_s)]$ 尚不应小于 $0.24f_t/f_{yv}$。

梁中箍筋的最大间距（mm） **表 3-19**

梁高 h	$V>0.7f_tbh_0+0.05N_{p0}$	$V\leqslant0.7f_tbh_0+0.05N_{p0}$
$150<h\leqslant300$	150	200
$300<h\leqslant500$	200	300
$500<h\leqslant800$	250	350
$H>800$	300	400

④ 当梁中配有按计算需要的纵向受压钢筋时，箍筋应符合以下规定：

a. 箍筋应做成封闭式，且弯钩直线段长度不应小于 $5d$，d 为箍筋直径。

b. 箍筋的间距不应大于 $15d$，并不应大于 400mm。当一层内的纵向受压钢筋多于 5 根且直径大于 18mm 时，箍筋间距不应大于 $10d$，d 为纵向受压钢筋的最小直径。

c. 当梁的宽度大于 400mm 且一层内的纵向受压钢筋多于 3 根时，或当梁的宽度不大于 400mm 但一层内的纵向受压钢筋多于 4 根时，应设置复合箍筋。

5）位于梁下部或梁截面高度范围内的集中荷载，应全部由附加横向钢筋承担；附加横向钢筋宜采用箍筋。

箍筋应布置在长度为 $2h_1$ 与 $3b$ 之和的范围内，如图 3-64 所示。

6）当梁的混凝土保护层厚度大于 50mm 且配置表层钢筋网片时，应符合下列规定：

① 表层钢筋宜采用焊接网片，其直径不宜大于 8mm，间距不应大于 150mm；网片应配置在梁底和梁侧，梁侧的网片钢筋应延伸至梁高的 2/3 处。

② 两个方向上表层网片钢筋的截面积均不应小于相应混凝土保护层（图 3-65 阴影部分）面积的 1%。

（3）柱

钢筋混凝土柱是房屋、桥梁、水工等各种工程结构中最基本的承重构件，常用作楼盖的支柱、桥墩、基础柱、塔架和桁架的压杆。钢筋混凝土柱承载力大，具有良好的塑性和

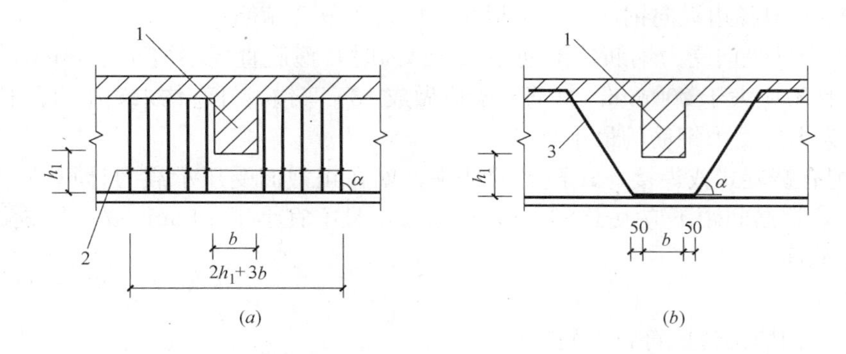

图 3-64　梁截面高度范围内有集中荷载作用时附加横向钢筋的布置

(a) 附加箍筋；(b) 附加吊筋

1—传递集中荷载的位置；2—附加箍筋；3—附加吊筋

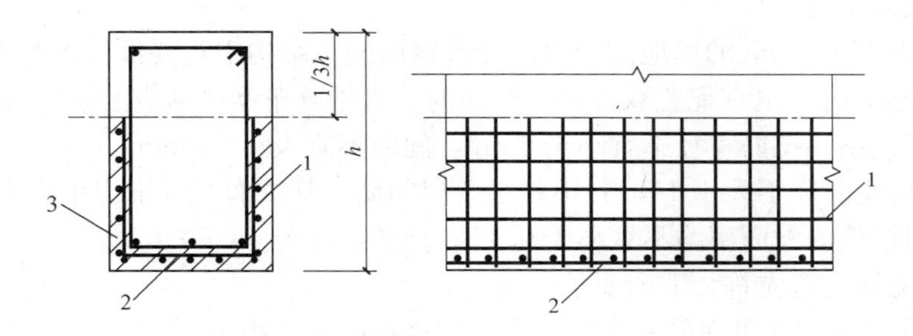

图 3-65　配置表层钢筋网片的构造要求

1—梁侧表层钢筋网片；2—梁底表层钢筋网片；3—配置网片钢筋区域

抗震性能，与钢柱相比，经济效益显著。

1）柱中纵向钢筋的配置应符合下列规定：

① 纵向受力钢筋直径不宜小于 12mm；全部纵向钢筋的配筋率不宜大于 5%；

② 柱中纵向钢筋的净间距不应小于 50mm，且不宜大于 300mm；

③ 偏心受压柱的截面高度不小于 600mm 时，在柱的侧面上应设置直径不小于 10mm 的纵向构造钢筋，并相应设置复合箍筋或拉筋；

④ 圆柱中纵向钢筋不宜少于 8 根，不应少于 6 根，且宜沿周边均匀布置；

⑤ 在偏心受压柱中，垂直于弯矩作用平面的侧面上的纵向受力钢筋以及轴心受压柱中各边的纵向受力钢筋，其中距不宜大于 300mm。

2）柱中的箍筋应符合下列规定：

① 箍筋直径不应小于 $d/4$，且不应小于 6mm，d 为纵向钢筋的最大直径；

② 箍筋间距不应大于 400mm 及构件截面的短边尺寸，且不应大于 $15d$，d 为纵向钢筋的最小直径；

③ 柱及其他受压构件中的周边箍筋应做成封闭式；对圆柱中的箍筋，搭接长度不应小于规范规定的锚固长度，且末端应做成 135°弯钩，弯钩末端平直段长度不应小于 $5d$，d 为箍筋直径；

④ 当柱截面短边尺寸大于 400mm 且各边纵向钢筋多于 3 根时，或当柱截面短边尺寸

不大于400mm但各边纵向钢筋多于4根时，应设置复合箍筋；

⑤ 柱中全部纵向受力钢筋的配筋率大于3%时，箍筋直径不应小于8mm，间距不应大于10d，且不应大于200mm。箍筋末端应做成135°弯钩，且弯钩末端平直段长度不应小于10d，d为纵向受力钢筋的最小直径；

⑥ 在配有螺旋式或焊接环式箍筋的柱中，如在正截面受压承载力计算中考虑间接钢筋的作用时，箍筋间距不应大于80mm及$d_{cor}/5$，且不宜小于40mm，d_{cor}为按箍筋内表面确定的核心截面直径。

（4）墙

混凝土结构墙构造应符合下列规定：

1）竖向构件截面长边、短边（厚度）比值大于4时，宜按墙的要求进行设计。支撑预制楼（屋面）板的墙，其厚度不宜小于140mm；对剪力墙结构尚不宜小于层高的1/25，对框架-剪力墙结构尚不宜小于层高的1/20。当采用预制板时，支承墙的厚度应满足墙内竖向钢筋贯通的要求。

2）厚度大于160mm的墙应配置双排分布钢筋网；结构中重要部位的剪力墙，当其厚度不大于160mm时，也宜配置双排分布钢筋网。双排分布钢筋网应沿墙的两个侧面布置，且应采用拉筋连系；拉筋直径不宜小于6mm，间距不宜大于600mm。

3）对于房屋高度不大于10m且不超过3层的墙，其截面厚度不应小于120mm，其水平与竖向分布钢筋的配筋率均不宜小于0.15%。

4）墙中配筋构造应符合下列要求：

① 墙竖向分布钢筋可在同一高度搭接，搭接长度不应小于1.2la。

② 墙水平分布钢筋的搭接长度不应小于1.2la。同排水平分布钢筋的搭接接头之间以及上、下相邻水平分布钢筋的搭接接头之间，沿水平方向的净间距不宜小于500mm。

③ 墙中水平分布钢筋应伸至墙端，并向内水平弯折10d，d为钢筋直径。

④ 端部有翼墙或转角的墙，内墙两侧和外墙内侧的水平分布钢筋应伸至翼墙或转角外边，并分别向两侧水平弯折15d。在转角墙处，外墙外侧的水平分布钢筋应在墙端外角处弯入翼墙，并与翼墙外侧的水平分布钢筋搭接。

⑤ 带边框的墙，水平和竖向分布钢筋宜分别贯穿柱、梁或锚固在柱、梁内。

5）墙洞口连梁应沿全长配置箍筋，箍筋直径不应小于6mm，间距不宜大于150mm。在顶层洞口连梁纵向钢筋伸入墙内的锚固长度范围内，应设置间距不大于150mm的箍筋，箍筋直径宜与跨内箍筋直径相同。同时，门窗洞边的竖向钢筋应满足受拉钢筋锚固长度的要求。

墙洞口上、下两边的水平钢筋除应满足洞口连梁正截面受弯承载力的要求外，尚不应少于两根直径不小于12mm的钢筋。对于计算分析中可忽略的洞口，洞边钢筋截面面积分别不宜小于洞口截断的水平分布钢筋总截面面积的一半。纵向钢筋自洞口边伸入墙内的长度不应小于受拉钢筋的锚固长度。

6）剪力墙墙肢两端应配置竖向受力钢筋，并与墙内的竖向分布钢筋共同用于墙的正截面受弯承载力计算。每端的竖向受力钢筋不宜少于4根直径为12mm或两根直径为16mm的钢筋，并宜沿该竖向钢筋方向配置直径不小于6mm、间距为250mm的箍筋或拉筋。

(5) 叠合构件

叠合构件由预制混凝土构件（或既有混凝土结构构件）和后浇混凝土组成，两阶段成型的整体受力结构构件。

1）二阶段成形的水平叠合受弯构件，当预制构件高度不足全截面高度的40%时，施工阶段应有可靠的支撑。

施工阶段有可靠支撑的叠合受弯构件，可按整体受弯构件设计计算，但其斜截面受剪承载力和叠合面受剪承载力应按相关规范计算。

施工阶段无支撑的叠合受弯构件，应对底部预制构件及浇筑混凝土后的叠合构件按相关规范的要求进行二阶段受力计算。

2）混凝土叠合梁、板应符合下列规定：

① 叠合梁的叠合层混凝土的厚度不宜小于100mm，混凝土强度等级不宜低于C30。预制梁的箍筋应全部伸入叠合层，且各肢伸入叠合层的直线段长度不宜小于1d，d为箍筋直径。预制梁的顶面应做成凹凸差不小于6mm的粗糙面。

② 叠合板的叠合层混凝土厚度不应小于40mm，混凝土强度等级不宜低于C25。预制板表面应做成凹凸差不小于4mm的粗糙面。承受较大荷载的叠合板以及预应力叠合板，宜在预制底板上设置伸入叠合层的构造钢筋。

3）由预制构件及后浇混凝土成形的叠合柱和墙，应按施工阶段及使用阶段的工况分别进行预制构件及整体结构的计算。

4）柱外二次浇筑混凝土层的厚度不应小于60mm，混凝土强度等级不应低于既有柱的强度。粗糙结合面的凹凸差不应小于6mm，并宜通过植筋、焊接等方法设置界面构造钢筋。后浇层中纵向受力钢筋直径不应小于14mm；箍筋直径不应小于8mm且不应小于柱内相应箍筋的直径，箍筋间距应与柱内相同。

墙外二次浇筑混凝土层的厚度不应小于50mm，混凝土强度等级不应低于既有墙的强度。粗糙结合面的凹凸差应不小于4mm，并宜通过植筋、焊接等方法设置界面构造钢筋。后浇层中竖向、水平钢筋直径不宜小于8mm，且不应小于墙中相应钢筋的直径。

(6) 装配式混凝土结构

装配式混凝土结构，由预制混凝土构件或部件装配、连接而成的混凝土结构。包括全装配混凝土结构、装配整体式混凝土结构等。在建筑工程中，简称装配式建筑；在结构工程中，简称装配式结构。

装配整体式混凝土结构，由预制混凝土构件或部件通过钢筋、连接件或施加预应力加以连接，并在连接部位浇筑混凝土而形成整体受力的混凝土结构。

1）装配式、装配整体式混凝土结构中各类预制构件及连接构造应按下列原则进行设计：

① 应在结构方案和传力途径中确定预制构件的布置及连接方式，并在此基础上进行整体结构分析和构件及连接设计；

② 预制构件的设计应满足建筑使用功能，并符合标准化要求；

③ 预制构件的连接宜设置在结构受力较小处，且宜便于施工；结构构件之间的连接构造应满足结构传递内力的要求；

④ 各类预制构件及其连接构造应按从生产、施工到使用过程中可能产生的不利工况

进行验算，对预制非承重构件尚应符合相关规范的规定。

2）预制混凝土构件在生产、施工过程中应按实际工况的荷载、计算简图、混凝土实体强度进行施工阶段验算。验算时应将构件自重乘以相应的动力系数：对脱模、翻转、吊装、运输时可取 1.5，临时固定时可取 1.2。

3）装配整体式结构中框架梁的纵向受力钢筋和柱、墙中的竖向受力钢，宜采用机械连接、焊接等形式；板、墙等构件中的受力钢筋可采用搭接连接形式；混凝土接合面应进行粗糙处理或做成齿槽；拼接处应采用强度等级不低于预制构件的混凝土灌缝。

装配整体式结构的梁柱节点处，柱的纵向钢筋应贯穿节点；梁的纵向钢筋应满足相关规范的锚固要求。

当柱采用装配式榫式接头时，接头附近区段内截面的轴心受压承载力宜为该截面计算所需承载力的 1.3～1.5 倍。此时，可采取在接头及其附近区段的混凝土内加设横向钢筋网、提高后浇混凝土强度等级和设置附加纵向钢筋等措施。

4）采用预制板的装配整体式楼盖、屋盖应采取下列构造措施：

① 预制板侧应为双齿边；拼缝上口宽度不应小于 30mm；空心板端孔中应有堵头，深度不宜少于 60mm；拼缝中应浇灌强度等级不低于 C30 的细石混凝土；

② 预制板端宜伸出锚固钢筋互相连接，并宜与板的支承结构（圈梁、梁顶或墙顶）伸出的钢筋及板端拼缝中设置的通长钢筋连接。

5）整体性要求较高的装配整体式楼盖、屋盖，应采用预制构件加现浇叠合层的形式；或在预制板侧设置配筋混凝土后浇带，并在板端设置负弯矩钢筋、板的周边沿拼缝设置拉结钢筋与支座连接。

6）装配整体式结构中预制承重墙板沿周边设置的连接钢筋应与支承结构及相邻墙板互相连接并浇筑混凝土，与周边楼盖、墙体连成整体。

7）非承重预制构件的设计应符合下列要求：

① 与支承结构之间宜采用柔性连接方式；

② 在框架内镶嵌或采用焊接连接时，应考虑其对框架抗侧移刚度的影响；

③ 外挂板与主体结构的连接构造应具有一定的变形适应性。

8）受力预埋件的锚板宜采用 Q235、Q345 级钢，锚板厚度应根据受力情况计算确定，且不宜小于锚筋直径的 60%；受拉和受弯预埋件的锚板厚度尚宜大于 $b/8$，b 为锚筋的间距。

受力预埋件的锚筋应采用 HRB400 或 HPB300 钢筋，不应采用冷加工钢筋。

直锚筋与锚板应采用 T 形焊接。当锚筋直径不大于 20mm 时，宜采用压力埋弧焊；当锚筋直径大于 20mm 时，宜采用穿孔塞焊。当采用手工焊时，焊缝高度不宜小于 6mm，且对 300MPa 级钢筋不宜小于 $0.5d$，对其他钢筋不宜小于 $0.6d$，d 为锚筋的直径。

9）预埋件锚筋中心至锚板边缘的距离不应小于 $2d$ 和 20mm。预埋件的位置应使锚筋位于构件的外层主筋的内侧。

预埋件的受力直锚筋直径不宜小于 8mm，且不宜大于 25mm。直锚筋数量不宜少于 4 根，且不宜多于 4 排；受剪预埋件的直锚筋可采用 2 根。

对受拉和受弯预埋件（图 3-66），其锚筋的间距 b、b_1 和锚筋至构件边缘的距离 c、c_1，均不应小于 $3d$ 和 45mm。

对受剪预埋件（图 3-66），其锚筋的间距 b 及 b_1 不应大于 300mm，且 b_1 不应小于 $6d$ 和 70mm；锚筋至构件边缘的距离 c_1 不应小于 $6d$ 和 70mm，b、c 均不应小于 $3d$ 和 45mm。

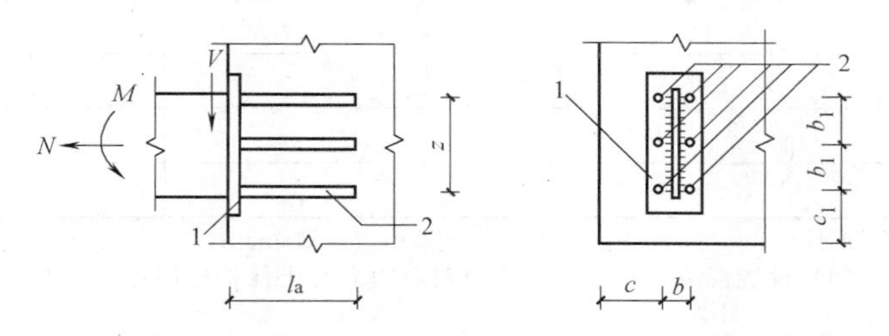

图 3-66 由锚板和直锚筋组成的预埋件

1—锚板；2—直锚筋

3.2.2.6 混凝土结构构造规定

（1）伸缩缝

1）伸缩缝是指为防止建筑物构件由于气候温度变化（热胀、冷缩），使结构产生裂缝或破坏而沿建筑物或者构筑物施工缝方向的适当部位设置的一条构造缝。

钢筋混凝土结构伸缩缝的最大间距可按表 3-20 确定。

钢筋混凝土结构伸缩缝最大间距（m）　　表 3-20

结构类别		室内或土中	露天
排架结构	装配式	100	70
框架结构	装配式	75	50
	现浇式	55	35
剪力墙结构	装配式	65	40
	现浇式	45	30
挡土墙、地下室墙壁等类结构	装配式	40	30
	现浇式	30	20

注：1. 装配整体式结构的伸缩缝间距，可根据结构的具体情况取表中装配式结构与现浇式结构之间的数值；
2. 框架-剪力墙结构或框架一核心筒结构房屋的伸缩缝间距，可根据结构的具体情况取表中框架结构与剪力墙结构之间的数值；
3. 当屋面无保温或隔热措施时，框架结构、剪力墙结构的伸缩缝间距宜按表中露天栏的数值取用；
4. 现浇挑檐、雨罩等外露结构的局部伸缩缝间距不宜大于 12m。

2）当设置伸缩缝时，框架、排架结构的双柱基础可不断开。

（2）混凝土保护层

结构构件中钢筋外边缘至构件表面范围用于保护钢筋的混凝土，简称保护层。

1）构件中普通钢筋及预应力筋的混凝土保护层厚度应满足下列要求：

① 构件中受力钢筋的保护层厚度不应小于钢筋的直径 d；

② 设计使用年限为 50 年的混凝土结构，最外层钢筋的保护层厚度应符合表 3-20 的规定；设计使用年限为 100 年的混凝土结构，最外层钢筋的保护层厚度不应小于表 3-21 中数值的 1.4 倍。

混凝土保护层的最小厚度 c（mm） **表 3-21**

环境等级	板、墙、壳	梁、柱、杆
一	15	20
二$_{a}$	20	25
二$_{b}$	25	35
三$_{a}$	30	40
三$_{b}$	40	50

注：1. 混凝土强度等级不大于 C25 时，表中保护层厚度数值应增加 5mm；
2. 钢筋混凝土基础宜设置混凝土垫层，其受力钢筋的混凝土保护层厚度应从垫层顶面算起，且不应小于 40mm。

2）当有充分依据并采取下列措施时，可适当减小混凝土保护层的厚度。

① 构件表面有可靠的防护层；

② 采用工厂化生产的预制构件；

③ 在混凝土中掺加阻锈剂或采用阴极保护处理等防锈措施；

④ 当对地下室墙体采取可靠的建筑防水做法或防护措施时，与土层接触一侧钢筋的保护层厚度可适当减少，但不应小于 25mm。

3）当梁、柱、墙中纵向受力钢筋的保护层厚度大于 50mm 时，宜对保护层采取有效的构造措施。当在保护层内配置防裂、防剥落的钢筋网片时，网片钢筋的保护层厚度不应小于 25mm。

（3）钢筋的锚固

锚固长度，是指受力钢筋依靠其表面与混凝土的粘结作用或端部构造的挤压作用而达到设计承受应力所需的长度。

1）基本锚固长度应按下列公式计算：

普通钢筋：

$$l_{ah}=\alpha \frac{f_{y}}{f_{t}} d \tag{3-2}$$

预应力筋：

$$l_{ab}=\alpha \frac{f_{py}}{f_{t}} d \tag{3-3}$$

式中 l_{ab}——受拉钢筋的基本锚固长度；

f_{y}、f_{py}——普通钢筋、预应力筋的抗拉强度设计值；

f_{t}——混凝土轴心抗拉强度设计值，当混凝土强度等级高于 C60 时，按 C60 取值；

d——锚固钢筋的直径；

α——锚固钢筋的外形系数，按表 3-22 取用。

锚固钢筋的外形系数口 **表 3-22**

钢筋类型	光面钢筋	带肋钢筋	螺旋肋钢丝	三股钢绞线	七股钢绞线
α	0.16	0.14	0.13	0.16	0.17

注：光面钢筋末端应做 l80°弯钩，弯后平直段长度不应小于 $3d$，但作受压钢筋时不做弯钩。

2）混凝土结构中的纵向受压钢筋，当计算中充分利用其抗压强度时，锚固长度不应小于相应受拉锚固长度的70％。

受压钢筋不应采用末端弯钩和一侧贴焊锚筋的锚固措施。

3）承受动力荷载的预制构件，应将纵向受力普通钢筋末端焊接在钢板或角钢上，钢板或角钢应可靠地锚固在混凝土中。钢板或角钢的尺寸应按计算确定，其厚度不宜小于10mm。

其他构件中受力普通钢筋的末端也可通过焊接钢板或型钢实现锚固。

（4）钢筋的连接

钢筋连接是指通过绑扎搭接、机械连接、焊接等方法实现钢筋之间内力传递的构造形式。

1）钢筋连接可采用绑扎搭接、机械连接或焊接。机械连接接头及焊接接头的类型及质量应符合国家现行有关标准的规定。

混凝土结构中受力钢筋的连接接头宜设置在受力较小处。在同一根受力钢筋上宜少设接头。在结构的重要构件和关键传力部位，纵向受力钢筋不宜设置连接接头。

2）轴心受拉及小偏心受拉杆件的纵向受力钢筋不得采用绑扎搭接；其他构件中的钢筋采用绑扎搭接时，受拉钢筋直径不宜大于25mm，受压钢筋直径不宜大于28mm。

3）同一构件中相邻纵向受力钢筋的绑扎搭接接头宜互相错开。钢筋绑扎搭接接头连接区段的长度为1.3倍搭接长度，凡搭接接头中点位于该连接区段长度内的搭接接头均属于同一连接区段（图3-67）。同一连接区段内纵向受力钢筋搭接接头面积百分率为该区段内有搭接接头的纵向受力钢筋与全部纵向受力钢筋截面面积的比值。当直径不同的钢筋搭接时，按直径较小的钢筋计算。

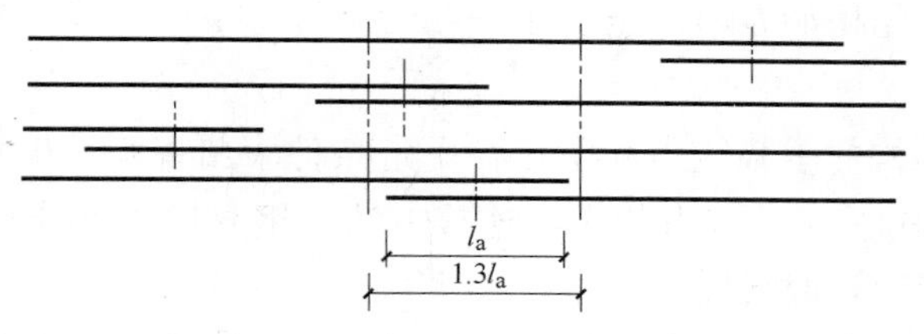

图3-67　同一连接区段内纵向受拉钢筋的绑扎搭接接头

注：图中所示同一连接区段内的搭接接头钢筋为两根，
当钢筋直径相同时，钢筋搭接接头面积百分率为50％。

位于同一连接区段内的受拉钢筋搭接接头面积百分率：对梁类、板类及墙类构件，不宜大于25％；对柱类构件，不宜大于50％。当工程中确有必要增大受拉钢筋搭接接头面积百分率时，对柱类构件，不宜大于50％。对板、墙、柱及预制构件的拼接处，可根据实际情况放宽。

并筋采用绑扎搭接连接时，应按每根单筋错开搭接的方式连接。接头面积百分率应按同一连接区段内所有的单根钢筋计算。并筋中，钢筋的搭接长度应按单筋分别计算。

3.2.3　钢结构的基本知识

3.2.3.1　钢结构的一般概念

钢结构是以钢板、钢管、圆钢、热轧型钢或冷加工成型的型钢通过焊接、铆钉或螺栓连接而成的结构。常见的钢结构用途如下：

（1）空间结构：按一定规律布置的杆件、构件通过节点连接而构成的空间结构，包括网架、曲面型网壳以及立体桁架等；

（2）工业厂房：对于吊车起重量较大或者工作繁重的车间，主要承重骨架多采用钢结构；

（3）受动力荷载作用和抗震要求高的结构：因为钢材具有较好的强度和冲击韧性，可承受动力荷载作用；

（4）高耸结构：包括塔架和桅杆结构，如高压输电线路的塔架、广播、通信和电视发射用的塔架和桅杆、火箭（卫星）发射塔架等；

（5）钢和混凝土的组合结构：型钢与混凝土或钢筋混凝土组合而成的结构，如钢管混凝土结构等。

3.2.3.2　钢结构设计

（1）钢结构设计内容

1）结构方案设计，包括结构选型、构件布置；

2）材料选用；

3）作用及作用效应分析；

4）结构的极限状态验算；

5）结构、构件及连接的构造；

6）制作、运输、安装、防腐和防火等要求；

7）满足特殊要求结构的专门性能设计。

（2）材料选用

1）为保证承重结构的承载能力和防止在一定条件下出现脆性破坏，应根据结构的重要性、荷载特征、结构形式、应力状态、连接方法、钢材厚度和工作环境等因素综合考虑，选用合适的钢材牌号和材性。

承重结构的钢材宜采用Q235钢、Q345钢、Q390钢和Q420钢，其质量应分别符合现行国家标准《碳索结构钢》GB/T 700—2006和《低合金高强度结构钢》GB/T 1591—2008的规定。当采用其他牌号的钢材时，尚应符合相应有关标准的规定和要求。

2）下列情况的承重结构和构件不应采用Q235沸腾钢：

① 焊接结构。

a. 直接承受动力荷载或振动荷载且需要验算疲劳的结构。

b. 工作温度低于−20℃时的直接承受动力荷载或振动荷载但可不验算疲劳的结构以及承受静力荷载的受弯及受拉的重要承重结构。

c. 工作温度等于或低干−30℃的所有承重结构。

② 非焊接结构。工作温度等于或低于−20℃的直接承受动力荷载且需要验算疲劳的结构。

3）承重结构采用的钢材应具有抗拉强度、伸长率、屈服强度和硫、磷含量的合格保证，对焊接结构尚应具有碳含量的合格保证。

焊接承重结构以及重要的非焊接承重结构采用的钢材还应具有冷弯试验的合格保证。

4）钢结构的连接材料应符合下列要求：

① 手工焊接采用的焊条，应符合现行国家标准《非合金钢及细晶粒钢焊条》GB/T 5117—2012 或《热强钢焊条》GB/T 5118—2012 的规定。选择的焊条型号应与主体金属力学性能相适应。对直接承受动力荷载或振动荷载且需要验算疲劳的结构，宜采用低氢型焊条。

②自动焊接或半自动焊接采用的焊丝和相应的焊剂应与主体金属力学性能相适应，并应符合现行国家标准的规定。

③ 普通螺栓应符合现行国家标准《六角头螺栓　C 级》GB/T 5780—2016 和《六角头螺栓》GB/T 5782—2016 的规定。

④ 高强度螺栓应符合现行国家标准《钢结构用高强度大六角头螺栓》GB/T 1228—2006、《钢结构用高强度大六角螺母》GB/T 1229—2006、《钢结构用高强度垫圈》GB/T 1230—2006、《钢结构用高强度大六角头螺栓、大六角螺母、垫圈技术条件》GB/T 1231—2006 或《钢结构用扭剪型高强度螺栓连接副》GB/T 3632—2008、《钢结构用扭剪型高强度螺栓连接副》GB/T 3633—2008 的规定。

⑤ 圆柱头焊钉（栓钉）连接件的材料应符合现行国家标准电弧螺栓焊用《电弧螺柱焊用圆柱头焊钉》GB/T 10433—2002 的规定。

⑥ 铆钉应采用现行国家标准《标准件用碳素钢热轧圆钢及盘条》YB/T 4155—2006 中规定的 BL2 成 BL3 号钢制成。

⑦ 锚栓可采用现行国家标准《碳素结构钢》GB/T 700—2006 中规定的 Q235 钢或《低台金高强度结构钢》GB/T 1591—2008 中规定的 Q345 钢制成。

3.2.3.3　钢结构计算

建筑结构的内力和变形可按结构静力学方法进行弹性或弹塑性分析。钢结构构件一般要进行受弯、拉弯、压弯、疲劳、连接计算。

3.2.3.4　钢结构连接

钢结构连接包括焊缝连接、铆钉连接和螺栓连接三种（图 3-68）。钢结构构件的连接，应根据作用力的性质和施工环境条件选择合理的连接方法。工厂加工构件的连接宜采用焊接，可选用角焊缝及焊透或非熔透的对接焊缝连接；现场连接宜采用螺栓连接，主要承重构件的现场连接或拼接应采用高强度螺栓连接或同一接头中高强度螺栓与焊接用于不同部位的栓焊共同连接。同一连接接头中不得采用普通螺栓与焊接共用的连接；在改、扩建工程中作为加固补强措施，可采用高强度螺栓与焊接承受同一作用力的栓焊并用连接。

（1）焊缝连接：不宜采用于直接承受动力荷载的结构。包括：对接焊缝、角接焊缝、塞焊焊缝、槽焊、熔透焊缝、部分熔透焊缝等。

（2）铆钉连接：构造复杂，用钢量大，已很少采用。

（3）螺栓连接：在桥梁及空间结构中广泛采用，分为普通螺栓连接和高强度螺栓连接。

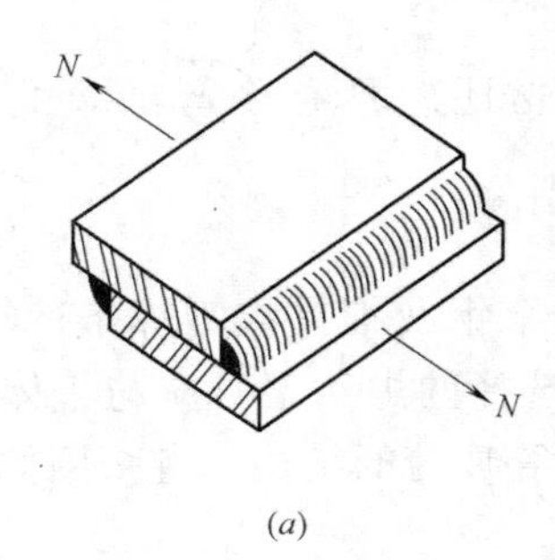

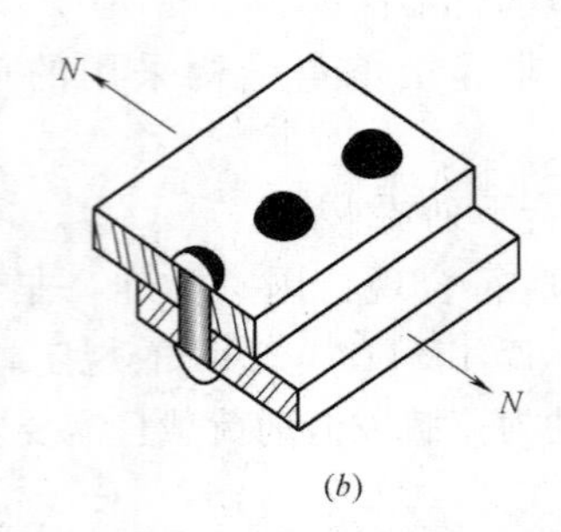

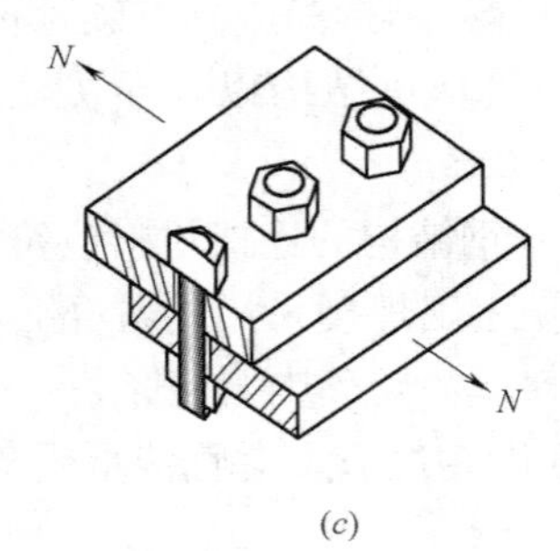

图 3-68　钢结构的连接方式
(a) 焊接；(b) 铆钉连接；(c) 螺栓连接

3.2.4　砌体结构的基本知识

3.2.4.1　砌体结构的一般概念

砌体结构是由块体和砂浆砌筑而成的墙、柱作为建筑物主要受力构件的结构。是砖砌体、砌块砌体和石砌体结构的统称。

由于砌体的抗压强度较高而抗拉强度很低，因此，砌体结构构件主要承受轴心或小偏心压力，而很少受拉或受弯，一般民用和工业建筑的墙、柱和基础都可采用砌体结构。大多数民用房屋建筑结构的墙体是砌体材料建造的，而屋盖和楼板则用钢筋混凝土建造，这种由两种材料作为主要承重结构的房屋称为混合结构房屋。一般中、小型工业厂房也可以采用混合结构。

砌体结构常用砌体材料有：砖砌体，包括烧结普通砖、烧结多孔砖、蒸压灰砂普通砖、蒸压粉煤灰普通砖、混凝土普通砖、混凝土多孔砖的无筋和配筋砌体；砌块砌体，包括混凝土砌块、轻集料混凝土砌块的无筋和配筋砌体；石砌体，包括各种料石和毛石砌体。

3.2.4.2　砌体结构材料

(1) 承重结构的块体的强度等级，应按下列规定采用：

1) 烧结普通砖、烧结多孔砖的强度等级：MU30、MU25、MU20、MU15 和 MU10；

2) 蒸压灰砂普通砖、蒸压粉煤灰普通砖的强度等级：MU2、MU20 和 MU15；

3) 混凝土普通砖、混凝土多孔砖的强度等级：MU30、MU25、MU20 和 MU15；

4) 混凝土砌块、轻集料混凝土砌块的强度等级：MU20、MU15、MU10、MU7.5 和 MU5；

5) 石材的强度等级：MU100、MU80、MU60、MU50、MU40、MU30 和 MU20。

(2) 自承重墙的空心砖、轻集料混凝土砌块的强度等级，应按下列规定采用：

1) 空心砖的强度等级：MU10、MU7.5、MU5 和 MU3.5；

2) 轻集料混凝土砌块的强度等级：MU10、MU7.5、MU5 和 MU3.5。

(3) 砂浆的强度等级应按下列规定采用：

1) 烧结普通砖、烧结多孔砖、蒸压灰砂普通砖和蒸压粉煤灰普通砖砌体采用的普通砂浆强度等级：M15、M10、M7.5、M5 和 M2.5；蒸压灰砂普通砖和蒸压粉煤灰普通砖砌体采用的专用砌筑砂浆强度等级：Ms15、Ms10、Ms7.5、Ms5.0；

2）混凝土普通砖、混凝土多孔砖、单排孔混凝土砌块和煤矸石混凝土砌块砌体采用的砂浆强度等级：Mb20、Mb15、Mb10、Mb7.5 和 Mb5；

3）双排孔或多排孔轻集料混凝土砌块砌体采用的砂浆强度等级：Mb10、Mb7.5 和 Mb5；

4）毛料石、毛石砌体采用的砂浆强度等级：M7.5、M5 和 M2.5。

3.2.4.3 砌体结构设计

在我国砌体结构采用以概率理论为基础的极限状态设计方法，以可靠指标度量结构构件的可靠度采用分项系数的设计表达式进行计算。砌体结构应按承载能力极限状态设计并满足正常使用极限状态的要求。砌体结构和结构构件在设计使用年限内及正常维护条件下必须保持满足使用要求而不需大修或加固。设计使用年限可按现行国家标准《建筑结构可靠度设计统一标准》GB 50068—2001 的有关规定确定。

3.2.4.4 砌体结构计算

砌体结构计算时要进行房屋的静力计算，房屋的静力计算方案是根据房屋的空间工作性能确定的结构静力计算简图，包括刚性方案、弹性方案和刚弹性方案。无筋砌体结构构件一般要进行受压、局部受压、轴心受拉、受弯、受剪计算。配筋砌块砌体构件要进行正截面受压承载力计算、斜截面受拉承载力计算。

3.2.4.5 砌体结构构件

（1）网状配筋砖砌体构件：在砌体中配置钢筋以增强其承载力和变形能力，通常在砌体的水平灰缝中配置钢筋网，如图 3-69 所示。

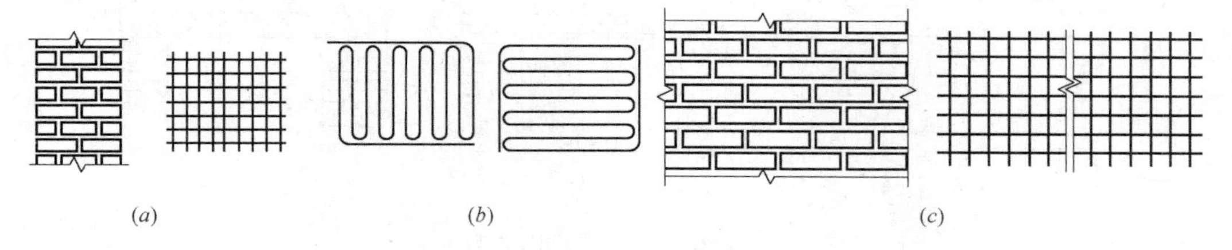

图 3-69 网状配筋砌体

（*a*）用方格网配筋的砖柱；（*b*）连弯钢筋网；（*c*）用方格网配筋的砖墙

（2）组合砖砌体构件：在砌体内配置纵向钢筋或设置部分钢筋混凝土或钢筋砂浆以共同承受承载力的构件，如图 3-70 所示。

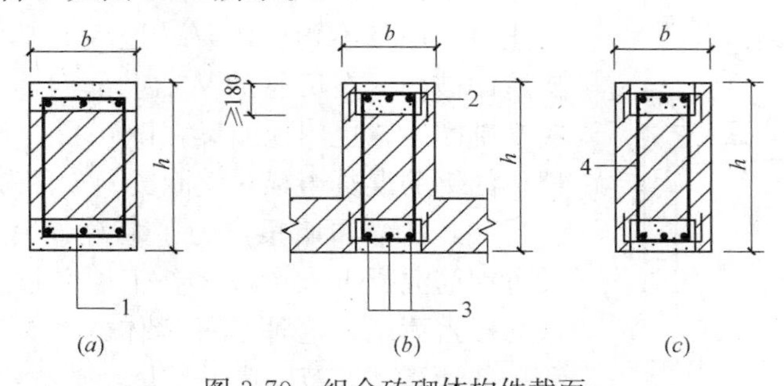

图 3-70 组合砖砌体构件截面

1—混凝土或砂浆；2—拉结钢筋；3—纵向钢筋；4—箍筋

（3）钢筋砌块砌体构件：利用混凝土小型空心砌块的竖向空洞，配置竖向钢筋和水平钢筋，再灌注芯柱混凝土形成配筋砌块剪力墙，如图 3-71 所示。

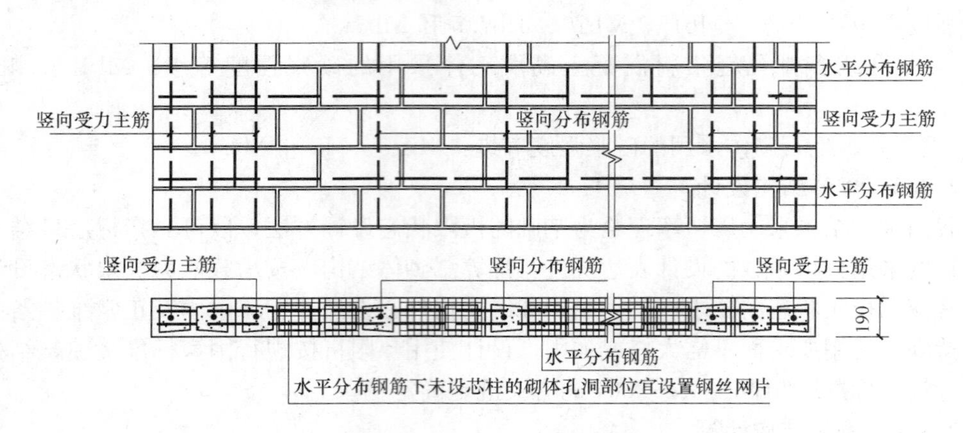

图 3-71　钢筋砌块砌体

（4）过梁：当墙体上开设门窗洞口且墙体洞口大于 300mm 时，为了支撑洞口上部砌体所传来的各种荷载，并将这些荷载传给门窗等洞口两边的墙，常在门窗洞口上设置横梁，该梁称为过梁。

过梁的形式有平拱砖过梁、钢筋砖过梁、钢筋混凝土过梁等，如图 3-72 所示。

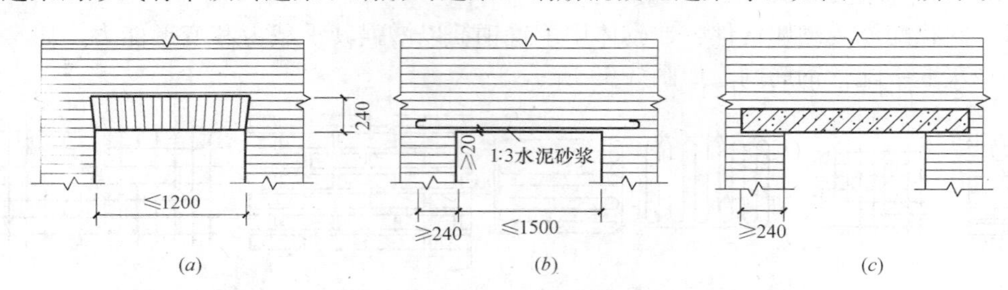

图 3-72　过梁的常用类型

（a）平拱砖过梁；（b）钢筋砖过梁；（c）钢筋混凝土过梁

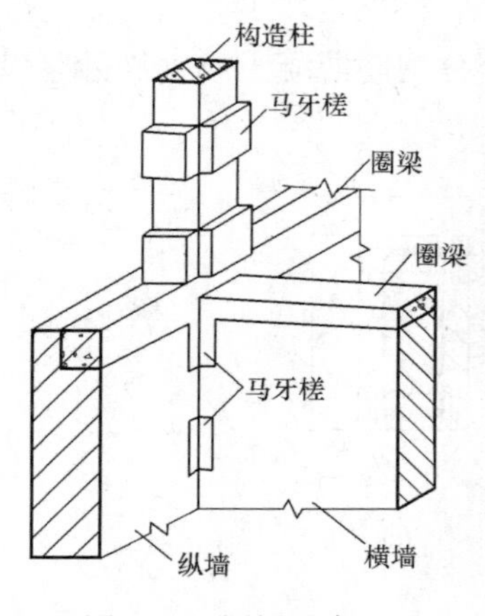

图 3-73　圈梁示意图

（5）圈梁：在砌体结构房屋中，在砌体内沿水平方向设置封闭的钢筋混凝土梁，以提高房屋空间刚度、增加建筑物的整体性、提高砖石砌体的抗剪、抗拉强度，防止由于地基不均匀沉降、地震或其他较大振动荷载对房屋的破坏。在房屋的基础上部的连续的钢筋混凝土梁叫基础圈梁，也叫地圈梁（DQL）；而在墙体上部，紧挨楼板的钢筋混凝土梁叫上圈梁。如图 3-73 所示。

（6）托梁和墙梁：为了使建筑底层具备较大空间，设置钢筋混凝土大梁以承托上面各层横墙以及由横墙传来的楼盖荷载，这种承托墙体的大梁称为托梁，由托梁和上部计算高度范围内的墙体组成的组合结构称为墙梁。

（7）挑梁：嵌同在砌体中的钢筋混凝土悬挑梁。

3.2.4.6 砌体结构的构造措施

(1) 无筋砌体的基本构造措施

砌体结构的构造是确保房屋结构整体性和结构安全的可靠措施。墙体的构造措施主要包括三个方面，即伸缩缝、沉降缝和圈梁。刚弹性和弹性方案房屋，圈梁应与屋架、大梁等构件可靠连接。钢筋混凝土圈梁的宽度宜与墙厚相同，当墙厚 $h \geqslant 240$mm 时，其宽度不宜小于 $2h/3$。圈梁高度不应小于 120mm。纵向钢筋不应少于 4ϕ10，绑扎接头的搭接长度按受拉钢筋考虑，箍筋间距不应大于 300mm。

(2) 配筋砌体构造

1) 网状配筋砖砌体构造

为了使网状配筋砖砌体安全可靠地工作，除满足承载力要求外，还应满足以下构造要求：

① 网状配筋砖砌体中的体积配筋率，不应小于 0.1%，并不应大于 1%；

② 采用钢筋网时，钢筋的直径宜采用 3～4mm；

③ 钢筋网中钢筋的间距，不应大于 120mm，并不应小于 30mm；

④ 钢筋网的间距，不应大于五皮砖，并不应大于 400mm；

⑤ 网状配筋砖砌体所用的砂浆强度等级不应低于 M7.5；钢筋网应设置在砌体的水平灰缝中，灰缝厚度应保证钢筋上下至少各有 2mm 厚的砂浆层。

2) 组合砖砌体构造

组合砖砌体构件的构造应符合下列规定：

① 面层混凝土强度等级宜采用 C20。面层水泥砂浆强度等级不宜低于 M10。砌筑砂浆的强度等级不宜低于 M7.5；

② 砂浆面层的厚度，可采用 30～45mm。当面层厚度大于 45mm 时，其面层宜采用混凝土；

③ 竖向受力钢筋宜采用 HPB300 级钢筋，对于混凝土面层，亦可采用 HRB335 级钢筋。受压钢筋一侧的配筋率，对砂浆面层，不宜小于 0.1%；对混凝土面层，不宜小于 0.2%。受拉钢筋的配筋率，不应小于 0.1%。竖向受力钢筋的直径不应小于 8mm，钢筋的净间距不应小于 30mm；

④ 箍筋的直径，不宜小于 4mm 及 0.2 倍的受压钢筋直径，并不宜大于 6mm。箍筋的间距，不应大于 20 倍受压钢筋的直径及 500mm，并不应小于 120mm；

⑤ 当组合砖砌体构件一侧的竖向受力钢筋多于 4 根时，应设置附加箍筋或拉结钢筋；

⑥ 对于截面长短边相差较大的构件如墙体等，应采用穿通墙体的拉结钢筋作为箍筋，同时设置水平分布钢筋。水平分布钢筋的竖向间距及拉结钢筋的水平间距，均不应大于 500mm，如图 3-74 所示。

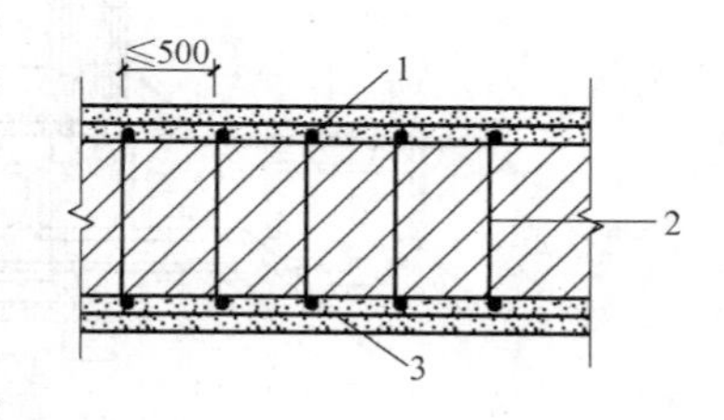

图 3-74 混凝土或砂浆面层组合墙
1—竖向受力钢筋；2—拉结钢筋；
3—水平分布钢筋

⑦ 组合砖砌体构件的顶部和底部，以及牛腿部位，必须设置钢筋混凝土垫块。竖向受力钢筋伸入垫块的长度，必须满足锚固要求。

3.3 建筑设备基本知识

建筑设备就是在建筑物内为满足用户的工作、学习和生活的需要而提供整套服务的各种设备和设施的总称，具体包括给水排水、供热、通风、空调、燃气、电力、照明、通信、安全、智能等设备系统。

3.3.1 建筑给水排水、供热工程的基本知识

3.3.1.1 建筑给水系统

（1）建筑室内给水系统的分类

建筑给水也称建筑室内给水，分为生活给水系统、生产给水系统、消防给水系统等。

（2）建筑室内给水系统的组成

建筑室内给水系统一般由引入管、计量仪表、建筑给水管网、给水附件、给水设备、配水设备等组成，如图 3-75 所示。

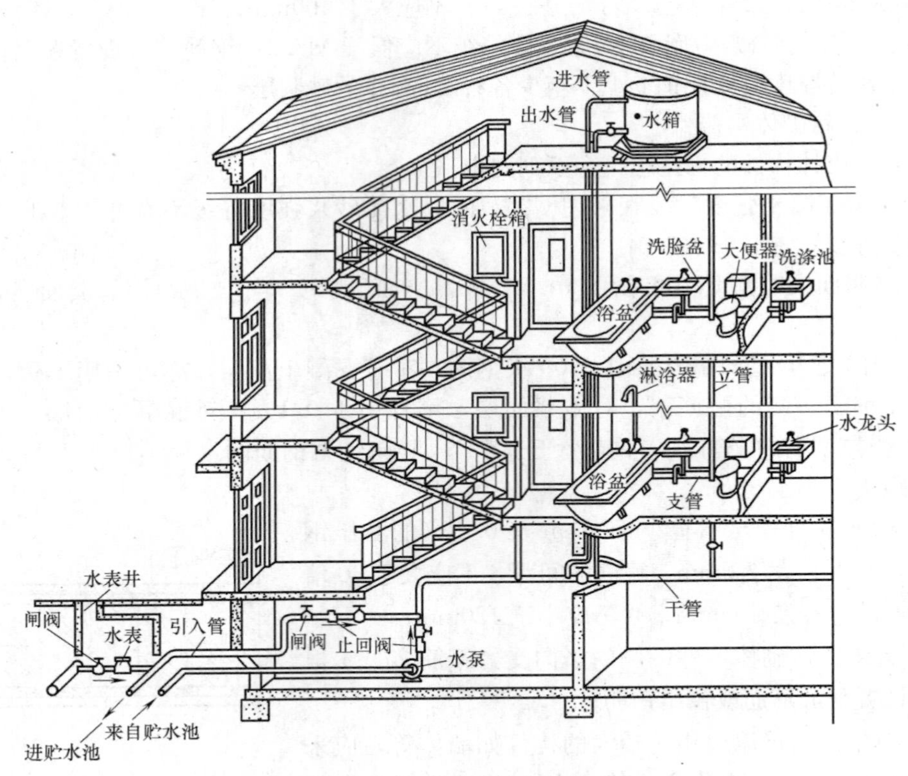

图 3-75 建筑室内给水系统

1）引入管。引入管也称进户管，是自室外给水管网的接管点将水引入建筑内部给水管网的管段，是室外给水管网与室内给水管网之间的联络管。

2）计量仪表。计量仪表包括用来计测水量、水压、温度、水位的仪表，如水表、流量表、压力表、真空计、温度计、水位计等。

3）建筑给水管网。建筑给水管网也称室内给水管网，是由干管、立管、支管等组成的管道系统，用于水的输送和分配。干管是将引入管送来的水输送到各个立管中的水平管段；立管是将干管送来的水输送到各个楼层的竖直管段；支管是将立管送来的水输送到各个配水装置或用水装置的管段。

4）给水附件。给水附件是指给水管道上为了调节水量、水压，控制水流方向和启闭水流而在系统中设置的水龙头和阀门等管路附件的总称。按照用途不同，可分为配水附件和控制附件。

5）给水设备。给水设备是指当室外给水管网的水量、水压不能满足建筑用水要求时，在系统中设置的水泵、水箱、水池、气压给水设备等升压或储水设备。

6）配水设备。配水设备是指生活、生产和消防给水系统的终端用水设施。生活给水系统中主要指卫生器具的给水配件，生产给水系统主要指用水设备，消防给水系统主要指室内消火栓、各种喷头等。

（3）建筑给水常用管材

1）金属管

① 焊接钢管。焊接钢管俗称水煤气管，又称为低压流体输送管或有缝钢管。按其表面是否镀锌可分为镀锌钢管（又称白铁管）和非镀锌钢管（又称黑铁管）。按钢管壁厚不同，又分为普通钢管、加厚管和薄壁管三种。按管端是否带有螺纹还可分为带螺纹和不带螺纹两种。焊接钢管的直径规格用公称直径“*DN*”表示，单位为 mm（如 *DN*25）。普通焊接钢管用于输送流体工作压力小于或等于 1.0MPa 的管路，如室内给水系统管道，加厚焊接钢管用于输送工作压力小于或等于 1.6MPa 的管路。

② 无缝钢管。用于输送流体的无缝钢管用 10 号、20 号、Q295、Q345 牌号的钢材制造而成。

按制造方法可分为热轧和冷轧两种。热轧管外径有 32～630mm 的各种规格，每根管的长度为 3～12m；冷轧管外径有 5～220mm 的各种规格，每根管的长度为 1.5～9m。无缝钢管的直径规格用管外径×壁厚表示，符号为 $D\times\delta$，单位为 mm（如 159×4.5）。无缝钢管用作输送流体时，适用于城镇、工矿企业给水排水、氧气、乙炔。一般直径小于 50mm 时选用冷拔钢管，直径大于 50mm 时选用热轧钢管。

③ 铜管。常用铜管有紫铜管（纯铜管）和黄铜管（铜合金管）。紫铜管主要用 T2、T3、T4、Tup（脱氧铜）制造而成。铜管常用于高纯水制备、输送饮用水、热水和民用天然气、煤气、氧气及对铜无腐蚀作用的介质。

④ 铸铁管。铸铁管分为给水铸铁管和排水铸铁管两种。给水铸铁管常用球墨铸铁浇铸而成，出厂前内外表面已用防锈沥青漆防腐。按接口形式，分为承插式和法兰式两种。按压力，分为高压、中压和低压给水铸铁管。直径规格均用公称直径表示。

⑤ 铝塑管。铝塑管是以焊接铝管为中间层，内外层均为聚乙烯塑料，采用专用热熔胶，通过挤压成型的方法复合成一体的管材。可分为冷、热水用铝塑管和燃气用复合管。铝塑管常用外径等级为 *D*14、16、20、25、32、40、50、63、75、90、110，共 11 个等级。

2）非金属管

① 塑料给水管。塑料管是以合成树脂为主要成分，加入适量的添加剂，在一定的温度和压力下塑制成型的有机高分子材料管道。分为给水硬聚氯乙烯管（PVC-U）和给水高密度

聚乙烯管（HDPE）两种。用于室内外（埋地或架空）输送水温不超过45℃的冷热水。

② 其他非金属管材。给水工程中除使用给水塑料管外，还经常在室外给水工程中使用自应力和预应力钢筋混凝土管给水管。

（4）常见的给水系统

1）直接给水方式：室外给水管网的水量、水压在一天的任何时间内均能满足建筑物内最不利配水点用水要求时，不设任何调节和增压设施的给水方式，称为直接给水方式。

2）单设水箱给水方式：建筑物内部设有管道系统和屋顶水箱，当室外管网压力能够满足室内用水要求时，则由室外管网直接向室内管网供水，并向水箱充水；在用水高峰时，室外管网压力不足，则由水箱向室内系统补充供水。

3）设水泵给水方式：当室外管网水压经常不足时，可利用建筑物内给水管道系统设置的加压水泵向室内给水系统供水。

4）设水池、水泵和水箱的联合给水方式：当允许水泵直接从室外管网抽水时，且室外给水管网的水压低于或周期性低于建筑物内部给水管网所需水压，且建筑物内部用水量很不均匀时，宜采用水箱和水泵联合给水方式。

3.3.1.2 建筑排水系统

（1）建筑排水系统的分类

建筑排水又称建筑室内排水，分为生活污水排水系统、生产污（废）水排放系统和雨（雪）水排放系统等。

（2）建筑排水系统的组成

一般建筑物内部排水系统由污（废）水收集器、排水管道、通气管、清通装置和提升设备的组成，如图3-76所示。

1）污（废）水收集器：用来收集污（废）水器具，如室内卫生器具等。

2）排水横支管：将各卫生器具排水管流来的污水排至立管。

3）排水立管：承接各楼层支管流人的污水，然后排入排出管。

4）排出管：是室内排水立管与室外排水检查井之间的连接管段，它接受一根或几根立管流来的污水并排入室外排水管网。

5）通气管：使建筑内部排水管系统与大气相同，保持压力平衡；保证在正压力状态下排放污（废）水；排出管道中的有害气体。

6）清通设备：检查口和清扫口属于清通设备，为方便排水管道疏通堵塞，一般在排水立管和横支管上相应部位设置清通设备。

7）污水抽升设备：建筑地下部分的污（废）水不能自流排至室外检查井，需设污水抽升设备，如污水泵等。

8）污水局部处理设施：当室外污水未经处理不允许直接排入城市排水管道或污染水体时，必须予以局部处理。民用建筑常用的污水局部处理设施有化粪池、隔油池、沉淀池和中和池等。

（3）建筑排水常用管材

1）塑料管：包括PVC－U（硬聚氯乙烯）管、UPVC隔声空壁管、UPVC芯层发泡管、ABS管等多种管材，适用于建筑高度不大于100m、连续排放温度不大于40℃、瞬时排放温度不大于80℃的生活污水系统、雨水系统，也可用作生产排水管。

2）排水铸铁管：管壁较给水铸铁管薄，不能承受高压，常用于建筑生活污水管、雨水管等，也可用作生产排水管。排水铸铁管连接方式多为承插式，常用的接口材料有普通水泥接口、石棉水泥接口、膨胀水泥接口等。

3）钢管：用作卫生器具排水支管及生产设备振动较大的地点、非腐蚀性排水支管上，管径小于或等于50mm的管道，可采用焊接或配件连接。

（4）常见的排水系统

1）分流制：指粪便污水和生活废水，生产污水与生产废水在建筑物内部分别排至建筑物外，即上述各种污（废）水系统，分别设置管道各自独立排至建筑物外。

2）合流制：指粪便污水和生活废水，生产污水与生产废水在建筑物内合流后排至建筑物外，即上述各种污（废）水系统，合二为一或合三为一设置管道合流，排出建筑物外。

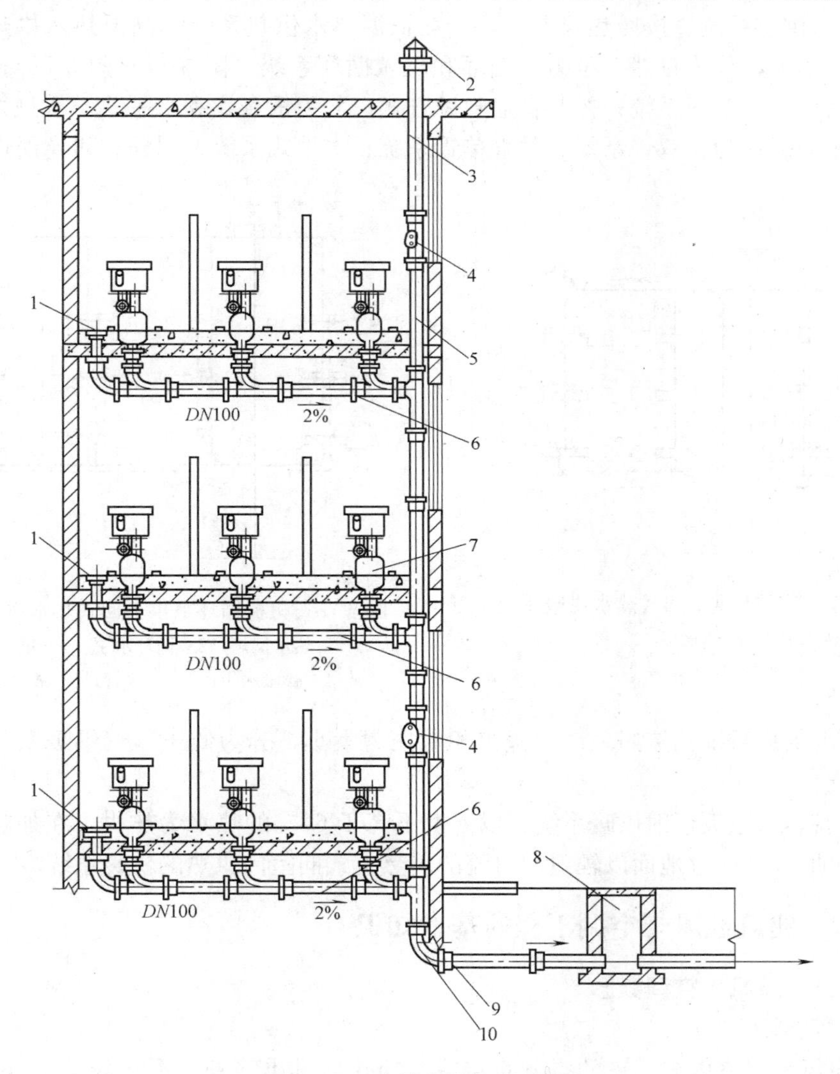

图3-76 建筑内部排水系统

1—清扫口；2—风帽；3—通风管；4—检查口；5—排水管；6—排水横支管；7—大便器；8—检查井；9—排出管；10—出户大弯管

3.3.1.3 建筑供热系统

供热就是用人工方法向室内供给热量，保持一定的室内温度，以创造适宜的生活条件或工作条件的技术。供热系统主要由热源、供热管网和热用户三部分组成。

供热系统的热媒分为热水、蒸汽和热风。以热水和蒸汽作为热媒的集中供暖系统，由热源、输热设备和散热设备组成，具有供热量大、节约燃料、污染较轻、费用低等优点，在工业与民用建筑中应用广泛。

（1）局部供热系统和集中供热系统

1）局部供热系统：将热源和散热设备合并为一体，分散设置在各个房间。

2）集中供热系统：由远离供热房间的热源、输热管道和散热设备三部分组成。

（2）热水和蒸汽供热系统

1）热水供热系统：按照热媒参数，分为低温热水供热系统和高温热水供热系统；按照系统循环动力，分为自然（重力）循环和机械循环系统（图 3-77、图 3-78）；按照立管数量，分为单管和双管系统；按照管道敷设方式，分为垂直式和水平式。机械循环热水供暖系统常用的形式为：双管系统、垂直单管系统、水平式系统、同程式和异程式系统。

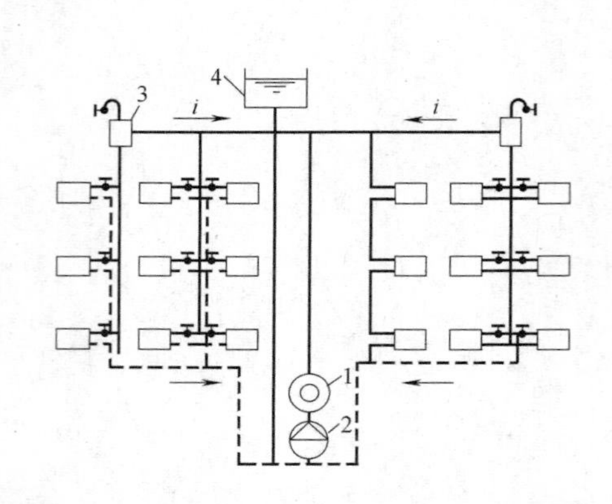

图 3-77 机械循环上供下回式热水供暖系统

1—热水锅炉；2—循环水泵；3—集气罐；4—膨胀水箱

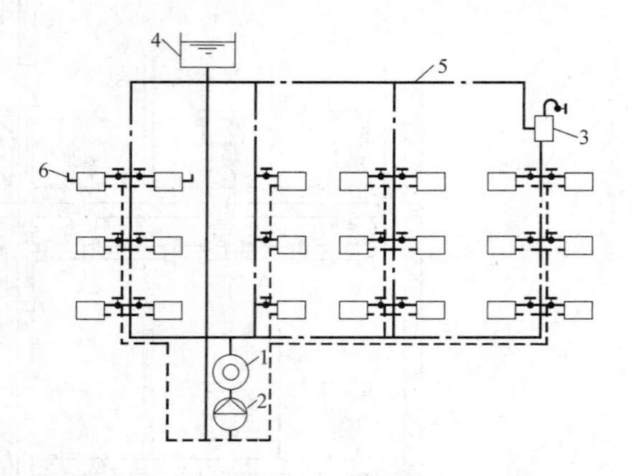

图 3-78 机械循环下供下回式热水供暖系统

1—热水锅炉；2—循环水泵；3—集气罐；4—膨胀水箱；5—空气管；6—放气阀

2）蒸汽供热系统：按照系统中蒸汽相对压力大小，分为低压蒸汽供暖系统和高压蒸汽供暖系统。

3）低温热水地板辐射供暖系统：以温度不高于 60℃的热水为热媒，在加热管内循环流动，加热地板，通过地面以辐射和对流的传热方式向室内供热的供暖系统。

3.3.2 建筑通风与空调工程的基本知识

3.3.2.1 通风与空调概念

（1）建筑通风

建筑通风是将室内被污染的空气直接或经净化后排出室外，再将新鲜空气补充进来，从而保证室内的空气环境符合卫生标准并满足生产工艺的要求。通风系统一般不循环使用回风，而是对送入室内的新鲜空气不作处理或仅作简单处理，并根据需要对排风进行除尘、净化处理后排出或直接排出室外。

(2) 空气调节

空气调节是采用技术把某种特定内部的空气控制在一定状态下，使其满足人体舒适和生产工艺的要求。空调系统一般对室内空气循环使用，把新风与回风混合后进行热湿处理，然后送入被调房间。

3.3.2.2 通风系统分类

(1) 自然通风：借助风压和热压作用使室内外的空气进行交换。

(2) 机械通风：借助通风机产生的吸力或压力，通过通风管道进行室内外空气交换，如图 3-79 所示。

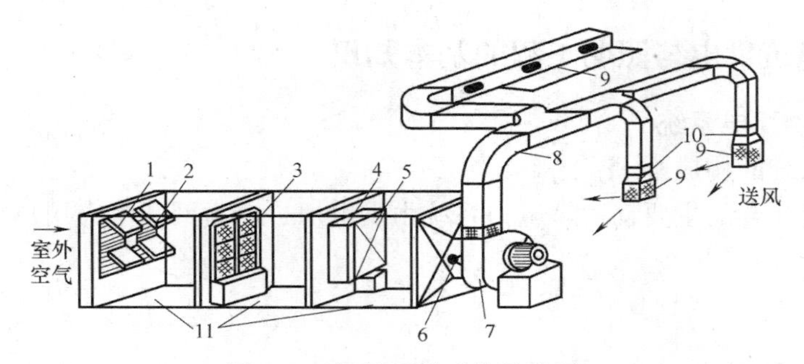

图 3-79 机械通风系统示意图

1—百叶窗；2—保温阀；3—过滤器；4—旁通阀；5—空气管加热器；6—启动阀；7—通风机；8—通风管网；9—出风口；10—调节阀；11—送风室

(3) 全面通风：对整个房间进行通风换气。

(4) 局部通风：利用局部气流，改善局部区域的空气环境。

3.3.2.3 空调系统的分类

(1) 按空气处理设备设置情况分类

1) 集中式空气调节系统：过滤器、冷却器、加热器、加湿器等空气处理设备设置在空调机房内，空气经过集中处理后经风道送入各个房间。

2) 半集中式空气调节系统：除了设置集中的空调机房外，还设有分散在空调房间内的二次处理装置（诱导系统和风机盘管系统）。主要是在空气进入房间前，对来自集中处理设备的空气进一步补充处理。

3) 全分散空气调节系统：将冷（热）源设备、空气处理设备和空气输送装置都集中在一个空调机组内。

(2) 按空气来源分类（图 3-80）

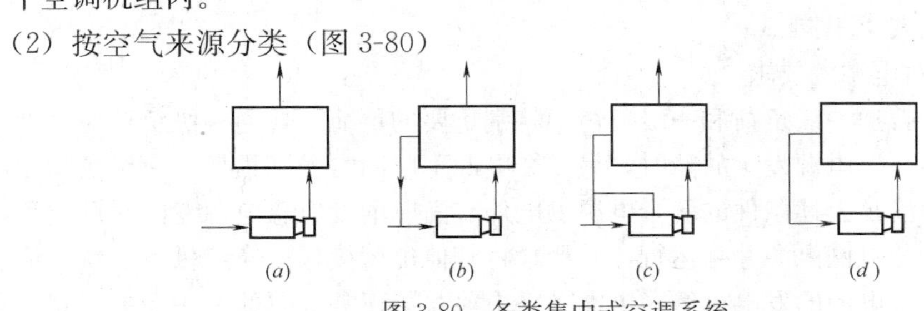

图 3-80 各类集中式空调系统

(a) 直流式；(b) 一次回风式；(c) 二次回风式；(d) 封闭式

1）直流式系统：系统送风全部来自室外，不利用室内回风。

2）回风式系统：系统送风中部分空气来自室外，还利用一部分室内回风。

3）封闭式系统：系统送风全部来自空调房间，全部使用室内再循环空气，不补充新鲜空气。

（3）按所用介质分类

1）全空气系统：完全由空气作为承载空调负荷的介质。

2）全水空调系统：完全由水作为承载空调负荷的介质。

3）空气-水空调系统由空气承担部分空调负荷，再由水承担其余部分负荷。

4）直接蒸发空调系统：由制冷剂作为承载空调负荷的介质。

3.3.3 建筑供电与照明工程的基本知识

3.3.3.1 供配电系统

（1）电力系统的构成

电力是现代社会的主要动力，电力系统由发电厂、电力网和电力用户组成，如图3-81所示。

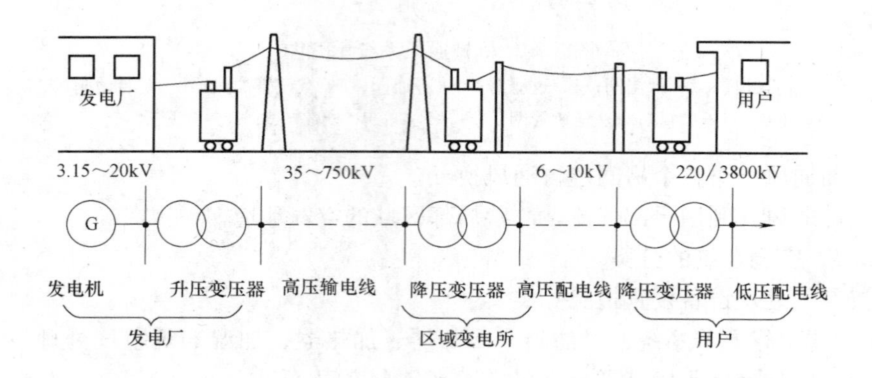

图3-81 电力系统示意图

（2）电力负荷的分级与供电要求

在电力系统上的用电设备所消耗的功率称为用电负荷或电力负荷。根据电力负荷对供电可靠性的要求及中断供电在政治、经济上所造成的损失或影响的程度，分为三级。不同等级负荷对电源的要求不同。

1）一级负荷对电源的要求

一级负荷分为普通一级负荷和一级负荷中特别重要的负荷。普通一级负荷应由两个电源供电，且当其中一个电源发生故障时，另一个电源不应同时受到损坏。一级负荷中特别重要的负荷，除由满足上述条件的两个电源供电外，尚应增设应急电源专门对此类负荷供电。应急电源不能与电网电源并列运行，并严禁将其他负荷接入该应急供电系统。应急电源可以是独立于正常电源的发电机组、供电网络中独立于正常电源的专用馈电线路、蓄电池、干电池等。

2）二级负荷对电源的要求

二级负荷的供电系统应做到当发生变压器故障或线路常见故障时不致中断供电（或中断供电后能迅速恢复供电）。二级负荷宜由两条回线路供电，当电源来自于同一区域变电站的不同变压器时，即可认为满足要求。在负荷较小或地区供电条件困难时，可由一回 6kV 及以上专用的架空线路或电缆线路供电。当采用架空线时，可为一回架空线供电；当采用电缆线路时，应采用两根电缆组成的线路供电，且每根电缆应能承受 100%的二级负荷。

3）三级负荷对电源的要求

三级负荷对供电电源无要求，一般单电源供电即可，但在可能的情况下，也应提高其供电的可靠性。

（3）建筑供电系统的组成

建筑供电系统由高压电源、变配电所和输配电线路组成。建筑低压配电系统的功能是将电能合理分配给低压用电设备，一般由配电装置（配电柜或配电箱）和配电线路（干线及分支线）组成。常用的低压配电方式有：放射式、树干式、混合式。配电线路的作用是输送和分配电能，分为室外和室内配电线路。

（4）建筑低压配电系统

低压配电系统是由配电装置（配电柜或屏）和配电线路（干线及分支线）组成。低压配电系统又分为动力配电系统和照明配电系统。低压配电方式有放射式、树干式及混合式三种。

3.3.3.2 施工现场临时用电

（1）安全用电规范依据

1）《施工现场临时用电安全技术规范》JGJ 46—2005；

2）《建筑施工安全检查标准》JGJ 59—2011；

3）《建筑施工安全技术统一规范》GB 50870—2013；

4）《建筑机械使用安全技术规程》JGJ 33—2012。

（2）施工现场临时用电组织设计

施工现场临时用电组织设计应包括：现场勘测；确定电源进线、变电所或配电室、配电装置、用电设备位置及线路走向；进行负荷计算；选择变压器；设计配电系统；设计防雷装置；确定防护措施；制定安全用电措施和电气防火措施。

（3）建立安全技术档案

施工现场临时用电必须建立安全技术档案。安全技术档案应由主管该现场的电气技术人员负责建立与管理。其中“电工安装、巡检、维修、拆除工作记录”可指定电工代管，每周由项目经理审核认可，并应在临时用电工程拆除后统一归档。

安全技术档案包括：用电组织设计的全部资料；修改用电组织设计的资料；用电技术交底资料；用电工程检查验收表；电气设备的试验、检验凭单和调试记录；接地电阻、绝缘电阻和漏电保护器漏电动作参数测定记录表；定期检（复）查表；电工安装、巡检、维修、拆除工作记录。

（4）临时用电供配电方式

建筑施工现场供电方式采用电源中性点直接接地的 380/220V 三相五线制供电。施工现场内不允许架设高压电线，特殊情况下，应按规范要求，使高压线线路与在建工程脚手架、大型机电设备间保持必要的安全距离。施工现场低压配电线路应装设短路保护、过载保护、接地故障保护等相关保护措施，用于切断供电电源或报警信号。建筑施工现场的配电线路，其主干线一般采用架空敷设方式，特殊情况下可采用电缆敷设。

建筑施工现场用电采取分级配电制度，配电箱一般为三级设置：总配电箱、分配电箱和开关箱。总配电箱应尽可能设置在负荷中心，靠近电源的地方；分配电箱应装设在用电设备相对集中的地方，分配电箱与开关箱的距离不超过 30m；开关箱应由末级分配电箱配电。每台机械都应有专用的开关箱，即：一机、一闸、一漏、一箱。开关箱与它控制的固定电气相距不得超过 3m。配电箱要装设在干燥、通风、常温、无气体侵害、无振动的场所，露天配电箱应有防雨、防尘措施。配电箱和开关箱不得用易燃材料制作，箱内的连接线应采用绝缘导线，不应有外露带电部分。配电箱的电器安装板上必须分设 N 线端子板和 PE 线端子板，N 线端子板必须与金属电器安装板绝缘，PE 线端子板必须与金属电器安装板做电气连接。不同用途的配电箱应用颜色区分：红色为消防箱，浅驼色为照明箱或普通低压配电屏，灰色为动力箱。

（5）施工机械和电动工具的用电要求

起重机应按要求进行重复接地和防雷接地。塔身高于 30m 的塔式起重机，应在塔顶和臂架端部设红色信号灯。起重机附近有强电磁场时，应在吊钩与机体之间采取隔离措施，以防感应放电。

电焊机一次侧电源应采用橡套缆线，其长度不得大于 5m；电焊机二次侧线宜采用橡胶护套铜芯多股软电缆，其长度不得大于 50m。移动式设备及手持电动工具应装设漏电保护装置，并要定期检查，其电源线必须使用三芯（单相）或三相四芯橡套缆线。电缆不得有接头，不能随意加长或随意调换。露天使用的电气设备及元件，应选用防水型或采取防水措施，浸湿或受潮的电气设备要进行必要的干燥处理，绝缘电阻符合要求后才能使用。经常在潮湿环境使用的施工机械，应注意维护保养。所装设的漏电保护器要经常检查，使之安全、可靠运行。

（6）防雷与接地

雷电是雷云之间或雷云对地面放电的一种自然现象。雷电具有极大的破坏性，容易对建筑物、电气设施造成破坏，甚至对人、畜造成伤亡。根据雷电的危害方式不同，可分为：直击雷、雷电感应、雷电波侵入、球状雷电。根据建筑物的重要性、使用性质、发生雷击事故的可能性和后果，建筑物防雷分为三类。一般根据建筑物的防雷等级确定其防雷措施。

为了保证人身安全和满电气系统、电气设备的正常工作需要，一般采用保护接地和保护接零。根据电气设备接地不同的作用，可将接地和接零类型分为：工作接地、保护接地、工作接零、保护接零、重复接地、防雷接地、屏蔽接地、专用电子设备的接地、接地模块。

3.3.3.3 建筑电气照明

（1）照明的概念和分类

照明分为天然照明和人工照明两大类。

照明方式是指照明设备按照其安装部位或使用功能而构成的基本制式，一般分为：一般照明、分区一般照明、局部照明和混合照明。

照明按照使用性质分为：正常照明、应急照明、值班照明、警卫照明、障碍照明等。

照明按照目的和处理手法分为：明视照明、气氛照明。

（2）常用照明电光源和灯具

可将电能转换为光能的设备称为电光源。电光源根据发光原理，可分为热辐射光源和气体放电光源两大类。热辐射光源是利用电流的热效应，将灯丝加热到白炽程度而发光的光源，如钨丝白炽灯、卤钨灯等。气体放电光源是利用气体或蒸气放电而发光的光源，如金属卤化物灯、氙灯、霓虹灯等。

照明灯具是能透光、分配和改变光源光分布的器具，包括除光源外所有用于固定和保护光源所需的全部零、部件，以及与电源连接所必需的线路附件。按灯具光通量在空间中的分配特性可分为：直射型灯具、半直射型灯具、漫射型灯具、半间接型灯具、间接型灯具（图 3-82）。按灯具的结构特点可分为：开启型灯具、闭合型灯具、封闭型灯具、密闭型灯具、防尘型灯具、防水灯具、防爆型灯具、隔爆型灯具、增安型灯具、防振型灯具（图 3-83）。按灯具的安装方式可分为：悬吊式灯具、吸顶灯具、嵌入式灯具、壁灯、落地灯、可移式灯具。

选择照明灯具用应考虑经济型、技术性、装饰性、环境和安装条件等要求。

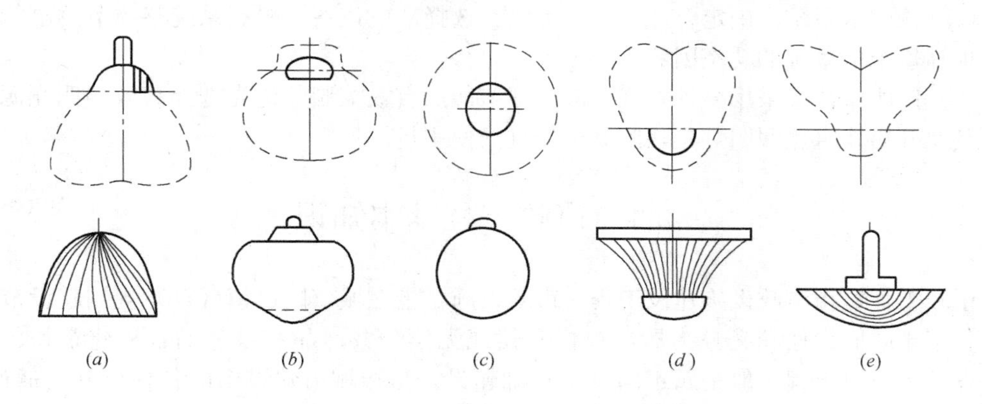

图 3-82 按光通量在空间的分布情况分类的灯型
（*a*）直射型；（*b*）半直射型；（*c*）漫射型；（*d*）半间接型；（*e*）间接型

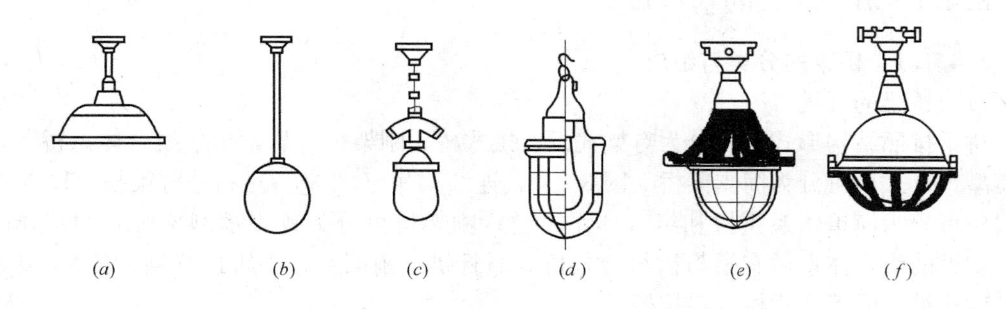

图 3-83 按灯具结构物点分类的灯型
（*a*）开启型；（*b*）闭合型；（*c*）密闭型；（*d*）防爆型；（*e*）隔爆型；（*f*）安全型

3.3.3.4 建筑供配电及照明节能

(1) 照明光源、灯具及其附属装置进场验收时应对灯具的效率、镇流器的能效、设备谐波含量等技术性能进行核查，并经监理：工程师（建设单位代表）检查认可，形成相应的验收核查记录。质量证明文件和相关技术资料应齐全，并符合国家现行有关标准和规定。

(2) 低压配电系统选择的电缆、电线截面不得低于设计值，进场时应对其截面和每芯导体电阻进行见证取样送检。每芯导体电阻值应符合国家现行有关标准和规定。

(3) 工程安装完成后应对低压配电系统进行调试，调试合格后应对低压配电电源质量进行检测。在通电试运行中，应测试并记录照明系统的照度和功率密度值。

(4) 母线与母线或母线与电器接线端子，当采用螺栓搭接连接时，应采用力矩扳手拧紧，制作应符合《建筑电气工程施工质量验收规范》GB 50303—2002 标准中的有关规定。

(5) 交流单芯电缆分相后的每相电缆宜品字形（三叶形）敷设，且不得形成闭合铁磁回路。

(6) 三相照明配电干线的各相符合宜分配平衡，其最大相负荷不宜超过三相负荷平均值的 115%，最小相负荷不宜小于三相负荷平均值的 85%。

(7) 输配电系统应确定合适的电压等级，选择节电设备，提高系统整体节约电能的效果。提高输配电系统的功率因数。

(8) 照明系统应采用多种方式，以保证节能的有效控制。优先选择高效照明光源、高效灯具及开启式直接照明灯具，限制白炽灯的使用量。

3.4 市政工程基本知识

市政工程是指市政设施建设工程。市政设施是指在城市区、镇（乡）规划建设范围内设置、基于政府责任和义务为居民提供有偿或无偿公共产品和服务的各种建筑物、构筑物、设备等市政工程一般是属于国家的基础建设，是指城市建设中的各种公共交通设施、给水排水、燃气、城市防洪、环境卫生及照明等基础设施建设，是城市生存和发展必不可少的物质基础。是提高人民生活水平和对外开放的基本条件。

3.4.1 城镇桥梁的基本知识

3.4.1.1 桥梁的分类与组成

(1) 桥梁的分类

桥梁按照结构形式，可分为有梁式桥、拱式桥、刚架桥、悬索桥、组合体系桥五种基本类型。梁式桥可分为简支梁桥（图 3-84）、连续梁桥（图 3-85）和悬臂梁桥（图 3-86）；拱式桥可分为简单体系拱桥和组合体系拱桥；刚架桥可分为铰支承刚架桥和固定端刚架桥；常见的组合体系桥有梁与拱组合式桥（系杆拱、桁架拱、多跨拱梁结构等）、悬索结构与梁式结构的组合式桥（斜拉桥）。

城镇桥梁也可按照多孔跨径总长度或单孔跨径的长度分为特大桥、大桥、中桥和小桥，见表 3-23。

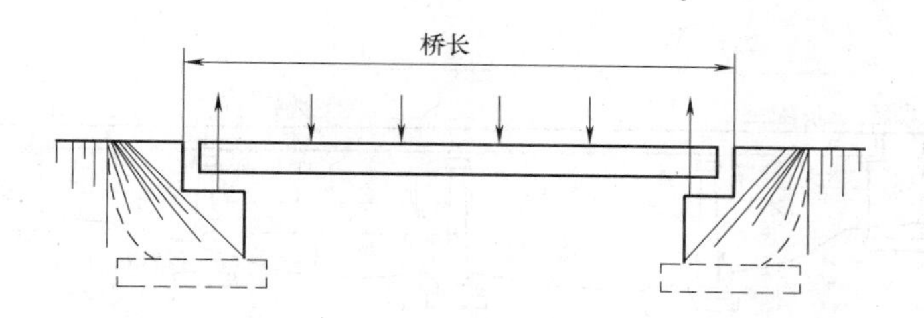

图 3-84　简支梁桥

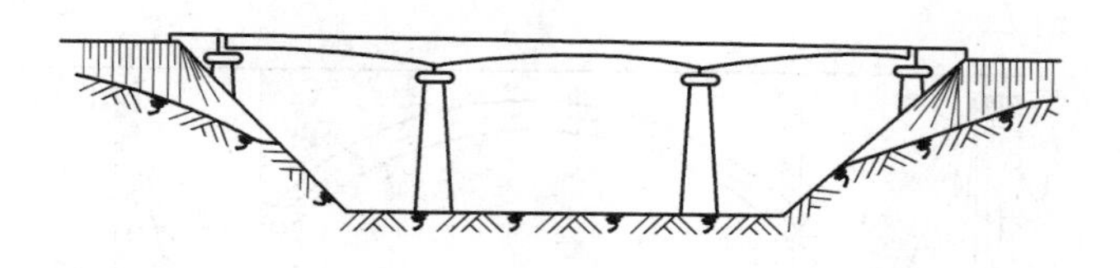

图 3-85　连续梁桥

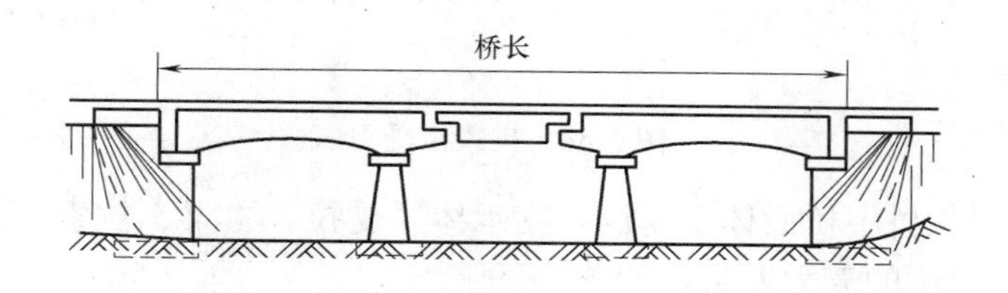

图 3-86　悬臂梁桥

城市桥梁按总长或跨径分类　　**表 3-23**

桥 梁 分 类	多孔跨径总长 L(m)	单孔跨径 L_0(m)
特大桥	$L>1000$	$L_0>150$
大桥	$1000\geqslant L\geqslant 100$	$150\geqslant L_0\geqslant 40$
中桥	$100>L>30$	$40>L_0\geqslant 20$
小桥	$30\geqslant L\geqslant 8$	$20>L_0\geqslant 5$

注：1. 单孔跨径是指标准跨径。梁式桥、板式桥以两桥墩中线之间桥中心线长度或桥墩中心与桥台台背首缘线之间桥中心线长度为标准跨径。拱式桥以净跨径为标准跨径。
2. 梁式桥、板式桥的多孔跨径总长为多孔标准跨径的总长；拱式桥为两岸桥台起拱线间的距离；其他形式的桥梁为桥面系的行车长度。

（2）桥梁的组成

桥梁一般由上部结构、下部结构和附属构造物组成（图 3-87）。上部结构主要指桥跨结构和支座系统；下部结构包括桥台、桥墩和基础；附属构造物则指桥头搭板、锥形护坡、护岸、导流工程等。

3.4.1.2　桥梁上部结构

（1）概述

1）梁式桥。梁式桥结构在垂直荷载作用下支座仅产生垂直反力，无水平推力。

2）拱式桥。拱式桥在垂直荷载作用下，支承处不仅产生竖向反力，还产生水平推力。由于存在水平推力，拱的弯矩比同跨径的梁弯矩小得多，并使整个拱承受压力，如图 3-88 所示。

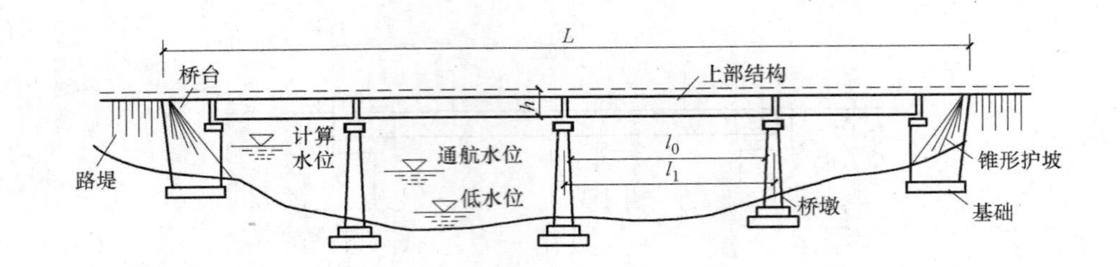

图 3-87　桥梁组成示意图

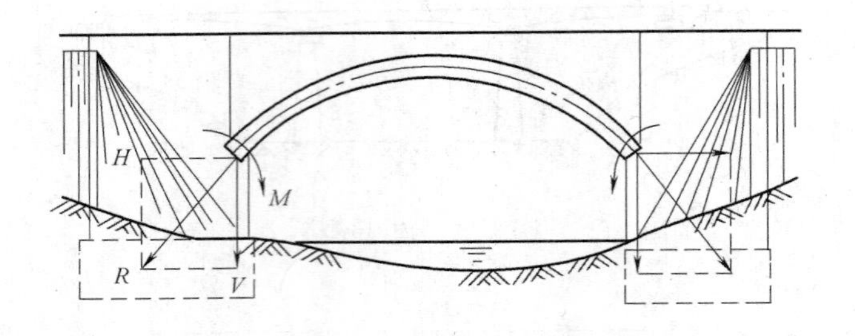

图 3-88　拱式桥受力

3）斜拉桥。斜拉桥中桥面体系受压，支承体系受拉。主梁、拉索、索塔、锚固体系、支承体系是构成斜拉桥的五大要素，如图 3-89 所示。

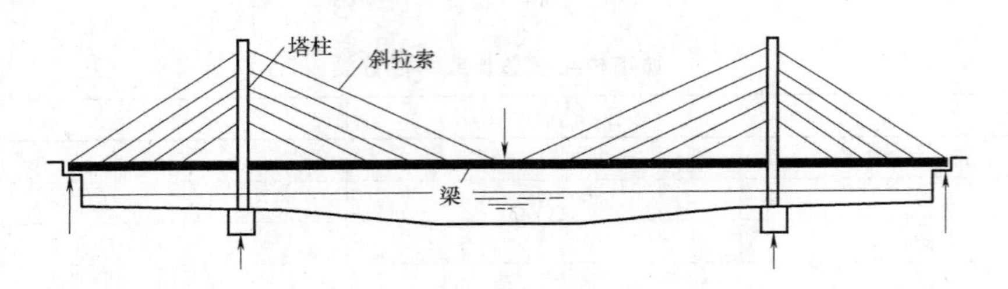

图 3-89　斜拉桥

4）悬索桥。悬索桥也称吊桥，主要由主缆、锚碇、索塔、加劲梁、吊索组成，如图 3-90所示，细部构造还有主索鞍、散索鞍、索夹等。

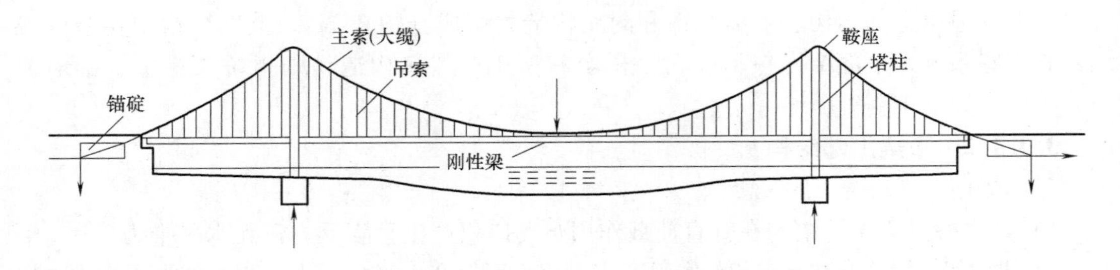

图 3-90　悬索桥

（2）桥面系

1）桥面铺装

桥面铺装的结构形式宜与所衔接的道路路面相协调，可采用沥青混凝土或水泥混凝土材料。当为快速路、主干路桥梁和次干路上的特大桥、大桥时，桥面铺装宜采用沥青混凝土材料，铺装层厚度不宜小于80mm，粒料宜与桥头引道上的沥青面层一致。水泥混凝土整平层强度等级不应低于C30，厚度宜为70～100mm，并应配有钢筋网或焊接钢筋网。当为次干路、支路时，桥梁沥青混凝土铺装层和水泥混凝土整平层的厚度均不宜小于60mm。

水泥混凝土铺装层的面层厚度不应小于80mm，混凝土强度等级不应低于C40，铺装层内应配有钢筋网或焊接钢筋网，钢筋直径不应小于10mm，间距不宜大于100mm，必要时可采用纤维混凝土。

2）桥面防水与排水

桥面铺装应设置防水层。沥青混凝土铺装底面在水泥混凝土整平层或之上设置柔性防水卷材或涂料，防水材料应具有耐热、冷柔、防渗、耐腐、粘结、抗碾压等性能。材料性能技术要求和设计应符合相关标准的规定。水泥混凝土铺装可采用刚性防水材料，或底层采用不影响水泥混凝土铺装受力性能的防水涂料等。圬工桥台台身背墙、拱桥拱圈顶面及侧墙背面都应设置防水层。下穿地道箱涵等封闭式结构顶板顶面应设置排水横坡，坡度宜为0.5%～1%，箱体防水应采用自防水，也可在顶板顶面、侧墙外侧设置防水层。

桥面排水设施的设置应符合下列要求：

① 桥面排水设施应适应桥梁结构的变形，细部构造布置应保证桥梁结构的任何部分不受排水设施及泄漏水流的侵蚀。

② 应在行车道较低处设排水口，并可通过排水管将桥面水泄入地面排水系统中。

③ 排水管道应采用坚固的、抗腐蚀性能良好的材料制成，管道直径不宜小于150mm。

④ 排水管道的间距可根据桥梁汇水面积和桥面纵坡大小确定；当纵坡大于2%时，桥面设置排水管的截面积不宜小于60mm^2/m^2。当纵坡小于1%时，桥面设置排水管的截面积不宜小于100mm^2/m^2。南方潮湿地区和西北干燥地区可根据暴雨强度适当调整。

⑤ 当中桥、小桥的桥面有不小于3%纵坡时，桥上可不设排水口，但应在桥头引道上两侧设置雨水口。

⑥ 排水管宜在墩台处接入地面，排水管布置应方便养护，少设连接弯头，且宜采用有清除孔的连接弯头。排水管底部应作散水处理，在除冰盐影响地区应在墩台受水影响区域涂混凝土保护剂。

⑦ 沥青混凝土铺装在桥跨伸缩缝上坡侧现浇带与沥青混凝土相接处应设置渗水管。

⑧ 高架桥桥面应设置横坡及不小于0.3%的纵坡，当纵断面为凹形竖曲线时，宜在凹形竖曲线最低点及其前后3～5m处分别设置排水口。当条件受到限制，桥面为平坡时，应沿主梁纵向设置排水管，排水管纵坡不应小于3%。

3）桥面伸缩装置

伸缩装置可满足桥面变形的要求。桥面伸缩装置，应满足梁端自由伸缩、转角变形及使车辆平稳通过的要求。伸缩装置应根据桥梁长度、结构形式采用经久耐用、防渗、防滑等性能良好且易于清洁、检修、更换的材料和构造形式。对变形量较大的桥面伸缩缝，宜采用梳板式或模数式伸缩装置。伸缩装置应与梁端牢同锚固。城镇快速路、主干路桥梁不得采用浅埋的伸缩装置。

4）人行道、栏杆与灯杆

人行道设在桥承重结构的顶面，而且高出行车道 25～35cm，有就地浇筑式、预制装配式。栏杆是桥梁上的防护设备，桥梁栏杆及防撞护栏的设计除应满足受力要求以外，其栏杆造型、色调应与周围环境协调。人行道或安全带外侧的栏杆高度不应小于 1.10mm。当设置竖条栏杆时，竖条净距不宜大于 140mm。栏杆结构设计必须安全可靠，栏杆底座应设置锚筋。当桥梁跨越快速路、城镇轨道交通、高速公路、铁路干线等重要交通通道时，桥面人行道栏杆上应加设护网，护网高度不应小于 2m，护网长度宜为下穿道路的宽度并各向路外延长 10m。

桥上应设置照明灯杆。根据人行道宽度及桥面照度要求，灯杆宜设置在人行道外侧栏杆处，当人行道较宽时，灯杆可设置在人行道内侧或分隔带中，杆座边缘距车行道路面的净距不应小于 0.25m。当采用金属杆的照明灯杆时，应有可靠接地装置。照明灯杆灯座的设计选用应与环境、桥型、栏杆协调一致。

（3）支座

桥梁支座可按其跨径、结构形式、反力力值、支承处的位移及转角变形值选取不同的支座。桥梁可选用板式橡胶支座或四氟滑板橡胶支座、盆式橡胶支座和球型钢支座，不宜采用带球冠的板式橡胶支座或坡形板式橡胶支座。大中跨径的钢桥、弯桥和坡桥等连续体系桥梁应根据需要设置固定支座或采用墩梁固结，不宜全桥采用活动支座或等厚度的板式橡胶支座。对中小跨径连续梁桥，梁端宜采用四氟滑板橡胶支座或小型盆式纵向活动支座。

3.4.1.3 桥梁的下部结构

（1）桥墩

桥墩指多跨桥梁的中间支承结构物，它将相邻两孔的桥跨结构连接起来。

桥墩分为实体桥墩、空心桥墩、柱式桥墩、柔性墩和框架墩。实体桥墩由墩帽、墩身和基础组成，图 3-91（*a*）所示。空心桥墩分为实重力式桥墩和钢筋混凝土薄壁桥墩。柱式桥墩一般由基础之上的承台、柱式墩身和盖梁组成。典型的柔性墩为柔性排架墩，分为单排架墩和双排架墩。框架墩采用压挠和挠曲构件，组成平面框架代替墩身。

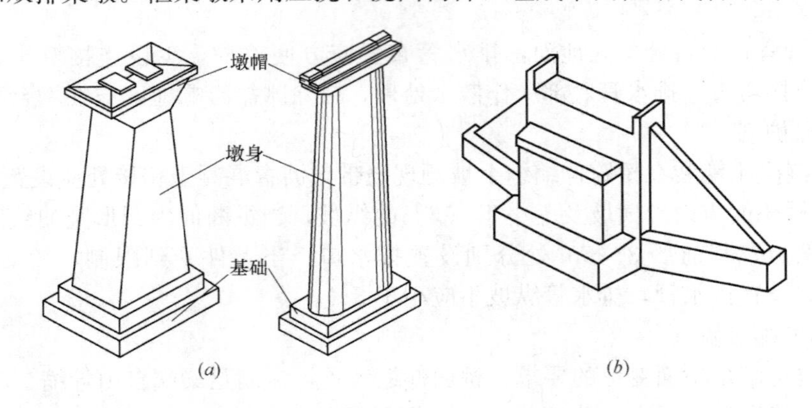

图 3-91 桥墩和桥台

（*a*）桥墩；（*b*）桥台

（2）桥台

桥台是将桥梁与路堤衔接的构筑物，如图 3-91（*b*）所示，它除了承受上部结构的荷载外，还承受桥头填土的水平土压力及直接作用在桥台上的车辆荷载等。桥台可以分为重力式桥台、轻型桥台、框架桥台和组合式桥台。

（3）墩台基础

常用的桥涵墩台基础形式有扩大基础、桩与管柱基础、沉井基础。

3.4.2 城镇道路的基本知识

交通运输是国民经济的重要产业之一，它把国民经济各领域和各个地区联系起来，在社会物质财富的生产和分配过程中，在广大人民生活中起着极为重要的作用，道路运输是交通运输的重要组成部分。

3.4.2.1 道路的分类与组成

道路按照道路所在位置、交通性质及其使用特点，可分为公路、城市道路、林区道路、厂矿道路和乡村道路等。公路是连接城市、农村、厂矿基地和林区的道路，城市道路是城市内道路，林区道路是林区内道路，厂矿道路是厂矿区内道路。

（1）道路的分类

城市道路一般较公路宽阔，为适应复杂的交通工具，多划分机动车道、公共汽车优先车道、非机动车道等。根据道路在城市道路系统中的地位和交通功能，分为：快速路、主干路、次干路、支路。

1）快速路。快速路是为流畅地处理城市大量交通而建设的道路。快速路应中央分隔、全部控制出入、控制出人口间距及形式，应实现交通连续通行，单向设置不应少于两条车道，与交通量大的干路相交时应采用立体交叉，与交通量小的支路相交时可采用平面交叉，但要有控制交通的措施。快速路两侧不应设置吸引大量车流、人流的公共建筑物的出入口。

2）主干路。主干路是连接城市各主要部分的交通干路，是城市道路的骨架，主要功能是交通运输。主干路上的交通要保证一定的行车速度，故应根据交通量的大小设置相应宽度的车行道，以供车辆通畅地行驶。交通量超过平面交叉口的通行能力时，可根据规划采用立体交叉，机动车道与非机动车道应用隔离带分开。主干路两侧应有适当宽度的人行道，应严格控制行人横穿主干路。主干路两侧不宜建筑吸引大量人流、车流的公共建筑物如剧院、体育馆、大商场等。

3）次干路。次于路是一个区域内的主要道路，是一般交通道路兼有服务功能，配合主干路共同组成干路网，起广泛联系城市各部分与集散交通的作用，一般情况下快慢车混合行驶。道路两侧应设人行道，并可设置吸引人流的公共建筑物，但相邻出入口的间距不宜小于 80m，且该出人口位置应设置在临近交叉口的功能区之外。

4）支路。次干路是与居住区的联络线，为地区交通服务，也起集散交通的作用。支路宜与次干路和居住区、工业区、交通设施等内部道路相连接，两旁可有人行道，也可有商业性建筑，出入口宜设置在临近交叉口的功能区之外。

（2）道路的组成

道路是一条三维空间的实体。它是由路基、路面、桥梁、涵洞、隧道和沿线设施所组成的线形构造物。道路主要由线形和结构两部分组成。

1）线形组成

道路线形指的是道路中线的空间结合形状和尺寸，就是道路的平面图、纵断面图和横断面图。城市道路横断面可分为单幅路、两幅路、三幅路、四幅路及特殊形式的断面。城市道路由机动车道、非机动车道、人行道、分车带、设施带、绿化带等组成，特殊断面还可包括应急车道、路肩和排水沟等，如图 3-92 所示。

2）结构组成

道路在结构上主要由路基和路面组成。路基和路面是相辅相成、不可分割的整体，路基是路面的基础，具有良好强度和稳定性的路基可以保证路面能够承受长期车辆荷载的作用，而优良的路面结构又可以保护路基，使之避免受到车辆荷载和自然因素造成的直接破坏，延长其使用寿命。

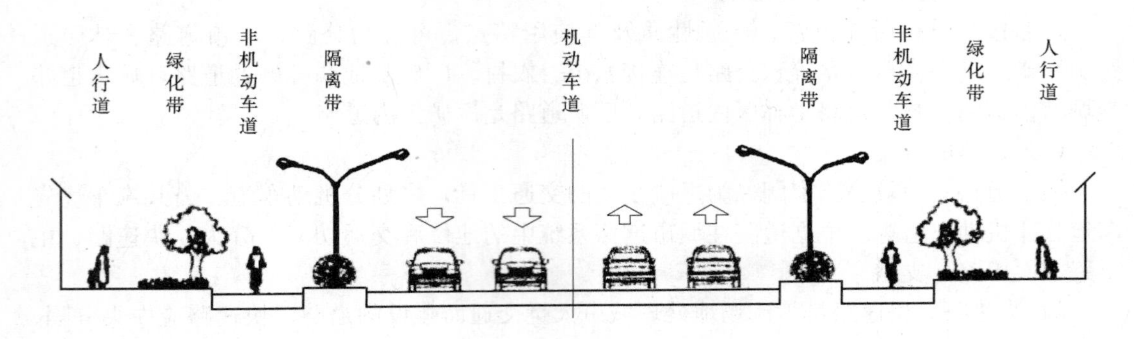

图 3-92 城市道路横断面

3.4.2.2 路基

路基是道路的基础，是在天然地表上按照道路几何设计的要求开挖或堆填而成的岩石结构物；路基贯穿道路全线，连通全线的桥梁、隧道、涵洞，是道路质量的关键；路面损坏往往与路基排水不畅、压实度不够、温度低等因素有关。

高于原地面的填方路基称为路堤，按照路堤的填土高度不同，划分为矮路堤、高路堤和一般路堤。低于原地面的挖方路基称为路堑，有全挖路基、台口式路基及半山洞路基。当天然地面横坡大，且路基较宽，需要一侧开挖而另一侧填筑时，为填挖结合路基，也称半挖半填路基，如图 3-93 所示。

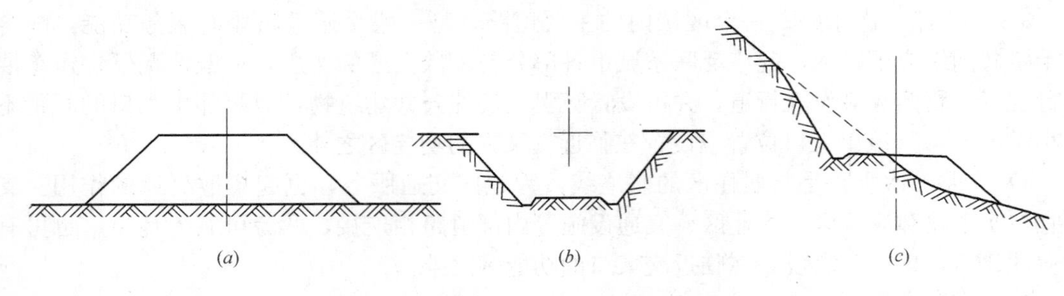

图 3-93 路基示意图

（a）路堤；（b）路堑；（c）半挖半填路基

工程中对路基的要求包括：结构尺寸的要求，对正体结构（包括周围底层）的要求，足够的强度和抗变形能力，足够的整体水稳定性。

3.4.2.3 路面

路面是由各种混合料分层铺筑在路基顶面上供车辆行驶的结构物；路面结构暴露自然环境之中，不但受到大气和水温条件的影响，还要常年经受各种行车荷载的作用，且结构材料复杂，因此，路面工程变异性大，不确定性因素多。

工程中对路面的要求包括：强度和刚度、稳定性、耐久性、表面平整、抗滑性和环保型。

路面结构按照各个层次的功能不同由面层和基层组成，必要时可在二者之间设置垫层作为温度和湿度的过渡层，高级道路路面还会增加联结层和底基层，如图 3-94 所示。路面各结构层次可选用的组成材料，见表 3-24。

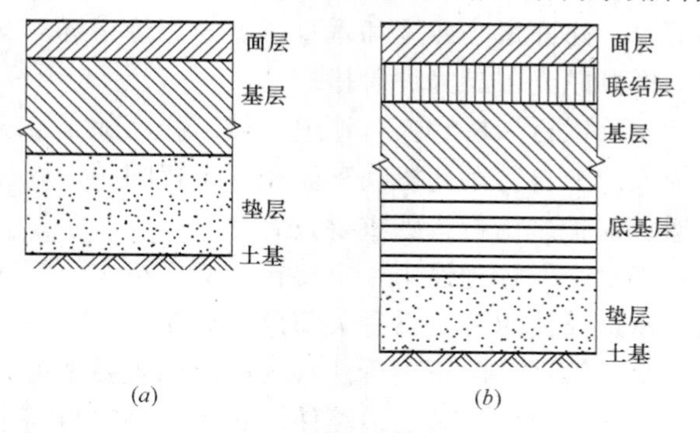

图 3-94 路面结构图

(a) 低、中级路面；(b) 高级路面

3.4.2.4 道路主要公用设施

为满足道路使用者的需要，需要在道路上设置相应的公用设施，主要包括交通安全管理设施和服务设施等。

各类路面结构层可选用的组成材料 表 3-24

结构层次	路面类型		
	沥青路面	水泥混凝土路面	砌块路面
面层	沥青混合料 沥青表面处治 沥青贯入碎石	普通混凝土 钢筋混凝土 钢纤维混凝土 连续配筋混凝土	普通型预制路面砖 连锁型预制路面砖 天然石材
基层	贫混凝土、碾压混凝土 水泥、石灰、石灰—粉煤灰稳定碎石或土 沥青碎石、沥青贯入碎石 多孔隙水泥或沥青稳定碎石 级配碎石或砾石		水泥、石灰、石灰粉 煤灰稳定碎石或土 级配碎石或砾石
垫层	碎石、砂或砂砾 水泥、石灰或石灰-粉煤灰稳定土		

(1) 交通基础设施，如交通广场、停车场、加油站等。停车场宜设置在其主要服务对象的同侧，以便使客流上下、货物集散时不穿越主要道路，减少对动态交通的干扰。

(2) 公共交通站点，如公共汽车停靠站台、出租车上下客站。公共交通站点应结合常规公交规划、沿线交通需求及城市轨道交通等其他交通站点设置。

（3）道路照明，根据道路使用功能，城市道路照明可分为主要供机动车使用的机动车交通道路照明和主要供非机动车与行人使用的人行道路照明，另外还有交会区照明。机动车交通道路照明应以路面平均亮度（或路面平均照度）、路面亮度总均匀度和纵向均匀度（或路面照度均匀度）、眩光限制、环境比和诱导性为评价指标。人行道路照明应以路面平均照度、路面最小照度和垂直照度为评价指标。交会区照明应以路面平均照度、路面照度均匀度和眩光限制为评价指标。

（4）人行天桥和人行地道。城市交通除了解决机动车辆的安全快速行驶外，还要解决过街人流、自行车与机动车流相互干扰问题，修建人行天桥和地道是人车分离、保证车流畅通、保护过街行人的重要设施。

（5）交通管理设施，主要包括交通标志、标线和信号灯。城市道路交通标志和标线是向城市道路使用者提供有关道路交通的规则、警告、指引等信息的重要的交通安全设施，也是交通管理部门正确行使管理职能的重要依据，其基本出发点是促进城市道路交通的安全与顺畅，更好地满足道路使用者的安全出行需求。

3.4.3 市政管道的基本知识

市政管道工程是市政工程的重要组成部分，是城市重要的基础工程设施，担负着输送能量和传送信息的任务。按照功能主要分为：给水管道、排水管道、燃气管道、热力管道、电力电缆和通信电缆六大类。

3.4.3.1 给水管道工程

城镇给水是供给城镇居民家庭生活、生产运营、公共服务和消防等用水的公共供水系统。给水管道主要为城市输送生活用水、生产用水、消防用水、市政绿化及喷洒道路用水，包括输水管道和配水管网两部分。

（1）给水管道系统的组成

给水系统是由取水、输水、水质处理和配水等设施以一定的方式组合成的总体，通常由取水构筑物、水处理构筑物、泵站、输水管道、配水管网和调节构筑物组成。其中输水管道和配水管网构成给水管道。输水管道是从水源向给水厂，或从给水厂向配水管网输水的管道。配水管网是用来向用户配水的管道系统，一般由配水干管、连接管、配水支管、分配管、附属构筑物和调节构筑物组成。

（2）给水管网的布置

市政给水管网的布置主要受水源地地形、城市地形、城市道路、用户位置及分布情况、水源及调节构筑物的位置、城市障碍物情况等因素的影响。配水管网一般敷设在城市道路下，分为枝状管网和环状管网。

（3）给水管材和管件

1）铸铁管：主要用作埋地给水管道，分为承插式和法兰盘式；承插式铸铁管分砂型离心铸铁管、连续铸铁管和球墨铸铁管。

2）钢管：自重轻、强度高、抗应变性能好、接口操作方便、管内水流水力条件好，但耐腐蚀性差、造价较高。分为普通无缝钢管和焊接钢管，大直径钢管采用钢板卷圆焊接。

3）钢筋混凝土压力管：分为预应力钢筋混凝土管和自应力钢筋混凝土管。

4）预应力钢筒混凝土管：是由钢板、钢丝和混凝土构成的复合管材，兼具钢管和混凝土管的性能，但节省钢材，可使用50年以上，所以发展前景良好。

5）塑料管：常用的有热塑性塑料管和热固性塑料管。

6）给水管件：包括给水管配件和给水管附件。给水管配件可以保证管道设备正确衔接，如三通、四通、弯头、变径管等；给水管附件用来配合管网完成输配水任务，如阀门、止回阀、排气阀、泄水阀、消火栓等。

（4）给水管网附属构筑物

为保证给水管网正常工作，满足维护管理的需要，在给水管网上还需要设置一些附属构筑物，常用的有阀门井、泄水阀井、排气阀井、支墩等。

3.4.3.2　排水管道工程

排水管道用于收集生活污水、工业废水和雨水，其中生活污水和工业废水被送至污水处理厂，而雨水一般不处理也不利用，就近排放。

（1）排水管道系统的制度

城市污水和雨水一般都由市政排水管道进行收集和输送，在一个地区内收集和输送城市污水和雨水的方式称为排水制度，有合流制和分流制两种基本形式。合流制是指用同一管渠系统收集和输送城市污水、雨水的排水方式，分为直排式合流制、截流式合流制、完全合流制三种。分流制指用不同管渠分别收集和输送各种城市污水、雨水的排水方式，分为完全分流制和不完全分流制。

（2）排水管网的布置

市政排水管道系统的平面布置主要受城市地形、城市规划、污水厂位置、河流位置及水流情况、污水种类和污染程度等因素的影响，其中地形是最关键的因素。按照地形考虑可有以下布置形式：正交式、截流式、平行式、分区式、分散式、环绕式。

（3）常用排水管材

1）混凝土管和钢筋混凝土管：适用于排除雨水和污水，分混凝土管、轻型钢筋混凝土管和重型钢筋混凝土管，管口有承插式、平口式和企口式。一般情况下，市政排水管道采用混凝土管和钢筋混凝土管。

2）陶土管：由塑性黏土制成，制作时通常加入一定比例的耐火黏土和石英砂。陶土管一般为圆形截面，有承插口和平口两种形式。

3）金属管：多为铸铁管和钢管。因为金属管价格昂贵、抗腐蚀性差，排水管道工程中很少采用。

4）排水渠道：一般有砖砌、石砌、钢筋混凝土渠道，断面形式有圆形、矩形、半椭圆形等。

5）新型管材：在我国，口径在500mm以下的排水管道正日益被UPVC加筋管代替，口径在1000mm以下的排水管道正日益被PVC管代替，口径在900～2600mm的排水管道正在推广使用高密度聚乙烯管（HDPE管），口径在300～1400mm的排水管道正在推广使用玻璃纤维缠绕增强热固性树脂夹砂压力管（玻璃钢夹砂管）。

（4）排水管网附属构筑物

排水管网附属构筑物有检查井、跌水井、水封井、换气井、冲洗井、雨水溢流井、潮门井等。

3.4.3.3 其他市政管道工程

（1）燃气管道

燃气管道主要是将燃气分配站中的燃气输送分配到各用户，一般包括分配管道和用户引入管。燃气管道使用的材料种类众多，包括灰 VI 铸铁管、球墨铸铁管、钢管、PE 管和镀锌管。

（2）热力管道

热力管道是将热源中产生的热水或蒸汽输送分配到各用户，供取暖使用。

（3）电力电缆

电力电缆主要为城市输送电能，按其功能分为动力电缆、照明电缆、电车电缆等；按电压的高低分为低压电缆、高压电缆和超高压电缆。

（4）通信电缆

通信电缆主要为城市传送信息，包括市话电缆、长话电缆、光纤电缆、广播电缆、电视电缆、军队及铁路专用通信电缆等。

第 4 章　建筑施工技术

4.1　地基与基础工程

4.1.1　土的工程分类

在建筑施工中，土的工程分类方法很多，按照施工开挖的难易程度将土分为八类，见表 4-1，其中，一至四类为土，五到八类为岩石。

土的工程分类　　表 4-1

类　别	土 的 名 称	现场鉴别方法	可松性系数	
			K_s	K'_s
第一类（松软土）	砂，粉土，冲积砂土层，种植土，泥炭（淤泥）	用锹挖掘	1.08～1.17	1.01～1.04
第二类（普通土）	粉质黏土，潮湿的黄土，夹有碎石、卵石的砂，种植土，填筑土和粉土	用锄头挖掘	1.14～1.28	1.02～1.07
第三类（坚土）	软及中等密实黏土，重粉质、粉质黏土，粗砾石，干黄土及含碎石、卵石的黄土、压实填土	用镐挖掘	1.24～1.30	1.04～1.07
第四类（砂砾坚土）	重黏土及含碎石、卵石的黏土，粗卵石，密实的黄土，天然级配砂石，软泥灰岩及蛋白石	用镐挖掘吃力，冒火星	1.26～1.37	1.06～1.09
第五类（软石）	硬石炭纪黏土，中等密实白垩土，胶结不紧的砾岩，软的石灰岩的页岩、泥灰岩	用风镐、大锤等	1.30～1.45	1.10～1.20
第六类（次坚石）	泥岩，砂岩，砾岩，坚实的页岩、泥灰岩，密实的石灰岩，风化花岗岩、片麻岩	用爆破，部分用风镐	1.30～1.45	1.10～1.20
第七类（坚石）	大理岩，辉绿岩，玢岩，粗、中粒花岗岩，坚实的白云岩、砂岩、砾岩、片麻岩、石灰岩	用爆破方法	1.30～1.45	1.10～1.20
第八类（特坚石）	安山岩，玄武岩，花岗片麻岩，坚实细粒花岗岩、闪长岩、石英岩、辉长岩、辉绿岩，玢岩	用爆破方法	1.45～1.50	1.20～1.30

4.1.2　常用人工地基处理方法

常用的人工地基处理方法有换土垫层法、重锤表层夯实、强夯、振冲、砂桩挤密、深层搅拌、堆载预压、化学加固等方法。

4.1.2.1　换土垫层法

换土垫层法，是施工时先将基础以下一定深度、宽度范围内的软土层挖去，然后回填强度较大的灰土、砂或砂石等，并夯至密实。换土回填按其材料分为灰土地基、砂地基、砂石地基等。一般适用于地下水位较低，基槽经常处于较干燥状态下的一般黏性土地基的加固。

（1）灰土地基

灰土地基是将熟石灰粉和黏土按一定比例拌和均匀，在一定含水率条件下夯实而成的地基。石灰粉用量常为灰土总重的 10%～30%。

灰土地基的施工及质量应符合下列要求：

1）灰土土料、石灰或水泥（当水泥替代灰土中的石灰时）等材料及配合比应符合设计要求，灰土应搅拌均匀。

2）施工过程中应检查分层铺设的厚度、分段施工时上下两层的搭接长度、夯实时加水量、夯压遍数、压实系数。

3）施工结束后，应检验灰土地基的承载力。

4）灰土地基的质量验收标准应符合表 4-2 的规定。

灰土地基质量检验标准 **表 4-2**

项目	序号	检查项目	允许偏差或允许值		检查方法
			单位	数值	
主控项目	1	地基承载力	设计要求		按规定方法
	2	配合比	设计要求		按拌合时的体积比
	3	压实系数	设计要求		现场实测
一般项目	1	石灰粒径	mm	≤5	筛分法
	2	土料有机质含量	%	≤5	试验室焙烧法
	3	土颗粒粒径	mm	≤15	筛分法
	4	含水量(与要求的最优含水量比较)	%	±2	烘干法
	5	分层厚度偏差(与设计要求比较)	mm	±50	水准仪

（2）砂地基和砂石地基

砂地基和砂石地基是将基础下面一定厚度软弱土层挖除，然后用强度较高的砂或碎石等回填，并经分层夯实至密实，作为地基的持力层，以起到提高地基承载力、减少沉降、加速软弱土层排水固结、防止冻胀和消除膨胀土的胀缩等作用。

砂地基和砂石地基的施工及质量应符合下列要求：

1）砂、石等原材料质量、配合比应符合设计要求，砂、石应搅拌均匀。

2）施工过程中必须检查分层厚度、分段施工时搭接部分的压实情况、加水量、压实遍数、压实系数。

3）施工结束后，应检验砂石地基的承载力。

4）砂和砂石地基的质量验收标准应符合表 4-3 的规定。

灰土地基质量检验标准 **表 4-3**

项目	序号	检查项目	允许偏差或允许值		检查方法
			单位	数值	
主控项目	1	地基承载力	设计要求		按规定方法
	2	配合比	设计要求		检查拌合时的体积比或重量比
	3	压实系数	设计要求		现场实测
一般项目	1	砂石料有机质含量	%	≤5	焙烧法
	2	砂石料含泥量	%	≤5	水洗法
	3	石料粒径	mm	≤100	筛分法
	4	含水量(与最优含水量比较)	%	±2	烘干法
	5	分层厚度(与设计要求比较)	mm	±50	水准仪

4.1.2.2 强夯地基法

强夯地基是用起重机械（起重机或起重机配三脚架）将大吨位（一般 8～30t）夯锤起吊到 6～30m 高度后，自由落下，给地基土以强大的冲击能量的夯击，使土中出现冲击波和很大的冲击应力，迫使土层空隙压缩，土体局部液化，在夯击点周围产生裂隙，形成良好的排水通道，孔隙水和气体逸出，使土料重新排列，经时效压密达到固结，从而提高地基承载力，降低其压缩性的一种有效的地基加固方法。

强夯地基的施工及质量应符合下列要求：

（1）施工前应检查夯锤重量、尺寸，落距控制手段，排水设施及被夯地基的土质。

（2）施工中应检查落距、夯击遍数、夯点位置、夯击范围。

（3）施工结束后，检查被夯地基的强度并进行承载力检验。

（4）强夯地基质量检验标准应符合表 4-4 的规定。

强夯地基质量检验标准 **表 4-4**

项目	序号	检查项目	允许偏差或允许值		检查方法
			单位	数值	
主控项目	1	地基强度	设计要求		按规定方法
	2	地基承载力	设计要求		按规定方法
一般项目	1	夯锤落距	mm	±300	钢索设标志
	2	锤重	kg	±100	称重
	3	夯击遍数及顺序	设计要求		计数法
	4	夯点间距	mm	±500	用钢尺量
	5	夯击范围(超出基础范围距离)	设计要求		用钢尺量
	6	前后两遍间歇时间	设计要求		

4.1.2.3 挤密桩法

挤密桩法，是在湿陷性黄土地区使用较广，用冲击或振动方法，把圆柱形钢质桩管打入原地基，拔出后形成桩孔，然后进行素土、灰土、石灰土、水泥土等物料的回填和夯实，从而达到形成增大直径的桩体，并同原地基一起形成复合地基。

（1）土和灰土挤密桩复合地基

土和灰土挤密桩复合地基的施工及质量应符合下列要求：

1）施工前应对土及灰土的质量、桩孔放样位置等做检查。

2）施工中应对桩孔直径、桩孔深度、夯击次数、填料的含水量等做检查。

3）施工结束后，应检验成桩的质量及地基承载力。

4）土和灰土挤密桩地基质量检验标准应符合表 4-5 的规定。

（2）水泥粉煤灰碎石桩复合地基

水泥粉煤灰碎石桩复合地基的施工及质量应符合下列要求：

1）水泥、粉煤灰、砂及碎石等原材料应符合设计要求。

2）施工中应检查桩身混合料的配合比、坍落度和提拔钻杆速度（或提拔套管速度）、成孔深度、混合料灌入量等。

3）施工结束后，应对桩顶标高、桩位、桩体质量、地基承载力以及褥垫层的质量做检查。

土和灰土挤密桩复合地基质量检验标准　　表 4-5

项目	序号	检查项目	允许偏差或允许值		检查方法
			单位	数值	
主控项目	1	桩体及桩间土干密度	设计要求		现场取样检查
	2	桩长	mm	+500	测桩管长度或垂球测孔深
	3	地基承载力	设计要求		按规定的方法
	4	桩径	mm	−20	用钢尺量
一般项目	1	土料有机质含量	%	≤5	试验室焙烧法
	2	石灰粒径	mm	≤5	筛分法
	3	桩位偏差		满堂布桩≤0.40D 条基布桩≤0.25D	用钢尺量，D为桩径
	4	垂直度	%	≤1.5	用经纬仪测桩管
	5	桩径	mm	−20	用钢尺量

注：桩径允许偏差负值是指个别断面。

4）水泥粉煤灰碎石桩复合地基的质量检验标准应符合表 4-6 的规定。

水泥粉煤灰碎石桩复合地基质量检验标准　　表 4-6

项目	序号	检查项目	允许偏差或允许值		检查方法
			单位	数值	
主控项目	1	原材料	设计要求		查产品合格证书或抽样送检
	2	桩径	mm	−20	用钢尺量或计算填料量
	3	桩身强度	设计要求		查 28d 试块强度
	4	地基承载力	设计要求		按规定的办法
一般项目	1	桩身完整性	按桩基检测技术规范		按桩基检测技术规范
	2	桩位偏差		满堂布桩≤0.40D 条基布桩≤0.25D	用钢尺量，D为桩径
	3	桩垂直度	%	≤1.5	用经纬仪测桩管
	4	桩长	mm	+100	测桩管长度或垂球测孔深
	5	褥垫层夯填度	≤0.9		用钢尺量

注：1. 夯填度指夯实后的褥垫层厚度与虚体厚度的比值。
2. 桩径允许偏差负值是指个别断面。

4.1.2.4　深层密实法

深层密实法，是指采用振动、挤压、夯击和爆破等方法，对松软地基进行振密和挤密的地基处理方法。

（1）振冲地基

振冲地基的施工及质量应符合下列要求：

1）施工前应检查振冲器的性能，电流表、电压表的准确度及填料的性能；

2）施工中应检查密实电流、供水压力、供水量、填料量、孔底留振时间、振冲点位置、振冲器施工参数等（施工参数由振冲试验或设计确定）；

3）施工结束后，应在有代表性的地段做地基强度或地基承载力检验；

4）振冲地基质量检验标准应符合表 4-7 的规定。

振冲地基质量检验标准 **表 4-7**

项目	序号	检 查 项 目	允许偏差或允许值		检 查 方 法
			单位	数值	
主控项目	1	填料粒径	设计要求		抽样检查
	2	密实电流（黏性土） 密实电流（砂性土或粉土） （以上为功率 30kW 振冲器） 密实电流（其他类型振冲器）	A A A_0	50～55 40～50 1.5～2.0	电流表读数 电流表读数，A_0 为空振电流
	3	地基承载力	设计要求		按规定方法
一般项目	1	填料含泥量	%	＜5	抽样检查
	2	振冲器喷水中心与孔径中心偏差	mm	≤50	用钢尺量
	3	成孔中心与设计孔位中心偏差	mm	≤100	用钢尺量
	4	桩体直径	mm	＜50	用钢尺量
	5	孔深	mm	±200	量钻杆或重锤测

（2）水泥土搅拌桩地基

水泥土搅拌桩地基的施工及质量应符合下列要求：

1）施工前应检查水泥及外掺剂的质量、桩位、搅拌机工作性能及各种计量设完好程度（主要是水泥浆流量计及其他计量装置）。

2）施工中应检查机头提升速度、水泥浆或水泥注入量、搅拌桩的长度及标高。

3）施工结束后，应检查桩体强度、桩体直径及地基承载力。

4）进行强度检验时，对承重水泥土搅拌桩应取 90d 后的试件；对支护水泥土搅拌桩应取 28d 后的试件。

5）水泥土搅拌桩地基质量检验标准应符合表 4-8 的规定。

水泥土搅拌桩地基质量检验标准 **表 4-8**

项目	序号	检 查 项 目	允许偏差或允许值		检 查 方 法
			单位	数值	
主控项目	1	水泥及外掺剂质量	设计要求		查产品合格证书或抽样送检
	2	水泥用量	参数指标		查看流量计
	3	桩体强度	设计要求		按规定办法
	4	地基承载力	设计要求		按规定办法
一般项目	1	机头提升速度	m/min	≤0.5	量机头上升距离及时间
	2	桩底标高	mm	±200	测机头深度
	3	桩顶标高	mm	＋100 －50	水准仪（最上部 500mm 不计入）
	4	桩位偏差	mm	＜50	用钢尺量
	5	桩径		＜0.04D	用钢尺量，D 为桩径
	6	垂直度	%	≤1.5	经纬仪
	7	搭接	mm	＞200	用钢尺量

4.1.2.5 预压法

预压法指的是为提高软弱地基的承载力和减少构造物建成后的沉降量，预先在拟建构造物的地基上施加一定静荷载，使地基土压密后再将荷载卸除的压实方法。预压法适用于淤泥质黏土、淤泥与人工冲填土等软弱地基。预压的方法有堆载预压和真空预压两种。

预压地基的施工及质量应符合下列要求：

（1）施工前应检查施工监测措施，沉降、孔隙水压力等原始数据，排水设施，砂井（包括袋装砂井）、塑料排水带等位置。塑料排水带的质量标准应符合相关规范要求。

（2）堆载施工应检查堆载高度、沉降速率。真空预压施工应检查密封膜的密封性、真空表读数等。

（3）施工结束后，应检查地基土的强度及要求达到的其他物理力学指标，重要建筑物地基应做承载力检验。

（4）预压地基和塑料排水带质量检验标准应符合表 4-9 的规定。

预压地基和塑料排水带质量检验标准　　表 4-9

项目	序号	检查项目	允许偏差或允许值		检查方法
			单位	数值	
主控项目	1	预压载荷	%	≤2	水准仪
	2	固结度（与设计要求比）	%	≤2	根据设计要求采用不同的方法
	3	承载力或其他性能指标	设计要求		按规定方法
一般项目	1	沉降速率（与控制值比）	%	±10	水准仪
	2	砂井或塑料排水带位置	mm	±100	用钢尺量
	3	砂井或塑料排水带插入深度	mm	±200	插入时用经纬仪检查
	4	插入塑料排水带时的回带长度	mm	≤500	用钢尺量
	5	塑料排水带或砂井高出砂垫层距离	mm	≥200	用钢尺量
	6	插入塑料排水带的回带根数	%	<5	目测

注：如真空预压，主控项目中预压载荷的检查为真空度降低值<2%。

4.1.3 基坑（槽）开挖、支护及回填方法

4.1.3.1 基坑（槽）开挖

（1）施工工艺流程

测量放线→切线分层开挖→排水、降水→修坡→整平→留足预留土层

（2）施工要点

1）浅基坑（槽）开挖，应先进行测量定位，抄平放线，定出开挖长度。

2）按放线分块（段）分层挖土。根据土质和水文情况，采取在四侧或两侧直立开挖或放坡，以保证施工操作安全。临时性挖方的边坡值应符合表 4-10 的规定。

3）在地下水位以下挖土。应在基坑（槽）四侧或两侧挖好临时排水沟和集水井，或采用井点降水，将水位降低至坑、槽底以下 50mm，以利土方开挖。降水工作应持续到基础（包括地下水位下回填土）施工完成。雨期施工时，基坑（槽）应分段开挖，挖好一段浇筑一段垫层，并在基槽两侧围以土堤或挖排水沟，以防地面雨水流入基坑槽，同时应经常检查边坡和支撑情况，以防止坑壁受水浸泡造成塌方。

临时性挖方边坡值 表 4-10

土的类别		边坡值(高∶宽)
砂土(不包括细砂、粉砂)		1∶1.25～1∶1.50
一般性黏土	硬	1∶0.75～1∶1.00
	硬、塑	1∶1.00～1∶1.25
	软	1∶1.50或更缓
碎石类土	充填坚硬、硬塑黏性土	1∶0.50～1∶1.00
	充填砂土	1∶1.00～1∶1.50

注：1. 设计有要求时，应符合设计标准。
2. 如采用降水或其他加固措施，可不受本表限制，但应计算复核。
3. 开挖深度，对软土不应超过4m，对硬土不应超过8m。

4）基坑开挖应尽量防止对地基土的扰动。当基坑挖好后不能立即进行下道工序时，应预留15～30cm一层土不挖，待下道工序开始再挖至设计标高。采用机械开挖基坑时，为避免破坏基底土，应在基底标高以上预留15～30cm的土层由人工挖掘修整。

5）基坑开挖时，应对平面控制桩、水准点、基坑平面位置、水平标高、边坡坡度等经常复测检查。

6）基坑挖完后应进行验槽，做好记录，土方开挖工程的质量检验标准应符合表4-11的规定。当发现地基土质与地质勘探报告、设计要求不符时，应及时与有关人员研究处理。

土方开挖工程质量检验标准 表 4-11

项目	序号	项　目	允许偏差或允许值					检验方法
			校基基坑基槽	挖方场地平整		管沟	地(路)面基层	
				人工	机械			
主控项目	1	标高	−50	±30	±50	−50	−50	水准仪
	2	长度、宽度(由设计中心线向两边量)	+200 −50	+300 −100	+500 −150	+100	—	经纬仪,用钢尺量
	3	边坡	设计要求					观察或用坡度尺检查
一般项目	1	表面平整度	20	20	50	20	20	用2m靠尺和楔形塞尺检查
	2	基底土性	设计要求					观察或土样分析

注：地（路）面基层的偏差只适用于直接在挖、填方土做地（路）面的基层。

4.1.3.2 深基坑土方开挖方式

（1）放坡挖土

放坡是指土方工程在施工过程中，为了防止土壁崩塌，保持边坡稳定需要加大挖土上口宽度，使挖土面保持一定坡度，如图4-1所示。

放坡开挖是最经济的挖土方案。当基坑开挖深度不大（软土地区挖深不超过4m；地下水位低的土质较好地区挖深亦可较大）周围环境又允许时，均可采用放坡开挖，放坡坡度经计算确定，其步骤为：测量放线、分层开挖、排水降水、修坡、整平（留足预留土层）、验槽。

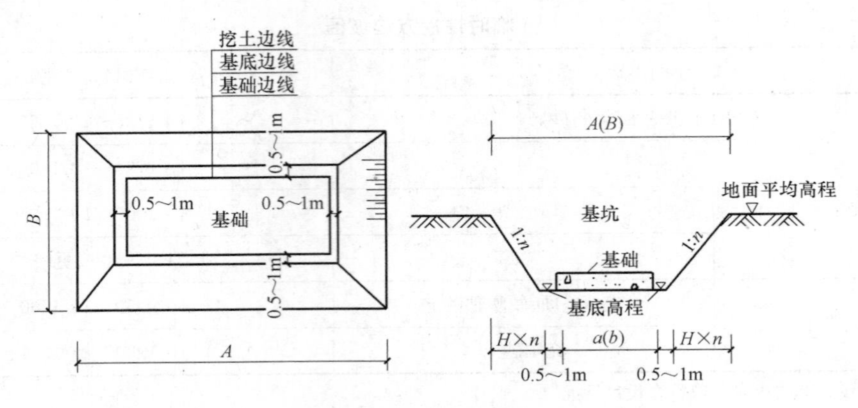

图 4-1　基坑放坡示意图

（2）中心岛（墩）式挖土

中心岛式挖土是一种适合于大型基坑的，以中心为支点，向四周开挖土方，且利用中心岛为支点架设支护结构的挖土方式，如图 4-2 所示。

中心岛（墩）式挖土，宜用于大型基坑，支护结构的支撑形式为角撑、环梁式或边桁（框）架式，中间具有较大空间情况下。此时可利用中间的土墩作为支点搭设栈桥。挖土机可利用栈桥下到基坑挖土，运土的汽车亦可利用栈桥进入基坑运土。这样可以加快挖土和运土的速度。其步骤为：测量放线；开挖第一层土；施工第一层支撑并搭设运土栈桥；开挖第二层土；施工第二层支撑；开挖第三、四层土，施工第三、四层支撑；挖除中心墩；将全部挖土机械吊出基坑，退场。

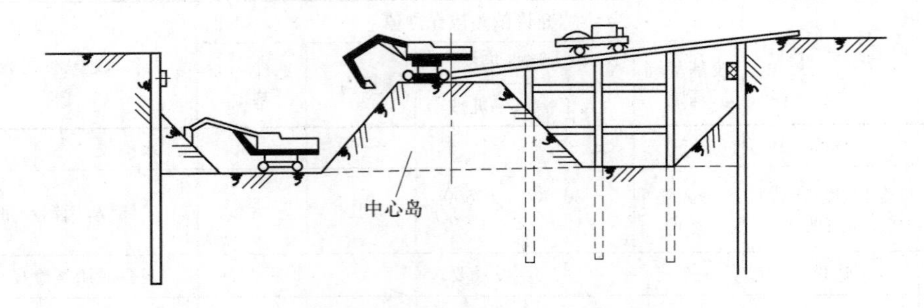

图 4-2　中心岛开挖示意图

（3）盆式挖土

盆式挖土是先开挖基坑中间部分的土方，周围四边预留反压土土坡，做法参照土方放坡工法，待中间位置土方开挖完成垫层封底完成后或者底板完成后具备周边土方开挖条件时，进行周边土坡开挖，如图 4-3 所示。

周边的土坡预留对支护结构（如围护墙，钢板桩，管桩支护等）有内支撑反压作用，有利于支护结构的安全性，减少变形。常见于设计内支撑支护结构工程的土方开挖（内侧土方开挖完成后，底板先行施工，在底板上施工内斜撑支撑混凝土台，为内斜撑提供支撑点）。另外一个好处就是可以在支护结构不怎么完善的情况下提前进行中心部分土方开挖，特别是塔楼及裙楼连接体的地下室等土方开挖施工，可以先行确保中心塔楼部分先起，有利于预售等。其步骤为：测量放线；施工围护墙；开挖基坑中间部分的土，周围四边留土坡；开挖四边土坡；将全部挖土机械吊出基坑，退场。

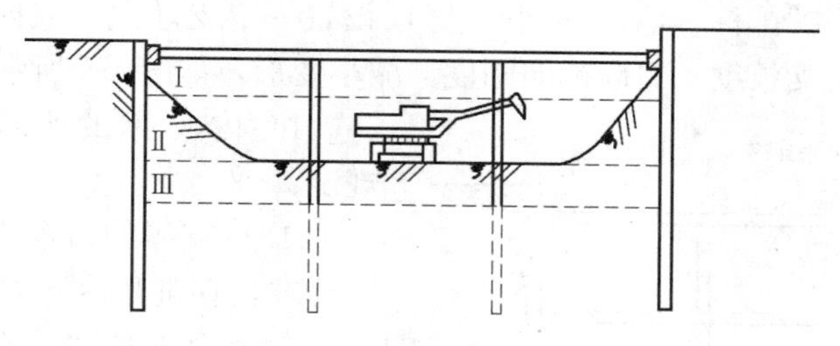

图 4-3　盆式开挖示意图

4.1.3.3　基坑支护施工方法

基坑支护设计时，应综合考虑基坑周边环境和地质条件的复杂程度、基坑深度等因素。支护结构的安全等级分为三级，见表 4-12。

支护结构的安全等级　　**表 4-12**

安全等级	破坏后果
一级	支护结构失效、土体过大变形对基坑周边环境或主体结构施工安全的影响很严重
二级	支护结构失效、土体过大变形对基坑周边环境或主体结构施工安全的影响严重
三级	支护结构失效、土体过大变形对基坑周边环境或主体结构施工安全的影响不严重

（1）护坡桩施工

护坡桩，又称排桩，是在基坑开挖前沿基坑边沿施工成排的深度超过坑底的桩。它包括钢板桩支护、灌注桩排桩支护、H 型钢（工字钢）桩加挡板支护等。

钢板桩支护具有施工速度快，可重复使用的特点。常用的钢板桩有 U 型（图 4-4）和 Z 型，还有直腹板式、H 型和组合式钢板桩。常用的钢板桩施工机械有自由落锤、气动锤、柴油锤、振动锤，使用较多的是振动锤。

钢板桩施工工艺流程：钢板桩检验→钢板桩矫正→建筑物定位→板桩定位放线→挖沟醋槽→沉打钢板桩→拆除导向架支架→第一层支撑位置处开沟槽→挖第一层土……→安装最后一层支撑及围檩→挖最后一层土（至开挖设计标高）→基础承台施工→填土或换撑→拆除最下层支撑……→地下室墙体施工→填土或换撑→拆除全部支撑→地下室顶板施工→回填土→拔除钢板桩

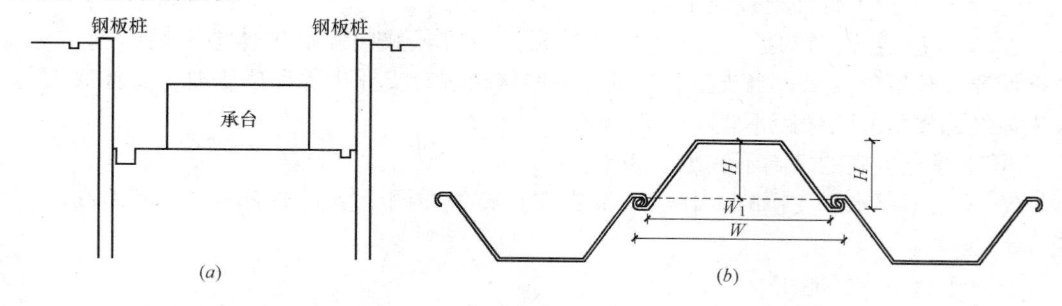

图 4-4　钢板桩支护

（*a*）钢板桩支护示意；（*b*）U 型钢板桩大样

(2) 护坡桩加内支撑支护施工

对深度较大，面积不大、地基土质较差的基坑，为使围护排桩受力合理和受力后变形小，常在基坑内沿围护排桩（墙，下同），竖向设置一定支承点组成内支撑式基坑支护体系，以减少排桩的无支长度，提高侧向刚度，减小变形，如图 4-5 所示。

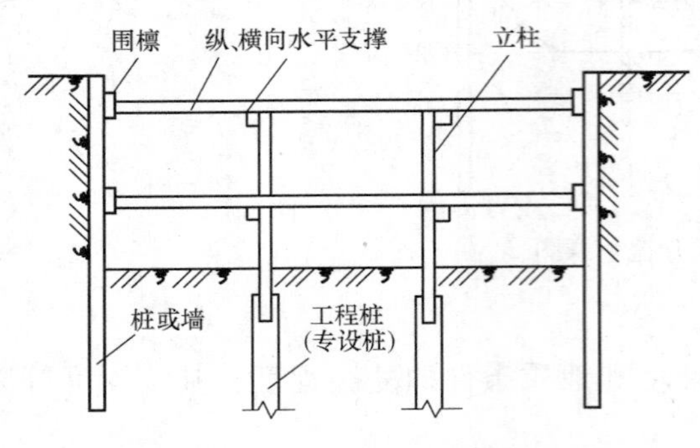

图 4-5　护坡桩加内撑支护示意图

1) 内支撑的平面布置应符合下列规定：

① 内支撑的布置应满足主体结构的施工要求，宜避开地下主体结构的墙、柱；

② 相邻支撑的水平间距应满足土方开挖的施工要求；采用机械挖土时，应满足挖土机械作业的空间要求，且不宜小于 4m；

③ 基坑形状有阳角时，阳角处的支撑应在两边同时设置；

④ 当采用环形支撑时，环梁宜采用圆形、椭圆形等封闭曲线形式，并应按使环梁弯矩、剪力最小的原则布置辐射支撑；环形支撑宜采用与腰梁或冠梁相切的布置形式；

⑤ 水平支撑与挡土构件之间应设置连接腰梁；当支撑设置在挡土构件顶部时，水平支撑应与冠梁连接；在腰梁或冠梁上支撑点的间距，对钢腰梁不宜大于 4m，对混凝土梁不宜大于 9m；

⑥ 当需要采用较大水平间距的支撑时，宜根据支撑冠梁、腰梁的受力和承载力要求，在支撑端部两侧设置八字斜撑杆与冠梁、腰梁连接，八字斜撑杆宜在主撑两侧对称布置，且斜撑杆的长度不宜大于 9m，斜撑杆与冠梁、腰梁之间的夹角宜取 45°～60°。

⑦ 当设置支撑立柱时，临时立柱应避开主体结构的梁、柱及承重墙；对纵横双向交叉的支撑结构，立柱宜设置在支撑的交汇点处；对用作主体结构柱的立柱，立柱在基坑支护阶段的负荷不得超过主体结构的设计要求；立柱与支撑端部及立柱之间的间距应根据支撑构件的稳定要求和竖向荷载的大小确定，且对混凝土支撑不宜大于 15m，对钢支撑不宜大于 20m；

⑧ 当采用竖向斜撑时，应设置斜撑基础，且应考虑与主体结构底板施工的关系。

2) 支撑的竖向布置应符合下列规定：

① 支撑与挡土构件连接处不应出现拉力；

② 支撑应避开主体地下结构底板和楼板的位置，并应满足主体地下结构施工对墙、柱钢筋连接长度的要求；当支撑下方的主体结构楼板在支撑拆除前施工时，支撑底面与下方主体结构楼板间的净距不宜小于 700mm；

③ 支撑至坑底的净高不宜小于 3m；

④ 采用多层水平支撑时，各层水平支撑宜布置在同一竖向平面内，层间净高不宜小于 3m。

(3) 土钉墙支护施工

土钉墙，是由随基坑开挖分层设置的、纵横向密布的土钉群、喷射混凝土面层及原位土体所组成的支护结构。土钉墙通过对原位土体的加固，弥补了天然土体自身强度的不足，提高了土体的整体刚度和稳定性，与其他支护方法比较，具有施工操作简便、设备简单、噪声小、工期短、费用低的特点。适用于地下水位低于土坡开挖层或经过人工降水以后使地下水位低于土坡开挖层的人工填土、黏性土和微黏性砂土，如图 4-6 所示。

1）土钉墙施工工艺流程：

边坡开挖→人工修整边坡→土钉定位放线→成孔→土钉主筋制作及安放→搅浆及注浆→挂网→喷射混凝土

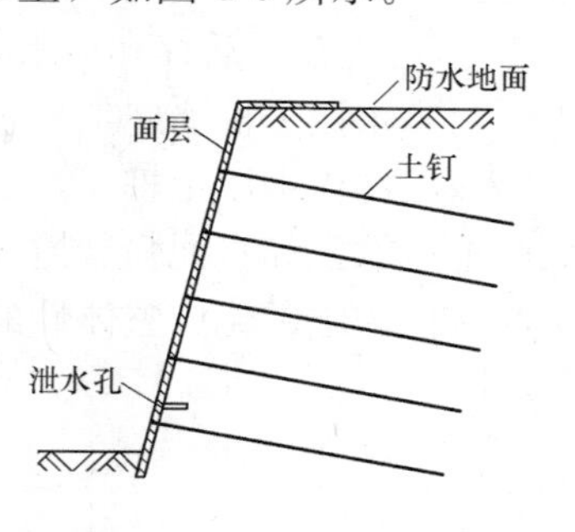

图 4-6　土钉墙支护示意图

2）土钉墙构造要求：

① 土钉墙、预应力锚杆复合土钉墙的坡比（土钉墙坡比指其墙面垂直高度与水平宽度的比值）不宜大于 1：0.2；当基坑较深、土的抗剪强度较低时，宜取较小坡比。对砂土、碎石土、松散填土，确定土钉墙坡度时应考虑开挖时坡面的局部自稳能力。微型桩、水泥土桩复合土钉墙，应采用微型桩、水泥土桩与土钉墙面层贴合的垂直墙面。

② 土钉墙宜采用洛阳铲成孔的钢筋土钉。对易塌孔的松散或稍密的砂土、稍密的粉土、填土，或易缩径的软土宜采用打入式钢管土钉。对洛阳铲成孔或钢管土钉打入困难的土层，宜采用机械成孔的钢筋土钉。

③ 土钉水平间距和竖向间距宜为 1～2m；当基坑较深、土的抗剪强度较低时，土钉间距应取小值。土钉倾角宜为 5°～20°。土钉长度应按各层土钉受力均匀、各土钉拉力与相应土钉极限承载力的比值相近的原则确定。

④ 成孔注浆型钢筋土钉的构造应符合下列要求：

a. 成孔直径宜取 70～120mm；

b. 土钉钢筋宜选用 HRB400、HRB500 钢筋，钢筋直径宜取 16～32mm；

c. 应沿土钉全长设置对中定位支架，其间距宜取 1.5～2.5m，土钉钢筋保护层厚度不宜小于 20mm；

d. 土钉孔注浆材料可采用水泥浆或水泥砂浆，其强度不宜低于 20MPa。

⑤ 钢管土钉的构造应符合下列要求：

a. 钢管的外径不宜小于 48mm，壁厚不宜小于 3mm；钢管的注浆孔应设置在钢管末端 $l/2$～$2l/3$（l 为钢管土钉的总长度）范围内；每个注浆截面的注浆孔宜取 2 个，且应对称布置，注浆孔的孔径宜取 5～8mm，注浆孔外应设置保护倒刺；

b. 钢管的连接采用焊接时，接头强度不应低于钢管强度；钢管焊接可采用数量不少于 3 根直径不小于 16mm 的钢筋沿截面均匀分布拼焊，双面焊接时钢筋长度不应小于钢管直径的 2 倍。

⑥ 土钉墙高度不大于 12m 时，喷射混凝土面层的构造应符合下列要求：

a. 喷射混凝土面层厚度宜取 80～100mm；

b. 喷射混凝土设计强度等级不宜低于 C20；

c. 喷射混凝土面层中应配置钢筋网和通长的加强钢筋，钢筋网宜采用 HPB300 级钢筋，钢筋直径宜取 6～10mm，钢筋间距宜取 150～250mm；钢筋网间的搭接长度应大于 300mm；加强钢筋的直径宜取 14～20mm 当充分利用土钉杆体的抗拉强度时，加强钢筋的截面面积不应小于土钉杆体截面面积的 1/2。

⑦ 土钉与加强钢筋宜采用焊接连接，其连接应满足承受土钉拉力的要求；当在土钉拉力作用下喷射混凝土面层的局部受冲切承载力不足时，应采用设置承压钢板等加强措施。

⑧ 当土钉墙后存在滞水时，应在含水层部位的墙面设置泄水孔或采取其他疏水措施。

(4) 水泥土桩墙施工

深层搅拌水泥土桩墙，是采用水泥作为固化剂，通过特制的深层搅拌机械，在地基深处就地将软土和水泥强制搅拌形成水泥土，利用水泥和软土之间所产生的一系列物理-化学反应使软土硬化成整体性的并有一定强度的挡土、防渗墙，如图 4-7 所示。

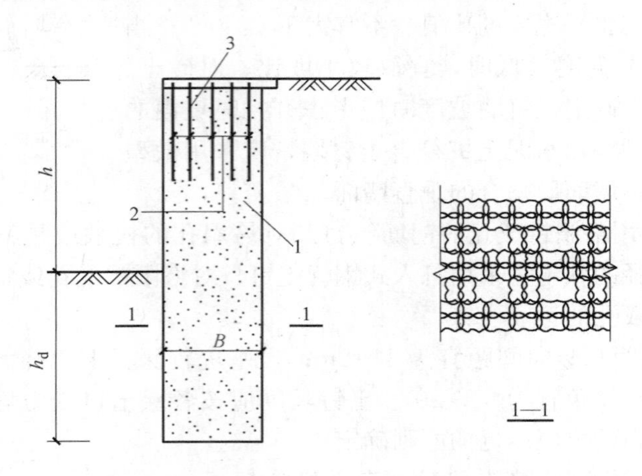

图 4-7 水泥土桩墙示意图

1—水泥土桩墙；2—加筋；3—加筋间距

1) 水泥土搅拌桩施工工艺流程：

测量放样→搅拌桩机就位→制浆→搅拌杆下沉到设计标高→喷浆搅拌提升→重复搅拌下沉到设计标高→重复搅拌杆提升至孔口，如图 4-8 所示。

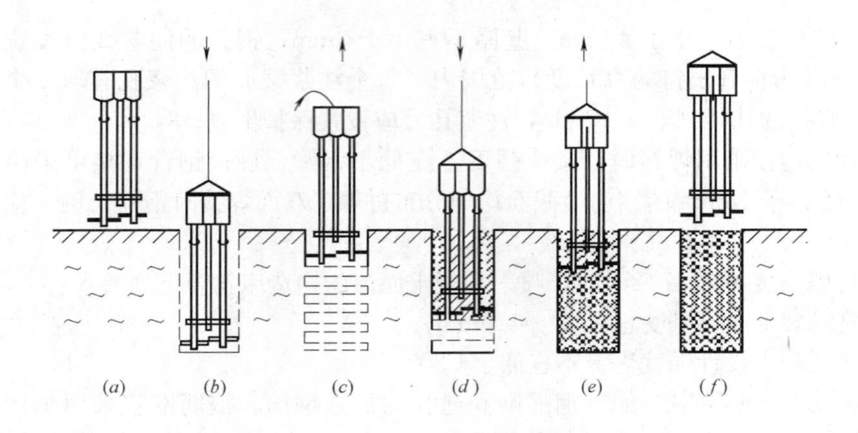

图 4-8 水泥土搅拌桩施工流程

(a) 定位；(b) 预埋下沉；(c) 提升喷浆搅拌；(d) 重复下沉搅拌；(e) 复复提升搅拌；(f) 成桩结束

2）水泥土搅拌桩构造要求：

① 重力式水泥土墙宜采用水泥土搅拌桩相互搭接成格栅状的结构形式，也可采用水泥土搅拌桩相互搭接成实体的结构形式。搅拌桩的施工工艺宜采用喷浆搅拌法。

② 重力式水泥土墙的嵌固深度，对淤泥质土，不宜小于 $1.2h$（h 为基坑深度），对淤泥，不宜小于 $1.3h$；重力式水泥土墙的宽度，对淤泥质土，不宜小于 $0.7h$，对淤泥，不宜小于 $0.8h$。

③ 水泥土搅拌桩的搭接宽度不宜小于 150mm。

④ 当水泥土墙兼作截水帷幕时，应符合相关规程对截水的要求。

⑤ 水泥土墙体的 28d 无侧限抗压强度不宜小于 0.8MPa。当需要增强墙体的抗拉性能时，可在水泥土桩内插入杆筋。杆筋可采用钢筋、钢管或毛竹。杆筋的插入深度宜大于基坑深度。杆筋应锚入面板内。

⑥水泥土墙顶面宜设置混凝土连接面板，面板厚度不宜小于 150mm，混凝土强度等级不宜低于 C15。

（5）地下连续墙施工

地下连续墙，是指分槽段用专用机械成槽、浇筑钢筋混凝土所形成的连续地下墙体。亦可称为现浇地下连续墙，如图 4-9 所示。

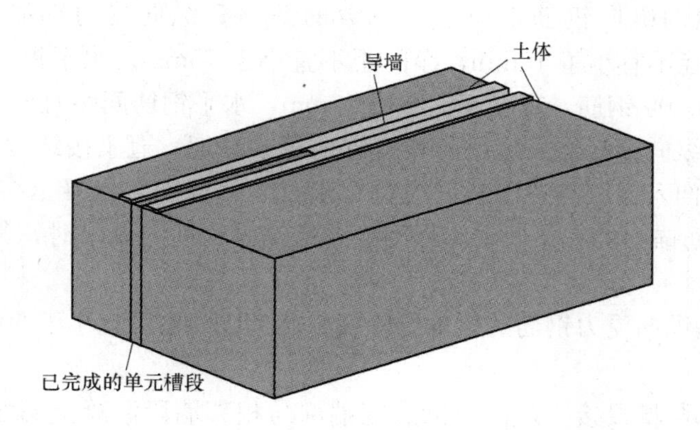

图 4-9　地下连续墙示意图

1）地下连续墙施工工艺流程：

场地平整→测量放线→导墙施工→挖槽机就位→成槽施工→清孔验收→吊放钢筋笼及工字钢→采取防绕流设施→下设导管→浇筑混凝土→移机，如图 4-10 所示。

2）地下连续墙构造要求：

① 地下连续墙的墙体厚度宜根据成槽机的规格，选取 600mm、800mm、1000mm 或 1200mm。

② 一字形槽段长度宜取 4～6m。当成槽施工可能对周边环境产生不利影响或槽壁稳定性较差时，应取较小的槽段长度。必要时，宜采用搅拌桩对槽壁进行加固。

③ 地下连续墙的转角处或有特殊要求时，单元槽段的平面形状可采用 L 形、T 形等。

④ 地下连续墙的混凝土设计强度等级宜取 C30～C40。地下连续墙用于截水时，墙体混凝土抗渗等级不宜小于 P6，当地下连续墙同时作为主体地下结构构件时，墙体混凝土

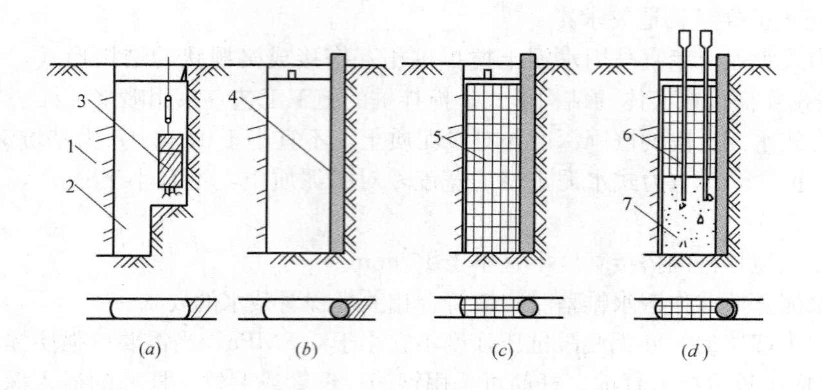

图 4-10　地下连续墙施工过程示意图

(a) 成槽；(b) 插入接头管；(c) 放入钢筋笼；(d) 浇筑混凝土

1—已完成的单元槽段；2—泥浆；3—成槽机；4—接头管；5—钢筋笼；6—导管；7—浇筑的混凝土

抗渗等级应满足现行国家标准《地下工程防水技术规范》GB 50108—2008 等相关标准的要求。

⑤ 地下连续墙的纵向受力钢筋应沿墙身两侧均匀配置，可按内力大小沿墙体纵向分段配置但通长配置的纵向钢筋不应小于总数的 50%；纵向受力钢筋宜选用 HRB400、HRB500 钢筋，直径不宜小于 16mm，净间距不宜小于 75mm。水平钢筋及构造钢筋宜选用 HPB300 或 HRB400 钢筋。直径不宜小于 12mm，水平钢筋间距宜取 200～400mm。冠梁按构造设置时，纵向钢筋伸入冠梁的长度宜取冠梁厚度。冠梁按结构受力构件设置时，墙身纵向受力钢筋伸入冠梁的锚固长度应符合现行国家标准《混凝土结构设计规范》GB 50010—2010 对钢筋锚固的有关规定。当不能满足锚固长度的要求时，其钢筋末端可采取机械锚固措施。

⑥ 地下连续墙纵向受力钢筋的保护层厚度，在基坑内侧不宜小于 50mm，在基坑外侧不宜小于 70mm。

⑦ 钢筋笼端部与槽段接头之间、钢筋笼端部与相邻墙段混凝土面之间的间隙不应大于 150mm，纵向钢筋下端 500mm 长度范围内宜按 1∶10 的斜度向内收口。

⑧ 地下连续墙墙顶应设置混凝土冠梁。冠梁宽度不宜小于墙厚，高度不宜小于墙厚的 0.6 倍。冠梁钢筋应符合现行国家标准《混凝土结构设计规范》GB 50010—2010 对梁的构造配筋要求。冠梁用作支撑或锚杆的传力构件或按空间结构设计时，尚应按受力构件进行截面设计。

4.1.3.4　地下水控制

地下水控制应根据工程地质和水文地质条件、基坑周边环境要求及支护结构形式选用截水、井点降水、集水明排方法或其组合。

(1) 基坑截水

基坑截水是地下水控制的方法之一，防止地下水渗透到基坑（槽）内，影响工程施工，如图 4-11 所示。

基坑截水应根据工程地质条件、水文地质条件及施工条件等，选用水泥土搅拌桩帷幕、高压旋喷或摆喷注浆帷幕、地下连续墙或咬合式排桩。支护结构采用排桩时，可采用高压旋喷或摆喷注浆与排桩相互咬合的组合帷幕。对碎石土，杂填土、泥炭质土、泥炭、pH 值较低的土或地下水流速较大时，水泥土搅拌桩帷幕、高压喷射注浆帷幕宜通过试验确定其适用性或外加剂品种及掺量。

（2）井点降水

井点降水，是人工降低地下水位的一种方法。在基坑开挖前，在基坑四周埋设一定数量的滤水管（井），利用抽水设备抽水使所挖的土始终保持干燥状态的方法，如图 4-12 所示。所采用的井点类型有：轻型井点、喷射井点、电渗井点、管井井点、深井井点等。

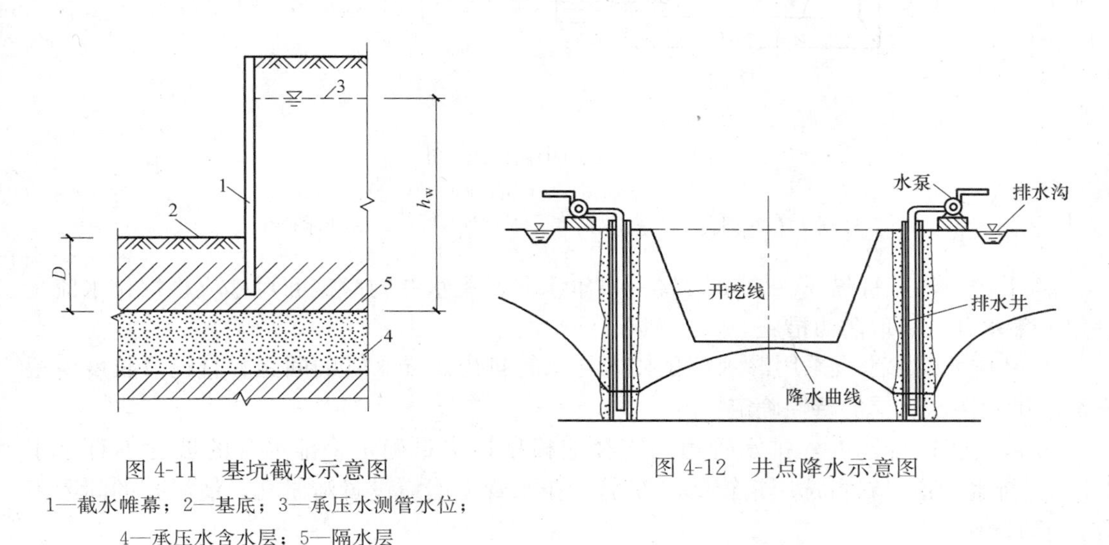

图 4-11　基坑截水示意图

1—截水帷幕；2—基底；3—承压水测管水位；4—承压水含水层；5—隔水层

图 4-12　井点降水示意图

降水后基坑内的水位应低于坑底 0.5m。当主体结构有加深的电梯井、集水井时，坑底应按电梯井、集水井底面考虑或对其另行采取局部地下水控制措施。基坑采用截水结合坑外减压降水的地下水控制方法时，尚应规定降水井水位的最大降深值和最小降深值。

降水井在平面布置上应沿基坑周边形成闭合状。当地下水流速较小时，降水井宜等间距布置；当地下水流速较大时，在地下水补给方向宜适当减小降水井间距。对宽度较小的狭长形基坑，降水井也可在基坑一侧布置。

（3）集水明排

集水明排，是用排水沟、集水井、泄水管、输水管等组成的排水系统将地表水、渗漏水排泄至基坑外的方法，如图 4-13 所示。

集水明排法构造要求应符合下列规定：

① 对坑底汇水、基坑周边地表汇水及降水井抽出的地下水，可采用明沟排水；对坑底渗出的地下水，可采用盲沟排水；当地下室底板与支护结构间不能设置明沟时，也可采用盲沟排水。

② 明沟和盲沟的坡度不宜小于 0.3%。采用明沟排水时，沟底应采取防渗措施。采用盲沟排出坑底渗出的地下水时，其构造、填充料及其密实度应满足主体结构的要求。

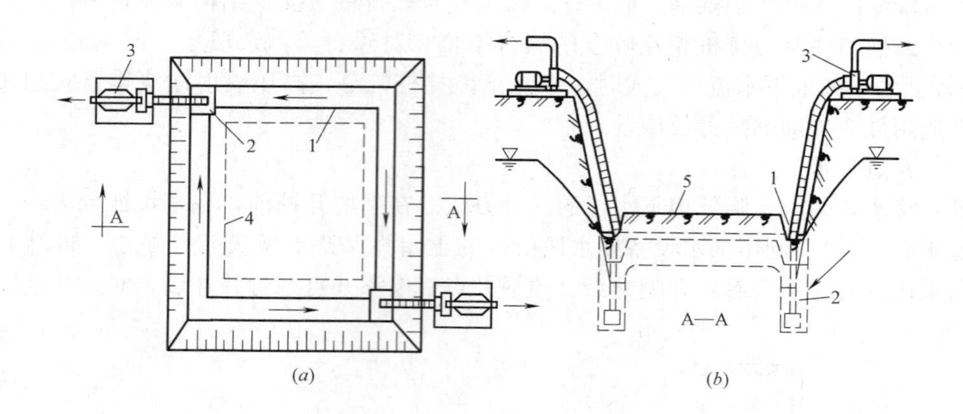

图 4-13 集水明排法示意图

(a) 平面图；(b) 剖面图

1—排水沟；2—集水井；3—水泵；4—基础外缘线；5—地下水位线

③ 沿排水沟宜每隔 30～50m 设置一口集水井；集水井的净截面尺寸应根据排水流量确定。集水井应采取防渗措施。

④ 基坑坡面渗水宜采用渗水部位插入导水管排出。导水管的间距、直径及长度应根据渗水量及渗水土层的特性确定。

⑤ 采用管道排水时，排水管道的直径应根据排水量确定。排水管的坡度不宜小于 0.5%。排水管道材料可选用钢管、PVC 管。排水管道上应设置清淤孔，清淤孔的间距不宜大于 10m。

⑥ 基坑排水设施与市政管网连接口之间应设置沉淀池。明沟、集水井、沉淀池使用时应排水畅通并应随时清理淤积物。

4.1.3.5 土方回填

(1) 施工工艺流程

填方料处理→基底处理→分层回填压实→对每层回填土的质量进行检验，符合设计要求后才能填筑上一层。

(2) 施工要点

1) 土料要求与含水量控制

填方土料应符合设计要求，以保证填方的强度和稳定性。当设计无要求时，应符合以下规定：

① 碎石类土、砂土和爆破石渣（粒径不大于每层铺土厚的 2/3），可作为表层下的填料；

② 含水量符合压实要求的黏性土，可作各层填料；

③ 淤泥和淤泥质土一般不能用作填料。

土料含水量一般以手握成团，落地开花为适宜。含水量过大，应采取翻松、晾干、风干、换土回填、掺入干土或其他吸水性材料等措施；当含水量小时，则应预先洒水润湿。亦可采取增加压实遍数或使用大功率压实机械等措施。

2）基底处理

① 场地回填应先清除基底上垃圾、草皮、树根，排除坑穴中积水、淤泥和杂物，并应采取措施防止地表清水流人填方区，浸泡地基造成地基土下陷。

② 当填方基底为耕植土或松土时，应将基底充分夯实和碾压密实。

3）填土压实要求

铺土应分层进行，每次铺土厚度不大于 300～500mm（视所用压实机械的要求而定）。

4）填土的压实密实度要求

填方的密实度要求和质量指标通常以压密系数 λc 表示，密实度要求一般由设计根据工程结构性质、使用要求以及土的性质确定，如未作规定，可参考表 4-13 确定。

压实填土的质量控制 **表 4-13**

结构类型	填土部位	压实系数 λ_c	控制含水量
砌体承重结构和框架结构	在地基主要受力层范围内	≥0.97	$\omega \pm 2$
	在地基主要受力层范围以下	≥0.95	
排架结构	在地基主要受力层范围内	≥0.96	$\omega_{op} \pm 2$
	在地基主要受力层范围以下	≥0.94	
地坪垫层以下及基础底面标高以上的压实填土，压实系数不应小于 0.94			

① 人工填土要求：

填土应从场地最低部分开始，由一端向另一端自下而上分层铺填。每层虚铺厚度，用人工木夯夯实时不大于 200mm，用打夯机械夯实时不大于 250mm。深浅坑（槽）相连时，应先填深坑（槽），填平后与浅坑全面分层填夯。如采取分段填筑，交接处应填成阶梯形。墙基及管道回填应在两侧用细土同时均匀回填、夯实，防止墙基及管道中心线位移。

夯填土应按次序进行，一夯压半夯。较大面积人工回填用打夯机夯实。两机平行时其间距不得小于 3m。在同一夯打路线上，前后间距不得小于 10m。

② 机械填土要求：

铺土应分层进行，每次铺土厚度不大于 300～500mm（视所用压实机械的要求而定）。每层铺土后，利用填土机械将地表面刮平。填土程序一般尽量采取横向或纵向分层卸土，以利行驶时初步压实。

4.1.4 混凝土基础施工工艺

4.1.4.1 钢筋混凝土扩展基础

钢筋混凝土扩展基础系指柱下钢筋混凝土独立基础和墙下钢筋混凝土条形基础。

（1）施工工艺流程

测量施工→基坑开挖、验槽→混凝土垫层施工→钢筋绑扎→基础模板安装→基础混凝土浇筑。

（2）施工要点

1）混凝土浇筑前应先行验槽，基坑尺寸及轴线定位应符合设计要求，对局部软弱土层应挖去，用灰土或砂砾回填夯实与基底相平。

2）在地基或基土上浇筑混凝土时，应清除淤泥和杂物，并应有排水和防水措施。对干燥的黏性土，应用水湿润；对未风化的岩石，应用水清洗，但其表面不得留有积水。

3）垫层混凝土在验槽后应立即浇筑，以保护地基。

4）钢筋绑扎时，钢筋上的泥土、油污，模板内的垃圾、杂物应清除干净，木模板应浇水湿润，缝隙应堵严，基坑积水应排除干净。

5）当垫层素混凝土达到一定强度后，在其上弹线、支模，模板要求牢固，无缝隙。

6）柱下钢筋混凝土独立基础施工应符合下列要求：

① 混凝土宜按台阶分层连续浇筑完成。对于阶梯形基础，每台阶作为一个浇捣层，每浇筑完台阶宜稍停 0.5～1h，待其初步获得沉实后，再浇筑上层。基础上有插筋时，应固定其位置。

② 杯形基础的支模应采用封底式杯口模板，施工时应将杯口模板压紧，在杯底应预留观测孔或振捣孔，混凝土浇筑应对称均匀下料，杯底混凝土振捣应密实。

③ 锥形基础模板应随混凝土浇捣分段支设固定牢靠，基础边角处的混凝土应捣实密实。

7）钢筋混凝土条形基础施工应符合下列要求：

① 绑扎钢筋时，底部钢筋应绑扎牢靠，用 HPB235 钢筋时弯钩应朝上；柱的锚固钢筋下端应用 90°弯钩与基础钢筋绑扎牢固，按轴线位置校核后上端应固定牢靠。

② 混凝土宜分段分层连续浇筑，每层厚度 300～500mm，各段各层间应互相衔接，混凝土浇捣应密实。混凝土自高处倾落时，其自由倾落高度不宜超过 2m。如高度超过 2m，应设料斗、漏斗、串筒、斜槽、溜管，以防止混凝土产生分层离析。

8）基础混凝土浇筑完后，外露表面应在 12h 内覆盖并保湿养护。

4.1.4.2 筏形基础

筏形基础分为梁板式和平板式两种类型，梁板式又分正向梁板式和反向梁板式。

（1）施工工艺流程

测量施工→基坑支护→基坑排水、降水（或隔水）→基坑开挖、验槽→混凝土垫层施工→钢筋绑扎→基础模板安装→基础混凝土浇筑。

（2）施工要点

1）基坑支护结构应安全，当基坑开挖危及邻近建（构）筑物、道路及地下管线的安全与使用时，开挖也应采取支护措施。

2）当地下水位影响基坑施工时，应采取人工降低地下水位或隔水措施。

3）当采用机械开挖时，应保留 200～300mm 土层由人工挖除。

4）基础混凝土可采用一次连续浇筑，也可留设施工缝或后浇带分块连续浇筑。施工缝和后浇带的留设位置应在混凝土浇筑之前确定，宜留设在结构受力较小且便于施工的位置。

5）采用分块浇筑的基础混凝土，应根据现场场地条件、基坑开挖流程、基坑施工监测数据等合理确定浇筑的先后顺序。

6）在浇筑基础混凝土前，应清除模板和钢筋上的杂物，表面干燥的垫层、木模板应浇水湿润。

7）筏形基础混凝土浇筑应符合下列要求：

① 混凝土运输和输送设备作业区域应有足够的承载力，不应影响土坡稳定。

② 混凝土浇筑方向宜平行于次梁长度方向，对于平板式筏形基础宜平行于基础长边

方向。

③ 根据结构形状尺寸、混凝土供应能力、混凝土浇筑设备、场内外条件等划分泵送混凝土浇筑区域及浇筑顺序；采用硬管输送混凝土时，宜由远而近浇筑多根输送管同时浇筑时，其浇筑速度宜保持一致。

④ 混凝土应连续浇筑，且应均匀、密实。

⑤ 混凝土浇筑的布料点宜接近浇筑位置，应采取减缓混凝土下料冲击的措施，混凝土自高处倾落的自由高度不应大于 2m。

⑥ 基础混凝土应采取减少表面收缩裂缝的二次抹面技术措施。

8）筏形基础混凝土养护宜采用浇水、蓄热、喷涂养护剂等方式，裂缝控制应根据工程特点合理选择混凝土配合比、降低入模温度、配置构造筋、加强混凝土养护和保温、控制拆模时间等。

9）筏形基础大体积混凝土浇筑还应符合下列规定：

①混凝土宜采用低水化热水泥，合理选择外掺料、外加剂，优化混凝土配合比。

② 混凝土浇筑应选择合适的布料方案，宜由远而近浇筑，各布料点浇筑速度应均衡。

③ 混凝土应采用斜面分层浇筑方法，混凝土应连续浇筑，分层厚度不应大于 500mm，层间间隔时间不应大于混凝土的初凝时间。

④ 混凝土宜采用蓄热保湿养护方式，养护时间应根据测温数据确定：混凝土内部温度与环境温度的差值不应大于 30℃；蓄热养护结束后宜采用浇水养护方式继续养护，蓄热养护和浇水养护时间不得少于 14d。

10）筏形基础后浇带和施工缝的施工应符合下列要求：

① 后浇带和施工缝处的钢筋应贯通，侧模应固定牢靠。

② 后浇带和施工缝处浇筑混凝上前，应清除浮浆、疏松石子和软弱混凝土层，浇水湿润。

③ 后浇带混凝土强度等级宜比两侧混凝上提高一级，并宜采用低收缩混凝土进行浇筑。施工缝处后浇混凝土应待先浇混凝土强度达到 1.2MPa 后方可进行。

11）基础施工完毕后，基坑应及时回填。回填前应清除基坑中的杂物；回填应在相对的两侧或四周同时均匀进行，并分层夯实。

4.1.4.3 箱形基础

箱形基础的施工工艺与筏形基础基本相同。

4.1.5 砖基础施工工艺

砖基础一般用混凝土标准砖或普通黏土标准砖与水泥砂浆砌成。砖基础多砌成台阶形状，称为“大放脚”。在大放脚的下面一般做垫层，垫层材料可用 C15 混凝土。

（1）施工工艺流程

测量放线→基坑开挖、验槽→混凝土垫层施工→砖基础砌筑。

（2）施工要点

1）基槽尺寸及轴线定位应符合设计要求、对局部软弱土层应挖去，用灰土或砂砾回填夯实与基底相平。

2）基槽开挖后需验槽，并应有排水和防水措施。对干燥的黏性土，应用水湿润；对未风化的岩石，应用水清洗，但其表面不得留有积水。

3）垫层混凝土在验槽后应随即浇灌，以保护地基。

4）砖及砂浆的强度应符合设计要求：砂浆的稠度宜为 70～100mm；砖的规格应一致，砖应提前浇水湿润。

5）基础砌筑前，应先检查垫层施工是否符合质量要求，再清扫垫层表面，将浮土及垃圾清除干净。然后从龙门板上基础大放脚线处拉上准线，在各准线交点处挂下线锤，锤尖在层面上接触，依此点在垫层面上弹上墨线，即成为基础大放脚边线。在垫层转角、交接及高低踏步处预先立好基础皮数杆，控制基础的砌筑高度，并根据施工图标高，在皮数杆上划出每皮砖及灰缝尺寸，然后依照皮数杆逐皮砌筑大放脚。大放脚的最下一皮和每个台阶的上面一皮应以丁砖为主，这样传力较好，砌筑及回填时，也不易碰坏。

6）砖基础中的灰缝宽度应控制在 8～10mm 内。砖基础组砌应上下错缝，内外搭砌，竖缝错开不小于 1/4 砖长；砖基础水平缝的砂浆饱满度应不低于 80%，内外墙基础应同时砌筑，对不能同时砌筑而又必须留置的临时间断处，应砌筑成斜槎，斜槎的长度不应小于高度的 2/3。

7）有高低台的砖基础，应从低台砌起，并由高台向低台搭接，搭接长度不小于基础大放脚的高度。砖基础中的洞口、管道、沟槽等，应在砌筑时正确留出，宽度超过 500mm 的洞口上方应砌筑平拱或设置过梁。抹防潮层前应将基础墙顶面清扫干净，浇水湿润，随即抹平防水砂浆。

4.1.6 石基础施工工艺

毛石基础是用强度等级不低于 MU30 的毛石，不低于 M5 的砂浆砌筑而形成。为保证砌筑质量，毛石基础每台阶高度不宜小于 400mm，基础的宽度不宜小于 200mm，每阶两边各伸出宽度不宜大于 200mm。石块应错缝搭砌，缝内砂浆应饱满，且每步台阶不应少于两匹毛石，石块上下皮竖缝必须错开（不少于 100mm，角石不少于 150mm），做到丁顺交错排列，如图 4-14 所示。

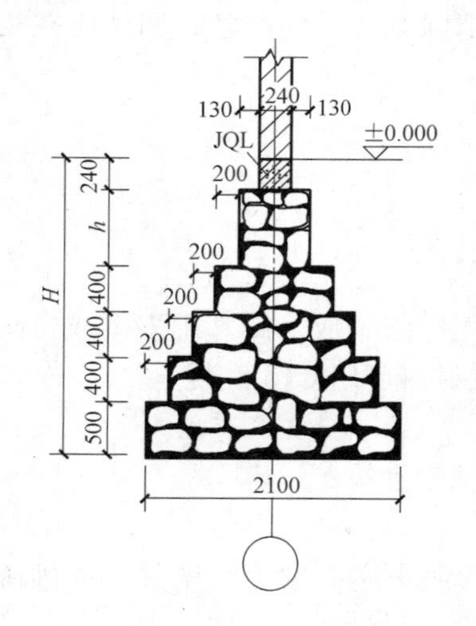

图 4-14　毛石基础示意图

（1）施工工艺流程

测量放线→基坑开挖、验槽→试排撂底→砌筑料石。

（2）施工要点

1）毛石的强度、规格尺寸、表面处理和毛石基础的宽度、阶宽、阶高等应符告设计要求。毛石基础第一皮砖应坐浆，并将大面朝下，最上面一皮宜选较大的毛石砌筑。

2）毛石基础水平灰缝厚度不宜大于 30mm，大石缝中，先填 1/3～1/2 的水泥砂浆，再用小石子、石片塞入其中，轻轻敲实。砌筑时，上下皮石间一定要用拉结石，把内外层石块拉接成整体，且拉结石长度应大于基础宽的 2/3，在立面看时呈梅花形，上下左右错开。

3）基础石墙长度超过设计规定时，应按设计要求设置变形缝，分段砌筑时，其砌筑高低差不得超过 1.2m。

4）毛石基础的转角处和交接处要同时砌筑，如不能同时砌筑，则应留成大踏步磋。当大放脚收台结束，需砌正墙时，该台阶面要用水泥砂浆和小石块大致找平，便于上面正墙的砌筑。

5）基础石墙每砌 3～4 皮为一个分层高度，每个分层度高应找平一次；外露面的灰缝厚度不得大于 40mm，两个分层高度间分层处的错缝不得小于 80mm。

4.1.7 桩基础施工工艺

4.1.7.1 预制桩施工

常见的预制桩类型有钢筋混凝土预制桩、预应力管桩、钢管桩和 H 型桩及其他异型钢桩。根据预制桩入土受力方式又分为静压沉桩法和锤击沉桩法两种。在城市施工时，一般多采用静压沉桩法。

（1）静压沉桩

1）静压沉桩的特点

静压沉桩法施工无噪声、无振动、无污染，压桩力能自动记录，可预估和验证单桩承载力，施工安全可靠。特别适合在建筑稠密及危房附近、环境保护要求严格的地区沉桩，不宜用于地下有较多孤石、障碍物或有 4m 以上硬隔离层的情况。

2）施工工艺流程

测量放线→桩机就位、吊桩、插桩、桩身对中调直→静压沉桩→接桩→再静压沉桩→送桩、终止压桩→切割桩头。

3）施工要点

① 采用静压沉桩时，场地地基承载力不应小于压桩机接地压强的 1.2 倍，且场地应平整。

② 静力压桩施工的质量控制应符合下列规定：

a. 第一节桩下压时垂直度偏差不应大于 0.5%；

b. 宜将每根桩一次性连续压到底，且最后一节有效桩长不宜小于 5m；

c. 抱压力不应大于桩身允许侧向压力的 1.1 倍；

d. 对于大面积桩群，应控制日压桩量。

③ 终压条件应符合下列规定：

a. 应根据现场试压桩的试验结果确定终压标准；

b. 终压连续复压次数应根据桩长及地质条件等因素确定。对于入土深度大于或等于 8m 的桩，复压次数可为 2～3 次；对于入土深度小于 8m 的桩，复压次数可为 3～5 次；稳压压桩力不得小于终压力，稳定压桩的时间宜为 5～10s。

④ 压桩顺序宜根据场地工程地质条件确定，并应符合下列 规定：

a. 对于场地地层中局部含砂、碎石、卵石时，宜先对该区域进行压桩；

b. 当持力层埋深或桩的入土深度差别较大时，宜先施压长桩后施压短桩。

⑤ 压桩过程中应测量桩身的垂直度。当桩身垂直度偏差大于 1%时，应找出原因并设法纠正；当桩尖进入较硬土层后，严禁用移动机架等方法强行纠偏。

⑥ 出现下列情况之一时，应暂停压桩作业，并分析原因，采取相应措施：

a. 压力表读数显示情况与勘察报告中的土层性质明显不符；

b. 桩难以穿越硬夹层；

c. 实际桩长与设计桩长相差较大；

d. 出现异常响声；压桩机械工作状态出现异常；

e. 桩身出现纵向裂缝和桩头混凝土出现剥落等异常现象；

f. 夹持机构打滑；

g. 压桩机下陷。

⑦ 静压送桩的质量控制应符合下列规定：

a. 测量桩的垂直度并检查桩头质量，合格后方可送桩，压桩、送桩作业应连续进行；

b. 送桩应采用专制钢质送桩器，不得将工程桩用作送桩器；

c. 当场地上多数桩的有效桩长小于或等于 15m 或桩端持力层为风化软质岩，需要复压时，送桩深度不宜超过 1.5m；

d. 除满足本条上述 3 款规定外，当桩的垂直度偏差小于 1%，且桩的有效桩长大于 15m 时，静压桩送桩深度不宜超过 8m；

e. 送桩的最大压桩力不宜超过桩身允许抱压压桩力的 1.1 倍。

（2）锤击沉桩

1）锤击沉桩的特点

锤击沉桩是在桩将土向外侧推挤的同时而贯入的施工方法，桩周围的土被挤压，因此增大了桩与土接触面之间的摩擦力。由于沉桩时会产生较大的噪声和振动，在人口稠密的地方一般不宜采用。各种桩锤的施工效果在某种程度上受地层、地质、桩重和桩长等条件的限制，因此需注意选用。

2）施工工艺流程

测量放线→底桩就位→对中、调直→锤击沉桩→接桩→再锤击→再接桩→打至持力层→收锤→切割桩头。

3）施工要点

① 沉桩前必须处理空中和地下障碍物，场地应平整，排应畅通，并应满足打桩所需的地面承载力。

② 桩锤的选用应根据地质条件、桩型、桩的密集程度、单桩竖向承载力及现有施工条件等因素确定，也可按相关规范选用。

③ 桩打入时应符合下列规定：

a. 桩帽或送桩帽与桩周围的间隙应为 5～10mm；

b. 锤与桩帽、桩帽与桩之间应加设硬木、麻袋、草垫等弹性衬垫；

c. 桩锤、桩帽或送桩帽应和桩身在同一中心线上；

d. 桩插入时的垂直度偏差不得超过 0.5%。

④ 打桩顺序要求应符合下列规定：

a. 对于密集桩群，自中间向两个方向或四周对称施打；

b. 当一侧毗邻建筑物时，由毗邻建筑物处向另一方向施打；

c. 根据基础的设计标高，宜先深后浅；

d. 根据桩的规格，宜先大后小，先长后短。

⑤ 桩终止锤击的控制应符合下列规定：

a. 当桩端位于一般土层时，应以控制桩端设计标高为主，贯入度为辅；

b. 桩端达到坚硬、硬塑的黏性土、中密以上粉土、砂土、碎石类土及风化岩时，应以贯入度控制为主，桩端标高为辅；

c. 贯入度已达到设计要求而桩端标高未达到时，应继续锤击 3 阵，并按每阵 10 击的贯入度不应大于设计规定的数值确认，必要时，施工控制贯入度应通过试验确定。

⑥ 当遇到贯入度剧变，桩身突然发生倾斜、位移或有严重回弹、桩顶或桩身出现严重裂缝、破碎等情况时，应暂停打桩，并分析原因，采取相应措施。

⑦ 锤击沉桩送桩应符合下列规定：

a. 送桩深度不宜大于 2.0m；

b. 当桩顶打至接近地面需要送桩时，应测出桩的垂直度并检查桩顶质量，合格后应及时送桩；

c. 送桩的最后贯入度应参考相同条件下不送桩时的最后贯入度并修正；

d. 送桩后遗留的桩孔应立即回填或覆盖；

e. 当送桩深度超过 2.0m 且不大于 6.0m 时，打桩机应为三点支撑履带自行式或步履式柴油打桩机；桩帽和桩锤之间应用竖纹硬木或盘圆层叠的钢丝绳作"锤垫"，其厚度宜取 150～200mm。

4.1.7.2 灌注桩施工

（1）人工挖孔扩底灌注桩施工

1）施工工艺流程

测量放线定桩位→挖第一节桩孔土方→支模浇筑第一节混凝土护壁→安装垂直运输设备及孔口防护设施→挖第二节桩孔土方、校核桩孔垂直度和直径→支模第二节模板、浇筑第二节混凝土护壁→重复第二节挖土、支模、浇筑混凝土护壁工序，直至设计深度和设计持力层→验收后进行扩底→排水、清底检查底尺寸和持力层→吊放钢筋笼就位→浇筑桩身混凝土。

2）施工要点

① 人工挖孔桩的孔径（不含护壁）不得小于 0.8m，且不宜大于 2.5m；孔深不宜大于 30m。当桩净距小于 2.5m 时，应采用间隔开挖。相邻排桩跳挖的最小施工净距不得小于 4.5m。

② 人工挖孔桩混凝土护壁的厚度不应小于 100mm，混凝土强度等级不应低于桩身混凝土强度等级，并应振捣密实；护壁应配置直径不小于 8mm 的构造钢筋，竖向筋应上下搭接或拉接。

③ 人工挖孔桩施工应采取下列安全措施：

a. 孔内必须设置应急软爬梯供人员上下；使用的电葫芦、吊笼等应安全可靠，并配有自动卡紧保险装置，不得使用麻绳和尼龙绳吊挂或脚踏井壁凸缘上下；电葫芦宜用按钮式开关，使用前必须检验其安全起吊能力；

b. 每日开工前必须检测井下的有毒、有害气体，并应有相应的安全防范措施；当桩孔开挖深度超过 10m 时，应有专门向井下送风的设备，风量不宜少于 25L/s；

c. 孔口四周必须设置护栏，护栏高度宜为 0.8m；

d. 挖出的土石方应及时运离孔口，不得堆放在孔口周边 1m 范围内，机动车辆的通行不得对井壁的安全造成影响；

e. 施工现场的一切电源、电路的安装和拆除必须遵守现行行业标准《施工现场临时用电安全技术规范》JGJ 46—2005 的规定。

④ 开孔前，桩位应准确定位放样，在桩位外设置定位基准桩，安装护壁模板必须用桩中心点校正模板位置，并应由专人负责。

⑤ 第一节井圈护壁应符合下列规定：

a. 井圈中心线与设计轴线的偏差不得大于 20mm；

b. 井圈顶面应比场地高出 100～150mm，壁厚应比下面井壁厚度增加 100～150mm。

⑥ 修筑井圈护壁应符合下列规定：

a. 护壁的厚度、拉接钢筋、配筋、混凝土强度等级均应符合设计要求；

b. 上下节护壁的搭接长度不得小于 50mm；

c. 每节护壁均应在当日连续施工完毕；

d. 护壁混凝土必须保证振捣密实，应根据土层渗水情况使用速凝剂；

e. 护壁模板的拆除应在灌注混凝土 24h 之后；

f. 发现护壁有蜂窝、漏水现象时，应及时补强；

g. 同一水平面上的井圈任意直径的极差不得大于 50mm。

⑦ 灌注桩身混凝土时，混凝土必须通过溜槽；当落距超过 3m 时，应采用串筒，串筒末端距孔底高度不宜大于 2m；也可采用导管泵送；混凝土宜采用插入式振捣器振实。

⑧ 当渗水量过大时，应采取场地截水、降水或水下灌注混凝土等有效措施。严禁在桩孔中边抽水边开挖，同时不得灌注相邻桩。

（2）钻、挖、冲孔灌注桩施工

1）施工工艺流程

测量放线定→开挖泥浆池、泥浆沟→护筒埋设→钻机就位对中→钻（冲）机成孔、泥浆护壁清渣→清孔换浆→验收终孔→下钢筋笼和钢导管→灌注水下混凝土→成桩养护。

2）施工要点

钻（冲）孔时，应随时测定和控制泥浆密度，对于较好的黏土层，可采用自成泥浆护壁。成孔后孔底沉渣要清除干净。沉渣厚度要小于 100mm，清孔验收合格后，要立即放入钢筋笼，并固定在孔口钢护筒上，钢筋笼检查无误后要马上浇筑混凝土，间隔时间不能超过 4 小时。用导管开始浇筑混凝土时，管口至孔底的距离为 300～500mm，第一次浇筑时，导管要埋入混凝土下 0.8m 以上，以后浇捣时，导管埋深宜为 2～6m。

4.2 砌体工程

砌体结构工程，是由块体和砂浆砌筑而成的墙、柱作为建筑物主要受力构件及其他构件的结构工程。块体是砖砌体、砌块砌体和石砌体的统称。

4.2.1 砖砌体施工工艺

（1）施工工艺流程

抄平→放线→摆砖→立皮数杆→盘角→挂线、砌砖→勾缝、清理。

（2）施工要点

① 找平、放线：砌筑前，在基础防潮层或楼面上先用水泥砂浆或细石混凝土找平，然后在龙门板上以定位钉为标志，弹出墙的轴线、边线，定出门窗洞口位置，如图 4-15 所示。

② 摆砖：是指在放线的基面上按选定的组砌形式用干砖试摆。一般在房屋外纵墙方向摆顺砖，在山墙方向摆丁砖，摆砖由一个大角摆到另一个大角，砖与砖留 10mm 缝隙。摆砖的目的是为了校对放出的墨线在门窗洞口、附墙垛等处是否符合砖的模数，以尽可能减少砍砖，并使砌体灰缝均匀，组砌得当。

③ 立皮数杆：是指在其上划有每皮砖和灰缝厚度，以及门窗洞口、过梁、楼板、梁底、预埋件等标高位置的一种木制标杆，如图 4-16 所示。它是砌筑时控制每皮砖的竖向尺寸，并使铺灰、砌砖的厚度均匀，洞口及构件位置留设正确，同时还可以保证砌体的垂直度。

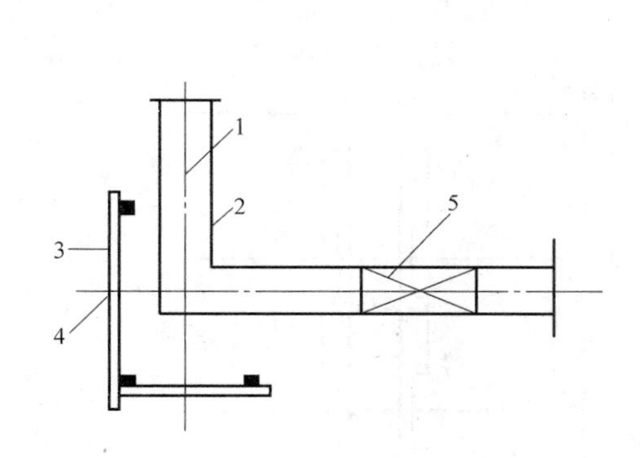

图 4-15 墙身放线

1—墙轴线；2—墙边线；3—龙门板；
4—墙轴线标志；5—门洞位置标志

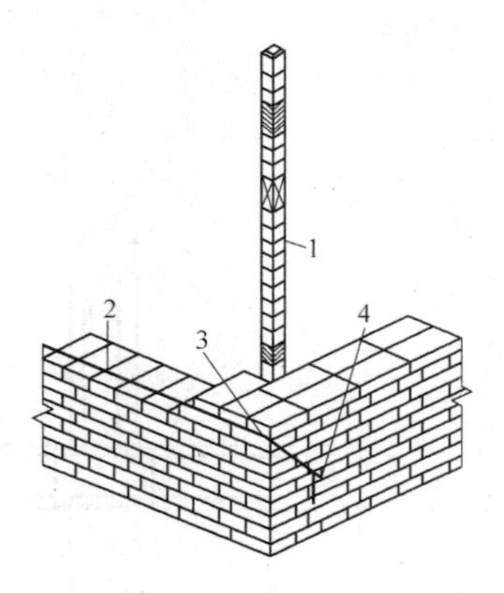

图 4-16 皮数杆示意图

1—皮数杆；2—准线；
3—竹片；4—圆铁

皮数杆一般立于房屋的四大角、内外墙交接处、楼梯间以及洞口多的地方。一般可每隔 10～15m 立一根。皮数杆的设立，应有两个方向斜撑或锚钉加以固定，以保证其固定和垂直。一般每次开始砌砖前应用水准仪校正标高，并检查一遍皮数杆的垂直度和牢固程度。

④ 盘角、砌筑：砌筑时应先盘角，盘角是确定墙身两面横平竖直的主要依据，盘角时主要大角不宜超过 5 皮砖，且应随砌随盘，做到“三皮一吊，五皮一靠”，对照皮数杆检查无误后，才能挂线砌筑中间墙体。为了保证灰缝平直，要挂线砌筑。一般一砖墙单面挂线。一砖半以上砖墙则宜双面挂线。

⑤ 清理、勾缝：当该层该施工面墙体砌筑完成后，应及时对墙面和落地灰进行清理。

勾缝是清水砖墙的最后的一道工序，具有保护墙面和增加墙面美观的作用。墙面勾缝有采用砌筑砂浆随砌随勾缝的原浆勾缝和加浆勾缝，加浆勾缝系指在砌筑几皮砖以后，先在灰缝处划出 1cm 深的灰槽。待砌完整个墙体以后，再用细砂拌制 1∶1.5 水泥砂浆勾缝，勾缝完的墙面应及时清扫。

⑥ 楼层轴线引测：为了保证各层墙身轴线的重合和施工方便，在弹墙身线时，应根据龙门板上标注的轴线位置将轴线引测到房屋的外墙基上，二层以上各层墙的轴线，可用经纬仪或锤球引测到楼层上去，同时还须根据图上轴线尺寸用钢尺进行校核。

⑦ 楼层标高的控制：各层标高除立皮数杆控制外，还可弹出室内水平线进行控制。底层砌到一定高度后，在各层的里墙身，用水准仪根据龙门板上的±0.000 标高，引出统一标高的测量点（一般比室内地坪高出 200～500mm），然后在墙角两点弹出水平线，依次控制底层过梁、圈梁和楼板底标高。当楼层墙身砌到一定高度后，先从底层水平线用钢尺往上量各层水平控制线的第一个标志，然后以此标志为准，用水准仪引测再定出各层墙面的水平控制线，以此控制各层标高。

⑧ 砖砌体的灰缝应横平竖直，厚薄均匀。水平灰缝厚度和竖向灰缝宽度宜为 10mm，但不应小于 8mm，且不应大于 12mm。

⑨ 与构造柱相邻部位砌体应砌成马牙槎，马牙槎应先退后进，每个马牙槎沿高度方向的尺寸不宜超过 300mm，凹凸尺寸宜为 60mm。砌筑时，砌体与构造柱间应沿墙高每 500mm 设拉结钢筋，钢筋数量及伸入墙内长度应满足设计，无设计要求应满足规范要求，如图 4-17 所示。

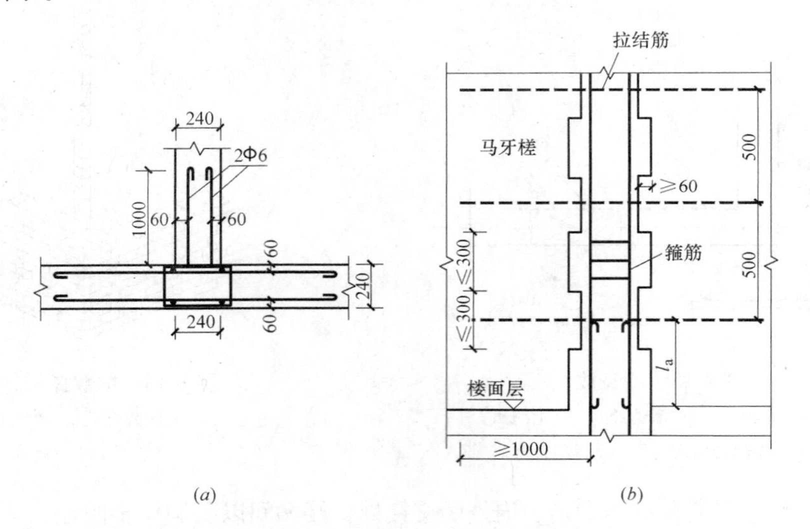

图 4-17 构造柱马牙槎留置及拉结钢筋布置

（a）平面图；（b）立面图

⑩ 混凝土砖、蒸压砖的生产龄期应达到 28d 后，方可用于砌体的施工。

⑪ 当砌筑烧结普通砖、烧结多孔砖、蒸压灰砂砖和蒸压粉煤灰砖砌体时，砖应提前 1～2d 适度湿润，不得采用干砖或吸水饱和状态的砖砌筑。砖湿润程度宜符合下列规定：

a. 烧结类砖的相对含水率宜为 60%～70%；

b. 混凝土多孔砖及混凝土实心砖不宜浇水湿润，但在气候干燥炎热的情况下，宜在砌筑前对其浇水湿润；

c. 其他非烧结类砖的相对含水率宜为 40%～50%。

⑫ 砖砌体的转角处和交接处应同时砌筑。在抗震设防烈度 8 度及以上地区，对不能同时砌筑的临时间断处应砌成斜槎，其中普通砖砌体的斜槎水平投影长度不应小于高度（h）的 2/3，如图 4-18 所示，多孔砖砌体的斜槎长高比不应小于 1/2。斜槎高度不得超过一步脚手架高度。

⑬ 斜槎高度砖砌体的转角处和交接处对非抗震设防及在抗震设防烈度为 6 度、7 度地区的临时间断处，当不能留斜槎时，除转角处外，可留直槎，但应做成凸槎。留直槎处应加设拉结钢筋，如图 4-19 所示，其拉结筋应符合下列规定：

a. 每 120mm 墙厚应设置 1Φ6 拉结钢筋；当墙厚为 120mm 时，应设置 1Φ6 拉结钢筋；

b. 间距沿墙高不应超过 500mm，且竖向间距偏差不应超过 100mm；

c. 埋入长度从留槎处算起每边均不应小于 500mm；对抗震设防烈度 6 度、7 度的地区，不应小于 1000mm；

d. 末端应设 90°弯钩。

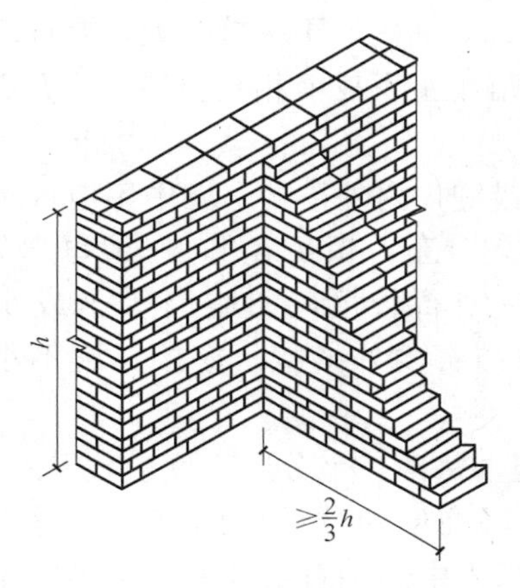

图 4-18 砖砌体斜槎砌筑示意图

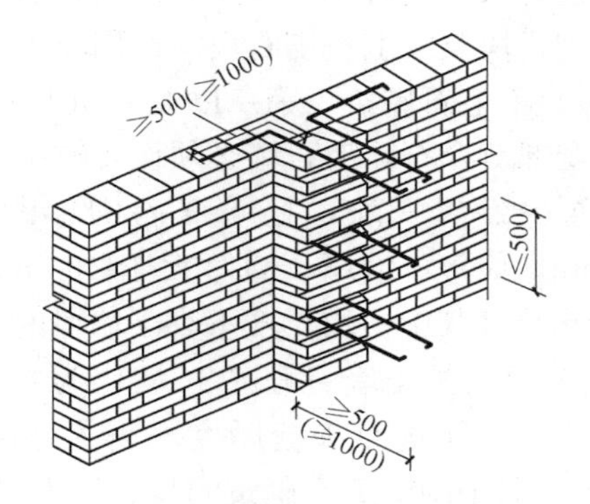

图 4-19 砖砌体直槎和拉结筋示意图

4.2.2 毛石砌体施工工艺

毛石砌体是用乱毛石或平毛石和砂浆砌筑而成。

（1）施工工艺流程

施工准备→试排撂底→砌筑毛石（同时搅拌砂浆）→勾缝→检验评定。

（2）施工要点

1）毛石砌体的灰缝应饱满密实，表面灰缝厚度不宜大于 40mm，石块间不得有相互接触现象。石块间较大的空隙应先填塞砂浆，后用碎石块嵌实，不得采用先摆碎石后塞砂浆或干填碎石块的方法。砌筑时，不应出现通缝、干缝、空缝和孔洞。

2）毛石砌体宜分皮卧砌，且按内外搭接，上下错缝，拉结石、丁砌石交错设置的原则组砌，不得采用外面侧立石块，中间填心的砌筑方法，中间不得有铲口石、斧刃石和过桥石，如图 4-20 所示。每日砌筑高度不宜超过 1.2m，在转角处及交接处应同时砌筑，如不能同时砌筑时，应留斜槎。

3）毛石墙一般灰缝不规则，对外观要求整齐的墙面，其外皮石材可适当加工。毛石墙的第一皮及转角、交接处和洞口处，应用料石或较大的平毛石砌筑，每个楼层砌体最上

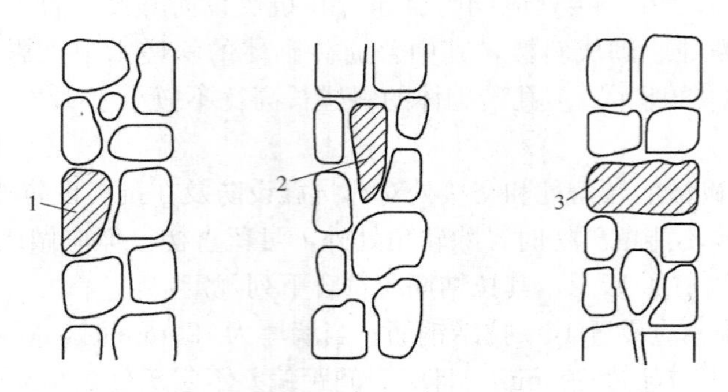

图 4-20 铲口石、斧刃石、过桥石示意
1—铲口石；2—斧刃石；3—过桥石

一皮，应选用较大的毛石砌筑。墙角部分纵横宽度至少为 0.8m。毛石墙在转角处，应采用有直角边的石料砌在墙角一面，据长短形状纵横搭接砌入墙内，丁字接头处，要选取较为平整的长方形石块，长短纵横砌入墙内，使其在纵横墙中上下皮能相互搭接；毛石墙的第一皮石块及最上一皮石块应选用较大的。

4）平毛石砌筑，第一皮大面向下，以后各皮上下错缝，内外搭接，墙中不应放铲口石和全部对合石，毛石墙必须设置拉结石，拉结石应均匀分布，相互错开，一般每 0.7m^2 墙面至少设置一块，且同皮内的中距不大于 2m。拉结石长度，如墙厚等于或小于 400mm，应等于墙厚。墙厚大于 400mm，可用两块拉结石内外搭接，搭接长度不小于 150mm，且其中一块长度不小于墙厚的 2/3。

5）毛石挡土墙一般按 3～4 皮为一个分层高度砌筑，每砌一个分层高度应找平一次；毛石挡土墙外露面灰缝厚度不得大于 40mm，两个分层高度间分层处的错缝不得小于 80mm；对于中间毛石砌筑的料石挡土墙，丁砌料石应深入中间毛石部分的长度不应小于 200mm；挡土墙的泄水孔应按设计施工，若无设计规定时，应按每米高度上间隔 2m 左右设置一个泄水孔。

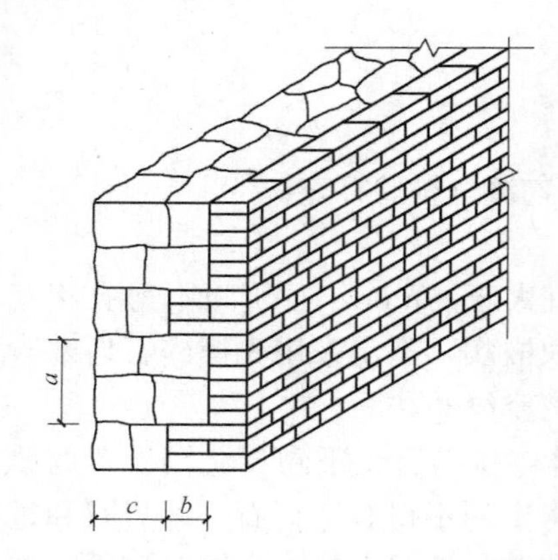

图 4-21 毛石与实心砖组合墙示意图
a—拉结砌合高度；*b*—拉结砌合宽度；*c*—毛石墙的设计宽度

6）石砌体勾缝时，应符合下列规定：

① 勾平缝时，应将灰缝嵌塞密实，缝面应与石面相平，并应把缝面压光；

② 勾凸缝时，应先用砂浆将灰缝补平，待初凝后再抹第二层砂浆，压实后应将其捋成宽度为 40mm 的凸缝；

③ 勾凹缝时，应将灰缝嵌塞密实，缝面宜比石面深 10mm，并把缝面压平溜光。

7）毛石、料石和实心砖的组合墙中，如图 4-21 所示，毛石、料石砌体与砖砌体应同时砌筑，并应每隔 4～6 皮砖用 2～3 皮丁砖与毛石砌体拉结砌合，毛石与实心砖的咬合尺寸应大于 120mm，两种砌体间的空隙应采用砂浆填满。

4.2.3 砌块砌体施工工艺

砌块砌体是砌块和砂浆砌筑而成。

（1）施工工艺流程

基层处理→测量墙中线→弹墙边线→砌底部实心砖→立皮数杆→拉准线、铺灰、依准线砌筑→埋墙拉结筋→梁下、墙顶斜砖砌筑。

（2）施工要点

1）基层处理：将砌筑块体墙根部的混凝土梁、柱的表面清扫干净，用砂浆找平，拉线，用水平尺检查其平整度。

2）砌底部实心砖：在墙体底部，在砌第一皮砌块前，应用实心砖砌筑，其高度宜不小于200mm。

3）拉准线、铺灰、依准线砌筑：为保证墙体垂直度、水平度，采取分段拉准线砌筑，铺浆要厚薄均匀，每一块砖全长上铺满砂浆，浆面平整，保证灰缝厚度，灰缝厚度宜为15mm，灰缝要求横平竖直，水平灰缝应饱满，竖缝采用挤浆和加浆方法，不得出现透明缝，严禁用水冲洗灌缝。铺浆后立即放置砌块，要求一次摆正找平。如铺浆后不立即放置砌块，砂浆凝固了，须铲去砂浆，重新砌筑。

4）埋墙拉结筋：墙体拉结筋采取预埋或植筋的方式与钢筋混凝土柱（墙）的连接，长可埋入墙体内1000mm。

5）梁下、墙顶斜砖砌筑：与梁的接触处待砌块砌完一周后采用斜砖斜砌顶紧。

4.3 钢筋混凝土工程

4.3.1 模板的种类、特性及安装拆除施工要点

模板是使混凝土结构或构件按所要求的几何尺寸成型的模型板。模板的分类，按其形式及施工工艺不同分为：组合式模板、工具式模板（如大模板、滑升模板等）和永久模板；按其所用的材料不同分为：木模板、钢模板、钢木模板、钢竹模板、胶合板模板、竹胶合模板、塑料模板、铝合金模板等；按其规格形式不同分为：定型模板、非定型模板；按其结构构件的类型不同分为：基础模板、柱模板、楼板模板、墙模板、壳模板和烟囱模板等；

4.3.1.1 常见的模板种类、特性

（1）组合式模板

组合式模板，在现代模板技术中是具有通用性强、装拆方便、周转使用次数多的一种新型模板，用它进行现浇混凝土结构施工。可事先按设计要求组拼成梁、柱、墙、楼板的大型模板，整体吊装就位，也可采用散支散拆方法。

1）55型组合钢模板

组合钢模板由钢模板和配件两大部分组成，配件又由连接件和支承件组成。钢模板主要包括平面模板、阳角模板、阴角模板、连接角模等，如图4-22所示。

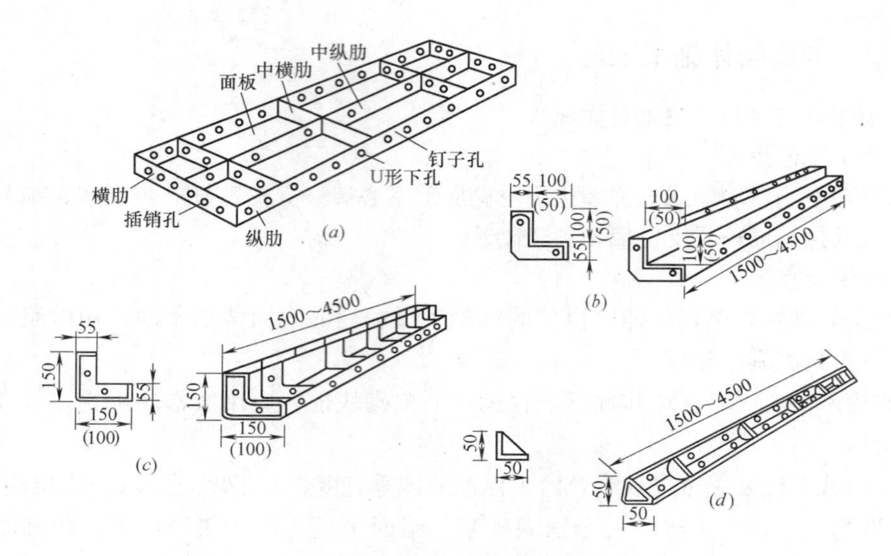

图 4-22 组合钢模板

(a) 平模板；(b) 阳角模板；(c) 阴角模板；(d) 连接角模

2）钢框木（竹）胶合板模板

钢框木（竹）胶合板模板，是以热轧异型钢为钢框架，以覆面胶合板作板面，并加焊若干钢筋承托面板的一种组合式模板。面板有木、竹胶合板，单片木面竹芯胶合板等。

（2）工具式模板

工具式模板，是针对工程结构构件的特点，研制开发的可持续周转使用的专用性模板。包括大模板、滑动模板、爬升模板、飞模、模壳等。

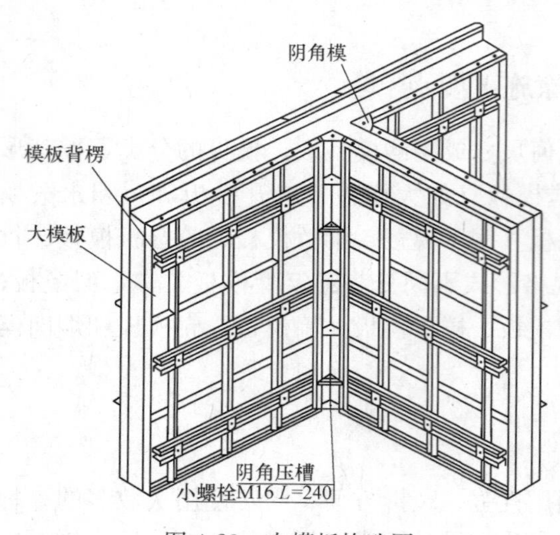

图 4-23 大模板构造图

1）大模板

大模板是大型模板或大块模板的简称。它的单块模板面积大，通常是以一面现浇墙使用一块模板，区别于组合钢模板和钢框胶合板模板，故称大模板，如图 4-23 所示。

2）滑动模板

滑动模板（简称滑模）施工，是现浇混凝土工程的一项施工工艺，与常规施工方法相比，这种施工工艺具有施工速度快、机械化程度高、可节省支模和搭设脚手架所需的工料、能较方便地将模板进行拆散和灵活组装并可重复使用，如图 4-24 所示。

3）爬升模板

爬升模板是综合大模板与滑动模板工艺和特点的一种模板工艺，具有大模板和滑动模板共同的优点，尤其适用于超高层建筑施工。爬升模板（即爬模），是一种适用于现浇钢筋混凝土竖向（或倾斜）结构的模板工艺，如墙体、电梯井、桥梁、塔柱等，如图 4-25 所示。

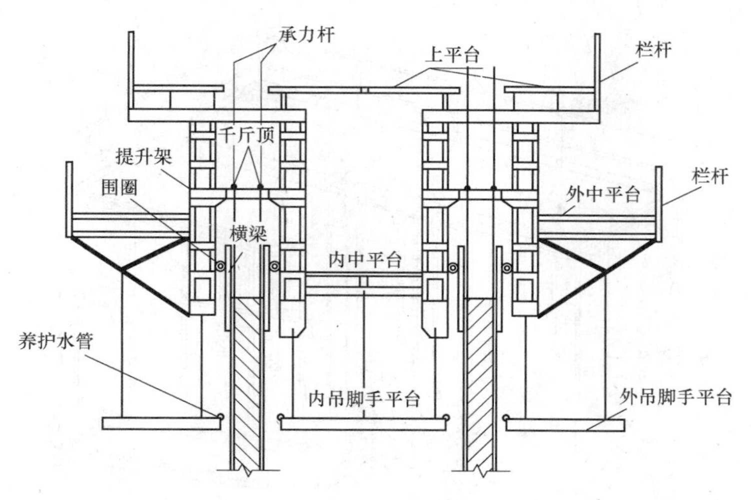

图 4-24　滑动模板构造图

4）飞模

飞模是一种大型工具式模板，因其外形如桌，故又称桌模或台模。由于它可以借助起重机械从已浇筑完混凝土的楼板下吊运飞出转移到上层重复使用，故称飞模。

飞模主要由平台板、支撑系统（包括梁、支架、支撑、支腿等）和其他配件（如升降和行走机构等）组成。适用于大开间、大柱网、大进深的现浇钢筋混凝土楼盖施工，尤其适用于现浇板柱结构（无柱帽）楼盖的施工，如图 4-26 所示。

除上述几种常用模板外，还有密肋楼板模壳、压型钢板模板、预应力混凝土薄板模板等。

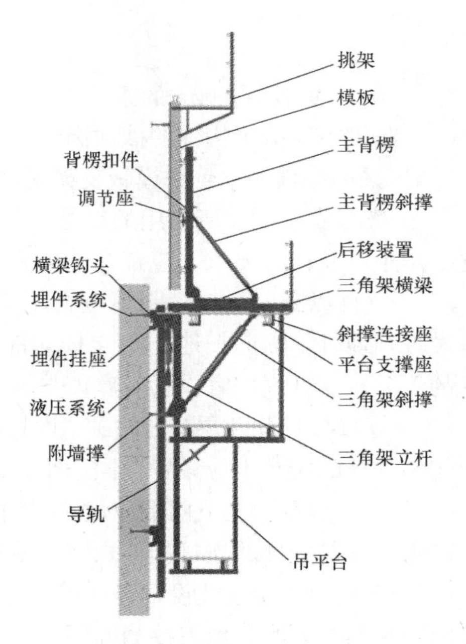

图 4-25　爬升模板构造图

4.3.1.2　模板的安装与拆除

（1）模板安装的施工要求

模板安装时，应符合下列要求：

1）模板及支架应根据施工过程中的各种工况进行设计，应具有足够的承载力和刚度，并应保证其整体稳固性。

2）模板及支架应保证工程结构和构件各部分形状、尺寸和位置准确，且应便于钢筋安装和混凝土浇筑、养护。

3）安装模板时，应进行测量放线，并应采取保证模板位置准确的定位措施。对竖向构件的模板及支架，应根据混凝土一次浇筑高度和浇筑速度，采取竖向模板抗侧移、抗浮和抗倾覆措施。对水平构件的模板及支架，应结合不同的支架和模板面板形式，采取支架间、模板间及模板与支架间的有效拉结措施。对可能承受较大风荷载的模板，应采取防风措施。

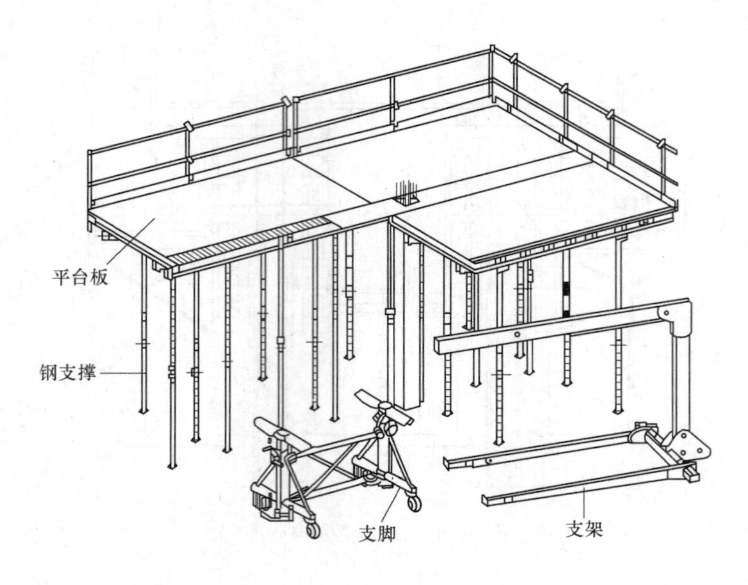

图 4-26 飞模构造图

4）对跨度不小于 4m 的梁、板，其模板施工起拱高度宜为梁、板跨度的 1/1000～3/1000。起拱不得减少构件的截面高度。

5）采用扣件式钢管作模板支架时，支架搭设应符合下列规定：

① 模板支架搭设所采用的钢管、扣件规格，应符合设计要求；立杆纵距、立杆横距、支架步距以及构造要求，应符合专项施工方案的要求。

② 立杆纵距、立杆横距不应大于 1.5m，支架步距不应大于 2.0m；立杆纵向和横向宜设置扫地杆，纵向扫地杆距立杆底部不宜大于 200mm，横向扫地杆宜设置在纵向扫地杆的下方；立杆底部宜设置底座或垫板。

③ 立杆接长除顶层步距可采用搭接外，其余各层步距接头应采用对接扣件连接，两个相邻立杆的接头不应设置在同一步距内。

④ 立杆步距的上下两端应设置双向水平杆，水平杆与立杆的交错点应采用扣件连接，双向水平杆与立杆的连接扣件之间的距离不应大于 150mm。

⑤ 支架周边应连续设置竖向剪刀撑。支架长度或宽度大于 6m 时，应设置中部纵向或横向的竖向剪刀撑，剪刀撑的间距和单幅剪刀撑的宽度均不宜大于 8m，剪刀撑与水平杆的夹角宜为 45°～60°；支架高度大于 3 倍步距时，支架顶部宜设置一道水平剪刀撑，剪刀撑应延伸至周边。

⑥ 立杆、水平杆、剪刀撑的搭接长度，不应小于 0.8m。且不应少于 2 个扣件连接，扣件盖板边缘至杆端不应小于 100mm。

⑦ 扣件螺栓的拧紧力矩不应小于 40N·m，且不应大于 65N·m。

⑧ 支架立杆搭设的垂直偏差不宜大于 1/200。

（2）模板拆除的要求

模板的拆除时，应符合以下要求：

1）模板拆除时，可采取先支的后拆、后支的先拆，先拆非承重模板、后拆承重模板的顺序，并应从上而下进行拆除。

2）底模及支架应在混凝土强度达到设计要求后再拆除；当设计无具体要求时，同条件养护的混凝土立方体试件抗压强度应符合表 4-14 的规定。

底模拆除时的混凝土强度要求 表 4-14

构件类型	构件跨度(m)	达到设计混凝土强度等级值的百分率(%)
板	≤2	≥50
	>2,≤8	≥75
	>8	≥100
梁、拱、壳	≤8	≥75
	>8	≥100
悬臂构件	—	≥100

3）当混凝土强度能保证其表面及棱角不受损伤时，方可拆除侧模。

4）模板拆除后应将其表面清理干净，对变形和损伤部位应进行修复。

4.3.2 钢筋工程施工工艺

4.3.2.1 钢筋加工

（1）钢筋除锈

钢筋的表面应洁净。油渍、漆污和用锤敲击时能剥落的浮皮、铁锈等应在使用前清除干净。在焊接前，焊点处的水锈应清除干净。

钢筋的除锈，一般可通过以下两个途径：一是在钢筋冷拉或钢丝调直过程中除锈，对大量钢筋的除锈较为经济省力；二是用机械方法除锈，如采用电动除锈机除锈，对钢筋的局部除锈较为方便，还可采用手工除锈（用钢丝刷、砂盘）、喷砂和酸洗除锈等。

（2）钢筋调直

钢筋的调直是在钢筋加工成型之前，对热轧钢筋进行矫正，使钢筋成为直线的一道工序。钢筋调直的方法分为机械调直和人工调直。以盘圆供应的钢筋在使用前需要进行调直。调直应优先采用机械方法调直，以保证调直钢筋的质量。

（3）钢筋切断

断丝钳切断法：主要用于切断直径较小的钢筋，如钢丝网片、分布钢筋等。

手动切断法：主要用于切断直径在 16mm 以下的钢筋，其手柄长度可根据切断钢筋直径的大小来调，以达到切断时省力的目的。

液压切断器切断法：切断直径在 16mm 以上的钢筋。

（4）钢筋弯曲成型

1）受力钢筋

① HPB300 钢筋末端应作 180°弯钩，其弯弧内直径不应小于钢筋直径的 2.5 倍，弯钩的弯后平直部分长度不应小于钢筋直径的 3 倍；

② 当设计要求钢筋末端需作 135°弯钩时，钢筋的弯弧内直径 D 不应小于钢筋直径的 4 倍，弯钩的弯后平直部分长度应符合设计要求；

③ 钢筋作不大于 90°的弯折时，弯折处的弯弧内直径不应小于钢筋直径的 5 倍。

2）箍筋

除焊接封闭环式箍筋外，箍筋的末端应作弯钩。弯钩的形式应符合设计要求。

4.3.2.2　钢筋连接

钢筋的连接可分为三类：绑扎搭接、焊接和机械连接。当受力钢筋的直径 $d>25$mm 及受压钢筋的直径 $d>28$mm 时，不宜采用绑扎搭接接头。

（1）钢筋绑扎搭接连接

当纵向受力钢筋采用绑扎搭接接头时，接头的设置应符合下列规定：

1）同一构件内的接头宜分批错开。各接头的横向净间距 s 不应小于钢筋直径，且不应小于 25mm。

2）接头连接区段的长度为 1.3 倍搭接长度，凡接头中点位于该连接区段长度内的接头均应属于同一连接区段；搭接长度可取相互连接两根钢筋中较小直径计算。纵向受力钢筋的最小搭接长度应符合规范相关规定。

3）同一连接区段内，纵向受力钢筋接头面积百分率为该区段内有接头的纵向受力钢筋截面面积与全部纵向受力钢筋截面面积的比值，如图 4-27 所示；纵向受压钢筋的接头面积百分率可不受限制；纵向受拉钢筋的接头面积百分率应符合下列规定：

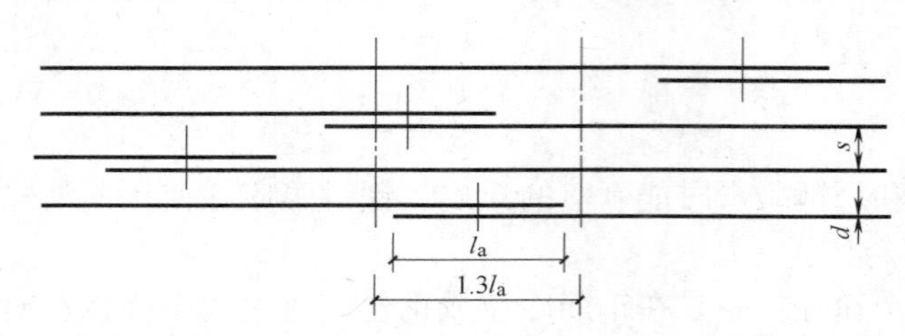

图 4-27　钢筋绑扎搭接接头连接区段及接头面积百分率

① 梁类、板类及墙类构件，不宜超过 25%；基础筏板，不宜超过 50%。

② 柱类构件，不宜超过 50%。

③ 当工程中确有必要增大接头面积百分率时，对梁类构件，不应大于 50%；对其他构件，可根据实际情况适当放宽。

（2）钢筋焊接连接

钢筋焊接种类主要有：闪光对焊、电阻点焊、电弧焊、电渣压力焊等。

① 钢筋闪光对焊

钢筋闪光对焊是利用对焊机使两段钢筋接触，通以低电压的强电流，把电能转化为热能，待钢筋被加热到一定温度后，即施加轴向压力挤压（称为顶锻），便形成对焊接头。

钢筋闪光对焊工艺有连续闪光焊、预热闪光焊和闪光-预热-闪光焊三种工艺，根据钢筋品种、直径、焊机功率、施焊部位等因素选用。

② 钢筋电阻点焊

钢筋电阻点焊，将两钢筋安放成交叉叠接形式，压紧于两电极之间，利用电阻热熔化母材金属，加压形成焊点的一种压焊方法。

③ 钢筋电弧焊

钢筋电弧焊是指以焊条作为一级，钢筋为另一极，利用焊接电流通过上传产生的电弧热进行焊接的一种熔焊方法。

④ 钢筋电渣压力焊

电渣压力焊，是将两钢筋安放成竖向或斜向（倾斜度在 4∶1 的范围内）对接形式，利用焊接电流通过两钢筋间隙，在焊剂层下形成电弧过程和电渣过程，产生电弧热和电阻热，熔化钢筋，加压完成的一种压焊方法。

（3）钢筋机械连接

钢筋机械连接类型主要有套筒挤压连接、锥螺纹连接和直螺纹连接。

1）钢筋套筒挤压连接

套筒挤压连接接头，通过挤压力使连接件钢套筒塑性变形与带肋钢筋紧密咬合形成的接头。有两种形式，径向挤压连接和轴向挤压连接。由于轴向挤压连接现场施工不方便及接头质量不够稳定，没有得到推广；而径向挤压连接技术，连接接头得到了大面积推广使用。

2）钢筋锥螺纹连接

锥螺纹连接接头，通过钢筋端头特制的锥形螺纹和连接件锥形螺纹咬合形成的接头。锥螺纹连接技术的诞生克服了套筒挤压连接技术存在的不足。锥螺纹丝头完全是提前预制，现场连接占用工期短，现场只需用力矩扳手操作，不需搬动设备和拉扯电线，深受各施工单位的好评。

3）钢筋直螺纹连接

钢筋直螺纹连接，是将待连接钢筋端部的纵肋和横肋用滚丝机采用切削的方法剥掉一部分，然后直接滚轧成普通直螺纹，用特制的直螺纹套筒连接起来，形成钢筋的连接。该技术高效、便捷、快速的施工方法和节能降耗、提高效益、连接质量稳定可靠。直螺纹连接接头主要有镦粗直螺纹连接接头和滚压直螺纹连接接头。

4.3.2.3 钢筋安装

（1）钢筋现场绑扎

1）核对成品钢筋的钢号、直径、形状、尺寸和数量等是否与料单牌相符。如有错漏，应纠正增补。

2）准备绑扎用的钢丝、绑扎工具（如钢筋钩、带扳口的小撬棍）、绑扎架等。钢筋绑扎用的钢丝，可采用20-22号钢丝，其中22号钢丝只用于绑扎直径12mm以下的钢筋。

3）准备控制混凝土保护层用的水泥砂浆垫块或塑料卡。水泥砂浆垫块的厚度，应等于保护层的厚度。垫块的平面尺寸：当保护层厚度等于或小于20mm时为30mm×30mm，当护层厚大于20mm时为50mm×50mm。当在垂直方向使用垫块时，可在垫块中埋入20号钢丝。

4）划出钢筋位置线。平板或墙板的钢筋，在模板上划线；柱的箍筋，在两根对角线主筋上划点；梁的箍筋，则在架立筋上划点；基础的钢筋，在两向各取一根钢筋划点或在垫层上划线。

5）绑扎形式复杂的结构部位时，应先研究逐根钢筋穿插就位的顺序，并与模板工程联系讨论支模和绑扎钢筋的先后次序，以减少绑扎困难。

（2）基础钢筋绑扎

1）施工工艺流程

清理垫层、划线→摆放下层钢筋、并固定绑扎→摆放钢筋撑脚（双层钢筋时）→绑扎上层钢筋→绑扎柱墙预留钢筋。

2）施工要点

① 钢筋网的绑扎。四周两行钢筋交叉点应每点扎牢。中间部分交叉点可相隔交错扎

牢，但必须保证受力钢筋不位移。双向主筋的钢筋网，则须将全部钢筋相交点扎牢。绑扎时应注意相邻绑扎点的铁丝扣要成八字形，以免网片歪斜变形。

② 基础底板采用双层钢筋网时，在上层钢筋网下面应设置钢筋撑脚或混凝土撑脚，以保证钢筋位置正确。钢筋撑脚每隔 1m 放置一个，其直径选用：当板厚 $h \leqslant 30$cm 时为 8～10mm；当板厚 $h=30 \sim 50$mm 时为 12～14mm；当板厚 $h>50$cm 时为 16～18mm。

③ 钢筋的弯钩应朝上，不要倒向一边；但双层钢筋网的上层钢筋弯钩应朝下。

④ 独立柱基础为双向弯曲，其底面短边的钢筋应放在长边钢筋的上面。

⑤ 现浇柱与基础连接用的插筋，其箍筋应比柱的箍筋缩小一个柱筋直径，以便连接。插筋位置一定要固定牢靠，以免造成柱轴线偏移。

⑥ 对厚片筏上部钢筋网片，可采用钢管临时支撑体系。

（3）柱钢筋绑扎

1）施工工艺流程

调整插筋位置、套入箍筋→立柱子四个角的主筋→绑扎插筋接头→立柱内其余主筋→将柱骨架钢筋绑扎成型。

2）施工要点

① 柱中的竖向钢筋搭接时，角部钢筋的弯钩应与模板成 45°（多边形柱为模板内角的平分角，圆形柱应与模板切线垂直），中间钢筋的弯钩应与模板成 90°，如果用插入式振捣器浇筑小型截面柱时，弯钩与模板的角度不得小于 15°。

② 箍筋的接头（弯钩叠合处）应交错布置在四角纵向钢筋上；箍筋转角与纵向钢筋交叉点均应扎牢（箍筋平直部分与纵向钢筋交叉点可间隔扎牢），绑扎箍筋时绑扣相互间应成八字形。

③ 下层柱的钢筋露出楼面部分，宜用工具式柱箍将其收进一个柱筋直径，以利上层柱的钢筋搭接。当柱截面有变化时，其下层柱钢筋的露出部分，必须在绑扎梁的钢筋之前先行收缩准确。

④ 框架梁、牛腿及柱帽等钢筋，应放在柱的纵向钢筋内侧。

⑤ 柱钢筋的绑扎，应在模板安装前进行。

（4）板钢筋绑扎

1）施工工艺流程

清理垫层、划线→摆放下层钢筋、并固定绑扎→摆放钢筋撑脚（双层钢筋时）→安装管线→绑扎上层钢筋。

2）施工要点

① 现浇楼板钢筋的绑扎是在梁钢筋骨架放下之后进行的。在现浇楼板钢筋铺设时，对于单向受力板，应先铺设平行于短边方向的受力钢筋，后铺设平行于长边方向分布钢筋；对于双向受力板，应先铺设平行于短边方向的受力钢筋，后铺设平行于长边方向的受力钢筋。且须特别注意，板上部的负筋、主筋与分布钢筋的相交点必须全部绑扎，并垫上保护层垫块。如楼板为双层钢筋时，两层钢筋之间应设撑铁，以确保两层钢筋之间的有效高度，管线应在负筋没有绑扎前预埋好，以免施工人员施工时过多地踩倒负筋。

② 板、次梁与主梁交叉处，板的钢筋在上，次梁的钢筋居中，主梁的钢筋在下；当有圈梁或垫梁时，主梁的钢筋在上。

③ 板的钢筋网绑扎与基础相同。但应注意板上部的负筋。要防止被踩下；特别是雨篷、挑檐、阳台等悬臂板。要严格控制负筋位置，以免拆模后断裂。

4.3.3 混凝土工程施工工艺

混凝土工程施工包括混凝土拌合料的制备、运输、浇筑、振捣、养护等工艺过程，传统的混凝土拌合料是在混凝土配合比确定后在施工现场进行配料和拌制，近年来，混凝土拌合料的制备实现了工业化生产，大多数城市实现了混凝土集中预拌，商品化供应混凝土拌合料，施工现场的混凝土工程施工工艺减少了制备过程。

4.3.3.1 混凝土拌合料的运输

（1）运输要求

混凝土拌合料自商品混凝土厂装车后，应及时运至浇筑地点。混凝土拌合料运输过程中一般要求：

1）保持其均匀性，不离析、不漏浆；

2）运到浇筑地点时应具有设计配合比所规定的坍落度；

3）应在混凝土初凝前浇入模板并捣实完毕；

4）保证混凝土浇筑能连续进行。

（2）运输时间

混凝土从搅拌机卸出到浇筑进模后时间间隔不得超过表4-15中所列的数值。若使用快硬水泥或掺有促凝剂的混凝土，其运输时间由试验确定，轻骨料混凝土的运输、浇筑延续时间应适当缩短。

混凝土从搅拌机中卸出到浇筑完毕的延续时间（min）　　表4-15

混凝土强度等级	气温低于25℃	气温高于25℃
C30及C30以下	120	90
高于C30	90	60

（3）运输方案及运输设备

混凝土拌合料自搅拌站运至工地，多采用混凝土搅拌运输车，在工地内，混凝土运输目前可以选择的组合方案有：①“泵送”方案；②“塔式起重机＋料斗”方案。

4.3.3.2 混凝土浇筑

混凝土浇筑就是将混凝土放入已安装好的模板内并振捣密实以形成符合要求的结构或构件的施工过程。包括布料、振捣、抹平等工序。

（1）混凝土浇筑的基本要求

1）混凝土应分层浇筑，分层捣实，但两层混凝土浇捣时间间隔不超过规范规定；

2）浇筑应连续作业，在竖向结构中如浇筑高度超过3m时，应采用溜槽或串筒下料；

3）在浇筑竖向结构混凝土前，应先在浇筑处底部填入50～100mm与混凝土内砂浆成分相同的水泥浆或水泥砂浆（接浆处理）；

4）浇筑过程应经常观察模板及其支架、钢筋、埋设件和预留孔洞的情况，当发现有变形或位移时，应立即快速处理。

（2）施工缝的留设和处理

施工缝是新浇筑混凝土与已凝结或已硬化混凝土的结合面。由于新旧混凝土的结合力较差，故施工缝处是构件中的薄弱环节。为保证结构的整体性，混凝土的浇筑应连续进行，尽量缩短间歇时间。如因施工组织或技术上的原因不能连续浇筑，混凝土运输、浇筑及中间的间歇时间超过混凝土的凝结时间，则应留置施工缝。

留置施工缝的位置应事先确定，施工缝应留在结构受剪力较小且便于施工的部位。柱子应留水平缝，梁、板和墙应留垂直缝。

施工缝的处理：在施工缝处继续浇筑混凝土时，应待浇筑的混凝土抗压强度不小于1.2MPa方可进行，以抵抗继续浇筑混凝土的扰动。而且应对施工缝进行处理。一般是将混凝土表面凿毛、清洗、清除水泥浆膜和松动石子或软弱混凝土层，再满铺一层厚10～15mm的水泥浆或与混凝土同水灰比的水泥砂浆，方可继续浇筑混凝土。施工缝处混凝土应细致捣实，使新旧混凝土紧密结合。

（3）混凝土振捣

在浇筑过程中，必须使用振捣工具振捣混凝土，尽快将拌合物中的空气振出，将混凝土拌合料中的空气赶出来，因为空气含量太多的混凝土会降低强度。用于振捣密实混凝土拌合物的机械，按其作业方式可分为：插入式振动器、表面振动器、附着式振动器和振动台。

4.3.3.3 混凝土养护

混凝土养护方法有：自然养护、蒸汽养护、蓄热养护等。

对混凝土进行自然养护，是指在平均气温高于＋5℃的条件下于一定时间内使混凝土保持湿润状态。自然养护又可分为洒水养护和喷洒塑料薄膜养生液养护等。

洒水养护是用吸水保温能力较强的材料（如草帘、芦席、麻袋、锯末等）将混凝土覆盖，经常洒水使其保持湿润。养护时间长短取决于水泥品种，硅酸盐水泥、普通硅酸盐水泥和矿渣硅酸盐水泥拌制的混凝土，不少于7d；火山灰质硅酸盐水泥和粉煤灰硅酸盐水泥拌制的混凝土不少于14d；有抗渗要求的混凝土不少于14d。洒水次数以能保持混凝土具有足够的润湿状态为宜。养护初期和气温较高时应增加洒水次数。

喷洒塑料薄膜养生液养护适用于不易洒水养护的高耸构筑物和大面积、不规则外形混凝土结构及缺水地区。

对于表面积大的构件（如地坪、楼板、屋面、路面等），也可用湿土、湿砂覆盖，或沿构件周边用黏土等围住，在构件中间蓄水进行养护。

混凝土必须养护至其强度达到1.2MPa以上，才准在上面行人和架设支架、安装模板，且不得冲击混凝土，以免振动和破坏正在硬化过程中的混凝土的内部结构。

4.4 钢结构工程

4.4.1 钢结构的连接方法

4.4.1.1 焊接

钢结构工程常用的焊接方法有：药皮焊条手工电弧焊、自动（半自动）埋弧焊、气体保护焊。

（1）药皮焊条手工电弧焊：原理是在涂有药皮的金属电极与焊件之间施加电压，由于电极强烈放电导致气体电离，产生焊接电弧，高温下致使焊条和焊件局部熔化，形成气体、熔渣、熔池，气体和熔渣对熔池起保护作用，同时熔渣与熔池金属产生冶炼反应后凝固成焊渣，冷却凝成焊缝，固态焊渣覆盖于焊缝金属表面后成型。

（2）埋弧焊：是生产效率较高的机械化焊接方法之一，又称焊剂层下自动电弧焊。焊丝与母材之间施加电压并相互接触放弧后使焊丝端部及电弧区周围的焊剂及母材熔化，形成金属熔滴、熔池及熔渣。金属熔池受到浮于表面的熔渣和焊剂蒸气的保护，不与空气接触，避免有害气体侵入。自动埋弧焊设备由交流或直流焊接电源、焊接小车、控制盒、电缆等附件组成。

（3）气体保护焊：包括钨极氩弧焊（TIG）、熔化极气体保护焊（GMAW）。目前应用较多的是 CO_2 气体保护焊。CO_2 气体保护焊是采用喷枪喷出 CO_2 气体作为电弧焊的保护介质，使熔化金属与空气隔绝，保护焊接过程的稳定。

4.4.1.2　螺栓连接

（1）普通螺栓连接

建筑钢结构中常用的普通螺栓牌号为 Q235，很少采用其他牌号的钢材制作。普通螺栓强度等级要低，一般为 4.4 级、4.8 级、5.6 级和 8.8 级。例如 4.8S，“S”表示级，“4”表示栓杆抗拉强度为 400MPa，0.8 表示屈强比，则屈服强度为 400×0.8=320MPa。建筑钢结构中使用的普通螺栓，一般为六角头螺栓，常用规格有 M8、M10、M12、M16、M20、M24、M30、M36、M42、M48、M56、M64 等。普通螺栓质量等级按加工制作质量及精度分为 A、B、C 三个等级，A 级加工精度最高，C 级最差，A 级螺栓为精制螺栓，B 级螺栓为半精制螺栓，A、B 级适用于拆装式结构或连接部位需传递较大剪力的重要结构中，C 级螺栓为粗制螺栓，由圆钢压制而成，适用于钢结构安装中的临时固定，或用于承受静载的次要连接。普通螺栓可重复使用，建筑结构主结构螺栓连接，一般应选用高强螺栓，高强螺栓不可重复使用，属于永久连接的预应力螺栓。

（2）高强度螺栓连接

高强度螺栓按形状不同分为：大六角头型高强度螺栓和扭剪型高强度螺栓。大六角头高强度螺栓一般采用指针式扭力（测力）扳手或预置式扭力（定力）扳手施加预应力，目前使用较多的是电动扭矩扳手，按拧紧力矩的 50%进行初拧，然后按 100%拧紧力矩进行终拧，大型节点初拧后，按初拧力矩进行复拧，最后终拧。扭剪型高强度螺栓的螺栓头为盘头，栓杆端部有一个承受拧紧反力矩的十二角体（梅花头），和一个能在规定力矩下剪断的断颈槽。扭剪型高强度螺栓通过特制的电动扳手，拧紧时对螺母施加顺时针力矩，对梅花头施加逆时针力矩，终拧至栓杆端部断颈拧掉梅花头为止。

4.4.1.3　自攻螺钉连接

自攻螺钉多用于薄金属板间的连接，连接时先对被连接板制出螺纹底孔，再将自攻螺钉拧人被连接件螺纹底孔中，由于自攻螺钉螺纹表面具有较高硬度（≥HRC45），其螺纹具有弧形三角截面普通螺纹，螺纹表面也具有较高硬度，可在被连接板的螺纹底孔中攻出内螺纹，从而形成连接。

4.4.1.4　铆钉连接

铆钉连接按照铆接应用情况，可以分为活动铆接、固定铆接、密封铆接。铆接在建筑工程中一般不使用。

4.4.2 钢结构安装施工工艺

4.4.2.1 安装工艺流程

场地三通一平→构件进场→吊机进场→屋面梁（楼层梁）安装→檩条支撑系杆安装→涂料工程→屋面系统安装→零星构件安装→装饰工程施工→收尾拆除施工设备→交工。

4.4.2.2 安装施工要点

（1）吊装施工

1）吊点采用四点绑扎，绑扎点应用软材料垫至其中以防钢构件受损。

2）起吊时先将钢构件吊离地面 50cm 左右，使钢构件中心对准安装位置中心，然后徐徐升钩，将钢构件吊至需连接位置即刹车对准预留螺栓孔，并将螺栓穿入孔内，初拧作临时固定，同时进行垂直度校正和最后同定，经校正后，并终拧螺栓作最后固定。

（2）钢构件连接

1）钢构件螺栓连接

① 钢构件拼装前应检查清除飞边、毛刺、焊接飞溅物等，摩擦面应保持干燥、整洁，不得在雨中作业。

② 高强度螺栓在大六角头上部有规格和螺栓号，安装时其规格和螺栓号要与设计图上要求相同，螺栓应能自由穿入孔内，不得强行敲打，并不得气割扩孔，穿放方向符合设计图纸的要求。

③ 从构件组装到螺栓拧紧，一般要经过一段时间，为防止高强度螺栓连接副的扭矩系数、标高偏差、预拉力和变异系数发生变化，高强度螺栓不得兼作安装螺栓。

④ 为使被连接板叠密贴，应从螺栓群中央顺序向外施拧，即从节点中刚变大的中央按顺序向下受约束的边缘施拧。为防止高强度螺栓连接副的表面处理涂层发生变化影响预拉力，应在当天终拧完毕，为了减少先拧与后拧的高强度螺栓预拉力的差别，其拧紧必须分为初拧和终拧两步进行，对于大型节点，螺栓数量较多，则需要增加一道复拧工序，复拧扭矩仍等于初拧的扭矩，以保证螺栓均达到初拧值。

⑤ 高强度六角头螺栓施拧采用的扭矩扳手和检查采用的扭矩扳手在扳前和扳后均应进行扭矩校正。其扭矩误差应分别为使用扭矩的±5％和±3％。

⑥ 高强度螺栓上、下接触面处加有 1/20 以上斜度时应采用垫圈垫平。高强度螺栓孔必须是钻成的，孔边应无飞边、毛刺，中心线倾斜度不得大于 2mm。

2）钢构件焊接连接

① 焊接区表面及其周围 20mm 范围内，应用钢丝刷、砂轮、氧乙炔火焰等工具，彻底清除待焊处表面的氧化皮、锈、油污、水分等污物。施焊前，焊工应复核焊接件的接头质量和焊接区域的坡口、间隙、钝边等的处理情况。当发现有不符合要求时，应修整合格后方可施焊。

② 厚度 12mm 以下板材可不开坡口，采用双面焊，正面焊电流稍大，熔深达 65％～70％，反面达 40％～55％。厚度大于 12～20mm 的板材，单面焊后，背面清根，再进行焊接。厚度较大板，开坡口焊，一般采用手工打底焊。

③ 多层焊时，一般每层焊高为 4～5mm，多道焊时，焊丝离坡口面 3～4mm 处焊。

④ 填充层总厚度低于母材表面 1～2mm，稍凹，不得熔化坡口边。

⑤ 盖面层应使焊缝对坡口熔宽每边 3±1mm，调整焊速，使余高为 0～3mm。

⑥ 焊道两端加引弧板和熄弧板，引弧和熄弧焊缝长度应大于或等于 80mm。引弧和熄弧板长度应大于或等于 150mm。引弧和熄弧板应采用气割方法切除，并修磨平整，不得用锤击落。

⑦ 埋弧焊每道焊缝熔敷金属横截面的成型系数（宽度：深度）应大于 1。

⑧ 不应在焊缝以外的母材上打火引弧。

4.5 防水工程

4.5.1 防水砂浆、防水混凝土施工工艺

4.5.1.1 防水砂浆施工工艺

防水砂浆防水层通常称为刚性防水层，是依靠增加防水层厚度和提高砂浆层的密实性来达到防水要求。

（1）防水砂浆防水层施工

砂浆防水工程是利用一定配合比的水泥浆和水泥砂浆（称防水砂浆）分层分次施工，相互交替抹压密实，充分切断各层次毛细孔网，形成一多层防渗的封闭防水整体。

1）施工工艺流程

找平层施工→砂浆防水层施工→质量检查。

2）施工要点

① 防水砂浆防水层的背水面基层的防水层采用四层做法（“二素二浆”），迎水面基层的防水层采用五层做法（“三素二浆”）。素浆和水泥浆的配合比按表 4-16 选用。

普通水泥砂浆防水层的配合比　　表 4-16

名称	配合比（质量比）		水灰比	适用范围
	水泥	砂		
素浆	1		0.55～0.60	水泥砂浆防水层的第一层
素浆	1		0.37～0.40	水泥砂浆防水层的第三、五层
砂浆	1	1.5～2.0	0.40～0.50	水泥砂浆防水层的第二、四层

② 施工前要进行基层处理，清理干净表面、浇水湿润、补平表面蜂窝孔洞，使基层表面平整、坚实、粗糙，以增加防水层与基层间的粘结力。

③ 防水层每层应连续施工，素灰层与砂浆层应在同一天内施工完毕。为了保证防水层抹压密实，防水层各层间及防水层与基层间粘结牢固，必须作好素灰抹面、水泥砂浆揉浆和收压等施工关键工序。素灰层要求薄而均匀，抹面后不宜干撒水泥粉。揉浆是使水泥砂浆素灰相互渗透结合牢固，既保护素灰层又起防水作用，揉浆时严禁加水，以免引起防水层开裂、起粉、起砂。

④ 防水砂浆防水层完工并待其强度达到要求后，应进行检查，以防水层不渗水为合格。

（2）掺防水剂水泥砂浆防水施工

掺防水剂的水泥砂浆是在水泥砂浆中掺入占水泥重量3%～5%的各种防水剂配制而成。常用的防水剂有氯化物金属盐类防水剂和金属皂类防水剂。

1）施工工艺流程

找平层施工→掺防水剂水泥砂浆防水层施工→质量检查。

2）施工要点

在未加防水剂水泥砂浆防水层施工要点的基础上，需增加：

① 防水层施工时的环境温度为5～35℃，必须在结构变形或沉降趋于稳定后进行。为防止裂缝产生，可在防水层内增设金属网片。

② 当施工采用抹压法时，先在基层涂刷一层1∶0.4的水泥浆（重量比），随后分层铺抹防水砂浆，每层厚度为5～10mm，总厚度不小于20mm。每层应抹压密实，待下一层养护凝固后再铺抹上一层。采用扫浆法时，施工先在基层薄涂一层防水净浆，随后分层铺刷防水砂浆，第一层防水砂浆经养护凝固后铺刷第二层，每层厚度为10mm，相邻两层防水砂浆铺刷方向互相垂直，最后将防水砂浆表面扫出条纹。

③ 氯化铁防水砂浆施工。先在基层涂刷一层防水净浆，然后抹底层防水砂浆，其厚12mm分两遍抹压，第一遍砂浆阴干后，抹压第二遍砂浆；底层防水砂浆抹完12h后，抹压面层防水砂浆，其厚13mm分两遍抹压，操作要求同底层防水砂浆。

4.5.1.2 防水混凝土施工工艺

防水混凝土是通过采用较小的水灰比，适当增加水泥用量和砂率，提高灰砂比，采用较小的骨料粒径，严格控制施工质量等措施，从材料和施工两方面抑制和减少混凝土内部孔隙的形成，特别是抑制孔隙间的连通，堵塞渗透水通道，靠混凝土本身的密实性和抗渗性来达到防水要求的混凝土。

（1）施工工艺流程

选料→制备→浇筑→养护。

（2）施工要点

1）选料：水泥选用强度等级不低于42.5级，水化热低，抗水（软水）性好，泌水性小（即保水性好），有一定的抗侵蚀性的水泥。粗骨料选用级配良好、粒径5～30mm的碎石。细骨料选用级配良好、平均粒径0.4mm的中砂。

2）制备：在保证能振捣密实的前提下水灰比尽可能小，一般不大于0.6，坍落度不大于50mm，水泥用量为320～400kg/m^3，砂率取35%～40%。

3）防水混凝土浇筑与养护

① 模板：防水混凝土所用模板，除满足一般要求外，应特别注意模板拼缝严密，保证不漏浆。对于贯穿墙体的对拉螺栓，要加止水片，做法是在对拉螺栓中部焊一块2～3mm厚、80mm×80mm的钢板，止水片与螺栓必须满焊严密，拆模后沿混凝土结构边缘将螺栓割断，也可以使用膨胀橡胶止水片，做法是将膨胀橡胶止水片紧套于对拉螺栓中部即可。

② 钢筋：为了有效地保护钢筋和阻止钢筋的引水作用，迎水面防水混凝土的钢筋保护层厚度不得小于50mm。留设保护层，应以防相同配合比的细石混凝土或水泥砂浆制成垫块，将钢筋垫起，严禁以钢筋垫钢筋。钢筋以及绑扎钢丝均不得接触模板。若采用铁马凳架设钢筋时，在不能取掉的情况下，应在铁马凳上加焊止水环。防止水沿铁马凳渗入混凝土结构。

③ 混凝土：在浇筑过程中，应严格分层连续浇筑，每层厚度不宜超过 300～400mm，机械振捣密实。浇筑防水混凝土的自由落下高度不得超过 1.5m。在常温下，混凝土终凝后（一般浇筑后 4～6h），应在其表面覆盖草袋，并经常浇水养护，保持湿润，由于抗渗强度等级发展慢，养护时间比普通混凝土要长，故防水混凝土养护时间不少于 14d。

④ 施工缝：底板混凝土应连续浇灌，不得留施工缝。墙体一般只允许留水平施工缝，其位置一般宜留在高出底板上表面不小于 500mm 的墙身上，如必须留设垂直施工缝时，则应留在结构的变形缝处。

4.5.2 防水涂料施工工艺

防水涂料防水层属于柔性防水层。涂料防水层是用防水涂料涂刷于结构表面所形成的表面防水层。一般采用外防外涂和外防内涂施工方法。常用的防水涂料有橡胶沥青类防水涂料、聚氨酯防水涂料、硅橡胶防水涂料、丙烯酸酯防水涂料、沥青类防水涂料等。

4.5.2.1 施工工艺流程

找平层施工→防水涂料防水层施工→保护层施工→质量检查。

4.5.2.2 施工要点

（1）找平层施工

找平层有水泥砂浆找平层、沥青砂浆找平层、细石混凝土找平层三种，施工要求密实平整，找好坡度。找平层的种类及施工要求见表 4-17。

找平层的种类及施工要求 表 4-17

找平层类别	施工要点	施工注意事项
水泥砂浆找平层	(1)砂浆配合比要称量准确，搅拌均匀。砂浆铺设应按由远到近、由高到低的程序进行，在每一分格内最好一次连续抹成，并用 2m 左右的直尺找平，严格掌握坡度。 (2)待砂浆稍收水后，用抹子抹平压实压光。终凝前，轻轻取出嵌缝木条。 (3)铺设找平层 12h 后，需洒水养护或喷冷底子油养护。 (4)找平层硬化后，应用密封材料嵌填分格缝	(1)注意气候变化，如气温在 0℃以下，或终凝前可能下雨时，不宜施工。 (2)底层为塑料薄膜隔离层、防水层或不吸水保温层时，宜在砂浆中加减水剂并严格控制稠度。 (3)完工后表面少踩踏。砂浆表面不允许撒干水泥或水泥浆压光。 (4)屋面结构为装配式钢筋混凝土屋面板时，应用细石混凝土嵌缝，嵌缝的细石混凝土宜掺微膨胀剂，强度等级不应小于 C20。当板缝宽度大于 40mm 或上窄下宽时，板缝内应设置构造钢筋。灌缝高度应与板平齐，板端应用密封材料嵌缝
沥青砂浆找平层	(1)基层必须干燥，然后满涂冷底子油 1～2 道，涂刷要薄而均匀，不得有气泡和空白，涂刷后表面保持清洁。 (2)待冷底子油干燥后可铺设沥青砂浆，其虚铺厚度约为压实后厚度的 1.30～1.40 倍。 (3)待砂浆刮平后，即用火滚进行滚压(夏天温度较高时。筒内可不生火)，滚压至平整、密实、表面没有蜂窝、不出现压痕为止。滚筒应保持清洁，表面可涂刷柴油。滚压不到之处可用烙铁烫压平整，施工完毕后避免在上面踩踏。 (4)施工缝应留成斜槎，继续施 T 时接槎处应清理干净并刷热沥青一遍，然后铺沥青砂浆，用火滚或烙铁烫平	(1)检查屋面板等基层安装牢固程度。不得有松动之处。屋面应平整、找好坡度并清扫干净。 (2)雾、雨、雪天不得施工。一般不宜在气温 0℃以下施工。如在严寒地区必须在气温 0℃以下施工时应采取相应的技术措施(如分层分段流水施工及采取保温措施等)

续表

找平层类别	施 工 要 点	施工注意事项
细石混凝土找平层	(1)细石混凝土宜采用机械搅拌和机械振捣。浇筑时混凝土的坍落度应控制在10mm,浇捣密实。灌缝高度应低于板面10～20mm。表面不宜压光。 (2)浇筑完板缝混凝土后,应及时覆盖并浇水养护7d,待混凝土强度等级达到C15时,方可继续施工	施工前用细石混凝土对管壁四周处稳固堵严并进行密封处理,施工时节点处应清洗干净予以湿润,吊模后振捣密实。沿管的周边划出8～10mm沟槽,采用防水类卷材、涂料或油膏裹住立管、套管和地漏的沟槽内,以防止楼面的水有可能顺管道接缝处出现渗漏现象

(2) 防水层施工

1) 涂刷基层处理剂

基层处理剂涂刷时应用刷子用力薄涂，使涂料尽量刷进基层表面的毛细孔，并将基层可能留下来的少量灰尘等无机杂质，像填充料一样混入基层处理剂中，使之与基层牢固结合。这样即使屋面上灰尘不能完全清扫干净，也不会影响涂层与基层的牢同粘结。特别在较为干燥的屋面上进行溶剂型防水涂料施工时，使用基层处理剂打底后再进行防水涂料涂刷。效果相当明显。

2) 涂刷防水涂料

厚质涂料宜采用铁抹子或胶皮板刮涂施工；薄质涂料可采用棕刷、长柄刷、圆滚刷等进行人工涂刷，也可采用机械喷涂。涂料涂刷应分条或按顺序进行，分条进行时，每条宽度应与胎体增强材料宽度相一致，以避免操作人员踩踏刚涂好的涂层。流平性差的涂料，为便于抹压，加快施工进度，可以采用分条间隔施工的方法，条带宽800～1000mm。

3) 铺设胎体增强材料

在涂刷第二遍涂料时，或第三遍涂料涂刷前，即可加铺胎体增强材料。胎体增强材料可采用湿铺法或干铺法铺贴。

① 湿铺法：是在第二遍涂料涂刷时，边倒料、边涂刷、边铺贴的操作方法。

② 干铺法：是在上道涂层干燥后，边干铺胎体增强材料，边在已展平的表面上用刮板均匀满刮一道涂料，也可将胎体增强材料按要求在已干燥的涂层上展平后，用涂料将边缘部位点粘固定，然后再在上面满刮一道涂料，使涂料浸入网眼渗透到已同化的涂膜部。

胎体增强材料可以是单一品种的，也可以采用玻璃纤维布和聚酯纤维布混合使用。混合使用时，一般下层采用聚酯纤维布，上层采用玻璃纤维布。

4) 收头处理

为了防止收头部位出现翘边现象，所有收头均应用密封材料压边，压边宽度不得小于10mm，收头处的胎体增强材料应裁剪整齐，如有凹槽时应压入凹槽内，不得出现翘边、皱折、露白等现象，否则应进行处理后再涂封密封材料。

(3) 保护层施工

保护层的种类有水泥砂浆、泡沫塑料、细石混凝土和砖墙四种，施工要求不得损坏防水层。保护层的种类及施工要求见表4-18。

保护层的种类及施工要求　　表 4-18

保护层类别	施工要点	施工注意事项
细石混凝土保护层	适宜顶板和底板使用。先以氯丁系胶粘剂（如 404 胶等）花粘虚铺一层石油沥青纸胎油毡作保护隔离层，再在油毡隔离层上浇筑细石混凝土，用于顶板保护层时厚度不应小于 70mm。用于底板时厚度不应小于 50mm	浇筑混凝土时不得损坏油毡隔离层和卷材防水层，如有损坏应及时用卷材接缝胶粘剂补粘一块卷材修补牢固。再继续浇筑细石混凝土
水泥砂浆保护层	适宜立面使用。在三元乙丙等高分子卷材防水层表面涂刷胶粘剂，以胶粘剂撒粘一层细砂，并用压辊轻轻滚压使细砂粘牢在防水层表面，然后再抹水泥砂浆保护层。使之与防水层能粘结牢同，起到保护立面卷材防水层的作用	
泡沫塑料保护层	适用于立面。在立面卷材防水层外侧用氯丁系胶粘剂直接粘贴 5～6mm 厚的聚乙烯泡沫塑料板做保护层。也可以用聚醋酸乙烯乳液粘贴 40mm 厚的聚苯泡沫塑料做保护层	这种保护层为轻质材料，故在施工及使用过程中不会损坏卷材防水层
砖墙保护层	适用于立面。在卷材防水层外侧砌筑永久保护墙，并在转角处及每隔 5～6m 处断开，断开的缝中填以卷材条或沥青麻丝；保护墙与卷材防水层之间的空隙应随时以砌筑砂浆填实	要注意在砌砖保护墙时，切勿损坏已完工的卷材防水层

4.5.3 防水卷材施工工艺

卷材防水应采用沥青防水卷材或高聚物改性沥青防水卷材，所选用的基层处理剂、胶粘剂应与卷材配套。防水卷材及配套材料应有产品合格证书和性能检测报告，材料的品种、规格、性能等应符合现行国家产品标准和设计要求。

4.5.3.1 施工工艺流程

找平层施工→防水卷材防水层施工→保护层施工→质量检查。

4.5.3.2 施工要点

（1）找平层、保护层施工要求与涂料防水层的施工基本相同。

（2）防水层施工要点

1）找平层表面应坚固、洁净、干燥。铺设防水卷材前应涂刷基层处理剂，基层处理剂应采用与卷材性能配套（相容）的材料，或采用同类涂料的底子油；

2）要使用该品种高分子防水卷材的专用胶粘剂，不得错用或混用；

3）必须根据所用胶粘剂的使用说明和要求，控制胶粘剂涂刷与粘合的间隔时间，间隔时间受胶粘剂本身性能、气温湿度影响，要根据试验、经验确定；

4）铺贴高分子防水卷材时，切忌拉伸过紧，以免使卷材长期处在受拉应力状态，易加速卷材老化；

5）卷材搭接缝结合面应清洗干净，均匀涂刷胶粘剂后，要控制好胶粘剂涂刷与粘合间隔时间，粘合时要排净接缝间的空气，辊压粘牢。接缝口应采用宽度不小于 10mm 的密封材料封严，以确保防水层的整体防水性能。

第5章　施工项目管理

5.1　施工项目与管理

施工项目是建筑业企业自工程施工投标开始到保修期满为止的全过程中完成的项目。

5.1.1　施工项目的特征

（1）施工项目可以是建设项目或其中的单项工程、单位工程的施工活动过程。

（2）施工项目是以建筑业企业为管理主体。

（3）施工项目的任务范围受限于项目业主和承包施工的建筑业企业所签订的施工合同。

（4）施工项目产品具有多样性、固定性、体积庞大的特点。

项目管理是为使项目圆满完成（在限定的时间、限定的资源消耗范围内，达到限定的质量标准），而对项目所进行的全过程、全面的规划、组织、控制和协调。

建设项目的管理主体是项目业主，项目业主对建设项目的管理是全过程的，即从编制项目建议书开始，经可行性研究、设计和施工，直至项目竣工验收、投产使用的全过程管理。

施工项目管理是指建筑业企业通过投标获得工程施工承包合同，并在施工合同所约定的任务范围内运用系统的观点、理论和科学技术，对施工项目进行的计划、组织、领导、控制、协调等全过程管理。说明，施工项目管理的目标体系包括工程施工质量、成本、工期、安全和现场标准化等内容。

5.1.2　施工项目管理程序及各阶段的工作

5.1.2.1　投标与签订合同阶段

建设单位对建设项目进行设计和建设准备，具备了招标条件以后，便发出招标公告或邀请函，施工单位见到招标公告或邀请函后，从做出投标决策至中标签约，实质上便是在进行施工项目的工作。这是施工项目寿命周期的第一阶段，可称为立项阶段。本阶段的最终管理目标是签订工程承包合同。这一阶段主要进行以下工作：

（1）建筑业企业从经营战略的高度做出是否投标争取承包该项目的决策。

（2）决定投标以后，从多方面（企业自身、相关单位、市场、现场等）掌握大量信息。

（3）编制既能使企业赢利，又有竞争力，可望中标的标书。

（4）如果中标，则与招标方谈判，依法签订工程承包合同，使合同符合国家法律、法规和国家计划，符合平等互利原则。

5.1.2.2 施工准备阶段

施工单位与招标单位签订了工程承包合同、交易关系正式确立以后，便应组建项目经理部，然后以项目经理为主，与企业管理层、项目业主配合，进行施工准备，使工程具备开工和连续施工的基本条件。这一段主要进行以下工作：

（1）成立项目经理部，根据工程管理的需要建立机构，配备管理人员。

（2）制定施工项目管理实施规划，以指导施工项目管理活动。

（3）进行施工现场准备，使现场具备施工条件，利于进行文明施工。

（4）编写开工申请报告，待批开工。

5.1.2.3 施工阶段

这是一个自开工至竣工的实施过程。在这一过程中，施工项目经理部既是决策机构，又是责任机构。企业管理层、项目业主、监理单位的作用是支持、监督与协调。这一阶段的目标是完成合同规定的全部施工任务，达到验收、交工的条件。这一阶段主要进行以下工作：

（1）进行施工。

（2）在施工中努力做好动态控制工作，保证质量目标、进行目标、造价目标、安全、节约目标的实现。

（3）管理好施工现场，实行文明施工。

（4）严格履行施工合同，处理好内外关系，管理好合同变更及索赔。

（5）做好记录、协调、检查、分析工作。

5.1.2.4 验收、交工与结算阶段

这一阶段可称作“结束阶段”。与建设项目的竣工验收阶段协调同步进行。其目标是成果进行总结、评价，对外结清债权债务，结束交易关系。本阶段主要进行以下工作。

（1）工程结尾。

（2）进行试运转。

（3）接受正式验收。

（4）整理、移交竣工文件，进行工程款结算，总结工作，编制竣工总结报告。

（5）办理工程交付手续、项目经理部解体。

5.1.2.5 用后服务阶段

这是施工项目管理的最后阶段。即在竣工验收后，按合同规定的责任期进行用后服务、回访与保修，其目的是保证使用单位正常使用，发挥效益。该阶段中主要进行以下工作：

（1）为保证工程正常使用而做必要的技术咨询和服务。

（2）进行工程回访，听取使用单位意见，总结经验教训，观察使用中的问题，进行必要的维护、维修和保修。

（3）进行沉陷、抗震等性能观察。

5.1.3 施工项目管理的内容

5.1.3.1 建立施工项目管理组织

（1）由企业采用适当的方式选聘称职的施工项目经理。

（2）根据施工项目组织原则，选用适当的组织形式，组建施工项目管理机构，明确责任、权限和义务。

（3）在遵守企业规章制度的前提下，根据施工管理的需要，制定施工项目管理制度。

5.1.3.2　编制施工项目管理规划或施工组织设计

施工项目管理规划是对施工项目管理目标、组织、内容、方法、步骤、重点进行预测和决策，做出具体安排的文件。施工项目管理规划的内容主要有：

（1）进行工程项目分解，形成施工对象分解体系，以便确定阶段控制目标，从局部到整体地进行施工活动和进行施工项目管理。

（2）建立施工项目管理工作体系，绘制施工项目管理工作体系图和施工项目管理工作信息流程图。

（3）编制施工管理规划，确定管理点，形成文件，以利执行。

5.1.3.3　进行施工项目的目标控制

施工项目的目标有阶段性目标和最终目标。实现各项目标是施工项目管理的目的所在。因此，应当坚持以控制论原理和理论为指导，进行全过程的科学控制。施工项目的控制目标有以下几项：进度控制目标；质量控制目标；成本控制目标；安全控制目标。

由于在施工项目目标的控制过程中，会不断受到各种客观因素的干扰，各种风险因素有随时发生的可能性，故应通过组织协调和风险管理，对施工项目目标进行动态控制。

5.1.3.4　对施工项目施工现场的生产要素进行优化配置和动态管理

施工项目的生产要素是施工项目目标得以实现的保证，主要包括：人力资源、材料、设备、资金和技术（即5M）。生产要素管理的内容包括三项：

（1）分析各项生产要素的特点。

（2）按照一定原则、方法对施工项目生产要素进行优化配置，并对配置状况进行评价。

（3）对施工项目的各项生产要素进行动态管理。

5.1.3.5　施工项目的合同管理

由于施工项目管理是在市场条件下进行的特殊交易活动的管理，这种交易活动从招投标开始，并持续于项目管理的全过程，因此必须依法签订合同，进行履约经营。合同管理的好坏直接涉及项目管理及工程施工的技术经济效果和目标实现。因此，要从招投标开始，加强工程施工合同的签订、履行和管理。合同管理是一项执法、守法活动，市场有国内市场和国际市场，因此合同管理势必涉及国内和国际上有关法规和合同文本、合同条件，在合同管理中应予高度重视。为了取得经济效益，还必须注意搞好索赔，讲究方法和技巧，提供充分的证据。

5.1.3.6　施工项目的信息管理

现代化管理要依靠信息。施工项目管理是一项复杂的现代化的管理活动，更要依靠大量的信息及大量的信息管理。施工项目目标控制、动态管理，必须依靠信息管理，并就用电子计算机进行辅助。

5.1.3.7　组织协调

组织协调指以一定的组织形式、手段和方法，对项目管理中产生的关系不畅进行疏通，对产生的干扰和障碍予以排除的活动。在控制与管理的过程中，由于各种条件和环境的变化，必然形成不同程度的干扰，使原计划的实施产生困难，这就必须协调。协调要依托一定的组织、形式和手段，并针对干扰的种类和关系的不同而分别对待。除努力寻求规律以外，协调还要靠应变能力，靠处理例外事件的机制和能力。协调为顺利“控制”服务，协调与控制的目的都是保证目标实现。

5.2 施工项目管理组织

5.2.1 项目组织结构的类型选择

（1）职能式

职能组织结构是一种传统的组织结构模式，比较适合小型项目的管理。职能式组织结构如图 5-1 所示。

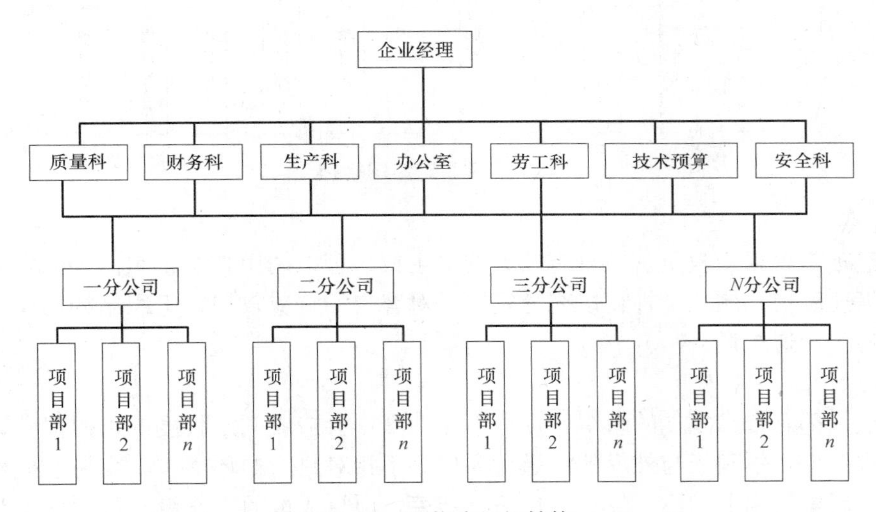

图 5-1 职能式组织结构

由图中可以看出，每个职能部门可根据它的管理职能对其直接和非直接的下属工作部门下达工作指令；每个工作部门可能得到其直接和非直接的上级工作部门下达的工作指令，于是就有多个矛盾的指令源，从而影响企业管理机制的运行或项目目标的实现。

1）优点

有利于充分发挥资源集中的优势；在人员使用上具有较大的灵活性；技术专家可同时参与不同的项目；同一部门的专业人员在一起易于交流知识和经验；当有人离开项目时，仍能保持项目的技术连续性；可以为本部门的专业人员提供一条正常的升迁途径。

2）缺点

职能部门更多考虑的是自己的日常工作，而不是项目和客户的利益；职能部门的工作方式是面向本部门的活动，而项目要成功，必须面向问题；由于责任不明，容易导致协调困难和局面混乱；由于在项目和客户之间存在多个管理层次，容易造成对客户的响应迟缓；不利于调动参与项目人员的积极性；跨部门的交流沟通有时比较困难。

（2）直线式组织结构模式

线性组织结构就是来自于这种十分严谨的军事组织系统。在线性组织结构中，每一个工作部门职能对其直接的下属部门只有唯一一个指令源，避免了由于矛盾的指令而影响组织系统的运行。线性式结构适用于大型的、复杂的项目。但在一个特大的组织系统中，由于线性组织结构模式的指令路径过长，有可能会造成组织系统在一定程度上运行的困难。在国际上，线性式结构是建设项目管理组织系统的一种常用模式，又称之为项目式。项目式组织是从公司组织中分离出来的，是一种单目标的垂直组织方式，每个项目都任命了专职的项目经理。项目式组织结构如图 5-2 所示。

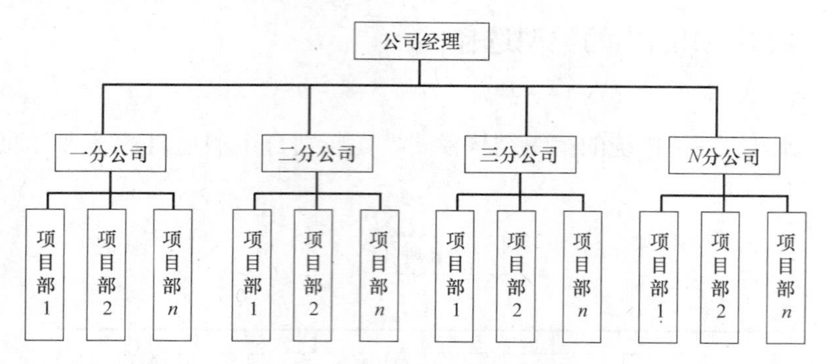

图 5-2　项目式组织结构

1）优点

项目经理对项目全权负责，享有较大的自主权，可以调用整个组织内外的资源；命令单一，决策速度快；团队精神得以充分发挥；对客户的响应较快；组织结构简单灵活，易于操作；易于沟通协调。

2）缺点

每个项目都有自己独立的组织，资源不能共享，会造成一定程度的资源浪费；项目与部门之间联系少，不利于与外界的沟通。项目处于相对封闭的环境中，容易造成不同项目在执行组织规章制度上的不一致；项目一旦结束，项目成员的工作没有保障，不利于员工的职业发展。

（3）矩阵式

矩阵组织结构是一种新型的组织结构模式，在职能式组织的垂直层次上，叠加了项目式（直线）组织的水平结构。如图 5-3 所示。指令来自以纵向和横向两个工作部门，因此其指令源为两个。当纵向和新横向工作部门的指令发生矛盾时，由该组织系统的最高指挥者，或者事先约定采用以纵向（横向）工作部门指令为主。矩阵式组织适用于大型的、复杂的项目或同时承担多个项目的管理。

1）优点

解决了传统模式中企业组织与项目组织的矛盾；能以尽可能少的人力，实现多个项目管理的高效率；有利于人才的全面培养；对客户的要求响应较快；能集中各部门的技术和管理优势。

2）缺点

项目成员来自职能部门，故受职能部门控制，因而影响项目的凝聚力；如果管理人员身兼多职管理多个项目，容易出现顾此失彼的情况；项目成员接受双重领导，容易产生矛

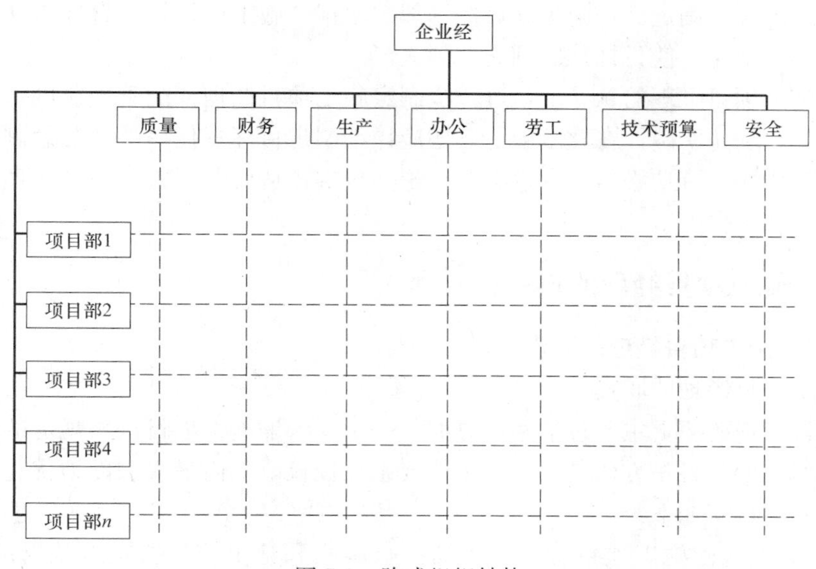

图 5-3 阵式组织结构

盾，无所适从；组织形式复杂，易造成沟通障碍；项目经理与职能经理职责不清，互相推诿，争功夺利。纵横两个方向两个指令发生矛盾时，须由组织系统的最高指挥者进行协调或决策。

5.2.2 项目经理部

5.2.2.1 组织形式的确定

项目经理部的组织形式应根据施工项目的规模、结构复杂程度、专业特点、人员素质和地域范围确定，并应符合下列规定：

（1）大型项目宜按矩阵式项目管理组织设置项目经理部。

（2）远离企业管理层的大中型项目宜按直线式项目管理组织设置项目经理部。

（3）中小型项目宜按职能式项目管理组织设置项目经理部。

（4）项目经理部的人员配置应满足施工项目管理的需要。

5.2.2.2 施工项目经理部设立的基本步骤

（1）根据企业批准的“施工项目管理规划大纲”确定施工项目经理部的管理任务和组织形式。施工项目经理部的组织形式和管理任务的确定应充分考虑工程项目的特点、规模以及企业管理水平和人员素质等综合因素。组织形式和管理任务的确定是项目管理部设置的前提和依据，对施工项目经理部的结构和层次起着决定性的作用。

（2）确定施工项目经理部的层次，设立职能部门与工作岗位。根据施工项目经理部的组织形式和管理任务进一步确定施工项目经理部的结构层次，如果管理任务比较复杂，层次就应多一些；如果管理任务比较单一，层次就应简化。此外，职能部门和工作岗位的设置除适应企业已有的管理模式外，还应考虑信息传递的效率和项目成员的适应性。

（3）根据部门和岗位进一步定人、定岗，划分各类人员的职责、权限，以及沟通途径和指令渠道。

(4) 在组织分工确定后，施工项目经理部即根据“施工项目管理目标责任书”对管理目标进行分解、细化，使目标落实到岗、到人。

(5) 在施工项目经理的领导下，进一步制定施工项目经理部的管理制度，做到责任具体、权力到位、利益明确。在此基础上，还应详细制定目标责任考核和奖惩制度，做到勤有所奖、懒有所罚，有功必奖、有过必罚，论功行赏，从而保证施工项目经理部的运行有章可循。

5.2.3 施工项目经理的责、权、利

5.2.3.1 施工项目经理的职责

(1) 施工项目经理的职责

施工项目经理的职责主要包括两个方面：一是要保证施工项目按照规定的目标高速优质低耗地全面完成，另一方面是保证各生产要素在授权范围内最大限度地优化配置。施工项目经理的职责具体如下：

1) 代表企业实施施工项目管理。贯彻执行国家和施工项目所在地政府的有关法律、法规、方针、政策和强制性标准，执行企业的管理制度，维护企业合法利益。

2) 与企业法人签订“施工项目管理目标责任书”，履行其规定的任务，承担相应的责任。组织编制施工项目管理实施规划并组织实施。

3) 对施工项目所需的人力资源、资金、材料、技术和机械设备等生产要素进行优化配置和动态管理，沟通、协调和处理与分包单位、项目业主、监理工程师之间的关系，及时解决施工中出现的问题。

4) 组织制定施工项目经理部各类管理人员职责权限和各项规章制度，搞好与企业各职能部门的业务联系和经济往来。严格财经制度，加强成本核算，积极组织工程款回收，正确处理国家、企业及个人的利益关系。

5) 做好施工项目竣工结算、资料整理归档，接受企业审计并做好施工项目经理部的解体和善后工作。

(2)“施工项目管理目标责任书”的作用与内容

编制项目管理目标责任书依据：①项目合同文件；②组织管理制度；③项目管理规划大纲；④组织的经营方针和目标。

由建筑业企业法定代表人与施工项目经理签订的“施工项目管理目标责任书”，是明确施工项目经理责任的企业内部文件，而不是法律意义上的合同，其核心作用就是为了有利于完成施工项目管理目标。“施工项目管理目标责任书”应包括下列内容：

① 企业各业务、职能部门与施工项目经理之间的关系。

② 施工项目经理部使用作业队伍的方式，施工项目所需材料供应方式和机械设备供应方式。

③ 施工项目应达到的进度目标、质量目标、安全目标和成本目标。

④ 在企业制度规定以外的、由法定代表人向施工项目经理委托的事项。

⑤ 企业对项目经理部人员进行奖罚的依据、标准、办法及应承担的风险。

⑥ 项目经理解职和项目经理部解体的条件及方法。

5.2.3.2 施工项目经理的权限

赋予施工项目经理一定的权力是确保项目经理承担相应责任的先决条件。为了履行项目经理的职责，施工项目经理必须具有一定的权限，这些权限应由企业法人代表授予，并用制度和目标责任书的形式具体确定下来。施工项目经理在授权和企业规章制度范围内，应具有以下权限：

（1）用人决策权

施工项目经理有权决定项目管理机构班子的设置，聘任有关管理人员，在授权范围内选择作业队伍。对班子内的成员的任职情况进行考核监督，决定奖惩，乃至辞退。当然，项目经理的用人权应当以不违背企业的人事制度为前提。

（2）财务支付

施工项目经理应有权根据施工项目需要和生产计划的安排，做出投资动用、流动资金周转、固定资产机械设备租赁、使用的计划，对项目管理班子内的计酬方式、分配方案等做出决策。

（3）进度计划控制权

根据施工项目进度总目标和阶段性目标的要求，对工程施工进度进行检查、调整，并在资源上进行调配，从而对进度计划进行有效的控制。

（4）技术质量管理权

根据施工项目管理实施规划或施工组织设计，有权批准重大技术方案和重大技术措施，必要时召开技术方案论证会，把好技术决策关和质量关，防止技术上决策失误，主持处理重大质量事故。

（5）物资采购管理权

在有关规定和制度的约束下有权采购和管理施工项目所需的物资。

（6）现场管理协调权

代表公司协调与施工项目有关的外部关系，有权处理现场突发事件，但事后须及时通报企业主管部门。

5.2.3.3 施工项目经理的利益

施工项目经理最终的利益是施工项目经理行使权力和承担责任的结果，也是市场经济条件下，责、权、利、效（经济效益和社会效益）相互统一的具体体现。利益可分为两大类：一是物质兑现，二是精神奖励。施工项目经理应享有以下利益：

（1）获得基本工资、岗位工资和绩效工资。

（2）在全面完成“项目管理目标责任书”确定的各项责任目标，工程交工验收并结算后，接受企业的考核和审计，除按规定获得物质奖励外，还可获得表彰、记功、优秀项目经理等荣誉称号和其他精神奖励。

（3）经考核和审计，未完成“项目管理目标责任书”确定的责任目标或造成亏损的，按有关条款承担责任，并接受经济或行政处罚。

从行为科学的理论观点来看，对施工项目经理的利益兑现应在分析的基础上区别对待，满足其最迫切的需要，以真正通过激励调动其积极性。行为科学认为，人的需要是从低层次到高层次的，是他们依次分别是：物质的、安全的、社会的、自尊的和理想的。如把前两种需要称为“物质的”，则其他三种需要为“精神的”，在进行激励之前，应分析该施工项目经理的最迫切需要，不应盲目地只讲物质奖励。在某种意义上说，精神激励的面较广，作用会更显著。精神激励如何兑现，应不断进行研究，积累经验。

5.3 施工项目目标管理

5.3.1 施工项目管理应采用目标管理

5.3.1.1 施工项目管理的过程

施工项目在运用目标管理方法进行项目管理时，需要经过以下几个阶段：

（1）要确定项目组织内各层次，各部门的任务分工，提出完成施工任务的要求和工作效率的要求；

（2）要把项目组织的任务转换为具体的目标，既要明确成果性目标（如工程质量、进度等），又要明确效率性目标（如工程成本、劳动生产效率等）；

（3）落实目标：一是要落实目标的责任主体，二是要明确责任主体的责、权、利，三是落实进行检查与监督的责任人及手段，四是落实目标实现的保证条件；

（4）对目标的执行过程进行协调和控制，发现偏差，及时进行分析和纠正；

（5）对目标的执行结果进行评价，把目标执行结果与计划目标进行对比，以评价目标管理的好坏。

5.3.1.2 目标的确定与分解

施工项目的目标，必须依据施工合同中所规定的目标确定更积极的实施总目标，然后按以下三个方面顺序进行分解和展开，即：

（1）通过纵向展开把目标落实到各层次（子项层次、作业队层次和班组层次）；

（2）通过横向展开把目标落实到各层次内的各部门，明确主次责任和关联责任；

（3）通过时序展开把目标分解为年度、季度和月度目标。

如此，即可将总目标分解为可实施的最小单位。

5.3.1.3 责任落实

目标分解形成目标结构图，针对每一个目标落实主要责任人、次要责任人和关联责任人一一落实到位，并由责任人定出措施，由管理者给出保证条件，以确保目标实现。

在实施目标的过程，管理者的责任在于抓住管理点（关键点和薄弱环节），创造条件，服务到位，搞好核算，按责、权、利相结合的原则，赋予责任者以相应的权和利，从而最大限度地调动员工的积极性，上下齐心，有计划、有步骤的实现阶段性目标，最终完成总目标规定的任务。

5.3.2 施工项目目标控制

5.3.2.1 动态控制

项目目标的动态控制是项目管理最基本的方法论。项目管理的核心任务是项目的目标控制。

（1）项目目标动态控制的工作程序，如图 5-4 所示：

1）项目目标动态控制的准备工作；

2）在项目实施过程中（如设计过程中、招投标过程中和施工过程中等）对项目目标进行动态跟踪和控制；

3）收集项目目标的实际值，如实际投资/成本 实际施工进度和施工质量状况等；

4）通过项目目标的计划值和实际的比较，如有偏差，则采取纠偏措施进行纠偏。

（2）建设项目目标控制的前提工作

开展目标控制工作之前必须做好两项重要的前提工作：即制定出科学的目标规划和计划，然后在前者的基础上有效地做好目标控制的组织工作。

控制的效果在很大程度上取决于目标规划和计划的质量和水平，计划工作是所有管理工作中永远处于领先地位的工作。计划是否可行，是否优化，直接影响目标能否顺利实现。

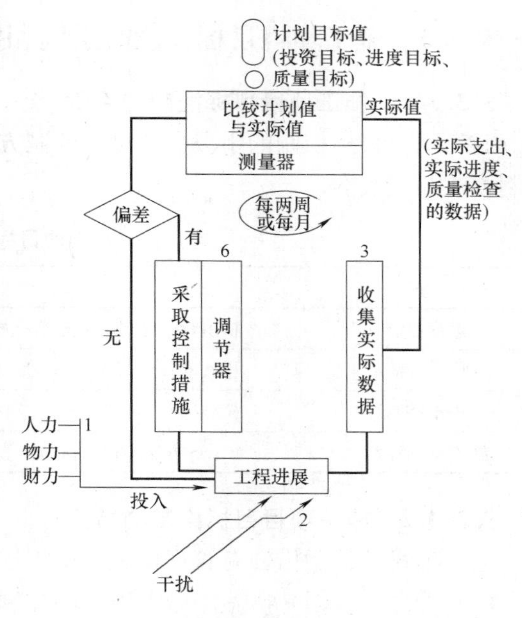

图 5-4　动态控制原理图

做好组织工作是目标控制的基本保证。为了搞好目标控制工作，需要做好以下几方面的组织工作：设置目标控制机构；配备合适的管理人员；落实机构和人员目标控制的任务和职能分工。

5.3.2.2　目标控制的具体任务

目标控制的具体任务见表 5-1。

施工项目目标控制的任务　　表 5-1

控制目标	主要控制任务
进度控制	使施工顺序合理，衔接关系适当，均衡、有节奏施工，实现计划工期，提前完成合同工期
质量控制	使分部、分项工程达到质量检验评定标准的要求，实现施工组织中保证施工质量的技术组织措施的质量等级，保证合同质量目标等级的实现
成本控制	实现施工组织设计的降低成本措施，降低每个分项工程的直接成本，实现项目经理部盈利目标，实现公司利润目标及合同造价。
安全控制	实现施工组织设计的安全设计和措施，控制劳动者、劳动手段和劳动对象，控制环境，实现安全目标，使人的行为安全，物的状态安全，断绝环境危险源
施工现场控制	科学组织施工，使场容场貌、料具堆放与管理、消防保卫、环境保护及员工生活均符合规定要求

5.3.2.3　目标控制全过程

施工项目目标控制的全过程如图 5-5 所示。

施工项目管理	投标→	签约→	施工准备→	项目施工→	验收交工→	总结结算
目标控制	事前控制→			事中控制→		事后控制

图 5-5　施工项目目标控制的全过程

5.3.3 施工项目目标控制的手段和措施

5.3.3.1 施工项目目标控制的手段

施工项目目标控制的手段主要是指控制方法和工具。每种目标控制都有其专业适用的控制方法。见表5-2。

适用的目标控制方法 表5-2

目标控制	主要适用方法
进度控制	横道计划法,网络计划法,"S"形(或香蕉形)曲线法
质量控制	检查对比法,数理统计法,方针目标管理法,图表方法
成本控制	树枝图法,瑟利模式法,多米诺模型法
施工现场控制	PASS方法,看板管理法,责任承担法

5.3.3.2 施工项目目标控制的措施

施工项目的控制措施有管理措施、组织措施、经济措施和技术措施。

(1) 管理(合同)措施。施工项目的控制目标根据工程承包合同产生，又通过《施工项目管理目标责任书》落实到项目经理部。项目经理部通过签订劳务承包合同落实到作业班组。因此，合同措施在施工项目事前控制中发挥着重要作用。在事中控制时，施工项目目标的控制完全按合同进行，当发现某种行为偏离合同这个"标准"时，便立即进行纠偏，使之恢复正常。在市场经济条件下，合同是目标控制的前提和依据。如调整进度管理的方法和手段，改变施工管理和强化合同管理等。

(2) 组织措施。组织是项目管理的载体，是目标控制的主体。组织措施在制定目标、协调目标的实现、目标检查以及目标纠偏等环节上都发挥着十分重要的作用。如调整项目组织结构、任务分工、管理职能分工、工作流程组织和项目管理班子成员等。

(3) 经济措施。经济利益是施工项目目标控制的基础和保证。经济利益不但与施工项目经理部相关，也与施工项目经理部的每一个成员相关。制定适当的奖罚措施，对目标控制将起到积极的促进作用。如落实加快工程施工进度所需的资金等。

(4) 技术措施。施工项目经理部不但要对项目进行科学的管理，而且还要科学的组织项目施工。项目管理需要科学技术，项目施工同样需要科学技术，科学离开了科学技术，施工项目目标控制就不能顺利实现。如调整设计、改进施工方法和改变施工机具等。

其中，组织措施是目标能否实现的决定性因素。

5.4 施工组织设计

5.4.1 工程施工组织设计的分类

根据工程施工组织设计阶段的不同，工程施工组织设计可划分为两类：一类是投标前编制的施工组织设计(简称标前设计)，另一类是签订工程承包合同后编制的施工组织设计(简称标后设计)。两类施工组织设计的区别见表5-3。

两类施工组织设计的特点　　表 5-3

种类	服务范围	编制时间	编制者	主要特性	追求主要目标
标前设计	投标与签约	投标书编制前	经营管理层	规划性	中标和经济效益
标后设计	施工准备至验收	签约后开工前	项目管理层	作业性	施工效率和效益

按施工组织设计的工程对象分类，施工组织设计可分为三类：施工组织总设计、单项（或单位）工程施工组织设计和分部工程施工组织设计。施工组织总设计是以整个建设项目或群体工程为对象编制的，是整个建设项目和群体工程施工准备和施工的全局性、指导性文件。单项（或单位）工程施工组织设计是施工组织总设计的具体化，以单项（或单位）工程为对象编制，用以指导单项（或单位）工程的施工准备和施工全过程；它还是施工单位编制月旬作业计划的基础性文件。

对于施工难度大或施工技术复杂的大型工业厂房或公共建筑物，在编制单项（或单位）工程施工组织设计之后，还应编制主要分部工程的施工组织设计，用来指导各分部工程的施工。如复杂的基础工程、钢筋混凝土框架工程、钢结构安装工程、大型结构构件、吊装工程、高级装修工程、大量土石方工程等。分部工程施工组织设计突出作业性。

根据《中华人民共和国建筑法》第 38 条的规定，对专业性较强的工程项目，应当编制专项安全施工组织设计，并采取安全技术措施。

5.4.2　工程施工组织设计的内容

5.4.2.1　“标前设计”的内容

（1）施工方案。包括施工程序、施工方法选择、施工机械选用、劳动力和主要材料、半成品投入量等。

（2）施工进度计划。包括工程开工日期，竣工日期，分期分批施工工程的开工、竣工日期，施工进度控制图及说明。

（3）主要技术组织措施。包括保证质量的技术组织措施、保证安全的技术组织措施、保证进度的技术组织措施、环境污染防治的技术组织措施等。

（4）施工平面布置图。包括施工用水量计算、用电量计算、临时设施需用量及费用计算、施工平面布置图。

（5）其他有关投标和签约谈判需要的设计。

5.4.2.2　施工组织总设计的内容

（1）工程概况。包括建设项目的特征、建设地区的特征、施工条件、其他有关项目建设的情况。

（2）施工部署和施工方案。包括施工任务的组织分工和安排、重要单位工程施工方案、主要工种工程的施工方法及“三通一平”规划。

（3）施工准备工作计划。包括现场测量，土地征用，居民拆迁，障碍物拆除，掌握设计意图和进度，编制施工组织设计和研究有关技术组织措施，新结构、新材料、新技术、新设备的试制和试验工作，大型临时设施工程，施工用水、电、路及场地平整的作业的安排，技术培训，物资和机具的申请和准备等。

（4）施工总进度计划。用以控调息工期及各单位工程的工期和搭接关系。

（5）各种需要量计划。包括劳动力需要量计划，主要材料及加工品需用量、需用时间及运输计划，主要机具需用量计划，大型临时设施建设计划等。

（6）施工总平面图。对建设空间（平面）的合理利用进行设计和布置。

（7）技术经济分析。目的是评价上述设计的技术经济效果，并作为考核的依据。

5.4.2.3 单项（或单位）工程施工组织设计的内容

通过单项（或单位）工程施士组织设计的编制和实施，可以在施工方法、人力、材料、机械、资金、时间、空间等方面进行科学合理地规划，使施工在一定时间、空间和资源供应条件下，有组织、有计划、有秩序地进行，实现质量好、工期短、消耗少、资金省、成本低的良好效果。因此其内容有以下几项：

（1）工程概况。工程概况应包括工程特点、建设地点特征、施工条件三个方面。

（2）施工方案。施工方案的内容包括确定施工程序和施工流向、划分施工段、主要分部分项工程施工方法的选择和施工机械选择、技术组织措施。

（3）施工进度计划。包括确定施工顺序，划分施工项目，计算工程量、劳动量和机械台班量，确定各施工过程的持续时间并绘制进度计划图。

（4）施工准备工作计划。包括技术准备，现场准备，劳动力、机具、材料、构件、加工品等的准备工作。

（5）编制各项需用量计划。包括材料需用量计划、劳动力需用量计划、构件加工半成品需用量计划、施工机具需用量计划。

（6）施工平面图。表明单项（或单位）工程施工所需施工机械、加工场地、材料、构件等的设置场地及临时设施在施工现场的配置。

5.4.2.4 分部工程施工组织设计的内容

分部工程施工组织设计的内容应突出作业性，主要进行施工方案、施工进度作业计划和技术措施的设计。

5.4.3 编制原则

5.4.3.1 严格遵守工期定额和合同规定的工程竣工及交付使用期限

总工期较长的大型建设项目，应根据生产的需要，安排分期分批建设，配套投产或交付使用，从实质上缩短工期，尽早地发挥建设投资的经济效益。

在确定分期分批施工的项目时，必须注意使每期交工的一套项目可以独立地发挥效用，使主要的项目同有关的附属辅助项目同时完工，以便完工后可以立即交付使用。

5.4.3.2 合理安排施工程序与顺序

建筑施工有其本身的客观规律，按照反映这种规律的程序组织施工，能够保证各项施工活动相互促进、紧密衔接，避免不必要的重复工作，加快施工速度，缩短工期。在安排施工程序时，通常应当考虑以下几点：

（1）要及时完成有关的施工准备工作，为正式施工创造良好条件。准备工作视施工需要，可以一次完成或分期完成；

（2）正式施工时应该先进行平整场地、铺设管网、修筑道路等全场性工程及可供施工使用的永久性建筑物，然后，再进行各个工程项目的施工；

（3）对于单个房屋和构筑物的施工顺序，既要考虑空间顺序，也要考虑工种之间的顺序。

5.4.3.3 进度计划编制

用流水作业法和网络计划技术安排进度计划。

5.4.3.4 认真做好施工准备

(1) 恰当地安排冬雨期施工项目。对于那些必须进入冬雨期施工的工程，应落实季节性施工措施，以增加全年的施工日数，提高施工的连续性和均衡性。

(2) 贯彻多层次技术结构的技术政策，因时因地制宜地促进技术进步和建筑工业化的发展。

(3) 从实际出发，做好人力、物力的综合平衡，组织均衡施工。

(4) 尽量利用正式工程、原有或就近的已有设施，以减少各种暂设工程；尽量利用当地资源，合理安排运输、装卸与储存作业，减少物资运输量，避免二次搬运；精心进行场地规划布置，节约施工用地，不占或少占农田，防止施工事故，做到文明施工。

5.4.3.5 实施目标管理

各类施工组织设计的编制都应当实行目标管理原则。编制施工组织设计的过程，也就是提出施工项目目标及实现办法的规划过程。因此，必须遵循目标管理的原则，应使目标分解得当，决策科学，实施有法。

5.4.3.6 与施工项目管理相结合

进行施工项目管理，必须事先进行规划，使管理工作按规划有序地进行。施工项目管理规划的内容应在施工组织设计的基础上进行扩展，使施工组织设计不仅服务于施工和施工准备发展，而且服务于经营管理和施工管理。

5.4.4 编制程序

5.4.4.1 标前设计的编制程序

学习招标文件→进行调查研究→编制施工方案并选用主要施工机械→编制施工进度计划→确定开工日期→竣工日期→分期分批开工与竣工日期、总工期→绘制施工平面图→确定标价及钢材、水泥等主要材料用量→设计保证质量和工期的技术组织措施→提出合同谈判方案，包括谈判组织、目标、准备和策略等。

5.4.4.2 标后设计的编制程序

进行调查研究，获得编制依据→确定施工部署→拟定施工方案→编制施工进度计划→编制施工准备工作计划及运输计划→编制供水、供热、供电计划→编制施工准备工作计划→设计施工平面图→计算技术经济指标。

5.4.5 工程施工组织设计的编制依据

5.4.5.1 标前设计的编制依据

(1) 招标文件和工程量清单；

(2) 施工现场踏勘情况；

(3) 进行社会、市场和技术经济调查的资料；

(4) 可行性研究报告、设计文件和各种参考资料；

(5) 企业的生产经营能力。

5.4.5.2 施工组织总设计的编制依据

（1）计划文件，包括国家批准的基本建设计划文件、单位工程项目一览表、分期分批投产的要求、投资指标和设备材料订货指标、建设地点所在地区主管部门的批件、施工单位主管上级下达的施工任务等；

（2）设计文件，包括批准的初步设计或技术设计、设计说明书、总概算或修正总概算、可行性研究报告；

（3）合同文件，即施工单位与建设单位签订的工程承包合同；

（4）建设地区的调查资料，包括气象、地形、地质和其他地区性条件等；

（5）定额、规范、建设政策法令、类似工程项目建设的经验资料等。

5.4.5.3 单项（或单位）工程施工组织设计的编制依据

（1）上级领导机关对该单位工程的要求、建设单位的意图和要求、工程承包合同、施工图对施工的要求等；

（2）施工组织总设计和施工图；

（3）年度施工计划对该工程的安排和规定的各项指标；

（4）预算文件提供的有关数据；

（5）劳动力配备情况，材料、构件、加工品的来源和供应情况，主要施工机械的生产能力和配备情况；

（6）水、电供应条件；

（7）设备安装进场时间和对土建的要求以及所需场地的要求；

（8）建设单位可提供的施工用地，临时房屋、水、电等条件；

（9）施工现场的具体情况：地形，地上、地下障碍物，水准点，气象，工程与水文地质，交通运输道路等；

（10）建设用地购、拆迁情况，施工执照情况，国家有关规定、规范、规程和定额等。

5.4.6 施工技术方案管理

5.4.6.1 编制人员

群体工程或重大单位（体）工程的施工组织设计编制应由施工总承包单位项目经理牵头进行编制，单位（体）工程的施工组织设计编制应由工程项目经理牵头进行编制。分部分项工程的专项施工技术方案以及危险性较大分部分项工程安全专项施工方案，由工程项目经理、项目技术负责人或项目专业技术方案师牵头进行编制。

5.4.6.2 编制原则

确保施工安全的前提下，对工程全过程施工管理、施工组织进行策划和部署。所选择的方案须具有指导性、针对性、可操作性、先进性和经济、合理性。全面考虑施工现场的实际情况、工程特点、作业环境和项目管理目标，确保工程质量、安全、文明、环境、进度、成本等经济管理目标顺利实现。

5.4.6.3 施工方案选择

一个好的施工组织设计或专项施工技术方案不仅能指导群体、单位（体）工程或分部分项工程顺利施工，而且在综合考虑各方面因素，做到工程施工达到经济、合理和安全的同时，也展示出总承包单位的综合管理能力、技术水平，尤其是关键施工技术和行业领域专业技术的优势，确保在建筑市场竞争中处于领先地位。

5.4.6.4　施工单位审核及审批

群体工程、单位（体）工程施工组织设计必须由项目经理审核，总承包单位技术负责人审批。牵涉到质量、安全的专项施工技术方案和危险性较大分部分项工程安全专项施工方案必须由项目经理组织审核，总承包单位技术负责人或其授权人审批后报项目总监理工程师审核批准方可实施。

5.4.6.5　施工技术方案的补充及变更

施工过程中专项施工技术方案出现重大变更，施工单位须重新编制专项施工技术方案或编制补充方案报总监理工程师审核、审批。危险性较大的分部分项工程出现重大变更，施工单位须重新编制危险性较大分部分项工程安全专项施工方案或补充方案，并重新组织专家论证，并将专家论证通过的专项方案报送总监理工程师审核、审批。

5.4.6.6　施工技术方案交底

工程施工组织设计应由项目技术负责人组织专项交底会，由项目技术负责人向建设单位、监理单位、项目经理部相关部门、分包单位相关负责人进行书面交底。

专项施工技术方案和危险性较大分部分项工程安全专项施工方案应由技术负责人组织专项交底会，由项目技术负责人或技术方案师向建设单位、监理单位、项目经理部相关部门、分包单位相关负责人进行书面交底。

5.4.6.7　施工技术方案过程控制

施工技术方案实施前，项目经理和项目技术负责人应参与某些关键分部分项工程的验收（如模架工程、外架工程、钢结构吊装、爆破工程等）。施工技术方案实施过程中，项目经理、项目技术负责人与技术方案师应随时到现场监督施工技术方案执行率，并根据工程实际情况进行施工技术方案的相应调整和补充。

5.5　施工项目质量管理

5.5.1　施工质量要求

施工质量管理是指工程项目在施工安装和施工验收阶段，指挥和控制工程施工组织关于质量的相互协调的活动，使工程项目施工围绕着使产品质量满足不断更新的质量要求，而开展的策划、组织、计划、实施、检查、监督和审核等所有管理活动的总和。

归纳起来，施工质量只要有以下三个方面的要求：

① 符合《建筑工程施工质量验收统一标准》GB 50300—2013 和相关专业验收规范的规定；

② 符合工程勘察、设计文件的要求；

③ 符合施工承包合同的约定。

上述要求①是国家法律、法规的要求。国家建设主管部门为了加强建筑工程质量管理，规范建筑工程施工质量的验收，保证工程质量，制订相应的标准和规范。这些标准、规范是主要从技术的角度，为保证房屋建筑各专业工程的安全性、可靠性、耐久性而提出的一般性要求。这个要求可以归结为“依法施工”。

要求②是勘察、设计对施工提出的要求。工程勘察、设计单位针对本工程的水文地质条件，根据建设单位的要求，从技术和经济结合的角度，为满足工程的使用功能和安全性、经济性、与环境的协调性等要求，以图纸、文件的形式对施工提出要求，是针对每个工程项目的个性化要求。这个要求可以归结为“按图施工”。

要求③是施工承包合同约定的要求。施工承包合同的约定具体体现了建设单位的要求和施工单位的承诺，合同的约定全面体现了对施工形成的工程实体的适用性、安全性、耐久性、可靠性、经济性和与环境的协调性等六个方面质量特性的要求。这个要求可以归结为“践约施工”。

为了达到上述要求，施工单位必须建立完善的质量管理体系，实行严格的质量控制，努力提高施工质量管理体系的运行质量，对影响施工质量的各项因素实行有效的控制，以保证施工过程的工作质量来保证施工形成的工程实体的质量。

“合格”是对施工质量的最基本要求，施工单位可与建设单位商定更高的质量要求，或自行创造更好的施工质量。有的专业主管部门设置了“优良”的施工质量评定等级。全国和地方（部门）的建设主管部门或行业协会设立了“中国建筑工程鲁班奖（国家优质工程）”、“詹天佑奖”、“白玉兰奖”以及以“某某杯”命名的各种优质工程奖等，都是为了鼓励包括施工单位在内的项目建设单位创造更好的施工质量和工程质量。

5.5.2 施工质量的影响因素

施工质量的影响因素主要有“人（Man）、材料（Material）、机械（Machine）、方法（Method）及环境（Environment）”等五大方面，即4M1E。

（1）人的因素

“人”是指直接参与施工的决策者、管理者和作业者，人的因素影响主要是指上述人员个人的质量意识及质量活动能力对施工质量形成造成的影响。在施工质量管理中，人的因素起决定性的作用。执业资格注册制度和管理及作业人员持证上岗制度等就是从本质上对从事施工活动的人的素质和能力进行必要的控制。

施工质量控制应以控制人的因素为基本出发点。作为控制对象，人的工作应避免失误；作为控制动力，应充分调动人的积极性，发挥人的主导作用。

（2）材料的因素

材料包括工程材料和施工用料，又包括原材料、半成品、成品、构配件等。各类材料是工程施工的物质条件，材料质量是工程质量的基础，材料质量不符合要求，工程质量就不可能达到标准。

（3）机械的因素

机械设备包括工程设备、施工机械和各类施工工器具。工程设备是指组成工程实体的工艺设备和各类机具，如各类生产设备、装置和辅助配套的电梯、泵机，以及通风空调、消防、环保设备等等，它们是工程项目的重要组成部分，其质量的优劣，直接影响到工程使用功能的发挥。

施工机械设备是指施工过程中使用的各类机具设备，包括运输设备、吊装设备、操作工具、测量仪器、计量器具以及施工安全设施等。施工机械设备是所有施工方案和工法得以实施的重要物质基础，合理选择和正确使用施工机械设备是保证施工质量的重要措施。

（4）方法的因素

施工方法包括施工技术方案、施工工艺、工法和施工技术措施等。从某种程度上说，技术工艺水平的高低，决定了施工质量的优劣。采用先进合理的工艺、技术，依据规范的工法和作业指导书进行施工，必将对组成质量因素的产品精度、平整度、清洁度、密封性等物理、化学特性等方面起到良性的推进作用。比如近年来，建设部在全国建筑业中推广应用的10项新的应用技术，包括地基基础和地下空间工程技术、高性能混凝土技术、高效钢筋和预应力技术、新型模板及脚手架应用技术、钢结构技术、建筑防水技术等，对确保建设工程质量和消除质量通病起到了积极作用，收到了明显的效果。

（5）环境的因素

环境的因素主要包括现场自然环境因素、施工质量管理环境因素和施工作业环境因素。环境因素对工程质量的影响，具有复杂多变和不确定性的特点。

1）现场自然环境因素主要指工程地质、水文、气象条件和周边建筑、地下障碍物以及其他不可抗力等对施工质量的影响因素。例如，在地下水位高的地区，若在雨期进行基坑开挖，遇到连续降雨或排水困难，就会引起基坑塌方或地基受水浸泡影响承载力等；在寒冷地区冬期施工措施不当，工程会因受到冻融而影响质量；在基层未干燥或大风天进行卷材屋面防水层的施工，就会导致粘贴不牢及空鼓等质量问题。

2）施工质量管理环境因素主要指施工单位质量保证体系、质量管理制度和各参建施工单位之间的协调等因素。根据承发包的合同结构，理顺管理关系，建立统一的现场施工组织系统和质量管理的综合运行机制，确保质量保证体系处于良好的状态，创造良好的质量管理环境和氛围，是施工顺利进行，提高施工质量的保证。

3）施工作业环境因素主要指施工现场的给排水条件，各种能源介质供应，施工照明、通风、安全防护设施，施工场地空间条件和通道，以及交通运输和道路条件等因素。这些条件是否良好，直接影响到施工能否顺利进行，以及施工质量能否得到保证。

5.5.3 施工质量保证

5.5.3.1 质量管理体系的建立

质量管理体系的建立是企业根据质量管理八项原则，在确定市场及顾客需求的前提下，制定企业的质量方针、质量目标、质量手册、程序文件和质量记录等体系文件，并将质量目标落实到相关层次、相关岗位的职能和职责中，形成企业质量管理体系执行系统的一系列工作。其内容如下：

（1）项目施工质量目标　必须有明确的质量目标，以工程承包合同为基本依据，逐级分解目标以形成在合同环境下的项目施工质量保证体系的各级质量目标。一是从时间角度展开，实施全过程的控制；二是从空间角度展开，实现全方位和全员的质量目标管理。

（2）项目施工质量计划　项目施工质量保证体系应有可行的质量计划，按内容分为施工质量工作计划和施工质量成本计划。

施工质量工作计划主要包括：质量目标的具体描述和定量描述整个项目施工质量形成的各工作环节的责任和权限；采用的特定程序、方法和工作指导书；重要工序（工作）的试验、检验、验证和审核大纲；质量计划修订程序；为达到质量目标所采取的其他措施。

施工质量成本计划是规定最佳质量成本水平的费用计划，是开展质量成本管理的基准。质量成本可分为运行质量成本和外部质量保证成本。运行质量成本是指为运行质量体系达到和保持规定的质量水平所支付的费用，包括预防成本、鉴定成本、内部损失成本和外部损失成本。外部质量保证成本是指依据合同要求向顾客提供所需要的客观证据所支付的费用，包括特殊的和附加的质量保证措施、程序、数据、证实试验和评定的费用。

（3）思想保证体系　全体人员真正树立起强烈的质量意识，贯彻“一切为用户服务”的思想，以达到提高施工质量的目的。

（4）组织保证体系　必须建立健全各级质量管理组织，分工负责，形成一个有明确任务、职责、权限、互相协调和互相促进的有机整体。内容包括：成立质量管理小组（QC小组）；健全各种规章制度；明确规定各职能部门主管人员和参与施工人员在保证和提高工程质量中所承担的任务、职责和权限；建立质量信息系统等内容构成。

（5）工作保证体系　明确工作任务和建立工作制度，要落实在以下三个阶段：①施工准备阶段的质量控制是确保施工质量的首要工作，不仅直接关系到工程建设能否高速、优质地完成，而且也决定了能否对工程质量事故起到一定的预防、预控作用。②施工阶段的质量控制是确保施工质量的关键。加强工序管理，建立质量检查制度，严格实行自检、互检和专检，开展群众性的QC活动，强化过程控制，以确保施工阶段的工作质量。③竣工验收阶段的质量控制应做好成品保护，严格按规范标准进行检查验收和必要的处置，不让不合格工程进入下一道工序或进入市场，并做好相关资料的收集整理和移交，建立回访制度等。

5.5.3.2　施工质量保证体系的运行

质量体系的运行是在生产及服务的全过程按质量管理文件体系制定的程序、标准、工作要求及目标分解的岗位职责进行操作运行。应以质量计划为主线，以过程管理为重心，按照PDCA循环的原理，通过计划、实施、检查和处理的步骤展开控制。

（1）计划（Plan）是质量管理的首要环节，主要确定质量管理的方针、目标，以及实现方针、目标的措施和行动方案。“计划”包括质量管理目标的确定和质量保证工作计划。

质量管理目标的确定，就是根据项目自身可能存在的质量问题、质量通病以及与国家规范规定的质量标准对比的差距，或者用户提出的更新、更高的质量要求所确定的项目在计划期应达到的质量标准。

质量保证工作计划，就是为实现上述质量管理目标所采用的具体措施的计划。质量保证工作计划应做到材料、技术、组织三落实。

（2）实施（Do）包含两个环节，即计划行动方案的交底和按计划规定的方法及要求展开的施工作业技术活动。

首先，要做好计划的交底和落实。落实包括组织落实、技术和物资材料的落实。有关人员要经过培训、实习并经过考核合格再执行。

其次，计划的执行，要依靠质量保证工作体系、依靠组织体系、依靠产品形成过程的质量控制体系。

（3）检查（Check）就是对照计划，检查执行的情况和效果，及时发现计划执行过程的偏差和问题。一般包括两个方面：一是检查是否严格执行了计划的行动方案，检查实际条件是否发生了变化，总结成功执行的经验，查明没按计划执行的原因；二是检查计划执行的结果，即施工质量是否达到标准的要求，并对此进行评价和确认。

(4) 处理 (Action) 是在检查的基础上，把成功的经验加以肯定，形成标准，以利于在今后的工作中以此成为处理的依据，巩固成果；同时采取措施，克服缺点，吸取教训，避免重犯错误，对于尚未解决的问题，则留到下一次循环再加以解决。

质量管理的全过程是反复按照 PDCA 的循环周而复始地运转，每运转一次，工程质量就提高一步。PDCA 循环具有大环套小环、互相衔接、互相促进、螺旋式上升，形成完整的循环和不断推进等特点。

5.5.4 施工质量控制的内容和方法

5.5.4.1 施工质量控制的基本环节

施工质量控制应贯彻全面全过程质量管理的思想，运用动态控制原理，进行质量的事前控制、事中控制和事后控制。

(1) 事前质量控制 即在正式施工前进行的事前主动质量控制，通过编制施工质量计划，明确质量目标，制定施工方案，设置质量管理点，落实质量责任，分析可能导致质量目标偏离的各种影响因素，针对这些影响因素制定有效的预防措施，防患于未然。

(2) 事中质量控制 施工过程中对影响施工质量的各种因素进行全面的动态控制。首先是对质量活动的行为约束，其次是对质量活动过程和结果的监督控制。关键是坚持质量标准，控制的重点是工序质量、工作质量和质量控制点。

(3) 事后质量控制 事后质量把关，以使不合格的工序或最终产品（包括单位工程或整个工程项目）不流入下道工序、不进入市场。包括对质量活动结果的评价、认定和对质量偏差的纠正，重点是发现缺陷，提出改进措施，保持质量处于受控状态。

以上三大环节实质上是 PDCA 循环，保证持续改进。

5.5.4.2 施工质量控制的依据

(1) 共同性依据包括：工程建设合同；设计文件、设计交底及图纸会审记录、设计修改和技术变更等；法律和法规性文件。

(2) 专门技术法规性依据包括规范、规程、标准、规定等。

5.5.4.3 施工质量控制的工作内容

(1) 质量文件审核，是项目经理对工程质量进行全面管理的重要手段。这些文件包括：

1) 施工单位的技术资质证明文件和质量保证体系文件；

2) 施工组织设计和施工方案及技术措施；

3) 有关材料和半成品及构配件的质量检验报告；

4) 有关应用新技术、新工艺、新材料的现场试验报告和鉴定报告；

5) 反映工序质量动态的统计资料或控制图表；

6) 设计变更和图纸修改文件；

7) 有关工程质量事故的处理方案；

8) 相关方面在现场签署的有关技术签证和文件，等等。

(2) 现场质量检查的内容包括：

开工前检查是否具备开工条件；开工后的工序交接检查，严格执行“三检”制度（自检、互检、专检），未经监理工程师（或建设单位技术负责人）检查认可，不得进行下道工序施工；隐蔽工程的检查，施工中凡是隐蔽工程必须检查认证后方可进行隐蔽掩盖；停工后复工的检查；分项、分部工程完工需签署验收记录后才能进行下一工程项目的施工；成品保护的检查，检查成品有无保护措施以及保护措施是否有效可靠。

现场质量检查的方法主要有目测法、实测法和试验法等。

1）目测法也称观感质量检验——“看、摸、敲、照”：看外观，摸手感，敲音感，照阴暗。

2）实测法——“靠、量、吊、套”：靠平整，量偏差，吊垂直，套方正。

3）试验法——理化试验：物理力学性能方面的检验和化学成分及其含量的测定。力学性能如抗拉强度、抗压强度、抗弯强度、抗折强度、冲击韧性、硬度、承载力等；物理性能如密度、含水量、凝结时间、安定性及抗渗、耐磨、耐热性能等；化学成分及其含量如钢筋中的磷、硫含量，混凝土中粗骨料中的活性氧化硅成分，以及耐酸、耐碱、抗腐蚀性等。此外，现场试验例如：对桩或地基的静载试验、下水管道的通水试验、压力管道的耐压试验、防水层的蓄水或淋水试验等。

无损检测利用专门的仪器仪表从表面探测结构物、材料、设备的内部组织结构或损伤情况。常用的无损检测方法有超声波探伤、X射线探伤、γ射线探伤等。

5.6 施工进度控制

施工方进度控制的任务是依据施工任务委托合同对施工进度的要求控制施工进度，这是施工方履行合同的义务。在进度计划编制方面，施工方应视项目的特点和施工进度控制的需要，编制深度不同的控制性、指导性和实施性施工的进度计划，以及按不同计划周期（年度、季度、月度和旬）的施工计划等。

5.6.1 施工方进度计划编制

施工方所编制的与施工进度有关的计划包括：施工企业的施工生产计划和建设项目施工进度计划。

（1）施工生产计划属于企业计划范畴，以整个企业为系统，一般有年度生产计划、季度生产计划、月度生产计划和旬生产计划；

（2）建设项目施工进度计划属于项目管理范畴，以每个建设项目的施工为系统。

1）项目施工进度计划编制依据有：

① 企业施工生产计划的总体安排；

② 履行施工合同要求；

③ 施工条件——设计资料提供条件、施工现场条件、施工的组织条件、施工的技术条件、施工的资源条件；

④ 资源利用的可能性。

2）项目施工进度计划的类别：

整个项目的施工总进度方案、施工总进度规划、施工总进度计划；

3）项目施工的月度施工计划和旬度作业计划是直接组织施工作业的计划，其主要作用如下：

① 确定施工作业的具体安排；
② 确定一个月度或旬度的人工需求；
③ 确定一个月度或旬度施工机械的需求；
④ 确定一个月度或旬度的建筑材料的需求；
⑤ 确定一个月度或旬度的资金的需求等。

5.6.2 进度计划的编制方法

5.6.2.1 流水施工计划与横道图

（1）横道图特点

横道图是一种最简单、运用最广泛的传统的进度计划方法，尽管有许多新的计划技术，横道图在建设领域中的应用仍非常普遍。

横道图用于小型项目或大型项目的子项目上，或用于计算资源需要量和概要预示进度，也可用于其他计划技术的表示结果。

横道图计划表中的进度线（横道）与时间坐标相对应，这种表达方式较直观，易看懂计划编制的意图。但是，横道图进度计划法也存在一些问题，其局限性如下：

1）工序（或工作）之间的逻辑关系可以设法表达，但不宜表达清楚；

2）适用于手工编制计划；

3）没有通过严谨的进度计划时间参数计算，不能确定计划的关键工作、关键线路与时差；

4）计划调整只能用手工方式进行，其工作量较大；

5）难以适应大的进度计划系统。

（2）组织流水施工条件

流水施工的实质是连续作业和均衡施工。产生节约工作时间、实现均衡、有节奏施工和提高劳动生产率的效果。

组织建筑流水施工，必须具备五个方面的条件。

1）把建筑物的整个建造过程分解为若干个施工过程。每个施工过程分别由固定的作业队负责实施完成。

2）把建筑物尽可能地划分为劳动量大致相等的施工段（区）[也可称为流水段（区）。

3）确定各专业施工队在各施工段（区）内的工作持续时间。

4）各作业队按一定的施工工艺，配备必要的机具，依次地、连续地由一个施工段（区）转移到另一个施工段（区），反复地完成同类工作。

5）不同作业队完成各施工过程的时间适当地搭接起来。

（3）流水施工参数

1）工艺参数：流水的施工过程如果各由一个作业队（组）施工，则施工过程数和作业队（组）数相等。有时由几个作业队（组）负责完成一个施工过程或一个专业队（组）完成几个施工过程，于是施工过程数与作业队数便不相等。

2）空间参数：当建筑物只有一层时，施工段数就是一层的段数。当建筑物是多层时，施工段数是各层段数之和。

3）时间参数：

① 流水节拍：流水节拍是指某个作业队在一个施工段上的施工作业时间，其计算公式是：

$$t=\frac{Q}{SR}=\frac{P}{R} \tag{5-1}$$

式中 Q——一个施工段的工程量；

R——作业队的人数或机械数；

S——产量定额，即单位时间（工日或台班）完成的工程量；

P——劳动量或台班量。

② 流水步距：流水步距是指两相邻的作业队进入流水作业的最小时间间隔。

③ 工期：工期是指从第一个作业队投入流水作业开始，到最后一个作业队完成最后一个施工过程的最后一段工作退出流水作业为止的整个持续时间。

（4）流水施工的分类

流水施工有以下几类；

1）有节奏流水：有节奏流水又分为等节奏流水和异节奏流水。

① 等节奏流水。指流水组中，每一个施工过程本身在各施工段上的作业时间（流水节拍）都相同，即流水节拍是一个常数，并且各个施工过程相互之间流水节拍也相等。即流水节拍是常数、施工队数＝施工过程数、流水步距等于流水节拍；施工队能连续施工。

$$T_t=(M+N'-1)t$$

式中 T_t——计算工期，d；

M——施工段数；

N'——施工过程数；

t——流水节拍。

② 异节奏流水。指流水组中，每一个施工过程本身在各施工段上的流水节拍都相同，但不同施工过程之间流水节拍不一定相等。

有一种情况是，各作业队的流水节拍都是某一个常数（不等于 1）的倍数，可以组成加快成倍节拍流水施工：

$$T_t=(M+N'-1)\cdot k+\sum Z$$

式中 k——流水节拍的最大公约数；

Z——施工过程之间的施工间歇。

各施工过程之间的流水节拍没有成倍的规律：倒排计划图上计算步距。

2）无节奏流水：流水组中各施工过程本身在各流水段上的作业时间（流水节拍）不完全相等，相互之间亦无规律可循。无节奏流水可用分别流水法施工。计算流水步距的步骤是：

第一步，累加各施工过程的流水节拍，形成累加数据系列；

第二步，相邻两施工过程的累加数据系列错位相减；

第三步，取差数之大者作为该两个施工过程的流水步距。

5.6.2.2 双代号网络计划

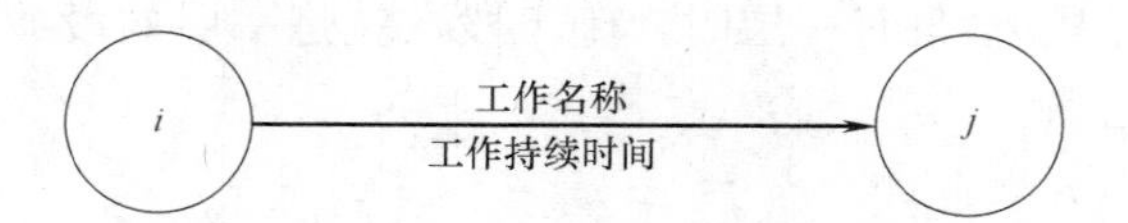

（1）构成

一次性要求是有方向箭线，唯一性要求 $j>i$。

1）箭线

在无时间坐标限制时，可以用直线、折线或斜线，方向应从左向右；若有时间坐标，则箭线长度就表明了工作持续时间的大小；箭线的虚、实则分别表示虚工作、实工作，虚工作既不占用时间也不消耗资源。

在双代号网络图中，为了正确的表达图中工作之间的逻辑关系，往往需要应用虚箭线，虚箭线是实际工作中并不存在的一项虚设工作，故他们既不占用时间，也不消耗资源，一般起着工作之间的联系，区分和断路三个作用。

2）节点

是箭线之间的连接点，节点只是一个“瞬间”，有时也成为一个事件，既不消耗时间也不消耗资源；编号顺序由小到大，可以不连续，但不允许重复。

3）线路

网络图中从起点节点开始沿箭线方向顺序经过一系列箭线与节点，最后到达终点节点的通路称为线路。网络图有多条线路，线路上工作持续时间之和称之为线路长度，其中最长的称之为关键线路，比关键线路短的线路即为非关键线路。

4）逻辑关系

工作与工作之间相互制约或相互依赖的关系称之为逻辑关系，包括工艺关系和组织关系，在网络图中表现为工作之间的先后顺序关系。

（2）网络图的绘制步骤

绘制网络图的一般步骤如下：

1）按选定的网络图类型和已确定的排列方式，决定网络图的合理布局；

2）从起始工作开始，自左至右依次绘制，只有当先行工作全部绘制完成后，才能绘制本工作，直至结束工作全部绘完为止；

3）检查工作和逻辑关系有无错、漏，并进行修改；

4）按网络图绘图规则的要求完善网络图；

5）按网络图的编号要求将节点编号。

（3）时间参数的计算

公式：

$$ES_{i-j}=\mathrm{MAX}(EF_{h-i})$$
$$EF_{i-j}=ES_{i-j}+D_{i-j}$$
$$LS_{i-j}=LF_{i-j}-D_{i-j}$$
$$LF_{i-j}=\mathrm{MIN}(LS_{j-k})$$
$$TF_{i-j}=LS_{i-j}-ES_{i-j}$$
$$FF_{i-j}=\mathrm{MIN}(ES_{j-k})-EF_{i-j}$$

TF 总时差是指在不影响整个项目完成总工期和有关时限的前提下，一项工作可以利用的机动时间。

FF 自由时差是指在不影响紧后工作最早开始时间和有关时限的前提下，一项工作可以利用的机动时间。

计算工期 T_c 是指根据网络计划时间参数计算出来的工期；

计划工期 T_p 是指在计算工期 T_c 以及项目委托人所要求工期的基础上综合考虑需要和可能而确定的工期。

当已规定了要求工期 T_r 时，$T_p \leqslant T_r$；当未要求工期时，$T_p = T_c$。

时间参数计算的一般步骤如下：

第一，以网络计划起点节点为开始节点的工作，其最早开始时间为 0，再顺着箭线方向，依次计算各项工作的最早开始时间 ES_{i-j} 和最早完成时间 EF_{i-j}。

第二，确定网络计划的计算工期 T_p。

第三，从网络计划的终点节点开始，以计划工期 T_p 为终点节点的最迟时间，逆着箭线方向，依次计算各项工作的最迟完成时间 LE_{i-j} 和最迟开始时间 LS_{i-j}。

第四，计算各项工作的总时差。

第五，计算各项工作的自由时差。

（4）关键工作与关键线路

网络计划中，总时差最小的工作称之为关键工作。网络计划中，自始至终全部由关键工作组成的线路或线路上总的工作持续时间（总工期）最长的线路叫关键线路。一个网络计划中，至少有一条关键线路，也可能有多条关键线路。

1）从网络图起点开始到终点为止，工期最长的线路即为关键线路；

2）从网络图起点开始到终点工作总时差为零或为最小值的关键工作串联起来，即为关键线路；

3）时差为最小值的节点串联起来，即为关键线路。

当计算工期不能满足要求工期时，可通过压缩关键工作的持续时间以满足工期要求。在选择缩短持续时间的关键工作时，宜考虑下列因素：

① 缩短持续时间对质量和安全影响不大的工作；

② 有充足备用资源的工作；

③ 缩短持续时间所需增加的费用最少的工作。

5.6.2.3 双代号时标网络计划

时标网络计划是以时间坐标为尺度编制的双代号网络计划。

时标网络计划的工作，以实箭线表示，自由时差以波形线表示，虚工作以虚箭线表示。当实箭线后有波形线且其末端有垂直部分时，其垂直部分用实线绘制；当虚箭线有时差且其末端有垂直部分时，其垂直部分用虚线绘制。

5.6.3 进度控制的任务和措施

5.6.3.1 进度控制的工作内容

（1）进度控制的主要工作环节包括：

进度目标的分析论证、编制进度计划及相关的资源（劳动力、物资、资金）需求计划、定期跟踪进度计划的执行情况、采取纠偏措施以及调整进度计划。

（2）组织施工进度实施过程中应进行下列工作：

1）跟踪检查，收集实际进度数据；

2）将实际数据与进度计划对比；

3）分析计划执行的情况；

4）对产生的进度变化，采取措施予以纠正或调整计划；

5）检查措施的落实情况；

6）进度计划的变更必须与有关单位和部门沟通。

（3）施工进度计划的检查与调整。一般按统计周期定期进行，也根据需要不定期的检查。检查内容包括：

1）检查工程量完成情况；

2）检查工作时间的执行情况；

3）检查资源使用及与进度保证的情况；

4）前一次进度计划检查提出问题的整改情况。

（4）检查后编制进度报告应表现如下情况：

1）进度计划实施情况的综合描述；

2）实际工程进度与计划进度的比较；

3）进度计划在实施过程中存在的问题及其原因分析；

4）进度执行情况对工程质量、安全和施工成本的影响情况；

5）将采取的措施：缩短持续时间对质量和安全影响不大的工作、有充足备用资源的工作；缩短持续时间所增加的费用最少的工作等。

6）进度的预测。

（5）进度计划调整包括内容：

1）工程量调整；

2）工作起止时间的调整；

3）工作关系的调整；

4）资源提供条件的调整；

5）必要目标的调整。

5.6.3.2 进度控制的措施

（1）组织措施包括：

1）建立施工进度控制的组织体系：

2）设专门的进度控制的工作部门；

3）由符合进度控制岗位资格的专人负责进度控制工作；

4）编制进度控制的任务分工表；

5）编制进度控制的管理职能分工表；

6）编制进度控制的工作流程（包括计划的编制程序、审批程序、计划调整程序）；

7）确定进度控制的协调机制；会议是组织和协调的重要手段应进行有关进度控制会议的组织设计。

8）确定进度控制的会议组织设计（会议类型、会议主持人和参加单位及人员、召开时间、文件整理、分发和确认等）。

（2）管理措施包括：

管理的思想、方法、手段，承发包模式，合同管理和风险管理等。

常见影响进度的风险有：组织风险、管理风险、合同风险、资源风险、技术风险等。

还应重视信息技术（包括相应软件、局域网、互联网以及数据处理设备等）应用，这样可以有利于提高进度信息处理的效率、提高信息的透明度、促进信息的交流和项目各参与方的协同工作。

（3）经济措施

涉及资金需求计划、资金供应的条件和经济激励措施等。

为确保进度目标的实现，应编制与进度计划相适应的资源需求计划（资源进度计划），包括资金需求计划和其他资源（人力和物力资源）需求计划，以反映工程实施的各时段所需要的资源。通过资源需求的分析，可发现所编制的进度计划实现的可能性，若资源条件不具备，则应调整进度计划。

（4）技术措施

涉及对实现进度目标有利的施工技术选用。施工方案对工程进度有直接的影响，在决策其选用时，不仅应分析技术的先进性和经济合理性，还应考虑其对进度的影响。在工程进度受阻时，应分析是否存在施工技术的影响因素，为实现进度目标有无改变施工技术、施工方法和施工机械的可能性。

5.7 施工成本管理

5.7.1 成本管理的任务

包括成本预测、成本计划、成本控制、成本核算、成本分析、成本考核。

5.7.1.1 成本预测

成本预测是成本估算，目的是在满足业主和企业要求的前提下选择成本低、效益好的最佳成本方案，它是成本决策和成本计划的依据、前提。它是对未来的成本水平及其可能发展趋势做出科学的估计，其是在工程施工以前对成本进行的估算。

5.7.1.2 成本计划

成本计划是以货币的形式来编制生产费用、成本水平、成本降低率以及为降低成本所采取的主要措施和规划的书面方案，是成本决策所确定目标的具体化。其目的是明确目标成本，建立施工项目成本管理责任制、开展成本控制和核算。成本计划的编制是成本预控的重要手段，说明施工计划也是成本控制的一个重要手段，是实现降低施工成本任务的指导性文件。

项目计划成本应在项目实施方案确定和不断优化的前提下进行编制，应在工程开工前编制完成，以便将计划成本目标分解落实，为各项成本的执行提供明确的目标、控制手段和管理措施。

5.7.1.3 成本控制

成本控制贯穿于项目从投标阶段开始直至竣工验收的全过程，是成本管理的重要环节。一般分为事前、事中和事后控制三个阶段。合同文件和成本计划是控制目标，进度报告和工程变更与索赔资料是成本控制过程中的动态资料。成本控制程序体现动态跟踪控制的原理：

（1）按计划成本目标值控制生产要素采购价格；

（2）控制生产要素的利用效率和消耗定额——任务单管理、限额领料、验工报告审核等，并编制应急措施；

（3）控制影响利用效率和消耗量的其他因素（如工程变更）所引起的成本增加；

（4）全员参与，增强管理人员的成本意识和控制能力；

（5）健全项目财务管理制度，使其成为成本控制的重要手段。

5.7.1.4 成本核算

一般以单位工程为对象，包括两个基本环节：一是按照规定的成本开支范围对施工费用进行归集和分配，计算出施工费用的实际发生额，即计算施工项目的实际成本；二是采用适当的方法计算出施工项目的总成本和单位成本，即施工过程中发生的各项费用。

（1）成本核算所提供的各种成本信息是成本预测、成本计划、成本控制、成本分析和成本考核等各环节的依据。

（2）施工成本一般以单位工程为成本核算对象。成本核算的基本内容包括人工费、材料费、机械使用费、周转材料费、结构件费、其他措施费、分包工程成本、企业管理费及项目月度成本报告编制等。

（3）施工项目成本核算制和项目经理责任制等共同构成了项目管理的运行机制。项目经理部要建立一系列项目业务核算台账和施工成本会计账户，按照定期成本核算和竣工工程成本核算实施全过程的成本核算。需要坚持形象进度、产值统计、实际成本归集三同步，即三者的取值范围应是一致的。形象进度表达的工程量、统计施工产值的工程量和实际成本归集所依据的工程量均应是相同的数值。

（4）竣工工程成本核算分为竣工工程现场成本核算和竣工工程完全成本核算，分别对应地由项目经理部和企业财务部门进行核算分析，目的在于分别考核项目管理绩效和企业经营效益。

（5）成本核算是对成本计划是否实现的最后检验。

5.7.1.5 成本分析

施工成本分析贯穿于施工成本管理的全过程，其是在成本的形成过程中对成本的形成过程和影响成本升降的因素进行分析，以寻求进一步降低成本的途径。

（1）成本分析目的在于有利偏差的挖掘和不利偏差的纠正。一般贯穿于施工成本管理的全过程。

（2）成本偏差的控制。分析是关键、纠偏是核心。成本分析的方法可以单独使用，也可结合使用。对成本偏差的原因分析主要采用定量和定性相结合的方法。

（3）成本偏差分为局部成本偏差和累计成本偏差。局部成本偏差包括项目月度（或周、季、天）核算成本偏差、专业核算成本偏差、分部分项作业成本偏差等；累计成本偏差是指已完工程在某一时间点上实际总成本与相应的计划总成本的差异。

5.7.1.6 成本考核

是根据项目目标责任制的有关规定，将成本的实际指标与计划、定额、预算进行对比和考核，以施工成本降低额和施工成本降低率为主要指标，考核各责任者的业绩，做到有奖有惩、赏罚分明。评定施工项目成本计划的完成情况和各责任者的业绩，并以此给以相应的奖励和处罚。

成本考核是实现成本目标责任制的保证和实现决策目标的重要手段。成本考核制度包括考核的目的、时间、范围、对象、方式、依据、指标、组织领导、评价与奖惩原则等内容。成本考核也可分别考核组织管理层和项目经理部。

5.7.1.7 相互关系

成本管理的每一个环节都是相互联系相互作用的。成本预测是成本决策的前提，成本计划是成本决策所确定目标的具体化。成本计划控制则是对成本计划的实施进行控制和监督，保证决策的成本目标的实现，而成本核算又是对成本计划是否实现的最后检验，它所提供的成本信息又对下一个施工项目成本预测和决策提供基础资料。成本考核是实现成本目标责任制的保证和实现决策目标的重要手段。

5.7.2 施工成本管理措施

（1）组织措施。成本管理不仅是专业成本管理人员的工作，各级项目管理人员都负有成本控制责任，成本控制是全员的活动。编制施工成本控制工作计划，确定合理详细的工作流程。组织措施是其他各类措施的前提和保障。

（2）技术措施。一是要能提出多个不同的技术方案，二是要对不同的技术方案进行技术经济分析比较。如确定最佳施工方案、确定最合适的机械设备使用方案，以及先进施工技术的应用、新材料的运用、新开发机械设备的使用等。

（3）经济措施。是最为人们所接受和采用的措施。对成本管理目标进行风险分析，制定防范性对策；认真做好资金使用计划，严格控制各项开支；及时准确地记录、收集、整理、核算实际发生的成本；对各项变更及时做好增减账，落实签证，及时结算工程款；通过偏差分析和未完工工程预测，开展主动控制，及时采取预防措施。

（4）合同措施。贯穿整个合同周期——合同谈判至合同终结。首先是选用合适的合同结构，对各种合同结构模式进行分析，比较，在合同谈判时，要争取选用适合与工程规模，性质和特点的合同结构模式；在合同条款中仔细考虑影响成本和效益的一切因素，特别是潜在的风险因素，需要采取必要的风险对策；在合同执行期间密切注视对方合同执行情况，以寻求合同索赔机会，同时也要防止被对方索赔。

5.7.3 施工成本计划

5.7.3.1 成本计划的类型

（1）竞争性成本计划。工程项目投标及签订合同阶段、估算成本计划、比较粗略，带有成本战略性质，奠定了施工成本的基本框架。是以招标文件为依据、以有关的价格条件说明为基础、结合调研和现场考查所得开展估算，是项目投标阶段商务标书（以先进合理的技术标书为支撑）的基础。

（2）指导性成本计划。选派项目经理阶段、设计预算成本计划、确定责任总成本指标。是以合同标书为依据，按照企业预算定额标准制定设计预算成本计划。选派项目经理阶段的预算成本计划，是项目经理的责任成本目标。

（3）实施性成本计划。项目施工准备阶段、施工预算成本计划、比较细致。是以项目实施方案为依据，落实项目经理责任目标为出发点，按照企业施工定额通过编制施工预算而形成实施性施工成本计划。

5.7.3.2 成本计划编制的依据

编制成本计划的过程也是动员全体施工项目管理人员的过程，是挖掘降低成本潜力的过程，是检验施工技术质量管理、工期管理、物资消耗和劳动力消耗管理等是否落实的过程。目标成本确定后，在开展目标分解并与组织结构分解结合，将各子目标落实到各个机构和班组，最后通过综合平衡编制完成施工成本计划。

是在以下编制依据基础上，根据有关设计文件、工程承包合同、施工组织设计、施工成本预测资料等，按照施工项目应投入的生产要素，结合各种因素的变化和拟采取的各种措施，估算施工项目生产费用支出的总水平，进而确定目标总成本。说明，成本计划是在项目实施方案确定和不断优化的前提下进行编制。

（1）投标报价文件；

（2）企业定额、施工预算；

（3）施工组织设计或施工方案；

（4）人工、材料、机械台班的市场价；

（5）企业颁布的材料指导价、企业内部机械台班价格、劳动力内部挂牌价格；

（6）周转设备内部租赁价格、摊销损耗标准；

（7）已签订的工程合同、分包合同（或估价书）；

（8）结构件外加工计划和合同；

（9）有关财务成本核算制度和财务历史资料；

（10）施工成本预测资料；

（11）拟采取的降低施工成本的措施；

（12）其他相关资料。

5.7.3.3 成本计划编制方法

以成本预测为基础，关键是确定目标成本。编制方式有：

（1）按施工成本组成编制——人工费、材料费、机械使用费、措施费、间接费；

（2）按子项目组成编制——若干单项工程又由多个单位工程组成，在进一步分解为多个分部工程和分项工程；项目总施工成本分解到单项和单位工程中，在进一步分解为分部工程和分项和分项工程。

（3）按工程进度编制——工程进度网络图、横道图、时标网络图和时间-成本曲线，一方面确定完成各项工作所需花费的时间，同时确定完成这一工作合适的施工成本支出计划。

5.7.4 施工成本控制

建设工程项目施工成本控制应贯穿于项目从投标阶段开始直至竣工验收的全过程，它是企业全面成本管理的重要环节，合同文件和成本计划是成本控制的目标，进度报告和工程变更与索赔资料是成本控制过程中的动态资料。

5.7.4.1 成本控制的依据

工程承包合同、施工成本计划、进度报告、工程变更以及施工组织设计和分包合同等。其中，进度报告提供了每一时点的工程实际完成量和工程施工成本实际支付情况等重要信息；工程变更包括设计变更、进度计划变更、施工条件变更、技术规范和标准变更、施工次序变更、工程数量变更等。

5.7.4.2 成本控制步骤

定期进行施工成本计划值与实际值的比较，出现偏差就要分析原因采取适当的纠偏措施以确保成本控制目标的实现。即步骤：比较→分析→预测→纠偏→检查。

分析是成本控制工作的核心，纠偏是施工成本控制中最具实质性的一步。纠偏首先要确定纠偏的主要对象，然后采取针对性措施：组织措施、经济措施、技术措施、合同措施等。

5.7.4.3 项目成本控制的内容和任务

施工项目的成本控制，应伴随项目建设的进程渐次展开，要注意各个时期的特点和要求。各个阶段的工作内容不同，成本控制的主要任务也不同。

（1）施工前期的成本控制

1）工程投标阶段：在投标阶段成本控制的主要任务是编制适合本企业施工管理水平、施工能力的报价。

① 根据工程概况和招标文件，联系建筑市场和竞争对手的情况，进行成本预测，提出投标决策意见；

② 中标以后，应根据项目的建设规模，组建与之相适应的项目经理部，同时以标书为依据确定项目的成本目标，并下达给项目经理部。

2）施工准备阶段：

① 根据设计图纸和有关技术资料 ，对施工方法、施工顺序、作业组织形式、机械设备选型、技术组织措施等进行认真的研究分析，制定科学先进、经济合理的施工方案。

② 根据企业下达的成本目标，以分部分项工程实物工程量为基础，联系劳动定额、材料消耗定额和技术组织措施的节约计划，在优化的施工方案的指导下，编制明细而具体的成本计划，并按照部门、施工队和班组的分工进行分解，作为部门、施工队和班组的责任成本落实下去，为今后的成本控制做好准备。

③ 根据项目建设时间的长短和参加建设人数的多少，编制间接费用预算，并对上述预算进行明细分解，以项目经理部有关部门（或业务人员）责任成本的形式落实下去，为今后的成本控制和绩效考评提供依据。

（2）施工期间的成本控制

施工阶段的成本控制的主要任务是确定项目经理部的成本控制目标；项目经理部建立成本管理体系；项目经理部各项费用指标进行分解以确定各个部门的成本控制指标；加强成本的过程控制。

1）加强施工任务单和限额领料单的管理，特别是要做好每一个分部分项工程完成后的验收（包括实际工程量的验收和工作内容、工程质量、文明施工的验收），以及实耗人工、实耗材料的数量核对，以保证施工任务单和限额领料单的结算资料绝对正确，为成本控制提供真实可靠的数据。

2）将施工任务单和限额领料单的结算资料与施工预算进行核对，计算分部分项工程的成本差异，分析差异产生的原因，并采取有效的纠偏措施。

3）做好月度成本原始资料的收集和整理，正确计算月度成本，分析月度预算成本与实际成本的差异。对于一般的成本差异要在充分注意不利差异的基础上，认真分析有利差异产生的原因，以防对后续作业成本产生不利影响或因质量低劣而造成返工损失；对于盈亏比例异常的现象，则要特别重视，并在查明原因的基础上，采取果断措施，尽快加以纠正。

4）在月度成本核算的基础上，实行责任成本核算。也就是利用原有会计核算的资料，重新按责任部门或责任者归集成本费用，每月结算一次，并与责任成本进行对比，由责任部门或责任者自行分析成本差异和产生差异的原因，自行采取措施纠正差异，为全面实现责任成本创造条件。

5）经常检查对外经济合同的履约情况，为顺利施工提供物质保证。如遇拖期或质量不符合要求时，应根据合同规定向对方索赔；对缺乏履约能力的分包商或供应商，要采取断然措施，立即中止合同，并另找可靠的合作伙伴，以免影响施工，造成经济损失。

6）定期检查各责任部门和责任者的成本控制情况，检查成本控制责、权、利的落实情况（一般为每月一次）。发现成本差异偏高或偏低的情况，应会同责任部门或责任者分析产生差异的原因，并督促他们采取相应的对策来纠正差异；如有因责、权、利不到位而影响成本控制工作的情况，应针对责、权、利不到位的原因，调整有关各方的关系，落实责、权、利相结合的原则，使成本控制工作得以顺利进行。

（3）竣工验收阶段的成本控制

1）精心安排，干净利落地完成工程竣工扫尾工作。从现实情况看，很多工程一到竣工扫尾阶段，就把主要施工力量抽调到其他在建工程上，以致扫尾工作拖拖拉拉，战线拉得很长，机械、设备无法转移，成本费用照常发生，使在建阶段取得的经济效益逐步流失。因此，一定要精心安排，把竣工扫尾时间缩短到最低限度。

2）重视竣工验收工作，顺利交付使用。在验收以前，要准备好验收所需要的各种书面资料（包括竣工图）送甲方备查；对验收中甲方提出的意见，应根据设计要求和合同内容认真处理，如果涉及费用，应请甲方签证，列入工程结算。

3）及时办理工程结算。一般来说：工程结算造价 = 原施工图预算±增减账。但在施工过程中，有些按实结算的经济业务，是由财务部门直接支付的，项目预算员不掌握资料，往往在工程结算时遗漏。因此，在办理工程结算以前，要求项目预算员和成本员进行一次认真全面的核对。

4）在工程保修期间，应由项目经理指定保修工作的责任者，并责成保修责任者根据实际情况提出保修计划（包括费用计划），以此作为控制保修费用的依据。

5.7.4.4 施工项目成本控制的程序

施工项目成本控制，按照成本发生的时间可分为事前控制、事中控制和事后分析控制三个阶段，也就是成本控制循环中的设计阶段（或叫施工前期阶段）、执行阶段（或叫施工期间阶段）、考核阶段（或叫竣工验收阶段），现分别说明如下：

（1）成本的事前控制

施工项目成本的事前控制，是指工程开工前，对影响工程成本的经济活动所进行的事前规划、审核与监督。这是成本控制的开端。

成本的事前控制，大体包括：成本预测、成本决策、制定成本计划、规定消耗定额，建立和健全原始记录、计量手段和经济责任制，实行成本分级归口管理等内容。

1）成本预测

成本预测，是成本事前控制的首要步骤，它是进行成本决策和编制成本计划的基础，为选择最佳成本方案提供科学的依据。

成本预测主要包括以下几方面：

① 投标决策的成本预测。

企业在选择投标工程项目时，首先要对其成本进行预测，确定成本进行预测，确定成本数值，作为是否投标承包决策的依据。

② 编制计划前的成本预测。

成本预测的方法有多种多样，一般有定性分析法和定量分析法。

2）参与决策

参与决策是根据成本资料对施工经营活动进行经济效益的分析、比较，然后参与对最优方案的抉择。参与决策时，应有全局观点，不仅要注意微观经济效益，而且要注意宏观的经济效益。

3）编制成本计划

在确定最优方案以后，就应编制成本计划。它是成本编制的目标和依据。为了更好地进行成本控制，还应把成本计划中有关经济指标和费用计划，进行层层分解，落实到各部门各施工队组或个人，实行归口分级管理。

(2) 成本的事中控制

工程成本的事中控制，是对于工程成本形成全过程的控制，也叫“过程控制”。成本的事中控制，属于成本控制的第二阶段。在这一阶段，成本管理人员需要严格地按照费用计划和各项消耗定额，对一切施工费用进行经常审核，把可能导致损失或浪费的苗头，消灭在萌芽状态之中；而且随时运用成本核算信息进行分析研究，把偏离目标的差异，及时反馈给责任单位和个人，以便及时采取有效措施，纠正偏差，使成本控制在预定的目标之内。

成本事中控制的内容，主要包括以下几方面：

1）费用开支的控制

对费用开支的控制，一方面要按计划开支，从金额上严格控制，不得随意突破。另一方面要检查各项费用开支是否符合国家的规定，严防违法乱纪事件的发生。

2）人工耗费的控制

对人工耗费的控制，主要是控制定员、定额、出勤率、工时利用率、劳动生产率等方面的情况，及时发现并解决停工、窝工等问题。

3）劳动资料的控制

对劳动资料的控制，主要控制施工机械、生产设备和运输工具的合理利用，提高利用率，严格执行维修和保养、保全制度。

4）材料耗费的控制

对材料的耗费，要着重从材料采购、验收入库、领用、退料等方面进行控制，严格手续制度，实行定额领料，加强施工现场管理，及时发现和解决采购不合理、领发无手续、用料不节约、现场混乱丢失浪费等问题。

(3) 成本的事后分析控制

成本的事后分析控制，是指在某项工程任务完成时（或某个报告期末），对成本计划的执行情况进行检查分析。它是成本控制的第三阶段。目的在于对实际成本与标准（或定额）成本的偏差分析，查明差异的原因，确定经济责任的归属，借以考核责任部门和单位的业绩；对薄弱环节及可能发生的偏差，提出改进措施；并通过调整下一阶段的工程成本计划指标进行反馈控制，进一步降低成本。

事中成本控制，一般只限于一时一事的单项成本开支。对综合性的成本支出，对标准（或定额）本身不合理，在用料过程中发生的材料浪费，以及在施工过程中发生的工时浪费等等，在事中控制和事前控制中都是难以控制的，都有待于事后分析控制，加以改善。

成本的事后分析控制，一般按以下程序进行：

1）通过成本核算环节，掌握工程实际成本情况。

2）将工程实际成本与标准成本进行比较，计算成本差异，确定成本节约（或浪费）数额。

3）分析工程成本节超的原因，确定经济责任的归属。

4）针对存在问题，采取有效措施，改进成本控制工作。

5）对成本责任部门和单位进行业绩的评价和考核。

5.7.5 施工成本分析

5.7.5.1 成本分析的依据

分析的依据主要是会计核算、业务核算和统计核算。

（1）会计核算。资产、负债、所有者权益、营业收入、成本和利润是会计的六要素指标，通过设置账户、复式记账、填制和审核凭证、等级账簿、成本计算、财产清查和编制会计报表等一系列有组织有系统的方法，进行会计来核算的。会计记录具有连续性、系统性、综合性特点，是对已发生的经济活动进行核算，属于价值核算。

（2）业务核算包括原始记录和计算登记表。不但可以对已经发生的，还可以对尚未发生或正在发生的经济活动进行核算，只要看其是否可以做、是否有经济效果，随时都可以，特点是对个别的经济业务进行单项核算。说明他的核算范围比会计、统计核算要广。

（3）统计核算是利用会计核算和业务核算资料按统计方法加以系统整理，表明其规律性。计量尺度比会计宽，可以用货币计算，也可以用实物或劳动量计量。不仅能提供绝对数指标，还能提供相对数和平均数指标；可以计算当前实际水平确定变动速率，还可以预测发展趋势，但核算的都是已经发生的经济活动。

5.7.5.2 成本分析的方法

基本方法有比较法、因素分析法、差额计算法、比率法等。

（1）比较法通常有以下三种形式：

实际指标与目标指标的对比，可以分析影响目标完成的积极因素和消极因素，以便及时采取措施；

本期实际指标与上期实际指标对比，可以看出各项技术经济指标的变动情况，反映施工管理水平的提高程度；

与本行业平均水平和先进水平对比，反映项目的技术管理和经济管理与行业的平均水平和先进水平的差距，进而采取措施赶超先进水平。

（2）因素分析法又称连环置换法。首先确定分析对象由哪几个影响因素组成，并按先实物量后价值量、先绝对值后相对值的顺序排列依次进行替换计算，比较前后两次计算结果的差异来分析对成本的影响程度。各因素的影响程度之和应与分析对象的总差异相等。

确定分析对象，并计算出实际与目标数的差异；

确定差异指标的影响因素，并对其进行排序：先实物量、后价值量，先绝对值、后相对值。

（3）比率法常用的有：

相关比率法——主要是将两个性质不同而又相关的指标加以对比，求出比率，并以此考察经营结果的好坏；

构成比率法（比重分析法或结构对比分析法）——可以考察成本总量的构成情况及各成本项目占成本总量的比重，可以看出量本利比例法——预算成本、实际成本和降低成本之间的比例关系。

动态比率法（基期指数和环比指数）——是将同类指标不同时期的数值进行对比，求出比率，以分析该项目指标的发展方向和发展速度。

（4）综合成本分析法主要有分部分项工程成本分析、月（季）度成本分析、年度成本分析和竣工成本的综合分析。

（5）分部分项工程成本分析对象是已完分部分项工程，进行预算成本（投标报价成本）、目标成本（施工预算）和实际成本（施工任务单的实际工程量、实耗人工和限额领料单的实耗材料）的“三算”对比。

主要针对主要分部分项工程，从开工到竣工进行系统的成本分析。

月（季）度成本分析是施工项目定期的、经常性的中间成本分析。

年度成本分析依据是年度成本报表，这是企业成本核算要求的。而项目成本则以项目的寿命周期为结算期，要求从开工到竣工到保修期结束连续计算，最后结算出成本总量和盈亏。

单位工程竣工成本分析包括竣工成本分析、主要资源节超对比分析、主要技术节约措施及经济效果分析。

5.8 施工安全管理

施工企业在其经营生产的活动中必须对本企业的安全生产负全面责任。企业的代表人是安全生产的第一负责人，项目经理是施工项目生产的主要负责人。施工企业应当具备安全生产的资质条件，取得安全生产许可证的施工企业应设立安全机构，配备合格的安全人员，提供必要的资源；要建立健全职业健康安全体系以及有关的安全生产责任制和各项安全生产规章制度。对项目要编制切合实际的安全生产计划，制定职业健康安全保障措施；实施安全教育培训制度，不断提高员工的安全意识和安全生产素质。

建设工程实行总承包的，由总承包单位对施工现场的安全生产负总责并自行完成工程主体结构的施工。分包单位应当接受总承包单位的安全生产管理，分包合同中应当明确各自的安全生产方面的权利、义务。分包单位不服从管理导致生产安全事故的，由分包单位承担主要责任，总承包和分包单位对分包工程的安全生产承担连带责任。

5.8.1 建筑施工安全管理的主要内容

（1）制定安全政策

安全政策不仅要满足法律上规定和道义上的责任，而且要最大限度地满足业主、雇员和全社会的要求。制定的安全政策目标应能保证现有的人力、物力资源的有效利用，并且减少发生经济损失和承担责任的风险。其中，加强制度建设是确保安全政策顺利实施的前提。

（2）建立、健全安全管理组织体系

一项政策的实施有赖于一个恰当的组织结构和系统去贯彻落实，一定的组织结构和系统是确保安全政策、安全目标顺利实现的前提。

（3）安全生产管理计划和实施

成功的施工单位能够有计划地、系统地落实所制定的安全政策。

计划和实施的目标是最大限度地减少施工过程中事故损失；

计划和实施的重点是使用风险管理方法，确定清除危险和规避风险的目标以及应该采取的步骤和先后顺序，建立有关标准以规范各种操作。对于必须采取的预防事故和规避风险的措施，应该预先加以计划，要尽可能通过对设备的精心选择和设计，消除或通过使用物理控制措施来减少风险。如果采取措施仍不能满足要求，就必须使用相应的工作设备和个人保护装备来控制风险。

（4）安全管理业绩考核

企业应该在制订计划时事先制订相应的评价标准，以便对实施的结果进行评价测量，以发现何时何地需要改进哪些方面的工作。标准高低代表着企业的实力和竞争水平，标准适宜既可以有效控制安全施工不产生事故损失又可以不至于使安全管理失控而难以实现安全控制目标。

企业应建立一系列自我监控技术，用于判断控制风险的措施成功与否，包括对硬件（设备和材料）、软件（人员、程序和系统，包括针对个人行为的检查与评价），还可以通过对事故及产生损失的调查和分析，总结安全控制失效的原因。

（5）安全管理业绩总结

一个项目结束，需要汇总整理项目的各项技术与管理资料，做出系统的分析与总结，用于今后工作的参考。通过企业内部的自我规范和约束，并及时与竞争对手和同行进行对比，查找不足、缺陷和差距，学习、培训掌握先进思想、理念和技术手段，不断进行改进提高，以达到持续改进这一永恒目标。

5.8.2 建筑工程施工安全管理程序

（1）确定安全管理目标

安全控制的目标是减少和消除生产过程中的事故，保证人员健康安全和财产免受损失。具体应包括：

1）减少或消除人的不安全行为的目标；

2）减少或消除设备、材料的不安全状态的目标；

3）改善生产环境和保护自然环境的目标。

（2）编制安全措施计划

工程施工安全技术措施计划是对生产过程中的不安全因素，用技术手段加以消除和控制的文件，是落实“预防为主”方针的具体体现，是进行工程项目安全控制的指导性文件。

（3）实施安全措施计划

安全技术措施计划的落实和实施包括建立健全安全生产责任制，设置安全生产设施，采用安全技术和应急措施，进行安全教育和培训，安全检查，事故处理，沟通和交流信息，通过一系列安全措施的贯彻，使生产作业的安全状况处于受控状态。

（4）安全措施计划实施结果的验证

安全技术措施计划的验证是通过施工过程中对安全技术措施计划实施情况的安全检查，纠正不符合安全技术措施计划的情况，保证安全技术措施的贯彻和实施。

（5）评价安全管理绩效并持续改进

根据安全技术措施计划的验证结果，对不适宜的安全技术措施计划进行修改、补充和完善。

5.8.3 施工安全技术措施编制的一般要求

（1）施工安全技术措施必须在工程开工前制定

施工安全技术措施是施工组织设计的重要组成部分，应在工程开工前与施工组织设计一同编制。为保证各项安全设施的落实，在工程图纸会审时，就应特别注意考虑安全施工的问题，并在开工前制定好安全技术措施，使得用于该工程的各种安全设施有较充分的时间进行采购、制作和维护等准备工作。

（2）施工安全技术措施要有全面性

按照有关法律法规的要求，在编制工程施工组织设计时，应当根据工程特点制定相应的施工安全技术措施。对于大中型工程项目、结构复杂的重点工程，除必须在施工组织设计中编制施工安全技术措施外，还应编制专项工程施工安全技术措施，详细说明有关安全方面的防护要求和措施，确保单位工程或分部分项工程的施工安全。对爆破、拆除、起重吊装、水下、基坑支护和降水、土方开挖、脚手架、模板等危险性较大的作业，必须编制专项安全施工技术方案。

（3）施工安全技术措施要有针对性

施工安全技术措施是针对每项工程的特点制定的，编制安全技术措施的技术人员必须掌握工程概况、施工方法、施工环境、条件等一手资料，并熟悉安全法规、标准等，才能制定有针对性的安全技术措施。

（4）施工安全技术措施应力求全面、具体、可靠

施工安全技术措施应把可能出现的各种不安全因素考虑周全，制定的对策措施方案应力求全面、具体、可靠，这样才能真正做到预防事故的发生。但是，全面具体不等于罗列一般通常的操作工艺、施工方法以及日常安全工作制度、安全纪律等。这些制度性规定，安全技术措施中不需要再作抄录，但必须严格执行。

对大型群体工程或一些面积大、结构复杂的重点工程，除必须在施工组织总设计中编制施工安全技术总体措施外，还应编制单位工程或分部分项工程安全技术措施，详细地制定出有关安全方面的防护要求和措施，确保该单位工程或分部分项工程的安全施工。

（5）施工安全技术措施必须包括应急预案

由于施工安全技术措施是在相应的工程施工实施之前制定的，所涉及的施工条件和危险情况大都是建立在可预测的基础上，而建设工程施工过程是开放的过程，在施工期间的

变化是经常发生的，还可能出现预测不到的突发事件或灾害（如地震、火灾、台风、洪水等）。所以，施工技术措施计划必须包括面对突发事件或紧急状态的各种应急设施、人员逃生和救援预案，以便在紧急情况下，能及时启动应急预案，减少损失，保护人员安全。

（6）施工安全技术措施要有可行性和可操作性

施工安全技术措施应能够在每个施工工序之中得到贯彻实施，既要考虑保证安全要求，又要考虑现场环境条件和施工技术条件能够做得到。

5.8.4 施工现场安全防护

《建筑法》规定，建筑施工企业应当在施工现场采取维护安全、防范危险、预防火灾等措施；有条件的，应当对施工现场实行封闭管理。施工现场对毗邻的建筑物、构筑物和特殊作业环境可能造成损害的，建筑施工企业应当采取安全防护措施。

5.8.4.1 危险部位设置安全警示标志

《建设工程安全生产管理条例》规定，施工单位应当在施工现场入口处、施工起重机械、临时用电设施、脚手架、出入通道口、楼梯口、电梯井门、孔洞口、桥梁口、隧道口、基坑边沿、爆破物及有害危险气体和液体存放处等危险部位，设置明显的安全警示标志。安全警示标志必须符合国家标准。

安全警示标志是指提醒人们注意的各种标牌、文字、符号以及灯光等，一般由安全色、几何图形和图形符号构成。如在孔洞口、桥梁口、隧道门、基坑边沿等处，设立红灯警示；在施工起重机械、临时用电设施等处设置警戒标志，并保证充足的照明等。安全警示标志应当设置于明显的地点，让作业人员和其他进入施工现场的人员易于看到。安全警示标志如果是文字，应当易于人们读懂；如果是符号，则应当易于人们理解；如果是灯光，则应当明亮显眼。安全警示标志必须符合国家标准，即《安全标志及其使用导则》GB 2894—2008。各种安全警示标志设置后，未经施工单位负责人批准，不得擅自移动或者拆除。

5.8.4.2 根据不同施工阶段等采取相应的安全施工措施

《建设工程安全生产管理条例》规定，施工单位应当根据不同施工阶段和周围环境及季节、气候的变化，在施工现场采取相应的安全施工措施。施工现场暂时停止施工的，施工单位应当做好现场防护，所需费用由责任方承担，或者按照合同约定执行。

例如。夏季要防暑降温，在特别高温的天气下，要调整施工时间、改变施工方式等；冬期要防寒防冻，防止煤气中毒，冬期施工还应专门制定保证工程质量和施工安全的安全技术措施；夜间施工应有足够的照明，在深坑、陡坡等危险地段应增设红灯标志，以防发生伤亡事故；雨期和冬期施工时，应对运输道路采取防滑措施。如加铺炉渣、砂子等，如有可能应避免在雨期、冬期和夜间施工；傍山沿河地区应制定防滑坡、防泥石流、防汛措施；大风、大雨期间应暂停施工等。

5.8.4.3 施工现场临时设施的安全卫生要求

《建设工程安全生产管理条例》规定，施工单位应当将施工现场的办公、生活区与作业区分开设置，并保持安全距离；办公、生活区的选址应当符合安全性要求，职工的膳食、饮水、休息场所等应当符合卫生标准。施工单位不得在尚未竣工的建筑物内设置员工集体宿舍。施工现场临时搭建的建筑物应当符合安全使用要求。施工现场使用的装配式活动房屋应当具有产品合格证。

5.8.4.4 对施工现场周边的安全防护措施

《建设工程安全生产管理条例》规定，施工单位对因建设工程施工可能造成损害的毗邻建筑物、构筑物和地下管线等，应当采取专项防护措施。在城市市区内的建设工程，施工单位应当对施工现场实行封闭围挡。

施工现场实行封闭管理，主要是解决“扰民”和“民扰”问题。施工现场采用密目式安全网、围墙、围栏等封闭起来，既可以防止施工中的不安全因素扩散到场外，也可以起到保护环境、美化市容、文明施工的作用，还可以防盗、防砸打损害物品等。

5.8.5 施工现场消防安全措施

5.8.5.1 火灾危险源

施工现场大都存在可燃物和火源、电源，稍有不慎就会发生火灾。为此，要制定严格的用火用电制度。

（1）禁止在具有火灾、爆炸危险的场所使用明火，包括焊接、切割、热处理、烘烤、熬炼等明火作业，也包括炉灶及灼热的炉体、烟筒、电热器以及吸烟、明火取暖、明火照明等，

（2）不得擅自降低消防技术标准施工，不能使用防火性能不符合国家标准的建筑构件、材料包括装饰装修材料施工等。

5.8.5.2 设置消防通道、消防水源，配备消防设施和灭火器材

（1）消防通道，是指供消防人员和消防车辆等消防装备进入施工现场能够通行的道路，消防通道应当保证道路的宽度、限高和道路的设置，满足消防车通行和灭火作业需要的基本要求。

（2）消防水源，是指市政消火栓、天然水源取水设施、消防蓄水池和消防供水管网等消防供水设施。消防供水设施应当保证设施数量、水量、水压等满足灭火需要，保证消防车到达火场后能够就近利用消防供水设施，及时扑救火灾，控制火势蔓延的基本要求。

（3）消防设施，一般是指固定的消防系统和设备，如火灾自动报警系统、各类自动灭火系统、消火栓、防火门等。

（4）消防器材，是指可移动的灭火器材、自救逃生器材，如灭火器、防烟面罩、缓降器等。

对于消防设施和器材应当定期组织检验、维修，确保其完好、有效，以发挥预防火灾和扑灭初期火灾的作用。

5.8.5.3 在施工现场入口处设置明显消防安全标志

消防安全标志，是指用以表达与消防有关的安全信息的图形符号或者文字标志，包括火灾报警和手动控制标志、火灾时疏散途径标志、灭火设备标志、具有火灾爆炸危险的物质或场所标志等。消防安全标志应当按照《消防安全标志设置要求》GB 15630—1995、《消防安全标志　第1部分：标志》GB 13495.1—2015设置。

5.9 施工资源与现场管理

施工项目资源主要是指投入施工项目的劳动力、材料、机械设备、技术和资金等

要素。

5.9.1 施工资源管理的任务和内容

5.9.1.1 施工项目资源管理的内容

（1）劳动力

当前，我国在建筑业企业中设置劳务分包企业序列，施工总承包企业和专业承包企业的作业人员按合同由劳务分包公司提供。劳动力管理主要依靠劳务分包公司，项目经理部协助管理。施工项目中的劳动力，关键在使用，使用的关键在提高效率，提高效率的关键是如何调动职工的积极性，调动积极性的最好办法是加强思想政治工作和利用行为科学，从劳动力个人的需要与行为的关系的观点出发，进行恰当的激励。

（2）材料

建筑材料按在生产中的作用可分为主要材料、辅助材料和其他材料。其中主要材料指在施工中被直接加工，构成工程实体的各种材料，如钢材、水泥、木材、砂、石等。辅助材料指在施工中有助于产品的形成，但不构成实体的材料，如促凝剂、脱模剂、润滑物等。其他材料指不构成工程实体，但又是施工中必需的材料，如燃料、油料、砂纸、棉纱等。另外，还有周转材料（如脚手架材、模板材等）、工具、预制构配件、机械零配件等。建筑材料还可以按其自然属性分类，包括金属材料、硅酸盐材料、电器材料、化工材料等。施工项目材料管理的重点在现场、使用、节约和核算。

（3）机械设备

施工项目的机械设备，主要是指作为大型工具使用的大、中、小型机械，既是固定资产，又是劳动手段。施工项目机械设备管理的环节包括选择、使用、保养、维修、改造、更新。其关键在使用，使用的关键是提高机械效率，提高机械效率必须提高利用率和完好率。利用率的提高靠人，完好率的提高在于保养与维修。

（4）技术

施工项目技术管理，是对各项技术工作要素和技术活动过程的管理。技术工作要素包括技术人才、技术装备、技术规程、技术资料等。技术活动过程指技术计划、技术运用、技术评价等。技术作用的发挥，除决定于技术本身的水平外，极大程度上还依赖于技术管理水平。没有完善的技术管理，先进的技术是难以发挥作用的。

施工项目技术管理的任务有四项：

1）正确贯彻国家和行政主管部门的技术政策，贯彻上级对技术工作的指示与决定；

2）研究、认识和利用技术规律，科学地组织各项技术工作，充分发挥技术的作用；

3）确立正常的生产技术秩序，进行文明施工，以技术保证工程质量；

4）努力提高技术工作的经济效果，使技术与经济有机地结合。

（5）资金

施工项目的资金，是一种特殊的资源，是获取其他资源的基础，是所有项目活动的基础。资金管理主要有以下环节：编制资金计划，筹集资金，投入资金（施工项目经理部收入），资金使用（支出），资金核算与分析。施工项目资金管理的重点是收入与支出问题，收支之差涉及核算、筹资、贷款、利息、利润、税收等问题。

5.9.1.2 施工资源管理的任务

（1）确定资源类型及数量

具体包括：①确定项目施工所需的各层次管理人员和各工种工人的数量；②确定项目施工所需的各种物资资源的品种、类型、规格和相应的数量；③确定项目施工所需的各种施工设施的定量需求；④确定项目施工所需的各种来源的资金的数量。

（2）确定资源的分配计划

包括编制人员需求分配计划、编制物资需求分配计划、编制施工设备和设施需求分配计划、编制资金需求分配计划。在各项计划中，明确各种施工资源的需求在时间上的分配，以及在相应的子项目或工程部位上的分配。

（3）编制资源进度计划

资源进度计划是资源按时间的供应计划，应视项目对施工资源的需用情况和施工资源的供应条件而确定编制哪种资源进度计划。编制资源进度计划能合理地考虑施工资源的运用，这将有利于提高施工质量，降低施工成本和加快施工进度。

（4）施工资源进度计划的执行和动态调整

施工项目施工资源管理不能仅停留于确定和编制上述计划，在施工开始前和在施工过程中应落实和执行所编的有关资源管理的计划，并视需要对其进行动态的调整。

5.9.2 施工现场管理的任务和内容

施工现场是指从事工程施工活动经批准占用的施工场地。它既包括红线以内占用的建筑用地和施工用地，又包括红线以外现场附近经批准占用的临时施工用地。施工现场管理就是对施工现场的人、设备、材料、工艺、资金等生产要素，进行有计划的组织、控制、协调、激励，来保证预定目标的实现。

5.9.2.1 施工现场管理的任务

建筑施工现场管理的任务，具体可以归纳为以下几点：

（1）全面完成生产计划规定的任务，含产量、产值、质量、工期、资金、成本、利润和安全等。

（2）按施工规律组织生产，优化生产要素的配置，实现高效率和高效益。

（3）搞好劳动组织和班组建设，不断提高施工现场人员的思想和技术素质。

（4）加强定额管理，降低物料和能源的消耗，减少生产储备和资金占用，不断降低生产成本。

（5）优化专业管理，建立完善管理体系，有效地控制施工现场的投入和产出。

（6）加强施工现场的标准化管理，使人流、物流高效有序。

（7）治理施工现场环境，改变“脏、乱、差”的状况，注意保护施工环境，做到施工不扰民。

5.9.2.2 施工项目现场管理的内容

（1）规划及报批施工用地

根据施工项目及建筑用地的特点科学规划，充分、合理使用施工现场场内占地；当场内空间不足时，应同发包人按规定向城市规划部门、公安交通部门申请，经批准后，方可使用场外施工临时用地。

（2）设计施工现场平面图

根据建筑总平面图、单位工程施工图、拟定的施工方案、现场地理位置和环境及政府部门的管理标准，充分考虑现场布置的科学性、合理性、可行性，设计施工总平面图、单位工程施工平面图；单位工程施工平面图应根据施工内容和分包单位的变化，设计出阶段性施工平面图，并在阶段性进度目标开始实施前，通过施工协调会议确认后实施。

（3）建立施工现场管理组织

一是项目经理全面负责施工过程中的现场管理，并建立施工项目经理部体系。二是项目经理部应由主管生产的副经理、主任工程师、生产、技术、质量、安全、保卫、消防、材料、环保、卫生等管理人员组成。三是建立施工项目现场管理规章制度、管理标准、实施措施、监督办法和奖惩制度。四是根据工程规模、技术复杂程度和施工现场的具体情况，遵循“谁生产、谁负责”的原则，建立按专业、岗位、区片划分的施工现场管理责任制，并组织实施。五是建立现场管理例会和协调制度，通过调度工作实施的动态管理，做到经常化、制度化。

（4）建立文明施工现场

一是按照国务院及地方建设行政主管部门颁布的施工现场管理法规和规章，认真管理施工现场。二是按审核批准的施工总平面图布置管理施工现场，规范场容。三是项目经理部应对施工现场场容、文明形象管理做出总体策划和部署，分包人应在项目经理部指导和协调下，按照分区划块原则做好分包人施工用地场容、文明形象管理的规划。四是经常检查施工项目现场管理的落实情况，听取社会公众、近邻单位的意见，发现问题及时处理，不留隐患，避免再度发生，并实施奖惩。五是接受政府住房城乡建设行政主管部门的考评和企业对建设工程施工现场管理的定期抽查、日常检查、考评和指导。六是加强施工现场文明建设，展示和宣传企业文化，塑造企业及项目经理部的良好形象。

（5）及时清场转移

施工结束后，应及时组织清场，向新工地转移。同时，组织剩余物资退场，拆除临时设施，清除建筑垃圾，按市容管理要求恢复临时占用土地。

5.10 施工项目的组织协调

5.10.1 施工项目组织协调概述

5.10.1.1 施工项目组织协调定义

项目组织协调是项目管理的一项重要内容。项目的组织协调是以一定的组织形式、手段和方法，对项目管理中产生的关系进行疏通，对产生的干扰和障碍予以排除的过程。组织协调可使矛盾着的各个方面居于统一体中，解决它们之间的不一致和矛盾，使系统结构均衡，使项目实施和运行过程顺利。在项目实施过程中，项目经理是协调的中心和沟通的桥梁。在整个项目实施过程中，需要解决各式各样的协调工作。例如：项目质量、进度、成本等控制目标之间的协调；项目各子系统内部、子系统之间、子系统与环境之间的协调；项目参加者之间的组织协调等。所以，协调作为一种管理方法已贯穿于整个项目管理的全过程。

在各式各样的协调中，组织协调具有独特的地位，它是其他协调有效性的保证，只有通过积极的组织协调才能实现整个系统全面协调的目的。

对于大中型项目，参加的单位非常多，形成了非常复杂的项目组织系统，由于各个参加单位有着不同的任务、目标和利益，它们都企图指导、干预项目的实施过程。项目中组织利益的冲突比企业中的各部门的利益冲突更为激烈和不易调和，项目管理者必须通过组织协调使各方面协调一致、齐心协力地工作。这就越发显示出组织协调的重要性。

5.10.1.2　施工项目组织协调的目的和意义

项目组织协调的目的是排除障碍、解决矛盾、保证项目目标的顺利实现。项目组织协调的意义如下：

(1) 通过组织协调疏通决策渠道、命令传达渠道以及信息沟通渠道，避免管理网络的梗阻或不畅，提高管理效率和组织运行效率。

(2) 通过组织协调避免和化解各利益群体、组织各层次之间、个体人之间的矛盾冲突，提高合作效率，增强凝聚力。

(3) 通过组织协调使得各层次、各部门、各个执行者之间增进了解、互相支持，共同为项目目标努力工作，确保项目目标的顺利实现。

(4) 组织协调工作质量的好坏，直接反映了一个项目组织、一个企业乃至一个行业的管理水平和整体素质，加强组织协调，可以减少甚至避免了各种不必要的内耗。既保证了企业利益，同时也促进了社会文明的总体发展。

5.10.1.3　施工项目组织协调的范围

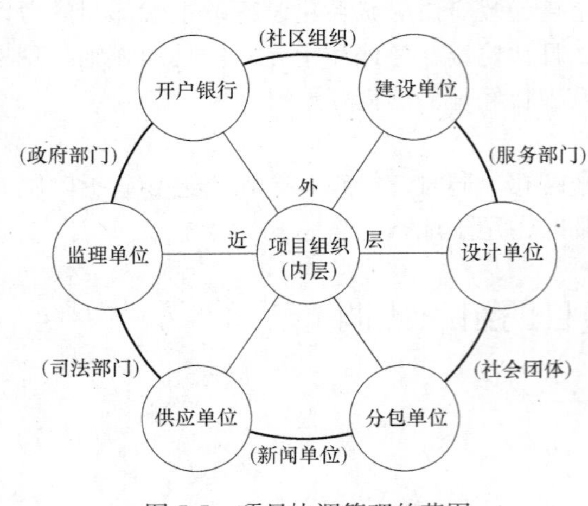

图 5-5　项目协调管理的范围

组织协调应分为内部关系的协调、近外层关系的协调和远外层关系的协调，施工项目组织协调的范围，如图 5-5 所示。

(1) 内部协调范围包括项目经理部内部关系、项目经理部与企业的关系，项目经理部与作业层的关系。

(2) 近外层关系（图 5-5）是与承包人有直接的和间接合同的关系，包括与业主，监理工程师、设计人、供应人、分包人、贷款人、保险人等关系。近外层关系的协调应作为项目管理组织协调的重点。

(3) 远外层关系（图 5-5）是与承包人虽无直接或间接合同关系，但却有着法律、法规和社会公德等约束的关系，包括承包人与政府、环保、交通、环卫、绿化、文物、消防、公安等单位的关系。

5.10.1.4　施工项目组织协调的内容

(1) 人际关系应包括施工项目组织内部的人际关系和施工项目与关联单位的人际关系。协调对象应是相关工作结合部中人与人之间在管理工作中的联系的矛盾。

(2) 组织机构关系应包括协调项目经理与企业管理层及劳务作业层之间的关系。

（3）供求关系应包括企业物资供应部门与项目经理及生产要素供需单位之间的关系。

（4）协作配合关系应包括协调近远外层关系单位的协作配合，内部各部门、上下级、管理层与作业层之间的关系。

5.10.2 施工项目内部关系的组织协调

5.10.2.1 施工项目经理部内部人际关系的协调

项目经理所领导的项目经理部是项目组织的领导核心。通常项目经理不直接控制资源和具体工作，而是由项目经理部中的职能人员具体实施控制，这就使得项目经理和职能人员之间及以各职能人员之间存在着组织协调关系。

在项目经理部内部的沟通中，项目经理起着核心作用，如何协调各职能工作，激励项目经理部成员，是项目经理的重要工作。内部人际关系的协调应依据各项制度，通过做好思想工作，加强教育培训，提高人员素质等方法来实现。因此应做到：

（1）项目经理应加强与各专业技术专家的沟通。一个施工项目由多个专业组成，项目经理不可能是一个全才，需多与各专业技术专家进行协商，从全局考虑，综合制订施工方案。

（2）建立完善的项目管理系统，明确划分各自的工作职责，设计比较完善的管理工作流程，明确规定项目中正式沟通的方式、渠道和时间，使大家按程序、按规则办事。

（3）项目经理应注意从心理学、行为科学的角度去激励员工，充分调动员工的积极性，多倾听他们的意见、建议，鼓励他们提出建议、质疑、设想，建立互相信任、和谐的工作气氛。

（4）建立公平、公正的考评工作业绩的方法、标准，并定期客观、慎重地对成员进行业绩考评，在其中排除偶然、不可控制和不可预见等因素。对成绩显著者进行表彰，使他们有成就感，对落后者，进行鞭策，使他们尽快进步。

5.10.2.2 施工项目经理部与企业管理层关系的协调

项目经理部与企业管理层关系的协调应严格执行从“施工项目管理目标责任书”。项目经理部应接受企业有关职能部、室的指导，二者既是上下级行政关系，又是服务与服从、监督与执行的关系，也就是说企业层次生产要素的调控体系要服务于项目层次生产要素的优化配置，同时项目上生产要素的动态管理要服从于企业主管部门的宏观调控。企业要对项目管理全过程进行必要的监督调控。项目经理部则要按照与企业签订的责任状，尽职尽责、全力以赴地抓好项目的具体实施。在经济往来上，根据企业法定代表人与项目经理签订的“施工项目管理目标责任书”严格履约、按实结算，建立双方平等的经济责任关系；在业务管理上，项目经理部作为企业内部项目的管理层，接受企业职能部、室的业务指导和服务。一切统计报表，包括技术、质量、预算、定额、工资、外包队的使用计划及各种资料都要按系统管理和有关规定准时报送主管部门。其主要业务管理关系如下：

（1）计划统计。项目管理的全过程、目标管理与经济活动，必须纳入计划管理。项目经理部除每月（季）度向企业报送施工统计报表外，还要根据企业法人与项目经理签订的“项目管理目标责任书”所定工期，编制单位工程总进度计划、物资计划、财务收支计划。坚持月计划、旬安排、日检查制度。

（2）财务核算。项目经理部作为公司内部一个相对独立的核算单位，负责整个项目的财务收支和成本核算工作。整个工程施工过程中不论项目经理部班子成员如何变动，其财务系统管理和成本核算责任不变。

（3）材料供应。工程项目所需三大主材、辅材、钢木门窗及构配件、机电设备，由项目经理部按单位工程用料计划报公司供应，公司实行加工采购供应服务一条龙。凡是供应到现场的各类物资必须在项目经理部调配下统一建库、统一保管、统一发放、统一加工，按规定结算。

（4）周转料具供应。工程所需机械设备及周转材料，由项目经理部上报计划，公司组织供应。设备进入工地后由项目经理部统一管理调配。

（5）预算及经济洽商签证。预算合同经营管理部门负责项目全部设计预算的编制和报批，选聘到项目经理部工作的预算人员负责所有工程施工预算的编制，包括经济洽商签证和增减账预算的编制报批。各类经济洽商签证要分别送公司预算管理部门、项目经理部和作业队存档，以作为审批和结算增收的依据。

（6）质量、安全、行政管理、测试计量等工作，均通过业务系统管理，实行从决策到贯彻实施、从检测控制到信息反馈进行全过程的监控、检查、考核、评比和严格管理。

（7）项目经理部与水电、运输、吊装分公司之间的关系，是总包与分包之间的关系。在公司协调下，通过合同明确总分包关系，各专业服从项目经理的安排和调配，为项目经理部提供专业施工服务，并就工期、服务态度、服务质量等签订分包合同。

5.10.2.3 施工项目经理部内部供求关系的协调

项目经理部进行内部供求关系的协调应做好以下工作：

（1）做好供求计划的编制平衡，并认真执行计划。供求关系不畅或供求失调，将直接影响项目的实施进度和技术质量，影响项目总体目标的实现。因此，为了确保供求关系的和谐，首先要求供应部门根据实际需求认真编制供应计划，提前做好采购和准备工作；使用部门也应及时与供应部门联系，协助部门做好计划，并提前予以提示。在计划实施过程中，供求双方首先应该严格执行计划，如果遇到实际需求与供应计划出现偏差的问题，则应以项目管理的总目标和供需合同为原则认真做好使用平衡工作，确保目标不受影响。同时应积极准备或积极处理，尽快纠正偏差。项目经理部与作业层供求关系的协调应依靠履行劳务合同及执行“施工项目管理实施规划”。

（2）充分发挥调度系统和计度人员的作用，加强调度工作，排除障碍。调度人员应了解使用环节的必需性和可缓性，认真分析施工作业的关键因素，提前做好预测，及时准备。另外，调度人员也应充分了解市场，预测市场的波动，对计划供求的资源提前做好准备，如果由企业内部市场供应则应提前与管理部门联系做好准备。

5.10.3 施工项目经理部与近外层关系的协调

5.10.3.1 施工项目经理部与业主之间的协调

业主代表项目的所有者，对项目具有特殊的权力，而项目经理为业主管理项目，必须服从业主的决策、指令和对工程项目的干预，项目经理的最重要的职责是保证业主满意。要取得项目的成功，必须获得业主的支持。

（1）项目经理首先要理解总目标、理解业主的意图、反复阅读合同或项目任务文件。对于未能参加项目决策过程的项目经理，必须了解项目构思的基础、起因、出发点，了解目标设计和决策背景。否则可能对目标及完成任务有不完整的、甚至无效的理解，会给他的工作造成很大的困难。如果项目管理和实施状况与最高管理层或业主的预期要求不同，业主将会干预，将要改正这种状态。所以项目经理必须花很大气力来研究业主，研究项目目标。

（2）让业主一起投入项目全过程，而不仅仅是给他一个结果（竣工的工程）。尽管有预定的目标，但项目实施必须执行业主的指令，使业主满意。而业主通常是其他专业或领域的人，可能对项目懂得很少。许多项目管理者常常抱怨“业主什么也不懂，还瞎指挥、乱干预”。这确实令项目管理者十分费神，但这并不完全是业主的责任，很大一部分是项目管理者的责任。解决这个问题比较好的办法是：

1）使业主理解项目和项目实施的过程，向他解释说明，减少他的非程序干预和越级指挥。特别应防止业主的内部其他部门人员随便干预和指令项目，或将业主内部矛盾、冲突带入到项目中。培养业主成为工程管理专家，让他一齐投入项目实施过程，使他理解项目和项目的实施过程，学会项目管理方法，以减少非程序干预和越级指挥。

许多人不希望业主过多地介入项目，实质上这是不可能的。一方面项目管理者无法也无权拒绝业主的干预；另一方面业主介入也并非是一件坏事。业主对项目过程的参与能加深对项目过程和困难的认识，使用权决策更为科学和符合实际，同时能使他有成就感，他能积极地为项目提供帮助，特别当项目与上层系统产生矛盾和争执时，应充分利用业主去解决问题。

2）项目做出决策安排时要考虑到业主的期望、习惯和价值观念，说出他想要说的话，经常了解业主所面临的压力，以及业主对项目关注的焦点。

3）尊重业主，随时向业主报告情况。在业主作决策时，向他提供充分的信息，让他了解项目的全貌、项目实施状况、方案的利弊得失及对目标的影响。

4）加强计划性和预见性，让业主了解承包商、了解他自己非程序干预的后果。

业主和项目管理者双方理解得越深，双方期望越清楚，则争执越少。否则业主就会成为一个干扰因素，从而导致项目管理者的失败。

（3）业主在委托项目管理任务后，应将项目前期策划和决策过程向项目经理作全面的说明和解释，提供详细的资料。

国际项目管理经验证明，在项目运行过程中，项目管理者越早进入项目，项目实施越顺利。如果条件允许，最好能让他参与目标设计和决策过程，在项目整个过程中应保持项目经理的稳定性和连续性。

（4）项目经理有时会遇到业主所属的其他部门或合资各方同时来指导项目的情况，这是非常棘手的。项目经理应很好地倾听这些人的忠告，对他们作耐心的解释和说明，但不应当让他们直接指导实施和指挥项目组织成员。否则，会有严重损害整个工程实施效果的危险。

总之，项目经理部与业主之间的关系协调应贯穿于施工项目管理的全过程。协调的目的是搞好协作，协调的方法是执行合同，协调的重点是资金问题、质量问题和进度问题。项目经理部在施工准备阶段应要求业主按规定的时间履行合同约定的责任，保证工程顺利开展。项目经理部应在规定的时间内承担约定的责任，为开工之后连续施工创造条件。项目经理部应及时向业主提供有关的生产计划、统计资料、工程事故报告等，业主应按规定时间向项目经理部提供技术资料。

5.10.3.2　施工项目经理部与监理单位关系的协调

项目经理部应及时向监理机构提供有关生产计划、统计资料、工程事故报告等，应按《建设工程监理规范》GB/T 50319—2013的规定和施工合同的要求，接受监理单位的监督和管理，搞好协作配合。项目经理部应充分了解监理工作的性质、原则，尊重监理人员，对其工作积极配合。在合作过程中，项目经理部应注意现场签证工作，遇到设计变更、材料改变或特殊工艺以及隐蔽工程等应及时得到监理人员的认可，并形成书面材料，尽量减少与监理人员的摩擦。项目经理部应严格地组织施工，避免在施工中出现敏感问题。一旦与监理意见不一致时，双方应以进一步合作为前提，在相互理解、相互配合的原则下进行协商，项目经理部应尊重监理人员或监理机构的最后决定。

5.10.3.3　施工项目经理部与设计单位关系的协调

项目经理部应在设计交底、图纸会审、设计洽商、变更、地基处理、隐蔽工程验收和交工验收等环节中与设计单位密切配合，同时接受业主和监理工程师对双方的协调。项目经理部应注重与设计单位的沟通，对设计中存在的问题应主动与设计单位磋商，积极支持设计单位的工作，同时也争取设计单位的支持。项目经理部在设计交底和图纸会审工作中应与设计单位进行深层次交流，准确把握设计，对设计与施工不吻合或设计中的隐含问题应及时予以澄清和落实。对于一些争议性问题，应巧妙地利用业主和监理工程师的职能，避免正面冲突。

5.10.3.4　施工项目经理部与材料供应人关系的协调

项目经理部与材料供应人应依据供应合同，充分利用价格机制、竞争机制和供求机制搞好协作配合。项目经理部应在“施工项目管理实施规划”的指导下，做好材料需求计划，并认真进行调查市场，在确保材料质量和供应的前提下选择供应人。为了保证双方的顺利合作，项目经理部应与材料供应人签订供应合同，并力争使得供应合同具体、明确。为了减少资源采购风险，提高资源利用效率，供应合同应就供应数量、规格、质量、时间和配套服务等事项进行明确。项目经理部应有效利用价格机制和竞争机制与材料供应人建立可靠的供求关系，确保材料质量和使用服务。

5.10.3.5　施工项目经理部与分包人关系的协调

项目经理部与分包人关系的协调应按分包合同执行，正确处理技术关系、经济关系；正确处理项目进度控制、项目质量控制、项目安全控制、项目成本控制、项目生产要素管理和现场管理中的协作关系。项目经理部还应对分包单位的工作进行监督和支持。项目经理部应加强与分包人的沟通，及时了解分包人的情况，发现问题及时处理，并应以平等的合同双方的关系支持分包人的活动，同时加强监管力度，避免问题的复杂化和扩大化。

5.10.4　施工项目经理部与远外层关系的组织协调

项目经理部与远外层关系的组织协调应通过加强计划性和通过业主或监理工程师进行协调。项目经理部与外远外层相关部门不存在合同关系，与远外层关系的协调主要应以公共原则为主，在确保自己工作合法性的基础上，公平、公正地处理工作关系，提高工作效率。与远外层关系进行协调时应注意做好以下各项工作：

（1）项目经理部应要求作业队伍到建设行政主管部门办理分包队伍施工许可证，到劳动管理部门办理劳务人员就业证。

（2）隶属于项目经理部的安全监察部门应办理企业安全资格认可证、安全施工许可证、项目经理安全生产资格证等手续。

（3）隶属于项目经理部的安全保卫部门应办理施工现场消防安全资格认可证；到交通管理部门办理通行证。

（4）项目经理部应到当地户籍管理部门办理劳务人员的暂住手续。

（5）项目经理部应到当地城市管理部门办理街道临建审批手续。

（6）项目经理部应到当地政府质量监督管理部门办理建设工程质量监督手续。

（7）项目经理部应到市容监察部门审批运输不遗洒、污水不外流、垃圾清运、场容与场貌达标的保证措施方案和通行路线图。

（8）项目经理部应配合环保部门做好施工现场的噪音检测工作，及时报送有关厕所、化粪池、道路等的现场平面布置图、管理措施及方案。

（9）项目经理部因建设需要砍伐树木时必须提出申请，报市园林主管部门审批。

（10）现有城市公共绿地和城市总体规划中确定的城市绿地及道路两侧的绿化带，如有特殊原因确需临时占用时，需经城市园林部门、城市规划管理部门及公安部门同意并报当地政府批准。

（11）大型项目施工或者在文物较密集地区进行施工，项目经理部应事先与省、市文物部门联系，在施工范围内有可能埋藏文物的地方进行文物调查或者勘探工作，若发现文物，应共同商定处理办法。在开挖基坑、管沟或其他挖掘中，如果发现古墓葬、古遗址或其他文物，应立即停止作业，保护好现场，并立即报告当地政府文物管理机关。

（12）项目经理部持建设项目批准文件、地形图、建筑总平面图、用电量资料等到城市供电部门办理施工用电报装手续。委托供电部门进行方案设计的应办理书面委托手续。

（13）供电方案经城市规划管理部门批准后即可进行供电施工设计。外部供电图一般由供电部门设计，内部供电设计主要指变配电室和控制室的设计，既可由供电部门设计，也可由具备资格的设计人设计，并报供电管理部门审批。

（14）项目经理部在建设地点确定并对项目的用水量进行计算后，即应委托自来水管理部门进行供水方案设计，同时应提供项目批准文件、标明建筑红线和建筑物位置的地形图、建设地点周围自来水管网情况、建设项目的用水量等资料。

（15）自来水供水方案经城市规划管理部门审查通过后，应在自来水管理部门办理报装手续，并委托其进行相关的施工图设计。同时应准备建设用地许可证、地形图、总平面图、钉桩坐标成果通知单、施工许可证、供水方案批准文件等资料。由其他设计人员进行的自来水工程施工图设计，应送自来水管理部门审查批准。

5.11 合同管理

5.11.1 合同的谈判与签约

5.11.1.1 合同订立的程序

与其他合同的订立程序相同，建设工程合同的订立也要采取要约和承诺方式。根据

《招标投标法》对招标、投标的规定，招标、投标、中标的过程实质就是要约、承诺的一种具体方式。招标人通过媒体发布招标公告，或向符合条件的投标人发出招标文件，为要约邀请；投标人根据招标文件内容在约定的期限内向招标人提交投标文件，为要约；招标人通过评标确定中标人，发出中标通知书，为承诺；招标人和中标人按照中标通知书、招标文件和中标人的投标文件等订立书面合同时，合同成立并生效。

建设工程施工合同的订立往往要经历一个较长的过程。在明确中标人并发出中标通知书后，双方即可就建设工程施工合同的具体内容和有关条款展开谈判，直到最终签订合同。

5.11.1.2 建设工程施工承包合同谈判的主要内容

(1) 关于工程内容和范围的确认

招标人和中标人可就招标文件中的某些具体工作内容进行讨论，修改、明确或细化，从而确定工程承包的具体内容和范围。在谈判中双方达成一致的内容，包括在谈判讨论中经双方确认的工程内容和范围方面的修改或调整，应以文字方式确定下来，并以“合同补遗”或“会议纪要”方式作为合同附件，并明确它是构成合同的一部分。

对于为监理工程师提供的建筑物、家具、车辆以及各项服务，也应逐项详细地予以明确。

(2) 关于技术要求、技术规范和施工技术方案

双方尚可对技术要求、技术规范和施工技术方案等进行进一步讨论和确认，必要的情况下甚至可以变更技术要求和施工方案。

(3) 关于合同价格条款

依据计价方式的不同，建设工程施工合同可以分为总价合同、单价合同和成本加酬金合同。一般在招标文件中就会明确规定合同将采用什么计价方式，在合同谈判阶段往往没有讨论的余地。但在可能的情况下，中标人在谈判过程中仍然可以提出降低风险的改进方案。

(4) 关于价格调整条款

对于工期较长的建设工程，容易遭受货币贬值或通货膨胀等因素的影响，可能给承包人造成较大损失。价格调整条款可以比较公正地解决这一承包人无法控制的风险损失。

无论是单价合同还是总价合同，都可以确定价格调整条款，即是否调整以及如何调整等。可以说，合同计价方式以及价格调整方式共同确定了工程承包合同的实际价格，直接影响着承包人的经济利益。在建设工程实践中，由于各种原因导致费用增加的概率远远大于费用减少的几率，有时最终的合同价格调整金额会很大，远远超过原定的合同总价，因此承包人在投标过程中，尤其是在合同谈判阶段务必对合同的价格调整条款予以充分的重视。

(5) 关于合同款支付方式的条款

建设工程施工合同的付款分四个阶段进行，即预付款、工程进度款、最终付款和退还保留金。关于支付时间、支付方式、支付条件和支付审批程序等有很多种可能的选择，并且可能对承包人的成本、进度等产生比较大的影响，因此，合同支付方式的有关条款是谈判的重要方面。

(6) 关于工期和维修期

中标人与招标人可根据招标文件中要求的工期，或者根据投标人在投标文件中承诺的工期，并考虑工程范围和工程量的变动而产生的影响来商定一个确定的工期。同时，还要明确开了日期、竣工日期等。双方可根据各自的项目准备情况、季节和施工环境因素等条件洽商适当的开工时间。

对于具有较多的单项工程的建设工程项目，可在合同中明确允许分部位或分批提交业主验收（例如成批的房屋建筑工程应允许分栋验收；分多段的公路维修工程应允许分段验收；分多片的大型灌溉工程应允许分片验收等），并从该批验收时起开始计算该部分的维修期，以缩短承包人的责任期限，最大限度保障自己的利益。

双方应通过谈判明确，由于工程变更（业主在工程实施中增减工程或改变设计等）、恶劣的气候影响，以及种种“作为一个有经验的承包人无法预料的工程施工条件的变化”等原因对工期产生不利影响时的解决办法，通常在上述情况下应该给予承包人要求合理延长工期的权利。

合同文本中应当对维修工程的范围、维修责任及维修期的开始和结束时间有明确的规定，承包人应该只承担由于材料和施工方法及操作工艺等不符合合同规定而产生的缺陷。

承包人应力争以维修保函来代替业主扣留的保留金。与保留金相比，维修保函对承包人有利，主要是因为可提前取回被扣留的现金，而且保函是有时效的，期满将自动作废。同时，它对业主并无风险，真正发生维修费用，业主可凭保函向银行索回款项。因此，这一做法是比较公平的。维修期满后，承包人应及时从业主处撤回保函。

（7）合同条件中其他特殊条款的完善

主要包括：关于合同图纸；关于违约罚金和工期提前奖金；工程量验收以及衔接工序和隐蔽工程施工的验收程序；关于施工占地；关于向承包人移交施工现场和基础资料；关于工程交付；预付款保函的自动减额条款；等等。

5.11.1.3　建设工程施工承包合同最后文本的确定和合同签订

（1）合同风险评估

在签订合同之前，承包人应对合同的合法性、完备性、合同双方的责任、权益以及合同风险进行评审、认定和评价。

（2）合同文件内容

建设工程施工承包合同文件构成：合同协议书；工程量及价格；合同条件，包括合同一般条件和合同特殊条件；投标文件；合同技术条件（含图纸）；中标通知书；双方代表共同签署的合同补遗（有时也以合同谈判会议纪要形式）；招标文件；其他双方认为应该作为合同组成部分的文件，如：投标阶段业主要求投标人澄清问题的函件和承包人所做的文字答复，双方往来函件等。

对所有在招标投标及谈判前后各方发出的文件、文字说明、解释性资料进行清理。对凡是与上述合同构成内容有矛盾的文件，应宣布作废。可以在双方签署的“合同补遗”中，对此作出排除性质的声明。

（3）关于合同协议的补遗

在合同谈判阶段双方谈判的结果一般以“合同补遗”的形式，有时也可以以“合同谈判纪要”形式，形成书面文件。

同时应该注意的是，建设工程施工承包合同必须遵守法律。对于违反法律的条款，即使由合同双方达成协议并签了字，也不受法律保障。

（4）签订合同

双方在合同谈判结束后，应按上述内容和形式形成一个完整的合同文本草案，经双方代表认可后形成正式文件。双方核对无误后，由双方代表草签，至此合同谈判阶段即告结束。此时，承包人应及时准备和递交履约保函，准备正式签署施工承包合同。

5.11.2 常见合同内容

5.11.2.1 施工承包与采购合同内容

国家发展改革委等九部委联合编制了《标准施工招标资格预审文件》和《标准施工招标文件》自2008年5月1日起试行。最大的区别在于其取消了“工程师”，而在专用条款中明确“监理人”的身份和职权，是受发包人委托对合同履行实施管理的法人或其他组织，即监理单位委派的总监理工程师或发包人指定的履行合同的代表。

施工承包合同文件

（1）各种施工合同示范文本一般都由以下3部分组成：协议书；通用条款；专用条款。

（2）构成施工合同文件的组成部分，除了协议书、通用条款和专用条款以外，一般还应该包括：中标通知书、投标书及其附件、有关的标准、规范及技术文件、图纸、工程量清单、工程报价单或预算书等。

（3）作为施工合同文件组成部分的上述各个文件，其优先顺序是不同的，解释合同文件优先顺序的规定一般在合同通用条款内，可以根据项目的具体情况在专用条款内进行调整。原则上应把文件签署日期在后的和内容重要的排在前面，即更加优先。以下是合同通用条款规定的优先顺序：

1）协议书（包括补充协议）；

2）中标通知书；

3）投标书及其附件；

4）专用合同条款；

5）通用合同条款；

6）有关的标准、规范及技术文件；

7）图纸；

8）工程量清单；

9）工程报价单或预算书等。

发包人在编制招标文件时，可以根据具体情况规定优先顺序。

（4）各种施工合同示范文本的内容一般包括：

1）词语定义与解释；

2）合同双方的一般权利和义务，包括代表业主利益进行监督管理的监理人员的权力和职责；

3）工程施工的进度控制；

4）工程施工的质量控制；

5）工程施工的费用控制；

6）施工合同的监督与管理；

7）工程施工的信息管理；

8）工程施工的组织与协调；

9）施工安全管理与风险管理等。

5.11.2.2　施工承包合同中发包方的责任与义务

（1）提供具备施工条件的施工现场和施工用地。

（2）提供其他施工条件，包括将施工所需水、电、通信线路从施工场地外部接至专用条款约定地点，并保证施工期间的需要，开通施工场地与城乡公共道路的通道，以及专用条款约定的施工场地内的主要道路，满足施工运输的需要，保证施工期间的畅通。

（3）提供有关水文地质勘探资料和地下管线资料，提供现场测量基准点、基准线和水准点及有关资料，以书面形式交给承包人，并进行现场交验，提供图纸等其他与合同工程有关的资料。

（4）办理施工许可证及其他施工所需证件、批件和临时用地、停水、停电、中断道路交通、爆破作业等的申请批准手续（证明承包人自身资质的证件除外）。

（5）协调处理施工场地周围地下管线和邻近建筑物、构筑物（包括文物保护建筑）、古树名木的保护工作、承担有关费用。

（6）组织承包人和设计单位进行图纸会审和设计交底。

（7）按合同规定支付合同价款。

（8）按合同规定及时向承包人提供所需指令、批准等。

（9）按合同规定主持和组织工程的验收。

5.11.2.3　施工承包合同中承包方的责任与义务

（1）根据发包人委托，在其设计资质等级和业务允许的范围内，完成施工图设计或与工程配套的设计，经工程师确认后使用，发包人承担由此发生的费用。

（2）按合同要求的质量完成施工任务。

（3）按合同要求的工期完成并交付工程。

（4）按专用条款约定的数量和要求，向发包人提供施工场地办公和生活的房屋及设施，发包人承担由此发生的费用。

（5）遵守政府有关主管部门对施工场地交通、施工噪声以及环境保护和安全生产等的管理规定，按规定办理有关手续，并以书面形式通知发包人，发包人承担由此发生的费用，因承包人责任造成的罚款除外。

（6）负责保修期内的工程维修。

（7）接受发包人、工程师或其代表的指令。

（8）负责工地安全，看管进场材料、设备和未交工工程。

（9）负责对分包的管理，并对分包方的行为负责。

（10）按专用条款约定做好施工场地地下管线和邻近建筑物、构筑物（包括文物保护建筑）、古树名木的保护工作。

（11）安全施工，保证施工人员的安全和健康。

（12）保持现场整洁。

（13）按时参加各种检查和验收。

5.11.3 施工合同执行过程管理

5.11.3.1 施工合同交底的任务

项目经理或合同管理人员应将各种任务或事件的责任分解，落实到具体的工作小组、人员或分包单位。合同交底的目的和任务如下：

(1) 对合同的主要内容达成一致理解；

(2) 将各种合同事件的责任分解落实到各工程小组或分包人；

(3) 将工程项目和任务分解，明确其质量和技术要求以及实施的注意要点等；

(4) 明确各项工作或各个工程的工期要求；

(5) 明确成本目标和消耗标准；

(6) 明确相关事件之间的逻辑关系；

(7) 明确各个工程小组（分包人）之间的责任界限；

(8) 明确完不成任务的影响和法律后果；

(9) 明确合同有关各方（如业主、监理工程师）的责任和义务。

5.11.3.2 施工合同跟踪

施工合同跟踪有两个方面的含义。一是承包单位的合同管理职能部门对合同执行者（项目经理部或项目参与人）的履行情况进行的跟踪、监督和检查，二是合同执行者（项目经理部或项目参与人）本身对合同计划的执行情况进行的跟踪、检查与对比。在合同实施过程中二者缺一不可。

对合同执行者而言，应该掌握合同跟踪的以下方面。

(1) 合同跟踪的依据

合同跟踪的重要依据是合同以及依据合同而编制的各种计划文件；其次还要依据各种实际工程文件如原始记录、报表、验收报告等；另外，还要依据管理人员对现场情况的直观了解，如现场巡视、交谈、会议、质量检查等。

(2) 合同跟踪的对象

1) 承包的任务

① 工程施工的质量，包括材料、构件、制品和设备等的质量，以及施工或安装质量，是否符合合同要求，等等；

② 工程进度，是否在预定期限内施工，工期有无延长，延长的原因是什么，等等；

③ 工程数量，是否按合同要求完成全部施工任务，有无合同规定以外的施工任务，等等；

④ 成本的增加和减少。

2) 工程小组或分包人的工程和工作

可以将工程施工任务分解交由不同的工程小组或发包给专业分包完成，工程承包人必须对这些工程小组或分包人及其所负责的工程进行跟踪检查、协调关系，提出意见、建议或警告，保证工程总体质量和进度。

对专业分包人的工作和负责的工程，总承包商负有协调和管理的责任，并承担由此造成的损失，所以专业分包人的工作和负责的工程必须纳入总承包工程的计划和控制中，防止因分包人工程管理失误而影响全局。

3）业主和其委托的工程师的工作

① 业主是否及时、完整地提供了工程施工的实施条件，如场地、图纸、资料等；

② 业主和工程师是否及时给予了指令、答复和确认等；

③ 业主是否及时并足额地支付了应付的工程款项。

5.11.3.3　合同实施的偏差分析

通过合同跟踪，可能会发现合同实施中存在着偏差，即工程实施实际情况偏离了工程计划和工程目标，应该及时分析原因，采取措施，纠正偏差，避免损失。

合同实施偏差分析的内容包括以下几个方面。

（1）产生偏差的原因分析

通过对合同执行实际情况与实施计划的对比分析，不仅可以发现合同实施的偏差，而且可以探索引起差异的原因。原因分析可以采用鱼刺图、因果关系分析图（表）、成本量差、价差、效率差分析等方法定性或定量地进行。

（2）合同实施偏差的责任分析

即分析产生合同偏差的原因是由谁引起的，应该由谁承担责任。

责任分析必须以合同为依据，按合同规定落实双方的责任。

（3）合同实施趋势分析

针对合同实施偏差情况，可以采取不同的措施，应分析在不同措施下合同执行的结果与趋势，包括：

1）最终的工程状况，包括总工期的延误、总成本的超支、质量标准、所能达到的生产能力（或功能要求）等；

2）承包商将承担什么样的后果，如被罚款、被清算，甚至被起诉，对承包商资信、企业形象、经营战略的影响等；

3）最终工程经济效益（利润）水平。

5.11.3.4　合同实施偏差处理

根据合同实施偏差分析的结果，承包商应该采取相应的调整措施，调整措施可以分为：

（1）组织措施，如增加人员投入，调整人员安排，调整工作流程和工作计划等；

（2）技术措施，如变更技术方案，采用新的高效率的施工方案等；

（3）经济措施，如增加投入，采取经济激励措施等；

（4）合同措施，如进行合同变更，签订附加协议，采取索赔手段等。

5.11.3.5　施工合同变更管理

针对合同价款、工程内容、工程数量、质量要求和标准、实施程序等的一切改变都属于合同变更。工程变更属于合同变更，合同变更管理也就是工程变更管理。

（1）工程变更的原因

1）业主新的变更指令、对建筑的新要求；

2）由于参建单位没有很好地理解业主的意图或设计错误而导致的设计图纸的修改；

3）工程环境的变化、预约的工程条件不准确而要求实施方案或实施计划的变更；

4）新技术的推广应用，有必要改变原设计、实施方案或实施计划；

5）业主指令或责任的原因造成承包商施工方案的改变；

6）政府部门对工程提出的新要求如国家计划的调整、环保要求、城市规划变动等；

7）合同实施过程中出现问题，必须调整合同目标或修改合同条款。

（2）变更范围和内容

1）取消合同中的任何一项工作，但被取消的工作不能转由发包人或其他人实施；

2）改变合同中任何一项工作的质量或其他特性（本质改变）；

3）改变任何一项工作的施工时间或改变已批准的施工工艺或顺序等（量的改变）；

4）改变合同工程的基线、标高、位置或尺寸；

5）追加额外工作。

总之，工程变更包含设计变更、发包人提出的变更、监理工程师提出的变更以及承包人提出合理化建议并经监理工程师批准的变更。

（3）变更权限：经发包人的同意，监理人可按合同约定变更程序向承包人作出变更指示，承包人遵照执行。在履行合同过程中，经发包人同意，监理人可按合同约定的变更程序向承包人作出变更指示，承包人应遵照执行，没有监理人的变更指示，承包人不得擅自变更。

（4）变更程序：

1）变更的提出。以上变更原因导致变更的提出一般是由监理人向承包人发出变更意向书（具体内容和时间要求）。若承包人收到监理人的变更意向书后认为难以实施此项变更，应立即通知监理人，说明原因并附有详细依据，监理人与承包人和发包人协商后确定撤销、改变或不改变原变更意向书。

承包人也可以向监理人提出书面变更建议，监理人收到后与发包人共同研究确认变更的必要性，并在 14 天内作出变更指示。如果合理化建议有利于降低价款、缩短工期及提高效益的，发包人应在专用条款中约定给予奖励。

2）变更指示。承包人根据变更意向书要求提交包括拟实施变更工作的计划、措施和完工时间等实施方案，经发包人同意后由监理人发出变更指示。变更指示的内容包括变更的目的、范围、内容及工程量、工程进度和技术要求并附有关图纸和文件。

3）变更估价（单价确定）。除专用合同条款对期限另有约定外，承包人应在收到变更指示或变更意向书后的 14 天内，向监理人提交变更报告书。监理人收到承包人变更报价书后 14 天内，根据合同约定的估价原则，按照以下传统方式确定：

相对于已标价的工程量清单（合同有效组成部分），有适用变更工程子目的采用之；

有类似子目的参照、由监理人与合同当事人商定或确定变更工作单价；

无适用或类似子目的，参照成本加利润原则、由监理人与合同当事人商定或确定变更工作单价。

对于以计日工方式实施变更的零星工程，按照清单中计日工计价子目及其单价计算。但要求承包人每天需要提交相关报表和凭证报监理人审批，按照合同约定列入进度付款申请单。

5.11.4 施工合同索赔

任何一方违反合同约定不履行合同义务或未完全履行合同义务，给对方造成损失的，都应当承担赔偿责任。另外，因其他非自身因素而受到经济损失或权利损害，（不可抗力除外）都可以法律和合同为依据向对方提出索赔。被索赔方采取适当的反驳、应对和防范措施，被称之为“反索赔”。

5.11.4.1　索赔成立的条件

索赔成立应具备以下三个条件：

（1）与合同对照，事件已造成了承包人工程项目成本的额外支出或工期损失；

（2）造成费用增加或工期损失的原因按照合同约定，不属于承包人行为责任或风险责任；

（3）承包人按照合同规定的程序和时间提交索赔意向通知和索赔报告。

以上三个条件必须通知具备、缺一不可。

5.11.4.2　索赔事件

通常，承包商可以提起索赔的事件有：

（1）发包人违反合同给承包人造成时间、费用的损失；

（2）因工程变更（含设计变更、发包人提出的工程变更、监理工程师提出的工程变更，以及承包人提出并经监理工程师批准的变更）造成的时间、费用损失；

（3）由于监理工程师对合同文件的歧义解释、技术资料不确切，或由于不可抗力导致施工条件的改变，造成了时间、费用的增加；

（4）发包人提出提前完成项目或缩短工期而造成承包人的费用增加；

（5）发包人延误支付期限造成承包人的损失；

（6）对合同规定以外的项目进行检验，且检验合格，或非承包人的原因导致项目缺陷的修复所发生的损失或费用；

（7）非承包人的原因导致工程暂时停工；

（8）物价上涨，法规变化及其他。

5.11.4.3　索赔依据

（1）合同文件（最主要依据）：

1）合同协议书；

2）中标通知书；

3）投标书及其附件；

4）合同专用条款；

5）合同通用条款；

6）标准、规范及有关技术文件；

7）图纸；

8）工程量清单；

9）工程报价单或预算书。

合同履行中，发包人与承包人有关工程的洽商、变更等书面协议或文件应视为合同文件的组成部分。

（2）法律、法规：由双方在专用条款中约定适用的各类法律法规、标准规范。

（3）工程建设惯例。

5.11.4.4 索赔证据

（1）证据使用材料

1）书证。

2）物证。

3）证人证言。

4）视听材料。

5）被告人供述和有关当事人陈述。

6）鉴定结论。

7）勘验、检验笔录。

（2）工程索赔证据要求

1）真实性。

2）及时性。

3）全面性。

4）关联性（独立性选项是错的）。

5）有效性。

5.11.4.5 索赔的程序

（1）索赔意向通知

索赔意向通知，向对方表明索赔愿望、要求或者声明保留索赔权利，这是索赔工作程序的第一步。

索赔事件发生后或承包人发现有索赔事件带来索赔机会时 28 天内，首先要提出索赔意向，向监理人递交索赔意向通知书。应简明扼要说明以下四个方面内容：

1）索赔事件发生的时间、地点和简单事实情况描述；

2）索赔事件发展动态；

3）索赔依据和理由（索赔的依据主要有合同文件，法律、法规，工程建设的惯例）；

4）索赔事件对工程成本和工期的不利影响。

（2）索赔通知书

承包人应在发出索赔意向通知书后 28 天内向监理人正式递交索赔通知书。索赔通知书应详细载明：索赔理由、要求增加的付款金额或（和）延长工期，并附必要的索赔证据。

（3）中间索赔报告

索赔事件有影响，应按照合理的时间间隔（一般为 28 天）继续递交延续索赔通知。应说明连续影响的实际情况和记录，列出累计的追加付款金额和（或）工期延长天数。

（4）最终索赔通知书

在索赔时间结束后的 28 天内，承包人应向监理人递交最终索赔意向通知书。索赔文件包括以下几个方面的内容：

1）总述部分，该书索赔事项发生的日期和过程、承包人为此付出的努力和附加开支、具体索赔要求；

2）论证部分，是索赔报告的关键部分，阐述自己的索赔权，属于定性问题；

3）索赔款项或工期的计算部分，解决定量性问题；

4）证据部分，证据效力或可信度说明。

索赔文件应该交由工程师审核。

5.11.4.6 索赔提出的最后截止期限

（1）承包人按照合同约定接受了竣工付款证书后，应被认为已无权提出工程接收证书前颁发前所发生的任何索赔。

（2）但承包商在提交的最终结算申请单中，仅限于提出接收证书颁发后发生的索赔。

（3）因此，提出索赔的期限自接受最终结清证书时终止。

5.11.4.7 反索赔

防止对方提出索赔。首先自己应严格履行合同规定的各项义务，防止自己违约；如果施工过程中发生了干扰事件，则应立即着手研究和分析合同依据并收集资料，做好准备。

反击或反驳对方的索赔要求。策略有：抓对方的失误，直接向对方提出索赔，以对抗或平衡对方的索赔要求；针对索赔报告，努力证明索赔要求和索赔报告中不符实、没有依据或事实的证据，以及索赔值计算不合理或不准确等问题，使自己少受或不受损失。主要针对以下几个方面进行：

（1）索赔要求或报告的时限性；

（2）索赔事件的真实性；

（3）干扰事件的原因、责任分析；

（4）索赔理由分析——直接与间接关系分析；

（5）索赔证据分析；

（6）索赔值审核。

第 6 章　工程质量控制与工程检测

6.1　工程质量控制的基本知识

建筑工程质量简称工程质量。工程质量是指工程项目满足建设单位需要，符合法律法规、技术标准、设计文件及合同规定的综合特性。

从产品功能或使用价值看，工程项目的质量特性通常体现在可用性、可靠性、经济性、与环境的协调性及建设单位所要求的其他特殊功能等方面，如图 6-1 所示。

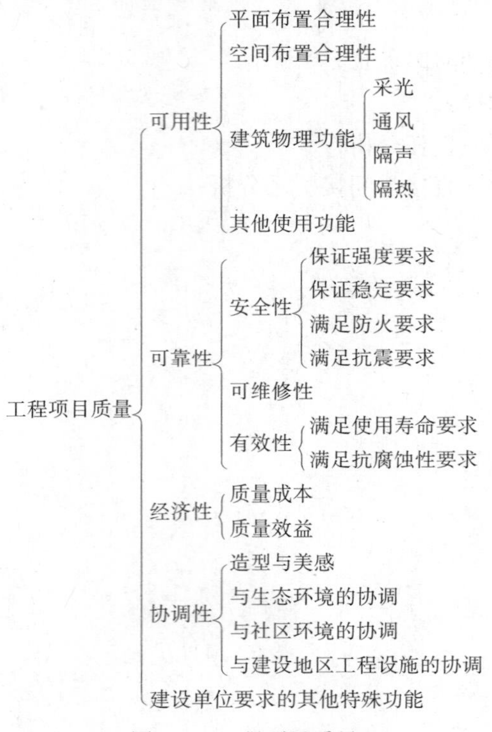

图 6-1　工程项目质量

6.1.1　工程质量的主要特点与影响因素

6.1.1.1　工程质量的主要特点

（1）影响因素多。工程质量受到各种自然因素、技术因素和管理因素的影响，如：地形、地质、水文、气象等条件，规划、决策、设计、施工等程序，材料、机械、施工方法、人员素质、管理制度和措施等因素，这些都直接或间接地影响到工程质量。

（2）波动大。由于工程项目具有单件性，影响因素多，因此，工程项目质量容易产生波动，而且波动比较大。

（3）隐蔽性强。在工程项目施工中，由于工序交接较多，中间产品、隐蔽工程多，质量存在较强的隐蔽性。如果不进行严格的检查监督，不及时发现不合格项并进行处理，完工后仅从表面进行检查，很难发现内在质量问题。

（4）终检的局限性。由于工程项目建成后不能拆解，因此在终检时无法对隐蔽的内在质量进行检查和检测，工程项目的终检存在一定的局限性。

6.1.1.2 影响工程质量因素

影响工程质量的因素很多，但归纳起来主要有五个方面，即人（Man）、材料（Material）、机械（Machine）、方法（Method）和环境（Environment），简称为4M1E因素。如图6-2所示。

（1）人员素质。人是生产经营活动的主体，也是工程项目建设的决策者、管理者、操作者，人员的素质，都将直接和间接地对规划、决策、勘察、设计和施工的质量产生影响。

因此，建筑行业实行经营资质管理和各类专业从业人员持证上岗制度是保证人员素质的重要管理措施。

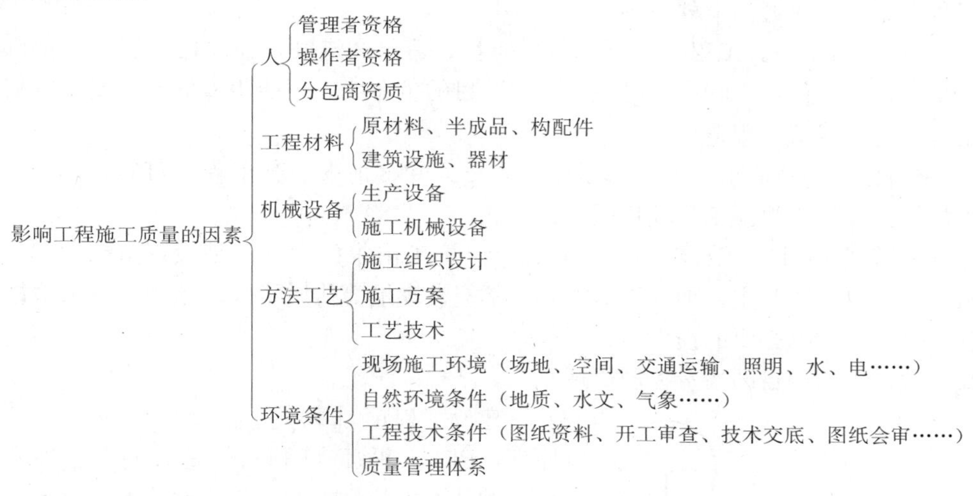

图6-2 影响工程质量的因素

（2）工程材料。工程材料选用是否合理、产品是否合格、材质是否经过检验、保管使用是否得当等等，都将直接影响建设工程的结构刚度和强度，影响工程外表及观感，影响工程的使用功能，影响工程的使用安全。

（3）机械设备。机械设备可分为两类：一是指组成工程实体及配套的工艺设备和各类机具，它们构成了建筑设备安装工程或工业设备安装工程，形成完整的使用功能。二是指施工过程中使用的各类机具设备，简称施工机具设备，它们是施工生产的手段。机具设备对工程质量也有重要的影响。工程用机具设备其产品质量优劣，直接影响工程使用功能质量。施工机具设备的类型是否符合工程施工特点，性能是否先进稳定，操作是否方便安全等，都将会影响工程项目的质量。

（4）工艺方法。在工程施工中，施工方案是否合理，施工工艺是否先进，施工操作是否正确，都将对工程质量产生重大的影响。大力推进采用新技术、新工艺、新方法，不断提高工艺技术水平，是保证工程质量稳定提高的重要因素。

（5）环境条件。环境条件是指对工程质量特性起重要作用的环境因素，主要包括：工程技术环境、工程作业环境、工程管理环境、周边环境等4个条件。环境条件往往对工程质量产生特定的影响。加强环境管理，改进作业条件，把握好技术环境，辅以必要的措施，是控制环境对质量影响的重要保证。

6.1.2 工程质量控制

工程质量控制是指为确保工程项目质量特性满足要求而进行的计划、组织、指挥、协调和控制等活动。

工程质量控制的内容是“采取的作业技术和活动”，这些活动包括：确定控制对象、规定控制标准、制定控制方法、明确检验方法和手段、实际进行检验、分析说明差异原因、解决差异问题。通过提高工作质量来提高工程项目质量，使之达到工程合同规定的质量标准。

（1）工程质量控制的基本原则

工程质量控制应遵循下列原则：

1）坚持质量第一。工程项目目标包括质量、造价和进度，在任何情况下，都必须将工程质量放在第一位，工程质量是一切工程项目的生命线，不能用降低质量要求的办法来加快工程进度和降低工程造价。

2）坚持以人为核心。人的工作质量会直接或间接地影响到工程项目质量，因此，应提高人的工作质量来保证工程项目质量。

3）坚持预防为主。工程项目质量是设计、施工出来的，而不是检查出来的，工程项目质量管理应以预防为主，加强事前控制，不能被动地等待质量问题出现后再采取措施加以处理，以免造成不必要的损失。

（2）建设工程项目的质量控制原理

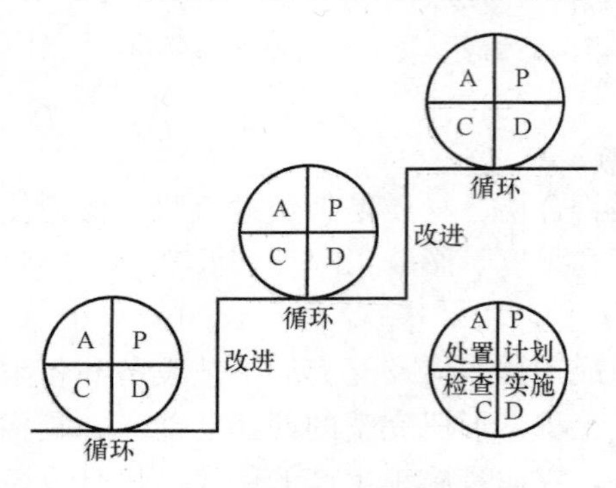

图6-3 PDCA循环原理

建设工程项目的质量控制可采用PDCA循环原理，PDCA循环（图6-3）是人们在管理实践中形成的基本理论和方法。从实践论的角度看，管理就是确定任务目标，并按照PDCA循环原理来实现预期目标，由此可见PDCA是目标控制的基本方法。

1）计划P（Plan）。可以理解为质量计划阶段，明确质量目标并制订实现目标的行动方案。在建设工程项目的实施中，“计划”是指各相关主体根据其任务目标和责任范围，确定质量控制的组织制度、工作程序、技术方法、业务流程、资源配置、检验试验要求、质量记录方式、不合格处理、管理措施等具体内容和做法的文件，“计划”还须对其实现预期目标的可行性、有效性、经济合理性进行分析论证，按照规定的程序与权限审批执行。

2）实施D（Do）。包含两个环节，即计划行动方案的交底和按计划规定的方法与要求展开工程作业技术活动。计划交底的目的在于使具体的作业者和管理者，明确计划的意图和要求，掌握标准，从而规范行为，全面地执行计划的行动方案，步调一致地去努力实现预期的目标。

3）检查 C（Check）。指对计划实施过程进行各种检查，报告作业者的自检、互检和专职管理者的专检。各类检查都包含两大方面：一是检查是否严格执行了计划的行动方案，实际条件是否发生了变化，不执行计划的原因；二是检查计划执行的结果，即产出的质量是否达到标准的要求，并对此进行确认和评价。

4）处置 A（Action）。对于质量检查所发现的质量问题或质量不合格，及时进行原因分析，采取必要的措施，予以纠正，保持质量形成处于受控状态。处理分纠偏和预防两个步骤。前者是采取应急措施，解决当前的质量问题；后者是信息反馈管理部门，反思问题症结或计划的不周，为今后类似问题的质量预防提供借鉴。

6.1.3 工程质量管理体系

（1）ISO 9000 质量管理体系

ISO 9000 质量管理标准是由 ISO（国际标准化组织）TCl76（质量管理体系技术委员会）制定的质量管理国际标准。该标准包括 4 项核心内容：《质量管理体系基础和术语》ISO 9000—2008；《质量管理体系要求》ISO 9001—2008；《质量管理体系业绩改进指南》ISO 9004—2008；《质量和（或）环境管理体系审核指南》ISO 19011—2008。

ISO 9000 质量管理标准的基本思想主要有两条：其一是控制的思想，即对产品形成的全过程——从采购原材料、加工制造到最终产品的销售、售后服务进行控制。其二是预防的思想。通过对产品形成的全过程进行控制以及建立并有效运行自我完善机制达到预防不合格，从根本上减少和消除不合格产品。

1）ISO 9000 质量管理原则

为了确保质量目标的实现，ISO 9000 标准中明确了以下八项质量管理原则：

①以顾客为关注焦点；②领导作用；③全员参与；④过程方法；⑤管理的系统方法；⑥持续改进；⑦基于事实的决策方法；⑧与供方互利的关系。

2）ISO 9000 质量管理体系的建立

建立质量管理体系对于保证工程项目质量具有重要意义。建立质量管理体系，需要经历策划与总体设计、质量管理体系文件编制两个阶段。

① 质量管理体系的策划与总体设计。

组织领导（最高管理者）应确保对质量管理体系进行策划，满足组织确定的质量目标要求及质量管理体系的总体要求，在对质量管理体系的变更进行策划和实施时，应保持管理体系的完整性。通过对质量管理体系的策划，确定建立质量管理体系要采用的过程方法模式，从组织的实际出发进行体系的策划和设计。

② 质量管理体系文件的编制。

应在满足标准要求、确保控制质量、提高组织全面管理水平的情况下，建立一套高效、简单、实用的质量管理体系文件。质量管理体系文件包括质量手册、质量管理体系程序文件、质量计划、质量记录等。

a. 质量手册。质量手册是组织质量工作的“基本法”，是组织最重要的质量法规性文件。质量手册应阐述组织的质量方针，概述质量管理体系的文件结构并能反映组织质量管理体系的总貌，起到总体规划和加强各职能部门之间协调的作用。

b. 质量管理体系程序文件。是质量管理体系的重要组成部分，是质量手册的具体展开和有力支撑。质量管理体系程序文件的范围和详略程度取决于组织的规模、产品类型、过程的复杂程度、方法和相互作用以及人员素质等因素。对每个质量管理程序来说，都应视需要明确何时、何地、何人、做什么、为什么、怎么做（即5W1H），应保留什么记录。

质量管理程序应至少包括6个程序，即：文件控制程序、质量记录控制程序、内部质量审核程序、不合格控制程序、纠正措施程序、预防措施程序。

c. 质量计划。是对特定的项目、产品、过程或合同，规定由谁及何时应使用哪些程序相关资源的文件。质量手册和质量管理体系程序所规定的是各种产品都适用的通用要求和方法。但各种特定产品都有其特殊性，质量计划是一种工具，将某产品、项目或合同的特定要求与现行的通用的质量管理体系程序相连接。

质量计划在组织内部作为一种管理方法，使产品的特殊质量要求能通过有效措施得以满足。在合同情况下，组织使用质量计划向顾客证明其如何满足特定合同的特殊质量要求，并作为顾客实施质量监督的依据。产品（或项目）的质量计划是针对具体产品（或项目）的特殊要求，以及应重点控制的环节所编制的对设计、采购、制造、检验、包装、运输等的质量控制方案。

d. 质量记录。是阐明所取得的结果或提供所完成活动的证据文件。质量记录是产品质量水平和组织质量管理体系中各项质量活动结果的客观反映，应如实加以记录，用以证明达到了合同所要求的产品质量，并证明对合同中提出的质量保证要求予以满足的程度。如果出现偏差，质量记录应反映针对不足之处采取了哪些纠正措施。质量记录应字迹清晰、内容完整，并按所记录的产品和项目进行标识，记录应注明日期并经授权人员签字、盖章或作其他审定后方能生效。

为保证质量管理体系的有效运行，要做到两个到位：一是认识到位；二是管理考核到位。

(2)《工程建设施工企业质量管理规范》GB/T 50430—2007

《工程建设施工企业质量管理规范》GB/T 50430—2007是建设部为了加强工程建设施工企业的质量管理工作，规范施工企业从工程投标、施工合同的签订、施工现场勘测、施工图纸设计、编制施工相关作业指导书、人机料进场、施工过程管理及施工过程检验、内部竣工验收、竣工交付验收、档案移交人员离场、保修服务等一系列流程而起草的标准，其目的就是进一步强化和落实质量责任，提高企业自律和质量管理水平，促进施工企业质量管理的科学化、规范化和法制化。

作为施工企业质量管理的第一个管理性规范，具有先进性、指导性、灵活性等特点，具体表现在以下几方面：

1）基本思想与ISO 9000系列标准保持一致，在内容上全面涵盖了ISO 9001标准的要求。

2）在条文结构安排上充分体现了施工企业管理活动特点，突出了过程方法和PDCA思想。

3）结合施工行业管理特点，在ISO 9001标准基础上又提出了诸多进一步要求。

4）本土化、行业化特点突出，语言简洁明了，便于企业贯彻实施。

5）与我国施工行业现行管理模式保持一致，施工企业在贯彻时不仅不会增加负担，反而因减少了由于企业对 ISO 9000 标准的误解产生的形式化操作，而减轻负担。

6）紧密结合当前我国已发布的建设管理各项法律法规的要求，以便通过该规范的实施推动工程建设管理法制化的进程。

7）标准的编制从与工程质量有关的所有质量行为的角度即“大质量”的概念出发，全面覆盖企业所有质量管理活动。

8）是对施工企业质量管理的基本要求，并不是企业质量管理的最高水平。鼓励企业根据自身发展的需要进行管创新，如实施卓越绩效模式等，提升企业的竞争能力。

6.2 工程质量控制的基本方法

6.2.1 工程质量控制的主体与阶段

（1）工程质量控制的主体

工程质量按其实施主体不同，分为自控主体和监控主体。前者是指直接从事质量职能的活动者，后者是指对他人质量能力和效果的监控者，主要包括以下 4 个方面：

1）政府的工程质量控制。政府属于监控主体，它主要是以法律法规为依据，通过抓工程报建、施工图设计文件审查、施工许可、材料和设备准用、工程质量监督、重大工程竣工验收备案等主要环节进行的。

2）工程监理单位的质量控制。工程监理单位属于监控主体，它主要是受建设单位的委托，代表建设单位对工程建设全过程进行的质量监督和控制，包括勘察设计阶段质量控制、施工阶段质量控制，以满足建设单位对工程质量的要求。

3）勘察设计单位的质量控制。勘察设计单位属于自控主体，它是以法律、法规及合同为依据，对勘察设计的整个过程进行控制，包括工作程序、工作进度、费用及成果文件所包含的功能和使用价值，以满足建设单位对勘察设计质量的要求。

4）施工单位的质量控制。施工单位属于自控主体，它是以工程合同、设计图纸和技术规范为依据，对施工准备阶段、施工阶段、竣工验收交付阶段等施工全过程的工作质量和工程质量进行的控制，以达到合同文件规定的质量要求。

（2）工程质量控制的阶段

从工程项目的质量形成过程来看，要控制工程项目质量，就要按照建设过程的顺序依法控制各阶段的质量。

1）项目决策阶段的质量控制。选择合理的建设场地，使项目的质量要求和标准符合投资者的意图，并与投资目标相协调；使建设项目与所在的地区环境相协调，为项目的长期使用创造良好的运行环境和条件。

2）项目勘察设计阶段的质量控制。勘察设计是将项目策划决策阶段所确定的质量目标和水平具体化的过程，会直接影响整个工程项目造价和进度目标的实现。在工程勘察设计工作中，勘察是工程设计的重要前提和基础，勘察资料不准确，会导致采用不适当的地基处理或基础设计，不仅会造成工程造价的增加，还会使基础存在隐患。工程设计是整个工程项目的灵魂，是工程施工的依据，工程设计中的技术是否可行、工艺是否先进、经济是否合理、结构是否安全可靠等，决定了工程项目的适用性、安全性、可靠性、经济性和对环境的影响。由此可见，工程勘察设计质量管理，是实现建设工程项目目标的有力保障。

3）工程施工阶段的质量控制。工程施工阶段是工程实体最终形成的阶段，也是最终形成工程产品质量和工程项目使用价值的阶段。因此，施工阶段质量管理是工程项目质量管理的重点。

6.2.2 工程施工阶段质量控制

（1）工程施工阶段质量控制的系统过程

工程施工阶段质量管理根据施工阶段工程实体质量形成的时间段可划分为施工准备控制（事前控制）、施工过程控制（事中控制）、竣工验收控制（事后控制）。

施工准备质量控制是指在各工程对象正式施工活动开始前，对各项准备工作及影响质量的各因素和有关方面进行的质量管理。施工过程质量控制是指对施工过程中进行的所有与施工过程有关各方面的质量管理，也包括对施工过程中的中间产品（工序或分部工程、分项工程）的质量管理。竣工验收控制是指对通过施工过程所完成的具有独立功能和使用价值的最终产品（单位工程、单项工程或整个工程项目）及其有关方面（如工程文件等）的质量管理。如图 6-4 所示。

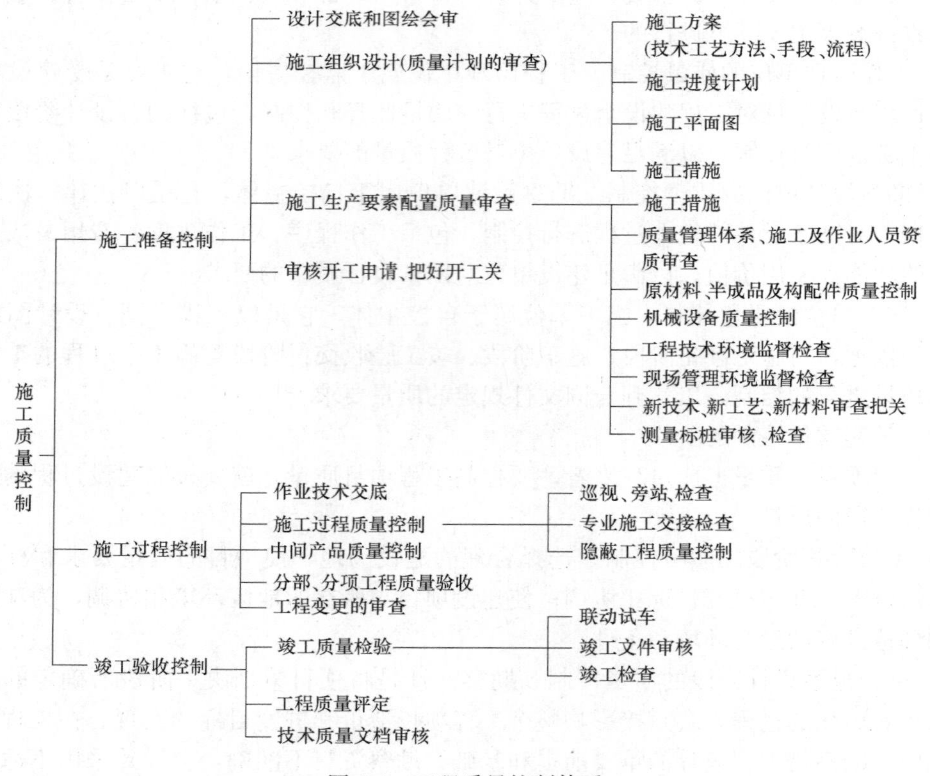

图 6-4 工程质量控制体系

（2）工程施工阶段质量控制流程

工程施工阶段质量控制分为两个阶段：施工准备阶段和施工阶段。

施工准备阶段的质量控制主要包括：图纸会审和技术交底、施工组织设计（质量计划）的审查、施工生产要素配置质量审查和开工申请审查。

施工阶段的质量控制主要包括：作业技术交底，施工过程质量控制，中间产品质量控制，分部分项、隐蔽工程质量检查和工程变更审查。工程施工质量控制流程如图 6-5 所示。

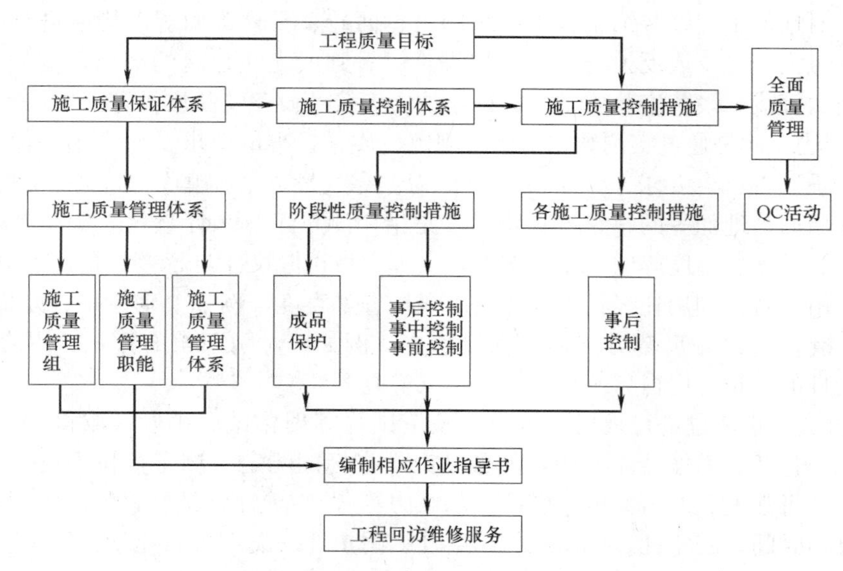

图 6-5　工程质量控制流程

施工现场质量管理应有相应的施工技术标准、健全的质量管理体系、施工质量检验制度和综合施工质量水平考核制度。建筑工程施工单位应建立必要的质量责任制度，建筑工程的质量控制应为全过程的控制。

建筑工程应按下列规定进行施工质量控制：

1）建筑工程采用的主要材料、建筑构配件、器具和设备应进场验收。凡涉及安全、功能、节能的重要材料、产品，应按各专业工程施工规范、质量验收规范和设计要求的规定进行复检，并应经监理工程师或建设单位专业技术负责人检查认可。

2）各施工工序应按施工技术标准进行质量控制，每道施工工序完成后，应进行检验。未经监理工程师或建设单位专业技术负责人检查认可，不得进行下道工序施工。

3）各专业工种之间的相关工序应进行交接检验，并形成记录。

（3）工程质量控制的依据

工程质量控制的依据有工程合同文件，设计文件，国家及政府有关部门颁布的有关质量管理方面的法律、法规性文件以及专门技术法规。

（4）施工过程质量控制的方法

1）施工质量控制的技术活动

施工质量控制的技术活动包括：确定控制对象、规定控制标准、制定控制方法、明确检验方法和手段、实际进行检验、分析说明差异原因、解决差异问题。

2）施工现场质量检查方法

施工现场质量检查的方法主要有目测法、实测法和试验法等。

① 目测法。凭借感官进行检查，也称观感质量检验。其手段可概括为"看、摸、敲、照"。看，就是根据质量标准要求进行外观检查，例如，清水墙面是否洁净，喷涂的密实度和颜色是否良好、均匀，工人的操作是否正常，混凝土外观是否符合要求等；摸，就是通过触摸手感进行检查、鉴别。例如油漆的光滑度等；敲，就是运用敲击工具进行音感检查，例如，对地面工程、装饰工程中的水磨石、面砖、石材饰面等，均应进行敲击检查；照，就是通过人工光源或反射光照射，检查难以看到或光线较暗的部位，例如，管道井、电梯井等内的管线、设备安装质量，装饰吊顶内连接及设备安装质量等。

② 实测法。就是通过实测数据与施工规范、质量标准的要求及允许偏差值进行对照，以此判断质量是否符合要求。其手段可概括为"靠、量、吊、套"。靠，就是用直尺、塞尺检查诸如墙面、地面等的平整度；量，就是指用测量工具和计量仪表等检查断面尺寸、轴线、标高、湿度、温度等的偏差，例如，大理石板拼缝尺寸与超差数量，混凝土坍落度的检测等；吊，就是利用托线板以及线锤吊线检查垂直度，例如，砌体垂直度检查、门窗的安装等；套，是以方尺套方，辅以塞尺检查，例如，对阴阳角的方正、踢脚线的垂直度、预制构件的方正、门窗口及构件的对角线检查等。

③ 试验法。指通过进行现场试验或试验室试验等理化试验手段，取得数据，分析判断质量情况。包括：力学性能试验，如各种力学指标的测定（测定抗拉强度、抗压强度、抗弯强度、抗折强度、冲击韧性、硬度、承载力等）；物理性能试验，如测定比重、密度、含水量、凝结时间、安定性、抗渗性、耐磨性、耐热性、隔声等；化学性能试验，如材料的化学成分、耐酸性、耐碱性、抗腐蚀等；无损测试，探测结构物或材料、设备内部组织结构或损伤状态。如超声检测、回弹强度检测、电磁检测、射线检测等。它们一般可以在不损伤被探测物的情况下了解被探测物的质量情况。

此外，必要时还可在现场通过诸如对桩或地基的现场静载试验或打试桩，确定其承载力；对混凝土现场取样，通过试验室的抗压强度试验，确定混凝土达到的强度等级；以及通过管道压力试验判断其耐压及渗漏情况等。

（5）施工过程质量控制点的确定

质量控制点是指为了保证作业过程质量而确定的重点控制对象、关键部位或薄弱环节。设置质量控制点是保证达到施工质量要求的必要前提，在拟定质量控制工作计划时，应予以详细地考虑，并以制度来保证落实。对于质量控制点，一般要事先分析可能造成质量问题的原因，再针对原因制定对策和措施进行预控。

1）选择质量控制点的一般原则

是否设置为质量控制点，主要是视其对质量特性影响的大小、危害程度以及其质量保证的难度大小而定。应当选择那些保证质量难度大、对质量影响大或者发生质量问题时危害大的对象作为质量控制点：

① 施工过程中的关键工序或环节以及隐蔽工程；

② 施工中的薄弱环节，或质量不稳定的工序、部位或对象；

③ 对后续工程施工或对后续工序质量或安全有重大影响的工序、部位或对象；

④ 使用新技术、新工艺、新材料的部位或环节；

⑤ 施工上无足够把握的、施工条件困难的或技术难度大的工序或环节；

质量控制点的选择要准确、有效。为此，一方面需要有经验的工程技术人员来进行选择，另一方面也要集思广益，集中群体智慧由有关人员充分讨论，在此基础上进行选择。选择时要根据对重要的质量特性进行重点控制的要求，选择质量控制的重点部位、重点工序和重点的质量因素作为质量控制点，进行重点控制和预控，这是进行质量控制的有效方法。

2）建筑工程质量控制点的位置

根据质量控制点选择的原则，建筑工程质量控制点的位置可以参考表 6-1。

质量控制点的设置位置 **表 6-1**

分项工程	质量控制点
工程测量定位	标准轴线桩、水平桩、龙门板、定位轴线、标高
地基、基础（含设备基础）	基坑尺寸、标高、土质、地基承载力、基础垫层标高、基础位置、尺寸、标高，预埋件、预留孔洞的位置、标高、规格、数量，基础杯口弹线
砌体	砌体轴线，皮数杆，砂浆配合比，预留孔洞，预埋件的位置、数量，砌块排列
模板	位置、标高、尺寸，预留孔洞位置、尺寸，预埋件的位置，模板的强度、刚度和稳定性，模板内部清理及湿润情况
钢筋混凝土	水泥品种、强度等级，砂石质量，混凝土配合比，外加剂比例，混凝土振捣，钢筋品种、规格、尺寸、搭接长度，钢筋焊接、机械连接，预留孔洞及预埋件规格、位置、尺寸、数量，预制构件吊装或出厂（脱模）强度，吊装位置，标高、支撑长度、焊缝长度
吊装	吊装设备的起重能力、吊具、索具、地锚
钢结构	翻样图、放大样
焊接	焊接条件、焊接工艺
装修	视具体情况而定

3）重点控制的对象

质量控制点的选择要准确、有效，要根据对重要质量特性进行重点控制的要求，可作为质量控制点中重点控制的对象主要包括以下几个方面：

① 人的行为

对某些作业或操作，应以人为重点进行控制，例如高空作业等，对人的身体素质或心理应有相应的要求；技术难度大或精度要求高的作业，如复杂模板放样、复杂的设备安装等对人的技术水平均有相应的较高要求。

② 物的质量与性能

施工设备和材料是直接影响工程质量和安全的主要因素，常作为控制的重点。例如作业设备的质量、计量仪器的质量都是直接影响主要因素；又如钢结构工程中使用的高强螺栓、某些特殊焊接使用的焊条，都应作为重点控制其材质与性能；还有水泥的质量是直接影响混凝土工程质量的关键因素，施工中应对进场的水泥质量进行重点控制，必须检查核对其出厂合格证，并按要求进行强度和安定性的复试等。

③ 关键的操作与施工方法

某些直接影响工程质量的关键操作应作为控制的重点，如预应力钢筋的张拉工艺操作过程及张拉力的控制，是可靠地建立预应力值和保证预应力构件质量的关键过程。同时，那些易对工程质量产生重大影响的施工方法，也应列为控制的重点，如大模板施工中模板的稳定和组装问题、液压滑模施工时支承杆稳定问题、升板法施工中提升差的控制等。

④ 施工技术参数

例如混凝土的外加剂掺量、水灰比，回填土的含水量，砌体的砂浆饱满度，防水混凝土的抗渗等级，冬季施工混凝土受冻临界强度等技术参数是质量控制的重要指标。

⑤ 施工顺序

某些工作必须严格控制作业之间的顺序，例如对于屋架固定一般应采取对角同时施焊，以免焊接应力使已校正的屋架发生变位，再如对冷拉的钢筋应当先焊接后冷拉，否则会失去冷强等。

⑥ 技术间歇

有些作业之间需要必要的技术间歇时间，例如混凝土浇筑后至拆模之间也应保持一定的间歇时间；砌筑与抹灰之间，应在墙体砌筑后留 6～10d 时间，让墙体充分沉陷、稳定、干燥，再抹灰，抹灰层干燥后，才能喷白、刷浆等。

⑦ 易发生或常见的质量通病

例如：混凝土工程的蜂窝、麻面、空洞，墙、地面、屋面防水工程渗水、漏水、空鼓、起砂、裂缝等，都与工序操作有关，均应事先研究对策，提出预防措施。

⑧ 新工艺、新技术、新材料的应用

由于缺乏经验，施工时可做为重点进行严格控制。

⑨ 易发生质量通病的工序

产品质量不稳定、不合格率较高及易发生质量通病的工序应列为重点，仔细分析、严格控制。

⑩ 特殊地基或特种结构

如大孔性湿陷性黄土、膨胀土等特殊土地基的处理、大跨度和超高结构等难度大的施工环节和重要部位等都应予特别重视。

（6）工程质量问题及事故处理

凡是工程质量不合格，必须进行返修、加固或报废处理，由此造成直接经济损失低于 5000 元的称为工程质量问题；直接经济损失在 5000 元及以上的称为工程质量事故。

1）工程质量问题的处理

在工程施工过程中，项目监理机构如发现工程项目存在不合格项或质量问题，应根据其性质和严重程度按如下方式处理：当施工而引起的质量问题在萌芽状态时应及时制止，并要求施工单位立即更换不合格材料、设备或不称职人员，或要求施工单位立即改变不正确的施工方法和操作工艺；当因施工而引起的质量问题已出现时，应立即要求施工单位对质量问题进行补救处理，并采取足以保证施工质量的有效措施后，报告项目监理机构；当某道工序或分项工程完工以后出现不合格项时，应要求施工单位及时采取补救措施予以整改。项目监理机构应对其补救方案进行确认，跟踪处理过程，对处理结果进行验收，否则，不允许进行下道工序或分项工程的施工。工程质量处理的程序如图 6-6 所示。

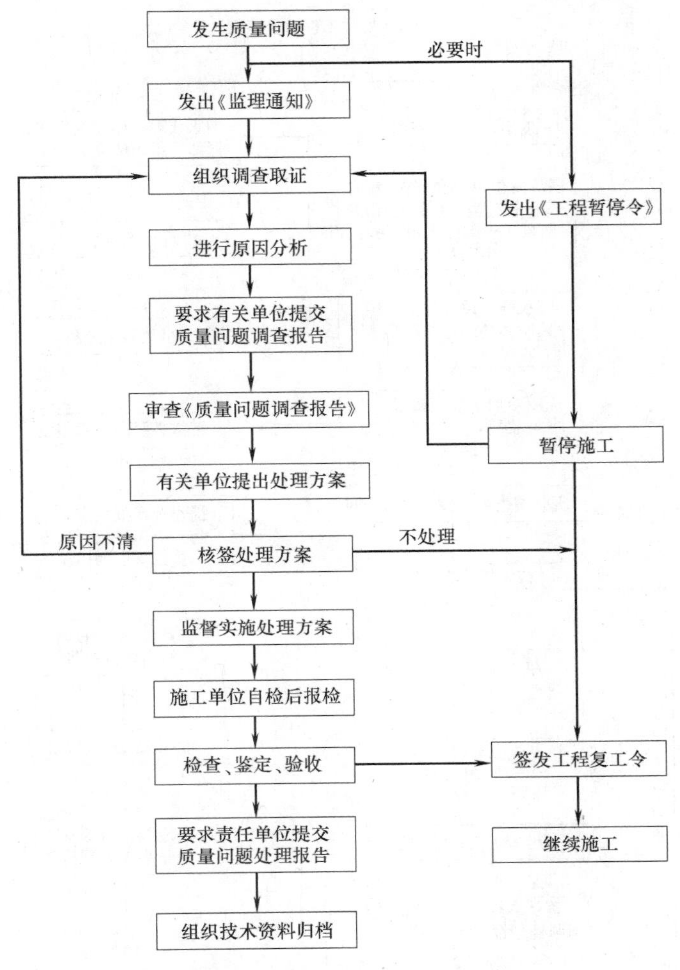

图 6-6　工程质量问题处理程序

2）工程质量事故

工程质量事故的分为一般质量事故、严重质量事故、重大质量事故和特别重大质量事故。

① 一般质量事故。凡具备下列条件之一者为一般质量事故：a. 直接经济损失在 5000 元（含 5000 元）以上，不满 5 万元的；b. 影响使用功能和工程结构安全，造成永久质量缺陷的。

② 严重质量事故。凡具备下列条件之一者为严重质量事故：a. 直接经济损失在 5 万元（含 5 万元）以上，不满 10 万元的；b. 严重影响使用功能或工程结构安全，存在重大质量隐患的；c. 事故性质恶劣或造成 2 人以下重伤的。

③ 重大质量事故。凡具备下列条件之一者为重大质量事故：a. 工程倒塌或报废；b. 由于质量事故，造成人员死亡或重伤 3 人以上；c. 直接经济损失 10 万元以上。

④ 特别重大事故。一次死亡 30 人及其以上，或直接经济损失达 500 万元及其以上，或其他性质特别严重的，均属特别重大事故，工程质量事故处理程序如图 6-7 所示。

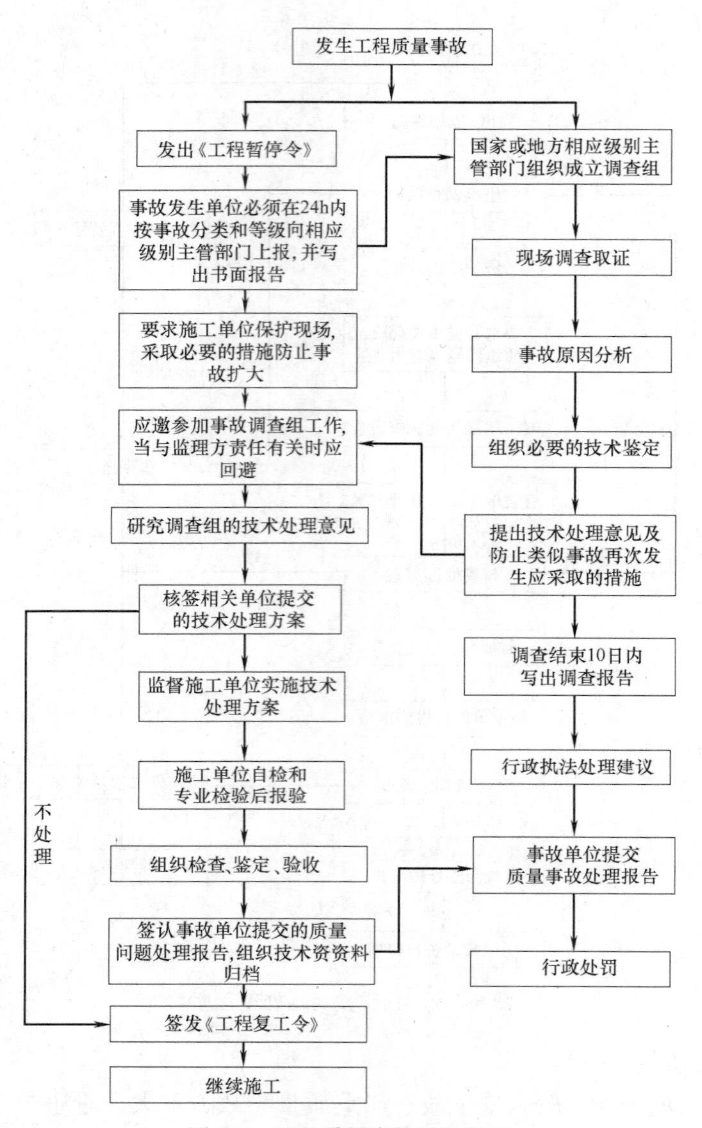

图 6-7　工程质量事故处理程序

(7) 工程质量验收

1) 工程质量验收的层次及内容：

建筑工程质量验收应划分为单位（子单位）工程、分部（子分部）工程、分项工程和检验批。

单位（子单位）工程的划分应按下列原则确定：

① 具备独立施工条件并能形成独立使用功能的建筑物及构筑物为一个单位工程。

② 建筑规模较大的单位工程，可将其能形成独立使用功能的部分为一个子单位工程。

分部工程是单位工程的组成部分，应按下列原则划分：

① 分部工程的划分可按专业性质、工程部位或特点、功能、工程量确定。

② 当分部工程较大或较复杂时，可按材料种类、工艺特点、施工程序、专业系统及

类别等将分部工程划分为若干子分部工程。

分项工程是分部工程的组成部分，由一个或若干个检验批组成，按主要工种、材料、施工工艺、设备类别等进行划分。

检验批可根据施工、质量控制和专业验收的需要，按楼层、施工段、变形缝等进行划分。

施工单位应会同监理单位（建设单位）根据《建筑工程施工质量验收统一标准》GB 50300—2013 的要求划分分部工程、分项工程和检验批。

2）建筑工程施工质量应按下列要求进行验收：

① 检验批的质量应按主控项目和一般项目验收。

② 工程质量的验收均应在施工单位自检合格的基础上进行。

③ 隐蔽工程在隐蔽前应由施工单位通知监理工程师或建设单位专业技术负责人进行验收，并应形成验收文件，验收合格后方可继续施工。

④ 参加工程施工质量验收的各方人员应具备规定的资格。单位工程的验收人员应具备工程建设相关专业的中级以上技术职称并具有 5 年以上从事工程建设相关专业的工作经历，参加单位工程验收的签字人员应为各方项目负责人。

⑤ 涉及结构安全的试块、试件以及有关材料，应按规定进行见证取样检测。对涉及结构安全、使用功能、节能、环境保护等重要分部工程应进行抽样检测。

⑥ 承担见证取样检测及有关结构安全、使用功能等项目的检测单位应具备相应资质。

⑦ 工程的观感质量应由验收人员现场检查，并应共同确认。

3）建筑工程施工质量验收合格应符合下列要求：

① 符合《建筑工程施工质量验收统一标准》GB 50300—2013 和相关专业验收规范的规定。

② 符合工程勘察、设计文件的要求。

③ 符合合同约定。

4）工程质量验收规范体系：

建筑工程施工质量验规范体系由《建筑工程施工质量验收统一标准》GB 50300-2013 等规范组成，在使用过程中它们必须配套使用。各专业验收规范有：

《建筑地基基础工程施工质量验收规范》GB 50202—2002；

《砌体结构工程施工质量验收规范》GB 50203—2011；

《混凝土结构工程施工质量验收规范》GB 50204—2015；

《钢结构工程施工质量验收规范》GB 50205—2001；

《木结构工程施工质量验收规范》GB 50206—2012；

《屋面工程质量验收规范》GB 50207—2012；

《地下防水工程质量验收规范》GB 50208—2011；

《建筑地面工程施工质量验收规范》GB 50209—2010；

《建筑装饰装修工程质量验收规范》GB 502010—2001；

《建筑给水排水及采暖工程施工质量验收规范》GB 50242—2002；

《通风与空调工程施工质量验收规范》GB 50243—2002；

《建筑电气工程施工质量验收规范》GB 50303—2002；

《电梯工程施工质量验收规范》GB 50310—2002；

《智能建筑工程质量验收规范》GB 50339—2013。

6.3 工程检测

6.3.1 抽样检验的基本理论

（1）总体与个体

总体也称母体，是所研究对象的全体；个体，是组成总体的基本元素。总体分为有限总体和无限总体。总体中可含有多个个体，其数目通常用 N 表示。当对一批产品质量进行检验时，该批产品是总体，其中的每件产品是个体，这时 N 是有限的数值，则称之为有限总体。当对生产过程进行检测时，应该把整个生产过程的过去、现在以及将来的产品视为总体，随着生产的进行 N 是无限的，称之为无限总体。实际进行质量统计中一般把从每件产品检测得到的某一质量数据（如强度、几何尺寸、重量等质量特性值）视为个体，产品的全部质量数据的集合则称为总体。

（2）样本

样本也称子样，是从总体中随机抽取出来，并能根据对其研究结果推断出总体质量特征的那部分个体。被抽中的个体称为样品，样品的数目称样本容量，用 n 表示。

（3）全数检验

全数检验是对总体中的全部个体逐一观察、测量、计数、登记，从而获得对总体质量水平评价结论的方法。采取全数检验的方法，对总体质量水平评价结论一般比较可靠，能提供大量的质量信息，但要消耗很多人力、物力、财力和时间，特别是不能用于具有破坏性的检验和过程的质量统计数据的收集，应用上具有局限性；在有限总体中，对重要的检测项目，当可采用简易快速的不破损检验方法时，可选用全数检验方案。

（4）随机抽样检验

随机抽样检验是按照随机抽样的原理，从总体中抽取部分个体组成样本，根据对样品进行检测的结果，推断总体质量水平的方法。随机抽样检验抽取样品应不受检验人员主观意愿的支配，每一个体被抽中的概率都相同，从而保证样本在总体中的分布比较均匀，有充分的代表性。抽样的具体方法有：

1）简单随机抽样

简单随机抽样又称纯随机抽样、完全随机抽样，是对总体不进行任何加工，直接在全体个体中进行随机抽样获取样本的方法。其方法是对全部个体编号，然后采用抽签、摇号、随机数字表等方法确定中选号码，对应的个体即为样品。这种方法常用于总体差异不大或对总体了解甚少的情况。

2）分层抽样

分层抽样又称分类或分组抽样，是将总体按与研究目的有关的某一特性分为若干组，然后在每组内随机抽取样品组成样本的方法。这种方法由于对每组都要抽取样品，样品在总体中分布均匀，更具代表性，特别适用于总体比较复杂的情况。如研究混凝土浇筑质量时，可以按生产班组分组，或按浇筑时间（白天、黑夜或季节）分组或按原材料供应商分组后，再在每组内随机抽取个体。

3）等距抽样

等距抽样又称机械抽样、系统抽样，是将个体按某一特性排队编号后均分为 n 组，这时每组有 $K=N/n$ 个个体，然后在第一组内随机抽取第一件样品，以后每隔一定距离（K 值）抽选出其余样品组成样本的方法。如在流水作业线上每生产 100 件产品抽出一件产品做样品，直到抽出 n 件产品组成样本。

进行等距抽样时要注意所采用的距离（K 值）不要与总体质量特性值的变动周期一致。如对于连续生产的产品按时间距离抽样时，间隔的时间不要是每班作业时间 8h 的约数或倍数，以避免产生系统偏差。

4）整群抽样

整群抽样一般是将总体按自然存在的状态分为若干群，并从中抽取样品群组成样本，然后在中选群内进行全数检验的方法。如对原材料质量进行检测，可按原包装的箱、盒为群随机抽取，对中选的箱、盒做全数检验；每隔一定时间抽出一批样本进行全数检验等。

由于随机性表现在群间，样品集中，分布不均匀，代表性差，产生的抽样误差也大，同时在有周期性变动时，应注意避免系统偏差。

5）多阶段抽样

多阶段抽样又称多级抽样。前述抽样方法的共同特点是整个过程中只有一次随机抽样，因而统称为单阶段抽样。但是当总体很大时，很难一次抽样完成预定的目标。多阶段抽样是将各种单阶段抽样方法结合使用，通过多次随机抽样来实现的抽样方法。如检验钢材、水泥等质量时，可以对总体按不同批次分为 R 群，从中随机抽取 r 群，而后在中选的 r 群中的 M 个个体中随机抽取 m 个个体，这就是整群抽样与分层抽样相结合的二阶段抽样，它的随机性表现在群间和群内有两次。

（5）质量统计推断

质量统计推断工作是运用质量统计方法在一批产品中或生产过程中，随机抽取样本，通过对样品进行检测和整理加工，从中获得样本质量数据信息，并以此为依据，以概率论为理论基础，对总体的质量状况作出分析和判断。

（6）质量数据的特征值

样本数据特征值是由样本数据计算的描述样本质量数据波动规律的指标。统计推断就是根据这些样本数据特征值来分析、判断总体的质量状况。常用的有描述数据分布集中趋势的算术平均数、中位数和描述数据分布离中趋势的极差、标准偏差、变异系数等。

（7）抽样检验方案

抽样检验方案是根据检验项目特性而确定的抽样数量、接受标准和方法。如在简单的计数值抽样检验方案中，主要是确定样本容量 n 和合格判定数，即允许不合格品件数 c，记为方案（n，c）。

《建筑工程施工质量验收统一标准》GB 50300—2013 规定检验批的质量验收应采用随机抽样的方法，抽样应满足分布均匀、具有代表性的要求，抽样数量不应低于有关专业验收规范及表 6-2 的规定。明显不合格的样本不纳入检验批，但必须进行处理，使其满足有关专业验收规范的规定，并对处理情况予以记录。

检验批的质量检验，应根据检验项目的特点在下列抽样方案中进行选择：

1）计量、计数或计量—计数等抽样方案；

2）一次、二次或多次抽样方案；

3）根据生产连续性和生产控制稳定性情况，尚可采用调整型抽样方案；

4）对重要的检验项目当可采用简易快速的检验方法时，应选用全数检验方案；

5）经实践检验有效的抽样方案。

对于计数抽样方案，一般项目正常检验一次、二次抽样可按《建筑工程施工质量验收统一标准》GB 50300-2013 附录 8 判定。

对于计量抽样方案，α（生产方风险或错判概率）、β（使用方风险或漏判概率）可按下列规定采取：

① 主控项目：对应于合格质量水平的 α 和 β 均不宜超过 5%。

②一般项目：对应于合格质量水平的 α 不宜超过 5%，β 不宜超过 10%。

检验批的最小抽样数量（GB50300—2013） **表 6-2**

检验批的容量	最小抽样数量	检验批的容量	最小抽样数量
2～15	2	151～280	13
16～25	3	281～500	20
26～90	5	501～1200	32
91～150	8	1201～3200	50

6.3.2 工程检测的基本方法

（1）工程检测的程序

建筑施工检测工作包括制订检测计划、取样（含制样）、现场检测、台账登记、委托检测及检测资料管理等。建筑施工检测工作应符合下列规定：

1）法律、法规、标准及设计要求或合同约定应由具备相应资质的检测机构检测的项目，应委托检测机构进行检测；

2）以上 1）规定之外的检测项目，当施工单位具备检测能力时可自行检测，也可委托检测机构检测；

3）参建各方对工程物资质量、施工质量或实体质量有疑义时，应委托检测机构检测。

施工单位负责施工现场检测工作的组织管理和实施。总包单位应负责施工现场检测工作的整体组织管理和实施，分包单位负责其合同范围内施工现场检测工作的实施。

施工单位除应建立施工现场检测管理制度。工程施工前，施工单位应编制检测计划，经监理（建设）单位审批后组织实施。

施工单位应对试件的代表性、真实性负责，按照规范和标准规定的取样标准进行取样，能够确保试件真实反映工程质量。需要委托检测的项目，施工单位负责办理委托检测并及时获取检测报告；自行检测的项目，施工单位应对检测结果进行评定。施工单位应及时通知见证人员对见证试件的取样（含制样）、送检过程进行见证，会同相关单位对不合格的检测项目，查找原因，依据有关规定进行处置。

（2）施工现场检测项目

1）工程物资检测

进场工程物资的检测项目，应依据相关标准的规定及设计要求确定。进场工程物资检测主要包括进场材料复验和设备性能测试。不能现场制取试件或实施进场检测的物资、设备等，可由监理（建设）单位和施工单位协商进行非现场检测或检验。工程物资检测项目可按照相关规范确定。

2）施工过程质量检测

施工过程质量检测内容主要包括：施工工艺参数确定、土工、桩基承载力、钢筋连接性能、混凝土性能、砂浆性能、锚栓（植筋）拉拔、钢结构焊缝探伤、闭水试验等各专业施工过程中的检验。施工过程质量检测项目除应符合相关标准及设计要求外，尚应根据施工质量控制的需要确定。土建工程施工过程质量检测项目可按照表 6-3 确定。

3）工程实体检测

工程实体检测内容主要包括：桩基工程载荷检测、桩身完整性检测、钢筋保护层检测、结构实体检验用同条件养护试件检测、结构混凝土检测、建筑节能检测、饰面砖粘结强度检测、各专业结构实体（系统）检测、室内空气检测等。工程实体检测的项目应依据相关标准、设计及施工质量控制的需要确定。土建施工实体检测项目可按照表 6-4 确定。

土建工程施工过程质量检测项目及相关标准一览表 **表 6-3**

<table>
<tr><th>序号</th><th>分类</th><th colspan="2">施工过程名称</th><th>试验项目</th><th>取样标准</th><th>试验标准</th><th>评定标准</th></tr>
<tr><td rowspan="2">1</td><td rowspan="2">回填</td><td rowspan="2" colspan="2">压实回填</td><td>含水率*</td><td>《建筑地基基础设计规范》GB 50007</td><td rowspan="2">《土工试验方法标准》GB/T 50123</td><td>《建筑地基基础工程施工质量验收规范》GB 50202</td></tr>
<tr><td>密实度*</td><td>GB 50202</td><td>《土工试验方法标准》GB/T 50123</td></tr>
<tr><td rowspan="3">2</td><td rowspan="3">基坑工程</td><td rowspan="2" colspan="2">锚杆(索)</td><td>抗拔</td><td rowspan="2">《岩土锚杆(索)技术规程》CECS 22</td><td rowspan="2">《建筑基坑支护技术规程》JGJ 120；
《建筑地基基础工程施工质量验收规范》GB 50202</td><td rowspan="2">《岩土锚杆（索）技术规程》CECS 22；
《建筑地基基础工程施工质量验收规范》GB 50202</td></tr>
<tr><td>蠕变试验</td></tr>
<tr><td colspan="2">土钉</td><td>极限抗拔力</td><td>《建筑基坑支护技术规程》JGJ 120；
《基坑土钉支护技术规程》CECS 96</td><td>《基坑土钉支护技术规程》CECS 96</td><td>《建筑基坑支护技术规程》JGJ 120；
《基坑土钉支护技术规程》CECS 96</td></tr>
<tr><td rowspan="6">3</td><td rowspan="6">地基工程</td><td rowspan="6">地基处理</td><td rowspan="2">垫层法</td><td>密实度*</td><td rowspan="2">《建筑地基处理技术规范》JGJ 79</td><td rowspan="2">《土工试验方法标准》GB/T 50123；
《岩土工程勘察规范》GB 50021；
《建筑地基处理技术规范》JGJ 79</td><td rowspan="2">《建筑地基基础工程施工质量验收规范》GB 50202；
《岩土工程勘察规范》GB 50021；
《土工试验方法标准》GB/T 50123；
《建筑地基处理技术规范》JGJ 79</td></tr>
<tr><td>原位测试</td></tr>
<tr><td rowspan="4">预压法</td><td>塑料排水带性能指标测试</td><td rowspan="4">《建筑地基处理技术规范》JGJ79</td><td>《土工试验方法标准》GB/T 50123</td><td rowspan="4">《建筑地基基础工程施工质量验收规范》GB 50202；
《岩土工程勘察规范》GB 50021；
《土工试验方法标准》GB/T 50123；
《建筑地基处理技术规范》JGJ 79</td></tr>
<tr><td>砂料颗粒渗透试验</td><td rowspan="3">《岩土工程勘察规范》GB 50021
《建筑地基处理技术规范》JGJ 79</td></tr>
<tr><td>十字板剪切试验</td></tr>
<tr><td>室内土工试验</td></tr>
</table>

续表

序号	分类	施工过程名称	试验项目	取样标准	试验标准	评定标准
4	钢筋连接	锥螺纹连接	抗拉强度	《钢筋机械连接通用技术规程》JGJ 107	《钢筋焊接接头试验方法标准》JGJ/T 27	《钢筋机械连接通用技术规程》JGJ 107
		套筒挤压接头				
		镦粗直螺纹钢筋接头				
		电阻点焊	抗拉强度	《钢筋焊接及验收规程》JGJ 18	《钢筋焊接接头试验方法标准》JGJ/T 27； 《复合钢板 焊接接头力学性能试验方法》GB/T 16957； 《焊接接头拉伸试验方法》GB 2651； 《焊缝及熔敷金属拉伸试验方法》GB 2652； 《焊接接头弯曲及压扁试验方法》GB 2653	《钢筋焊接及验收规程》JGJ 18
			抗剪强度			
			弯曲			
		电弧焊接头	抗拉强度			
		闪光对焊	抗拉强度			
			弯曲			
		电渣压力焊接头	抗拉强度			
		气压焊接头	抗拉强度			
			弯曲（梁、板的水平筋连接）			
		预埋件钢筋T型接头	抗拉强度			
5	钢结构工程	紧固件连接：高强度大六角头螺栓连接副	扭矩*	《钢结构工程施工质量验收规范》GB 50205	《钢结构工程施工质量验收规范》GB 50205	《钢结构工程施工质量验收规范》GB 50205
		紧固件连接：高强度螺栓连接摩擦面的	抗滑移系数	《钢结构工程施工质量验收规范》GB 50205； 《钢结构高强度螺栓连接技术规程》JGJ82	《钢结构工程施工质量验收规范》GB 50205； 《钢结构高强度螺栓连接规程》JGJ 82	《钢结构工程施工质量验收规范》GB 50205； 《钢结构高强度螺栓连接技术规程》JGJ 82
		焊接工程：焊接工艺评定	抗拉、弯曲、冲击*	《钢结构工程施工质量验收规范》GB 50205； 《钢结构焊接规范》GB 50661	《钢结构工程施工质量验收规范》GB 50205； 《钢结构焊接规范》GB 50661	《钢结构工程施工质量验收规范》GB 50205； 《钢结构焊接规范》GB 50661
		焊接工程：焊缝	外观质量检测*			

续表

序号	分类	施工过程名称		试验项目	取样标准	试验标准	评定标准
5	钢结构工程	焊接工程	焊缝	内部质量检测	《钢结构工程施工质量验收规范》GB 50205；《钢结构焊接规范》GB 50661	《钢焊缝手工超声波探伤方法和探伤结果分级》GB 11345；《钢熔化焊对接接头射线照相和质量分级》GB 3323；《焊接球节点钢网架焊缝超声波探伤及质量分级方法》JG/T 3034.1；《螺栓球节点钢网架焊缝超声波探伤及质量分级法》JG/T 3034.2《建筑钢结构焊接技术规程》JGJ 81	《构工程施工质量验收规范》GB 50205；《钢结构焊接规范》GB 50661
			焊钉（栓钉）	弯曲*	《钢结构焊接规范》GB 50661；《钢结构工程施工质量验收规范》GB 50205	《钢结构焊接规范》GB 50661；《钢结构工程施工质量验收规范》GB 50205	《钢结构焊接规范》GB 50661；《钢结构工程施工质量验收规范》GB 50205
		网架安装		节点承载力	《钢结构工程施工质量验收规范》GB 50205		
		防腐涂装	表面除锈	等级检测*	《钢结构工程施工质量验收规范》GB 50205	《钢结构工程施工质量验收规范》GB 50205；《涂覆涂料前钢材表面处理　表面清洁度的目视评定》GB 8923	《钢结构工程施工质量验收规范》GB 50205
			涂层	干膜厚度*		《钢结构工程施工质量验收规范》GB 50205	
			涂层	附着力*		《漆膜附着力测定方法》GB 1720；《色漆和清漆 漆膜的划格试验》GB 9286	
		防火涂装	涂装前	表面检测*	《钢结构下程施工质量验收规范》GB 50205	《钢结构工程施工质量验收规范》GB 50205；《涂覆涂料前钢材表面处理　表面清洁度的目视评定》GB 8923	《钢结构工程施工质量验收规范》GB 50205
		涂层		厚度*		《钢结构防火涂料应用技术规程》CECS 24；《钢结构工程施工质量验收规范》GB 50205	《钢结构工程施工质量验收规范》GB 50205
				表面裂纹宽度*	《钢结构工程施工质量验收规范》GB 50205	《钢结构工程施工质量验收规范》GB 50205	《钢结构工程施工质量验收规范》GB 50205

注：标“*”项目为施工单位可自行检测项目，其余项目均应由有资质的检测单位进行检测。

土建施工实体检测项目及相关标准一览表 **表 6-4**

序号	分类	实体名称	试验项目	取样标准	试验标准	评定标准
1	土方回填	压实填土（回填结束后）	压实系数	《建筑地基基础设计规范》GB 50007；《建筑地基基础工程施工质量验收规范》GB 50202	《土工试验方法标准》GB/T 50123	《建筑地基基础工程施工质量验收规范》GB 50202；《土工试验方法标准》GB/T 50123
2	基坑工程	混凝土灌注桩桩身质量检测	低应变动测法检测	《建筑基坑支护技术规程》JGJ 120；	《建筑基桩检测技术规范》JGJ 106	《建筑基桩检测技术规范》JGJ 106；《岩土工程勘察规范》GB 50021；《建筑地基基础工程施工质量验收规范》GB 50202
			钻芯法检测			
		地下连续墙质量检测	钻孔抽芯检测	《建筑基坑支护技术规程》JGJ 120；《建筑地基基础设计规范》GB 50007	《建筑基桩检测技术规范》JGJ 106	《建筑基桩检测技术规范》JGJ 106；《岩土工程勘察规范》GB 50021；《建筑地基基础工程施工质量验收规范》GB 50202
			声波透射法检测			
		钢支撑构件焊接质量检测	超声探伤法检测	《建筑基坑支护技术规程》JGJ 120	《铸钢件 超声检测》GB/T 7233	《建筑地基基础工程施工质量验收规范》GB 50202
		锚杆(索)抗拔力验收试验	锚杆(索)抗拔力	《岩土锚杆(索)技术规程》CECS 22；	《岩土锚杆(索)技术规程》CECS 22；《建筑基坑支护技术规程》JGJ 120；《建筑地基基础工程施工质量验收规范》GB 50202	《岩土锚杆(索)技术规程》CECS 22；《建筑地基基础工程施工质量验收规范》GB 50202
		水泥土墙质量检测	钻孔取芯检测	《建筑基坑支护技术规程》JGJ 120	《建筑基桩检测技术规范》JGJ 106；《土工试验方法标准》GB/T 50123	《土工试验方法标准》GB/T 50123；《建筑地基基础工程施工质量验收规范》GB 50202；《岩土工程勘察规范》GB 50021
			试块单轴抗压强度			
		逆作拱墙质量检测	钻孔取芯检测	《建筑基坑支护技术规程》JGJ 120；	《建筑基桩检测技术规范》JGJ 106	《土工试验方法标准》GB/T 50123；《建筑地基基础 T 程施工质量验收规范》GB 50202；《岩土工程勘察规范》GB 50021
		土钉墙质量验收检测	土钉抗拔力	《建筑基坑支护技术规程》JGJ 120；《基坑土钉支护技术规程》CECS 96	《基坑土钉支护技术规程》CECS 96	《建筑基坑支护技术规程》JGJ 120；《基坑土钉支护技术规程》CECS 96
			钻孔检测混凝土面层厚度			

续表

序号	分类	实体名称	试验项目	取样标准	试验标准	评定标准
3	地基工程	天然地基持力层检验	原位轻型动力触探试验*	《建筑地基基础工程施工质量验收规范》CJB 50202	《岩土工程勘察规范》GB 50021	《建筑地基基础工程施工质量验收规范》GB 50202； 《本场地的岩土勘察报告》； 《岩土工程勘察规范》GB 50021
		垫层法地基验收试验	原位载荷试验	《建筑地基处理技术规范》JGJ 79	《土工试验方法标准》GB/T 50123； 《岩土工程勘察规范》GB 50021； 《建筑地基处理技术规范》JGJ 79	《建筑地基基础工程施工质量验收规范》GB 50202； 《岩土工程勘察规范》GB 50021； 《土工试验方法标准》GB/T 50123； 《建筑地基处理技术规范》JGJ 79
		预压法地基验收试验	原位十字板剪切试验	《建筑地基处理技术规范》JGJ 79	《土工试验方法标准》GB/T 50123； 《岩土工程勘察规范》GB 50021； 《建筑地基处理技术规范》JGJ 79	《建筑地基基础工程施工质量验收规范》GB 50202； 《岩土工程勘察规范》GB 50021； 《土工试验方法标准》GB/T 50123； 《建筑地基处理技术规范》JGJ 79
			室内土工试验			
			载荷试验			
		强夯法地基验收试验	室内土工试验		《土工试验方法标准》GB/T 50123； 《岩土工程勘察规范》GB 50021； 《建筑地基处理技术规范》JGJ 79	《建筑地基基础工程施工质量验收规范》GB 50202； 《岩土工程勘察规范》GB 50021； 《土工试验方法标准》GB/T 50123； 《建筑地基处理技术规范》JGJ 79
			原位测试试验			
			原位载荷试验			
		振冲桩复合地基验收试验	原位测试试验		《岩土工程勘察规范》GB 50021； 《建筑地基处理技术规范》JGJ 79	《建筑地基基础工程施工质量验收规范》GB 50202； 《建筑地基处理技术规范》JGJ 79； 《岩土工程勘察规范》GB 50021
			原位复合地基载荷试验			
		砂石桩复合地基验收试验	单桩载荷试验			
			原位测试试验			
			原位复合地基载荷试验			
			低应变动力测试			

续表

序号	分类	实体名称	试验项目	取样标准	试验标准	评定标准
3	地基工程	CFG桩复合地基验收试验	复合地基载荷试验	《建筑地基处理技术规范》JGJ 79	《建筑基桩检测技术规范》JGJ 106； 《建筑地基处理技术规范》JGJ 79	《建筑地基基础下程施工质量验收规范》GB 50202； 《岩土工程勘察规范》GB 50021； 《建筑基桩检测技术规范》JGJ 106； 《建筑地基处理技术规范》JGJ 79
		夯实水泥土桩复合地基验收试验	桩身干密度测定	《建筑地基处理技术规范》JGJ 79	《土工试验方法标准》GB/T 50123； 《岩土工程勘察规范》GB 50021； 《建筑地基处理技术规范》JGJ 79	《建筑地基基础工程施工质量验收规范》GB 50202； 《岩土工程勘察规范》GB 50021； 《土工试验方法标准》GB/T 50123； 《建筑地基处理技术规范》JGJ 79
			桩身原位轻型动力触探试验*			
			原位复合地基载荷试验			
		水泥土搅拌桩复合地基验收试验	桩身原位轻型动力触探试验*	《建筑地基处理技术规范》JGJ 79	《土工试验方法标准》GB/T 50123； 《岩土工程勘察规范》GB 50021； 《建筑地基处理技术规范》JGJ 79	《建筑地基基础工程施工质量验收规范》GB 50202； 《岩土工程勘察规范》GB 50021； 《土工试验方法标准》GB/T 50123； 《建筑地基处理技术规范》JGJ 79
			原位复合地基和单桩载荷试验			
			桩身芯样的抗压强度试验			
		高压旋喷桩复合地基验收试验	桩身原位标准贯入试验	《建筑地基处理技术规范》JGJ79	《岩土工程勘察规范》GB 50021； 《建筑地基处理技术规范》JGJ 79	《建筑地基基础工程施工质量验收规范》GB 50202； 《岩土工程勘察规范》GB 50021； 《建筑地基处理技术规范》JGJ 79
			桩身取芯试验			
			桩身原位围井注水试验			
			原位复合地基和单桩载荷试验			
		石灰桩复合地基验收试验	桩身及桩间土原位测试试验	《建筑地基处理技术规范》JGJ79	《岩土工程勘察规范》GB 50021； 《建筑地基处理技术规范》JGJ 79	《建筑地基基础工程施工质量验收规范》GB 50202； 《岩土工程勘察规范》GB 50021； 《建筑地基处理技术规范》JGJ 79
			原位复合地基载荷试验			

续表

序号	分类	实体名称	试验项目	取样标准	试验标准	评定标准
3	地基工程	土(灰土)挤密桩复合地基验收试验	桩身及桩间土干密度测定	《建筑地基处理技术规范》JGJ 79	《土工试验方法标准》GB/T 50123；《建筑地基处理技术规范》JGJ 79	《土工试验方法标准》GB/T 50123；《建筑地基处理技术规范》JGJ 79；《岩土工程勘察规范》GB 50021
			原位复合地基载荷试验			
			桩间土的室内土工试验			
		柱锤冲扩桩复合	桩身及桩间土的原位重型动力触探试验		《岩土工程勘察规范》GB 50021；《建筑地基处理技术规范》JGJ 79	《建筑地基处理技术规范》JGJ 79；《岩土工程勘察规范》GB 50021
		地基验收试验	原位复合地基载荷试验			
		单液硅化和碱液法地基验收试验	原位测试试验	《建筑地基处理技术规范》JGJ79	《土工试验方法标准》GB/T 50123；《岩土工程勘察规范》CJB 50021	《土工试验方法标准》GB/T 50123；《建筑地基处理技术规范》JGJ 79；《岩土工程勘察规范》GB 50021
			试样无侧限抗压强度试验			
			试样水稳性试验			
		注浆法地基验收试验	原位测试试验	《既有建筑地基基础加固技术规范》JGJ 123	《岩土工程勘察规范》GB 50021；《建筑地基处理技术规范》JGJ 79	《建筑地基处理技术规范》JGJ79；《岩土工程勘察规范》GB 50021
			原位地基载荷试验			
4	桩基工程	树根桩验收试验	原位动测法试验	《既有建筑地基基础加固技术规范》JGJ 123	《建筑基桩检测技术规范》JGJ 106	《建筑基桩检测技术规范》JGJ 106
			单桩竖向原位载荷试验			
		灌注桩验收试验	单桩竖向原位载荷试验	《建筑桩基技术规范》JGJ 94；《建筑基桩检测技术规范》JGJ 106	《建筑基桩检测技术规范》JGJ 106	《建筑基桩检测技术规范》JGJ 106
			原位动测法试验			
			钻芯法检测			
			声波透射法检测			

续表

序号	分类	实体名称	试验项目	取样标准	试验标准	评定标准
5	结构工程	混凝土结构锚固	承载力	《混凝土结构后锚固技术规程》JGJ 145；《建筑装饰装修工程质量验收规范》GB 50210	《混凝土结构后锚固技术规程》JGJ 145	《混凝土结构后锚固技术规程》JGJ 145
		砌体工程	砌体强度	《砌体工程现场检测技术标准》GB/T 50315	《砌体工程现场检测技术标准》GB/T 50315	《砌体工程现场检测技术标准》GB/T 50315
			砂浆强度			
		外墙饰面砖	粘结强度	《建筑工程饰面砖粘结强度检验标准》JGJ 110；《外墙饰面砖工程施工及验收规程》JGJ 126	《建筑工程饰面砖粘结强度检验标准》JGJ 110	《建筑工程饰面砖粘结强度检验标准》JGJ 110；《建筑装饰装修工程质量验收规范》GB 50210
		混凝土	强度 回弹法	《回弹法检测混凝土抗压强度》JGJ/T23	《回弹法检测混凝土抗压强度》JGJ/T 23	《回弹法检测混凝土抗压强度》JGJ/T 23
			强度 钻芯法	《钻芯法检测混凝土强度技术规程》CECS 03	《钻芯法检测混凝土强度技术规程》CECS03	《钻芯法检测混凝土强度技术规程》CECS 03
			结构实体钢筋保护层厚度	《混凝土结构工程施工质量验收规范》GB 50204	《电磁感应法检测钢筋间距和钢筋保护层厚度技术规程》DB 35/T 1114	《混凝土结构工程施工质量验收规范》GB 50204
			结构实体检验用同条件养护试件强度	《混凝土结构工程施工质量验收规范》GB 50204；《普通混凝土力学性能试验方法标准》GB 50081	《普通混凝土力学性能试验方法标准》GB 50081	《混凝土结构工程施工质量验收规范》GB 50204；《混凝土强度检验评定标准》GB/T 107
		双组分硅酮结构胶	混匀性、拉断	《建筑装饰装修工程质量验收规范》GB 50210	《建筑用硅酮结构密封胶》GB 16776	《建筑用硅酮结构密封胶》GB 16776
6	室内环境	室内空气质量	氡	《环境空气中氡的标准测量方法》GB/T 14582	《环境空气中氡的标准测量方法》GB/T 14582	《民用建筑工程室内环境污染控制规范》GB50325
			甲醛	《公共场所卫生检验方法　第2部分　化学污染》GB/T 18204.2	《公共场所卫生检验方法　第2部分　化学污染》GB/T 18204.2	
			苯	《居住区大气中苯、甲苯和二甲苯卫生检验标准方法 气相色谱法》GB/T 11737	《居住区大气中苯、甲苯和二甲苯卫生检验标准方法 气相色谱法》GB/T 11737	
			氨	《公共场所卫生检验方法　第2部分：化学污染物》GB/T 18204.2—2014	《公共场所卫生检验方法　第2部分：化学污染物》GB/T 18204.2—2014	
			TVOC	《居住区大气中苯、甲苯和二甲苯卫生检验标准方法 气相色谱法》GB/T 11737	《居住区大气中苯、甲苯和二甲苯卫生检验标准方法 气相色谱法》GB/T 11737	

注：标“*”项目为施工单位可自行检测项目，其余项目均应由有资质的检测单位进行检测。

第7章　工程建设相关法律法规

7.1　工程建设标准

1988年12月颁布的《标准化法》规定，对下列需要统一的技术要求，应当制定标准：……建设工程的设计、施工方法和安全要求；有关工业生产、工程建设和环境保护的技术术语、符号、代号和制图方法。

工程建设标准通过行之有效的标准规范，特别是工程建设强制性标准，为建设工程实施安全防范措施、消除安全隐患提供统一的技术要求，以确保在现有的技术、管理条件下尽可能地保障建设工程质量安全，从而最大限度地保障建设工程的建造者、使用者和所有者的生命财产安全以及人身健康安全。

7.1.1　工程建设标准的分类

根据《标准化法》的规定，我国的标准分为国家标准、行业标准、地方标准和企业标准。国家标准、行业标准又分为强制性标准和推荐性标准。

保障人体健康，人身、财产安全的标准和法律、行政法规规定强制执行的标准是强制性标准，其他标准是推荐性标准。强制性标准一经颁布，必须贯彻执行，否则对造成恶劣后果和重大损失的单位和个人，要受到经济制裁或承担法律责任。

7.1.1.1　工程建设国家标准

《标准化法》规定，对需要在全国范围内统一的技术要求，应当制定国家标准。

（1）工程建设国家标准的范围和类型

1）1992年12月建设部发布的《工程建设国家标准管理办法》规定，对需要在全国范围内统一的下列技术要求，应当制定国家标准：

① 工程建设勘察、规划、设计、施工（包括安装）及验收等通用的质量要求；

② 工程建设通用的有关安全、卫生和环境保护的技术要求；

③ 工程建设通用的术语、符号、代号、量与单位、建筑模数和制图方法；

④ 工程建设通用的试验、检验和评定等方法；

⑤ 工程建设通用的信息技术要求；

⑥ 国家需要控制的其他工程建设通用的技术要求。

2）工程建设国家标准分为强制性标准和推荐性标准。下列标准属于强制性标准：

① 工程建设勘察、规划、设计、施工（包括安装）及验收等通用的综合标准和重要的通用的质量标准；

② 工程建设通用的有关安全、卫生和环境保护的标准；

③ 工程建设重要的通用的术语、符号、代号、量与单位、建筑模数和制图方法标准；

④ 工程建设重要的通用的试验、检验和评定方法等标准；

⑤ 工程建设重要的通用的信息技术标准；

⑥ 国家需要控制的其他工程建设通用的标准。

强制性标准以外的标准是推荐性标准。推荐性标准，国家鼓励企业自愿采用。

（2）工程建设国家标准的制订原则和程序

制订国家标准应当遵循下列原则：

① 必须贯彻执行国家的有关法律、法规和方针、政策，密切结合自然条件，合理利用资源，充分考虑使用和维修的要求，做到安全适用、技术先进、经济合理；

② 对需要进行科学试验或测试验证的项目，应当纳入各级主管部门的科研计划，认真组织实施，写出成果报告；

③ 纳入国家标准的新技术、新工艺、新设备、新材料，应当经有关主管部门或受委托单位鉴定，且经实践检验行之有效；

④ 积极采用国际标准和国外先进标准，并经认真分析论证或测试验证，符合我国国情；

⑤ 国家标准条文规定应当严谨明确，文句简练，不得模棱两可，其内容深度、术语、符号、计量单位等应当前后一致；

⑥ 必须做好与现行相关标准之间的协调工作。

工程建设国家标准的制订程序分为准备、征求意见、送审和报批四个阶段。

（3）工程建设国家标准的审批发布和编号

工程建设国家标准由国务院工程建设行政主管部门审查批准，由国务院标准化行政主管部门统一编号，由国务院标准化行政主管部门和国务院工程建设行政主管部门联合发布。

工程建设国家标准的编号由国家标准代号、发布标准的顺序号和发布标准的年号组成。强制性国家标准的代号为“GB”，推荐性国家标准的代号为“GB/T”。例如：《建筑工程施工质量验收统一标准》GB 50300—2013，其中 GB 表示为强制性国家标准，50300 表示标准发布顺序号，2013 表示是 2013 年批准发布；《工程建设施工企业质量管理规范》GB/T 50430—2007，其中 GB/T 表示为推荐性国家标准，50430 表示标准发布顺序号，2007 表示是 2007 年批准发布。

（4）国家标准的复审与修订

国家标准实施后，应当根据科学技术的发展和工程建设的需要，由该国家标准的管理部门适时组织有关单位进行复审。复审一般在国家标准实施后 5 年进行 1 次。

国家标准复审后，标准管理单位应当提出其继续有效或者予以修订、废止的意见，经该国家标准的主管部门确认后报国务院工程建设行政主管部门批准。

凡属下列情况之一的国家标准，应当进行局部修订：

① 国家标准的部分规定已制约了科学技术新成果的推广应用；

② 国家标准的部分规定经修订后可取得明显的经济效益、社会效益、环境效益；

③ 国家标准的部分规定有明显缺陷或与相关的国家标准相抵触；

④ 需要对现行的国家标准做局部补充规定。

7.1.1.2 工程建设行业标准

《标准化法》规定，对没有国家标准而又需要在全国某个行业范围内统一的技术要求，可以制定行业标准。行业标准由国务院有关行政主管部门制定，并报国务院标准化行政主管部门备案，在公布国家标准之后，该项行业标准即行废止。

（1）工程建设行业标准的范围和类型

1）《工程建设行业标准管理办法》规定，下列技术要求，可以制定行业标准：

① 工程建设勘察、规划、设计、施工（包括安装）及验收等行业专用的质量要求；

② 工程建设行业专用的有关安全、卫生和环境保护的技术要求；

③ 工程建设行业专用的术语、符号、代号、量与单位和制图方法；

④ 工程建设行业专用的试验、检验和评定等方法；

⑤ 工程建设行业专用的信息技术要求；

⑥ 其他工程建设行业专用的技术要求。

2）工程建设行业标准也分为强制性标准和推荐性标准。下列标准属于强制性标准：

① 工程建设勘察、规划、设计、施工（包括安装）及验收等行业专用的综合性标准和重要的行业专用的质量标准；

② 工程建设行业专用的有关安全、卫生和环境保护的标准；

③ 工程建设重要的行业专用的术语、符号、代号、量与单位和制图方法标准；

④ 工程建设重要的行业专用的试验、检验和评定方法等标准；

⑤ 工程建设重要的行业专用的信息技术标准；

⑥ 行业需要控制的其他工程建设标准。强制性标准以外的标准是推荐性标准。

行业标准不得与国家标准相抵触。行业标准的某些规定与国家标准不一致时，必须有充分的科学依据和理由，并经国家标准的审批部门批准。行业标准在相应的国家标准实施后，应当及时修订或废止。

（2）工程建设行业标准的制订、修订程序与复审

工程建设行业标准的制订、修订程序，也可以按准备、征求意见、送审和报批四个阶段进行。工程建设行业标准实施后，根据科学技术的发展和工程建设的实际需要，该标准的批准部门应当适时进行复审，确认其继续有效或予以修订、废止。一般也是 5 年复审 1 次。

7.1.1.3 工程建设地方标准

《标准化法》规定，对没有国家标准和行业标准而又需要在省、自治区、直辖市范围内统一的工业产品的安全、卫生要求，可以制定地方标准。在公布国家标准或者行业标准之后，该项地方标准即行废止。

（1）工程建设地方标准制定的范围和权限

我国幅员辽阔，各地的自然环境差异较大，而工程建设在许多方面要受到自然环境的影响。例如，我国的黄土地区、冻土地区以及膨胀土地区，对建筑技术的要求有很大区别。因此，工程建设标准除国家标准、行业标准外，还需要有相应的地方标准。

2004 年 2 月建设部发布的《工程建设地方标准化工作管理规定》中规定，工程建设地方标准项目的确定，应当从本行政区域工程建设的需要出发，并应体现本行政区域的气候、地理、技术等特点。对没有国家标准、行业标准或国家标准、行业标准规定不具体，

且需要在本行政区域内作出统一规定的工程建设技术要求，可制定相应的工程建设地方标准。

工程建设地方标准在省、自治区、直辖市范围内由省、自治区、直辖市建设行政主管部门统一计划、统一审批、统一发布、统一管理。

（2）工程建设地方标准的实施和复审

工程建设地方标准不得与国家标准和行业标准相抵触。对与国家标准或行业标准相抵触的工程建设地方标准的规定，应当自行废止。工程建设地方标准应报国务院建设行政主管部门备案。未经备案的工程建设地方标准，不得在建设活动中使用。

工程建设地方标准中，对直接涉及人民生命财产安全、人体健康、环境保护和公共利益的条文，经国务院建设行政主管部门确定后，可作为强制性条文。在不违反国家标准和行业标准的前提下，工程建设地方标准可以独立实施。

工程建设地方标准实施后，应根据科学技术的发展、本行政区域工程建设的需要以及工程建设国家标准、行业标准的制定、修订情况，适时进行复审，复审周期一般不超过 5 年。对复审后需要修订或局部修订的工程建设地方标准，应当及时进行修订或局部修订。

7.1.1.4　工程建设企业标准

《标准化法》规定，企业生产的产品没有国家标准和行业标准的，应当制定企业标准，作为组织生产的依据。已有国家标准或者行业标准的，国家鼓励企业制定严于国家标准或者行业标准的企业标准，在企业内部适用。

1995 年 6 月建设部发布的《关于加强工程建设企业标准化工作的若干意见》指出，工程建设企业标准是对工程建设企业生产、经营活动中的重复性事项所作的统一规定，应当覆盖本企业生产、经营活动各个环节。工程建设企业标准一般包括企业的技术标准、管理标准和工作标准。

（1）企业技术标准

企业技术标准，是指对本企业范围内需要协调和统一的技术要求所制定的标准。对已有国家标准、行业标准或地方标准的，企业可以按照国家标准、行业标准或地方标准的规定执行，也可以根据本企业的技术特点和实际需要制定优于国家标准、行业标准或地方标准的企业标准；对没有国家标准、行业标准或地方标准的，企业应当制定企业标准。国家鼓励企业积极采用国际标准或国外先进标准。

（2）企业管理标准

企业管理标准，是指对本企业范围内需要协调和统一的管理要求，如企业的组织管理、计划管理、技术管理、质量管理和财务管理等所制定的标准。

（3）企业工作标准

企业工作标准，是指对本企业范围内需要协调和统一的工作事项要求所制定的标准。重点应围绕工作岗位的要求，对企业各个工作岗位的任务、职责、权限、技能、方法、程序、评定等作出规定。

需要说明的是，标准、规范、规程都是标准的表现方式，习惯上统称为标准。当针对产品、方法、符号、概念等基础标准时，一般采用“标准”，如《道路工程标准》、《建筑抗震鉴定标准》等；当针对工程勘察、规划、设计、施工等通用的技术事项作出规定时，一般采用“规范”，如《混凝土结构设计规范》、《住宅建筑设计规范》、《建筑设计防火规范》等；当针对操作、工艺、管理等专用技术要求时，一般采用“规程”，如《建筑安装工程工艺及操作规程》、《建筑机械使用安全操作规程》等。

此外，在实践中还有推荐性的工程建设协会标准。

7.1.2 工程建设强制性标准实施的规定

工程建设标准制定的目的在于实施。否则，再好的标准也是一纸空文。我国工程建设领域所出现的各类工程质量事故，大都是没有贯彻或没有严格贯彻强制性标准的结果。因此，《标准化法》规定，强制性标准，必须执行。《建筑法》规定，建筑活动应当确保建筑工程质量和安全，符合国家的建设工程安全标准。

7.1.2.1 工程建设各方主体实施强制性标准的法律规定

《建筑法》和《建设工程质量管理条例》规定，建设单位不得以任何理由，要求建筑设计单位或者建筑施工企业在工程设计或者施工作业中，违反法律、行政法规和建筑工程质量、安全标准，降低工程质量。建设单位不得明示或者暗示设计单位或者施工单位违反工程建设强制性标准，降低建设工程质量。建筑设计单位和建筑施工企业对建设单位违反规定提出的降低工程质量的要求，应当予以拒绝。

勘察、设计单位必须按照工程建设强制性标准进行勘察、设计，并对其勘察、设计的质量负责。建筑工程设计应当符合国家规定制定的建筑安全规程和技术规范，保证工程的安全性能。勘察、设计文件应当符合有关法律、行政法规的规定和建筑工程质量、安全标准、建筑工程勘察、设计技术规范以及合同的约定。设计文件选用的建筑材料、建筑构配件和设备，应当注明其规格、型号、性能等技术指标，其质量要求必须符合国家规定的标准。

施工单位必须按照工程设计图纸和施工技术标准施工，不得擅自修改工程设计，不得偷工减料。施工单位必须按照工程设计要求、施工技术标准和合同约定，对建筑材料、建筑构配件、设备和商品混凝土进行检验，检验应当有书面记录和专人签字；未经检验或者检验不合格的，不得使用。

工程监理单位应当依照法律、行政法规及有关的技术标准、设计文件和工程承包合同，对承包单位在施工质量、建设工期和建设资金使用等方面，代表建设单位实施监督。工程监理人员认为工程施工不符合工程设计要求、施工技术标准和合同约定的，有权要求建筑施工企业改正。工程监理人员发现工程设计不符合建筑工程质量标准或者合同约定的质量要求的，应当报告建设单位要求设计单位改正。

7.1.2.2 工程建设标准强制性条文的实施

在工程建设标准的条文中，使用“必须”、“严禁”、“应”、“不应”、“不得”等属于强制性标准的用词，而使用“宜”、“不宜”、“可”等一般不是强制性标准的规定；但在工作实践中，强制性标准与推荐性标准的划分仍然存在一些困难。

为此，自2000年起，原建设部对工程建设强制性标准进行了改革，严格按照《标准化法》的规定，把现行工程建设强制性国家标准、行业标准中必须严格执行的直接涉及工程安全、人体健康、环境保护和公众利益的技术规定摘编出来，以工程项目类别为对象，编制完成了《工程建设标准强制性条文》，包括城乡规划、城市建设、房屋建筑、工业建筑、水利工程、电力工程、信息工程、水运工程、公路工程、铁道工程、石油和化工技术工程、矿业工程、人防工程、广播电影电视工程和民航机场工程等15个部分。《工程建设标准强制性条文》是工程建设现行国家和行业标准中直接涉及人民生命财产安全、人身健康、环境保护和其他公众利益，同时考虑了提高经济效益和社会效益等方面的要求。它是参与建设活动各方执行工程建设强制性标准和政府对执行情况实施监督的依据。

2015年1月住房城乡建设部经修改后发布的《实施工程建设强制性标准监督规定》规定，在中华人民共和国境内从事新建、扩建、改建等工程建设活动，必须执行工程建设强制性标准。工程建设强制性标准是指直接涉及工程质量、安全、卫生及环境保护等方面的工程建设标准强制性条文。国家工程建设标准强制性条文由国务院住房城乡建设主管部门会同国务院有关主管部门确定。

建设工程勘察、设计文件中规定采用的新技术、新材料，可能影响建设工程质量和安全，又没有国家技术标准的，应当由国家认可的检测机构进行试验、论证，出具检测报告，并经国务院有关主管部门或者省、自治区、直辖市人民政府有关主管部门组织的建设工程技术专家委员会审定后，方可使用。工程建设中采用国际标准或者国外标准，而我国现行强制性标准未作规定的，建设单位应当向国务院住房城乡建设主管部门或者国务院有关主管部门备案。

7.1.2.3 对工程建设强制性标准实施的监督管理

（1）监督管理机构

《实施工程建设强制性标准监督规定》规定，国务院住房城乡建设主管部门负责全国实施工程建设强制性标准的监督管理工作。国务院有关主管部门按照国务院的职能分工负责实施工程建设强制性标准的监督管理工作。县级以上地方人民政府住房城乡建设主管部门负责本行政区域内实施工程建设强制性标准的监督管理工作。

建设项目规划审查机关应当对工程建设规划阶段执行强制性标准的情况实施监督；施工图设计文件审查单位应当对工程建设勘察、设计阶段执行强制性标准的情况实施监督；建筑安全监督管理机构应当对工程建设施工阶段执行施工安全强制性标准的情况实施监督；工程质量监督机构应当对工程建设施工、监理、验收等阶段执行强制性标准的情况实施监督。

建设项目规划审查机关、施工设计图设计文件审查单位、建筑安全监督管理机构、工程质量监督机构的技术人员必须熟悉、掌握工程建设强制性标准。

（2）监督检查的内容和方式

强制性标准监督检查的内容包括：

① 工程技术人员是否熟悉、掌握强制性标准；

② 工程项目的规划、勘察、设计、施工、验收等是否符合强制性标准的规定；

③ 工程项目采用的材料、设备是否符合强制性标准的规定；

④ 工程项目的安全、质量是否符合强制性标准的规定；

⑤ 工程项目采用的导则、指南、手册、计算机软件的内容是否符合强制性标准的规定。

工程建设标准批准部门应当定期对建设项目规划审查机关、施工图设计文件审查单位、建筑安全监督管理机构、工程质量监督机构实施强制性标准的监督进行检查，对监督不力的单位和个人，给予通报批评，建议有关部门处理。

工程建设标准批准部门应当对工程项目执行强制性标准情况进行监督检查。监督检查可以采取重点检查、抽查和专项检查的方式。

工程建设标准批准部门应当将强制性标准监督检查结果在一定范围内公告。

【案例 1】

① 背景

2010 年 4 月 1 日，某建筑工程有限责任公司（以下简称施工单位）中标承包了某开发公司（以下简称建设单位）的住宅工程施工项目，双方于同年 4 月 10 日签订了建设工程施工合同。2011 年 11 月该工程封顶时，建设单位发现该住宅楼的顶层防水工程做得不到位。认为是施工单位使用的防水卷材不符合标准，要求施工单位采取措施，对该顶层防水工程重新施工。施工单位则认为，防水卷材符合标准，不同意重新施工或者采取其他措施。双方协商未果，建设单位将施工单位起诉至法院，要求施工单位对顶层防水工程重新施工或采取其他措施，并赔偿建设单位的相应损失。

根据当事人的请求，受诉法院委托某建筑工程质量检测中心对顶层防水卷材进行检测，检测结果表明：本工程使用的“弹性体改性沥青防水卷材”，不符合自 2009 年 9 月 1 日起正式实施的国家标准《弹性体改性沥青防水卷材》GB 18242—2008 的要求。但是，施工单位则认为，施工合同中并未约定使用此强制性国家标准，不同意重新施工或者采取其他措施。

② 问题

本案中建设单位的诉讼请求能否得到支持？为什么？

③ 分析

《标准化法》第 14 条规定，“强制性标准，必须执行。”本案中的“弹性体改性沥青防水卷材”有强制性国家标准，必须无条件遵照执行。施工单位认为，在施工合同中并未约定使用此强制性国家标准，所以，不应该遵守适用的观点是错误的。而且，在有国家强制性标准的情况下，即使双方当事人在合同中约定了采用某项推荐性标准，也属于无效约定，仍然必须适用于国家强制性标准。

因此，本案中建设单位的诉讼请求应该给予支持，施工单位应该对顶层防水工程重新施工或采取其他措施，并赔偿建设单位的相应损失。

7.2 市场准入

建设工程施工活动是一种专业性、技术性极强的特殊活动。对建设工程是否具备施工条件以及从事施工活动的单位和专业技术人员进行严格的管理和事前控制，实行市场准入。这对规范建设市场秩序，保证建设工程质量和施工安全生产，提高投资效益，保障公民生命财产安全和国家财产安全具有十分重要的意义。

7.2.1 施工企业从业资格制度

《建筑法》规定，从事建筑活动的建筑施工企业、勘察单位、设计单位和工程监理单位，应当具备下列条件：

（1）有符合国家规定的注册资本；

（2）有与其从事的建筑活动相适应的具有法定执业资格的专业技术人员；

（3）有从事相关建筑活动所应有的技术装备；

（4）法律、行政法规规定的其他条件。

该法还规定，本法关于施工许可、建筑施工企业资质审查和建筑工程发包、承包、禁止转包，以及建筑工程监理、建筑工程安全和质量管理的规定，适用于其他专业建筑工程的建筑活动，具体办法由国务院规定。

《建设工程质量管理条例》进一步规定，施工单位应当依法取得相应等级的资质证书，并在其资质等级许可的范围内承揽工程。本条例所称建设工程，是指土木工程、建筑工程、线路管道和设备安装工程及装修工程。

2015年1月住房城乡建设部经修改后发布的《建筑业企业资质管理规定》中规定，建筑业企业是指从事土木工程、建筑工程、线路管道设备安装工程的新建、扩建、改建等施工活动的企业。

7.2.1.1 企业资质的法定条件

工程建设活动不同于一般的经济活动，其从业单位所具备条件的高低直接影响到建设工程质量和安全生产。因此，从事工程建设活动的单位必须符合相应的资质条件。

根据《建筑法》、《行政许可法》、《建设工程质量管理条例》、《建设工程安全生产管理条例》等法律、行政法规，《建筑业企业资质管理规定》中规定，企业应当按照其拥有的资产、主要人员、已完成的工程业绩和技术装备等条件申请建筑业企业资质，经审查合格，取得建筑业企业资质证书后，方可在资质许可的范围内从事建筑施工活动。

（1）有符合规定的净资产

企业资产是指企业拥有或控制的能以货币计量的经济资源，包括各种财产、债权和其他权利。企业净资产是指企业的资产总额减去负债以后的净额。净资产是属于企业所有并可以自由支配的资产，即所有者权益。相对于注册资本而言，它能够更准确地体现企业的经济实力。所有建筑业企业都必须具备基本的责任承担能力。这是法律上权利与义务相一致、利益与风险相一致原则的体现，是维护债权人利益的需要。显然，对净资产要求的全面提高意味着对企业资信要求的提高。

以建筑工程施工总承包企业为例，2014年11月住房和城乡建设部经修改后发布的《建筑业企业资质标准》中规定，一级企业净资产1亿元以上；二级企业净资产4000万元以上；三级企业净资产800万元以上。

（2）有符合规定的主要人员

工程建设施工活动是一种专业性、技术性很强的活动。因此，建筑业企业必须拥有注册建造师及其他注册人员、工程技术人员、施工现场管理人员和技术工人。

以建筑工程施工总承包企业为例，《建筑业企业资质标准》中规定：

1）一级企业：

① 建筑工程、机电工程专业一级注册建造师合计不少于12人，其中建筑工程专业一级注册建造师不少于9人；

② 技术负责人具有10年以上从事工程施工技术管理工作经历，且具有结构专业高级职称；建筑工程相关专业中级以上职称人员不少于30人，且结构、给排水、暖通、电气等专业齐全；

③ 持有岗位证书的施工现场管理人员不少于 50 人，且施工员、质量员、安全员、机械员、造价员、劳务员等人员齐全；

④ 经考核或培训合格的中级工以上技术工人不少于 150 人。

2）二级企业：

① 建筑工程、机电工程专业注册建造师合计不少于 12 人，其中建筑工程专业注册建造师不少于 9 人。

② 技术负责人具有 8 年以上从事工程施工技术管理工作经历，且具有结构专业高级职称或建筑工程专业一级注册建造师执业资格；建筑工程相关专业中级以上职称人员不少于 15 人，且结构、给排水、暖通、电气等专业齐全。

③ 持有岗位证书的施工现场管理人员不少于 30 人，且施工员、质量员、安全员、机械员、造价员、劳务员等人员齐全。

④ 经考核或培训合格的中级工以上技术工人不少于 75 人。

3）三级企业：

① 建筑工程、机电工程专业注册建造师合计不少于 5 人，其中建筑工程专业注册建造师不少于 4 人。

② 技术负责人具有 5 年以上从事工程施工技术管理工作经历，且具有结构专业中级以上职称或建筑工程专业注册建造师执业资格；建筑工程相关专业中级以上职称人员不少于 6 人，且结构、给排水、电气等专业齐全。

③ 持有岗位证书的施工现场管理人员不少于 15 人，且施工员、质量员、安全员、机械员、造价员、劳务员等人员齐全。

④ 经考核或培训合格的中级工以上技术工人不少于 30 人。

⑤ 技术负责人（或注册建造师）主持完成过本类别资质二级以上标准要求的工程业绩不少于 2 项。

（3）有符合规定的已完成工程业绩

工程建设施工活动是一项重要的实践活动。有无承担过相应工程的经验及其业绩好坏，是衡量其实际能力和水平的一项重要标准。

以建筑工程施工总承包企业为例。

1）一级企业：近 5 年承担过下列 4 类中的 2 类工程的施工，总承包或主体工程承包，工程质量合格。

① 地上 25 层以上的民用建筑工程 1 项或地上 18～24 层的民用建筑工程 2 项；

② 高度 100m 以上的构筑物工程 1 项或高度 80～100m（不含）的构筑物工程 2 项；

③ 建筑面积 3 万 m^2 以上的单体工业、民用建筑工程 1 项或建筑面积 2 万～3 万 m^2（不含）的单体工业、民用建筑工程 2 项；

④ 钢筋混凝土结构单跨 30m 以上（或钢结构单跨 36m 以上）的建筑工程 1 项或钢筋混凝土结构单跨 27～30m（不含）[或钢结构单跨 30～36m（不含）] 的建筑工程 2 项。

2）二级企业：近 5 年承担过下列 4 类中的 2 类工程的施工总承包或主体工程承包，工程质量合格。

① 地上 12 层以上的民用建筑工程 1 项或地上 8～11 层的民用建筑工程 2 项；

② 高度 50m 以上的构筑物工程 1 项或高度 35～50m（不含）的构筑物工程 2 项；

③ 建筑面积1万m^2以上的单体工业、民用建筑工程1项或建筑面积0.6万～1万m^2（不含）的单体工业、民用建筑工程2项；

④ 钢筋混凝土结构单跨21m以上（或钢结构单跨24m以上）的建筑工程1项或钢筋混凝土结构单跨18～21m（不含）[或钢结构单跨21～24m（不含）]的建筑工程2项。

三级企业不再要求已完成的工程业绩。

（4）有符合规定的技术装备

随着工程建设机械化程度的不断提高，大跨度、超高层、结构复杂的建设工程越来越多，施工单位必须拥有与其从事施工活动相适应的技术装备。同时，为提高机械设备的使用率和降低施工成本，我国的机械租赁市场发展也很快，许多大中型机械设备都可以采用租赁或融资租赁的方式取得。因此，目前的企业资质标准对技术装备的要求并不多，主要是企业应具有与承包工程范围相适应的施工机械和质量检测设备。

7.2.1.2 施工企业的资质序列、类别和等级

（1）施工企业的资质序列

《建筑业企业资质管理规定》规定，建筑业企业资质分为施工总承包资质、专业承包资质、施工劳务资质三个序列。

（2）施工企业的资质类别和等级

施工总承包资质、专业承包资质按照工程性质和技术特点分别划分为若干资质类别，各资质类别按照规定的条件划分为若干资质等级。施工劳务资质不分类别与等级。

按照《建筑业企业资质标准》的规定，施工总承包资质序列设有12个类别，分别是：建筑工程施工总承包、公路工程施工总承包、铁路工程施工总承包、港口与航道工程施工总承包、水利水电工程施工总承包、电力工程施工总承包、矿山工程施工总承包、冶金工程施工总承包、石油化工工程施工总承包、市政公用工程施工总承包、通信工程施工总承包、机电工程施工总承包。施工总承包资质一般分为4个等级，即特级、一级、二级和三级。

专业承包序列设有36个类别，分别是：地基基础工程专业承包、起重设备安装工程专业承包、预拌混凝土专业承包、电子与智能化工程专业承包、消防设施工程专业承包、防水防腐保温工程专业承包、桥梁工程专业承包、隧道工程专业承包、钢结构工程专业承包、模板脚手架专业承包、建筑装修装饰工程专业承包、建筑机电安装工程专业承包、建筑幕墙工程专业承包、古建筑工程专业承包、城市及道路照明工程专业承包、公路路面工程专业承包、公路路基工程专业承包、公路交通工程专业承包、铁路电务工程专业承包、铁路铺轨架梁工程专业承包、铁路电气化工程专业承包、机场场道工程专业承包、民航空管工程及机场弱电系统工程专业承包、机场目视助航工程专业承包、港口与海岸工程专业承包、航道工程专业承包、通航建筑物工程专业承包、港航设备安装及水上交管工程专业承包、水工金属结构制作与安装工程专业承包、水利水电机电安装工程专业承包、河湖整治工程专业承包、输变电工程专业承包、核工程专业承包、海洋石油工程专业承包、环保工程专业承包、特种工程专业承包。

7.2.1.4 施工企业的资质许可

我国对建筑业企业的资质管理，实行分级实施与有关部门相配合的管理模式。

（1）施工企业资质管理体制

《建筑业企业资质管理规定》中规定，国务院住房城乡建设主管部门负责全国建筑业企业资质的统一监督管理。国务院交通运输、水利、工业信息化等有关部门配合国务院住房城乡建设主管部门实施相关资质类别建筑业企业资质的管理工作。

省、自治区、直辖市人民政府住房城乡建设主管部门负责本行政区域内建筑业企业资质的统一监督管理。省、自治区、直辖市人民政府交通运输、水利、通信等有关部门配合同级住房城乡建设主管部门实施本行政区域内相关资质类别建筑业企业资质的管理工作。

企业违法从事建筑活动的，违法行为发生地的县级以上地方人民政府住房城乡建设主管部门或者其他有关部门应当依法查处，并将违法事实、处理结果或者处理建议及时告知该建筑业企业资质的许可机关。

(2) 施工企业资质的许可权限

1) 下列建筑业企业资质，由国务院住房城乡建设主管部门许可：

① 施工总承包资质序列特级资质、一级资质及铁路工程施工总承包二级资质；

② 专业承包资质序列公路、水运、水利、铁路、民航方面的专业承包一级资质及铁路、民航方面的专业承包二级资质；涉及多个专业的专业承包一级资质。

2) 下列建筑业企业资质，由企业工商注册所在地省、自治区、直辖市人民政府住房城乡建设主管部门许可：

① 施工总承包资质序列二级资质及铁路、通信工程施工总承包三级资质；

② 专业承包资质序列一级资质（不含公路、水运、水利、铁路、民航方面的专业承包一级资质及涉及多个专业的专业承包一级资质）；

③ 专业承包资质序列二级资质（不含铁路、民航方面的专业承包二级资质）；铁路方面专业承包三级资质；特种工程专业承包资质。

3) 下列建筑业企业资质，由企业工商注册所在地设区的市人民政府住房城乡建设主管部门许可：

① 施工总承包资质序列三级资质（不含铁路、通信工程施工总承包三级资质）；

② 专业承包资质序列三级资质（不含铁路方面专业承包资质）及预拌混凝土、模板脚手架专业承包资质；

③ 施工劳务资质；

④ 燃气燃烧器具安装、维修企业资质。

7.2.1.5　施工企业资质证书的申请、延续和变更

(1) 企业资质的申请

《建筑业企业资质管理规定》中规定，企业可以申请一项或多项建筑业企业资质。企业首次申请或增项申请资质，应当申请最低等级资质。

企业申请建筑业企业资质，应当提交以下材料：

① 建筑业企业资质申请表及相应的电子文档；

② 企业营业执照正副本复印件；

③ 企业章程复印件；

④ 企业资产证明文件复印件；

⑤ 企业主要人员证明文件复印件；

⑥ 企业资质标准要求的技术装备的相应证明文件复印件；

⑦ 企业安全生产条件有关材料复印件；

⑧ 按照国家有关规定应提交的其他材料。

（2）企业资质证书的延续

资质证书有效期为5年。建筑业企业资质证书有效期届满，企业继续从事建筑施工活动的，应当于资质证书有效期届满3个月前，向原资质许可机关提出延续申请。

资质许可机关应当在建筑业企业资质证书有效期届满前做出是否准予延续的决定；逾期未做出决定的，视为准予延续。

（3）企业资质证书的变更

1）办理企业资质证书变更的程序

企业在建筑业资质证书有效期内名称、地址、注册资本、法定代表人等发生变更的，应当在工商部门办理变更手续后1个月内办理资质证书变更手续。

由国务院住房城乡建设主管部门颁发的建筑业企业资质证书的变更，企业应当向企业工商注册所在地省、自治区、直辖市人民政府住房城乡建设主管部门提出变更申请，省、自治区、直辖市人民政府住房城乡建设主管部门应当自受理申请之日起2日内将有关变更证明材料报国务院住房城乡建设主管部门，由国务院住房城乡建设主管部门在2日内办理变更手续。

前款规定以外的资质证书的变更，由企业工商注册所在地的省、自治区、直辖市人民政府住房城乡建设主管部门或者设区的市人民政府住房城乡建设主管部门依法另行规定。变更结果应当在资质证书变更后15日内，报国务院住房城乡建设主管部门备案。

涉及公路、水运、水利、通信、铁路、民航等方面的建筑业企业资质证书的变更，办理变更手续的住房城乡建设主管部门应当将建筑业企业资质证书变更情况告知同级有关部门。

2）企业更换、遗失补办建筑业企业资质证书

企业需更换、遗失补办建筑业企业资质证书的，应当持建筑业企业资质证书更换、遗失补办申请等材料向资质许可机关申请办理。资质许可机关应当在2个工作日内办理完毕。

企业遗失建筑业企业资质证书的，在申请补办前应当在公众媒体上刊登遗失声明。

3）企业发生合并、分立、改制的资质办理

企业发生合并、分立、重组以及改制等事项，需承继原建筑业企业资质的，应当申请重新核定建筑业企业资质等级。

（4）不予批准企业资质升级申请和增项申请的规定

企业申请建筑业企业资质升级、资质增项，在申请之日起前1年至资质许可决定作出前，有下列情形之一的，资质许可机关不予批准其建筑业企业资质升级申请和增项申请：

1）超越本企业资质等级或以其他企业的名义承揽工程，或允许其他企业或个人以本企业的名义承揽工程的；

2）与建设单位或企业之间相互串通投标，或以行贿等不正当手段谋取中标的；

3）未取得施工许可证擅自施工的；

4）将承包的工程转包或违法分包的；

5）违反国家工程建设强制性标准施工的；

6）恶意拖欠分包企业工程款或者劳务人员工资的；

7）隐瞒或谎报、拖延报告工程质量安全事故，破坏事故现场、阻碍对事故调查的；

8）按照国家法律、法规和标准规定需要持证上岗的现场管理人员和技术工种作业人员未取得证书上岗的；

9）未依法履行工程质量保修义务或拖延履行保修义务的；

10）伪造、变造、倒卖、出租、出借或者以其他形式非法转让建筑业企业资质证书的；

11）发生过较大以上质量安全事故或者发生过两起以上一般质量安全事故的；

12）其他违反法律、法规的行为。

（5）企业资质证书的撤回、撤销和注销

1）撤回

取得建筑业企业资质证书的企业，应当保持资产、主要人员、技术装备等方面满足相应建筑业企业资质标准要求的条件。企业不再符合相应建筑业企业资质标准要求条件的，县级以上地方人民政府住房城乡建设主管部门、其他有关部门，应当责令其限期改正并向社会公告，整改期限最长不超过3个月；企业整改期间不得申请建筑业企业资质的升级、增项，不能承揽新的工程；逾期仍未达到建筑业企业资质标准要求条件的，资质许可机关可以撤回其建筑业企业资质证书。

被撤回建筑业企业资质证书的企业，可以在资质被撤回后3个月内，向资质许可机关提出核定低于原等级同类别资质的申请。

2）撤销

有下列情形之一的，资质许可机关应当撤销建筑业企业资质：

① 资质许可机关工作人员滥用职权、玩忽职守准予资质许可的；

② 超越法定职权准予资质许可的；

③ 违反法定程序准予资质许可的；

④ 对不符合资质标准条件的申请企业准予资质许可的；

⑤ 依法可以撤销资质许可的其他情形。

以欺骗、贿赂等不正当手段取得资质许可的，应当予以撤销。

3）注销

有下列情形之一的，资质许可机关应当依法注销建筑业企业资质，并向社会公布其建筑业企业资质证书作废，企业应当及时将建筑业企业资质证书交回资质许可机关：

① 资质证书有效期届满，未依法申请延续的；

② 企业依法终止的；

③ 资质证书依法被撤回、撤销或吊销的；

④ 企业提出注销申请的；

⑤ 法律、法规规定的应当注销建筑业企业资质的其他情形。

7.2.1.6 外商投资建筑业企业的规定

外商投资建筑业企业，是指根据中国法律、法规的规定，在中华人民共和国境内投资设立的外资建筑业企业、中外合资经营建筑业企业以及中外合作经营建筑业企业。

2002年9月，建设部、对外贸易经济合作部在发布的《外商投资建筑业企业管理规定》中规定，在中华人民共和国境内设立外商投资建筑业企业，申请建筑业企业资质，并从事建筑活动，应当依法取得对外贸易经济行政主管部门颁发的外商投资企业批准证书，在国家工商行政管理总局或者其授权的地方工商行政管理局注册登记，并取得建设行政主管部门颁发的建筑业企业资质证书。

（1）外商投资建筑业企业设立与资质的审批权限

外商投资建筑业企业设立与资质的申请和审批，实行分级、分类管理。

1）分级管理

申请设立施工总承包序列特级和一级、专业承包序列一级资质外商投资建筑业企业的，其设立由国务院对外贸易经济行政主管部门审批，其资质由国务院建设行政主管部门审批。

申请设立施工总承包序列和专业承包序列二级及二级以下、劳务分包序列资质的，其设立由省、自治区、直辖市人民政府对外贸易经济行政主管部门审批，其资质由省、自治区、直辖市人民政府建设行政主管部门审批。

2）分类管理

中外合资经营建筑业企业、中外合作经营建筑业企业的中方投资者为中央管理企业的，其设立由国务院对外贸易经济行政主管部门审批，其资质由国务院建设行政主管部门审批。

外商投资建筑业企业申请晋升资质等级或者增加主项以外资质的，应当依照有关规定到建设行政主管部门办理相关手续。

（2）申请设立外商投资建筑业企业应当提交的资料

1）申请设立外商投资建筑业企业应当向对外贸易经济行政主管部门提交下列资料：

① 投资方法定代表人签署的外商投资建筑业企业设立申请书；

② 投资方编制或者认可的可行性研究报告；

③ 投资方法定代表人签署的外商投资建筑业企业合同和章程（其中，设立外资建筑业企业的只需提供章程）；

④ 企业名称预先核准通知书；

⑤ 投资方法人登记注册证明、投资方银行资信证明；

⑥ 投资方拟派出的董事长、董事会成员、经理、工程技术负责人等任职文件及证明文件；

⑦ 经注册会计师或者会计事务所审计的投资方最近3年的资产负债表和损益表。

2）申请外商投资建筑业企业资质应当向建设行政主管部门提交下列资料：

① 外商投资建筑业企业资质申请表；

② 外商投资企业批准证书；

③ 企业法人营业执照；

④ 投资方的银行资信证明；

⑤ 投资方拟派出的董事长、董事会成员、企业财务负责人、经营负责人、工程技术负责人等任职文件及证明文件；

⑥ 经注册会计师或者会计师事务所审计的投资方最近三年的资产负债表和损益表；

⑦ 建筑业企业资质管理规定要求提交的资料。

中外合资经营建筑业企业、中外合作经营建筑业企业中方合营者的出资总额不得低于注册资本的25%。

(3) 外商投资建筑业企业的工程承包范围

外资建筑业企业只允许在其资质等级许可的范围内承包下列工程:

① 全部由外国投资、外国赠款、外国投资及赠款建设的工程;

② 由国际金融机构资助并通过根据贷款条款进行的国际招标授予的建设项目;

③ 外资等于或者超过50%的中外联合建设项目,以及外资少于50%,但因技术困难而不能由中国建筑企业独立实施,经省、自治区、直辖市人民政府建设行政主管部门批准的中外联合建设项目;

④ 由中国投资,但因技术困难而不能由中国建筑企业独立实施的建设项目,经省、自治区、直辖市人民政府建设行政主管部门批准,可以由中外建筑企业联合承揽。

中外合资经营建筑业企业、中外合作经营建筑业企业应当在其资质等级许可的范围内承包工程。

香港特别行政区、澳门特别行政区和台湾地区投资者在其他省、自治区、直辖市投资设立建筑业企业,从事建筑活动的,参照《外商投资建筑业企业管理规定》规定执行。法律、法规、国务院另有规定的除外。

(4) 外商投资建筑业企业的监督管理

外商投资建筑业企业的资质等级标准执行国务院建设行政主管部门颁发的建筑业企业资质等级标准。

承揽施工总承包工程的外商投资建筑业企业,建筑工程主体结构的施工必须由其自行完成。外商投资建筑业企业与其他建筑业企业联合承包,应当按照资质等级低的企业的业务许可范围承包工程。

外商投资建筑业企业从事建筑活动,违反《建筑法》、《招标投标法》、《建设工程质量管理条例》、《建筑业企业资质管理规定》等有关法律、法规、规章的,依照有关规定处罚。

7.2.1.7 禁止无资质或越级承揽工程的规定

施工单位的资质等级,是施工单位人员素质、资金数量、技术装备、管理水平、工程业绩等综合能力的体现,反映了该施工单位从事某项施工活动的资格和能力,是国家对建设市场准入管理的重要手段。为此,我国的法律规定施工单位除应具备企业法人、营业执照外,还应取得相应的资质证书,并严格在其资质等级许可的经营范围内从事施工活动。

(1) 禁止无资质承揽工程

《建筑法》规定,承包建筑工程的单位应当持有依法取得的资质证书,并在其资质等级许可的业务范围内承揽工程。

《建设工程质量管理条例》也规定,施工单位应当依法取得相应等级的资质证书,并在其资质等级许可的范围内承揽工程。《建设工程安全生产管理条例》进一步规定,施工单位从事建设工程的新建、扩建、改建和拆除等活动,应当具备国家规定的注册资本、专业技术人员、技术装备和安全生产等条件,依法取得相应等级的资质证书,并在其资质等级许可的范围内承揽工程。

近些年来,随着工程建设法规体系的不断完善和建设市场的整顿规范,公然以无资质的方式承揽建设工程特别是大中型建设工程的行为已极为罕见，往往是采取比较隐蔽的“挂靠”形式。《建筑法》明确规定，禁止总承包单位将工程分包给不具备相应资质条件的单位。2014年8月住房和城乡建设部经修改后发布的《房屋建筑和市政基础设施工程施工分包管理办法》进一步规定，“分包工程承包人必须具有相应的资质，并在其资质等级许可的范围内承揽业务。严禁个人承揽分包工程业务”。但是，在专业工程分包或者劳务作业分包中仍存在着无资质承揽工程的现象。无资质承揽劳务分包工程，常见的是作为自然人的“包工头”，带领一部分农民工组成的施工队，与总承包企业或者专业承包企业签订劳务合同，或者是通过层层转包、层层分包“垫底”获签劳务合同。

需要指出的是，无资质承包主体签订的专业分包合同或者劳务分包合同都是无效合同。但是，当作为无资质的“实际施工人”的利益受到侵害时，其可以向合同相对方（即转包方或违法分包方）主张权利，甚至可以向建设工程项目的发包方主张权利。

2004年10月发布的《最高人民法院关于审理建设工程施工合同纠纷案件施工法律问题的解释》第26条规定，“实际施工人以转包人、违法分包人为被告起诉的，人民法院应当依法受理。实际施工人以发包人为被告主张权利的，人民法院可以追加转包人或者违法分包人为本案当事人，发包人只在欠付工程价款的范围内对实际施工人承担责任”。这样规定是在依法查处违法承揽工程的同时，也能使实际施工人的合法权益得到保障。

（2）禁止越级承揽工程

《建筑法》和《建设工程质量管理条例》均规定，禁止施工单位超越本单位资质等级许可的业务范围承揽工程。

同无资质承揽工程一样，随着法制的不断健全和建设市场秩序的整顿规范，以及市场竞争的加剧，建设单位对施工单位的要求也在不断提高，所以在施工总承包活动中超越资质承揽工程的现象已不多见。但是，在联合共同承包和分包工程活动中依然存在着超越资质等级承揽工程的问题。

1）联合共同承包对资质的有关法律规定

《建筑法》规定，两个以上不同资质等级的单位实行联合共同承包的，应当按照资质等级低的单位的业务许可范围承揽工程。

联合共同承包是国际工程承包的一种通行的做法，一般适用于大型或技术复杂的建设工程项目。采用联合承包的方式，可以优势互补，增加中标机会，并可降低承包风险。但是，施工单位应当在资质等级范围内承包工程，同样适用于联合共同承包。就是说，联合承包各方都必须具有与其承包工程相符合的资质条件，不能超越资质等级去联合承包。如果几个联合承包方的资质等级不一样，则须以低资质等级的承包方为联合承包方的业务许可范围。这样的规定，可以有效地避免在实践中以联合承包为借口进行“资质挂靠”的不规范行为。

2）分包工程对资质的有关法律规定

《建筑法》规定，禁止总承包单位将工程分包给不具备相应资质条件的单位。《房屋建筑和市政基础设施工程施工分包管理办法》进一步规定，分包工程承包人必须具有相应的资质，并在其资质等级许可的范围内承揽业务。

《建设工程质量管理条例》规定了违法分包的第一种情形就是：“本条例所称违法分包，是指下列行为：总承包单位将建设工程分包给不具备相应资质条件的单位的；……。”

《房屋建筑和市政基础设施工程施工分包管理办法》也规定，“禁止将承包的工程进行违法分包。下列行为，属于违法分包：分包工程发包人将专业工程或者劳务作业分包给不具备相应资质条件的分包工程承包人的；……。”

【案例 2】

① 背景

某村镇企业（以下简称甲方）与本村一具有维修和承建小型非生产性建筑工程资质证书的工程队（以下简称乙方）订立了建筑工程承包合同。合同中规定：乙方为甲方建设框架结构的厂房，总造价为 98.9 万元；承包方式为包工包料；开、竣工日期为 2008 年 11 月 2 日至 2010 年 3 月 10 日。自开工至 2010 年底，甲方付给乙方工程款共 101.6 万元，到合同规定的竣工期限仍未能完工，并且部分工程质量不符合要求。为此，双方发生纠纷。

② 问题

a. 本案中的乙方有何违法行为?

b. 本案中的违法行为应当承担哪些法律责任?

③ 分析

a.《建筑法》和《建设工程质量管理条例》均明确规定，禁止施工单位超越本单位资质等级许可的业务范围承揽工程。本案中乙方资质证书的经营范围仅为维修和承建小型非生产性建筑工程，其违法行为是超越资质等级许可的业务范围承揽框架结构的生产性厂房工程。同时，甲方将工程发包给不具有相应资质条件的承包单位，也构成了违法行为。

b.《建筑法》第 65 条规定：“发包单位将工程发包给不具有相应资质条件的承包单位的，……责令改正，处以罚款。超越本单位资质等级承揽工程的，责令停止违法行为，处以罚款，可以责令停业整顿，降低资质等级；情节严重的，吊销资质证书；有违法所得的，予以没收。”《建设工程质量管理条例》第 54 条规定：“建设单位将建设工程发包给不具有相应资质等级的……施工单位……的，责令改正，处 50 万元以上 100 万元以下的罚款。”第 60 条规定：“……施工……超越本单位资质等级承揽工程的，责令停止违法行为，……对施工单位处工程合同价款 2%以上 4%以下的罚款，可以责令停业整顿，降低资质等级；情节严重的，吊销资质证书；有违法所得的，予以没收。”据此，本案中的甲方、乙方应当分别受到相应的处罚。至于本案中的工程质量纠纷，则应当依据《合同法》、《建设工程质量管理条例》、《最高人民法院关于审理建设工程施工合同纠纷案件适用法律问题的解释》等有关规定办理。

7.2.2 建设工程专业人员执业资格的准入管理

执业资格制度是指对具有一定专业学历和资历并从事特定专业技术活动的专业技术人员，通过考试和注册确定其执业的技术资格，获得相应文件签字权的一种制度。

《建筑法》规定，从事建筑活动的专业技术人员，应当依法取得相应的执业资格证书，并在执业资格证书许可的范围内从事建筑活动。因为，建设工程的技术要求比较复杂，建设工程的质量和安全生产直接关系到人身安全及公共财产安全，责任极为重大。因此，对从事建设工程活动的专业技术人员，应当建立起必要的个人执业资格制度；只有依法取得相应执业资格证书的专业技术人员，方可在其执业资格证书许可的范围内从事建设工程活动。

我国对从事建设工程活动的单位实行资质管理制度比较早，较好地从整体上把住了单位的建设市场准入关，但对建设工程专业技术人员（即在勘察、设计、施工、监理等专业技术岗位上工作的人员）的个人执业资格的准入制度起步较晚，导致出现了一些高资质的单位承接建设工程，却由低水平人员甚至非专业技术人员来完成的现象，不仅影响了建设工程质量和安全，还影响到投资效益的发挥。因此，实行专业技术人员的执业资格制度，严格执行建设工程相关活动的准入与清出，有利于避免出现上述种种问题，并明确专业技术人员的责、权、利，保证建设工程确实由具有相应资格的专业技术人员主持完成设计、施工、监理等任务。

世界上发达国家大多对从事涉及公众生命和财产安全的建设工程活动的专业技术人员，实行了严格的执业资格制度，如美国、英国、日本、加拿大等。建造师执业资格制度1834年起源于英国，迄今已有近180余年的历史。许多发达国家不仅早已建立这项制度，1997年还成立了建造师的国际组织——国际建造师协会。我国在工程建设领域实行专业技术人员的执业资格制度，有利于促进与国际接轨，适应对外开放的需要，并可以同有关国家谈判执业资格对等互认，使我国的专业技术人员更好地进入国际建设市场。

我国工程建设领域最早建立的执业资格制度是注册建筑师制度，1995年9月国务院颁布了《注册建筑师条例》；之后又相继建立了注册监理工程师、结构工程师、造价工程师等制度。2002年12月9日人事部、建设部（即现在的人力资源和社会保障部、住房和城乡建设部，下同）联合颁发了《建造师执业资格制度暂行规定》，标志着我国建造师制度的建立和建造师工作的正式启动。目前，我国通过考试或考核取得一级、二级建造师资格的已有200万人左右。

注册建造师是指通过考核认定或考试合格取得中华人民共和国建造师资格证书，并按照规定注册，取得中华人民共和国建造师注册证书和执业印章，担任施工单位项目负责人及从事相关活动的专业技术人员。未取得注册证书和执业印章的，不得担任大中型建设工程项目的施工单位项目负责人，不得以注册建造师的名义从事相关活动。

《建造师执业资格制度暂行规定》中规定，建造师分为一级建造师和二级建造师。经国务院有关部门同意，获准在中华人民共和国境内从事建设工程项目施工管理的外籍及港、澳、台地区的专业人员，符合本规定要求的，也可报名参加建造师执业资格考试以及申请注册。

7.2.2.1　二级建造师的考试

《建造师执业资格制度暂行规定》和《建造师执业资格考试实施办法》中规定，建设部负责拟定二级建造师执业资格考试大纲，人事部负责审定考试大纲。二级建造师执业资格实行全国统一大纲，各省、自治区、直辖市命题并组织考试的制度。各省、自治区、直辖市人事厅（局），建设厅（委）按照国家确定的考试大纲和有关规定，在本地区组织实施二级建造师执业资格考试。人事部、建设部负责指导和监督。

凡遵纪守法并具备工程类或工程经济类中等专科以上学历并从事建设工程项目施工管理工作满2年，可报名参加二级建造师执业资格考试。二级建造师执业资格考试设《建设工程施工管理》、《建设工程法规及相关知识》、《专业工程管理与实务》3个科目。

二级建造师执业资格考试合格者，由省、自治区、直辖市人事部门颁发由人事部、建设部统一格式的《中华人民共和国二级建造师执业资格证书》。按照人事部办公厅、建设部办公厅《关于建造师考试专业类别调整的通知》的规定，二级建造师资格考试《专业工程管理与实务》科目设置6个专业类别：建筑工程、公路工程、水利水电工程、市政公用工程、矿业工程和机电工程。

7.2.2.2 二级建造师的注册

建设部《注册建造师管理规定》中规定，取得二级建造师资格证书的人员申请注册，由省、自治区、直辖市人民政府建设主管部门负责受理和审批，具体审批程序由省、自治区、直辖市人民政府建设主管部门依法确定。对批准注册的，核发由国务院建设主管部门统一样式的《中华人民共和国二级建造师注册证书》和执业印章，一并在核发证书后30日内送国务院建设主管部门备案。

（1）申请初始注册和延续注册

申请初始注册时应当具备以下条件：

1）经考核认定或考试合格取得资格证书；

2）受聘于一个相关单位；

3）达到继续教育要求；

4）没有《注册建造师管理规定》中规定不予注册的情形。

初始注册者，可自资格证书签发之日起3年内提出申请。逾期未申请者，须符合本专业继续教育的要求后方可申请初始注册。

申请初始注册需要提交下列材料：

1）注册建造师初始注册申请表；

2）资格证书、学历证书和身份证明复印件；

3）申请人与聘用单位签订的聘用劳动合同复印件或其他有效证明文件；

4）逾期申请初始注册的，应当提供达到继续教育要求的证明材料。

注册证书和执业印章是注册建造师的执业凭证，由注册建造师本人保管、使用。注册证书与执业印章有效期为3年。注册有效期满需继续执业的，应当在注册有效期届满30日前，按照规定申请延续注册。延续注册的，有效期为3年。

申请延续注册的，应当提交下列材料：

1）注册建造师延续注册申请表；

2）原注册证书；

3）申请人与聘用单位签订的聘用劳动合同复印件或其他有效证明文件；

4）申请人注册有效期内达到继续教育要求的证明材料。

建设部《注册建造师执业管理办法（试行）》规定，注册建造师应当通过企业按规定及时申请办理变更注册、续期注册等相关手续。多专业注册的注册建造师，其中一个专业注册期满仍需以该专业继续执业和以其他专业执业的，应当及时办理续期注册。

（2）变更注册和增加执业专业

《注册建造师管理规定》中规定，在注册有效期内，注册建造师变更执业单位，应当与原聘用单位解除劳动关系，并按照规定办理变更注册手续，变更注册后仍延续原注册有效期。

申请变更注册的，应当提交下列材料：

1）注册建造师变更注册申请表；

2）注册证书和执业印章；

3）申请人与新聘用单位签订的聘用合同复印件或有效证明文件；

4）工作调动证明（与原聘用单位解除聘用合同或聘用合同到期的证明文件、退休人员的退休证明）。

注册建造师需要增加执业专业的，应当按照规定申请专业增项注册，并提供相应的资格证明。

《注册建造师执业管理办法（试行）》规定，注册建造师变更聘用企业的，应当在与新聘用企业签订聘用合同后的1个月内，通过新聘用企业申请办理变更手续。因变更注册申报不及时影响注册建造师执业、导致工程项目出现损失的，由注册建造师所在聘用企业承担责任，并作为不良行为记入企业信用档案。

聘用企业与注册建造师解除劳动关系的，应当及时申请办理注销注册或变更注册。聘用企业与注册建造师解除劳动合同关系后无故不办理注销注册或变更注册的，注册建造师可向省级建设主管部门申请注销注册证书和执业印章。注册建造师要求注销注册或变更注册的，应当提供与原聘用企业解除劳动关系的有效证明材料。建设主管部门经向原聘用企业核实，聘用企业在7日内没有提供书面反对意见和相关证明材料的，应予办理注销注册或变更注册。

（3）不予注册和注册证书、执业印章失效及注销

《注册建造师管理规定》中规定，申请人有下列情形之一的，不予注册：

1）不具有完全民事行为能力的；

2）申请在两个或者两个以上单位注册的；

3）未达到注册建造师继续教育要求的；

4）受到刑事处罚，刑事处罚尚未执行完毕的；

5）因执业活动受到刑事处罚，自刑事处罚执行完毕之日起至申请注册之日止不满5年的；

6）因前项规定以外的原因受到刑事处罚，自处罚决定之日起至申请注册之日止不满3年的；

7）被吊销注册证书，自处罚决定之日起至申请注册之日止不满2年的；

8）在申请注册之日前3年内担任项目经理期间，所负责项目发生过重大质量和安全事故的；

9）申请人的聘用单位不符合注册单位要求的；

10）年龄超过65周岁的；

11）法律、法规规定不予注册的其他情形。

注册建造师有下列情形之一的，其注册证书和执业印章失效：

1）聘用单位破产的；

2）聘用单位被吊销营业执照的；

3）聘用单位被吊销或者撤回资质证书的；

4）已与聘用单位解除聘用合同关系的；

5）注册有效期满且未延续注册的；

6）年龄超过65周岁的；

7）死亡或不具有完全民事行为能力的；

8）其他导致注册失效的情形。

注册建造师有下列情形之一的，由注册机关办理注销手续，收回注册证书和执业印章或者公告其注册证书和执业印章作废：

1）有以上规定的注册证书和执业印章失效情形发生的；

2）依法被撤销注册的；

3）依法被吊销注册证书的；

4）受到刑事处罚的；

5）法律、法规规定应当注销注册的其他情形。

7.2.2.3 二级建造师的继续教育

住房城乡建设部《注册建造师继续教育暂行规定》中规定，各省级住房城乡建设主管部门组织二级注册建造师参加继续教育。

注册建造师应通过继续教育，掌握工程建设有关法律法规、标准规范，增强职业道德和诚信守法意识，熟悉工程建设项目管理新方法、新技术，总结工作中的经验教训，不断提高综合素质和执业能力。注册建造师按规定参加继续教育，是申请初始注册、延续注册、增项注册和重新注册（以下统称注册）的必要条件。

（1）必修课、选修课的学时和内容

注册一个专业的建造师在每一注册有效期内应参加继续教育不少于120学时，其中必修课60学时，选修课60学时。注册两个及以上专业的，每增加一个专业还应参加所增加专业60学时的继续教育，其中必修课30学时，选修课30学时。

必修课内容包括：

1）工程建设相关的法律法规和有关政策。

2）注册建造师职业道德和诚信制度。

3）建设工程项目管理的新理论、新方法、新技术和新工艺。

4）建设工程项目管理案例分析。选修课内容包括：各省级住房城乡建设主管部门认为二级建造师需要补充的与建设工程项目管理有关的知识。

（2）继续教育的培训单位选择与测试

注册建造师应在企业注册所在地选择中国建造师网公布的培训单位接受继续教育。注册建造师在每一注册有效期内可根据工作需要集中或分年度安排继续教育的学时。

培训单位必须确保教学质量，并负责记录学习情况，对学习情况进行测试。测试可采取考试、考核、案例分析、撰写论文、提交报告或参加实际操作等方式。对于完成规定学时并测试合格的，培训单位报各省级住房城乡建设主管部门确认后，发放统一式样的《注册建造师继续教育证书》，加盖培训单位印章。完成规定学时并测试合格后取得的《注册建造师继续教育证书》，是建造师申请注册的重要依据。

（3）可充抵继续教育选修课部分学时的规定

注册建造师在每一注册有效期内从事以下工作并取得相应证明的，可充抵继续教育选修课部分学时：

1）参加全国建造师执业资格考试大纲编写及命题工作，每次计20学时。

2）从事注册建造师继续教育教材编写工作，每次计20学时。

3）在公开发行的省部级期刊上发表有关建设工程项目管理的学术论文的，第一作者每篇计10学时；公开出版5万字以上专著、教材的，第一、二作者每人计20学时。

4）参加建造师继续教育授课工作的按授课学时计算。

每一注册有效期内，充抵继续教育选修课学时累计不得超过60学时。二级注册建造师继续教育学时的充抵认定，由各省级住房城乡建设主管部门负责。

（4）继续教育的方式及参加继续教育的保障

注册建造师继续教育以集中面授为主，同时探索网络教育方式。

注册建造师在参加继续教育期间享有国家规定的工资、保险、福利待遇。建筑业企业及勘察、设计、监理、招标代理、造价咨询等用人单位应重视注册建造师继续教育工作，督促其按期接受继续教育。其中，建筑业企业应为从事在建工程项目管理工作的注册建造师提供经费和时间支持。

7.2.3 建造师的受聘单位和执业岗位范围

7.2.3.1 建造师的受聘单位

《注册建造师管理规定》中规定，取得资格证书的人员应当受聘于一个具有建设工程勘察、设计、施工、监理、招标代理、造价咨询等一项或者多项资质的单位，经注册后方可从事相应的执业活动。担任施工单位项目负责人的，应当受聘并注册于一个具有施工资质的企业。

据此，建造师不仅可以在施工单位担任建设工程施工项目的项目经理，也可以在勘察、设计、监理、招标代理、造价咨询等单位或具有多项上述资质的单位执业。

7.2.3.2 二级建造师执业岗位范围

《建造师执业资格制度暂行规定》中规定，建造师的执业范围包括：

（1）担任建设工程项目施工的项目经理。

（2）从事其他施工活动的管理工作。

（3）法律、行政法规或国务院建设行政主管部门规定的其他业务。二级建造师可以担任二级及以下建筑业企业资质的建设工程项目施工的项目经理。

《注册建造师管理规定》中规定，注册建造师可以从事建设工程项目总承包管理或施工管理，建设工程项目管理服务，建设工程技术经济咨询，以及法律、行政法规和国务院建设主管部门规定的其他业务。

《注册建造师执业管理办法（试行）》规定，二级注册建造师可以承担中、小型工程施工项目负责人。各专业大、中、小型工程分类标准按《注册建造师执业工程规模标准》（建市［2007］171号）执行。注册建造师不得同时担任两个及以上建设工程施工项目负责人。发生下列情形之一的除外：

（1）同一工程相邻分段发包或分期施工的；

（2）合同约定的工程验收合格的；

（3）因非承包方原因致使工程项目停工超过120天（含），经建设单位同意的。

注册建造师担任施工项目负责人期间原则上不得更换。如发生下列情形之一的，应当办理书面交接手续后更换施工项目负责人：

（1）发包方与注册建造师受聘企业已解除承包合同的；

（2）发包方同意更换项目负责人的；

（3）因不可抗力等特殊情况必须更换项目负责人的。建设工程合同履行期间变更项目负责人的，企业应当于项目负责人变更5个工作日内报建设行政主管部门和有关部门及时进行网上变更。

注册建造师担任施工项目负责人，在其承建的建设工程项目竣工验收或移交项目手续办结前，除以上规定的情形外，不得变更注册至另一企业。

7.2.4 建造师的基本权利和义务

7.2.4.1 建造师的基本权利

《建造师执业资格制度暂行规定》中规定，建造师经注册后，有权以建造师名义担任建设工程项目施工的项目经理及从事其他施工活动的管理。

《注册建造师管理规定》进一步规定，注册建造师享有下列权利：

（1）使用注册建造师名称；

（2）在规定范围内从事执业活动；

（3）在本人执业活动中形成的文件上签字并加盖执业印章；

（4）保管和使用本人注册证书、执业印章；

（5）对本人执业活动进行解释和辩护；

（6）接受继续教育；

（7）获得相应的劳动报酬；

（8）对侵犯本人权利的行为进行申述。

建设工程施工活动中形成的有关工程施工管理文件，应当由注册建造师签字并加盖执业印章。施工单位签署质量合格的文件上，必须有注册建造师的签字盖章。

《注册建造师管理规定》中规定，担任建设工程施工项目负责人的注册建造师，应当按建设部《关于印发〈注册建造师施工管理签章文件目录〉（试行）的通知》和配套表格要求，在建设工程施工管理相关文件上签字并加盖执业印章，签章文件作为工程竣工备案的依据。注册建造师签章完整的工程施工管理文件方为有效。注册建造师有权拒绝在不合格或者有弄虚作假内容的建设工程施工管理文件上签字并加盖执业印章。

建设工程合同包含多个专业工程的，担任施工项目负责人的注册建造师，负责该工程施工管理文件签章。专业工程独立发包时，注册建造师执业范围涵盖该专业工程的，可担任该专业工程施工项目负责人。分包工程施工管理文件应当由分包企业注册建造师签章。分包企业签署质量合格的文件上，必须由担任总包项目负责人的注册建造师签章。

修改注册建造师签字并加盖执业印章的工程施工管理文件，应当征得所在企业同意后，由注册建造师本人进行修改；注册建造师本人不能进行修改的，应当由企业指定同等资格条件的注册建造师修改，并由其签字并加盖执业印章。

《注册建造师执业管理办法（试行）》规定，注册建造师注册证书和执业印章由本人保管，任何单位（发证机关除外）和个人不得扣押注册建造师注册证书或执业印章。

7.2.4.2 建造师的基本义务

《建造师执业资格制度暂行规定》中规定，建造师在工作中，必须严格遵守法律、法规和行业管理的各项规定，恪守职业道德。建造师必须接受继续教育，更新知识，不断提高业务水平。

《注册建造师管理规定》进一步规定，注册建造师应当履行下列义务：

（1）遵守法律、法规和有关管理规定，恪守职业道德；

（2）执行技术标准、规范和规程；

（3）保证执业成果的质量，并承担相应责任；

（4）接受继续教育，努力提高执业水准；

（5）保守在执业中知悉的国家秘密和他人的商业、技术等秘密；

（6）与当事人有利害关系的，应当主动回避；

（7）协助注册管理机关完成相关工作。

注册建造师不得有下列行为：

（1）不履行注册建造师义务；

（2）在执业过程中，索贿、受贿或者谋取合同约定费用外的其他利益；

（3）在执业过程中实施商业贿赂；

（4）签署有虚假记载等不合格的文件；

（5）允许他人以自己的名义从事执业活动；

（6）同时在两个或者两个以上单位受聘或者执业；

（7）涂改、倒卖、出租、出借、复制或以其他形式非法转让资格证书、注册证书和执业印章；

（8）超出执业范围和聘用单位业务范围内从事执业活动；

（9）法律、法规、规章禁止的其他行为。

《注册建造师执业管理办法（试行）》还规定，注册建造师不得有下列行为：

（1）不按设计图纸施工；

（2）使用不合格建筑材料；

（3）使用不合格设备、建筑构配件；

（4）违反工程质量、安全、环保和用工方面的规定；

（5）在执业过程中，索贿、行贿、受贿或者谋取合同约定费用外的其他不法利益；

（6）签署弄虚作假或在不合格文件上签章的；

（7）以他人名义或允许他人以自己的名义从事执业活动；

（8）同时在两个或者两个以上企业受聘并执业；

（9）超出执业范围和聘用企业业务范围从事执业活动；

（10）未变更注册单位，而在另一家企业从事执业活动；

（11）所负责工程未办理竣工验收或移交手续前，变更注册到另一企业；

（12）伪造、涂改、倒卖、出租、出借或以其他形式非法转让资格证书、注册证书和执业印章；

（13）不履行注册建造师义务和法律、法规、规章禁止的其他行为。

担任建设工程施工项目负责人的注册建造师在执业过程中，应当及时、独立完成建设工程施工管理文件签章，无正当理由不得拒绝在文件上签字并加盖执业印章。担任施工项目负责人的注册建造师应当按照国家法律法规、工程建设强制性标准组织施工，保证工程施工符合国家有关质量、安全、环保、节能等有关规定。担任施工项目负责人的注册建造师，应当按照国家劳动用工有关规定，规范项目劳动用工管理，切实保障劳务人员合法权益。担任建设工程施工项目负责人的注册建造师对其签署的工程管理文件承担相应责任。

建设工程发生质量、安全、环境事故时，担任该施工项目负责人的注册建造师应当按照有关法律法规规定的事故处理程序及时向企业报告，并保护事故现场，不得隐瞒。

7.2.4.3 注册机关的监督管理

《注册建造师管理规定》中规定，县级以上人民政府建设主管部门和有关部门履行监督检查职责时，有权采取下列措施：

（1）要求被检查人员出示注册证书；

（2）要求被检查人员所在聘用单位提供有关人员签署的文件及相关业务文档；

（3）就有关问题询问签署文件的人员；

（4）纠正违反有关法律、法规、本规定及工程标准规范的行为。

有下列情形之一的，注册机关依据职权或者根据利害关系人的请求，可以撤销注册建造师的注册：

（1）注册机关工作人员滥用职权、玩忽职守作出准予注册许可的；

（2）超越法定职权作出准予注册许可的；

（3）违反法定程序作出准予注册许可的；

（4）对不符合法定条件的申请人颁发注册证书和执业印章的；

（5）依法可以撤销注册的其他情形。申请人以欺骗、贿赂等不正当手段获准注册的，应当予以撤销。

《注册建造师执业管理办法（试行）》规定，注册建造师违法从事相关活动的，违法行为发生地县级以上地方人民政府建设主管部门或有关部门应当依法查处，并将违法事实、处理结果告知注册机关；依法应当撤销注册的，应当将违法事实、处理建议及有关材料报注册机关，注册机关或有关部门应当在7个工作日内作出处理，并告知行为发生地人民政府建设行政主管部门或有关部门。

注册建造师异地执业的，工程所在地省级人民政府建设主管部门应当将处理建议转交注册建造师注册所在地省级人民政府建设主管部门，注册所在地省级人民政府建设主管部门应当在14个工作日内作出处理，并告知工程所在地省级人民政府建设行政主管部门。

7.3 劳动合同及劳动关系制度

劳动合同是在市场经济体制下，用人单位与劳动者进行双向选择、确定劳动关系、明确双方权利与义务的协议，是保护劳动者合法权益的基本依据。

所谓劳动关系，是指劳动者与用人单位在实现劳动过程中建立的社会经济关系。由于存在着劳动关系，劳动者和用人单位都要受劳动法律的约束与规范。

7.3.1 劳动合同订立

7.3.1.1 订立劳动合同应当遵守的原则

2012年12月经修改后公布的《中华人民共和国劳动合同法》（以下简称《劳动合同法》）规定，订立劳动合同，应当遵循合法、公平、平等自愿、协商一致、诚实信用的原则。

用人单位招用劳动者，不得要求劳动者提供担保或者以其他名义向劳动者收取财物；不得扣押劳动者的居民身份证或者其他证件。

7.3.1.2　劳动合同的种类

《劳动合同法》规定，劳动合同分为固定期限劳动合同、无固定期限劳动合同和以完成一定工作任务为期限的劳动合同。

（1）劳动合同期限

劳动合同的期限是指劳动合同的有效时间，是劳动关系当事人双方享有权利和履行义务的时间。它一般始于劳动合同的生效之日，终于劳动合同的终止之时。

劳动合同期限由用人单位和劳动者协商确定，是劳动合同的一项重要内容。无论劳动者与用人单位建立何种期限的劳动关系，都需要双方将该期限用合同的方式确认下来，否则就不能保证劳动合同内容的实现，劳动关系将会处于一个不确定状态。劳动合同期限是劳动合同存在的前提条件。

（2）固定期限劳动合同

固定期限劳动合同，是指用人单位与劳动者约定合同终止时间的劳动合同，即劳动合同双方当事人在劳动合同中明确规定了合同效力的起始和终止的时间。劳动合同期限届满，劳动关系即告终止。固定期限劳动合同可以是1年、2年，也可以是5年、10年，甚至更长时间。但是，超过两次签订固定期限的劳动合同，在劳动者没有《劳动合同法》第39条和第40条第1项、第2项规定的情形，且劳动者本人又没有提出订立固定期随劳动合同的，用人单位就应当与劳动者签订无固定期限劳动合同。

（3）无固定期限劳动合同

无固定期限劳动合同，是指用人单位与劳动者约定无确定终止时间的劳动合同。无确定终止时间的劳动合同并不是没有终止时间，一旦出现了法定的解除情形（如到了法定退休年龄）或者双方协商一致解除的，无固定期限劳动合同同样可以解除。

用人单位与劳动者协商一致，可以订立无固定期限劳动合同。有下列情形之一，劳动者提出或者同意续订、订立劳动合同的，除劳动者提出订立固定期限劳动合同外，应当订立无固定期限劳动合同：

1）劳动者在该用人单位连续工作满10年的；

2）用人单位初次实行劳动合同制度或者国有企业改制重新订立劳动合同时，劳动者在该用人单位连续工作满10年且距法定退休年龄不足10年的；

3）连续订立2次固定期限劳动合同，且劳动者没有《劳动合同法》第39条和第40条第1项、第2项规定的情形，续订劳动合同的。需要注意的是，用人单位自用工之日起满1年不与劳动者订立书面劳动合同的，则视为用人单位与劳动者已订立无固定期限劳动合同。

（4）以完成一定工作任务为期限的劳动合同

以完成一定工作任务为期限的劳动合同，是指用人单位与劳动者约定以某项工作的完成为合同期限的劳动合同。

7.3.1.3　劳动合同的基本条款

劳动合同应当具备以下条款：

(1) 用人单位的名称、住所和法定代表人或者主要负责人；

(2) 劳动者的姓名、住址和居民身份证或者其他有效身份证件号码；

(3) 劳动合同期限；

(4) 工作内容和工作地点；

(5) 工作时间和休息休假；

(6) 劳动报酬；

(7) 社会保险；

(8) 劳动保护、劳动条件和职业危害防护；

(9) 法律、法规规定应当纳入劳动合同的其他事项。

劳动合同除上述规定的必备条款外，用人单位与劳动者可以约定试用期、培训、保守秘密、补充保险和福利待遇等其他事项。

7.3.1.4 订立劳动合同应当注意的事项

(1) 建立劳动关系即应订立劳动合同

用人单位自用工之日起即与劳动者建立劳动关系。《劳动合同法》规定，建立劳动关系，应当订立书面劳动合同。已建立劳动关系，未同时订立书面劳动合同的，应当自用工之日起1个月内订立书面劳动合同。用人单位未在用工的同时订立书面劳动合同，与劳动者约定的劳动报酬不明确的，新招用的劳动者的劳动报酬应当按照企业的或者同行业的集体合同规定的标准执行；没有集体合同的，用人单位应当对劳动者实行同工同酬。用人单位与劳动者在用工前订立劳动合同的，劳动关系自用工之日起建立。

合同有书面形式、口头形式和其他形式。按照《劳动合同法》的规定，除了非全日制用工（即以小时计酬为主，劳动者在同一用人单位一般平均每日工作时间不超过4小时，每周工作时间累计不超过24小时的用工形式）可以订立口头协议外，建立劳动关系应当订立书面劳动合同。如果没有订立书面合同，不订立书面合同的一方将要承担相应的法律后果。劳动合同文本由用人单位和劳动者各执一份。

【案例3】

① 背景

某建筑公司的一位会计因故离职，该建筑公司聘请徐女士于2012年9月15日接替了原会计的工作，并自该日起，徐女士开始接手财务工作。9月30日，徐女士与该建筑公司签订了劳动合同。由于徐女士的会计职称级别与原会计相同，双方在商签劳动合同时对工资数额发生分歧，便在劳动合同中约定徐女士工资暂定每月3000元，待年底视公司效益情况，再酌情给予一定的奖励。2012年年底，徐女士要求公司按照约定向其发放奖金，但公司说效益不好，不能发放徐女士的奖金。后徐女士提出，劳动合同中对其工资的约定不明确，应当按照同样工作岗位的员工工资补齐其差额部分，并应补发其劳动合同签订前自9月15日至9月29日的工资。

② 问题

a. 徐女士的要求是否合法?

b. 该建筑公司今后应当注意或者改进哪些做法?

③ 分析

a. 徐女士的要求是合法的。

《劳动合同法》第 11 条规定："用人单位未在用工的同时订立书面劳动合同，与劳动者约定的劳动报酬不明确的，新招用的劳动者的劳动报酬按照集体合同规定的标准执行；没有集体合同或者集体合同未规定的，实行同工同酬。"据此，由于徐女士与该公司在劳动合同中关于工资待遇的规定不明确，作为同会计职称级别的徐女士，应当享受原会计或者该公司同岗位人员的工资报酬待遇。

《劳动合同法》第 7 条规定："用人单位自用工之日起即与劳动者建立劳动关系"。徐女士在 9 月 15 日虽然还没有和公司签订书面劳动合同，但从这一天起，徐女士就已经同该公司建立了劳动关系，用人单位应当以建立劳动关系的时间为工资发放的起始时间，即向徐女士发放劳动合同签订前自 9 月 15 日至 9 月 29 日的工资。

(2) 该建筑公司应当认真学习和严格执行《劳动合同法》的相关规定，在聘用员工后应立即签订书面劳动合同，并在劳动合同中将各项条款规定明确具体；在劳动合同履行过程中，不得少付甚至克扣劳动者的任何工资和福利待遇，否则将可能招致劳动争议或纠纷，甚至成为被告。

(2) 劳动报酬和试用期

劳动合同对劳动报酬和劳动条件等标准约定不明确，引发争议的，用人单位与劳动者可以重新协商；协商不成的，适用集体合同规定；没有集体合同或者集体合同未规定劳动报酬的，实行同工同酬；没有集体合同或者集体合同未规定劳动条件等标准的，适用国家有关规定。

劳动合同期限 3 个月以上不满 1 年的，试用期不得超过 1 个月；劳动合同期限 1 年以上不满 3 年的，试用期不得超过 2 个月；3 年以上固定期限和无固定期限的劳动合同，试用期不得超过 6 个月。同一用人单位与同一劳动者只能约定 1 次试用期。以完成一定工作任务为期限的劳动合同或者劳动合同期限不满 3 个月的，不得约定试用期。试用期包含在劳动合同期限内。劳动合同仅约定试用期的，试用期不成立，该期限为劳动合同期限。

劳动者在试用期的工资不得低于本单位相同岗位最低档工资或者劳动合同约定工资的 80%，并不得低于用人单位所在地的最低工资标准。在试用期中，除劳动者有《劳动合同法》第 39 条和第 40 条第 1 项、第 2 项规定的情形外，用人单位不得解除劳动合同。用人单位在试用期解除劳动合同的，应当向劳动者说明理由。

(3) 劳动合同的生效与无效

劳动合同由用人单位与劳动者协商一致，并经用人单位与劳动者在劳动合同文本上签字或者盖章生效。双方当事人签字或者盖章时间不一致的，以最后一方签字或者盖章的时间为准；如果一方没有写签字时间，则另一方写明的签字时间就是合同生效时间。

下列劳动合同无效或者部分无效：

1) 以欺诈、胁迫的手段或者乘人之危，使对方在违背真实意思的情况下订立或者变更劳动合同的；

2) 用人单位免除自己的法定责任、排除劳动者权利的；

3) 违反法律、行政法规强制性规定的。对于部分无效的劳动合同，只要不影响其他部分效力的，其他部分仍然有效。劳动合同被确认无效，劳动者已付出劳动的，用人单位应当向劳动者支付劳动报酬。劳动报酬的数额，参照本单位相同或者相近岗位劳动者的劳动报酬确定。

对劳动合同的无效或者部分无效有争议的，由劳动争议仲裁机构或者人民法院确认。

7.3.1.5 集体合同

企业职工一方与用人单位通过平等协商，可以就劳动报酬、工作时间、休息休假、劳动安全卫生、保险福利等事项订立集体合同。集体合同草案应当提交职工代表大会或者全体职工讨论通过。集体合同由工会代表企业职工一方与用人单位订立；尚未建立工会的用人单位，由上级工会指导劳动者推举的代表与用人单位订立。企业职工一方与用人单位还可订立劳动安全卫生、女职工权益保护、工资调整机制等专项集体合同。集体合同中劳动报酬和劳动条件等标准不得低于当地人民政府规定的最低标准；用人单位与劳动者订立的劳动合同中劳动报酬和劳动条件等标准不得低于集体合同规定的标准。

集体合同订立后，应当报送劳动行政部门；劳动行政部门自收到集体合同文本之日起15日内未提出异议的，集体合同即行生效。依法订立的集体合同对用人单位和劳动者具有约束力。

用人单位违反集体合同，侵犯职工劳动权益的，工会可以依法要求用人单位承担责任；因履行集体合同发生争议，经协商解决不成的，工会可以依法申请仲裁、提起诉讼。

7.3.2 劳动合同的履行、变更、解除和终止

7.3.2.1 劳动合同的履行

劳动合同一经依法订立便具有法律效力。用人单位与劳动者应当按照劳动合同的约定，全面履行各自的义务。当事人双方既不能只履行部分义务，也不能擅自变更合同，更不能任意不履行合同或者解除合同，否则将承担相应的法律责任。

（1）用人单位应当履行向劳动者支付劳动报酬的义务

用人单位应当按照劳动合同约定和国家规定，向劳动者及时足额支付劳动报酬。劳动报酬是指劳动者为用人单位提供劳动而获得的各种报酬，通常包括三个部分：

1）货币工资，包括各种工资、奖金、津贴、补贴等；

2）实物报酬，即用人单位以免费或低于成本价提供给劳动者的各种物品和服务等；

3）社会保险，即用人单位为劳动者支付的医疗、失业、养老、工伤等保险金。

用人单位和劳动者可以在法律允许的范围内对劳动报酬的金额、支付时间、支付方式等进行平等协商。劳动报酬的支付要遵守国家的有关规定：

1）用人单位支付劳动者的工资不得低于当地的最低工资标准；

2）工资应当以货币形式按月支付劳动者本人，即不得以实物或有价证券等形式代替货币支付；

3）用人单位应当依法向劳动者支付加班费；

4）劳动者在法定休假日、婚丧假期间、探亲假期间、产假期间和依法参加社会活动期间以及非因劳动者原因停工期间，用人单位应当依法支付工资。

用人单位拖欠或者未足额支付劳动报酬的，劳动者可以依法向当地人民法院申请支付令，人民法院应当依法发出支付令。

（2）依法限制用人单位安排劳动者的加班

用人单位应当严格执行劳动定额标准，不得强迫或者变相强迫劳动者加班。用人单位安排加班的，应当按照国家有关规定向劳动者支付加班费。

（3）劳动者有权拒绝违章指挥、冒险作业

《劳动合同法》规定，劳动者对危害生命安全和身体健康的劳动条件，有权对用人单位提出批评、检举和控告。

劳动者拒绝用人单位管理人员违章指挥、强令冒险作业的，不视为违反劳动合同。

（4）用人单位发生变动不影响劳动合同的履行

用人单位如果变更名称、法定代表人、主要负责人或者投资人等事项，不影响劳动合同的履行。

用人单位发生合并或者分立等情况，原劳动合同继续有效，劳动合同由承继其权利和义务的用人单位继续履行。

【案例 4】

① 背景

某中外合资公司与王某签订了为期 3 年的劳动合同。合同中约定，在合同的履行期间，如果本合同订立时所依据的客观情况发生变化，致使合同无法履行，经双方协商不能就本合同达成协议的，公司可以提前 30 天以书面形式通知王某解除劳动合同。两年后，该公司由一家中外合资企业变更为外商独资企业，公司的法定代表人也作了变更。该公司由于重组进行大规模的裁员，王某也在被裁人员名单中。随后，公司以企业名称、性质和法定代表人变更，属于合同订立时所依据的客观情况发生重大变化为由，书面通知王某解除劳动合同。王某不同意，认为自己的劳动合同没有到期，不能以企业法定代表人变更等为由随意解除劳动合同。

② 问题

a. 该公司上述理由是否可以作为解除与王某劳动合同的依据？

b. 该公司与王某的合同是否继续有效？

③ 分析

a.《劳动合同法》第 33 条规定，“用人单位变更名称、法定代表人、主要负责人或者投资人等事项，不影响劳动合同的履行。”本案中，该公司虽然企业的名称、性质和法定代表人发生了变更，但并非属于法律上认定的“客观情况发生重大变化”，企业的正常经营并未因此而受到影响。因此，该公司以上述理由解除与王某的劳动合同是没有法律依据的。

b. 王某与该公司的劳动合同还没有到期，该合同依然有效。所以，双方应该继续履行劳动合同。

7.3.2.2 劳动合同的变更

用人单位与劳动者协商一致，可以变更劳动合同约定的内容。变更劳动合同，应当采用书面形式。变更后的劳动合同文本由用人单位和劳动者各执一份。

变更劳动合同时应当注意：

（1）必须在劳动合同依法订立之后，在合同没有履行或者尚未履行完毕之前的有效时间内进行；

（2）必须坚持平等自愿、协商一致的原则，即须经用人单位和劳动者双方当事人的同意；

（3）不得违反法律法规的强制性规定；

（4）劳动合同的变更须采用书面形式。

7.3.2.3 劳动合同的解除和终止

劳动合同的解除，是指当事人双方提前终止劳动合同、解除双方权利义务关系的法律行为，可分为协商解除、法定解除和约定解除三种情况。劳动合同的终止，是指劳动合同期满或者出现法定情形以及当事人约定的情形而导致劳动合同的效力消灭，劳动合同即行终止。

（1）劳动者可以单方解除劳动合同的规定

劳动者提前30日以书面形式通知用人单位，可以解除劳动合同。劳动者在试用期内提前3日通知用人单位，可以解除劳动合同。

《劳动合同法》第38条规定，用人单位有下列情形之一的，劳动者可以解除劳动合同：

1）未按照劳动合同约定提供劳动保护或者劳动条件的；

2）未及时足额支付劳动报酬的；

3）未依法为劳动者缴纳社会保险费的；

4）用人单位的规章制度违反法律、法规的规定，损害劳动者权益的；

5）因《劳动合同法》第26条第1款规定的情形致使劳动合同无效的；

6）法律、行政法规规定劳动者可以解除劳动合同的其他情形。

用人单位以暴力、威胁或者非法限制人身自由的手段强迫劳动者劳动的，或者用人单位违章指挥、强令冒险作业危及劳动者人身安全的，劳动者可以立即解除劳动合同，不需事先告知用人单位。

（2）用人单位可以单方解除劳动合同的规定

《劳动合同法》在赋予劳动者单方解除权的同时，也赋予用人单位对劳动合同的单方解除权，以保障用人单位的用工自主权。

《劳动合同法》第39条规定，劳动者有下列情形之一的，用人单位可以解除劳动合同：

1）在试用期间被证明不符合录用条件的；

2）严重违反用人单位的规章制度的；

3）严重失职，营私舞弊，给用人单位造成重大损害的；

4）劳动者同时与其他用人单位建立劳动关系，对完成本单位的工作任务造成严重影响，或者经用人单位提出，拒不改正的；

5）因《劳动合同法》第26条第1款第1项规定的情形致使劳动合同无效的；

6）被依法追究刑事责任的。

《劳动合同法》第40条规定，有下列情形之一的，用人单位提前30日以书面形式通知劳动者本人或者额外支付劳动者1个月工资后，可以解除劳动合同：

1）劳动者患病或者非因工负伤，在规定的医疗期满后不能从事原工作，也不能从事由用人单位另行安排的工作的；

2）劳动者不能胜任工作，经过培训或者调整工作岗位，仍不能胜任工作的；

3）劳动合同订立时所依据的客观情况发生重大变化，致使劳动合同无法履行，经用人单位与劳动者协商，未能就变更劳动合同内容达成协议的。

(3) 用人单位经济性裁员的规定

经济性裁员是指用人单位由于经营不善等经济原因，一次性辞退部分劳动者的情形。经济性裁员仍属用人单位单方解除劳动合同。

有下列情形之一，需要裁减人员 20 人以上或者裁减不足 20 人但占企业职工总数 10% 以上的，用人单位提前 30 日向工会或者全体职工说明情况，听取工会或者职工的意见后，裁减人员方案经向劳动行政部门报告，可以裁减人员：

1) 依照企业破产法规定进行重整的；

2) 生产经营发生严重困难的；

3) 企业转产、重大技术革新或者经营方式调整，经变更劳动合同后，仍需裁减人员的；

4) 其他因劳动合同订立时所依据的客观经济情况发生重大变化，致使劳动合同无法履行的。

裁减人员时，应当优先留用下列三种人员：

1) 与本单位订立较长期限的固定期限劳动合同的；

2) 与本单位订立无固定期限劳动合同的；

3) 家庭无其他就业人员，有需要扶养的老人或者未成年人的。用人单位在 6 个月内重新招用人员的，应当通知被裁减的人员，并在同等条件下优先招用被裁减人员。

【案例 5】

① 背景

2008 年 5 月，小张大学毕业后，通过人才市场被一家设备公司聘用。小张所从事的工作技术含量较高，经过一段时间的实践仍不能胜任所从事的工作，于是公司决定解除与小张的劳动合同。但是，小张不同意解除合同。公司便不再分派小张任何工作，也停发了小张的工资，单方解除了与小张的劳动合同。

② 问题

a. 该设备公司是否违反了《劳动合同法》的有关规定？

b. 该设备公司应当承担哪些责任？

③ 分析

a. 该设备公司违反了《劳动合同法》第 40 条的规定。《劳动合同法》第 40 条规定，“有下列情形之一的，用人单位提前 30 日以书面形式通知劳动者本人或者额外支付劳动者 1 个月工资后，可以解除劳动合同：……(2) 劳动者不能胜任工作，经过培训或者调整工作岗位，仍不能胜任工作的；……。”据此，该公司认为小张不能胜任本职工作，应当对他进行培训或者调整工作岗位，如还不能胜任工作的，方可在提前 30 日以书面形式通知小张本人或者额外支付劳动者 1 个月工资后，才能解除劳动合同。此外，该公司单方解除劳动合同，还应当按照《劳动合同法》第 43 条的规定，事先将理由通知工会。

b. 该设备公司应当承担向小张支付经济补偿的责任。《劳动合同法》第 46 条规定，用人单位依照《劳动合同法》第 40 条的规定解除劳动合同的，用人单位应当向劳动者支付经济补偿。第 47 条规定，经济补偿按劳动者在本单位工作的年限，每满一年支付一个月工资的标准向劳动者支付。六个月以上不满一年的，按一年计算；不满六个月的，向劳动者支付半个月工资的经济补偿。

(4) 用人单位不得解除劳动合同的规定

为了保护一些特殊群体劳动者的权益,《劳动合同法》第 42 条规定,劳动者有下列情形之一的,用人单位不得依照该法第 40 条、第 41 条的规定解除劳动合同:

1) 从事接触职业病危害作业的劳动者未进行离岗前职业健康检查,或者疑似职业病病人在诊断或者医学观察期间的;

2) 在本单位患职业病或者因工负伤并被确认丧失或者部分丧失劳动能力的;

3) 患病或者非因工负伤,在规定的医疗期内的;

4) 女职工在孕期、产期、哺乳期的;

5) 在本单位连续工作满 15 年,且距法定退休年龄不足 5 年的;

6) 法律、行政法规规定的其他情形。

用人单位违反《劳动合同法》规定解除或者终止劳动合同,劳动者要求继续履行劳动合同的,用人单位应当继续履行;劳动者不要求继续履行劳动合同或者劳动合同已经不能继续履行的,用人单位应当依法向劳动者支付赔偿金。赔偿金标准为经济补偿标准的 2 倍。

(5) 劳动合同的终止

《劳动合同法》第 44 条规定,有下列情形之一的,劳动合同终止:

1) 劳动合同期满的;

2) 劳动者开始依法享受基本养老保险待遇的;

3) 劳动者死亡,或者被人民法院宣告死亡或者宣告失踪的;

4) 用人单位被依法宣告破产的;

5) 用人单位被吊销营业执照、责令关闭、撤销或者用人单位决定提前解散的;

6) 法律、行政法规规定的其他情形。

但是,在劳动合同期满时,有《劳动合同法》第 42 条规定的情形之一的,劳动合同应当继续延续至相应的情形消失时才能终止。但是,在本单位患有职业病或者因工负伤并被确认丧失或者部分丧失劳动能力的劳动者的劳动合同的终止,按照国家有关工伤保险的规定执行。

2010 年 12 月经修改后发布的《工伤保险条例》规定:

1) 劳动者因工致残被鉴定为 1 级至 4 级伤残的,即丧失劳动能力的,保留劳动关系,退出工作岗位,用人单位不得终止劳动合同;

2) 劳动者因工致残被鉴定为 5 级、6 级伤残的,即大部分丧失劳动能力的,经工伤职工本人提出,该职工可以与用人单位解除或者终止劳动关系,否则,用人单位不得终止劳动合同;

3) 职工因工致残被鉴定为 7 级至 10 级伤残的,即部分丧失劳动能力的,劳动合同期满终止。

(6) 终止劳动合同的经济补偿

有下列情形之一的,用人单位应当向劳动者支付经济补偿:

1) 劳动者依照《劳动合同法》第 38 条规定解除劳动合同的;

2) 用人单位向劳动者提出解除劳动合同并与劳动者协商一致解除劳动合同的;

3) 用人单位依照《劳动合同法》第 40 条规定解除劳动合同的;

4）用人单位依照《劳动合同法》第41条第1款规定解除劳动合同的；

5）除用人单位维持或者提高劳动合同约定条件续订劳动合同，劳动者不同意续订的情形外，依照《劳动合同法》第44条第1项规定终止固定期限劳动合同的；

6）依照《劳动合同法》第44条第4项、第5项规定终止劳动合同的；

7）法律、行政法规规定的其他情形。

经济补偿的标准，按劳动者在本单位工作的年限，每满1年支付1个月工资的标准向劳动者支付。6个月以上不满1年的，按1年计算；不满6个月的，向劳动者支付半个月工资的经济补偿。劳动者月工资高于用人单位所在直辖市、设区的市级人民政府公布的本地区上年度职工月平均工资3倍的，向其支付经济补偿的标准按职工月平均工资3倍的数额支付，向其支付经济补偿的年限最高不超过12年。月工资是指劳动者在劳动合同解除或者终止前12个月的平均工资。

7.4 建设用工管理相关规定

7.4.1 合法用工方式与违法用工模式的规定

据有关资料，我国建筑业的农民工占建筑业从业总人数的80%以上，约占农民工总人数的25%。因此，实施合法用工方式不仅有利于保证建设工程质量安全，还可以更好地保障农民工的合法权益。

7.4.1.1 “包工头”用工模式

我国建筑业仍属于劳动密集型行业。20世纪80年代以来，随着建设规模不断扩大，建筑业的发展需要大量务工人员，而农村富余劳动力又迫切要求找到适当工作，“包工头”用工模式便应运而生了。因此，我国建筑行业一度大量出现“包工头”是有其历史原因的。可以说，“包工头”用工模式是在特殊历史条件下的特殊产物。

“包工头”作为自然人的民事主体，一方面为解决农村富余劳动力就业提供了一个渠道，另一方面也往往扮演了损害农民工利益的重要角色，在建设领域和劳动领域产生了很大的负面影响。许多“包工头”原有的身份就是农民工。他们凭借灵活的头脑和较广的人脉关系而慢慢演变成“包工头”。其所辖的“务工人员”也逐步由最初的亲戚朋友变成了老乡乃至于老乡的老乡。这种社会关系最初受亲戚朋友、乡里乡亲的约束还显得比较和谐，但用工范围变得越来越宽后，这个没有任何契约凭据而组成的“组织”很多会因为唯利是图而失去道德底线。“包工头”非法人的用工模式，容易导致大量农民工未经安全和职业技能培训就进入建筑工地，给工程质量和安全带来隐患；非法用工现象较为严重，损害农民工合法权益事件时有发生，特别是违法合同无效的规定，极易造成清欠农民工工资债务链的法律关系“断层”，严重扰乱了建筑市场的正常秩序。

《建筑法》明确规定，禁止建筑施工企业以任何形式允许其他单位或者个人使用本企业的资质证书、营业执照，以本企业的名义承揽工程。禁止总承包单位将工程分包给不具备相应资质条件的单位。禁止分包单位将其承包的工程再分包。2005年8月原建设部颁发了《关于建立和完善劳务分包制度发展建筑劳务企业的意见》，要求逐步在全国建立基本规范的建筑劳务分包制度，农民工基本被劳务企业或其他用工企业直接吸纳，“包工头”

承揽分包业务基本被禁止。2014 年 7 月住房和城乡建设部又颁发了《关于进一步加强和完善建筑劳务管理工作的指导意见》。

7.4.1.2 劳务派遣

劳务派遣（又称劳动力派遣、劳动派遣或人才租赁），是指依法设立的劳务派遣单位与劳动者订立劳动合同，依据与接受劳务派遣单位（即实际用工单位）订立的劳务派遣协议，将劳动者派遣到实际用工单位工作，由派遣单位向劳动者支付工资、福利及社会保险费用，实际用工单位提供劳动条件并按照劳务派遣协议支付用工费用的新型用工方式。其显著特征是劳动者的聘用与使用分离。

（1）劳务派遣单位

《劳动合同法》规定，劳务派遣单位经营劳务派遣业务应当具备下列条件：

1）注册资本不得少于人民币 200 万元；

2）有与开展业务相适应的固定的经营场所和设施；

3）有符合法律、行政法规规定的劳务派遣管理制度；

4）法律、行政法规规定的其他条件。经营劳务派遣业务，应当向劳动行政部门依法申请行政许可；经许可的，依法办理相应的公司登记。未经许可，任何单位和个人不得经营劳务派遣业务。劳务派遣用工是补充形式，只能在临时性、辅助性或者替代性的工作岗位上实施。

2014 年 1 月人力资源社会保障部发布的《劳务派遣暂行规定》进一步规定，临时性工作岗位是指存续时间不超过 6 个月的岗位；辅助性工作岗位是指为主营业务岗位提供服务的非主营业务岗位；替代性工作岗位是指用工单位的劳动者因脱产学习、休假等原因无法工作的一定期间内，可以由其他劳动者替代工作的岗位。

（2）劳动合同与劳务派遣协议

劳务派遣单位与被派遣劳动者应当订立劳动合同。《劳动合同法》规定，劳务派遣单位是本法所称用人单位，应当履行用人单位对劳动者的义务。劳务派遣单位与被派遣劳动者订立的劳动合同，除应当载明本法第 17 条规定的事项外，还应当载明被派遣劳动者的用工单位以及派遣期限、工作岗位等情况。劳务派遣单位应当与被派遣劳动者订立 2 年以上的固定期限劳动合同，按月支付劳动报酬；被派遣劳动者在无工作期间，劳务派遣单位应当按照所在地人民政府规定的最低工资标准，向其按月支付报酬。

劳务派遣单位派遣劳动者应当与接受以劳务派遣形式用工的单位（以下称用工单位）订立劳务派遣协议。劳务派遣单位应当将劳务派遣协议的内容告知被派遣劳动者。劳务派遣单位不得克扣用工单位按照劳务派遣协议支付给被派遣劳动者的劳动报酬。劳务派遣单位和用工单位不得向被派遣劳动者收取费用。

《劳务派遣暂行规定》进一步规定，劳务派遣协议应当载明下列内容：

1）派遣的工作岗位名称和岗位性质；

2）工作地点；

3）派遣人员数量和派遣期限；

4）按照同工同酬原则确定的劳动报酬数额和支付方式；

5）社会保险费的数额和支付方式；

6）工作时间和休息休假事项；

7）被派遣劳动者工伤、生育或者患病期间的相关待遇；

8）劳动安全卫生以及培训事项；

9）经济补偿等费用；

10）劳务派遣协议期限；

11）劳务派遣服务费的支付方式和标准；

12）违反劳务派遣协议的责任；

13）法律、法规、规章规定应当纳入劳务派遣协议的其他事项。

（3）被派遣劳动者

《劳动合同法》规定，被派遣劳动者享有与用工单位的劳动者同工同酬的权利。用工单位应当按照同工同酬原则，对被派遣劳动者与本单位同类岗位的劳动者实行相同的劳动报酬分配办法。用工单位无同类岗位劳动者的，参照用工单位所在地相同或者相近岗位劳动者的劳动报酬确定。劳务派遣单位与被派遣劳动者订立的劳动合同和与用工单位订立的劳务派遣协议，载明或者约定的向被派遣劳动者支付的劳动报酬应当符合前款规定。

被派遣劳动者有权在劳务派遣单位或者用工单位依法参加或者组织工会，维护自身的合法权益。被派遣劳动者可以依照《劳动合同法》第36条、第38条的规定与劳务派遣单位解除劳动合同。

（4）用工单位

《劳动合同法》规定，用工单位应当履行下列义务：

1）执行国家劳动标准，提供相应的劳动条件和劳动保护；

2）告知被派遣劳动者的工作要求和劳动报酬；

3）支付加班费、绩效奖金，提供与工作岗位相关的福利待遇；

4）对在岗被派遣劳动者进行工作岗位所必需的培训；

5）连续用工的，实行正常的工资调整机制。用工单位不得将被派遣劳动者再派遣到其他用人单位。

被派遣劳动者有该法第39条和第40条第1项、第2项规定情形的，用工单位可以将劳动者退回劳务派遣单位，劳务派遣单位依照该法有关规定，可以与劳动者解除劳动合同。

《劳务派遣暂行规定》进一步规定，用工单位应当按照劳动合同法第62条规定，向被派遣劳动者提供与工作岗位相关的福利待遇，不得歧视被派遣劳动者。被派遣劳动者在用工单位因工作遭受事故伤害的，劳务派遣单位应当依法申请工伤认定，用工单位应当协助工伤认定的调查核实工作。劳务派遣单位承担工伤保险责任，但可以与用工单位约定补偿办法。被派遣劳动者在申请进行职业病诊断、鉴定时，用工单位应当负责处理职业病诊断、鉴定事宜，并如实提供职业病诊断、鉴定所需的劳动者职业史和职业危害接触史、工作场所职业病危害因素检测结果等资料，劳务派遣单位应当提供被派遣劳动者职业病诊断、鉴定所需的其他材料。

有下列情形之一的，用工单位可以将被派遣劳动者退回劳务派遣单位：①用工单位有劳动合同法第40条第3项、第41条规定情形的；②用工单位被依法宣告破产、吊销营业执照、责令关闭、撤销、决定提前解散或者经营期限届满不再继续经营的；③劳务派遣协议期满终止的。被派遣劳动者退回后在无工作期间，劳务派遣单位应当按照不低于所在地人民政府规定的最低工资标准，向其按月支付报酬。被派遣劳动者有劳动合同法第 142 条规定情形的，在派遣期限届满前，用工单位不得依据上述第①项规定将被派遣劳动者退回劳务派遣单位；派遣期限届满的，应当延续至相应情形消失时方可退回。

【案例 6】

① 背景

老李是某劳务派遣公司派遣到某建筑公司工作的劳动者。一天，老李与和他同岗位并在一起工作的小王聊天时得知，老李的月工资比小王低了好几百块钱，便找到该建筑公司人事行政部门询问，为什么小王很年轻，每天和他工作在同一岗位，但工资待遇却差别如此之大。该公司人事行政部门回答，你不是我们公司的员工，当然同小王的工资待遇不一样。

② 问题

a. 该公司人事行政部门的回答是否合法?

b. 老李的工资待遇问题应当由谁来解决?

③ 分析

a. 该公司人事行政部门的回答是错误的。我国新修正的《劳动合同法》第 63 条规定："被派遣劳动者享有与用工单位的劳动者同工同酬的权利。用工单位应当按照同工同酬原则，对被派遣劳动者与本单位同类岗位的劳动者实行相同的劳动报酬分配办法。""劳务派遣单位与被派遣劳动者订立的劳动合同和与用工单位订立的劳务派遣协议，载明或者约定的向被派遣劳动者支付的劳动报酬应当符合前款规定。"据此，虽然老李不是该公司的员工，但也应当与该公司员工享有同工同酬的权利。老李的工资待遇应当与小王相同。

b. 老李的工资待遇问题应当由劳务派遣单位来解决。我国《劳动合同法》第 58 条规定："劳务派遣单位是本法所称用人单位，应当履行用人单位对劳动者的义务。"据此，老李的工资待遇问题，应当由老李所属的劳务派遣单位解决。

7.4.2 加强和完善建筑劳务管理

住房和城乡建设部《关于进一步加强和完善建筑劳务管理工作的指导意见》提出，加强建筑劳务用工管理，进一步落实建筑施工企业在队伍培育、权益保护、质量安全等方面的责任，保障劳务人员合法权益，构建起有利于形成建筑产业工人队伍的长效机制，提高工程质量水平，促进建筑业健康发展。

(1) 倡导多元化建筑用工方式，推行实名制管理

施工总承包、专业承包企业可通过自有劳务人员或劳务分包、劳务派遣等多种方式完，成劳务作业。施工总承包、专业承包企业应拥有一定数量的与其建立稳定劳动关系的骨干技术工人，或拥有独资或控股的施工劳务企业，组织自有劳务人员完成劳务作业；也可以将劳务作业分包给具有施工劳务资质的企业；还可以将部分临时性、辅助性或者替代性的工作使用劳务派遣人员完成作业。

施工劳务企业应组织自有劳务人员完成劳务分包作业。施工劳务企业应依法承接施工总承包、专业承包企业发包的劳务作业，并组织自有劳务人员完成作业，不得将劳务作业再次分包或转包。

推行劳务人员实名制管理。施工总承包、专业承包和施工劳务等建筑施工企业要严格

落实劳务人员实名制，加强对．自有劳务人员的管理，在施工现场配备专职或兼职劳务用工管理人员，负责登记劳务人员的基本身份信息、培训和技能状况、从业经历、考勤记录、诚信信息、工资结算及支付等情况，加强劳务人员动态监管和劳务纠纷调解处理。实行劳务分包的工程项目，施工劳务企业除严格落实实名制管理外，还应将现场劳务人员的相关资料报施工总承包企业核实、备查；施工总承包企业也应配备现场专职劳务用工管理人员监督施工劳务企业落实实名制管理，确保工资支付到位，并留存相关资料。

（2）落实企业责任，保障劳务人员合法权益与工程质量安全

建筑施工企业对自有劳务人员承担用工主体责任。建筑施工企业应对自有劳务人员的施工现场用工管理、持证上岗作业和工资发放承担直接责任。建筑施工企业应与自有劳务人员依法签订书面劳动合同，办理工伤、医疗或综合保险等社会保险，并按劳动合同约定及时将工资直接发放给劳务人员本人；应不断提高和改善劳务人员的工作条件和生活环境，保障其合法权益。

施工总承包、专业承包企业承担相应的劳务用工管理责任。按照“谁承包、谁负责”的原则，施工总承包企业应对所承包工程的劳务管理全面负责。施工总承包、专业承包企业将劳务作业分包时，应对劳务费结算支付负责，对劳务分包企业的日常管理、劳务作业和用工情况、工资支付负监督管理责任；对因转包、违法分包、拖欠工程款等行为导致拖欠劳务人员工资的，负相应责任。

建筑施工企业承担劳务人员的教育培训责任。建筑施工企业应通过积极创建农民工业余学校、建立培训基地、师傅带徒弟、现场培训等多种方式，提高劳务人员职业素质和技能水平，使其满足工作岗位需求。建筑施工企业应对自有劳务人员的技能和岗位培训负责，建立劳务人员分类培训制度，实施全员培训、持证上岗。对新进入建筑市场的劳务人员，应组织相应的上岗培训，考核合格后方可上岗；对因岗位调整或需要转岗的劳务人员，应重新组织培训，考核合格后方可上岗；对从事建筑电工、建筑架子工、建筑起重信号司索工等岗位的劳务人员，应组织培训并取得住房城乡建设主管部门颁发的证书后方可上岗。施工总承包、专业承包企业应对所承包工程项目施工现场劳务人员的岗前培训负责，对施工现场劳务人员持证上岗作业负监督管理责任。

建筑施工企业承担相应的质量安全责任。施工总承包企业对所承包工程项目的施工现场质量安全负总责，专业承包企业对承包的专业工程质量安全负责，施工总承包企业对分包工程的质量安全承担连带责任。施工劳务企业应服从施工总承包或专业承包企业的质量安全管理、组织合格的劳务人员完成施工作业。

（3）加大监管力度，规范劳务用工管理

落实劳务人员实名制管理各项要求。积极推行信息化管理方式，将劳务人员的基本身份信息、培训和技能状况、从业经历和诚信信息等内容纳入信息化管理范畴，逐步实现不同项目、企业、地域劳务人员信息的共享和互通。有条件的地区，可探索推进劳务人员的诚信信息管理，对发生违法违规行为以及引发群体性事件的责任人，记录其不良行为并予以通报。

加大企业违法违规行为的查处力度。各地住房城乡建设主管部门应加大对转包、违法分包等违法违规行为以及不执行实名制管理和持证上岗制度、拖欠劳务费或劳务人员工资、引发群体性讨薪事件等不良行为的查处力度，并将查处结果予以通报，记入企业信用

档案。有条件的地区可加快施工劳务企业信用体系建设，将其不良行为统一纳入全国建筑市场监管与诚信信息发布平台，向社会公布。

（4）加强政策引导与扶持，夯实行业发展基础

加强劳务分包计价管理。各地工程造价管理机构应根据本地市场实际情况，动态发布定额人工单价调整信息，使人工费用的变化在工程造价中得到及时反映；实时跟踪劳务市场价格信息，做好建筑工种和实物工程量人工成本信息的测算发布工作，引导建筑施工企业合理确定劳务分包费用，避免因盲目低价竞争和计费方式不合理引发合同纠纷。

推进建筑劳务基地化建设。鼓励大型建筑施工企业在劳务输出地建立独资或控股的施工劳务企业，或与劳务输出地有关单位建立长期稳定的合作关系，支持企业参与劳务输出；地劳务人员的技能培训，建立双方定向培训机制。

做好引导和服务工作。鼓励施工总承包企业与长期合作、市场信誉好的施工劳务企业建立稳定的合作关系，鼓励和扶持实力较强的施工劳务企业向施工总承包或专业承包企业发展；加强培训工作指导，整合培训资源，推动各类培训机构建设，引导有实力的建筑施工企业按相关规定开办技工职业学校，培养技能人才，鼓励建筑施工企业加强校企合作，对自有劳务人员开展定向教育，加大高技能人才的培养力度。

7.5 工程建设质量管理的相关规定

建设工程作为一种特殊产品，是人们日常生活和生产、经营、工作等的主要场所，是人类赖以生存和发展的重要物质基础。因此，“百年大计，质量第一”，必须进一步提高建设工程质量水平，确保建设工程的安全可靠。

7.5.1 施工单位的质量责任和义务

施工单位是工程建设的重要责任主体之一。由于施工阶段影响质量稳定的因素和涉及的责任主体均较多，协调管理的难度较大，施工阶段的质量责任制度尤为重要。

2014 年 8 月住房城乡建设部发布的《建筑工程五方责任主体项目负责人质量终身责任追究暂行办法》规定，建筑工程开工建设前，建设、勘察、设计、施工、监理单位法定代表人应当签署授权书，明确本单位项目负责人。建筑工程五方责任主体项目负责人质量终身责任，是指参与新建、扩建、改建的建筑工程项目负责人按照国家法律法规和有关规定，在工程设计使用年限内对工程质量承担相应责任。工程质量终身责任实行书面承诺和竣工后永久性标牌等制度。

7.5.1.1 对施工质量负责和总分包单位的质量责任

（1）施工单位对施工质量负责

《建筑法》规定，建筑施工企业对工程的施工质量负责。《建设工程质量管理条例》进一步规定，施工单位对建设工程的施工质量负责。施工单位应当建立质量责任制，确定工程项目的项目经理、技术负责人和施工管理负责人。

需要指出的是，建设工程质量责任与施工质量责任的责任主体不尽相同。在工程建设的全过程中，由于参与主体多元化，所以建设工程质量的责任主体也势必多元化。建设工程各方主体依法各司其职、各负其责。每个参与主体仅就自己的工作内容对建设工程承担

相应的质量责任。施工单位是建设工程质量的重要责任主体，但不是唯一的责任主体。对施工质量负责是施工单位法定的质量责任。

施工单位的质量责任制，是其质量保证体系的一个重要组成部分，也是施工质量目标得以实现的重要保证。建立质量责任制，主要包括制定质量目标计划，建立考核标准，并层层分解落实到具体的责任单位和责任人，特别是工程项目的项目经理、技术负责人和施工管理负责人。落实质量责任制，不仅是为了在出现质量问题时可以追究责任，更重要的是通过层层落实质量责任制，做到事事有人管、人人有职责，加强对施工过程的全面质量控制，保证建设工程的施工质量。

《建筑工程五方责任主体项目负责人质量终身责任追究暂行办法》规定，施工单位项目经理应当按照经审查合格的施工图设计文件和施工技术标准进行施工，对施工导致的工程质量事故或质量问题承担责任。

(2) 总分包单位的质量责任

《建筑法》规定，建筑工程实行总承包的，工程质量由工程总承包单位负责，总承包单位将建筑工程分包给其他单位的，应当对分包工程的质量与分包单位承担连带责任。分包单位应当接受总承包单位的质量管理。

《建设工程质量管理条例》进一步规定，建设工程实行总承包的，总承包单位应当对全部建设工程质量负责；建设工程勘察、设计、施工、设备采购的一项或者多项实行总承包的，总承包单位应当对其承包的建设工程或者采购的设备的质量负责。总承包单位依法将建设工程分包给其他单位的，分包单位应当按照分包合同的约定对其分包工程的质量向总承包单位负责，总承包单位与分包单位对分包工程的质量承担连带责任。

在总分包的情况下存在着总包、分包两种合同，总承包单位和分包单位各自向合同中的对方主体负责。同时，总承包单位与分包单位对分包工程的质量还要依法承担连带责任，即分包工程发生质量问题时，建设单位或其他受害人既可以向分包单位请求赔偿，也可以向总承包单位请求赔偿；进行赔偿的一方，有权依据分包合同的约定，对不属于自己责任的那部分赔偿向对方追偿。因此，分包单位还应当接受总承包单位的质量管理。

【案例 7】

① 背景

某城市建设开发集团在该市南三环建设拆迁居民安置区。甲建筑公司通过投标获得了该工程项目，经建设单位同意，甲建筑公司将该工程中的 A、B、C、D 等 4 栋多层住宅楼分包给乙公司，并签订了分包合同。在工程交付使用后，发现 A 号楼因偷工减料存在严重质量问题，城市建设开发集团便要求甲建筑公司承担责任。甲建筑公司认为工程 A 号楼是由分包商公司完成的，应由乙公司承担相关责任，并以乙公司早已结账撤出而失去联系为由，不予配合问题的处理。

② 问题

甲建筑公司是否应该对 A 号楼的质量问题承担责任？为什么？

③ 分析

应承担责任。《建筑法》第 29 条第 2 款规定："建筑工程实行总承包的，工程质量由工程总承包单位负责，总承包单位将建筑工程分包给其他单位的，应当对分包工程的质量与分包单位承担连带责任。分包单位应当接受总承包单位的质量管理。"本案中存在着总分包两个合同。在总包合同中，甲建筑公司应该向建设单位即城市建设开发集团负责；在分包合同中，分包商乙公司应该向总承包单位即甲建筑公司负责。同时，甲建筑公司与乙公司还要对分包工程的质量承担连带责任。因此，建设单位有权要求甲建筑公司或乙公司对A号楼的质量问题承担责任，任何一方都无权拒绝。在乙公司早已失去联系的情况下，建设单位要求甲建筑公司承担质量责任是符合法律规定的。至于甲建筑公司如何再去追偿乙公司的质量责任，则完全是由甲建筑公司自行负责。

7.5.1.2 按照工程设计图纸和施工技术标准施工的规定

《建筑法》规定，建筑施工企业必须按照工程设计图纸和施工技术标准施工，不得偷工减料。工程设计的修改由原设计单位负责，建筑施工企业不得擅自修改工程设计。

《建设工程质量管理条例》进一步规定，施工单位必须按照工程设计图纸和施工技术标准施工，不得擅自修改工程设计，不得偷工减料。施工单位在施工过程中发现设计文件和图纸有差错的，应当及时提出意见和建议。

2012年7月公安部经修改后发布的《建设工程消防监督管理规定》要求，施工单位必须按照国家工程建设消防技术标准和经消防设计审核合格或者备案的消防设计文件组织施工，不得擅自改变消防设计进行施工，降低消防施工质量。

（1）按图施工，遵守标准

按工程设计图纸施工，是保证工程实现设计意图的前提，也是明确划分设计、施工单位质量责任的前提。施工技术标准则是工程建设过程中规范施工行为的技术依据。施工单位只有按照施工技术标准，特别是强制性标准的要求施工，才能保证工程的施工质量。此外，从法律的角度来看，工程设计图纸和施工技术标准都属于合同文件的组成部分，如果施工单位不按照工程设计图纸和施工技术标准施工，则属于违约行为，应该对建设单位承担违约责任。

（2）防止设计文件和图纸出现差错

工程项目的设计涉及多个专业，需要同有关方面进行协调，设计文件和图纸也有可能会出现差错。施工人员特别是施工管理负责人、技术负责人以及项目经理等，都是有着丰富实践经验的专业人员。如果施工单位在施工过程中发现设计文件和图纸中确实存在差错，其有义务及时向设计或建设单位提出来，以避免造成不必要的损失和质量问题。这也是施工单位履行合同应尽的基本义务。

7.5.1.3 对建筑材料、设备等进行检验检测的规定

建设工程属于特殊产品，其质量隐蔽性强、终检局限性大，在施工全过程质量控制中，必须严格执行法定的检验、检测制度，否则将造成质量隐患甚至导致质量事故。

《建筑法》规定，建筑施工企业必须按照工程设计要求、施工技术标准和合同的约定，对建筑材料、建筑构配件和设备进行检验，不合格的不得使用。《建设工程质量管理条例》进一步规定，施工单位必须按照工程设计要求、施工技术标准和合同约定，对建筑材料、建筑构配件、设备和商品混凝土进行检验，检验应当有书面记录和专人签字；未经检验或者检验不合格的，不得使用。《建设工程消防监督管理规定》要求，施工单位必须查验消防产品和具有防火性能要求的建筑构件、建筑材料及装修材料的质量，使用合格产品，保证消防施工质量。

（1）建筑材料、构配件、设备和商品混凝土的检验制度

施工单位对进入施工现场的建筑材料、建筑构配件、设备和商品混凝土实行检验制度，是施工单位质量保证体系的重要组成部分，也是保证施工质量的重要前提。

施工单位的检验要依据工程设计要求、施工技术标准和合同约定。检验对象是将在工程施工中使用的建筑材料、建筑构配件、设备和商品混凝土。合同若有其他约定的，检验工作还应满足合同相应条款的要求。检验结果要按规定的格式形成书面记录，并由相关的专业人员签字。对于未经检验或检验不合格的，不得在施工中用于工程上。

（2）施工检测的见证取样和送检制度

《建设工程质量管理条例》规定，施工人员对涉及结构安全的试块、试件以及有关材料，应当在建设单位或者工程监理单位监督下现场取样，并送具有相应资质等级的质量检测单位进行检测。

1）见证取样和送检

所谓见证取样和送检，是指在建设单位或工程监理单位人员的见证下，由施工单位的现场试验人员对工程中涉及结构安全的试块、试件和材料在现场取样，并送至具有法定资格的质量检测单位进行检测的活动。

2000年9月建设部发布的《房屋建筑工程和市政基础设施工程实行见证取样和送检的规定》中规定，涉及结构安全的试块、试件和材料见证取样和送检的比例不得低于有关技术标准中规定应取样数量的30%。下列试块、试件和材料必须实施见证取样和送检：

① 用于承重结构的混凝土试块；

② 用于承重墙体的砌筑砂浆试块；

③ 用于承重结构的钢筋及连接接头试件；

④ 用于承重墙的砖和混凝土小型砌块；

⑤ 用于拌制混凝土和砌筑砂浆的水泥；

⑥ 用于承重结构的混凝土中使用的掺加剂；

⑦ 地下、屋面、厕浴间使用的防水材料；

⑧ 国家规定必须实行见证取样和送检的其他试块、试件和材料。

见证人员应由建设单位或该工程的监理单位中具备施工试验知识的专业技术人员担任，并由建设单位或该工程的监理单位书面通知施工单位、检测单位和负责该项工程的质量监督机构。

在施工过程中，见证人员应按照见证取样和送检计划，对施工现场的取样和送检进行见证。取样人员应在试样或其包装上作出标识、封志。标识和封志应标明工程名称、取样部位、取样日期、样品名称和样品数量，并由见证人员和取样人员签字。见证人员和取样人员应对试样的代表性和真实性负责。

2）工程质量检测机构的资质和检测规定

2012年5月住房和城乡建设部经修改后发布的《建设工程质量检测管理办法》规定，工程质量检测机构是具有独立法人资格的中介机构。检测机构资质按照其承担的检测业务内容分为专项检测机构资质和见证取样检测机构资质。检测机构未取得相应的资质证书，不得承担本办法规定的质量检测业务。

质量检测业务由工程项目建设单位委托具有相应资质的检测机构进行检测。委托方与被委托方应当签订书面合同。检测机构完成检测业务后，应当及时出具检测报告。检测报告经检测人员签字、检测机构法定代表人或者其授权的签字人签署，并加盖检测机构公章或者检测专用章后方可生效。检测报告经建设单位或者工程监理单位确认后，由施工单位归档。任何单位和个人不得明示或者暗示检测机构出具虚假检测报告，不得篡改或者伪造检测报告。如果检测结果利害关系人对检测结果发生争议的，由双方共同认可的检测机构复检，复检结果由提出复检方报当地建设主管部门备案。

检测机构应当将检测过程中发现的建设单位、监理单位、施工单位违反有关法律、法规和工程建设强制性标准的情况，以及涉及结构安全检测结果的不合格情况，及时报告工程所在地建设主管部门。检测机构应当建立档案管理制度，并应当单独建立检测结果不合格项目台账。

检测人员不得同时受聘于两个或者两个以上的检测机构。检测机构和检测人员不得推荐或者监制建筑材料、构配件和设备。检测机构不得与行政机关，法律、法规授权的具有管理公共事务职能的组织以及所检测工程项目相关的设计单位、施工单位、监理单位有隶属关系或者其他利害关系。

检测机构不得转包检测业务。检测机构应当对其检测数据和检测报告的真实性和准确性负责。检测机构违反法律、法规和工程建设强制性标准，给他人造成损失的，应当依法承担相应的赔偿责任。

7.5.1.4 施工质量检验和返修的规定

(1) 施工质量检验制度

施工质量检验，通常是指工程施工过程中工序质量检验（或称为过程检验），包括预检、自检、交接检、专职检、分部工程中间检验以及隐蔽工程检验等。

《建设工程质量管理条例》规定，施工单位必须建立、健全施工质量的检验制度，严格工序管理，作好隐蔽工程的质量检查和记录。隐蔽工程在隐蔽前，施工单位应当通知建设单位和建设工程质量监督机构。

1) 严格工序质量检验和管理

任何一项工程的施工，都是通过一个由许多工序或过程组成的工序（或过程）网络来实现的。施工单位要加强对施工工序或过程的质量控制，特别是要加强影响结构安全的地基和结构等关键施工过程的质量控制。

完善的检验制度和严格的工序管理是保证工序或过程质量的前提。只有工序或过程网络上的所有工序或过程的质量都受到严格控制，整个工程的质量才能得到保证。

2) 强化隐蔽工程质量检查

隐蔽工程，是指在施工过程中某一道工序所完成的工程实物，被后一工序形成的工程实物所隐蔽，而且不可以逆向作业的那部分工程。例如，钢筋混凝土工程施工中，钢筋为混凝土所覆盖，前者即为隐蔽工程。

由于隐蔽工程被后续工序隐蔽后，其施工质量就很难检验及认定。所以，隐蔽工程在隐蔽前，施工单位除了要做好检查、检验并做好记录外，还应当及时通知建设单位（实施监理的工程为监理单位）和建设工程质量监督机构，以接受政府监督和向建设单位提供质量保证。

按照 2013 年 4 月住房和城乡建设部、工商总局经修改后发布的《建设工程施工合同（示范文本）》要求，承包人应当对工程隐蔽部位进行自检，并经自检确认是否具备覆盖条件。除专用合同条款另有约定外，工程隐蔽部位经承包人自检确认具备覆盖条件的，承包人应在共同检查前48小时书面通知监理人检查，通知中应载明隐蔽检查的内容、时间和地点，并应附有自检记录和必要的检查资料。

监理人应按时到场并对隐蔽工程及其施工工艺、材料和工程设备进行检查。经监理人检查确认质量符合隐蔽要求，并在验收记录上签字后，承包人才能进行覆盖。经监理人检查质量不合格的，承包人应在监理人指示的时间内完成修复，并由监理人重新检查，由此增加的费用和（或）延误的工期由承包人承担。除专用合同条款另有约定外，监理人不能按时进行检查的，应在检查前24小时向承包人提交书面延期要求，但延期不能超过48小时，由此导致工期延误的，工期应予以顺延。监理人未按时进行检查，也未提出延期要求的，视为隐蔽工程检查合格，承包人可自行完成覆盖工作，并作相应记录报送监理人，监理人应签字确认。监理人事后对检查记录有疑问的，可按约定重新检查。

承包人覆盖工程隐蔽部位后，发包人或监理人对质量有疑问的，可要求承包人对已覆盖的部位进行钻孔探测或揭开重新检查，承包人应遵照执行，并在检查后重新覆盖恢复原状。经检查证明工程质量符合合同要求的，由发包人承担由此增加的费用和（或）延误的工期，并支付承包人合理的利润；经检查证明工程质量不符合合同要求的，由此增加的费用和（或）延误的工期由承包人承担。

承包人未通知监理人到场检查，私自将工程隐蔽部位覆盖的，监理人有权指示承包人钻孔探测或揭开检查，无论工程隐蔽部位质量是否合格，由此增加的费用和（或）延误的工期均由承包人承担。

（2）建设工程的返修

《建筑法》规定，对已发现的质量缺陷，建筑施工企业应当修复。《建设工程质量管理条例》进一步规定，施工单位对施工中出现质量问题的建设工程或者竣工验收不合格的建设工程，应当负责返修。

1993年3月颁布的《合同法》也作了相应规定，因施工人的原因致使建设工程质量不符合约定的，发包人有权要求施工人在合理期限内无偿修理或者返工、改建。

返修作为施工单位的法定义务，其返修包括施工过程中出现质量问题的建设工程和竣工验收不合格的建设工程两种情形。不论是施工过程中出现质量问题的建设工程，还是竣工验收时发现质量问题的工程，施工单位都要负责返修。

对于非施工单位原因造成的质量问题，施工单位也应当负责返修，但是因此而造成的损失及返修费用由责任方负责。

【案例8】

① 背景

某房地产开发公司与某建筑公司签订了一份建筑工程承包合同。合同规定，建筑公司为房地产开发公司建造一栋写字楼，开工时间为2007年5月10日，竣工时间为2008年11月10日。在施工过程中，建筑公司以工期紧为由，在十些隐蔽工程隐蔽前没有通知房地产开发公司、监理工程师和建设工程质量监督机构，就进行了下一道程序的施工。在竣工验收时，发现该工程存在多处质量缺陷。房地产开发公司要求该建筑公司返修，但建筑公司以下一个工程项目马上要开工为由，拒绝返修。

② 问题

a. 该建筑公司有何过错？

b. 该写字楼工程的质量问题应该如何解决？

③ 分析

a.《建设工程质量管理条例》第30条规定："施工单位必须建立、健全施工质量的检验制度，严格工序管理，作好隐蔽工程的质量检查和记录。隐蔽工程在隐蔽前，施工单位应当通知建设单位和建设工程质量监督机构。"在本案中，建筑公司没有通知有关单位验收就将隐蔽工程进行隐蔽并继续施工，严重违反了《建设工程质量管理条例》的上述规定，应该承担相应的法律责任。

b.《建筑法》第61条第2款规定："建筑工程竣工经验收合格后，方可交付使用；未经验收或者验收不合格的，不得交付使用。"《建设工程质量管理条例》第32条规定，"施工单位对施工中出现质量问题的建设工程或者竣工验收不合格的建设工程，应当负责返修。"第64条规定："违反本条例规定，施工单位……造成建设工程质量不符合规定的质量标准的，负责返工、修理，并赔偿因此造成的损失；情节严重的，责令停业整顿，降低资质等级或者吊销资质证书。"本案中，建筑公司应该对存在的工程质量缺陷进行修复，并赔偿因此造成的损失；情节严重的，政府主管部门应责令停业整顿，降低资质等级或者吊销资质证书。

7.5.1.5 建立健全职工教育培训制度的规定

《建设工程质量管理条例》规定，施工单位应当建立、健全教育培训制度，加强对职工的教育培训；未经教育培训或者考核不合格的人员，不得上岗作业。

施工单位的教育培训通常包括各类质量教育和岗位技能培训等。先培训、后上岗，是对施工单位的职工教育的基本要求。特别是与质量工作有关的人员，如总工程师、项目经理、质量体系内审员、质量检查员、施工人员、材料试验及检测人员；关键技术工种如焊工、钢筋工、混凝土工等，未经培训或者培训考核不合格的人员，不得上岗工作或作业。

7.5.1.6 施工单位 违法行为应承担的法律责任

施工单位质量违法行为应承担的主要法律责任如下：

（1）违反资质管理规定和转包、违法分包造成质量问题应承担的法律责任

《建筑法》规定，建筑施工企业转让、出借资质证书或者以其他方式允许他人以本企业的名义承揽工程的，……对因该项承揽工程不符合规定的质量标准造成的损失，建筑施工企业与使用本企业名义的单位或者个人承担连带赔偿责任。

承包单位将承包的工程转包的，或者违反本法规定进行分包的，……对因转包工程或者违法分包的工程不符合规定的质量标准造成的损失，与接受转包或者分包的单位承担连带赔偿责任。

（2）偷工减料等违法行为应承担的法律责任

《建筑法》规定，建筑施工企业在施工中偷工减料的，使用不合格的建筑材料、建筑构配件和设备的，或者有其他不按照工程设计图纸或者施工技术标准施工的行为的，责令改正，处以罚款；情节严重的，责令停业整顿，降低资质等级或者吊销资质证书；造成建筑工程质量不符合规定的质量标准的，负责返工、修理，并赔偿因此造成的损失；构成犯罪的，依法追究刑事责任。

《建设工程质量管理条例》规定，施工单位在施工中偷工减料的，使用不合格的建筑

材料、建筑构配件和设备的，或者有不按照工程设计图纸或者施工技术标准施工的其他行为的，责令改正，处工程合同价款2%以上4%以下的罚款；造成建设工程质量不符合规定的质量标准的，负责返工、修理，并赔偿因此造成的损失；情节严重的，责令停业整顿，降低资质等级或者吊销资质证书。

《建筑工程五方责任主体项目负责人质量终身责任追究暂行办法》第6条规定符合下列情形之一的，县级以上地方人民政府住房城乡建设主管部门应当依法追究项目负责人的质量终身责任：1）发生工程质量事故；2）发生投诉、举报、群体性事件、媒体报道并造成恶劣社会影响的严重工程质量问题；3）由于勘察、设计或施工原因造成尚在设计使用年限内的建筑工程不能正常使用；4）存在其他需追究责任的违法违规行为。

对施工单位项目经理按以下方式进行责任追究：1）项目经理为相关注册执业人员的，责令停止执业1年；造成重大质量事故的，吊销执业资格证书，5年以内不予注册；情节特别恶劣的，终身不予注册；2）构成犯罪的，移送司法机关依法追究刑事责任；3）处单位罚款数额5%以上10%以下的罚款；4）向社会公布曝光。

（3）检验检测违法行为应承担的法律责任

《建设工程质量管理条例》规定，施工单位未对建筑材料、建筑构配件、设备和商品混凝土进行检验，或者未对涉及结构安全的试块、试件以及有关材料取样检测的，责令改正，处10万元以上20万元以下的罚款；情节严重的，责令停业整顿，降低资质等级或者吊销资质证书；造成损失的，依法承担赔偿责任。

（4）构成犯罪的追究刑事责任

《建设工程质量管理条例》规定，建设单位、设计单位、施工单位、工程监理单位违反国家规定，降低工程质量标准，造成重大安全事故，构成犯罪的，对直接责任人员依法追究刑事责任。

建设、勘察、设计、施工、工程监理单位的工作人员因调动工作、退休等原因离开该单位后，被发现在该单位工作期间违反国家有关建设工程质量管理规定，造成重大工程质量事故的，仍应当依法追究法律责任。

《刑法》第137条规定，建设单位、设计单位、施工单位、工程监理单位违反国家规定，降低工程质量标准，造成重大安全事故的，对直接责任人员处5年以下有期徒刑或者拘役，并处罚金；后果特别严重的，处5年以上10年以下有期徒刑，并处罚金。

【案例9】

① 背景

某市政建设工程公司承揽了某县城一桥梁建设工程，合同总价394万元。该公司为了减低成本，在施工过程中聘用多名不具备相应条件的无证人员上岗，造成该桥梁3个桥墩的钻孔灌注桩配筋不足、桩身高度不够、混凝土强度不够，桥梁的实际承载力与设计承载力误差达38%。在竣工前夕，该桥梁突然下沉坍塌，现场多人受伤严重，直接经济损失超过500万元。

② 问题

该市政建设工程公司存在哪些违法行为？应该如何处理？

③ 分析

《建设工程质量管理条例》第33条规定："施工单位应当建立、健全教育培训制度，加强对职工的教育培训；未经教育培训或者考核不合格的人员，不得上岗作业。”第 28 条第 1 款规定：“施工单位必须按照工程设计图纸和施工技术标准施工，不得擅自修改工程设计，不得偷工减料。”本案中的市政建设工程公司为了减低成本，擅自聘用多名无证人员上岗，偷工减料、不按图纸要求施工，导致该桥梁工程尚未竣工就下沉坍塌，损失惨重，是严重的违法行为。

《建设工程质量管理条例》第 64 条规定：“违反本条例规定，施工单位在施工中偷工减料的，使用不合格的建筑材料、建筑构配件和设备的，或者有不按照工程设计图纸或者施工技术标准施工的其他行为的，责令改正，处工程合同价款 2%以上 4%以下的罚款；造成建设工程质量不符合规定的质量标准的，负责返工、修理，并赔偿因此造成的损失；情节严重的，责令停业整顿，降低资质等级或者吊销资质证书。”据此，该市政建设工程公司应该承担工程合同价款 2%以上 4%以下的罚款，负有返工、修理，并赔偿因此造成损失；情节严重的，还应责令停业整顿，降低资质等级或者吊销资质证书。

7.5.2 建设单位相关的质量责任和义务

建设单位作为建设工程的投资人，是建设工程的重要责任主体。建设单位有权选择承包单位，有权对建设过程进行检查、控制，对建设工程进行验收，并要按时支付工程款和费用等，在整个建设活动中居于主导地位。因此，要确保建设工程的质量，首先就要对建设单位的行为进行规范，对其质量责任予以明确。

7.5.2.1 依法发包工程

《建设工程质量管理条例》规定，建设单位应当将工程发包给具有相应资质等级的单位。建设单位不得将建设工程肢解发包。建设单位应当依法对于程建设项目的勘察、设计、施工、监理以及与工程建设有关的重要设备、材料等的采购进行招标。

《建筑工程五方责任主体项目负责人质量终身责任追究暂行办法》进一步规定，建设单位项目负责人对工程质量承担全面责任，不得违法发包、肢解发包，不得以任何理由要求勘察、设计、施工、监理单位违反法律法规和工程建设标准，降低工程质量，其违法违规或不当行为造成工程质量事故或质量问题应当承担责任。

建设单位将工程发包给具有相应资质等级的单位来承担，是保证建设工程质量的基本前提。《建设工程勘察设计资质管理规定》、《建筑业企业资质管理规定》、《工程监理企业资质管理规定》等，均对工程勘察单位、工程设计单位、施工企业和工程监理单位的资质等级、资质标准、业务范围等作出了明确规定。如果建设单位选择不具备相应资质等级的承包人，一方面极易造成工程质量低劣，甚至使工程项目半途而废；另一方面也扰乱了建设市场秩序，助长了不正当竞争。

建设单位发包工程时，应该根据工程特点，以有利于工程的质量、进度、成本控制为原则，合理划分标段，而不能肢解发包工程。如果将应当由一个承包单位完成的工程肢解成若干部分，分别发包给不同的承包单位，将使整个工程建设在管理和技术上缺乏应有的统筹协调，从而造成施工现场秩序的混乱，责任不清，严重影响建设工程质量，一旦出现问题也很难找到责任方。

7.5.2.2 依法提供原始资料

《建设工程质量管理条例》规定，建设单位必须向有关的勘察、设计、施工、工程监理等单位提供与建设工程有关的原始资料。原始资料必须真实、准确、齐全。

原始资料是工程勘察、设计、施工、监理等单位赖以进行相关工程建设的基础性材料。建设单位作为建设活动的总负责方，向有关单位提供原始资料，以及施工地段地下管线现状资料，并保证这些资料的真实、准确、齐全，是其基本的质量责任和义务。

7.5.2.3 限制不合理的干预行为

《建筑法》规定，建设单位不得以任何理由，要求建筑设计单位或者建筑施工企业在工程设计或者施工作业中，违反法律、行政法规和建筑工程质量、安全标准，降低工程质量。

《建设工程质量管理条例》进一步规定，建设工程发包单位，不得迫使承包方以低于成本的价格竞标，不得任意压缩合理工期。建设单位不得明示或者暗示设计单位或者施工单位违反工程建设强制性标准，降低建设工程质量。

成本是构成价格的主要部分，是承包方估算投标价格的依据和最低的经济底线。如果建设单位迫使承包方以低于成本的价格中标，势必会导致中标单位在承包工程后，为了减少开支、降低成本而采取偷工减料、以次充好、粗制滥造等手段，最终导致建设工程出现质量问题，影响投资效益的发挥。

建设单位也不得任意压缩合理工期。因为，合理工期是指在正常建设条件下，采取科学合理的施工工艺和管理方法，以现行的工期定额为基础，结合工程项目建设的实际，经合理测算和平等协商而确定的使参与各方均获满意的经济效益的工期。如果盲目要求赶工期，势必会简化工序，不按规程操作，从而导致建设工程出现质量等诸多问题。

建设单位更不得以任何理由，诸如建设资金不足、工期紧等，违反强制性标准的规定，要求设计单位降低设计标准，或者要求施工单位采用建设单位采购的不合格材料设备等。因为，强制性标准是保证建设工程结构安全可靠的基础性要求，违反了这类标准，必然会给建设工程带来重大质量隐患。

【案例 10】

① 背景

某化工厂在同一厂区建设第 2 个大型厂房时，为了节省投资，决定不做勘察，便将 4 年前为第 1 个大型厂房做的勘察成果提供给设计院作为设计依据，让其设计新厂房。设计院先是不同意，但在该化工厂的一再坚持下最终妥协，同意使用旧的勘察成果。该厂房建成后使用 1 年多就发现墙体多处开裂。该化工厂一纸诉状将施工单位告上法庭，请求判定施工单位承担工程质量责任。

② 问题

a. 本案中的质量责任应当由谁承担?

b. 工程中设计方是否有过错，违反了什么规定?

③ 分析

a. 经检测，墙体开裂系设计中对地基处理不当引起厂房不均匀沉陷所致。《建筑法》第 54 条规定："建设单位不得以任何理由，要求建筑设计单位或者建筑施工企业在工程设计或者施工作业中，违反法律、行政法规和建筑工程质量、安全标准，降低工程质量。"本案中的化工厂为节省投资，坚持不委托勘察，只向设计单位提供旧的勘察成果，违反了法律规定，对该工程的质量问题应该承担主要责任。

b. 设计方也有过错。《建筑法》第54条还规定，建筑设计单位和建筑施工企业对建设单位违反规定提出的降低工程质量的要求，应当予以拒绝。《建设工程质量管理条例》第21条规定："设计单位应当根据勘察成果文件进行建设工程设计。"因此，设计单位尽管开始不同意建设单位的做法，但后来没有坚持原则作了妥协，也应该对工程设计承担质量责任。

c. 法庭经审理，认定该工程的质量责任由该化工厂承担主要责任，由设计方承担次要责任。

7.5.2.4 依法报审施工图设计文件

《建设工程质量管理条例》规定，建设单位应当将施工图设计文件报县级以上人民政府建设行政主管部门或者其他有关部门审查。施工图设计文件未经审查批准的，不得使用。

施工图设计文件是编制施工图预算、安排材料、设备订货和非标准设备制作，进行施工、安装和工程验收等工作的依据。因此，施工图设计文件的质量直接影响建设工程的质量。

建立和实施施工图设计文件审查制度，是许多发达国家确保建设工程质量的成功做法。我国于1998年开始进行建筑工程项目施工图设计文件审查试点工作，在节约投资、发现设计质量隐患和避免违法违规行为等方面都有明显的成效。通过开展对施工图设计文件的审查，既可以对设计单位的成果进行质量控制，也能纠正参与建设活动各方特别是建设单位的不规范行为。

7.5.2.5 依法实行工程监理

《建设工程质量管理条例》规定，实行监理的建设工程，建设单位应当委托具有相应资质等级的工程监理单位进行监理，也可以委托具有工程监理相应资质等级并与被监理工程的施工承包单位没有隶属关系或者其他利害关系的该工程的设计单位进行监理。

工程监理单位的资质反映了该单位从事某项监理工作的资格和能力。为了保证监理工作的质量，建设单位必须将需要监理的工程委托给具有相应资质等级的工程监理单位进行监理。目前，我国的工程监理主要是对工程的施工过程进行监督，而该工程的设计人员对设计意图比较理解，对设计中各专业如结构、设备等在施工中可能发生的问题也比较清楚，由具有监理资质的设计单位对自己设计的工程进行监理，对保证工程质量是有利的。但是，设计单位与承包该工程的施工单位不得有行政隶属关系，也不得存在可能直接影响设计单位实施监理公正性的非常明显的经济或其他利益关系。

《建设工程质量管理条例》还规定，下列建设工程必须实行监理：

（1）国家重点建设工程；

（2）大中型公用事业工程；

（3）成片开发建设的住宅小区工程；

（4）利用外国政府或者国际组织贷款、援助资金的工程；

（5）国家规定必须实行监理的其他工程。

7.5.2.6 依法办理工程质量监督手续

《建设工程质量管理条例》规定，建设单位在领取施工许可证或者开工报告前，应当按照国家有关规定办理工程质量监督手续。因此，建设单位在领取施工许可证或者开工报告之前，应当依法到建设行政主管部门或铁路、交通、水利等有关管理部门，或其委托的工程质量监督机构办理工程质量监督手续，接受政府主管部门的工程质量监督。

7.5.2.7　依法保证建筑材料等符合要求

《建设工程质量管理条例》规定，按照合同约定，由建设单位采购建筑材料、建筑构配件和设备的，建设单位应当保证建筑材料、建筑构配件和设备符合设计文件和合同要求。建设单位不得明示或者暗示施工单位使用不合格的建筑材料、建筑构配件和设备。

在工程实践中，常由建设单位采购建筑材料、构配件和设备，在合同中应当明确约定采购责任，即谁采购、谁负责。对于建设单位负责供应的材料设备，在使用前施工单位应当按照规定对其进行检验和试验，如果不合格，不得在工程上使用，并应通知建设单位予以退换。

7.5.2.8　依法进行装修工程

《建设工程质量管理条例》规定，涉及建筑主体和承重结构变动的装修工程，建设单位应当在施工前委托原设计单位或者具有相应资质等级的设计单位提出设计方案；没有设计方案的，不得施工。房屋建筑使用者在装修过程中，不得擅自变动房屋建筑主体和承重结构。

随意拆改建筑主体结构和承重结构等，会危及建设工程安全和人民生命财产安全。因此，建设单位应当委托该建筑工程的原设计单位或者具有相应资质条件的设计单位提出装修工程的设计方案。如果没有设计方案就擅自施工，将留下质量隐患甚至造成质量事故，后果严重。至于房屋使用者，在装修过程中也不得擅自变动房屋建筑主体和承重结构，如拆除隔墙、窗洞改门洞等，否则很有可能会酿成房倒屋塌的灾难。

7.5.2.9　建设单位质量违法行为应承担的法律责任

《建筑法》规定，建设单位违反本法规定，要求建筑设计单位或者建筑施工企业违反建筑工程质量、安全标准，降低工程质量的，责令改正，可以处以罚款；构成犯罪的，依法追究刑事责任。

《建设工程质量管理条例》规定，建设单位有下列行为之一的，责令改正，处20万元以上50万元以下的罚款：

（1）迫使承包方以低于成本的价格竞标的；

（2）任意压缩合理工期的；

（3）明示或者暗示设计单位或者施工单位违反工程建设强制性标准，降低工程质量的；

（4）施工图设计文件未经审查或者审查不合格，擅自施工的；

（5）建设项目必须实行工程监理而未实行工程监理的；

（6）未按照国家规定办理工程质量监督手续的；

（7）明示或者暗示施工单位使用不合格的建筑材料、建筑构配件和设备的；

（8）未按照国家规定将竣工验收报告、有关认可文件或者准许使用文件报送备案的。

《建筑工程五方责任主体项目负责人质量终身责任追究暂行办法》规定，发生本办法第6条所列情形之一的，对建设单位项目负责人按以下方式进行责任追究：

（1）项目负责人为国家公职人员的，将其违法违规行为告知其上级主管部门及纪检监察部门，并建议对项目负责人给予相应的行政、纪律处分；

（2）构成犯罪的，移送司法机关依法追究刑事责任；

（3）处单位罚款数额5%以上10%以下的罚款；

（4）向社会公布曝光。

【案例11】

① 背景

某纺织厂要新建一个厂房，通过招标分别与某设计院和某建筑公司签订了设计合同、施工合同。工程竣工后，在厂房投入使用后正常使用不满8个月，纺织厂发现新建厂房的墙体发生了不同程度的开裂。为此，该纺织厂起诉了该建筑公司要求其承担法律责任。建筑公司辩称施工质量不存在任何问题。经法院委托的工程质量司法鉴定结论表明，厂房墙体开裂是由于地基不均匀沉降引起，未发现有施工质量问题。后经对设计文件作分析测算发现，该厂房的结构设计符合国家的设计规范，并且与纺织厂提供的地质资料匹配。但是，该设计文件却与该厂房的地质情况不符合。经法院调查得知，纺织厂提供的地质资料并非是本厂房的地质资料，而是该纺织厂同一厂区另外一个办公楼的地质资料。

② 问题

本案中厂房的质量责任应当由谁承担，为什么？

③ 分析

本案中，根据工程质量鉴定结论，并未发现施工质量问题，所以建筑公司没有过错，不承担厂房的质量责任。设计方的结构设计虽然符合国家的设计规范，并且与纺织厂提供的地质资料匹配，但却与该厂房的实际地质情况不符合。由于设计图纸所依据的资料不准，造地基不均匀沉降，最终导致墙壁开裂。因此，该事故的责任应该定位于设计合同主体双方。

《建设工程质量管理条例》第9条规定："建设单位必须向有关的勘察、设计、施工、工程监理等单位提供与建设工程有关的原始资料。原始资料必须真实、准确、齐全。"但是，纺织厂作为建设单位却提供了与建设工程不符的原始资料，严重违反了法定的质量责任义务，应该对厂房质量承担责任。同时，《建设工程质量管理条例》第21条第1款还规定："设计单位应当根据勘察成果文件进行建设工程设计。"该设计院确实是根据勘察成果文件设计了该厂房。但是，作为专业技术人员，不仅应该具有关注原始资料瑕疵或真假的意识，也应该对自己设计所依据的资料拥有一定的鉴别水平与能力，一旦发现原始资料有问题就应该拒绝作为设计依据。这既是对工程质量的有效保证，也是对自己的法律保护。本案中，设计方没有尽到此项义务，也应该承担相应的质量责任。鉴于本案中的纺织厂是故意违反法律规定，而设计院属于疏忽大意，纺织厂应该对厂房质量问题负主要责任，设计院则应承担次要责任。

7.5.3 勘察、设计单位相关的质量责任和义务

《建筑法》规定，建筑工程的勘察、设计单位必须对其勘察、设计的质量负责。勘察、设计文件应当符合有关法律、行政法规的规定和建筑工程质量、安全标准、建筑工程勘察、设计技术规范以及合同的约定。

《建设工程质量管理条例》进一步规定，勘察、设计单位必须按照工程建设强制性标准进行勘察、设计，并对其勘察、设计的质量负责。注册建筑师、注册结构工程师等注册

执业人员应当在设计文件上签字，对设计文件负责。

谁勘察设计谁负责，谁施工谁负责，这是国际上通行的做法。勘察、设计单位和执业注册人员是勘察设计质量的责任主体，也是整个工程质量的责任主体之一。勘察、设计质量实行单位与执业注册人员双重责任，即勘察、设计单位对其勘察、设计的质量负责，注册建筑师、注册结构工程师等专业人士对其签字的设计文件负责。

7.5.3.1 依法承揽勘察、设计业务

《建设工程质量管理条例》规定，从事建设工程勘察、设计的单位应当依法取得相应等级的资质证书，并在其资质等级许可的范围内承揽工程。禁止勘察、设计单位超越其资质等级许可的范围或者以其他勘察、设计单位的名义承揽工程。禁止勘察、设计单位允许其他单位或者个人以本单位的名义承揽工程。勘察、设计单位不得转包或者违法分包所承揽的工程。

勘察、设计作为一个特殊行业，与施工单位一样，也有着严格的市场准入条件，有着从业资格制度，同样禁止无资质或者越级承揽工程，禁止以其他勘察、设计单位的名义承揽工程或者允许其他单位、个人以本单位的名义承揽工程，禁止转包或者违法分包所承揽的工程。

7.5.3.2 勘察、设计必须执行强制性标准

《建设工程质量管理条例》规定，勘察、设计单位必须按照工程建设强制性标准进行勘察、设计，并对其勘察、设计的质量负责。

《建筑工程五方责任主体项目负责人质量终身责任追究暂行办法》进一步规定，勘察、设计单位项目负责人应当保证勘察设计文件符合法律法规和工程建设强制性标准的要求，对因勘察、设计导致的工程质量事故或质量问题承担责任。

多年的实践证明，强制性标准是工程建设技术和经验的积累，是勘察、设计工作的技术依据。只有满足工程建设强制性标准才能保证质量，才能满足工程对安全、卫生、环保等多方面的质量要求。

【案例12】

① 背景

某企业建设一所附属小学。某设计院为其设计了5层砖混结构的教学楼、运动场等。教学楼的楼梯梯井净宽为0.3m，为防止学生攀滑，梯井采用工程玻璃隔离防护，楼梯采用垂直杆件做栏杆，杆件净距为0.15m；运动场与街道之间采用透景墙，墙体采用垂直杆件做栏杆，杆件净距为0.15m。在建设过程中，有人对该设计提出异议。

② 问题

该工程中设计方是否有过错？违反了什么法规的规定？

③ 分析

设计方有明显的过错，违反了《建设工程质量管理条例》第19条的规定："勘察、设计单位必须按照工程建设强制性标准进行勘察、设计，并对其勘察、设计的质量负责。"

《工程建设标准强制性条文》中房屋建筑设计基本规定6.6.3中第4条规定："住宅、托儿所、幼儿园、中小学及少年儿童专用活动场所的栏杆必须采用防止少年儿童攀登的构造，当采用垂直杆件做栏杆时，其杆件净距不应大于0.11m；6.7.9"托儿所、幼儿园、中小学及少年儿童专用活动场所的楼梯，梯井净宽大于0.20m时，必须采取防止少年儿童攀滑的措施，楼梯栏杆应采取不易攀登的构造，当采用垂直杆件做栏杆时，其栏杆净距不应大于0.11m”。

显然，本案中该教学楼设计的楼梯杆件净距、运动场透景墙的栏杆净距都超过了规定的0.11m，违反了国家强制性标准的规定，也违反了《建设工程质量管理条例》的规定。该设计院应当依法尽快予以纠正，否则一旦在使用时发生了相关事故，设计院必须承担其质量责任。

7.5.3.3 勘察单位提供的勘察成果必须真实、准确

《建设工程质量管理条例》规定，勘察单位提供的地质、测量、水文等勘察成果必须真实、准确。

工程勘察工作是建设工作的基础工作，工程勘察成果文件是设计和施工的基础资料和重要依据。其真实准确与否直接影响到设计、施工质量，因而工程勘察成果必须真实准确、安全可靠。

7.5.3.4 设计依据和设计深度

《建设工程质量管理条例》规定，设计单位应当根据勘察成果文件进行建设工程设计。设计文件应当符合国家规定的设计深度要求，注明工程合理使用年限。

勘察成果文件是设计的基础资料，是设计的依据。我国对各类设计文件的编制深度都有规定，在实践中应当贯彻执行。工程合理使用年限是指从工程竣工验收合格之日起，工程的地基基础、主体结构能保证在正常情况下安全使用的年限。它与《建筑法》中的“建筑物合理寿命年限”、《合同法》中的“工程合理使用期限”等在概念上是一致的。

【案例13】

① 背景

某写字楼项目的整体结构属“筒中筒”，中间“筒”高18层，四周裙楼3层，地基设计是“满堂红”布桩，素混凝土排土灌桩。施工到12层时，地下筏板剪切破坏，地下水

上冲。经鉴定发现，此地基土属于饱和土，地基中素混凝土排土桩被破坏。

经调查得知：该工程的地质勘察报告已经载明，此地基土属于饱和土；在打桩过程中曾出现跳土现象。

② 问题

本案中设计方有何过错？违反了什么规定？

③ 分析

本案中涉及多方面的结构技术问题，较为复杂，地下筏板剪切破坏的可能原因并不唯一，需要作进一步的结构计算分析才能够下结论。但是，设计单位对桩型选择是有失误的。因为，该工程的地质勘察报告已经载明了地基土属于饱和土。饱和土的湿软特性决定了设计单位不应该选择采用排土灌桩，此失误导致了在打桩过程中出现跳土现象。

设计单位没有根据勘察成果文件提供的信息进行设计，违反了《建设工程质量管理条例》第21条规定：“设计单位应当根据勘察成果文件进行建设工程设计。”设计单位应该对该工程设计承担质量责任。

7.5.3.5 依法规范设计单位对建筑材料等的选用

《建筑法》、《建设工程质量管理条例》均规定，设计单位在设计文件中选用的建筑材料、建筑构配件和设备，应当注明规格、型号、性能等技术指标，其质量要求必须符合国家规定的标准。除有特殊要求的建筑材料、专用设备、工艺生产线等外，设计单位不得指定生产厂、供应商。

为了使施工能准确满足设计意图，设计文件中必须注明所选用的建筑材料、建筑构配件和设备的规格、型号、性能等技术指标。这也是设计文件编制深度的要求。但是，在通用产品能保证工程质量的前提下，设计单位就不应选用特殊要求的产品，也不能滥用权力指定生产厂、供应商，以免限制建设单位或者施工单位在材料等采购上的自主权，导致垄断或者变相垄断现象的发生。

7.5.3.6 依法对设计文件进行技术交底

《建设工程质量管理条例》规定，设计单位应当就审查合格的施工图设计文件向施工单位作出详细说明。

设计文件的技术交底，是指设计单位将设计意图、特殊工艺要求，以及建筑、结构、设备等各专业在施工中的难点、疑点和容易发生的问题等向施工单位作详细说明，并负责解释施工单位对设计图纸的疑问。

对设计文件进行技术交底是设计单位的重要义务，对确保工程质量有重要的意义。

7.5.3.7 依法参与建设工程质量事故分析

《建设工程质量管理条例》规定，设计单位应当参与建设工程质量事故分析，并对因设计造成的质量事故，提出相应的技术处理方案。

工程质量的好坏，在一定程度上就是工程建设是否准确贯彻了设计意图。因此，一旦发生了质量事故，该工程的设计单位最有可能在短时间内发现存在的问题，对事故的分析具有权威性。这对及时进行事故处理十分有利。对因设计造成的质量事故，原设计单位必须提出相应的技术处理方案，这是设计单位的法定义务。

7.5.3.8 勘察、设计单位质量违法行为应承担的法律责任

《建筑法》规定，建筑设计单位不按照建筑工程质量、安全标准进行设计的，责令改正，处以罚款；造成工程质量事故的，责令停业整顿，降低资质等级或者吊销资质证书，没收违法所得，并处罚款；造成损失的，承担赔偿责任；构成犯罪的，依法追究刑事责任。

《建设工程质量管理条例》规定，有下列行为之一的，责令改正，处 10 万元以上 30 万元以下的罚款：

（1）勘察单位未按照工程建设强制性标准进行勘察的；

（2）设计单位未根据勘察成果文件进行工程设计的；

（3）设计单位指定建筑材料、建筑构配件的生产厂、供应商的；

（4）设计单位未按照工程建设强制性标准进行设计的。有以上所列行为，造成工程质量事故的，责令停业整顿，降低资质等级；情节严重的，吊销资质证书；造成损失的，依法承担赔偿责任。

《建筑工程五方责任主体项目负责人质量终身责任追究暂行办法》规定，发生本办法第 6 条所列情形之一的，对勘察单位项目负责人、设计单位项目负责人按以下方式进行责

任追究：

（1）项目负责人为注册建筑师、勘察设计注册工程师的，责令停止执业 1 年；造成重大质量事故的，吊销执业资格证书，5 年以内不予注册；情节特别恶劣的，终身不予注册；

（2）构成犯罪的，移送司法机关依法追究刑事责任；

（3）处单位罚款数额 5%以上 10%以下的罚款；

（4）向社会公布曝光。

7.5.4 工程监理单位相关的质量责任和义务

工程监理单位接受建设单位的委托，代表建设单位，对建设工程进行管理。因此，工程监理单位也是建设工程质量的责任主体之一。

7.5.4.1 依法承担工程监理业务

《建筑法》规定，工程监理单位应当在其资质等级许可的监理范围内，承担工程监理业务。工程监理单位不得转让工程监理业务。

《建设工程质量管理条例》进一步规定，工程监理单位应当依法取得相应等级的资质证书，并在其资质等级许可的范围内承担工程监理业务。禁止工程监理单位超越本单位资质等级许可的范围或者以其他工程监理单位的名义承担工程监理业务。禁止工程监理单位允许其他单位或者个人以本单位的名义承担工程监理业务。工程监理单位不得转让工程监理业务。

监理单位必须按照资质等级承担工程监理业务。越级监理、允许其他单位或者个人以本单位的名义承担监理业务等，都将使工程监理变得有名无实，最终将对工程质量造成危害。监理单位转让工程监理业务，与施工单位转包工程有着同样的危害性。

7.5.4.2 对有隶属关系或其他利害关系的回避

《建筑法》、《建设工程质量管理条例》都规定，工程监理单位与被监理工程的施工承包单位以及建筑材料、建筑构配件和设备供应单位有隶属关系或者其他利害关系的，不得承担该项建设工程的监理业务。

由于工程监理单位与被监理工程的承包单位以及建筑材料、建筑构配件和设备供应单位之间，是一种监督与被监督的关系，为了保证客观、公正执行监理任务，工程监理单位与上述单位不能有隶属关系或者其他利害关系。如果有这种关系，工程监理单位在接受监理委托前，应当自行回避；对于没有回避而被发现的，建设单位可以依法解除委托关系。

7.5.4.3 监理工作的依据和监理责任

《建设工程质量管理条例》规定，工程监理单位应当依照法律、法规以及有关技术标准、设计文件和建设工程承包合同，代表建设单位对施工质量实施监理，并对施工质量承担监理责任。

《建筑工程五方责任主体项目负责人质量终身责任追究暂行办法》进一步规定，监理单位总监理工程师应当按照法律法规、有关技术标准、设计文件和工程承包合同进行监理，对施工质量承担监理责任。

监理工作的主要依据是：

（1）法律、法规，如《建筑法》、《合同法》、《建设工程质量管理条例》等；

（2）有关技术标准，如《工程建设标准强制性条文》以及建设工程承包合同中确认采用的推荐性标准等；

（3）设计文件，施工图设计等设计文件既是施工的依据，也是监理单位对施工活动进行监督管理的依据；

（4）建设工程承包合同，监理单位据此监督施工单位是否全面履行合同约定的义务。

监理单位对施工质量承担监理责任，包括违约责任和违法责任两个方面：

（1）违约责任。如果监理单位不按照监理合同约定履行监理义务，给建设单位或其他单位造成损失的，应当承担相应的赔偿责任。

（2）违法责任。如果监理单位违法监理，或者降低工程质量标准，造成质量事故的，要承担相应的法律责任。

7.5.4.4 工程监理的职责和权限

《建设工程质量管理条例》规定，工程监理单位应当选派具备相应资格的总监理工程师和监理工程师进驻施工现场。未经监理工程师签字，建筑材料、建筑构配件和设备不得在工程上使用或者安装，施工单位不得进行下一道工序的施工。未经总监理工程师签字，建设单位不拨付工程款，不进行竣工验收。

监理单位应根据所承担的监理任务，组建驻工地监理机构。监理机构一般由总监理工程师、监理工程师和其他监理人员组成。工程监理实行总监理工程师负责制。总监理工程师依法在授权范围内可以发布有关指令，全面负责受委托的监理工程。监理工程师拥有对建筑材料、建筑构配件和设备以及每道施工工序的检查权，对检查不合格的，有权决定是否允许在工程上使用或进行下一道工序的施工。

7.5.4.5 工程监理的形式

《建设工程质量管理条例》规定，监理工程师应当按照工程监理规范的要求，采取旁站、巡视和平行检验等形式，对建设工程实施监理。

所谓旁站，是指对工程中有关地基和结构安全的关键工序和关键施工过程，进行连续不断地监督检查或检验的监理活动，有时甚至要连续跟班监理。所谓巡视，主要是强调除了关键点的质量控制外，监理工程师还应对施工现场进行面上的巡查监理。所谓平行检验，主要是强调监理单位对施工单位已经检验的工程应及时进行检验。对于关键性、较大体量的工程实物，采取分段后平行检验的方式，有利于及时发现质量问题，及时采取措施予以纠正。

7.5.4.6 工程监理单位质量违法行为应承担的法律责任

《建筑法》规定，工程监理单位与建设单位或者建筑施工企业串通，弄虚作假、降低

工程质量的，责令改正，处以罚款，降低资质等级或者吊销资质证书；有违法所得的，予以没收；造成损失的，承担连带赔偿责任；构成犯罪的，依法追究刑事责任。

《建设工程质量管理条例》规定，工程监理单位有下列行为之一的，责令改正，处 50 万元以上 100 万元以下的罚款，降低资质等级或者吊销资质证书；有违法所得的，予以没收；造成损失的，承担连带赔偿责任：

（1）与建设单位或者施工单位串通、弄虚作假、降低工程质量的；

（2）将不合格的建设工程、建筑材料、建筑构配件和设备按照合格签字的。

《建筑工程五方责任主体项目负责人质量终身责任追究暂行办法》规定，发生本办法第6条所列情形之一的，对监理单位总监理工程师按以下方式进行责任追究：

（1）责令停止注册监理工程师执业1年；造成重大质量事故的，吊销执业资格证书，5年以内不予注册；情节特别恶劣的，终身不予注册；

（2）构成犯罪的，移送司法机关依法追究刑事责任；

（3）处单位罚款数额5%以上10%以下的罚款；

（4）向社会公布曝光。

7.5.5 政府部门工程质量监督管理的相关规定

为了确保建设工程质量，保障公共安全和人民生命财产安全，政府必须加强对建设工程质量的监督管理。因此，《建设工程质量管理条例》规定，国家实行建设工程质量监督管理制度。

7.5.5.1 我国的建设工程质量监督管理体制

《建设工程质量管理条例》规定，国务院建设行政主管部门对全国的建设工程质量实施统一监督管理。国务院铁路、交通、水利等有关部门按照国务院规定的职责分工，负责对全国的有关专业建设工程质量的监督管理。

国务院发展计划部门按照国务院规定的职责，组织稽查特派员，对国家出资的重大建设项目实施监督检查。国务院经济贸易主管部门按照国务院规定的职责，对国家重大技术改造项目实施监督检查。

县级以上地方人民政府建设行政主管部门对本行政区域内的建设工程质量实施监督管理。县级以上地方人民政府交通、水利等有关部门在各自的职责范围内，负责对本行政区域内的专业建设工程质量的监督管理。建设工程质量监督管理，可以由建设行政主管部门或者其他有关部门委托的建设工程质量监督机构具体实施。

从事房屋建筑工程和市政基础设施工程质量监督的机构，必须按照国家有关规定经国务院建设行政主管部门或者省、自治区、直辖市人民政府建设行政主管部门考核；从事专业建设工程质量监督的机构，必须按照国家有关规定经国务院有关部门或者省、自治区、直辖市人民政府有关部门考核。经考核合格后，方可实施质量监督。

在政府加强监督的同时，还要发挥社会监督的巨大作用，即任何单位和个人对建设工程的质量事故、质量缺陷都有权检举、控告、投诉。

7.5.5.2 政府监督检查的内容和有权采取的措施

《建设工程质量管理条例》规定，国务院建设行政主管部门和国务院铁路、交通、水利等有关部门以及县级以上地方人民政府建设行政主管部门和其他有关部门，应当加强对有关建设工程质量的法律、法规和强制性标准执行情况的监督检查。

县级以上人民政府建设行政主管部门和其他有关部门履行监督检查职责时，有权采取下列措施：

（1）要求被检查的单位提供有关工程质量的文件和资料；

（2）进入被检查单位的施工现场进行检查；

（3）发现有影响工程质量的问题时，责令改正。

有关单位和个人对县级以上人民政府建设行政主管部门和其他有关部门进行的监督检查应当支持与配合，不得拒绝或者阻碍建设工程质量监督检查人员依法执行职务。

7.5.5.3 禁止滥用权力的行为

《建设工程质量管理条例》规定，供水、供电、供气、公安消防等部门或者单位不得明示或者暗示建设单位、施工单位购买其指定的生产供应单位的建筑材料、建筑构配件和设备。

在实践中，一些部门或单位利用其管理职能或者垄断地位指定生产厂家或产品的现象较多，如果建设单位或者施工单位不采用，就在竣工验收时故意刁难或不予验收，不准投入使用。这种非法滥用职权的行为，是法律所禁止的。

7.5.5.4 建设工程质量事故报告制度

《建设工程质量管理条例》规定，建设工程发生质量事故，有关单位应当在24小时内向当地建设行政主管部门和其他有关部门报告。对重大质量事故，事故发生地的建设行政主管部门和其他有关部门应当按照事故类别和等级向当地人民政府和上级建设行政主管部门和其他有关部门报告。特别重大质量事故的调查程序按照国务院有关规定办理。

根据国务院《生产安全事故报告和调查处理条例》的规定，特别重大事故，是指造成30人以上死亡，或者100人以上重伤，或者1亿元以上直接经济损失的事故。特别重大事故、重大事故逐级上报至国务院安全生产监督管理部门和负有安全生产监督管理职责的有关部门。每级上报的时间不得超过2小时。必要时，安全生产监督管理部门和负有安全生产监督管理职责的有关部门可以越级上报事故情况。

7.5.5.5 有关质量违法行为应承担的法律责任

《建设工程质量管理条例》规定，发生重大工程质量事故隐瞒不报、谎报或者拖延报告期限的，对直接负责的主管人员和其他责任人员依法给予行政处分。

供水、供电、供气、公安消防等部门或者单位明示或者暗示建设单位或者施工单位购买其指定的生产供应单位的建筑材料、建筑构配件和设备的，责令改正。

国家机关工作人员在建设工程质量监督管理工作中玩忽职守、滥用职权、徇私舞弊，构成犯罪的，依法追究刑事责任；尚不构成犯罪的，依法给予行政处分。

7.5.6 建设工程竣工验收制度

建设工程竣工验收是建设投资成果转入生产或使用的标志，也是全面考核投资效益、检验设计和施工质量的重要环节。

7.5.6.1 竣工验收的主体和法定条件

（1）建设工程竣工验收的主体

《建设工程质量管理条例》规定，建设单位收到建设工程竣工报告后，应当组织设计、施工、工程监理等有关单位进行竣工验收。

对工程进行竣工检查和验收，是建设单位法定的权利和义务。在建设工程完工后，承包单位应当向建设单位提供完整的竣工资料和竣工验收报告，提请建设单位组织竣工验收。建设单位收到竣工验收报告后，应及时组织有设计、施工、工程监理等有关单位参加的竣工验收，检查整个工程项目是否已按照设计要求和合同约定全部建设完成，并符合竣工验收条件。

(2) 竣工验收应当具备的法定条件

《建筑法》规定，交付竣工验收的建筑工程，必须符合规定的建筑工程质量标准，有完整的工程技术经济资料和经签署的工程保修书，并具备国家规定的其他竣工条件。建筑工程竣工经验收合格后，方可交付使用；未经验收或者验收不合格的，不得交付使用。

《建设工程质量管理条例》进一步规定，建设工程竣工验收应当具备下列条件：

1) 完成建设工程设计和合同约定的各项内容。

建设工程设计和合同约定的内容，主要是指设计文件所确定的以及承包合同“承包人承揽工程项目一览表”中载明的工作范围，也包括监理工程师签发的变更通知单中所确定的工作内容。

2) 有完整的技术档案和施工管理资料。

工程技术档案和施工管理资料是工程竣工验收和质量保证的重要依据之一，主要包括以下档案和资料：

工 程项目竣工验收报告；

② 分项、分部工程和单位工程技术人员名单；

③ 图纸会审和技术交底记录；

④ 设计变更通知单，技术变更核实单；

⑤ 工程质量事故发生后调查和处理资料；

⑥ 隐蔽验收记录及施工日志；

⑦ 竣工图；

⑧ 质量检验评定资料等；

⑨ 合同约定的其他资料。

3) 有工程使用的主要建筑材料、建筑构配件和设备的进场试验报告。

对建设工程使用的主要建筑材料、建筑构配件和设备，除须具有质量合格证明资料外，还应当有进场试验、检验报告，其质量要求必须符合国家规定的标准。

4) 有勘察、设计、施工、工程监理等单位分别签署的质量合格文件。

勘察、设计、施工、工程监理等有关单位要依据工程设计文件及承包合同所要求的质量标准，对竣工工程进行检查评定；符合规定的，应当签署合格文件。

5) 有施工单位签署的工程保修书。建设工程经验收合格的，方可交付使用。

施工单位同建设单位签署的工程保修书，也是交付竣工验收的条件之一。

凡是没有经过竣工验收或者经过竣工验收确定为不合格的建设工程，不得交付使用。如果建设单位为提前获得投资效益，在工程未经验收就提前投产或使用，由此而发生的质量等问题，建设单位要承担责任。

7.5.6.2 施工单位应提交的档案资料

《建设工程质量管理条例》规定，建设单位应当严格按照国家有关档案管理的规定，及时收集、整理建设项目各环节的文件资料，建立健全建设项目档案，并在建设工程竣工验收后，及时向建设行政主管部门或者其他有关部门移交建设项目档案。

建设工程是百年大计。一般的建筑物设计年限都在 50～70 年，重要的建筑物达百年以上。在建设工程投入使用之后，还要进行检查、维修、管理，还可能会遇到改建、扩建或拆除活动，以及在其周围进行建设活动。这些都需要参考原始的勘察、设计、施工等资料。建设单位是工程建设活动的总负责方，应当在合同中明确要求勘察、设计、施工、监理等单位分别提供工程建设各环节的文件资料，及时收集整理，建立健全建设项目档案。

2001年7月建设部经修改后发布的《城市建设档案管理规定》中规定，建设单位应当在工程竣工验收后3个月内，向城建档案馆报送一套符合规定的建设工程档案。凡建设工程档案不齐全的，应当限期补充。对改建、扩建和重要部位维修的工程，建设单位应当组织设计、施工单位据实修改、补充和完善原建设工程档案。

施工单位应当按照归档要求制定统一目录，有专业分包工程的，分包单位要按照总承包单位的总体安排做好各项资料整理工作，最后再由总承包单位进行审核、汇总。施工单位一般应当提交的档案资料是：

（1）工程技术档案资料；

（2）工程质量保证资料；

（3）工程检验评定资料；

（4）竣工图等。

7.5.7 规划、消防、节能、环保等验收的规定

《建设工程质量管理条例》规定，建设单位应当自建设工程竣工验收合格之日起15日内，将建设工程竣工验收报告和规划、公安消防、环保等部门出具的认可文件或者准许使用文件报建设行政主管部门或者其他有关部门备案。

7.5.7.1 建设工程竣工规划验收

2015年4月经修改后发布的《城乡规划法》规定，县级以上地方人民政府城乡规划主管部门按照国务院规定对建设工程是否符合规划条件予以核实。未经核实或者经核实不符合规划条件的，建设单位不得组织竣工验收。建设单位应当在竣工验收后6个月内向城乡规划主管部门报送有关竣工验收资料。

建设工程竣工后，建设单位应当依法向城乡规划行政主管部门提出竣工规划验收申请，由城乡规划行政主管部门按照选址意见书、建设用地规划许可证、建设工程规划许可证、乡村建设规划许可证及其有关规划的要求，对建设工程进行规划验收，包括对建设用地范围内的各项工程建设情况、建筑物的使用性质、位置、间距、层数、标高、平面、立面、外墙装饰材料和色彩、各类配套服务设施、临时施工用房、施工场地等进行全面核查，并作出验收记录。对于验收合格的，由城乡规划行政主管部门出具规划认可文件或核发建设工程竣工规划验收合格证。

《城乡规划法》还规定，建设单位未在建设工程竣工验收后6个月内向城乡规划主管部门报送有关竣工验收资料的，由所在地城市、县人民政府城乡规划主管部门责令限期补报；逾期不补报的，处1万元以上5万元以下的罚款。

7.5.7.2 建设工程竣工消防验收

2008年10月经修改后发布的《消防法》规定．按照国家工程建设消防技术标准需要进行消防设计的建设工程竣工，依照下列规定进行消防验收、备案：

（1）国务院公安部门规定的大型的人员密集场所和其他特殊建设工程，建设单位应当向公安机关消防机构申请消防验收；

（2）其他建设工程，建设单位在验收后应当报公安机关消防机构备案，公安机关消防

机构应当进行抽查。依法应当进行消防验收的建设工程，未经消防验收或者消防验收不合格的，禁止投入使用；其他建设工程经依法抽查不合格的，应当停止使用。

《建设工程消防监督管理规定》进一步规定，建设单位申请消防验收应当提供下列材料：

（1）建设工程消防验收申报表；

（2）工程竣工验收报告和有关消防设施的工程竣工图纸；

（3）消防产品质量合格证明文件；

（4）具有防火性能要求的建筑构件、建筑材料、装修材料符合国家标准或者行业标准的证明文件、出厂合格证；

（5）消防设施检测合格证明文件；

（6）施工、工程监理、检测单位的合法身份证明和资质等级证明文件；

（7）建设单位的工商营业执照等合法身份证明文件；

（8）法律、行政法规规定的其他材料。

施工单位应当承担下列消防施工的质量和安全责任：

（1）按照国家工程建设消防技术标准和经消防设计审核合格或者备案的消防设计文件组织施工，不得擅自改变消防设计进行施工，降低消防施工质量；

（2）查验消防产品和具有防火性能要求的建筑构件、建筑材料及装修材料的质量，使用合格产品，保证消防施工质量；

（3）建立施工现场消防安全责任制度，确定消防安全负责人。加强对施工人员的消防教育培训，落实动火、用电、易燃可燃材料等消防管理制度和操作规程。保证在建工程竣工验收前消防通道、消防水源、消防设施和器材、消防安全标志等完好有效。

公安机关消防机构应当自受理消防验收申请之日起 20 日内组织消防验收，并出具消防验收意见。公安机关消防机构对申报消防验收的建设工程，应当依照建设工程消防验收评定标准对已经消防设计审核合格的内容组织消防验收。对综合评定结论为合格的建设工程，公安机关消防机构应当出具消防验收合格意见；对综合评定结论为不合格的，应当出具消防验收不合格意见，并说明理由。

对于依法应当进行消防验收的建设工程，未经消防验收或者消防验收不合格，擅自投入使用的，《消防法》规定，由公安机关消防机构责令停止施工、停止使用或者停产停业，并处 3 万元以上 30 万元以下罚款。

7.5.7.3　建设工程竣工环保验收

1998 年 11 月国务院发布的《建设项目环境保护管理条例》规定，建设项目竣工后，建设单位应当向审批该建设项目环境影响报告书、环境影响报告表或者环境影响登记表的环境保护行政主管部门，申请该建设项目需要配套建设的环境保护设施竣工验收。

环境保护设施竣工验收，应当与主体工程竣工验收同时进行。需要进行试生产的建设项目，建设单位应当自建设项目投入试生产之日起 3 个月内，向审批该建设项目环境影响报告书、环境影响报告表或者环境影响登记表的环境保护行政主管部门，申请该建设项目需要配套建设的环境保护设施竣工验收。分期建设、分期投入生产或者使用的建设项目，其相应的环境保护设施应当分期验收。

环境保护行政主管部门应当自收到环境保护设施竣工验收申请之日起 30 日内，完成验收。建设项目需要配套建设的环境保护设施经验收合格，该建设项目方可正式投入生产或者使用。

《建设项目环境保护管理条例》还规定，建设项目投入试生产超过3个月，建设单位未申请环境保护设施竣工验收的，由审批该建设项目环境影响报告书、环境影响报告表或者环境影响登记表的环境保护行政主管部门责令限期办理环境保护设施竣工验收手续；逾期未办理的，责令停止试生产，可以处5万元以下的罚款。

建设项目需要配套建设的环境保护设施未建成、未经验收或者经验收不合格，主体工程正式投入生产或者使用的，由审批该建设项目环境影响报告书、环境影响报告表或者环境影响登记表的环境保护行政主管部门责令停止生产或者使用，可以处10万元以下的罚款。

7.5.7.4 建筑工程节能验收

2007年10月经修改后发布的《节约能源法》规定，不符合建筑节能标准的建筑工程，建设主管部门不得批准开工建设；已经开工建设的，应当责令停止施工、限期改正；已经建成的，不得销售或者使用。

2008年8月国务院发布的《民用建筑节能条例》进一步规定，建设单位组织竣工验收，应当对民用建筑是否符合民用建筑节能强制性标准进行查验；对不符合民用建筑节能强制性标准的，不得出具竣工验收合格报告。

建筑节能工程施工质量的验收，主要应按照国家标准《建筑节能工程施工质量验收规范》GB 50411—2007以及《建筑工程施工质量验收统一标准》GB 50300—2013、各专业工程施工质量验收规范等执行。单位工程竣工验收应在建筑节能分部工程验收合格后进行。

建筑节能工程为单位建筑工程的一个分部工程，并按规定划分为分项工程和检验批。建筑节能工程应按照分项工程进行验收，如墙体节能工程、幕墙节能工程、门窗节能工程、屋面节能工程、地面节能工程、供暖节能工程、通风与空气调节节能工程、配电与照明节能工程等。当建筑节能分项工程的工程量较大时，可以将分项工程划分为若干个检验批进行验收。当建筑节能工程验收无法按照要求划分分项工程或检验批时，可由建设、施工、监理等各方协商进行划分。但验收项目、验收内容、验收标准和验收记录均应遵守《建筑节能工程施工质量验收规范》的规定。

（1）建筑节能分部工程进行质量验收的条件

建筑节能分部工程的质量验收，应在检验批、分项工程全部合格的基础上，进行建筑围护结构的外墙节能构造实体检验，严寒、寒冷和夏热冬冷地区的外窗气密性现场检测，以及系统节能性能检测和系统联合试运转与调试，确认建筑节能工程质量达到验收的条件后方可进行。

（2）建筑节能分部工程验收的组织

建筑节能工程验收的程序和组织应遵守《建筑节能工程施工质量验收规范》GB 50411—2007的要求，并符合下列规定：

1）节能工程的检验批验收和隐蔽工程验收应由监理工程师主持，施工单位相关专业的质量检查员与施工员参加；

2）节能分项工程验收应由监理工程师主持，施工单位项目技术负责人和相关专业的质量检查员、施工员参加，必要时可邀请设计单位相关专业的人员参加；

3）节能分部工程验收应由总监理工程师（建设单位项目负责人）主持，施工单位项目经理、项目技术负责人和相关专业的质量检查员、施工员参加，施工单位的质量或技术负责人应参加，设计单位节能设计人员应参加。

（3）建筑节能工程专项验收应注意事项

1）建筑节能工程验收重点是检查建筑节能工程效果是否满足设计及规范要求，监理和施工单位应加强和重视节能验收工作，对验收中发现的工程实物质量问题及时解决。

2）工程项目存在以下问题之一的，监理单位不得组织节能工程验收：

① 未完成建筑节能工程设计内容的；

② 隐蔽验收记录等技术档案和施工管理资料不完整的；

③ 工程使用的主要建筑材料、建筑构配件和设备未提供进场检验报告的，未提供相关的节能性检测报告的；

④ 工程存在违反强制性条文的质量问题而未整改完毕的；

⑤ 对监督机构发出的责令整改内容未整改完毕的；

⑥ 存在其他违反法律、法规行为而未处理完毕的。

3）工程项目验收存在以下问题之一的，应重新组织建筑节能工程验收：

① 验收组织机构不符合法规及规范要求的；

②参加验收人员不具备相应资格的；

③ 参加验收各方主体验收意见不一致的；

④ 验收程序和执行标准不符合要求的；

⑤ 各方提出的问题未整改完毕的。

4）单位工程在办理竣工备案时应提交建筑节能相关资料，不符合要求的不予备案。

（4）建筑工程节能验收违法行为应承担的法律责任

《民用建筑节能条例》规定，建设单位对不符合民用建筑节能强制性标准的民用建筑项目出具竣工验收合格报告的，由县级以上地方人民政府建设主管部门责令改正，处民用建筑项目合同价款2%以上4%以下的罚款；造成损失的，依法承担赔偿责任。

7.5.8 竣工验收报告备案的规定

《建设工程质量管理条例》规定，建设单位应当自建设工程竣工验收合格之日起15日内，将建设工程竣工验收报告和规划、公安消防、环保等部门出具的认可文件或者准许使用文件报建设行政主管部门或者其他有关部门备案。建设行政主管部门或者其他有关部门发现建设单位在竣工验收过程中有违反国家有关建设工程质量管理规定行为的，责令停止使用，重新组织竣工验收。

7.5.8.1 竣工验收备案的时间及须提交的文件

2009年10月住房和城乡建设部经修改后发布的《房屋建筑和市政基础设施工程竣工验收备案管理办法》规定，建设单位应当自工程竣工验收合格之日起15日内，依照本办法规定，向工程所在地的县级以上地方人民政府建设主管部门（以下简称备案机关）备案。

建设单位办理工程竣工验收备案应当提交下列文件：

（1）工程竣工验收备案表；

（2）工程竣工验收报告。竣工验收报告应当包括工程报建日期，施工许可证号，施工图设计文件审查意见，勘察、设计、施工、工程监理等单位分别签署的质量合格文件及验收人员签署的竣工验收原始文件，市政基础设施的有关质量检测和功能性试验资料以及备案机关认为需要提供的有关资料；

（3）法律、行政法规规定应当由规划、环保等部门出具的认可文件或者准许使用文件；

（4）法律规定应当由公安消防部门出具的对大型的人员密集场所和其他特殊建设工程验收合格的证明文件；

（5）施工单位签署的工程质量保修书；

（6）法规、规章规定必须提供的其他文件。住宅工程还应当提交《住宅质量保证书》和《住宅使用说明书》。

2011 年 1 月住房和城乡建设部经修改后发布的《城市地下管线工程档案管理办法》还规定，建设单位在地下管线工程竣工验收备案前，应当向城建档案管理机构移交下列档案资料：

（1）地下管线工程项目准备阶段文件、监理文件、施工文件、竣工验收文件和竣工图；

（2）地下管线竣工测量成果；

（3）其他应当归档的文件资料（电子文件、工程照片、录像等）。建设单位向城建档案管理机构移交的档案资料应当符合《建设工程文件归档整理规范》GB/T 50328—2014 的要求。

7.5.8.2　竣工验收备案文件的签收和处理

《房屋建筑和市政基础设施工程竣工验收备案管理办法》规定，备案机关收到建设单位报送的竣工验收备案文件，验证文件齐全后，应当在工程竣工验收备案表上签署文件收讫。工程竣工验收备案表一式两份，1 份由建设单位保存，1 份留备案机关存档。

工程质量监督机构应当在工程竣工验收之日起 5 日内，向备案机关提交工程质量监督报告。

备案机关发现建设单位在竣工验收过程中有违反国家有关建设工程质量管理规定行为的，应当在收讫竣工验收备案文件 15 日内，责令停止使用，重新组织竣工验收。

7.5.8.3　竣工验收备案违反规定的处罚

《房屋建筑和市政基础设施工程竣工验收备案管理办法》规定，建设单位在工程竣工验收合格之日起 15 日内未办理工程竣工验收备案的，备案机关责令限期改正，处 20 万元以上 50 万元以下罚款。

建设单位将备案机关决定重新组织竣工验收的工程，在重新组织竣工验收前，擅自使用的，备案机关责令停止使用，处工程合同价款 2%以上 4%以下罚款。

建设单位采用虚假证明文件办理工程竣工验收备案的，工程竣工验收无效，备案机关责令停止使用，重新组织竣工验收，处 20 万元以上 50 万元以下罚款；构成犯罪的，依法追究刑事责任。

备案机关决定重新组织竣工验收并责令停止使用的工程，建设单位在备案之前已投入使用或者建设单位擅自继续使用造成使用人损失的，由建设单位依法承担赔偿责任。

《城市地下管线工程档案管理办法》规定，建设单位违反本办法规定，未移交地下管线工程档案的，由建设主管部门责令改正，处1万元以上10万元以下的罚款；对单位直接负责的主管人员和其他直接责任人员，处单位罚款数额5%以上10%以下的罚款；因建设单位未移交地下管线工程档案，造成施工单位在施工中损坏地下管线的，建设单位依法承担相应的责任。

7.5.9 建设工程质量保修制度

《建筑法》、《建设工程质量管理条例》均规定，建设工程实行质量保修制度。

建设工程质量保修制度，是指建设工程竣工经验收后，在规定的保修期限内，因勘察、设计、施工、材料等原因造成的质量缺陷，应当由施工承包单位负责维修、返工或更换，由责任单位负责赔偿损失的法律制度。

7.5.9.1 建设工程质量保修书

《建设工程质量管理条例》规定，建设工程承包单位在向建设单位提交工程竣工验收报告时，应当向建设单位出具质量保修书。质量保修书中应当明确建设工程的保修范围、保修期限和保修责任等。

（1）质量保修范围

《建筑法》规定，建筑工程的保修范围应当包括地基基础工程、主体结构工程、屋面防水工程和其他土建工程，以及电气管线、上下水管线的安装工程，供热、供冷系统工程等项目。

当然，不同类型的建设工程，其保修范围是有所不同的。

（2）质量保修期限

《建筑法》规定，保修的期限应当按照保证建筑物合理寿命年限内正常使用，维护使用者合法权益的原则确定。

具体的保修范围和最低保修期限，国务院在《建设工程质量管理条例》中作了明确规定。

（3）质量保修责任

施工单位在质量保修书中，应当向建设单位承诺保修范围、保修期限和有关具体实施保修的措施，如保修的方法、人员及联络办法，保修答复和处理时限，不履行保修责任的罚则等。

需要注意的是，施工单位在建设工程质量保修书中，应当对建设单位合理使用建设工程有所提示。如果是因建设单位或者用户使用不当或擅自改动结构、设备位置以及不当装修等造成质量问题的，施工单位不承担保修责任；由此而造成的质量受损或者其他用户损失，应当由责任人承担相应的责任。

7.5.9.2 建设工程质量的最低保修期限

《建设工程质量管理条例》规定，在正常使用条件下，建设工程的最低保修期限为：

（1）基础设施工程、房屋建筑的地基基础工程和主体结构工程，为设计文件规定的该工程的合理使用年限；

基础设施工程、房屋建筑的地基基础工程和主体结构工程的质量，直接关系到基础设施工程和房屋建筑的整体安全可靠，必须在该工程的合理使用年限内予以保修，即实行终身负责制。因此，工程合理使用年限就是该工程勘察、设计、施工等单位的质量责任年限。

（2）屋面防水工程、有防水要求的卫生间、房间和外墙面的防渗漏，为5年；

（3）供热与供冷系统，为2个供暖期、供冷期；

（4）电气管线、给排水管道、设备安装和装修工程，为2年。其他项目的保修期限由发包方与承包方约定。

在《建设工程质量管理条例》中，对屋面防水工程、供热与供冷系统、电气管线、给排水管道、设备安装和装修工程等的最低保修期限分别作出了规定。如果建设单位与施工单位经平等协商另行签订保修合同的，其保修期限可以高于法定的最低保修期限，但不能低于最低保修期限，否则视作无效。

建设工程保修期的起始日是竣工验收合格之日。《建设工程质量管理条例》规定，建设行政主管部门或者其他有关部门发现建设单位在竣工验收过程中有违反国家有关建设工程质量管理规定行为的，责令停止使用，重新组织竣工验收。

对于重新组织竣工验收的工程，其保修期为各方都认可的重新组织竣工验收的日期。

《建设工程质量管理条例》规定，建设工程在超过合理使用年限后需要继续使用的，产权所有人应当委托具有相应资质等级的勘察、设计单位鉴定，并根据鉴定结果采取加固、维修等措施，重新界定使用期。

应该讲，各类工程根据其重要程度、结构类型、质量要求和使用性能等所确定的使用年限是不同的。确定建设工程的合理使用年限，并不意味着超过合理使用年限后，建设工程就一定要报废、拆除。经过具有相应资质等级的勘察、设计单位鉴定，制订技术加固措施，在设计文件中重新界定使用期，并经有相应资质等级的施工单位进行加固、维修和补强，该建设工程能达到继续使用条件的就可以继续使用。但是，如果不经鉴定、加固等而违法继续使用的，所产生的后果由产权所有人自负。

7.5.9.3 质量责任的损失赔偿

《建设工程质量管理条例》规定，建设工程在保修范围和保修期限内发生质量问题的，施工单位应当履行保修义务，并对造成的损失承担赔偿责任。

（1）保修义务的责任落实与损失赔偿责任的承担

《最高人民法院关于审理建设工程施工合同纠纷案件适用法律问题的解释》规定，因保修人未及时履行保修义务，导致建筑物损毁或者造成人身、财产损害的，保修人应当承担赔偿责任。保修人与建筑物所有人或者发包人对建筑物毁损均有过错的，各自承担相应的责任。

建设工程保修的质量问题是指在保修范围和保修期限内的质量问题。对于保修义务的承担和维修的经济责任承担应当按下述原则处理：

1）施工单位未按照国家有关标准规范和设计要求施工所造成的质量缺陷，由施工单位负责返修并承担经济责任。

2）由于设计问题造成的质量缺陷，先由施工单位负责维修，其经济责任按有关规定通过建设单位向设计单位索赔。

3）因建筑材料、构配件和设备质量不合格引起的质量缺陷，先由施工单位负责维修，其经济责任属于施工单位采购的或经其验收同意的，由施工单位承担经济责任；属于建设单位采购的，由建设单位承担经济责任。

4）因建设单位（含监理单位）错误管理而造成的质量缺陷，先由施工单位负责维修，其经济责任由建设单位承担；如属监理单位责任，则由建设单位向监理单位索赔。

5）因使用单位使用不当造成的损坏问题，先由施工单位负责维修，其经济责任由使用单位自行负责。

6）因地震、台风、洪水等自然灾害或其他不可抗拒原因造成的损坏问题，先由施工单位负责维修，建设参与各方再根据国家具体政策分担经济责任。

（2）设工程质量保证金

2005年1月建设部、财政部发布的《建设工程质量保证金管理暂行办法》规定，建设工程质量保证金（保修金）（以下简称保证金）是指发包人与承包人在建设工程承包合同中约定，从应付的工程款中预留，用以保证承包人在缺陷责任期内对建设工程出现的缺陷进行维修的资金。

1）缺陷责任期的确定

所谓缺陷，是指建设工程质量不符合工程建设强制性标准、设计文件，以及承包合同的约定。缺陷责任期一般为6个月、12个月或24个月，具体可由发承包双方在合同中约定。

缺陷责任期从工程通过竣（交）工验收之日起计。由于承包人原因导致工程无法按规定期限进行竣（交）工验收的，缺陷责任期从实际通过竣（交）工验收之日起计。由于发包人原因导致工程无法按规定期限进行竣（交）工验收的，在承包人提交竣（交）工验收报告90天后，工程自动进入缺陷责任期。

2）预留保证金的比例

全部或者部分使用政府投资的建设项目，按工程价款结算总额5%左右的比例预留保证金。社会投资项目采用预留保证金方式的，预留保证金的比例可参照执行。

缺陷责任期内，由承包人原因造成的缺陷，承包人应负责维修，并承担鉴定及维修费用。如承包人不维修也不承担费用，发包人可按合同约定扣除保证金，并由承包人承担违约责任。承包人维修并承担相应费用后，不免除对工程的一般损失赔偿责任。由他人原因造成的缺陷，发包人负责组织维修，承包人不承担费用，且发包人不得从保证金中扣除费用。

3）质量保证金的返还

缺陷责任期内，承包人认真履行合同约定的责任，到期后，承包人向发包人申请返还保证金。

发包人在接到承包人返还保证金申请后，应于14日内会同承包人按照合同约定的内容进行核实。如无异议，发包人应当在核实后14日内将保证金返还给承包人，逾期支付的，从逾期之日起，按照同期银行贷款利率计付利息，并承担违约责任。发包人在接到承包人返还保证金申请后14日内不予答复，经催告后14日内仍不予答复，视同认可承包人的返还保证金申请。

发包人和承包人对保证金预留、返还以及工程维修质量、费用有争议，按承包合同约定的争议和纠纷解决程序处理。

7.6 劳动保护

7.6.1 劳动保护的规定

2009年8月经修改后颁布的《中华人民共和国劳动合同法》（以下简称《劳动法》）对劳动者的工作时间、休息休假、工资、劳动安全卫生、女职工和未成年工特殊保护、社会保险和福利等作了法律规定。

7.6.1.1 劳动者的工作时间和休息休假

工作时间（又称劳动时间），是指法律规定的劳动者在一昼夜和一周内从事生产、劳动或工作的时间。休息休假（又称休息时间），是指劳动者在国家规定的法定工作时间外，不从事生产、劳动或工作而由自己自行支配的时间，包括劳动者每天休息的时数、每周休息的天数、节假日、年休假、探亲假等。

（1）工作时间

《劳动法》第36条、第38条规定，国家实行劳动者每日工作时间不超过8小时、平均每周工作时间不超过44小时的工时制度。用人单位应当保证劳动者每周至少休息1日。1995年3月经修改后颁布的《国务院关于职工工作时间的规定》中规定，自1995年5月1日起，，职工每日工作8小时，每周工作40小时。《劳动法》还规定，企业因生产特点不能实行本法第36条、第38条规定的，经劳动行政部门批准，可以实行其他工作和休息办法。

1）缩短工作日。《国务院关于职工工作时间的规定》中规定："在特殊条件下从事劳动和有特殊情况，需要适当缩短工作时间的，按照国家有关规定执行"。目前，我国实行缩短工作时间的主要是：从事矿山、高山、有毒、有害、特别繁重和过度紧张的体力劳动职工，以及纺织、化工、建筑冶炼、地质勘探、森林采伐、装卸搬运等行业或岗位的职工；从事夜班工作的劳动者；在哺乳期工作的女职工；16至18岁的未成年劳动者等。

2）不定时工作日。1994年12月原劳动部《关于企业实行不定时工作制和综合计算工时工作制的审批办法》中规定，企业对符合下列条件之一的职工，可以实行不定时工作日制：①企业中的高级管理人员、外勤人员、推销人员、部分值班人员和其他因工作无法按标准工作时间衡量的职工；②企业中的长途运输人员、出租汽车司机和铁路、港口、仓库的部分装卸人员以及因工作性质特殊，需机动作业的职工；③其他因生产特点、工作特殊需要或职责范围的关系，适合实行不定时工时制的职工。

3）综合计算工作日，即分别以周、月、季、年等为周期综合计算工作时间，但其平均日工作时间和平均周工作时间应与法定标准工作时间基本相同。按规定，企业对交通、铁路等行业中因工作性质特殊需连续作业的职工，地质及资源勘探、建筑等受季节和自然条件限制的行业的部分职工等，可实行综合计算工作日。

4）计件工资时间。对实行计件工作的劳动者，用人单位应当根据《劳动法》第36条规定的工时制度合理确定其劳动定额和计件报酬标准。

（2）休息休假

《劳动法》规定，用人单位在下列节日期间应当依法安排劳动者休假：①元旦；②春节；③国际劳动节；④国庆节；⑤法律、法规规定的其他休假节日。目前，法律、法规规定的其他休假节日有：全体公民放假的节日是清明节、端午节和中秋节；部分公民放假的节日及纪念日是妇女节、青年节、儿童节、中国人民解放军建军纪念日。

劳动者连续工作 1 年以上的，享受带薪年休假。此外，劳动者按有关规定还可以享受探亲假、婚丧假、生育（产）假、节育手术假等。

用人单位由于生产经营需要，经与工会和劳动者协商可以延长工作时间，一般每日不得超过 1 小时；因特殊原因需要延长工作时间的，在保障劳动者身体健康的条件下延长工作时间每日不得超过 3 小时，但是每月不得超过 36 小时。在发生自然灾害、事故等需要紧急处理，或者生产设备、交通运输线路、公共设施发生故障必须及时抢修等法律、行政法规规定的特殊情况的，延长工作时间不受上述限制。

用人单位应当按照下列标准支付高于劳动者正常工作时间工资的工资报酬：安排劳动者延长工作时间的，支付不低于工资 150％的工资报酬；休息日安排劳动者工作又不能安排补休的，支付不低于工资 200％的工资报酬；法定休假日安排劳动者工作的，支付不低于工资 300％的工资报酬。

【案例 14】

① 背景

2011 年 1 月小马应聘到 A 公司就职，但工作 8 个月后就与 A 公司解除了劳动合同，于 2011 年 9 月又被 B 公司聘用。2012 年 3 月小马在 B 公司工作了 6 个月后，因家中有事，向 B 公司提出要求休带薪年假，但 B 公司说现在公司工作很忙，人手很缺，没有批准小马的休假申请，并回答说小马到 B 公司工作还没有满一年，不能享受带薪年假。

② 问题

a. 小马在 B 公司是否可以享受带薪年假？

b. B 公司是否可以不批准小马的休假申请？

c. 如果小马全年未能享受带薪年假，B 公司将按照何标准向小马支付工资？

③ 分析

a. 小马在 B 公司虽然只工作了 6 个月，但仍可享受带薪年假待遇。2007 年 12 月国务院颁布的《职工带薪年休假条例》第 2 条规定：“机关、团体、企业、事业单位、民办非企业单位、有雇工的个体工商户等单位的职工连续工作 1 年以上的，享受带薪年休假（以下简称年休假）。单位应当保证职工享受年休假。职工在年休假期间享受与正常工作期间相同的工资收入。”本案中的小马虽然在 B 公司工作了 6 个月，但是在 A 公司还作了 8 个月，其连续工作已超过一年，应当享受带薪年休假。

b.《职工带薪年休假条例》第 5 条规定：“单位根据生产、工作的具体情况，并考虑职工本人意愿，统筹安排职工年休假。年休假在 1 个年度内可以集中安排，也可以分段安排，一般不跨年度安排。单位因生产、工作特点确有必要跨年度安排职工年休假的，可以跨 1 个年度安排。单位确因工作需要不能安排职工休年休假的，经职工本人同意，可以不安排职工休年休假。对职工应休未休的年休假天数，单位应当按照该职工日工资收入的 300％支付年休假工资报酬。”据此，虽然享受带薪年休假是劳动者的法定权利，但如何安排年休假却是用人单位的权利。在一般情况下，公司安排员工年休假应当统筹兼顾工作需要和员工个人意愿，但如果员工未经公司同意擅自休年假，严重的可能会导致劳动合同的解除。

c.《职工带薪年休假条例》第5条第3款规定："单位确因工作需要不能安排职工休年休假的，经职工本人同意，可以不安排职工休年休假。对职工应休未休的年休假天数，单位应当按照该职工日工资收入的300%支付年休假工资报酬。"需要注意的是，这里的"日工资收入的300%"，已经包含了用人单位支付职工正常工作期间的工资收入。就是说，除正常工作期间的工资外，应休未休的带薪年休假折算工资=应休未休的天数×日工资×2倍。

7.6.1.2 劳动者的工资

工资，是指用人单位依据国家有关规定和劳动关系双方的约定，以货币形式支付给劳动者的劳动报酬，如计时工资、计件工资、奖金、津贴和补贴等。

(1) 工资基本规定

《劳动法》规定，工资分配应当遵循按劳分配原则，实行同工同酬。工资水平在经济发展的基础上逐步提高。国家对工资总量实行宏观调控。用人单位根据本单位的生产经营特点和经济效益，依法自主确定本单位的工资分配方式和工资水平。

工资应当以货币形式按月支付给劳动者本人。不得克扣或者无故拖欠劳动者的工资。劳动者在法定休假日和婚丧假期间以及依法参加社会活动期间，用人单位应当依法支付工资。

在我国，企业、机关（包括社会团体）、事业单位实行不同的基本工资制度。企业基本工资制度主要有等级工资制、岗位技能工资制、岗位工资制、结构工资制、经营者年薪制等。

(2) 最低工资保障制度

最低工资标准，是指劳动者在法定工作时间或依法签订的劳动合同约定的工作时间内提供了正常劳动的前提下，用人单位依法应支付的最低劳动报酬。所谓正常劳动，是指劳动者按依法签订的劳动合同约定，在法定工作时间或劳动合同约定的工作时间内从事的劳动。劳动者依法享受带薪年休假、探亲假、婚丧假、生育（产）假、节育手术假等国家规定的假期间，以及法定工作时间内依法参加社会活动期间，视为提供了正常劳动。

《劳动法》规定，国家实行最低工资保障制度。最低工资的具体标准由省、自治区、直辖市人民政府规定，报国务院备案。用人单位支付劳动者的工资不得低于当地最低工资标准。

根据2014年1月原劳动和社会保障部颁布的《最低工资规定》，在劳动者提供正常劳动的情况下，用人单位应支付给劳动者的工资在剔除下列各项以后，不得低于当地最低工资标准：①延长工作时间工资；②中班、夜班、高温、低温、井下、有毒有害等特殊工作环境、条件下的津贴；③法律、法规和国家规定的劳动者福利待遇等。实行计件工资或提成工资等工资形式的用人单位，在科学合理的劳动定额基础上，其支付劳动者的工资不得低于相应的最低工资标准。

7.6.1.3 劳动安全卫生制度

《劳动法》规定，用人单位必须建立、健全劳动安全卫生制度，严格执行国家劳动安全卫生规程和标准，对劳动者进行劳动安全卫生教育，防止劳动过程中的事故，减少职业危害。

劳动安全卫生设施必须符合国家规定的标准。新建、改建、扩建工程的劳动安全卫生设施必须与主体工程同时设计、同时施工、同时投入生产和使用。用人单位必须为劳动者提供符合国家规定的劳动安全卫生条件和必要的劳动防护用品，对从事有职业危害作业的劳动者应当定期进行健康检查。

从事特种作业的劳动者必须经过专门培训并取得特种作业资格。劳动者在劳动过程中必须严格遵守安全操作规程，对用人单位管理人员违章指挥、强令冒险作业，有权拒绝执行；对危害生命安全和身体健康的行为，有权提出批评、检举和控告。

7.6.1.4 女职工和未成年工的特殊保护

国家对女职工和未成年工实行特殊劳动保护。

(1) 女职工的特殊保护

《劳动法》规定，禁止安排女职工从事矿山井下、国家规定的第4级体力劳动强度的劳动和其他禁忌从事的劳动。不得安排女职工在经期从事高处、低温、冷水作业和国家规定的第3级体力劳动强度的劳动。不得安排女职工在怀孕期间从事国家规定的第3级体力劳动强度的劳动和孕期禁忌从事的活动。对怀孕7个月以上的女职工，不得安排其延长工作时间和夜班劳动。女职工生育享受不少于90天的产假。不得安排女职工在哺乳未满1周岁的婴儿期间从事国家规定的第3级体力劳动强度的劳动和哺乳期禁忌从事的其他劳动，不得安排其延长工作时间和夜班劳动。

按照《体力劳动强度分级》GB 3869—1997，体力劳动强度按劳动强度指数大小分为4级。

2012年4月国务院颁布的《女职工劳动保护特别规定》还规定，用人单位应当遵守女职工禁忌从事的劳动范围（详见《女职工劳动保护特别规定》附录）的规定。用人单位应当将本单位属于女职工禁忌从事的劳动范围的岗位书面告知女职工。用人单位不得因女职工怀孕、生育、哺乳降低其工资、予以辞退、与其解除劳动或者聘用合同。女职工生育享受98天产假，其中产前可以休假15天；难产的，增加产假15天；生育多胞胎的，每多生育1个婴儿，增加产假15天。女职工怀孕未满4个月流产的，享受15天产假；怀孕满4个月流产的，享受42天产假。用人单位违反本规定，侵害女职工合法权益的，女职工可以依法投诉、举报、申诉，依法向劳动人事争议调解仲裁机构申请调解仲裁，对仲裁裁决不服的，依法向人民法院提起诉讼。

(2) 未成年工的特殊保护

未成年工的特殊保护是针对未成年工处于生长发育期的特点，以及接受义务教育的需要，采取的特殊劳动保护措施。未成年工是指年满16周岁未满18周岁的劳动者。

《劳动法》规定，禁止用人单位招用未满16周岁的未成年人。不得安排未成年工从事矿山井下、有毒有害、国家规定的第4级体力劳动强度的劳动和其他禁忌从事的劳动。用人单位应对未成年工定期进行健康检查。

1994年12月原劳动部颁布的《未成年工特殊保护规定》中规定，用人单位应根据未成年工的健康检查结果安排其从事适合的劳动，对不能胜任原劳动岗位的，应根据医务部门的证明，予以减轻劳动量或安排其他劳动。对未成年工的使用和特殊保护实行登记制度。用人单位招收未成年工除符合一般用工要求外，还须向所在地的县级以上劳动行政部门办理登记。未成年工上岗前用人单位应对其进行有关的职业安全卫生教育、培训。

7.6.2 劳动者的社会保险与福利

2010 年 10 月颁布的《中华人民共和国社会保险法》（以下简称《社会保险法》）规定，国家建立基本养老保险、基本医疗保险、工伤保险、失业保险、生育保险等社会保险制度，保障公民在年老、疾病、工伤、失业、生育等情况下依法从国家和社会获得物质帮助的权利。

7.6.2.1 基本养老保险

职工应当参加基本养老保险，由用人单位和职工共同缴纳基本养老保险费。用人单位应当按照国家规定的本单位职工工资总额的比例缴纳基本养老保险费，记入基本养老保险统筹基金。职工应当按照国家规定的本人工资的比例缴纳基本养老保险费，记入个人账户。

（1）基本养老金的组成

基本养老金由统筹养老金和个人账户养老金组成。基本养老金根据个人累计缴费年限、缴费工资、当地职工平均工资、个人账户金额、城镇人口平均预期寿命等因素确定。

（2）基本养老金的领取

参加基本养老保险的个人，达到法定退休年龄时累计缴费满 15 年的，按月领取基本养老金。参加基本养老保险的个人，达到法定退休年龄时累计缴费不足 15 年的，可以缴费至满 15 年，按月领取基本养老金；也可以转入新型农村社会养老保险或者城镇居民社会养老保险，按照国务院规定享受相应的养老保险待遇。

参加基本养老保险的个人，因病或者非因工死亡的，其遗属可以领取丧葬补助金和抚恤金；在未达到法定退休年龄时因病或者非因工致残完全丧失劳动能力的，可以领取病残津贴。所需资金从基本养老保险基金中支付。

个人跨统筹地区就业的，其基本养老保险关系随本人转移，缴费年限累计计算。个人达到法定退休年龄时，基本养老金分段计算、统一支付。

7.6.2.2 基本医疗保险

职工应当参加职工基本医疗保险，由用人单位和职工按照国家规定共同缴纳基本医疗保险费。医疗机构应当为参保人员提供合理、必要的医疗服务。

参加职工基本医疗保险的个人，达到法定退休年龄时累计缴费达到国家规定年限的，退休后不再缴纳基本医疗保险费，按照国家规定享受基本医疗保险待遇；未达到国家规定年限的，可以缴费至国家规定年限。

符合基本医疗保险药品目录、诊疗项目、医疗服务设施标准以及急诊、抢救的医疗费用，按照国家规定从基本医疗保险基金中支付。下列医疗费用不纳入基本医疗保险基金支付范围：

（1）应当从工伤保险基金中支付的；

（2）应当由第三人负担的；

（3）应当由公共卫生负担的；

（4）在境外就医的。医疗费用依法应当由第二人负担，第三人不支付或者无法确定第三人的，由基本医疗保险基金先行支付。基本医疗保险基金先行支付后，有权向第三人追偿。

个人跨统筹地区就业的，其基本医疗保险关系随本人转移，缴费年限累计计算。

7.6.2.3 失业保险

《社会保险法》规定，职工应当参加失业保险，由用人单位和职工按照国家规定共同缴纳失业保险费。职工跨统筹地区就业的，其失业保险关系随本人转移，缴费年限累计计算。

(1) 失业保险金的领取

失业人员符合下列条件的，从失业保险基金中领取失业保险金：

1) 失业前用人单位和本人已经缴纳失业保险费满1年的；

2) 非因本人意愿中断就业的；

3) 已经进行失业登记，并有求职要求的。

失业人员失业前用人单位和本人累计缴费满1年不足5年的，领取失业保险金的期限最长为12个月；累计缴费满5年不足10年的，领取失业保险金的期限最长为18个月；累计缴费10年以上的，领取失业保险金的期限最长为24个月。重新就业后，再次失业的，缴费时间重新计算，领取失业保险金的期限与前次失业应当领取而尚未领取的失业保险金的期限合并计算，最长不超过24个月。

失业保险金的标准，由省、自治区、直辖市人民政府确定，但不得低于城市居民最低生活保障标准。

(2) 领取失业保险金期间的有关规定

失业人员在领取失业保险金期间，参加职工基本医疗保险，享受基本医疗保险待遇。失业人员应当缴纳的基本医疗保险费从失业保险基金中支付，个人不缴纳基本医疗保险费。

失业人员在领取失业保险金期间死亡的，参照当地对在职职工死亡的规定，向其遗属发给一次性丧葬补助金和抚恤金。所需资金从失业保险基金中支付。个人死亡同时符合领取基本养老保险丧葬补助金、工伤保险丧葬补助金和失业保险丧葬补助金条件的，其遗属只能选择领取其中的一项。

(3) 办理领取失业保险金的程序

用人单位应当及时为失业人员出具终止或者解除劳动关系的证明，并将失业人员的名单自终止或者解除劳动关系之日起15日内告知社会保险经办机构。

失业人员应当持本单位为其出具的终止或者解除劳动关系的证明，及时到指定的公共就业服务机构办理失业登记。失业人员凭失业登记证明和个人身份证明，到社会保险经办机构办理领取失业保险金的手续。失业保险金领取期限自办理失业登记之日起计算。

(4) 停止享受失业保险待遇的规定

失业人员在领取失业保险金期间有下列情形之一的，停止领取失业保险金，并同时停止享受其他失业保险待遇：①重新就业的；②应征服兵役的；③移居境外的；④享受基本养老保险待遇的；⑤无正当理由，拒不接受当地人民政府指定部门或者机构介绍的适当工作或者提供的培训的。

7.6.2.4 生育保险

《社会保险法》规定，职工应当参加生育保险，由用人单位按照国家规定缴纳生育保险费，职工不缴纳生育保险费。用人单位已经缴纳生育保险费的，其职工享受生育保险待遇；职工未就业配偶按照国家规定享受生育医疗费用待遇。所需资金从生育保险基金中支付。

生育保险待遇包括生育医疗费用和生育津贴。生育医疗费用包括下列各项：

（1）生育的医疗费用；

（2）计划生育的医疗费用；

（3）法律、法规规定的其他项目费用。

职工有下列情形之一的，可以按照国家规定享受生育津贴：

（1）女职工生育享受产假；

（2）享受计划生育手术休假；

（3）法律、法规规定的其他情形。生育津贴按照职工所在用人单位上年度职工月平均工资计发。

7.6.2.5 福利

《劳动法》规定，国家发展社会福利事业，兴建公共福利设施，为劳动者休息、休养和疗养提供条件。

用人单位应当创造条件，改善集体福利，提高劳动者的福利待遇。

7.6.3 工伤保险的规定

2010年12月经修订后颁布的《工伤保险条例》规定，中华人民共和国境内的企业、事业单位、社会团体、民办非企业单位、基金会、律师事务所、会计师事务所等组织和有雇工的个体工商户（以下称用人单位）应当依照本条例规定参加工伤保险，为本单位全部职工或者雇工（以下称职工）缴纳工伤保险费。

7.6.3.1 工伤保险基金

工伤保险基金由用人单位缴纳的工伤保险费、工伤保险基金的利息和依法纳入工伤保险基金的其他资金构成。工伤保险费根据以支定收、收支平衡的原则，确定费率。

工伤保险基金存入社会保障基金财政专户，用于《工伤保险条例》规定的工伤保险待遇，劳动能力鉴定，工伤预防的宣传、培训等费用，以及法律、法规规定的用于工伤保险的其他费用的支付。任何单位或者个人不得将工伤保险基金用于投资运营、兴建或者改建办公场所、发放奖金，或者挪作其他用途。

7.6.3.2 工伤认定

职工有下列情形之一的，应当认定为工伤：

（1）在工作时间和工作场所内，因工作原因受到事故伤害的；

（2）工作时间前后在工作场所内，从事与工作有关的预备性或者收尾性工作受到事故伤害的；

（3）在工作时间和工作场所内，因履行工作职责受到暴力等意外伤害的；

（4）患职业病的；

（5）因工外出期间，由于工作原因受到伤害或者发生事故下落不明的；

（6）在上下班途中，受到非本人主要责任的交通事故或者城市轨道交通、客运轮渡、火车事故伤害的；

（7）法律、行政法规规定应当认定为工伤的其他情形。

职工有下列情形之一的，视同工伤：

（1）在工作时间和工作岗位，突发疾病死亡或者在48小时之内经抢救无效死亡的；

（2）在抢险救灾等维护国家利益、公共利益活动中受到伤害的；

（3）职工原在军队服役，因战、因公负伤致残，已取得革命伤残军人证，到用人单位后旧伤复发的。职工有以上第（1）项、第（2）项情形的，按照《工伤保险条例》的有关规定享受工伤保险待遇；职工有以上第（3）项情形的，按照《工伤保险条例》的有关规定享受除一次性伤残补助金以外的工伤保险待遇。

职工符合以上的规定，但是有下列情形之一的，不得认定为工伤或者视同工伤：

（1）故意犯罪的；

（2）醉酒或者吸毒的；

（3）自残或者自杀的。

职工发生事故伤害或者按照职业病防治法规定被诊断、鉴定为职业病，所在单位应当自事故伤害发生之日或者被诊断、鉴定为职业病之日起30日内，向统筹地区社会保险行政部门提出工伤认定申请。遇有特殊情况，经报社会保险行政部门同意，申请时限可以适当延长。用人单位未按以上规定提出工伤认定申请的，工伤职工或者其近亲属、工会组织在事故伤害发生之日或者被诊断、鉴定为职业病之日起1年内，可以直接向用人单位所在地统筹地区社会保险行政部门提出工伤认定申请。按照以上规定应当由省级社会保险行政部门进行工伤认定的事项，根据属地原则由用人单位所在地的设区的市级社会保险行政部门办理。用人单位未在以上规定的时限内提交工伤认定申请，在此期间发生符合《工伤保险条例》规定的工伤待遇等有关费用由该用人单位负担。

提出工伤认定申请应当提交下列材料：①工伤认定申请表；②与用人单位存在劳动关系（包括事实劳动关系）的证明材料；③医疗诊断证明或者职业病诊断证明书（或者职业病诊断鉴定书）。工伤认定申请表应当包括事故发生的时间、地点、原因以及职工伤害程度等基本情况。

社会保险行政部门受理工伤认定申请后，根据审核需要可以对事故伤害进行调查核实，用人单位、职工、工会组织、医疗机构以及有关部门应当予以协助。对依法取得职业病诊断证明书或者职业病诊断鉴定书的，社会保险行政部门不再进行调查核实。职工或者其近亲属认为是工伤，用人单位不认为是工伤的，由用人单位承担举证责任。

社会保险行政部门应当自受理工伤认定申请之日起60日内作出工伤认定的决定，并书面通知申请工伤认定的职工或者其近亲属和该职工所在单位。社会保险行政部门对受理的事实清楚、权利义务明确的工伤认定申请，应当在15日内作出工伤认定的决定。作出工伤认定决定需要以司法机关或者有关行政主管部门的结论为依据的，在司法机关或者有关行政主管部门尚未作出结论期间，作出工伤认定决定的时限中止。社会保险行政部门工作人员与工伤认定申请人有利害关系的，应当回避。

7.6.3.3 劳动能力鉴定

职工发生工伤，经治疗伤情相对稳定后存在残疾、影响劳动能力的，应当进行劳动能力鉴定。劳动能力鉴定是指劳动功能障碍程度和生活自理障碍程度的等级鉴定。劳动功能障碍分为10个伤残等级，最重的为1级，最轻的为10级。生活自理障碍分为3个等级：生活完全不能自理、生活大部分不能自理和生活部分不能自理。

劳动能力鉴定由用人单位、工伤职工或者其近亲属向设区的市级劳动能力鉴定委员会提出申请，并提供工伤认定决定和职工工伤医疗的有关资料。

设区的市级劳动能力鉴定委员会收到劳动能力鉴定申请后，应当从其建立的医疗卫生专家库中随机抽取3名或者5名相关专家组成专家组，由专家组提出鉴定意见。设区的市级劳动能力鉴定委员会根据专家组的鉴定意见作出工伤职工劳动能力鉴定结论；必要时，可以委托具备资格的医疗机构协助进行有关的诊断。设区的市级劳动能力鉴定委员会应当自收到劳动能力鉴定申请之日起60日内作出劳动能力鉴定结论，必要时，作出劳动能力鉴定结论的期限可以延长30日。劳动能力鉴定结论应当及时送达申请鉴定的单位和个人。

申请鉴定的单位或者个人对设区的市级劳动能力鉴定委员会作出的鉴定结论不服的，可以在收到该鉴定结论之日起15日内向省、自治区、直辖市劳动能力鉴定委员会提出再次鉴定申请。省、自治区、直辖市劳动能力鉴定委员会作出的劳动能力鉴定结论为最终结论。

自劳动能力鉴定结论作出之日起1年后，工伤职工或者其近亲属、所在单位或者经办机构认为伤残情况发生变化的，可以申请劳动能力复查鉴定。

7.6.3.4 工伤保险待遇

职工因工作遭受事故伤害或者患职业病进行治疗，享受工伤医疗待遇。

(1) 工伤的治疗

职工治疗工伤应当在签订服务协议的医疗机构就医，情况紧急时可以先到就近的医疗机构急救。治疗工伤所需费用符合工伤保险诊疗项目目录、工伤保险药品目录、工伤保险住院服务标准的，从工伤保险基金支付。职工住院治疗工伤的伙食补助费，以及经医疗机构出具证明，报经办机构同意，工伤职工到统筹地区以外就医所需的交通、食宿费用从工伤保险基金支付，基金支付的具体标准由统筹地区人民政府规定。工伤职工到签订服务协议的医疗机构进行工伤康复的费用，符合规定的，从工伤保险基金支付。

工伤职工治疗非工伤引发的疾病，不享受工伤医疗待遇，按照基本医疗保险办法处理。社会保险行政部门作出认定为工伤的决定后发生行政复议、行政诉讼的，行政复议和行政诉讼期间不停止支付工伤职工治疗工伤的医疗费用。

工伤职工因日常生活或者就业需要，经劳动能力鉴定委员会确认，可以安装假肢、矫形器、假眼、假牙和配置轮椅等辅助器具，所需费用按照国家规定的标准从工伤保险基金支付。

(2) 工伤医疗的停工留薪期

职工因工作遭受事故伤害或者患职业病需要暂停工作接受工伤医疗的，在停工留薪期内，原工资福利待遇不变，由所在单位按月支付。停工留薪期一般不超过12个月。伤情严重或者情况特殊，经设区的市级劳动能力鉴定委员会确认，可以适当延长，但延长不得超过12个月。

工伤职工评定伤残等级后，停发原待遇，按照有关规定享受伤残待遇。工伤职工在停工留薪期满后仍需治疗的，继续享受工伤医疗待遇。

(3) 工伤职工的护理

生活不能自理的工伤职工在停工留薪期需要护理的，由所在单位负责。

工伤职工已经评定伤残等级并经劳动能力鉴定委员会确认需要生活护理的，从工伤保险基金按月支付生活护理费。生活护理费按照生活完全不能自理、生活大部分不能自理或者生活部分不能自理3个不同等级支付，其标准分别为统筹地区上年度职工月平均工资的50%、40%或者30%。

（4）职工因工致残的待遇

职工因工致残被鉴定为1级至4级伤残的，保留劳动关系，退出工作岗位，享受以下待遇：

1）从工伤保险基金按伤残等级支付一次性伤残补助金，标准为：1级伤残为27个月的本人工资，2级伤残为25个月的本人工资，3级伤残为23个月的本人工资，4级伤残为21个月的本人工资；

2）从工伤保险基金按月支付伤残津贴，标准为：1级伤残为本人工资的90%，2级伤残为本人工资的85%，3级伤残为本人工资的80%，4级伤残为本人工资的75%。伤残津贴实际金额低于当地最低工资标准的，由工伤保险基金补足差额；

3）工伤职工达到退休年龄并办理退休手续后，停发伤残津贴，按照国家有关规定享受基本养老保险待遇。基本养老保险待遇低于伤残津贴的，由工伤保险基金补足差额。职工因工致残被鉴定为1级至4级伤残的，由用人单位和职工个人以伤残津贴为基数，缴纳基本医疗保险费。

职工因工致残被鉴定为5级、6级伤残的，享受以下待遇：

1）从工伤保险基金按伤残等级支付一次性伤残补助金，标准为：5级伤残为18个月的本人工资，6级伤残为16个月的本人工资；

2）保留与用人单位的劳动关系，由用人单位安排适当工作。难以安排工作的，由用人单位按月发给伤残津贴，标准为：5级伤残为本人工资的70%，6级伤残为本人工资的60%，并由用人单位按照规定为其缴纳应缴纳的各项社会保险费。伤残津贴实际金额低于当地最低工资标准的，由用人单位补足差额。经工伤职工本人提出，该职工可以与用人单位解除或者终止劳动关系，由工伤保险基金支付一次性工伤医疗补助金，由用人单位支付一次性伤残就业补助金。

职工因工致残被鉴定为7级至10级伤残的，享受以下待遇：①从工伤保险基金按伤残等级支付一次性伤残补助金，标准为：7级伤残为13个月的本人工资，8级伤残为11个月的本人工资，9级伤残为9个月的本人工资，10级伤残为7个月的本人工资；②劳动、聘用合同期满终止，或者职工本人提出解除劳动、聘用合同的，由工伤保险基金支付一次性工伤医疗补助金，由用人单位支付一次性伤残就业补助金。

（5）职工因工死亡的丧葬补助金、抚恤金和一次性工亡补助金

职工因工死亡，其近亲属按照下列规定从工伤保险基金领取丧葬补助金、供养亲属抚恤金和一次性工亡补助金：

1）丧葬补助金为6个月的统筹地区上年度职工月平均工资；

2）供养亲属抚恤金按照职工本人工资的一定比例发给由因工死亡职工生前提供主要生活来源、无劳动能力的亲属。标准为：配偶每月40%，其他亲属每人每月30%，孤寡老人或者孤儿每人每月在上述标准的基础上增加10%。核定的各供养亲属的抚恤金之和不应高于因工死亡职工生前的工资。

3）一次性工亡补助金标准为上一年度全国城镇居民人均可支配收入的20倍。伤残职

工在停工留薪期内因工伤导致死亡的，其近亲属享受以上规定的待遇。1级至4级伤残职工在停工留薪期满后死亡的，其近亲属可以享受以上第1）项、第2）项规定的待遇。

（6）其他规定

职工因工外出期间发生事故或者在抢险救灾中下落不明的，从事故发生当月起3个月内照发工资，从第4个月起停发工资，由工伤保险基金向其供养亲属按月支付供养亲属抚恤金。生活有困难的，可以预支一次性工亡补助金的50%。职工被人民法院宣告死亡的，按照职工因工死亡的规定处理。

工伤职工有下列情形之一的，停止享受工伤保险待遇：

1）丧失享受待遇条件的；

2）拒不接受劳动能力鉴定的；

3）拒绝治疗的。

用人单位分立、合并、转让的，承继单位应当承担原用人单位的工伤保险责任；原用人单位已经参加工伤保险的，承继单位应当到当地经办机构办理工伤保险变更登记。用人单位实行承包经营的，工伤保险责任由职工劳动关系所在单位承担。职工被借调期间受到工伤事故伤害的，由原用人单位承担工伤保险责任，但原用人单位与借调单位可以约定补偿办法。企业破产的，在破产清算时依法拨付应当由单位支付的工伤保险待遇费用。

职工被派遣出境工作，依据前往国家或者地区的法律应当参加当地工伤保险的，参加当地工伤保险，其国内工伤保险关系中止；不能参加当地工伤保险的，其国内工伤保险关系不中止。

职工再次发生工伤，根据规定应当享受伤残津贴的，按照新认定的伤残等级享受伤残津贴待遇。

2014年6月公布的《最高人民法院关于审理工伤保险行政案件若干问题的规定》中规定，社会保险行政部门认定下列单位为承担工伤保险责任单位的，人民法院应予支持：①职工与两个或两个以上单位建立劳动关系，工伤事故发生时，职工为之工作的单位为承担工伤保险责任的单位；②劳务派遣单位派遣的职工在用工单位工作期间因工伤亡的，派遣单位为承担工伤保险责任的单位；③单位指派到其他单位工作的职工因工伤亡的，指派单位为承担工伤保险责任的单位；④用工单位违反法律、法规规定将承包业务转包给不具备用工主体资格的组织或者自然人，该组织或者自然人聘用的职工从事承包业务时因工伤亡的，用工单位为承担工伤保险责任的单位；⑤个人挂靠其他单位对外经营，其聘用的人员因工伤亡的，被挂靠单位为承担工伤保险责任的单位。前款第④、⑤项明确的承担工伤保险责任的单位承担赔偿责任或者社会保险经办机构从工伤保险基金支付工伤保险待遇后，有权向相关组织、单位和个人追偿。

7.6.3.5 监督管理

任何组织和个人对有关工伤保险的违法行为，有权举报。社会保险行政部门对举报应当及时调查，按照规定处理，并为举报人保密。

工会组织依法维护工伤职工的合法权益，对用人单位的工伤保险工作实行监督。职工与用人单位发生工伤待遇方面的争议，按照处理劳动争议的有关规定处理。

有下列情形之一的，有关单位或者个人可以依法申请行政复议，也可以依法向人民法院提起行政诉讼：

（1）申请工伤认定的职工或者其近亲属、该职工所在单位对工伤认定申请不予受理的决定不服的；

（2）申请工伤认定的职工或者其近亲属、该职工所在单位对工伤认定结论不服的；

（3）用人单位对经办机构确定的单位缴费费率不服的；

（4）签订服务协议的医疗机构、辅助器具配置机构认为经办机构未履行有关协议或者规定的；

（5）工伤职工或者其近亲属对经办机构核定的工伤保险待遇有异议的。

7.6.3.6 针对建筑行业特点的工伤保险制度

2014年12月人力资源社会保障部、住房城乡建设部、安全监管总局、全国总工会颁发的《关于进一步做好建筑业工伤保险工作的意见》提出，针对建筑行业的特点，建筑施工企业对相对固定的职工，应按用人单位参加工伤保险；对不能按用人单位参保、建筑项目使用的建筑业职工特别是农民工，按项目参加工伤保险。

按用人单位参保的建筑施工企业应以工资总额为基数依法缴纳工伤保险费。以建设项目为单位参保的，可以按照项目工程总造价的一定比例计算缴纳工伤保险费。要充分运用工伤保险浮动费率机制，根据各建筑企业工伤事故发生率、工伤保险基金使用等情况适时适当调整费率，促进企业加强安全生产，预防和减少工伤事故。

建设单位要在工程概算中将工伤保险费用单独列支，作为不可竞争费，不参与竞标；并在项目开工前由施工总承包单位一次性代缴本项目工伤保险费，覆盖项目使用的所有职工，包括专业承包单位、劳务分包单位使用的农民工。

施工总承包单位应当在工程项目施工期内督促专业承包单位、劳务分包单位建立职工花名册、考勤记录、工资发放表等台账，对项目施工期内全部施工人员实行动态实名制管理。施工人员发生工伤后，以劳动合同为基础确认劳动关系。对未签订劳动合同的，由人力资源社会保障部门参照工资支付凭证或记录、工作证、招工登记表、考勤记录及其他劳动者证言等证据，确认事实劳动关系。

职工发生工伤事故，应当由其所在用人单位在30日内提出工伤认定申请，施工总承包单位应当密切配合并提供参保证明等相关材料。用人单位未在规定时限内提出工伤认定申请的，职工本人或其近亲属、工会组织可以在1年内提出工伤认定申请，经社会保险行政部门调查确认工伤的，在此期间发生的工伤待遇等有关费用由其所在用人单位负担。对于事实清楚、权利义务关系明确的工伤认定申请，应当自受理工伤认定申请之日起15日内作出工伤认定决定。

对认定为工伤的建筑业职工，各级社会保险经办机构和用人单位应依法按时足额支付各项工伤保险待遇。对在参保项目施工期间发生工伤、项目竣工时尚未完成工伤认定或劳动能力鉴定的建筑业职工，其所在用人单位要继续保证其医疗救治和停工期间的法定待遇，待完成工伤认定及劳动能力鉴定后，依法享受参保职工的各项工伤保险待遇；其中应由用人单位支付的待遇，工伤职工所在用人单位要按时足额支付，也可根据其意愿一次性支付。针对建筑业工资收入分配的特点，对相关工伤保险待遇中难以按本人工资作为计发基数的，可以参照统筹地区上年度职工平均工资作为计发基数。

未参加工伤保险的建设项目，职工发生工伤事故，依法由职工所在用人单位支付工伤保险待遇，施工总承包单位、建设单位承担连带责任；用人单位和承担连带责任的施工总承包单位、建设单位不支付的，由工伤保险基金先行支付，用人单位和承担连带责任的施工总承包单位、建设单位应当偿还；不偿还的，由社会保险经办机构依法追偿。

建设单位、施工总承包单位或具有用工主体资格的分包单位将工程（业务）发包给不具备用工主体资格的组织或个人，该组织或个人招用的劳动者发生工伤的，发包单位与不具备用工主体资格的组织或个人承担连带赔偿责任。

施工总承包单位应当按照项目所在地人力资源社会保障部门统一规定的式样，制作项目参加工伤保险情况公示牌，在施工现场显著位置予以公示，并安排有关工伤预防及工伤保险政策讲解的培训课程，保障广大建筑业职工特别是农民工的知情权，增强其依法维权意识。

开展工伤预防试点的地区可以从工伤保险基金提取一定比例用于工伤预防。

7.6.4 建筑意外伤害保险的规定

《建筑法》规定，建筑施工企业应当依法为职工参加工伤保险缴纳工伤保险费。鼓励企业为从事危险作业的职工办理意外伤害保险，支付保险费。

说明，工伤保险是面向施工企业全体员工的强制性保险。意外伤害保险则是针对施工现场从事危险作业特殊群体的职工，其适用范围是在施工现场从事高处作业、深基坑作业、爆破作业等危险性较大的施工人员，法律鼓励施工企业再为他们办理意外伤害保险，使这部分人员能够比其他职工依法获得更多的权益保障。

《建设工程安全生产管理条例》则规定，施工单位应当为施工现场从事危险作业的人员办理意外伤害保险。意外伤害保险费由施工单位支付。实行施工总承包的，由总承包单位支付意外伤害保险费。意外伤害保险期限自建设工程开工之日起至竣工验收合格止。

（1）建筑意外伤害保险的范围、保险期限和最低保险金额

2003年5月建设部发布的《关于加强建筑意外伤害保险工作的指导意见》中指出，建筑施工企业应当为施工现场从事施工作业和管理的人员，在施工活动过程中发生的人身意外伤亡事故提供保障，办理建筑意外伤害保险、支付保险费。范围应当覆盖工程项目。已在企业所在地参加工伤保险的人员，从事现场施工时仍可参加建筑意外伤害保险。

保险期限应涵盖工程项目开工之日到工程竣工验收合格日。提前竣工的，保险责任自行终止。因延长工期的，应当办理保险顺延手续。

（2）建筑意外伤害保险的保险费和费率

保险费应当列入建筑安装工程费用。保险费由施工企业支付，施工企业不得向职工摊派。

施工企业和保险公司双方应本着平等协商的原则，根据各类风险因素商定建筑意外伤害保险费率，提倡差别费率和浮动费率。差别费率可与工程规模、类型、工程项目风险程度和施工现场环境等因素挂钩。浮动费率可与施工企业安全生产业绩、安全生产管理状况等因素挂钩。

（3）建筑意外伤害保险的投保

施工企业应在工程项目开工前，办理完投保手续。鉴于工程建设项目施工工艺流程中各工种调动频繁、用工流动性大，投保应实行不记名和不计人数的方式。工程项目中有分包单位的由总承包施工企业统一办理，分包单位合理承担投保费用。

（4）建筑意外伤害保险的索赔

建筑意外伤害保险应规范和简化索赔程序，搞好索赔服务。各地建设行政主管部门要积极创造条件，引导投保企业在发生意外事故后即向保险公司提出索赔，使施工伤亡人员能够得到及时、足额的赔付。

（5）建筑意外伤害保险的安全服务

施工企业应当选择能提供建筑安全生产风险管理、事故防范等安全服务和有保险能力的保险公司，以保证事故后能及时补偿与事故前能主动防范。目前还不能提供安全风险管理和事故预防的保险公司，应通过建筑安全服务中介组织向施工企业提供与建筑意外伤害保险相关的安全服务。

7.7 安全政策与安全管理制度

7.7.1 施工安全生产管理的方针

《安全生产法》第三条规定，“安全生产工作应当以人为本，坚持安全发展，坚持安全第一、预防为主、综合治理的方针，强化和落实生产经营单位的主体责任，建立生产经营单位负责、职工参与、政府监管、行业自律和社会监督的机制。”明确提出了国家安全生产工作的基本政策。

安全第一，就是要在建设工程施工过程中把安全放在第一重要的位置，贯彻以人为本的科学发展观，切实保护劳动者的生命安全和身体健康。预防为主，是要把建设工程施工安全生产工作的关口前移，建立预教、预警、预防的施工事故隐患预防体系，改善施工安全生产状况，预防施工安全事故。综合治理，则是要自觉遵循施工安全生产规律，把握施工安全生产工作中的主要矛盾和关键环节，综合运用经济、法律、行政等手段，人管、法治、技防多管齐下，并充分发挥社会、职工、舆论的监督作用，有效解决建设工程施工安全生产的问题。

“安全第一、预防为主、综合治理”方针是一个有机整体。如果没有安全第一的指导思想，预防为主就失去了思想支撑，综合治理将失去整治依据；预防为主是实现安全第一的根本途径，只有把施工安全生产的重点放在建立和落实事故隐患预防体系上，才能有效减少施工伤亡事故的发生；综合治理则是落实安全第一、预防为主的手段和方法。

7.7.2 安全生产许可证制度

7.7.2.1 法律依据

《建筑法》规定，项目施工前，建设单位必须向项目所在地建设行政主管部门申请领取“施工许可证”。施工企业承揽该项目施工，必须具备招标文件所规定的资质证书及相应的施工生产能力。

2014年7月经修改后发布的《安全生产许可证条例》规定，国家对矿山企业、建筑施工企业和危险化学品、烟花爆竹、民用爆炸物品生产企业（以下统称企业）实行安全生产许可制度。企业未取得安全生产许可证的，不得从事生产活动。省、自治区、直辖市人民政府建设主管部门负责建筑施工企业安全生产许可证的颁发和管理，并接受国务院建设主管部门的指导和监督。

建筑施工企业未取得安全生产许可证的，不得从事建筑施工活动。

企业进行生产前，应当依照《安全生产许可证条例》的规定向安全生产许可证颁发管理机关申请领取安全生产许可证，并提供该条例第六条规定的相关文件、资料。

7.7.2.2　申请领取安全生产许可证的条件

《安全生产许可证条例》规定，企业取得安全生产许可证，应当具备13项安全生产条件。

（1）建立、健全安全生产责任制，制定完备的安全生产规章制度和操作规程；

（2）安全投入符合安全生产要求；

（3）设置安全生产管理机构，配备专职安全生产管理人员；

（4）主要负责人和安全生产管理人员经考核合格；

（5）特种作业人员经有关业务主管部门考核合格，取得特种作业操作资格证书；

（6）从业人员经安全生产教育和培训合格；

（7）依法参加工伤保险，为从业人员缴纳保险费；

（8）厂房、作业场所和安全设施、设备、工艺符合有关安全生产法律、法规、标准和规程的要求；

（9）有职业危害防治措施，并为从业人员配备符合国家标准或者行业标准的劳动防护用品；

（10）依法进行安全评价；

（11）有重大危险源检测、评估、监控措施和应急预案；

（12）有生产安全事故应急救援预案、应急救援组织或者应急救援人员，配备必要的应急救援器材、设备；

（13）法律、法规规定的其他条件。

7.7.2.3　安全生产许可证的有效期

安全生产许可证的有效期为3年。安全生产许可证有效期满需要延期的，企业应当于期满前3个月向原安全生产许可证颁发管理机关办理延期手续。企业在安全生产许可证有效期内，严格遵守有关安全生产的法律法规，未发生死亡事故的，安全生产许可证有效期届满时，经原安全生产许可证颁发管理机关同意，不再审查，安全生产许可证有效期延期3年。

建筑施工企业变更名称、地址、法定代表人等，应当在变更后10日内，到原安全生产许可证颁发管理机关办理安全生产许可证变更手续。建筑施工企业破产、倒闭、撤销的，应当将安全生产许可证交回原安全生产许可证颁发管理机关予以注销。建筑施工企业遗失安全生产许可证，应当立即向原安全生产许可证颁发管理机关报告，并在公众媒体上声明作废后，方可申请补办。

7.7.2.4　政府监管

住房城乡建设主管部门在审核发放施工许可证时，应当对已经确定的建筑施工企业是否有安全生产许可证进行审查，对没有取得安全生产许可证的，不得颁发施工许可证。企业取得安全生产许可证后，不得降低安全生产条件，并应当加强日常安全生产管理，接受安全生产许可证颁发管理机关的监督检查。安全生产许可证颁发管理机关发现企业不再具备安全生产条件的，应当暂扣或者吊销安全生产许可证。企业不得转让、冒用安全生产许可证或者使用伪造的安全生产许可证。

安全生产许可证颁发管理机关或者其上级行政机关发现有下列情形之一的，可以撤销已经颁发的安全生产许可证：

（1）安全生产许可证颁发管理机关工作人员滥用职权、玩忽职守颁发安全生产许可证的；

（2）超越法定职权颁发安全生产许可证的；

（3）违反法定程序颁发安全生产许可证的；

（4）对不具备安全生产条件的建筑施工企业颁发安全生产许可证的；

（5）依法可以撤销已经颁发的安全生产许可证的其他情形。

常见的违法行为主要有：

建筑施工企业未取得安全生产许可证或转让安全生产许可证的，责令其在建项目停止施工，没收违法所得，并处10万元以上50万元以下的罚款；造成重大安全事故或者其他严重后果，构成犯罪的，依法追究刑事责任。

有效期满未办理延期手续，继续从事建筑施工活动的，责令其在建项目停止施工，限期补办延期手续，没收违法所得，并处5万元以上10万元以下的罚款；逾期仍不办理延期手续，继续从事建筑施工活动的，依照未取得安全生产许可证擅自从事建筑施工活动的规定处罚。

建筑施工企业隐瞒有关情况或者提供虚假材料申请安全生产许可证的，不予受理或者不予颁发安全生产许可证，并给予警告，1年内不得申请安全生产许可证。

以欺骗、贿赂等不正当手段取得安全生产许可证的，撤销安全生产许可证，3年内不得再次申请安全生产许可证；构成犯罪的，依法追究刑事责任。

取得安全生产许可证的建筑施工企业，发生重大安全事故的，暂扣安全生产许可证并限期整改。

7.7.3 企业安全生产责任

《安全生产法》第4条：生产经营单位必须遵守本法和其他安全生产法律法规，加强安全生产管理，建立健全安全生产责任制和安全生产规章制度，改善安全生产条件，推进安全生产标准化建设，提高安全生产水平。

施工单位是建设工程施工活动的主体，必须加强对施工安全生产的管理，落实施工安全生产的主体责任。

7.7.3.1 总承包单位应当承担的法定安全生产责任

《建筑法》规定，施工现场安全由建筑施工企业负责。实行施工总承包的，由总承包单位负责。分包单位向总承包单位负责，服从总承包单位对施工现场的安全生产管理。

《安全生产法》也规定，两个以上生产经营单位在同一作业区域内进行生产经营活动，可能危及对方生产安全的，应当签订安全生产管理协议。明确各自的安全生产管理职责和应当采取的安全措施，并指定专职安全生产管理人员进行安全检查与协调。

施工总承包是由一个施工单位对建设工程施工全面负责。该总承包单位不仅要负责建设工程的施工质量、合同工期、成本控制，还要对施工现场组织和安全生产进行统一协调管理。

（1）分包合同应当明确总分包双方的安全生产责任

《建设工程安全生产管理条例》规定，总承包单位依法将建设工程分包给其他单位的，分包合同中应当明确各自的安全生产方面的权利、义务。

施工总承包单位与分包单位的安全生产责任，可分为法定责任和约定责任。所谓法定责任，即法律法规中明确规定的总承包单位、分包单位各自的安全生产责任。所谓约定责任，即总承包单位与分包单位通过协商，在分包合同中约定各自应当承担的安全生产责任。但是，安全生产的约定责任不能与法定责任相抵触。

（2）统一组织编制建设工程生产安全应急救援预案

《建设工程安全生产管理条例》规定，施工单位应当根据建设工程施工的特点、范围，对施工现场易发生重大事故的部位、环节进行监控，制定施工现场生产安全事故应急救援预案。实行施工总承包的，由总承包单位统一组织编制建设工程生产安全事故应急救援预案，工程总承包单位和分包单位按照应急救援预案，各自建立应急救援组织或者配备应急救援人员，配备救援器材、设备，并定期组织演练。

建设工程的施工属高风险作业，极易发生安全事故。为了加强对施工安全突发事故的处理，提高应急救援快速反应能力，必须重视并编制施工安全事故应急救援预案。由于实行施工总承包的，是由总承包单位对施工现场的安全生产负总责，所以总承包单位要统一组织编制建设工程生产安全事故应急救援预案。

（3）负责上报施工生产安全事故

《建设工程安全生产管理条例》规定，实行施工总承包的建设工程，由总承包单位负责上报事故。

据此，一旦发生施工生产安全事故，施工总承包单位应当依法向有关主管部门报告事故及基本情况。

（4）自行完成建设工程主体结构的施工

《建设工程安全生产管理条例》规定，总承包单位应当自行完成建设工程主体结构的施工。

这是为了落实施工总承包单位的安全生产责任，防止因转包和违法分包等行为导致施工生产安全事故的发生。

（5）承担连带责任

《建设工程安全生产管理条例》规定，总承包单位和分包单位对分包工程的安全生产承担连带责任。

该项规定既强化了总承包单位和分包单位双方的安全生产责任意识，也有利于保护受损害者的合法权益。

7.7.3.2　分包单位应当承担的法定安全生产责任

《建筑法》规定，分包单位向总承包单位负责，服从总承包单位对施工现场的安全生产管理。《建设工程安全生产管理条例》进一步规定，分包单位应当服从总承包单位的安全生产管理，分包单位不服从管理导致生产安全事故的，由分包单位承担主要责任。

总承包单位依法对施工现场的安全生产负总责，这就要求分包单位必须服从总承包单位的安全生产管理。在许多工地上，往往有若干分包单位同时在施工，如果缺乏统一的组织管理，很容易发生安全事故。因此，分包单位要服从总承包单位对施工现场的安全生产规章制度、岗位操作要求等安全生产管理。否则，一旦发生施工安全生产事故，分包单位要承担主要责任。

7.7.4 全面安全管理、分级负责

《安全生产法》规定，生产经营单位的安全生产责任制应当明确各岗位的责任人员、责任范围和考核标准等内容。生产经营单位应当建立相应的机制，加强对安全生产责任制落实情况的监督考核，保证安全生产责任制的落实。《建筑法》还规定，建筑施工企业必须依法加强对建筑安全生产的管理，执行安全生产责任制度，采取有效措施，防止伤亡和其他安全生产事故的发生。

7.7.4.1 施工单位主要负责人对安全生产工作全面负责

2015年4月国务院办公厅颁发的《关于加强安全生产监管执法的通知》规定，国有大中型企业和规模以上企业要建立安全生产委员会，主任由董事长或总经理担任，董事长、党委书记、总经理对安全生产工作均负有领导责任，企业领导班子成员和管理人员实行安全生产“一岗双责”。所有企业都要建立生产安全风险警示和预防应急公告制度，完善风险排查、评估、预警和防控机制，加强风险预控管理，按规定将本单位重大危险源及相关安全措施、应急措施报有关地方人民政府安全生产监督管理部门和有关部门备案。

《建筑法》规定，建筑施工企业的法定代表人对本企业的安全生产负责。《建设工程安全生产管理条例》也规定，施工单位主要负责人依法对本单位的安全生产工作全面负责。

施工项目负责人的安全生产责任

《安全生产法》规定，生产经营单位的主要负责人对本单位的安全生产工作全面负责。生产经营单位的主要负责人对本单位安全生产工作负有下列职责：

（1）建立、健全本单位安全生产责任制；

（2）组织制定本单位安全生产规章制度和操作规程；

（3）保证本单位安全生产投入的有效实施；

（4）督促、检查本单位的安全生产工作，及时消除生产安全事故隐患；

（5）组织制定并实施本单位的生产安全事故应急救援预案；

（6）及时、如实报告生产安全事故；

（7）组织制定并实施本单位安全生产教育和培训计划。

7.7.4.2 施工项目负责人的安全生产责任

施工项目负责人是指建设工程项目的项目经理施工项目负责人经施工单位法定代表人的授权，要选配技术、生产、材料、成本等管理人员组成项目管理班子，代表施工单位在本建设工程项目上履行管理职责。施工单位不同于一般的生产经营单位，通常会同时承建若干建设工程项目，且异地承建施工的现象很普遍。为了加强对施工现场的管理，施工单位都要对每个建设工程项目委派一名项目负责人即项目经理，由他对该项目的施工管理全面负责。

《建设工程安全生产管理条例》规定，施工单位的项目负责人应当由取得相应执业资格的人员担任，对建设工程项目的安全施工负责，落实安全生产责任制度、安全生产规章制度和操作规程，确保安全生产费用的有效使用，并根据工程的特点组织制定安全施工措

施，消除安全事故隐患，及时、如实报告生产安全事故。

施工项目负责人的安全生产责任主要是：

（1）对建设工程项目的安全施工负责；

（2）落实安全生产责任制度、安全生产规章制度和操作规程；（3）确保安全生产费用的有效使用；

（4）根据工程的特点组织制定安全施工措施，消除安全事故隐患；

（5）及时、如实报告生产安全事故情况。

7.7.4.3 施工现场带班制度

（1）企业负责人现场带班

2010 年 7 月颁布的《国务院关于进一步加强企业安全生产工作的通知》（国发［2010］23 号）规定，强化生产过程管理的领导责任。企业主要负责人和领导班子成员要轮流现场带班。

2011 年 7 月住房和城乡建设部发布的《建筑施工企业负责人及项目负责人施工现场带班暂行办法》进一步规定，企业负责人带班检查是指由建筑施工企业负责人带队实施对工程项目质量安全生产状况及项目负责人带班生产情况的检查。建筑施工企业负责人，是指企业的法定代表人、总经理、主管质量安全和生产工作的副总经理、总工程师和副总工程师。

建筑施工企业负责人要定期带班检查，每月检查时间不少于其工作日的 25%。建筑施工企业负责人带班检查时，应认真做好检查记录，并分别在企业和工程项目存档备查。工程项目进行超过一定规模的危险性较大的分部分项工程施工时，建筑施工企业负责人应到施工现场进行带班检查。工程项目出现险情或发现重大隐患时，建筑施工企业负责人应到施工现场带班检查，督促工程项目进行整改，及时消除险情和隐患。

对于有分公司（非独立法人）的企业集团，集团负责人因故不能到现场的，可书面委托工程所在地的分公司负责人对施工现场进行带班检查。

（2）项目负责人施工现场带班

《建筑施工企业负责人及项目负责人施工现场带班暂行办法》规定，项目负责人是工程项目质量安全管理的第一责任人，应对工程项目落实带班制度负责。项目负责人带班生产是指项目负责人在施工现场组织协调工程项目的质量安全生产活动。

项目负责人在同一时期只能承担一个工程项目的管理工作。项目负责人带班生产时，要全面掌握工程项目质量安全生产状况，加强对重点部位、关键环节的控制，及时消除隐患。要认真做好带班生产记录并签字存档备查。项目负责人每月带班生产时间不得少于本月施工时间的 80%。因其他事务需离开施工现场时，应向工程项目的建设单位请假，经批准后方可离开。离开期间应委托项目相关负责人负责其外出时的日常工作。

7.7.4.4 重大事故隐患治理督办制度

在施工活动中可能导致事故发生的物的不安全状态、人的不安全行为和管理上的缺陷，都是事故隐患。

《安全生产法》规定，生产经营单位应当建立健全生产安全事故隐患排查治理制度，采取技术、管理措施，及时发现并消除事故隐患。事故隐患排查治理情况应当如实记录，并向从业人员通报。县级以上地方各级人民政府负有安全生产监督管理职责的部门应当建立健全重大事故隐患治理督办制度，督促生产经营单位消除重大事故隐患。

生产经营单位的安全生产管理人员应当根据本单位的生产经营特点，对安全生产状况进行经常性检查；对检查中发现的安全问题，应当立即处理；不能处理的，应当及时报告本单位有关负责人，有关负责人应当及时处理。检查及处理情况应当如实记录在案。

生产经营单位的安全生产管理人员在检查中发现重大事故隐患，依照前款规定向本单位有关负责人报告，有关负责人不及时处理的，安全生产管理人员可以向主管的负有安全生产监督管理职责的部门报告，接到报告的部门应当依法及时处理。

2011 年 10 月住房和城乡建设部发布的《房屋市政工程生产安全重大隐患排查治理挂牌督办暂行办法》（建质［2011］158 号）进一步规定，重大隐患是指在房屋建筑和市政工程施工过程中，存在的危害程度较大、可能导致群死群伤或造成重大经济损失的生产安全隐患。

企业及工程项目的主要负责人对重大隐患排查治理工作全面负责。建筑施工企业应当定期组织安全生产管理人员、工程技术人员和其他相关人员排查每一个工程项目的重大隐患，特别是对深基坑、高支模、地铁隧道等技术难度大、风险大的重要工程应重点定期排查。对排查出的重大隐患，应及时实施治理消除，并将相关情况进行登记存档。

住房城乡建设主管部门接到工程项目重大隐患举报，应立即组织核实，属实的由工程所在地住房城乡建设主管部门及时向承建工程的建筑施工企业下达《房屋市政工程生产安全重大隐患治理挂牌督办通知书》，并公开有关信息，接受社会监督。

7.7.4.5 建立健全群防群治制度

群防群治制度，是《建筑法》中所规定的建筑工程安全生产管理的一项重要法律制度。它是施工企业进行民主管理的重要内容，也是群众路线在安全生产管理工作中的具体体现。广大职工群众在施工生产活动中既要遵守有关法律、法规和规章制度，不得违章作业，还拥有对于危及生命安全和身体健康的行为提出批评、检举和控告的权利。

7.7.5 施工单位安全生产管理机构和专职安全生产管理

7.7.5.1 机构设置和人员配备

《安全生产法》规定，矿山、金属冶炼、建筑施工、道路运输单位和危险物品的生产、经营、储存单位，应当设置安全生产管理机构或者配备专职安全生产管理人员。

建筑施工企业安全生产管理机构专职安全生产管理人员的配备应满足下列要求，并应根据企业经营规模、设备管理和生产需要予以增加：

（1）建筑施工总承包资质序列企业：特级资质不少于 6 人；一级资质不少于 4 人；二级和二级以下资质企业不少于 3 人。

（2）建筑施工专业承包资质序列企业：一级资质不少于 3 人；二级和二级以下资质企业不少于 2 人。

（3）建筑施工劳务分包资质序列企业：不少于 2 人。

（4）建筑施工企业的分公司、区域公司等较大的分支机构应依据实际生产情况配备不少于 2 人的专职安全生产管理人员。

总承包单位配备项目专职安全生产管理人员应当满足下列要求：

（1）建筑工程、装修工程按照建筑面积配备：①1 万平方米以下的工程不少于 1 人；

②1 万～5 万 m^2 的工程不少于 2 人；③5 万平方米及以上的工程不少于 3 人，且按专业配备专职安全生产管理人员。

（2）土木工程、线路管道、设备安装工程按照工程合同价配备：①5000 万元以下的工程不少于 1 人；②5000 万—1 亿元的工程不少于 2 人；③1 亿元及以上的工程不少于 3 人，且按专业配备专职安全生产管理人员。

分包单位配备项目专职安全生产管理人员应当满足下列要求：

（1）专业承包单位应当配置至少 1 人，并根据所承担的分部分项工程的工程量和施工危险程度增加。

（2）劳务分包单位施工人员在 50 人以下的，应当配备 1 名专职安全生产管理人员；50～200 人的，应当配备 2 名专职安全生产管理人员；200 人及以上的，应当配备 3 名及以上专职安全生产管理人员，并根据所承担的分部分项工程施工危险实际情况增加，不得少于工程施工人员总人数的 5‰。

7.7.5.2　安全生产职责

生产经营单位的安全生产管理机构以及安全生产管理人员履行下列职责：

（1）组织或者参与拟订本单位安全生产规章制度、操作规程和生产安全事故应急救援预案；

（2）组织或者参与本单位安全生产教育和培训，如实记录安全生产教育和培训情况；

（3）督促落实本单位重大危险源的安全管理措施；

（4）组织或者参与本单位应急救援演练；

（5）检查本单位的安全生产状况，及时排查生产安全事故隐患，提出改进安全生产管理的建议；

（6）制止和纠正违章指挥、强令冒险作业、违反操作规程的行为；

（7）督促落实本单位安全生产整改措施。

生产经营单位的安全生产管理机构以及安全生产管理人员应当恪尽职守，依法履行职责。生产经营单位作出涉及安全生产的经营决策，应当听取安全生产管理机构以及安全生产管理人员的意见。生产经营单位不得因安全生产管理人员依法履行职责而降低其工资、福利等待遇或者解除与其订立的劳动合同。

7.7.5.3　安全生产管理人员的施工现场检查

《安全生产法》规定，生产经营单位的安全生产管理人员应当根据本单位的生产经营特点，对安全生产状况进行经常性检查；对检查中发现的安全问题，应当立即处理；不能处理的，应当及时报告本单位有关负责人，有关负责人应当及时处理。检查及处理情况应当如实记录在案。

生产经营单位的安全生产管理人员在检查中发现重大事故隐患，依照前款规定向本单位有关负责人报告，有关负责人不及时处理的，安全生产管理人员可以向主管的负有安全生产监督管理职责的部门报告，接到报告的部门应当依法及时处理。

《建设工程安全生产管理条例》还规定，施工单位应当设立安全生产管理机构，配备专职安全生产管理人员。专职安全生产管理人员负责对安全生产进行现场监督检查。发现安全事故隐患，应当及时向项目负责人和安全生产管理机构报告；对违章指挥、违章操作的，应当立即制止。

2008年5月住房和城乡建设部发布的《建筑施工企业安全生产管理机构设置及专职安全生产管理人员配备办法》进一步规定，建筑施工企业应当实行建设工程项目专职安全生产管理人员委派制度。建设工程项目的专职安全生产管理人员应当定期将项目安全生产管理情况报告企业安全生产管理机构。

采用新技术、新工艺、新材料或致害因素多、施工作业难度大的工程项目，项目专职安全生产管理人员的数量应当根据施工实际情况，在以上规定的配备标准上增加。

施工作业班组可以设置兼职安全巡查员，对本班组的作业场所进行安全监督检查。建筑施工企业应当定期对兼职安全巡查员进行安全教育培训。

项目专职安全生产管理人员具有以下主要职责：

(1) 负责施工现场安全生产日常检查并做好检查记录；

(2) 现场监督危险性较大工程安全专项施工方案实施情况；

(3) 对作业人员违规违章行为有权予以纠正或查处；

(4) 对施工现场存在的安全隐患有权责令立即整改；

(5) 对于发现的重大安全隐患，有权向企业安全生产管理机构报告；

(6) 依法报告生产安全事故情况。

7.7.6 施工作业人员安全生产的权利和义务

《安全生产法》规定，生产经营单位的从业人员有依法获得安全生产保障的权利，并应当依法履行安全生产方面的义务。

生产经营单位与从业人员订立的劳动合同，应当载明有关保障从业人员劳动安全、防止职业危害的事项，以及依法为从业人员办理工伤保险的事项。生产经营单位不得以任何形式与从业人员订立协议，免除或者减轻其对从业人员因生产安全事故伤亡依法应承担的责任。

7.7.6.1 施工作业人员依法享有的安全生产保障权利

按照《建筑法》、《安全生产法》、《建设工程安全生产管理条例》等法律、行政法规的规定，施工作业人员主要享有如下的安全生产权利：

(1) 施工安全生产的知情权和建议权

施工作业人员是施工单位运行和施工生产活动的主体。充分发挥施工作业人员在企业中的主人翁作用，是搞好施工安全生产的重要保障。因此，施工作业人员对施工安全生产拥有知情权，并享有改进安全生产工作的建议权。

《安全生产法》规定，生产经营单位的从业人员有权了解其作业场所和工作岗位存在的危险因素、防范措施及事故应急措施，有权对本单位的安全生产工作提出建议。《建筑法》还规定，作业人员有权对影响人身健康的作业程序和作业条件提出改进意见。

(2) 施工安全防护用品的获得权

施工安全防护用品是保护施工作业人员安全健康所必需的防御性装备，可有效地预防或减少伤亡事故的发生，一般包括安全帽、安全带、安全网、安全绳及其他个人防护用品（如防护鞋、防护服装、防尘口罩）等。

《安全生产法》规定，生产经营单位必须为从业人员提供符合国家标准或者行业标准的劳动防护用品，并监督、教育从业人员按照使用规则佩戴、使用。《建设工程安全生产管理条例》进一步规定，施工单位应当向作业人员提供安全防护用具和安全防护服装，并书面告知危险岗位的操作规程和违章操作的危害。

（3）批评、检举、控告权及拒绝违章指挥权

《建筑法》规定，作业人员对危及生命安全和人身健康的行为有权提出批评、检举和控告。《建设工程安全生产管理条例》进一步规定，作业人员有权对施工现场的作业条件、作业程序和作业方式中存在的安全问题提出批评、检举和控告，有权拒绝违章指挥和强令冒险作业。

违章指挥是强迫施工作业人员违反法律、法规或者规章制度、操作规程进行作业的行为。法律赋予施工从业人员有拒绝违章指挥和强令冒险作业的权利，是为了保护施工作业人员的人身安全，也是警示施工单位负责人和现场管理人员须按照有关规章制度和操作规程进行指挥。《安全生产法》明确规定，生产经营单位不得因从业人员对本单位安全生产工作提出批评、检举、控告或者拒绝违章指挥、强令冒险作业而降低其工资、福利等待遇或者解除与其订立的劳动合同。

（4）紧急避险权

为了保证施工作业人员的安全，在施工中遇有直接危及人身安全的紧急情况时，施工作业人员享有停止作业和紧急撤离的权利。

《安全生产法》规定，从业人员发现直接危及人身安全的紧急情况时，有权停止作业或者在采取可能的应急措施后撤离作业场所。生产经营单位不得因从业人员在前款紧急情况下停止作业或者采取紧急撤离措施而降低其工资、福利等待遇或者解除与其订立的劳动合同。《建设工程安全生产管理条例》也规定，在施工中发生危及人身安全的紧急情况时，作业人员有权立即停止作业或者在采取必要的应急措施后撤离危险区域。

（5）获得工伤保险和意外伤害保险赔偿的权利

《建筑法》规定，建筑施工企业应当依法为职工参加工伤保险缴纳工伤保险费。鼓励企业为从事危险作业的职工办理意外伤害保险，支付保险费。

据此，施工作业人员除依法享有工伤保险的各项权利外，从事危险作业的施工人员还可以依法享有意外伤害保险的权利。

（6）请求民事赔偿权

《安全生产法》规定，因生产安全事故受到损害的从业人员，除依法享有工伤保险外，依照有关民事法律尚有获得赔偿的权利的，有权向本单位提出赔偿要求。

（7）依靠工会维权和被派遣劳动者的权利

《安全生产法》规定，生产经营单位的工会依法组织职工参加本单位安全生产工作的民主管理和民主监督，维护职工在安全生产方面的合法权益。生产经营单位制定或者修改有关安全生产的规章制度，应当听取工会的意见。

工会对生产经营单位违反安全生产法律、法规，侵犯从业人员合法权益的行为，有权要求纠正；发现生产经营单位违章指挥、强令冒险作业或者发现事故隐患时，有权提出解决的建议，生产经营单位应当及时研究答复；发现危及从业人员生命安全的情况时，有权向生产经营单位建议组织从业人员撤离危险场所，生产经营单位必须立即作出处理。工会有权依法参加事故调查，向有关部门提出处理意见，并要求追究有关人员的责任。

生产经营单位使用被派遣劳动者的，被派遣劳动者享有本法规定的从业人员的权利。

7.7.6.2 施工作业人员应当履行的安全生产义务

按照《建筑法》、《安全生产法》、《建设工程安全生产管理条例》等法律、行政法规的规定，施工作业人员主要应当履行如下安全生产义务：

（1）守法遵章和正确使用安全防护用具等的义务

施工单位要依法保障施工作业人员的安全，施工作业人员也必须依法遵守有关的规章制度，做到不违章作业。

《建筑法》规定，建筑施工企业和作业人员在施工过程中，应当遵守有关安全生产的法律、法规和建筑行业安全规章、规程，不得违章指挥或者违章作业。《安全生产法》规定，从业人员在作业过程中，应当严格遵守本单位的安全生产规章制度和操作规程，服从管理，正确佩戴和使用劳动防护用品。《建设工程安全生产管理条例》进一步规定，作业人员应当遵守安全施工的强制性标准、规章制度和操作规程，正确使用安全防护用具、机械设备等。

（2）接受安全生产教育培训的义务

施工单位加强安全教育培训，使作业人员具备必要的施工安全生产知识，熟悉有关的规章制度和安全操作规程，掌握本岗位安全操作技能，是控制和减少施工安全事故的重要措施。

《安全生产法》规定，从业人员应当接受安全生产教育和培训，掌握本职工作所需的安全生产知识，提高安全生产技能，增强事故预防和应急处理能力。《建设工程安全生产管理条例》也规定，作业人员进入新的岗位或者新的施工现场前，应当接受安全生产教育培训。未经教育培训或者教育培训考核不合格的人员，不得上岗作业。

（3）施工安全事故隐患报告的义务

施工安全事故通常都是由事故隐患或者其他不安全因素所酿成。因此，施工作业人员一旦发现事故隐患或者其他不安全因素，应当立即报告，以便及时采取措施，防患于未然。

《安全生产法》规定，从业人员发现事故隐患或者其他不安全因素，应当立即向现场安全生产管理人员或者本单位负责人报告，接到报告的人员应当及时予以处理。

（4）被派遣劳动者的义务

《安全生产法》规定，生产经营单位使用被派遣劳动者的，被派遣劳动者应当履行本法规定的从业人员的义务。

7.7.7 施工单位安全生产教育培训的规定

《安全生产法》第二十五条规定，生产经营单位应当对从业人员进行安全生产教育和培训，保证从业人员具备必要的安全生产知识，熟悉有关的安全生产规章制度和安全操作规程，掌握本岗位的安全操作技能，了解事故应急处理措施，知悉自身在安全生产方面的权利和义务。未经安全生产教育和培训合格的从业人员，不得上岗作业。

一些施工单位安全生产教育培训投入不足，许多新人场职工特别是农民工未经培训即上岗作业，造成一线作业人员安全意识和操作技能不足，违章作业、冒险蛮干等问题突出，《建筑法》明确规定，建筑施工企业应当建立健全劳动安全生产教育培训制度，加强对职工安全生产的教育培训；未经安全生产教育培训的人员，不得上岗作业。

《安全生产法》还规定，生产经营单位应当教育和督促从业人员严格执行本单位的安全生产规章制度和安全操作规程；并向从业人员如实告知作业场所和工作岗位存在的危险因素、防范措施以及事故应急措施。生产经营单位应当安排用于配备劳动防护用品、进行、安全生产培训的经费。

7.7.7.1 施工单位三类管理人员和特种作业人员的培训考核

（1）三类管理人员的考核

《安全生产法》规定，生产经营单位的主要负责人和安全生产管理人员必须具备与本单位所从事的生产经营活动相应的安全生产知识和管理能力。……建筑施工、道路运输单位的主要负责人和安全生产管理人员，应当由主管的负有安全生产监督管理职责的部门对其安全生产知识和管理能力考核合格。考核不得收费。

《建设工程安全生产管理条例》进一步规定，施工单位的主要负责人、项目负责人、专职安全生产管理人员应当经建设行政主管部门或者其他部门考核合格后方可任职。

这是因为，施工单位的主要负责人要对本单位的安全生产工作全面负责，项目负责人对所负责的建设工程项目的安全生产工作全面负责，安全生产管理人员更是要具体承担本单位日常的安全生产管理工作。这三类人员的施工安全知识水平和管理能力直接关系到本单位、本项目的安全生产管理水平。如果这三类人员缺乏基本的施工安全生产知识，施工安全生产管理和组织能力不强，甚至违章指挥，将很可能会导致施工生产安全事故的发生。

（2）特种作业人员的培训考核

《安全生产法》规定，生产经营单位的特种作业人员必须按照国家有关规定经专门的安全作业培训，取得相应资格，方可上岗作业。《建设工程安全生产管理条例》进一步规定，垂直运输机械作业人员、安装拆卸工、爆破作业人员、起重信号工、登高架设作业人员等特种作业人员，必须按照国家有关规定经过专门的安全作业培训，并取得特种作业操作资格证书后，方可上岗作业。

2008年4月住房和城乡建设部发布的《建筑施工特种作业人员管理规定》规定，建筑施工特种作业包括：1）建筑电工；2）建筑架子工；3）建筑起重信号司索工；4）建筑起重机械司机；5）建筑起重机械安装拆卸工；6）高处作业吊篮安装拆卸工；7）经省级以上人民政府建设主管部门认定的其他特种作业。

7.7.7.2 施工单位全员的安全生产教育培训

《安全生产法》规定，生产经营单位应当对从业人员进行安全生产教育和培训，保证从业人员具备必要的安全生产知识，熟悉有关的安全生产规章制度和安全操作规程，掌握本岗位的安全操作技能，了解事故应急处理措施，知悉自身在安全生产方面的权利和义务。未经安全生产教育和培训合格的从业人员，不得上岗作业。

生产经营单位使用被派遣劳动者的，应当将被派遣劳动者纳入本单位从业人员统一管理，对被派遣劳动者进行岗位安全操作规程和安全操作技能的教育和培训。劳务派遣单位应当对被派遣劳动者进行必要的安全生产教育和培训。

生产经营单位应当建立安全生产教育和培训档案，如实记录安全生产教育和培训的时间、内容、参加人员以及考核结果等情况。

《建设工程安全生产管理条例》进一步规定，施工单位应当对管理人员和作业人员每年至少进行一次安全生产教育培训，其教育培训情况记入个人工作档案。安全生产教育培训考核不合格的人员，不得上岗。

7.7.7.3 进入新岗位或者新施工现场前的安全生产教育培训

由于新岗位、新工地往往各有特殊性，施工单位须对新录用或转场的职工进行安全教育培训，包括施工安全生产法律法规、施工工地危险源识别、安全技术操作规程、机械设备电气及高处作业安全知识、防火防毒防尘防爆知识、紧急情况安全处置与安全疏散知识、安全防护用品使用知识以及发生事故时自救排险、抢救伤员、保护现场和及时报告等。

《建设工程安全生产管理条例》规定，作业人员进入新的岗位或者新的施工现场前，应当接受安全生产教育培训。未经教育培训或者教育培训考核不合格的人员，不得上岗作业。2012 年 11 月颁布的《国务院安委会关于进一步加强安全培训工作的决定》中指出，严格落实企业职工先培训后上岗制度。建筑企业要对新职工进行至少 32 学时的安全培训，每年进行至少 20 学时的再培训。

强化现场安全培训。高危企业要严格班前安全培训制度，有针对性地讲述岗位安全生产与应急救援知识、安全隐患和注意事项等，使班前安全培训成为安全生产第一道防线。要大力推广“手指口述”等安全确认法，帮助员工通过心想、眼看、手指、口述，确保按规程作业。要加强班组长培训，提高班组长现场安全管理水平和现场安全风险管控能力。

7.7.7.4 采用新技术、新工艺、新设备、新材料前的安全生产教育培训

《安全生产法》规定，生产经营单位采用新工艺、新技术、新材料或者使用新设备，必须了解、掌握其安全技术特性，采取有效的安全防护措施，并对从业人员进行专门的安、全生产教育和培训。《建设工程安全生产管理条例》规定，施工单位在采用新技术、新工艺、新设备、新材料时，应当对作业人员进行相应的安全生产教育培训。

随着我国工程建设和科学技术的迅速发展，越来越多的新技术、新工艺、新设备、新材料被广泛应用于施工生产活动中，大大促进了施工生产效率和工程质量的提高，同时也对施工作业人员的素质提出了更高要求。如果施工单位对所采用的新技术、新工艺、新设备、新材料的了解与认识不足，对其安全技术性能掌握不充分，或是没有采取有效的安全防护措施，没有对施工作业人员进行专门的安全生产教育培训，就很可能会导致事故的发生。因此，施工单位在采用新技术、新工艺、新设备、新材料时，必须对施工作业人员进行专门的安全生产教育培训，并采取保证安全的防护措施，防止发生事故。

7.7.7.5 安全教育培训方式

《国务院关于坚持科学发展安全发展促进安全生产形势持续稳定好转的意见》（国发〔2011〕40 号）规定，施工单位应当根据实际需要，对不同岗位、不同工种的人员进行因人施教。安全教育培训可采取多种形式，包括安全形势报告会、事故案例分析会、安全法制教育、安全技术交流、安全竞赛、师傅带徒弟等。

《国务院安委会关于进一步加强安全培训工作的决定》指出，完善和落实师傅带徒弟制度。高危企业新职工安全培训合格后，要在经验丰富的工人师傅带领下，实习至少 2 个月后方可独立上岗。工人师傅一般应当具备中级工以上技能等级，3 年以上相应工作经历，成绩突出，善于“传、帮、带”，没有发生过“三违”行为等条件。要组织签订师徒协议，建立师傅带徒弟激励约束机制。

支持大中型企业和欠发达地区建立安全培训机构，重点建设一批具有仿真、体感、实操特色的示范培训机构。加强远程安全培训，开发国家安全培训网和有关行业网络学习平台，实现优质资源共享。实行网络培训学时学分制，将学时和学分结果与继续教育、再培训挂钩。利用视频、电视、手机等拓展远程培训形式。

7.7.8 施工单位安全生产费用的提取和使用管理

施工单位安全生产费用（以下简称安全费用），是指施工单位按照规定标准提取在成本中列支，专门用于完善和改进企业或者施工项目安全生产条件的资金。安全费用按照“企业提取、政府监管、确保需要、规范使用”的原则进行管理。

《安全生产法》规定，生产经营单位应当具备的安全生产条件所必需的资金投人，由生产经营单位的决策机构、主要负责人或者个人经营的投资人予以保证，并对由于安全生产所必需的资金投入不足导致的后果承担责任。有关生产经营单位应当按照规定提取和使用安全生产费用，专门用于改善安全生产条件。安全生产费用在成本中据实列支。

《建设工程安全生产管理条例》进一步规定，施工单位对列入建设工程概算的安全作业环境及安全施工措施所需费用，应当用于施工安全防护用具及设施的采购和更新、安全施工措施的落实、安全生产条件的改善，不得挪作他用。

7.7.8.1 施工单位安全费用的提取管理

财政部、国家安全生产监督管理总局《企业安全生产费用提取和使用管理办法》（财企【2012】16号）中规定，建设工程施工企业以建筑安装工程造价为计提依据。各建设工程类别安全费用提取标准如下：

（1）矿山工程为2.5%；

（2）房屋建筑工程、水利水电工程、电力工程、铁路工程、城市轨道交通工程为2.0%；

（3）市政公用工程、冶炼工程、机电安装工程、化工石油工程、港口与航道工程、公路工程、通信工程为1.5%。建设工程施工企业提取的安全费用列入工程造价，在竞标时，不得删减，列入标外管理。国家对基本建设投资概算另有规定的，从其规定。总包单位应当将安全费用按比例直接支付分包单位并监督使用，分包单位不再重复提取。

企业在上述标准的基础上，根据安全生产实际需要，可适当提高安全费用提取标准。在《企业安全生产费用提取和使用管理办法》公布前，各省级政府已制定下发企业安全费用提取使用办法的，其提取标准如果低于该办法规定的标准，应当按照该办法进行调整；如果高于该办法规定的标准，按照原标准执行。

建设单位、设计单位在编制工程概（预）算时，应当依据工程所在地工程造价管理机构测定的相应费率，合理确定工程安全防护、文明施工措施费。依法进行工程招投标的项目，招标方或具有资质的中介机构编制招标文件时，应当按照有关规定并结合工程实际单独列出安全防护、文明施工措施项目清单。投标方应当根据现行标准规范，结合工程特点、工期进度和作业环境要求，在施工组织设计文件中制定相应的安全防护、文明施工措施，并按照招标文件要求结合自身的施工技术水平、管理水平对工程安全防护、文明施工措施项目单独报价。投标方安全防护、文明施工措施的报价，不得低于依据工程所在地工程造价管理机构测定费率计算所需费用总额的90%。

建设单位与施工单位应当在施工合同中明确安全防护、文明施工措施项目总费用，以及费用预付、支付计划，使用要求、调整方式等条款。建设单位与施工单位在施工合同中对安全防护、文明施工措施费用预付、支付计划未作约定或约定不明的，合同工期在一年以内的，建设单位预付安全防护、文明施工措施项目费用不得低于该费用总额的50%；合同工期在一年以上的（含一年），预付安全防护、文明施工措施费用不得低于该费用总额的30%，其余费用应当按照施工进度支付。

2013年3月，住房和城乡建设部、财政部经修订并颁布了新的《建筑安装工程费用项目组成》，规定安全文明施工费包括：

（1）环境保护费：是指施工现场为达到环保部门要求所需要的各项费用。

（2）文明施工费：是指施工现场文明施工所需要的各项费用。

（3）安全施工费：是指施工现场安全施工所需要的各项费用。

（4）临时设施费：是指施工企业为进行建设工程施工所必须搭设的生活和生产用的临时建筑物、构筑物和其他临时设施费用，包括临时设施的搭设、维修、拆除、清理费或摊销费等。

7.7.8.2 施工单位安全费用的使用管理

《企业安全生产费用提取和-使用管理办法》规定，建设工程施丁企业安全费用应当按照以下范围使用：

（1）完善、改造和维护安全防护设施设备支出（不含“三同时”要求初期投入的安全设施），包括施工现场临时用电系统、洞口、临边、机械设备、高处作业防护、交叉作业防护、防火、防爆、防尘、防毒、防雷、防台风、防地质灾害、地下工程有害气体监测、通风、临时安全防护等设施设备支出；

（2）配备、维护、保养应急救援器材、设备支出和应急演练支出；

（3）开展重大危险源和事故隐患评估、监控和整改支出；

（4）安全生产检查、评价（不包括新建、改建、扩建项目安全评价）、咨询和标准化建设支出；

（5）配备和更新现场作业人员安全防护用品支出；

（6）安全生产宣传、教育、培训支出；

（7）安全生产适用的新技术、新标准、新工艺、新装备的推广应用支出；

（8）安全设施及特种设备检测检验支出；

（9）其他与安全生产直接相关的支出。

在规定的使用范围内，企业应当将安全费用优先用于满足安全生产监督管理部门、煤矿安全监察机构以及行业主管部门对企业安全生产提出的整改措施或者达到安全生产标准所需的支出。企业提取的安全费用应当专户核算，按规定范围安排使用，不得挤占、挪用。年度结余资金结转下年度使用，当年计提安全费用不足的，超出部分按正常成本费用渠道列支。主要承担安全管理责任的集团公司经过履行内部决策程序，可以对所属企业提取的安全费用按照一定比例集中管理，统筹使用。

企业应当建立健全内部安全费用管理制度，明确安全费用提取和使用的程序、职责及权限，按规定提取和使用安全费用。企业应当加强安全费用管理，编制年度安全费用提取和使用计划，纳入企业财务预算。企业年度安全费用使用计划和上一年安全费用的提取、使用情况按照管理权限报同级财政部门、安全生产监督管理部门、煤矿安全监察机构和行业主管部门备案。企业安全费用的会计处理，应当符合国家统一的会计制度的规定。企业提取的安全费用属于企业自提自用资金，其他单位和部门不得采取收取、代管等形式对其进行集中管理和使用，国家法律、法规另有规定的除外。

《建筑工程安全防护、文明施工措施费用及使用管理规定》中规定，实行工程总承包的，总承包单位依法将建筑工程分包给其他单位的，总承包单位与分包单位应当在分包合同中明确安全防护、文明施工措施费用由总承包单位统一管理。安全防护、文明施工措施由分包单位实施的，由分包单位提出专项安全防护措施及施工方案，经总承包单位批准后及时支付所需费用。

工程监理单位应当对施工单位落实安全防护、文明施工措施情况进行现场监理。对施工单位已经落实的安全防护、文明施工措施，总监理工程师或者造价工程师应当及时审查并签认所发生的费用。监理单位发现施工单位未落实施工组织设计及专项施工方案中安全防护和文明施工措施的，有权责令其立即整改；对施工单位拒不整改或未按期限要求完成整改的，工程监理单位应当及时向建设单位和建设行政主管部门报告，必要时责令其暂停施工。

施工单位应当确保安全防护、文明施工措施费专款专用，在财务管理中单独列出安全防护、文明施工措施项目费用清单备查。施工单位安全生产管理机构和专职安全生产管理人员负责对建筑工程安全防护、文明施工措施的组织实施进行现场监督检查，并有权向建设主管部门反映情况。

工程总承包单位对建筑工程安全防护、文明施工措施费用的使用负总责。总承包单位应当按照本规定及合同约定及时向分包单位支付安全防护、文明施工措施费用。总承包单位不按本规定和合同约定支付费用，造成分包单位不能及时落实安全防护措施导致发生事故的，由总承包单位负主要责任。

7.8 安全事故应急救援与调查处理的规定

施工现场一旦发生生产安全事故，应当立即实施抢险救援特别是抢救遇险人员，迅速控制事态，防止伤亡事故进一步扩大，并依法向有关部门报告事故。事故调查处理应当坚持实事求是、尊重科学的原则，及时准确地查清事故经过、事故原因和事故损失，查明事故性质，认定事故责任，总结事故教训，提出整改措施，并对事故责任者依法追究责任。

7.8.1 生产安全事故的等级划分标准

《安全生产法》规定，生产安全一般事故、较大事故、重大事故、特别重大事故的划分标准由国务院规定。

2007 年 4 月国务院颁布的《生产安全事故报告和调查处理条例》规定，根据生产安全事故（以下简称事故）造成的人员伤亡或者直接经济损失，事故一般分为以下等级：

（1）特别重大事故，是指造成 30 人以上死亡，或者 100 人以上重伤（包括急性工业中毒，下同），或者 1 亿元以上直接经济损失的事故；

（2）重大事故，是指造成 10 人以上 30 人以下死亡，或者 50 人以上 100 人以下重伤，或者5000万元以上1亿元以下直接经济损失的事故；

（3）较大事故，是指造成3人以上10人以下死亡，或者10人以上50人以下重伤，或者1000万元以上5000万元以下直接经济损失的事故；

（4）一般事故，是指造成3人以下死亡，或者10人以下重伤，或者1000万元以下直接经济损失的事故。所称的“以上”包括本数，所称的“以下”不包括本数。

7.8.1.1 事故等级划分的要素

事故等级的划分包括了人身、经济和社会3个要素，可以单独适用。

（1）人身要素

人身要素就是人员伤亡的数量。施工生产安全事故危害的最严重后果，就是造成人员的死亡和重伤。因此，人员伤亡数量被列为事故分级的第一要素。

（2）经济要素

经济要素就是直接经济损失的数额。施工生产安全事故不仅会造成人员伤亡，往往还会造成直接经济损失。因此，要保护国家、单位和人民群众的财产权，还应根据造成直接经济损失的多少来划分事故等级。

（3）社会要素

社会要素就是社会影响。在实践中，有些生产安全事故的伤亡人数、直接经济损失数额虽然达不到法定标准，但是造成了恶劣的社会影响、政治影响和国际影响，也应当列为特殊事故进行调查处理。例如，事故严重影响周边单位和居民正常的生产生活，社会反应强烈；造成较大的国际影响；对公众健康构成潜在威胁等。对此《生产安全事故报告和调查处理条例》规定，没有造成人员伤亡，但是社会影响恶劣的事故，国务院或者有关地方人民政府认为需要调查处理的，依照本条例的有关规定执行。

7.8.1.2 事故等级划分的补充性规定

《生产安全事故报告和调查处理条例》规定，国务院安全生产监督管理部门可以会同国务院有关部门，制定事故等级划分的补充性规定。

由于不同行业和领域的事故各有特点，发生事故的原因和损失情况也差异较大，很难用同一标准来划分不同行业或者领域的事故等级，因此授权国务院安全生产监督管理部门可以会同国务院有关部门，针对某些特殊行业或者领域的实际情况来制定事故等级划分的补充性规定，是十分必要的。

7.8.2 施工生产安全事故应急救援预案的规定

施工生产安全事故多具有突发性、群体性等特点，如果施工单位事先根据本单位和施工现场的实际情况，针对可能发生事故的类别、性质、特点和范围等，事先制定当事故发生时有关的组织、技术措施和其他应急措施，做好充分的应急救援准备工作，不但可以采用预防技术和管理手段，降低事故发生的可能性，而且一旦发生事故时，还可以在短时间内就组织有效抢救，防止事故扩大，减少人员伤亡和财产损失。

《安全生产法》规定，生产经营单位应当制定本单位生产安全事故应急救援预案，与所在地县级以上地方人民政府组织制定的生产安全事故应急救援预案相衔接，并定期组织演练。……建筑施工单位应当建立应急救援组织；生产经营规模较小的，可以不建立应急救援组织，但应当指定兼职的应急救援人员。……建筑施工单位应当配备必要的应急救援器材、设备和物资，并进行经常性维护、保养，保证正常运转。《建设工程安全生产管理条例》进一步规定，施工单位应当制定本单位生产安全事故应急救援预案，建立应急救援组织或者配备应急救援人员，配备必要的应急救援器材、设备，并定期组织演练。

7.8.2.1 施工生产安全事故应急救援预案的编制

《安全生产法》规定，生产经营单位对重大危险源应当登记建档+进行定期检测、评估、监控，并制定应急预案，告知从业人员和相关人员在紧急情况下应当采取的应急措施。生产经营单位应当按照国家有关规定将本单位重大危险源及有关安全措施、应急措施报有关地方人民政府安全生产监督管理部门和有关部门备案。

《建设工程安全生产管理条例》规定，施工单位应当根据建设工程施工的特点、范围，对施工现场易发生重大事故的部位、环节进行监控，制定施工现场生产安全事故应急救援预案。

国家安全生产监督管理总局《生产安全事故应急预案管理办法》进一步规定，生产经营单位的应急预案按照针对情况的不同，分为综合应急预案、专项应急预案和现场处置方案。生产经营单位编制的综合应急预案、专项应急预案和现场处置方案之间应当相互衔接，并与所涉及的其他单位的应急预案相互衔接。

综合应急预案，应当包括本单位的应急组织机构及其职责、预案体系及响应程序、事故预防及应急保障、应急培训及预案演练等主要内容；专项应急预案，应当包括危险性分析、可能发生的事故特征、应急组织机构与职责、预防措施、应急处置程序和应急保障等内容；现场处置方案，应当包括危险性分析、可能发生的事故特征、应急处置程序、应急处置要点和注意事项等内容。

应急预案的编制应当符合下列基本要求：

（1）符合有关法律、法规、规章和标准的规定；

（2）结合本地区、本部门、本单位的安全生产实际情况；

（3）结合本地区、本部门、本单位的危险性分析情况；

（4）应急组织和人员的职责分工明确，并有具体的落实措施；

（5）有明确、具体的事故预防措施和应急程序，并与其应急能力相适应；

（6）有明确的应急保障措施，并能满足本地区、本部门、本单位的应急工作要求；

（7）预案基本要素齐全、完整，预案附件提供的信息准确；

（8）预案内容与相关应急预案相互衔接。应急预案应当包括应急组织机构和人员的联系方式、应急物资储备清单等附件信息。

此外，《消防法》还规定，企业应当履行落实消防安全责任制，制定本单位的消防安全制度、消防安全操作规程，制定灭火和应急疏散预案的消防安全职责。2011 年 12 月经修改后公布的《职业病防治法》规定，用人单位应当建立、健全职业病危害事故应急救援预案。《特种设备安全法》规定，特种设备使用单位应当制定特种设备事故应急专项预案，并定期进行应急演练。2002 年 5 月颁布的《使用有毒物品作业场所劳动保护条例》规定，从事使用高毒物品作业的用人单位，应当配备应急救援人员和必要的应急救援器材、设备，制定事故应急救援预案，并根据实际情况变化对应急救援预案适时进行修订，定期组织演练。

7.8.2.2 施工生产安全事故应急救援预案的评审和备案

《生产安全事故应急预案管理办法》规定，建筑施工单位应当组织专家对本单位编制的应急预案进行评审。评审应当形成书面纪要并附有专家名单。应急预案的评审应当注重应急预案的实用性、基本要素的完整性、预防措施的针对性、组织体系的科学性、响应程序的操作性、应急保障措施的可行性、应急预案的衔接性等内容。施工单位的应急预案经评审后，由施工单位主要负责人签署公布。

中央管理的总公司（总厂、集团公司、上市公司）的综合应急预案和专项应急预案，报国务院国有资产监督管理部门、国务院安全生产监督管理部门和国务院有关主管部门备案；其所属单位的应急预案分别抄送所在地的省、自治区、直辖市或者设区的市人民政府安全生产监督管理部门和有关主管部门备案。其他生产经营单位中涉及实行安全生产许可的，其综合应急预案和专项应急预案，按照隶属关系报所在地县级以上地方人民政府安全生产监督管理部门和有关主管部门备案。

生产经营单位申请应急预案备案，应当提交以下材料：

（1）应急预案备案申请表；

（2）应急预案评审或者论证意见；

（3）应急预案文本及电子文档。

对于实行安全生产许可的生产经营单位，已经进行应急预案备案登记的，在申请安全生产许可证时，可以不提供相应的应急预案，仅提供应急预案备案登记表。

7.8.2.3 施工生产安全事故应急预案的培训和演练

《国务院关于坚持科学发展安全发展促进安全生产形势持续稳定好转的意见》规定，定期开展应急预案演练，切实提高事故救援实战能力。企业生产现场带班人员、班组长和调度人员在遇到险情时，要按照预案规定，立即组织停产撤人。

《生产安全事故应急预案管理办法》进一步规定，生产经营单位应当采取多种形式开展应急预案的宣传教育，普及生产安全事故预防、避险、自救和互救知识，提高从业人员安全意识和应急处置技能。生产经营单位应当组织开展本单位的应急预案培训活动，使有关人员了解应急预案内容，熟悉应急职责、应急程序和岗位应急处置方案。应急预案的要点和程序应当张贴在应急地点和应急指挥场所，并设有明显的标志。

生产经营单位应当制定本单位的应急预案演练计划，根据本单位的事故预防重点，每年至少组织一次综合应急预案演练或者专项应急预案演练，每半年至少组织一次现场处置方案演练。应急预案演练结束后，应急预案演练组织单位应当对应急预案演练效果进行评估，撰写应急预案演练评估报告，分析存在的问题，并对应急预案提出修订意见。

7.8.2.4 施工生产安全事故应急预案的修订

《国务院关于坚持科学发展安全发展促进安全生产形势持续稳定好转的意见》指出，建立健全安全生产应急预案体系，加强动态修订完善。

《生产安全事故应急预案管理办法》规定，生产经营单位制定的应急预案应当至少每3年修订一次，预案修订情况应有记录并归档。有下列情形之一的，应急预案应当及时修订：

（1）生产经营单位因兼并、重组、转制等导致隶属关系、经营方式、法定代表人发生变化的；

（2）生产经营单位生产工艺和技术发生变化的；

（3）周围环境发生变化，形成新的重大危险源的；

（4）应急组织指挥体系或者职责已经调整的；

（5）依据的法律、法规、规章和标准发生变化的；

（6）应急预案演练评估报告要求修订的；

（7）应急预案管理部门要求修订的。

生产经营单位应当及时向有关部门或者单位报告应急预案的修订情况，并按照有关应急预案报备程序重新备案。生产经营单位应当按照应急预案的要求配备相应的应急物资及装备，建立使用状况档案，定期检测和维护，使其处于良好状态。

7.8.2.5 施工总分包单位的职责分工

《建设工程安全生产管理条例》规定，实行施工总承包的，由总承包单位统一组织编制建设工程生产安全事故应急救援预案，工程总承包单位和分包单位按照应急救援预案，各自建立应急救援组织或者配备应急救援人员，配备救援器材、设备，并定期组织演练。

7.8.3 施工生产安全事故报告及采取相应措施的规定

《建筑法》规定，施工中发生事故时，建筑施工企业应当采取紧急措施减少人员伤亡和事故损失，并按照国家有关规定及时向有关部门报告。

《建设工程安全生产管理条例》进一步规定，施工单位发生生产安全事故，应当按照国家有关伤亡事故报告和调查处理的规定，及时、如实地向负责安全生产监督管理的部门、建设行政主管部门或者其他有关部门报告；特种设备发生事故的，还应当同时向特种设备安全监督管理部门报告。实行施工总承包的建设工程，由总承包单位负责上报事故。

7.8.3.1 施工生产安全事故报告的基本要求

《安全生产法》规定，生产经营单位发生生产安全事故后，事故现场有关人员应当立即报告本单位负责人。单位负责人接到事故报告后，应当迅速采取有效措施，组织抢救，防止事故扩大，减少人员伤亡和财产损失，并按照国家有关规定立即如实报告当地负有安全生产监督管理职责的部门，不得隐瞒不报、谎报或者迟报，不得故意破坏事故现场、毁灭有关证据。

（1）事故报告的时间要求

《生产安全事故报告和调查处理条例》规定，事故发生后，事故现场有关人员应当立即向本单位负责人报告；单位负责人接到报告后，应当于1小时内向事故发生地县级以上人民政府安全生产监督管理部门和负有安全生产监督管理职责的有关部门报告。情况紧急时，事故现场有关人员可以直接向事故发生地县级以上人民政府安全生产监督管理部门和负有安全生产监督管理职责的有关部门报告。

所谓事故现场，是指事故具体发生地点及事故能够影响和波及的区域，以及该区域内的物品、痕迹等所处的状态。所谓有关人员，主要是指事故发生单位在事故现场的有关工作人员，可以是事故的负伤者，或者是在事故现场的其他工作人员。所谓立即报告，是指在事故发生后的第一时间用最快捷的报告方式进行报告。所谓单位负责人，可以是事故发生单位的主要负责人，也可以是事故发生单位主要负责人以外的其他分管安全生产工作的副职领导或其他负责人。

在一般情况下，事故现场有关人员应当先向本单位负责人报告事故。但是，事故是人命关天的大事，在情况紧急时允许事故现场有关人员直接向安全生产监督管理部门和负有安全生产监督管理职责的有关部门报告。事故报告应当及时、准确、完整。任何单位和个人对事故不得迟报、漏报、谎报或者瞒报。

（2）事故报告的内容要求

《生产安全事故报告和调查处理条例》规定，报告事故应当包括下列内容：

1）事故发生单位概况；

2）事故发生的时间、地点以及事故现场情况；

3）事故的简要经过；

4）事故已经造成或者可能造成的伤亡人数（包括下落不明的人数）和初步估计的直接经济损失；

5）已经采取的措施；

6）其他应当报告的情况。

事故发生单位概况，应当包括单位的全称、所处地理位置、所有制形式和隶属关系、生产经营范围和规模、持有各类证照情况、单位负责人基本情况以及近期生产经营状况等。该部分内容应以全面、简洁为原则。

报告事故发生的时间应当具体；报告事故发生的地点要准确，除事故发生的中心地点外，还应当报告事故所波及的区域；报告事故现场的情况应当全面，包括现场的总体情况、人员伤亡情况和设备设施的毁损情况，以及事故发生前后的现场情况，便于比较分析事故原因。

对于人员伤亡情况的报告，应当遵守实事求是的原则，不作无根据的猜测，更不能隐瞒实际伤亡人数。对直接经济损失的初步估算，主要指事故所导致的建筑物毁损、生产设备设施和仪器仪表损坏等。

已经采取的措施，主要是指事故现场有关人员、事故单位负责人以及已经接到事故报告的安全生产管理部门等，为减少损失、防止事故扩大和便于事故调查所采取的应急救援和现场保护等具体措施。

其他应当报告的情况，则应根据实际情况而定。如较大以上事故，还应当报告事故所造成的社会影响、政府有关领导和部门现场指挥等有关情况。

（3）事故补报的要求

《生产安全事故报告和调查处理条例》规定，事故报告后出现新情况的，应当及时补报。

自事故发生之日起 30 日内，事故造成的伤亡人数发生变化的，应当及时补报。道路交通事故、火灾事故自发生之日起 7 日内，事故造成的伤亡人数发生变化的，应当及时补报。

7.8.3.2 发生施工生产安全事故后应采取的相应措施

《安全生产法》规定，生产经营单位发生生产安全事故时，单位的主要负责人应当立即组织抢救，并不得在事故调查处理期间擅离职守。

《建设工程安全生产管理条例》进一步规定，发生生产安全事故后，施工单位应当采取措施防止事故扩大，保护事故现场。需要移动现场物品时，应当做出标记和书面记录，妥善保管有关证物。

（1）组织应急抢救工作

《生产安全事故报告和调查处理条例》规定，事故发生单位负责人接到事故报告后，应当立即启动事故相应应急预案，或者采取有效措施，组织抢救，防止事故扩大，减少人员伤亡和财产损失。

例如，对危险化学品泄漏等可能对周边群众和环境产生危害的事故，施工单位应当在向地方政府及有关部门报告的同时，及时向可能受到影响的单位、职工、群众发出预警信息，标明危险区域，组织、协助应急救援队伍救助受害人员，疏散、撤离、安置受到威胁的人员，并采取必要措施防止发生次生、衍生事故。

（2）妥善保护事故现场

《生产安全事故报告和调查处理条例》规定，事故发生后，有关单位和人员应当妥善保护事故现场以及相关证据，任何单位和个人不得破坏事故现场、毁灭相关证据。因抢救人员、防止事故扩大以及疏通交通等原因，需要移动事故现场物件的，应当做出标志，绘制现场简图并做出书面记录，妥善保存现场重要痕迹、物证。

事故现场是追溯判断发生事故原因和事故责任人责任的客观物质基础。从事故发生到事故调查组赶赴现场，往往需要一段时间，而在这段时间里，许多外界因素，如对伤员救护、险情控制、周围群众围观等都会给事故现场造成不同程度的破坏，甚至还有故意破坏事故现场的情况。如果事故现场保护不好，一些与事故有关的证据难于找到，将直接影响到事故现场的勘查，不便于查明事故原因，从而影响事故调查处理的进度和质量。

保护事故现场，就是要根据事故现场的具体情况和周围环境，划定保护区范围，布置警戒，必要时将事故现场封锁起来，维持现场的原始状态，既不要减少任何痕迹、物品，也不能增加任何痕迹、物品。即使是保护现场的人员，也不要无故进入，更不能擅自进行勘查，或者随意触摸、移动事故现场的任何物品。任何单位和个人都不得破坏事故现场，毁灭相关证据。

确因特殊情况需要移动事故现场物件的，须同时满足以下条件：

1）抢救人员、防止事故扩大以及疏通交通的需要；

2）经事故单位负责人或者组织事故调查的安全生产监督管理部门和负有安全生产监督管理职责的有关部门同意；

3）做出标志，绘制现场简图，拍摄现场照片，对被移动物件贴上标签，并做出书面记录；

4）尽量使现场少受破坏。

【案例 15】

① 背景

某住宅小区工地上，一载满作业工人的施工升降机在上升过程中突然失控冲顶，从100米高处坠落，造成施工升降机上的9名施工人员全部随机坠落而遇难的惨剧。

② 问题

a. 本案中的事故应当定为何等级？

b. 在事故发生后，施工单位应当依法采取哪些措施？

③ 分析

a.《生产安全事故报告和调查处理条例》第 3 条规定："较大事故，是指造成 3 人以上 10 人以下死亡，或者 10 人以上 50 人以下重伤，或者 1000 万元以上 5000 万元以下直接经济损失的事故。"据此，本案中的事故应当定为较大事故。

b. 在事故发生后，施工单位应当按照《生产安全事故报告和调查处理条例》第 9 条、第 14 条、第 16 条和《建设工程安全生产管理条例》第 50 条、第 51 条的规定，采取下列措施：

（a）报告事故。事故发生后，事故现场有关人员应当立即向本单位负责 A 报告；单位负责人接到报告后，应当于 1 小时内向事故发生地县级以上人民政府安全生产监督管理部门、建设行政主管部门或者其他有关部门报告。特种设备发生事故的，还应当同时向特种设备安全监督管理部门报告。情况紧急时，事故现场有关人员可以直接向事故发生地县级以上人民政府安全生产监督管理部门、建设行政主管部门或者其他有关部门报告。买行施工总承包的建设工程，由总承包单位负责上报事故。

（b）启动事故应急预案，组织抢救。事故发生单位负责人接到事故报告后，应当立即启动事故相应应急预案，或者采取有效措施，组织抢救，防止事故扩大，减少人员伤亡和财产损失。

（c）事故现场保护。有关单位和人员应当妥善保护事故现场以及相关证据，任何单位和个人不得破坏事故现场、毁灭相关证据。因抢救人员、防止事故扩大以及疏通交通等原因，需要移动事故现场物件的，应当做出标志，绘制现场简图并做出书面记录，妥善保存现场重要痕迹、物证。

7.8.3.3 施工生产安全事故的调查

《安全生产法》规定，事故调查处理应当按照科学严谨、依法依规、实事求是、注重实效的原则，及时、准确地查清事故原因，查明事故性质和责任，总结事故教训，提出整改措施，并对事故责任者提出处理意见。事故调查报告应当依法及时向社会公布。

（1）事故调查的管辖

《生产安全事故报告和调查处理条例》规定，特别重大事故由国务院或者国务院授权有关部门组织事故调查组进行调查。

重大事故、较大事故、一般事故分别由事故发生地省级人民政府、设区的市级人民政府、县级人民政府负责调查。省级人民政府、设区的市级人民政府、县级人民政府可以直接组织事故调查组进行调查，也可以授权或者委托有关部门组织事故调查组进行调查。未造成人员伤亡的一般事故，县级人民政府也可以委托事故发生单位组织事故调查组进行调查。上级人民政府认为必要时，可以调查由下级人民政府负责调查的事故。

自事故发生之日起 30 日内（道路交通事故、火灾事故自发生之日起 7 日内），因事故伤亡人数变化导致事故等级发生变化，依照《生产安全事故报告和调查处理条例》规定应当由上级人民政府负责调查的，上级人民政府可以另行组织事故调查组进行调查。

特别重大事故以下等级事故，事故发生地与事故发生单位不在同一个县级以上行政区域的，由事故发生地人民政府负责调查，事故发生单位所在地人民政府应当派人参加。

（2）事故调查组的组成与职责

事故调查组的组成应当遵循精简、效能的原则。根据事故的具体情况，事故调查组由有关人民政府、安全生产监督管理部门、负有安全生产监督管理职责的有关部门、监察机关、公安机关以及工会派人组成，并应当邀请人民检察院派人参加。事故调查组可以聘请有关专家参与调查。

事故调查组成员应当具有事故调查所需要的知识和专长，并与所调查的事故没有直接利害关系。事故调查组组长由负责事故调查的人民政府指定。事故调查组组长主持事故调查组的工作。

事故调查组履行下列职责：

1）查明事故发生的经过、原因、人员伤亡情况及直接经济损失；

2）认定事故的性质和事故责任；

3）提出对事故责任者的处理建议；

4）总结事故教训，提出防范和整改措施；

5）提交事故调查报告。

（3）事故调查组的权利与纪律

事故调查组有权向有关单位和个人了解与事故有关的情况，并要求其提供相关文件、资料，有关单位和个人不得拒绝。事故发生单位的负责人和有关人员在事故调查期间不得擅离职守，并应当随时接受事故调查组的询问，如实提供有关情况。事故调查中发现涉嫌犯罪的，事故调查组应当及时将有关材料或者其复印件移交司法机关处理。

事故调查中需要进行技术鉴定的，事故调查组应当委托具有国家规定资质的单位进行技术鉴定。必要时，事故调查组可以直接组织专家进行技术鉴定。技术鉴定所需时间不计人事故调查期限。

事故调查组成员在事故调查工作中应当诚信公正、恪尽职守，遵守事故调查组的纪律，保守事故调查的秘密。未经事故调查组组长允许，事故调查组成员不得擅自发布有关事故的信息。

（4）事故调查报告的期限与内容

事故调查组应当自事故发生之日起 60 日内提交事故调查报告；特殊情况下，经负责事故调查的人民政府批准，提交事故调查报告的期限可以适当延长，但延长的期限最长不超过 60 日。

事故调查报告应当包括下列内容：

1）事故发生单位概况；

2）事故发生经过和事故救援情况；

3）事故造成的人员伤亡和直接经济损失；

4）事故发生的原因和事故性质；

5）事故责任的认定以及对事故责任者的处理建议；

6）事故防范和整改措施。事故调查报告应当附具有关证据材料。事故调查组成员应当在事故调查报告上签名。

7.8.3.4　施工生产安全事故的处理

（1）事故处理时限和落实批复

《生产安全事故报告和调查处理条例》规定，重大事故、较大事故、一般事故，负责事故调查的人民政府应当自收到事故调查报告之日起 15 日内做出批复；特别重大事故，30 日内做出批复，特殊情况下，批复时间可以适当延长，但延长的时间最长不超过 30 日。

有关机关应当按照人民政府的批复，依照法律、行政法规规定的权限和程序，对事故发生单位和有关人员进行行政处罚，对负有事故责任的国家工作人员进行处分。事故发生单位应当按照负责事故调查的人民政府的批复，对本单位负有事故责任的人员进行处理。

负有事故责任的人员涉嫌犯罪的，依法追究刑事责任。

（2）事故发生单位的防范和整改措施

事故发生单位应当认真吸取事故教训，落实防范和整改措施，防止事故再次发生。防范和整改措施的落实情况应当接受工会和职工的监督。

安全生产监督管理部门和负有安全生产监督管理职责的有关部门应当对事故发生单位落实防范和整改措施的情况进行监督检查。

（3）处理结果的公布

事故处理的情况由负责事故调查的人民政府或者其授权的有关部门、机构向社会公布，依法应当保密的除外。

7.8.4 违法行为应承担的法律责任

施工安全事故应急救援与调查处理违法行为应承担的主要法律责任如下：

7.8.4.1 制定事故应急救援预案违法行为应承担的法律责任

《安全生产法》规定，生产经营单位有下列行为之一的，责令限期改正，可以处 10 万元以下的罚款；逾期未改正的，责令停产停业整顿，并处 10 万元以上 20 万元以下的罚款，对其直接负责的主管人员和其他直接责任人员处 2 万元以上 5 万元以下的罚款；构成犯罪的，依照刑法有关规定追究刑事责任：……对重大危险源未登记建档，或者未进行评估、监控，或者未制定应急预案的；……未建立事故隐患排查治理制度的。

7.8.4.2 事故报告及采取相应措施违法行为应承担的法律责任

《安全生产法》规定，生产经营单位的主要负责人在本单位发生生产安全事故时，不立即组织抢救或者在事故调查处理期间擅离职守或者逃匿的，给予降级、撤职的处分，并由安全生产监督管理部门处上一年年收入 60％～100％的罚款；对逃匿的处 15 日以下拘留；构成犯罪的，依照刑法有关规定追究刑事责任。生产经营单位的主要负责人对生产安全事故隐瞒不报、谎报或者迟报的，依照前款规定处罚。

《生产安全事故报告和调查处理条例》规定，事故发生单位及其有关人员有下列行为之一的，对事故发生单位处 100 万元以上 500 万元以下的罚款；对主要负责人、直接负责的主管人员和其他直接责任人员处上一年年收入 60％～100％的罚款；属于国家工作人员的，并依法给予处分；构成违反治安管理行为的，由公安机关依法给予治安管理处罚；构成犯罪的，依法追究刑事责任：

（1）谎报或者瞒报事故的；

（2）伪造或者故意破坏事故现场的；

（3）转移、隐匿资金、财产，或者销毁有关证据、资料的；

（4）拒绝接受调查或者拒绝提供有关情况和资料的；

（5）在事故调查中作伪证或者指使他人作伪证的；

（6）事故发生后逃匿的。

《特种设备安全法》规定，发生特种设备事故，有下列情形之一的，对单位处 5 万元以上 20 万元以下罚款；对主要负责人处 1 万元以上 5 万元以下罚款；主要负责人属于国家工作人员的，并依法给予处分：

（1）发生特种设备事故时，不立即组织抢救或者在事故调查处理期间擅离职守或者逃匿的；

（2）对特种设备事故迟报、谎报或者瞒报的。

《职业病防治法》规定，用人单位违反本法规定，有下列行为之一的，由卫生行政部门给予警告，责令限期改正，逾期不改正的，处 5 万元以上 20 万元以下的罚款；情节严重的，责令停止产生职业病危害的作业，或者提请有关人民政府按照国务院规定的权限责令关闭：……发生或者可能发生急性职业病危害事故时，未立即采取应急救援和控制措施或者未按照规定及时报告的；……。

《刑法》第 139 条第 2 款规定，在安全事故发生后，负有报告职责的人员不报或者谎报事故情况，贻误事故抢救，情节严重的，处 3 年以下有期徒刑或者拘役；情节特别严重的，处 3 年以上 7 年以下有期徒刑。

7.8.4.3 事故调查违法行为应承担的法律责任

《生产安全事故报告和调查处理条例》规定，参与事故调查的人员在事故调查中有下列行为之一的，依法给予处分；构成犯罪的，依法追究刑事责任：

（1）对事故调查工作不负责任，致使事故调查工作有重大疏漏的；

（2）包庇、袒护负有事故责任的人员或者借机打击报复的。

7.8.4.4 事故责任单位及主要负责人应承担的法律责任

《安全生产法》规定，生产经营单位与从业人员订立协议，免除或者减轻其对从业人员因生产安全事故伤亡依法应承担的责任的，该协议无效；对生产经营单位的主要负责人、个人经营的投资人处 2 万元以上 10 万元以下的罚款。

发生生产安全事故，对负有责任的生产经营单位除要求其依法承担相应的赔偿等责任外，由安全生产监督管理部门依照下列规定处以罚款：

（1）发生一般事故的，处 20 万元以上 50 万元以下的罚款；

（2）发生较大事故的，处 50 万元以上 100 万元以下的罚款；

（3）发生重大事故的，处 100 万元以上 500 万元以下的罚款；

（4）发生特别重大事故的，处 500 万元以上 1000 万元以下的罚款；情节特别严重的，处 1000 万元以上 2000 万元以下的罚款。

生产经营单位发生生产安全事故造成人员伤亡、他人财产损失的，应当依法承担赔偿责任；拒不承担或者其负责人逃匿的，由人民法院依法强制执行。生产安全事故的责任人未依法承担赔偿责任，经人民法院依法采取执行措施后，仍不能对受害人给予足额赔偿的，应当继续履行赔偿义务；受害人发现责任人有其他财产的，可以随时请求人民法院执行。

《生产安全事故报告和调查处理条例》规定，事故发生单位主要负责人未依法履行安全生产管理职责，导致事故发生的，依照下列规定处以罚款；属于国家工作人员的，并依法给予处分；构成犯罪的，依法追究刑事责任：

（1）发生一般事故的，处上一年年收入 30％的罚款；

（2）发生较大事故的，处上一年年收入 40％的罚款；

（3）发生重大事故的，处上一年年收入60%的罚款；

（4）发生特别重大事故的，处上一年年收入80%的罚款。

事故发生单位对事故发生负有责任的，由有关部门依法暂扣或者吊销其有关证照；对事故发生单位负有事故责任的有关人员，依法暂停或者撤销其与安全生产有关的执业资格、岗位证书；事故发生单位主要负责人受到刑事处罚或者撤职处分的，自刑罚执行完毕或者受处分之日起，5年内不得担任任何生产经营单位的主要负责人。

7.9 政府部门安全监督管理的相关规定

《安全生产法》第8条：乡、镇人民政府以及街道办事处、开发区管理机构等地方人民政府的派出机关应当按照职责，加强对本行政区域内生产经营单位安全生产状况的监督检查；协助上级人民政府有关部门依法履行安全生产监督管理职责。

第9条 国务院安全生产监督管理部门依照本法，对全国安全生产工作实施综合监督管理；县级以上地方各级人民政府安全生产监督管理部门依照本法，对本行政区域内安全生产工作实施综合监督管理。

国务院有关部门依照本法和其他有关法律、行政法规的规定，在各自的职责范围内对有关行业、领域的安全生产工作实施监督管理；县级以上地方各级人民政府有关部门依照本法和其他有关法律、法规的规定，在各自的职责范围内对有关行业、领域的安全生产工作实施监督管理。

7.9.1 建设工程安全生产的监督管理体制

《安全生产法》规定，国务院安全生产监督管理部门依照本法，对全国安全生产工作实施综合监督管理；县级以上地方各级人民政府安全生产监督管理部门依照本法，对本行政区域内安全生产工作实施综合监督管理。国务院有关部门依照本法和其他有关法律、行政法规的规定，在各自的职责范围内对有关行业、领域的安全生产工作实施监督管理；县级以上地方各级人民政府有关部门依照本法和其他有关法律、法规的规定，在各自的职责范围内对有关行业、领域的安全生产工作实施监督管理。

安全生产监督管理部门和对有关行业、领域的安全生产工作实施监督管理的部门，统称负有安全生产监督管理职责的部门。

《建设工程安全生产管理条例》进一步规定，国务院建设行政主管部门对全国的建设工程安全生产实施监督管理。国务院铁路、交通、水利等有关部门按照国务院规定的职责分工，负责有关专业建设工程安全生产的监督管理。县级以上地方人民政府建设行政主管部门对本行政区域内的建设工程安全生产实施监督管理。县级以上地方人民政府交通、水利等有关部门在各自的职责范围内，负责本行政区域内的专业建设工程安全生产的监督管理。

建设行政主管部门或者其他有关部门可以将施工现场的监督检查委托给建设工程安全监督机构具体实施。

7.9.2 政府主管部门对涉及安全生产事项的审查

《安全生产法》规定，负有安全生产监督管理职责的部门依照有关法律、法规的规定，对涉及安全生产的事项需要审查批准（包括批准、核准、许可、注册、认证、颁发证照等，下同）或者验收的，必须严格依照有关法律、法规和国家标准或者行业标准规定的安全生产条件和程序进行审查；不符合有关法律、法规和国家标准或者行业标准规定的安全生产条件的，不得批准或者验收通过。对未依法取得批准或者验收合格的单位擅自从事有关活动的，负责行政审批的部门发现或者接到举报后应当立即予以取缔，并依法予以处理。对已经依法取得批准的单位，负责行政审批的部门发现其不再具备安全生产条件的，应当撤销原批准。

负有安全生产监督管理职责的部门对涉及安全生产的事项进行审查、验收，不得收取费用；不得要求接受审查、验收的单位购买其指定品牌或者指定生产、销售单位的安全设备、器材或者其他产品。

《建设工程安全生产管理条例》规定，建设行政主管部门在审核发放施工许可证时，应当对建设工程是否有安全施工措施进行审查，对没有安全施工措施的，不得颁发施工许可证。

7.9.3 政府主管部门实施安全生产行政执法工作的法定职权

《安全生产法》规定，安全生产监督管理部门和其他负有安全生产监督管理职责的部门依法开展安全生产行政执法工作，对生产经营单位执行有关安全生产的法律、法规和国家标准或者行业标准的情况进行监督检查，行使以下职权：

（1）进入生产经营单位进行检查，调阅有关资料，向有关单位和人员了解情况；

（2）对检查中发现的安全生产违法行为，当场予以纠正或者要求限期改正；对依法应当给予行政处罚的行为，依照本法和其他有关法律、行政法规的规定作出行政处罚决定；

（3）对检查中发现的事故隐患，应当责令立即排除；重大事故隐患排除前或者排除过程中无法保证安全的，应当责令从危险区域内撤出作业人员，责令暂时停产停业或者停止使用相关设施、设备；重大事故隐患排除后，经审查同意，方可恢复生产经营和使用；

（4）对有根据认为不符合保障安全生产的国家标准或者行业标准的设施、设备、器材以及违法生产、储存、使用、经营、运输的危险物品予以查封或者扣押，对违法生产、储存、使用、经营危险物品的作业场所予以查封，并依法作出处理决定。监督检查不得影响被检查单位的正常生产经营活动。

生产经营单位对负有安全生产监督管理职责的部门的监督检查人员（以下统称安全生产监督检查人员）依法履行监督检查职责，应当予以配合，不得拒绝、阻挠。生产经营单位拒绝、阻碍负有安全生产监督管理职责的部门依法实施监督检查的，责令改正；拒不改正的，处 2 万元以上 20 万元以下的罚款；对其直接负责的主管人员和其他直接责任人员处 1 万元以上 2 万元以下的罚款；构成犯罪的，依照刑法有关规定追究刑事责任。

安全生产监督检查人员执行监督检查任务时，必须出示有效的监督执法证件；对涉及被检查单位的技术秘密和业务秘密，应当为其保密。负有安全生产监督管理职责的部门在监督检查中，应当互相配合，实行联合检查；确需分别进行检查的，应当互通情况，发现存在的安全问题应当由其他有关部门进行处理的，应当及时移送其他有关部门并形成记录备查，接受移送的部门应当及时进行处理。

负有安全生产监督管理职责的部门依法对存在重大事故隐患的生产经营单位作出停产停业、停止施工、停止使用相关设施或者设备的决定，生产经营单位应当依法执行，及时消除事故隐患。生产经营单位拒不执行，有发生生产安全事故的现实危险的，在保证安全的前提下，经本部门主要负责人批准，负有安全生产监督管理职责的部门可以采取通知有关单位停止供电、停止供应民用爆炸物品等措施，强制生产经营单位履行决定。通知应当采用书面形式，有关单位应当予以配合。负有安全生产监督管理职责的部门依照前款规定采取停止供电措施，除有危及生产安全的紧急情形外，应当提前二十四小时通知生产经营单位。生产经营单位依法履行行政决定、采取相应措施消除事故隐患的，负有安全生产监督管理职责的部门应当及时解除前款规定的措施。

7.9.4 建立安全生产的举报制度和相关信息系统

《安全生产法》规定，负有安全生产监督管理职责的部门应当建立举报制度，公开举报电话、信箱或者电子邮件地址，受理有关安全生产的举报；受理的举报事项经调查核实后，应当形成书面材料；需要落实整改措施的，报经有关负责人签字并督促落实。任何单位或者个人对事故隐患或者安全生产违法行为，均有权向负有安全生产监督管理职责的部门报告或者举报。

负有安全生产监督管理职责的部门应当建立安全生产违法行为信息库，如实记录生产经营单位的安全生产违法行为信息；对违法行为情节严重的生产经营单位，应当向社会公告，并通报行业主管部门、投资主管部门、国土资源主管部门、证券监督管理机构以及有关金融机构。国务院安全生产监督管理部门建立全国统一的生产安全事故应急救援信息系统，国务院有关部门建立健全相关行业、领域的生产安全事故应急救援信息系统。

《建设工程安全生产管理条例》规定，县级以上人民政府建设行政主管部门和其他有关部门应当及时受理对建设工程生产安全事故及安全事故隐患的检举、控告和投诉。

参考文献

[1] 中国建设教学协会胡兴福，刘传卿．标准员通用与基础知识．北京：中国建筑工业出版社，2015.

[2] 刘勇．建筑法规概论．北京：中国水利水电出版社，2008.

[3] 徐雷．建设法规．北京：科学出版社，2009.

[4] 全国二级建造师职业资格考试用书编写委员会．建设工程法规及相关知识．北京：中国建筑工业出版社，2011.

[5] 胡兴福．建筑结构（第二版）北京：中国建筑工业出版社，2012.

[6] 韦清权．建筑制图与 AutoCAD．武汉：武汉理工大学出版社，2007.

[7] 游普元．建筑材料与检测，哈尔滨：哈尔滨工业大学出版社，2012.

[8] 何斌，陈锦昌，王枫红，建筑制图（第六版）．北京：高等教育出版社，2011.

[9] 张伟，徐淳．建筑施工技术，上海：同济大学出版社，2010.

[10] 洪树生，建筑施工技术，北京：科学出版社，2007.

[11] 姚谨英，建筑施工技术管理实训．北京：中国建筑工业出版社，2006.

[12] 双全，施工员．北京：机械工业出版社，2006.

[13] 潘全祥．施工员必读，北京：中国建筑工业出版社，2001.

[14] 建筑施工手册（第四版）编写组，建筑施工手册，北京：中国建筑工业出版社，2003.

[15] 夏友明．钢筋工．北京：机械工业出版社，2006.

[16] 杨嗣信，余志成，侯君伟．模板工程现场施工，北京：人民交通出版社，2005.

[17] 梁新焰．建筑防水工程手册，太原：山西科学技术出版社，2005.

[18] 李星荣，魏才昂，钢结构连接节点设计手册（第 2 版）．北京：中国建筑工业出版社，2007.

[19] 李帼昌．钢结构设计问答实录（建设工程问答实录丛书）．北京：机械工业出版社，2008.

[20] 吴欣之．现代建筑钢结构安装技术．北京：中国电力出版社，2009.

[21] 杜绍堂，钢结构施工．北京：高等教育出版社，2005.

[22] 夏友明．钢筋工．北京：机械工业出版社，2006.

[23] 孟小鸣，施工组织与管理．北京：中国电力出版社，2008.

[24] 韩国平．施工项目管理，南京：东南大学出版社，2005.

[25] 林立．建筑工程项目管理，北京：中国建材工业出版社，2009.

[26] 张立群，崔宏环．施工项同管理．北京：中国建材工业出版社，2009.

[27] 郭汉丁．工程施工项目管理．北京：化学工业出版社，2010.

[28] 傅水龙．建筑施工项目经理手册（第 1 版）．南昌：江西科学技术出版社，2002.

[29] 刘亚臣，李闫岩．工程建设法学．大连：大连理工大学出版社，2009.

[30] 焦宝祥，土木工程材料．北京：高等教育出版社，2009.

[31] 魏鸿汉，建筑材料（第四版）．北京：中国建筑工业出版社，2012.

[32] 危道军．建筑施工组织（第三版）．北京：中国建筑工业出版社，2014.

[33] 张瑞生，建筑工程质量与安全管理（第二版）．北京：中国建筑工业出版社，2013.

[34] 刘伊生，建设工程项目管理理论与实务．北京：中国建筑工业出版社，2011.

[35] 同济大学等，房屋建筑学（第四版）．北京：中国建筑工业出版社，2006.

[36] 哈尔滨工业大学等．混凝土及砌体结构（上、下册）（第二版）．北京：中国建筑工业出版社，2014.

[37] 中国建筑科学研究院．GB50010－2010 混凝土结构设计规范，中国建筑工业出版社，2011.

[38] 刘金生．建筑设备工程，北京：中国建筑工业出版社，2006.

[39] 王云江．市政工程概论（第二版）．北京：中国建筑工业出版社，2011.

[40] 中国建筑科学研究院．GB50300—2013 建筑工程施工质量验收规范．中国建筑工业出版社，2014.

[41] 中华人民共和国住房与城乡建设部．GB 50119—2013 混凝土外加剂应用技术规范．中国建筑工业出版社，2013.

[42] 中华人民共和国住房与城乡建设部．GB 50164—2011 混凝土质量控制标准．中国建筑工业出版社，2011.

[43] 中华人民共和国住房与城乡建设部．GB 50574—2010 墙体材料应用统一技术规范．中国建筑工业出版

社，2010.

[44] 中华人民共和国住房与城乡建设部. GB 50666—2011 混凝土结构工程施工规范. 中国建筑工业出版社，2011.

[45] 中华人民共和国住房与城乡建设部. GB 50693—2011 坡屋面工程技术规范. 中国建筑工业出版社，2011.

[46] 中华人民共和国住房与城乡建设部. JGJ/T 14—2011 混凝土小型空心砌块建筑技术规程. 中国建筑工业出版社，2011.

[47] 中华人民共和国住房与城乡建设部. JGJ/T 17—2008 蒸压加气混凝土建筑应用技术规程. 中国建筑工业出版社，2008.

[48] 中华人民共和国建设部. JGJ 52—2006. 普通混凝土用砂、石质量标准及检验方法. 中国建筑工业出版社，2006.

[49] 中华人民共和国住房与城乡建设部. JGJ 55—2011 普通混凝土配合比设计规程. 中国建筑工业出版社，2011.

[50] 中华人民共和国建设部. JGJ 63—2006 混凝土用水标准. 中国建筑工业出版社，2006.

[51] 中华人民共和国住房与城乡建设部. JGJ/T 98—2010 砌筑砂浆配合比设计规程. 中国建筑工业出版社，2010.

[52] 中国建设教育协会.《施工员通用与基础知识》. 北京：中国建筑工业出版社，2014.

[53] 张贵良、牛季收等.《施工项目管理》. 北京：科学出版社. 2014.

[54] 全国二级建造师执业资格考试用书编写委员会.《建设工程施工管理》. 北京：中国建筑工业出版社，2016.

[55] 全国二级建造师执业资格考试用书编写委员会.《建设工程法规及相关知识》. 北京：中国建筑工业出版社，2016.